中国科学技术大学物理学研究生教材

宇宙学导论

Introduction to Cosmology

向守平　方文娟　编著

科 学 出 版 社

北 京

内 容 简 介

本书系统介绍了现代宇宙学的基本概念与基础理论知识。特别对一些经典的基础概念和理论方法进行了较为详细的介绍，例如，线性扰动理论中的规范变换、非线性扰动演化中的普雷斯–谢克特(Press-Schechter)质量函数、高斯(Gauss)随机扰动场及其统计性质等。全书主要内容包括：标准宇宙学模型及热大爆炸宇宙简史，小扰动的线性演化理论，宇宙各主要组分(冷暗物质、重子物质、光子及有质量中微子)密度扰动的线性演化方程以及密度扰动功率谱，宇宙微波背景辐射的各向异性，扰动的非线性演化与密度扰动场的统计分析，张量扰动与引力波，高红移天体与宇宙再电离，引力透镜原理与观测等。每章之后都附有相应的习题。

本书可作为天体物理专业以及理论物理相关专业高年级本科生和研究生的教学用书或参考书，也可供从事宇宙学研究的科研工作者以及对宇宙学感兴趣的读者参考。

图书在版编目(CIP)数据

宇宙学导论 / 向守平，方文娟编著. -- 北京 ：科学出版社，2024. 8.
(中国科学技术大学物理学研究生教材). -- ISBN 978-7-03-079221-1

I. P158

中国国家版本馆 CIP 数据核字第 20245UJ641 号

责任编辑：陈艳峰　田轶静 / 责任校对：彭珍珍
责任印制：张　伟 / 封面设计：无极书装

科学出版社 出版
北京东黄城根北街 16 号
邮政编码: 100717
http://www.sciencep.com
北京天宇星印刷厂印刷
科学出版社发行　各地新华书店经销
*
2024 年 8 月第　一　版　　开本: 720 × 1000　1/16
2025 年 1 月第二次印刷　　印张: 23 1/4
字数：466 000

定价: 128.00 元

(如有印装质量问题，我社负责调换)

丛 书 序

从 1958 年建校至今，中国科学技术大学（以下简称中国科大）一直非常重视基础学科，尤其是数学、物理的教学工作。中国科大创建初期的物理教学特点是大师授课，几乎所有主干课程都是由中国科学院各研究所物理专家担任，包括吴有训、严济慈、马大猷、张文裕、赵九章、钱临照、梅镇岳、郑林生、朱洪元等。这批老科学家有着不同的学习和科学研究经历，因此在教学中，每个物理学家有不同的风格和各自的独到之处，在中国科大的物理教学中，呈现了百花齐放、朝气蓬勃的局面。老一代科学家知识渊博，专业功底深厚，既了解物理学发展史，又了解科学发展前沿和科学研究方法，不仅使学生打下了深厚的物理基础，还掌握了科学思维和科研方法。老一代科学家治学的三严精神：严肃 (的态度)，严格 (的要求)，严密 (的方法)，也都深刻地影响了一代又一代青年学生，乃至青年教师的成长，对中国科大良好学风的形成，起了不可估量的作用。

中国科大也是国内最早开展物理学研究生学位教育的大学。1978 年中国首个研究生院——中国科大研究生院经国务院批准成立。为了提高研究生学术水平，1979 年，李政道先生应中国科大研究生院邀请，回国开设“统计力学”以及“粒子物理与场论”两门课程。在短短两个月内，李政道先生付出大量心血备课与授课，其“统计力学”讲稿后经整理成书出版（1984 年，北京师范大学出版社）。2006 年值李政道先生八十华诞之际，又由中国科学院研究生院重新整理出版（2006 年，上海科学技术出版社）。这本教材涵盖了截至当时平衡态统计力学所涉及的大多数内容，在今天看来也并未过时，而且无论从选材上还是讲述方式上都体现了李政道先生的个人特色。1981 年，中国科大物理学被国务院批准为首批博士、硕士学位授予点。1983 年，在人民大会堂举行的我国首批 18 名博士学位授予仪式中，其中有 6 名来自中国科大（数学和物理学博士）。至今为止，中国科大物理学领域已经培养了数千名物理学博士，他们大多数都成为国际和国内学术研究领域、科技创新领域的领军人物。2013 年中国科学院物理研究所赵忠贤院士（中国科大物理系 59 级校友）和中国科大陈仙辉教授的“40K 以上铁基高温超导体的发现及若干基本物理性质研究”荣获国家自然科学奖一等奖并列第一，2015 年中国科大潘建伟院士团队的“多光子纠缠及干涉度量”再获国家自然科学奖一等奖；在教育部第四轮学科评估中，中国科大的物理学和天文学都是 A+ 学科。

中国科大的物理学领域主要包含物理学、天文学、电子科学技术和光学工程等四个一级学科，涉及的二级学科有理论物理、天体物理、粒子物理与原子核物理、等离子体物理、原子分子物理、凝聚态物理、光学、微电子与固体电子学、物理电子学、生物物理、医学物理、量子信息与量子物理、光学工程等，目前正在建设精密测量物理、单分子物理、能源物理等交叉学科。中国科大物理学的研究生教学和培养是一个完整的大物理培养体系，研究生课程按一级学科基础课和一级学科专业课设置，打破了二级学科的壁垒，这更有利于学科交叉和创新人才的培养。

四十多年来，中国科大物理学研究生教学体系逐渐完整，也积累了不少的教学经验和一些优秀的讲义，但是一直缺乏一套完整的物理学研究生教材。从 2009 年至 2019 年，我担任中国科大物理学院院长，经常与一线教学科研老师交流，他们都建议编写一套物理学研究生教材。从 2016 年开始，学院每年组织一批从事研究生教学的一线老师召开一次研究生教材建设研讨会，最终确定了第一批 15 本教材撰写与出版计划。每一本教材的撰写提纲都由各学科仔细讨论和修改，教材的编写力争做到基本理论严谨、语言生动活泼，尽量把物理学各领域中最前沿的研究成果、最新的科学方法、最先进的科学技术体现在本教材中，使老师好教、学生好用。本套教材编写集中了中国科大物理学研究生教学的一线老、中、青骨干，每本教材成书都经过多次反复讨论和征求意见并反复修改，在此向所有参与本书编写的老师致以感谢！

希望中国科大的这套物理学研究生教材可以让更多的同学受益。

欧阳钟灿

2021 年 6 月

前　言

自远古以来，人类就对浩瀚壮丽的宇宙感到无限神秘和向往。王羲之在其千古名篇《兰亭序》中写道：“仰观宇宙之大，俯察品类之盛，所以游目骋怀，足以极视听之娱，信可乐也。”康德也在其《实践理性批判》中写道：“世界上有两件东西能够深深地震撼人们的心灵，一件是我们心中崇高的道德准则，另一件是我们头顶上灿烂的星空。”从古至今，人类就一直持续不断地对宇宙奥秘进行着探索。《庄子·知北游》中说：“天地有大美而不言，四时有明法而不议，万物有成理而不说。圣人者，原天地之美而达万物之理。”但“圣人”们的探索之路是漫长而曲折的。就拿“宇宙”这个词本身的含义是什么，千百年来也是仁者见仁、智者见智。英文中的“宇宙”，可以用“universe”表述，但它强调的主要是“天地万物”的包容；也可以用“cosmos”表述，但它强调的主要是“万物和谐”的秩序。我们的祖先在这个问题上展现出更高的智慧：战国时期的尸佼在其著作《尸子》中就说过：“四方上下曰宇，往古来今曰宙。”“四方上下”即空间，“往古来今”即时间，这就是说，宇宙就是空间与时间。而西方学术界从爱因斯坦开始，才把宇宙与时空联系起来，并常常用“spacetime”来代表宇宙。这表明，早在两千多年前，我们的祖先就对宇宙的本质有了深刻认知。当然，这种认知还只能算是一种朴素的直觉或感悟，谈不上真正的科学。

从古老东方的“盖天”、“浑天”、“宣夜”说和西方托勒密的地心说，到哥白尼的日心说和牛顿的万有引力定律，再到爱因斯坦建立的广义相对论宇宙论以及伽莫夫首倡的大爆炸宇宙学说，人类宇宙观的进化经历了艰难坎坷的历程，最终达到今天的科学宇宙观。古希腊哲人曾为自然科学的研究归纳了三个要素，即“逻辑、数学和观察实验”。我们可以看到，科学宇宙观就是在这三个要素的原则上建立起来的，这其中最重要的贡献当属爱因斯坦。爱因斯坦提出的“宇宙学原理”，就是一个宏伟逻辑体系的出发点，即公理，是一个从零到一的伟大发现。他运用黎曼几何学，为科学描述时空找到了适合的数学工具。而宇宙学原理的提出，以及其后现代宇宙学的诸多发展，都离不开对现实宇宙的观察和实证。

今天，大爆炸宇宙模型已经被人们普遍接受，成为研究宇宙结构形成和演化的基本模型。按照这一模型，宇宙起源于一百多亿年前的一次大爆炸，随之时空形成并不断膨胀。在此后的时间里，宇宙曾经历了暴胀 (inflation) 阶段，其大小在极短的时间内膨胀了几十个数量级；之后，随着温度的不断降低，宇宙依次经历了强子时期、轻子时期、早期核合成、复合时期等重要演化阶段，最终形成了我们今天观测到的宇宙结构。通常把星系以上尺度的结构称之为宇宙大尺度结构，它的形成和演化与宇宙学的整体模型密切有关，即与宇宙的拓扑结构 (如曲率) 和基本宇宙学参数 (如哈勃常数 H_0、宇宙学常数 Λ、各种宇宙物质成分的密度参数等) 密切有关；同时，宇宙大尺度结构的基本组元是由巨量恒星构成的星系，而星系的形成是内容极其丰富多样的天体物理过程，其中包括气体冷却、坍缩、加热、再电离等过程，还要考虑周围环境的能量反馈、磁场、角动量交换等一系列复杂因素。因而，宇宙大尺度结构的形成和演化长期以来就是宇宙学极具吸引力的研究领域。近年来，随着科学技术的巨大进步，从地面到太空，从射电、红外、光学直到 X 射线、γ 射线以及引力波，多个窗口的观测已经延伸到宇宙越来越大的纵深，为理论研究提供了海量的观测数据；大容量、高速度的计算机也已成为理论分析极其强有力的辅助工具，人们可以用它对宇宙结构的形成进行大规模的数值模拟。现在普遍认为，今天的宇宙学研究已经步入精确研究阶段，人们已经能够在相当高的精度上确定宇宙学基本参数的取值范围，并把目光从十几亿光年、几十亿光年扩展到千百亿光年的宇宙深处，接近了宇宙诞生的时刻。理论和观测研究至今所取得的巨大成功，使我们对于建立在爱因斯坦广义相对论理论基础上的宇宙学说充满了信心。

在取得这些巨大成就的同时，我们还要看到，科学宇宙观仍然面临着诸多的难题甚至挑战。例如多年来一直困扰宇宙学研究者的暗物质问题，以及最近二十几年来由于宇宙加速膨胀的发现而提出的暗能量问题等。这些问题不仅受到宇宙学研究者的强烈关注，而且受到理论物理及粒子物理研究者的强烈关注。即使是星系及星系团形成这个看来发生时间较晚、观测资料也非常丰富的过程，也还有许多难点问题有待解决，例如第一代天体形成的时间、复合之后宇宙再电离的时间和范围、星系团中弥漫 X 射线背景的产生等。在研究方法上，线性扰动理论被广泛应用于宇宙大尺度结构形成的早期阶段，并在与宇宙微波背景辐射 (cosmic microwave background radiation, CMB) 的观测结果相比较时获得了很好的一致；但当宇宙结构的形成进入非线性阶段后，理论处理就不得不采用许多人为的近似，尽管有些近似明显看来是差强人意的。计算机数值模拟在处理非线性演化过程中显示了强大的威力，用它甚至可以模拟出两个星系的碰撞、并合过程；但即便如此，不足之处依然时常可见。总之，虽然人们已把今天的宇宙学研究称为精确宇宙学，但实际上离真正的“精确”还有很长的路要走，例如就连占宇宙总质量 (能量) 绝大部分的暗物质和暗能量究竟是什么，至今仍一片茫然。面对形态万千、变幻无穷的宇宙，我们已经了解的和还没有了解的相比，也许仍然是树木和森林、江河与大海的关系。这意味着，浩瀚深邃的宇宙，仍然还有许许多多的奥秘等待我们去继续努力探索。

本书基于作者在中国科学技术大学讲授宇宙学课程的讲义,目的是向读者 (主要是天体物理专业的高年级本科生及研究生) 介绍宇宙学领域的基本概念与基础理论知识。在教材内容的选取方面，我们优先考虑的是内容的基础性、重要性与成熟性。因此，在处理基础与前沿的关系上，我们把重点放在基础，特别是对一些经典的基础概念和理论方法进行了较为详细的介绍，例如线性扰动理论中的规范变换、非线性扰动演化中的普雷斯–谢克特 (Press-Schechter) 质量函数、高斯 (Gauss) 随机扰动场及其统计性质等。尽管现在这些经典的概念和方法已被拓展甚至融入数值计算的软件包之中，但对于初学者来说，了解它们的来龙去脉对于领会科学前辈们的智慧、启迪创新思维，是会有所帮助的。正如 S. Weinberg 指出的那样，“这些计算机程序并不能用以解释其中的物理现象”，而创新思维必须建立在对物理现象和规律深刻的理解之上。这也是本书作者在这些经典内容上面着墨较多的初衷。当然，由于授课课时所限，这些内容不可能都在课堂上细讲，特别是对于非宇宙学研究方向的同学，可以把这些内容缩减甚至略去。但对于将要从事宇宙学研究，特别是理论研究的同学，还是建议他们耐心读读这些内容，这对于他们今后的研究工作是会有所裨益的。

宇宙学研究是一个宏大的学术领域，涉及核物理、原子物理、粒子物理、量子场论、流体力学、引力理论等诸多方面的知识。限于篇幅，本书还有许多问题没有深入展开讨论，许多研究前沿的最新进展 (可能还有最新的观测数据) 也没有包括进来。特别是，囿于作者的学识，对许多问题的看法不免有落伍甚至不妥之处，敬请读者谅解并批评指正！

在本书的编写过程中，承蒙中国科学技术大学物理学院赵文教授、王慧元教授以及蔡一夫教授在百忙中拨冗审阅并提出了宝贵的意见，我们在此表示衷心的感谢！

作　者

2022 年 9 月

目　　录

第 1 章　现代宇宙学的诞生与观测基础

四方上下曰宇，往古来今曰宙。

——(战国) 尸佼《尸子》

天地有大美而不言，四时有明法而不议，万物有成理而不说。圣人者，原天地之美而达万物之理。

——庄子《庄子 · 知北游》

1.1　从远古人类的宇宙观到现代宇宙学

远古时期，人类祖先在观测天象变化的同时，就开始了对宇宙的思考和认识。宇宙的壮丽使他们赞叹与折服，而宇宙的神秘又使他们恐惧和崇拜。世界各民族都有自己最初关于宇宙结构的看法，以及关于宇宙开创的神话。在我国，远在战国时期的尸佼，就曾给宇宙下过一个定义："四方上下曰宇，往古来今曰宙。""四方上下" 即空间，"往古来今" 即时间，也就是说，宇宙即是时空。相比于西方的 "cosmos"(原意为和谐、秩序) 或 "universe"(原意为天地万物)，尸佼的这一定义更加科学，也与现代宇宙学相符。因此可以说，我们的祖先对于宇宙的理解，远走在当时世界的最前列。

关于宇宙的诞生和演化，我国古代文献的论述更是丰富多彩。例如《老子》中说："天下万物生于有，有生于无。" 这和现代宇宙学关于宇宙起源于真空的说法不谋而合，至今仍被国际学术界许多学者奉为经典。又如三国时期徐整的《三五历记》中关于盘古的故事："天地混沌如鸡子，盘古生其中，万八千岁，天地开辟，阳清为天，阴浊为地，盘古在其中，一日九变，神於天，圣於地，天日高一丈，地日厚一丈，盘古日长一丈，如此万八千岁，天数极高，地数极深，盘古极长，……故天去地九万里。" 这又立即使我们联想到现代宇宙学中膨胀宇宙的图像。当然，我们祖先的上述这些看法并不是建立在科学实证基础之上的，当时也完全没有科学实证的条件，故只能属于猜测或神话传说。但应当看到，在这些充满智慧和灵感的猜测或神话中，蕴涵了深刻的启示和哲理：宇宙并不是生来如此、万古不变的，它也会经历一个从创生到成长的演化过程，这一点与现代科学宇宙观十分一致。

与古代中国类似，世界上各古代文明发源地都有它们自己的关于宇宙起源的神话。古希腊的哲学家们相信宇宙本身包裹着一个球形外壳，地球居中。例如毕达哥拉斯就认为，一切立体图形中最美好的是球形，一切平面图形中最美好的是圆形，而整个宇宙是一个和谐体系 (cosmos) 的代表物。柏拉图认为，各种天体都是神灵，神灵美好的心使得它们做有规律的运动，它们分别在以地球为中心的同心球壳内运转。亚里士多德在《天论》一书中写道："亘古以来，最外层的天整个都无变化 …… 天的形状必须是球形的。地球不用说是动的，它的地位不在别处，只在宇宙的中心。" 托勒密 (公元 2 世纪) 在古希腊天文学家喜帕恰斯观测结果的基础上，又作了大量观测，写出了古代欧洲最详尽、最完整的天文学巨著——《天文学大成》。在这本书中，他用一套复杂的本轮–均轮系统来解释日、月、行星的运动，成为古代欧洲的标准宇宙模型。到了中世纪，托勒密的宇宙体系更成为宗教神学的理论支柱，此时的宇宙学已沦入经院神学的深渊 (图 1.1)。

图 1.1　欧洲中世纪的宇宙观 (引自 Bryson, 2003)

直到 1543 年，哥白尼的不朽巨著《天体运行论》的书稿在他临终之时得以出版问世，自然科学才开始从神学的束缚中解放出来。紧接着，意大利哲学家布鲁诺提出宇宙是无限的，时间和空间都是无穷尽的。不久，开普勒把他的老师第谷和他自己的大量天文观测记录加以整理、计算，得到了著名的行星运动的开普勒三定律。他发现行星的运动轨道并非圆形，而是椭圆形，太阳位于椭圆的一个焦点上。这样，从柏拉图、亚里士多德以来被认为最完美、最神圣的圆运动，就彻底结束了它的神话。虽然开普勒并不了解支配天体运动的根本原因所在，只是用"宇宙和谐的韵律" 来解释观测到的天体运行规律，但他的工作为牛顿引力理论的发现奠定了坚实的观测基础。

伽利略于 1609 年亲手制造了一架折射式望远镜 (图 1.2)。他用它发现了月亮上的环形山和 "海"(月面上平坦的陆地)，木星的四颗卫星，以及太阳黑子和金星的盈亏。他还看到了许多肉眼看不到的恒星，并发现银河是由点点繁星组成的。1668 年，牛顿也制造出了第一架反射式望远镜 (图 1.3)。我们看到，在人类探索自然奥秘的过程中，这两位近代物理学的先驱始终一先一后，不仅都为创立经典力学作出了杰出贡献，而且都通过亲手制作的望远镜，把智慧的目光投向了浩瀚的宇宙。牛顿在开普勒和伽利略的大量观测和实验基础上，开创了经典力学。他的引力理论开辟了以力学方法研究宇宙的途径，从此天文学和宇宙学彻底摆脱了宗教神学的羁绊。自亚里士多德以来，就宇宙物质的运动规律而言，总是以月亮为界分成天界和世俗两个截然不同的世界，现在牛顿的力学体系把这两者完全统一起来了。

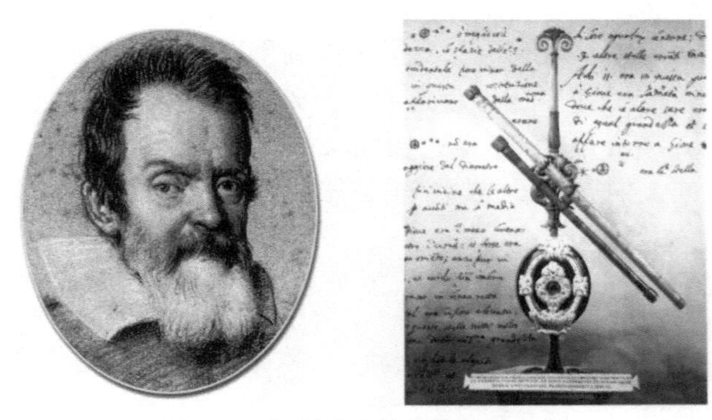

图 1.2 伽利略和他制作的望远镜

图 1.3 牛顿和他制作的望远镜

自望远镜发明后，人们陆续观测到一些云雾状的天体，称之为星云。其中最引人注目的是仙女座大星云 (图 1.4(a))，以及南半球天空上的大、小麦哲伦星云 (图 1.4(b)、(c))。18 世纪德国古典哲学大师康德 (I. Kant) 曾大胆提出猜想，认为这些云状天体是像银河系一样由恒星构成的宇宙岛。但由于距离太远而无法分辨，星云的本质到底是什么，自康德之后人们一直在激烈地争论。1786 年，著名英国天文学家 W. 赫歇尔 (William Herschel) 观测了 29 个星云，发现其中大多数都可以分解为单个的恒星，于是他宣称这些星云都是河外星系，即宇宙岛。实际上，他观测的星云绝大部分都是银河系内的球状星团和疏散星团。1790 年，他在金牛座发现了一个行星状星云，中间是一颗星，外围呈弥漫的云雾状，看似行星；后来又发现了一些无法分解为恒星的星云，于是他最终宣布放弃星云是河外星系的主张。1845 年，英国天文学家 W. Parsons 用直径 1.8m 的望远镜分解了许多赫歇尔没能分解的星云，并首次观测到一些星云的旋涡结构，宇宙岛的观点又重新活跃起来。1864 年，W. Huggins 通过分光观测，发现一批星云的光谱是发射线，说明这些星云是发光的气体，因而宇宙岛之说重归黯淡。直到 1924 年，哈勃 (E. Hubble) 用当时世界上最大的 2.5m 望远镜 (图 1.5、图 1.6)，在仙女座大星云和三角座星云等中发现有造父变星，并利用周光关系定出这几个星云的距离 (75 万 ~150 万光年)，才完全肯定它们是河外星系，从而结束了这一场长达 180 年的宇宙岛之争。接着在 1929 年，哈勃又发现了星系退行速度与距离之间成正比的哈勃关系，向人们展示了一幅宇宙膨胀的图像。

图 1.4 (a) 仙女座大星云 (M31)；(b) 大麦哲伦星云；(c) 小麦哲伦星云 (NASA，1997)

正如伽利略为牛顿力学奠定了坚实的实验基础，哈勃的发现也为现代宇宙学奠定了坚实的观测基础。但事实上，现代宇宙学理论早在哈勃发现之前就诞生了，这就是爱因斯坦 1917 年从广义相对论出发得到的宇宙动态解。但当时人们对于宇宙的认识，还是停留在静态、不变的观念上，这就使得爱因斯坦得到了宇宙的

图 1.5 哈勃在威尔逊山天文台使用过的 100in(约 2.5m) 望远镜

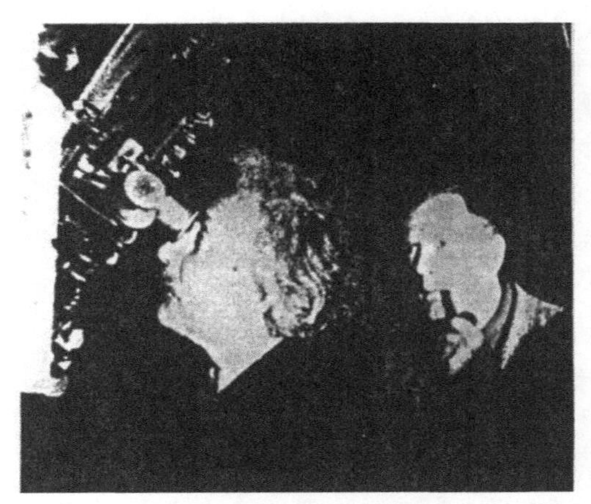

图 1.6 1930 年爱因斯坦访问威尔逊山天文台时与哈勃在一起 (引自 Carroll & Ostlie, 2007)

动态解之后，为了与传统的静态宇宙观相一致，不得不人为加上一项宇宙学常数项，以抵消引力的作用。爱因斯坦的论文发表之后很长时间，响应者寥寥无几，即使是爱因斯坦的追随者，也是把主要兴趣放在求解方程的数学方面，而不是深入探讨它的宇宙学含义。直到哈勃 1929 年发现了河外星系普遍的谱线红移，人们才回过头来仔细分析爱因斯坦宇宙解的含义，形成了现代宇宙学的第一个活跃期。爱因斯坦本人也把宇宙学常数看作是他“一生中所犯的最大错误”，并认为理论物理学因此错过了能够作出最伟大预言——膨胀宇宙——的机会。

1946 年，美国物理学家伽莫夫 (G. Gamow) 根据哈勃的发现进一步猜想，如果把时间倒推回去，则宇宙一定经历过一个温度和密度都极高的演化阶段。他计算出宇宙年龄在不到 200s 的时候，温度应高达 10 亿度，这样的高温足以导致核反应很快发生。1948 年，他和他的学生 R. Alpher 以及核物理学家 H. Bethe 共同发表了一篇论文，提出宇宙中绝大部分氦元素就是由这些核反应产生的。同年，R. Alpher 和 R. Herman 对这个问题作了更严格的分析，指出早期宇宙应该是充满辐射的，这一辐射的遗迹至今还可以作为宇宙微波背景而被探测到，相应的温度大约为热力学温度 5K。但由于传统观念的原因，伽莫夫等的工作在当时并没有引起人们的重视。在此后的将近二十年的时间里，伽莫夫等的理论几乎被所有的同行忘记了。直到 1965 年宇宙微波背景辐射被发现，他们的理论才被人们重新记起并最终获得承认，而这一宇宙模型也被正式称为**大爆炸宇宙学模型**，现代宇宙学从此掀开了一个新的篇章。我们看到，像当年爱因斯坦的宇宙动态解一样，这次理论又走在了观测的前面。但与上次不同的是，这次理论工作者并没有试图去迎合传统观念，而是大胆地作出了自己的预言。

自 1965 年发现宇宙微波背景辐射以来，仅仅五十多年的时间，从地面到太空 (例如见图 1.7、图 1.8)，从射电、红外、光学直到 X 射线、γ 射线和引力波，多个窗口的观测已经延伸到宇宙越来越大的纵深，为理论研究提供了海量的观测数据。另一方面，人们现在可以利用大容量、高速度的计算机，对宇宙结构的形成进行大规模的数值模拟。特别是 1989 年发射升空的宇宙背景辐射探测者 (cosmic background explorer，COBE) 卫星，以及之后接续发射的威尔金森微波各向异性探测器 (WMAP，2001 年) 和普朗克 (Planck，2009 年) 卫星，获得了许多重要的观测数据，使今天的宇宙学研究步入了精确宇宙学时代。但挑战也随之而来：20 世纪末 Ia 型超新星的观测结果显示，宇宙在加速膨胀！这次挑战是观测走在了理论的前面：宇宙加速膨胀意味着宇宙学常数不为零，这表明宇宙中必然有一种“暗能量”存在，它产生与引力相反的负压力，推动宇宙加速膨胀。然而目前所有的物理学理论，还无法对这种暗能量的本质作出合理的解释。或许，大自然是在向我们提示，人类对自然规律的理解，或者说是对基本物理规律的理解，又必须要经历一次根本性的变革。

图 1.7　环绕地球飞行的哈勃空间望远镜 (HST)，孔径为 2.4m
(美国航空航天局 (NASA) 发布)

图 1.8 建于美国夏威夷毛纳基 (Mauna Kea) 天文台的两台 10m 望远镜 Keck I 和 Keck II

1.2 现代宇宙学的观测基础

宇宙学是一门基于观测的科学，任何宇宙学理论或模型都必须经受观测的检验。从 1.1 节我们看到，在宇宙学由神话传说逐步演变为科学的漫长历程中，正是不断积累的大量观测事实，促使人们的传统宇宙观不断发生变革。也正是由于观测结果的验证和支持，从爱因斯坦广义相对论中萌生出来的现代宇宙观，才逐步发展成为今天的科学宇宙学理论。因此，在讨论具体的宇宙学模型之前，我们先来回顾一下宇宙学的基本观测事实。

1.2.1 星系的大尺度空间分布

星系是构成宇宙大尺度结构的基本组元，星系的空间分布可以显示宇宙大尺度结构的基本特征。因此，大规模的星系巡天对于了解宇宙结构是一项重要的基础性工作。由于空间分布是一个三维的概念，因而这其中最重要的是确定星系的距离。星系距离的测定现在已经有了许多方法，例如造父变星、旋涡星系的 Tully-Fisher(T-F) 关系、椭圆星系的 Faber-Jackson 关系 (或 D_n-σ 关系)、最亮的椭圆星系以及 Ia 型超新星，都是很好的测定距离的 “标准烛光”(图 1.9)。宇宙学红移更是被广泛用于大尺度上的星系距离的测定。

大规模星系巡天的结果给我们勾画出了一幅宇宙大尺度结构的图像 (图 1.10)。我们看到，大约在小于 100Mpc 的尺度上，宇宙空间中的物质分布是不均匀的 (图 1.10 (b)、(d))。除了星系团、超星系团这样的星系聚集区外，还存在一些星系特别少的区域，称为空洞或巨洞 (void)。而在另外一些地方，存在个别密度很大的星系密集区，例如离银河系约 100Mpc 的宇宙 “长城”(图 1.10(d))。但当尺度增大到数百 Mpc 以上时，我们就发现星系的平均分布趋于均匀。因而在这样大的尺度上，宇宙就可以看作是整体均匀、各向同性的了。

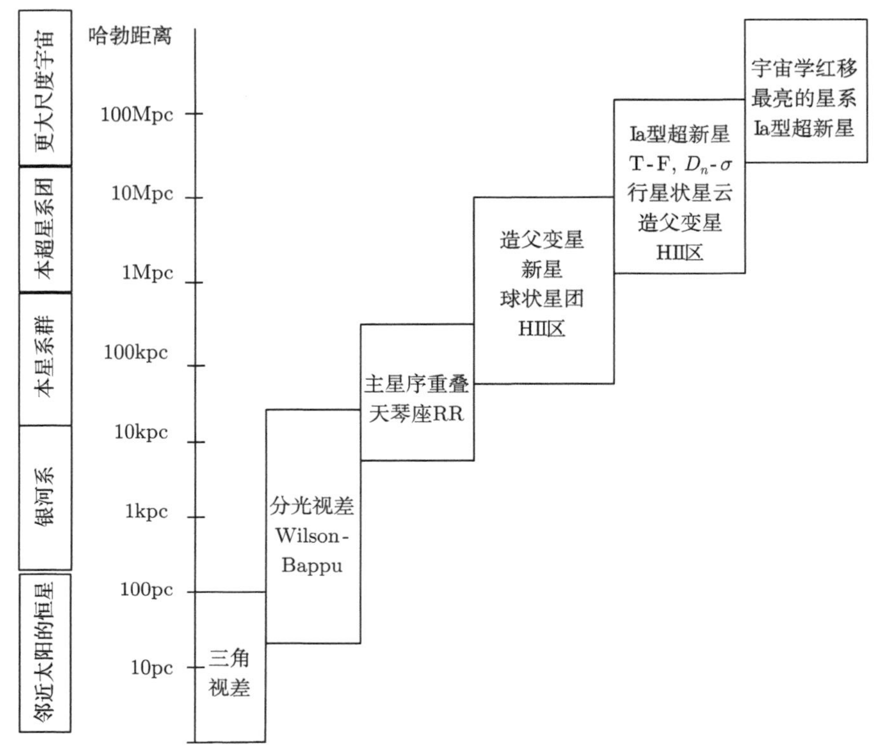

图 1.9　宇宙距离阶梯

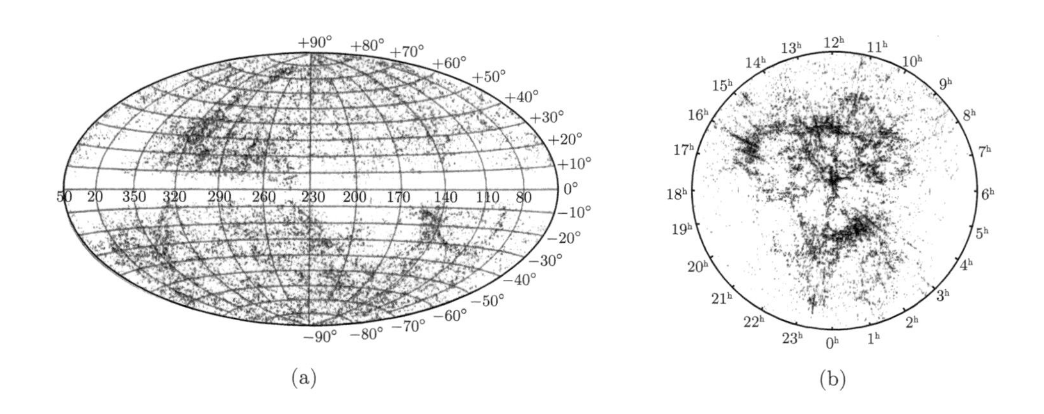

(a)　　　　(b)

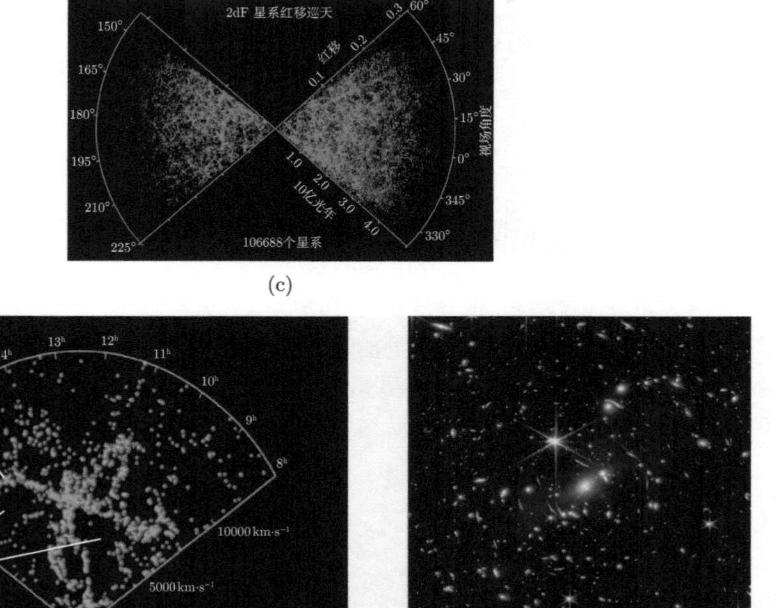

(c)

(d) (e)

图 1.10 (a) 用银道坐标绘出的亮星系在全天空的分布 (引自 Kolatt et al., 1994)；(b) Harvard-Smithsonian Center 星系巡天图，共包括 1.4 万个星系，圆心处为银河系，圆半径为 $150h^{-1}$Mpc (引自 Longair, 2008)；(c) 2dF 巡天得到的天空两个对角方向上的星系分布，星系的数目超过 10 万个，宇宙学红移达 z ~0.3(引自 Peacock et al., 2001)；(d) 宇宙中的“巨洞”与“长城”(引自 Geller, 1990)；(e) 韦伯空间望远镜 (JWST) 拍摄的首张宇宙深场照片 (NASA 发布，2022)

1.2.2 星系距离与红移的关系

早在 1910~1920 年就发现，河外星系具有谱线红移，而且同一星系整个光谱上各种特征谱线都一致地红移 (图 1.11(a))。1929 年，哈勃测量了一批河外星系的距离后，发现星系的谱线红移 (相应于退行速度) 与距离之间大致是成比例的 (图 1.11(b))，即对于距离为 d 的星系，谱线红移为

$$z \equiv \frac{\lambda - \lambda_0}{\lambda_0} = \frac{1}{c} H_0 d \tag{1.2.1}$$

其中，λ_0 和 λ 分别表示谱线的固有波长和观测到的波长；H_0 称为**哈勃常数**。利用

多普勒频移与光源速度之间的关系，可以把红移 z 换算成星系的退行速度 v，即

$$z=\left(\frac{c+v}{c-v}\right)^{1/2}-1 \tag{1.2.2}$$

当 $v \ll c$ 时，有 $z \approx v/c$，故式 (1.2.1) 给出

$$v=H_0 d \tag{1.2.3}$$

这显然是一个膨胀宇宙的结果。现在习惯上把哈勃常数表示为

$$H_0=100h\mathrm{km}\cdot\mathrm{s}^{-1}\cdot\mathrm{Mpc}^{-1} \tag{1.2.4}$$

其中，$h(0<h<1)$ 是一无量纲的参数，它也称为以 $100\mathrm{km}\cdot\mathrm{s}^{-1}\cdot\mathrm{Mpc}^{-1}$ 为单位的哈勃常数。哈勃当时测到的星系最大距离只有约 2Mpc，最大退行速度也只有约 $1000\mathrm{km}\cdot\mathrm{s}^{-1}$。而现代的测量结果 (例如图 1.12) 已大大超过了这个范围。

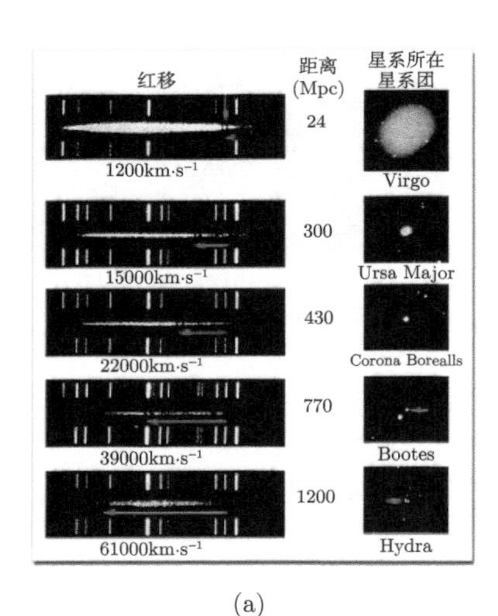

(a)

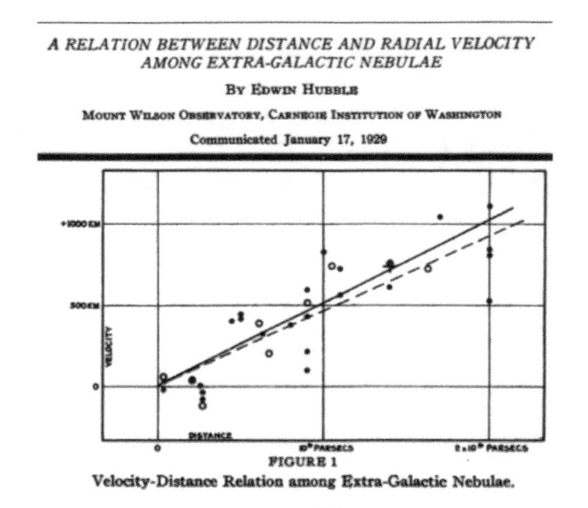

(b)

图 1.11　(a) 典型星系团中的星系距离–退行速度关系 (引自 Soares, 2009)；(b) 1929 年哈勃得到的星系距离 (横轴，单位为秒差距)–退行速度 (纵轴，单位为 km/s) 的原始结果 (引自 Hubble, 1929)

除了用距离–红移表示外，哈勃关系还可以用视星等–红移来表示。我们知道，天体的视星等、绝对星等与距离之间满足

$$m=5\lg d+M-5 \tag{1.2.5}$$

如果认为所有样本星系的绝对星等大致相同，即 M 可以看作常数，又由式 (1.2.1) 有 $d=cz/H_0$，则视星等–红移的关系化为

$$5\lg z=m+\text{常数} \tag{1.2.6}$$

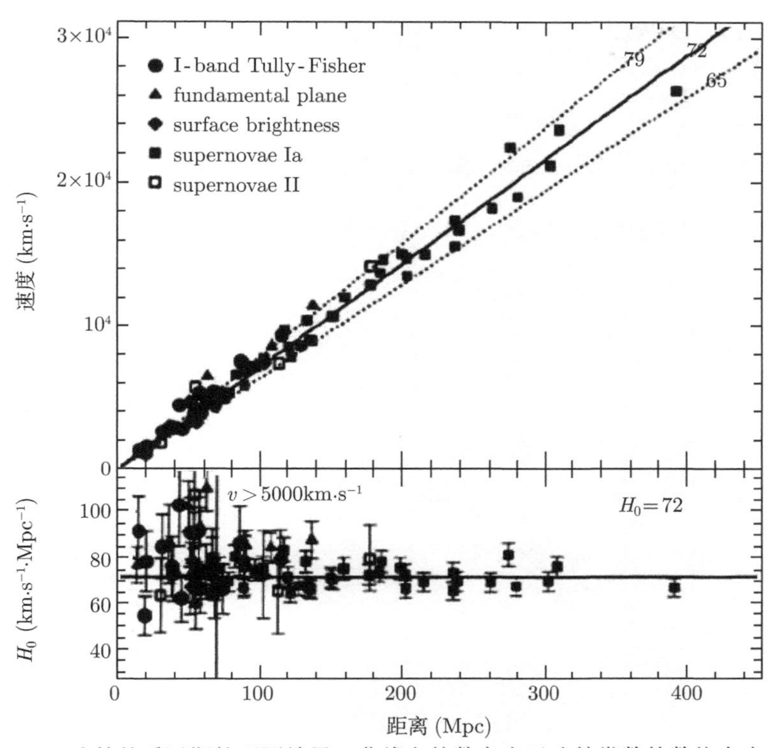

图 1.12 哈勃关系近期的观测结果，曲线上的数字表示哈勃常数的数值大小 (以 $\mathrm{km\cdot s^{-1}\cdot Mpc^{-1}}$ 为单位) (引自 Freedman et al., 2001)

图 1.13 给出的就是用视星等–红移表示的哈勃关系。这里我们要注意前面提到的 $v \ll c$ 的条件，故式 (1.2.1) 以及式 (1.2.6) 只对红移很小时 ($z \ll 1$，实际可以取 $z < 0.3$) 成立。当 z 较大时，宇宙曲率以及宇宙学常数的影响不再可以忽略，视星等–红移以及距离–红移 (退行速度) 之间的关系就变得相当复杂。

显然，哈勃关系的应用依赖于哈勃常数的准确测定。而哈勃常数测定的关键在于，必须利用**与红移无关**的方法，精密测量出一批星系的距离。历史上，哈勃常数的值曾经几度修正，例如，1929 年哈勃本人首次给出的值是 $H_0 = 500$(以 $\mathrm{km\cdot s^{-1}\cdot Mpc^{-1}}$ 为单位来表示)，1936 年考虑到星际消光的影响后，他把这一数值改为 526。20 世纪 50~60 年代，根据造父变星的分类和大量星系红移的数据分析，德国天文学家 W. Baade 和美国天文学家 A. Sandege 分别给出的数值是 $H_0 = 260$ 和 $H_0 = 98 \pm 15$。进入 20 世纪 70 年代后，H_0 的测定方法更加多样化和系统化，但两个在国际上都有重要影响的研究小组却长期持有不同的结论：一组以 A. Sandege 为首，认为 $H_0 = 50$；而另一组以法国天文学家 G. de Vaucouleurs 为首，坚持认为 $H_0 = 100$。2003 年，Spergel 等综合 WMAP 卫星以及其他微波

背景研究组的观测数据，得出的哈勃常数是 (Spergel et al., 2003)

$$H_0 = (72 \pm 3)\mathrm{km \cdot s^{-1} \cdot Mpc^{-1}} \quad 或 \quad h = 0.72 \pm 0.03$$

2018 年，由 Planck Collaboration 给出的最新结果是 (Planck Collaboration, 2018)

$$H_0 = (67.70 \pm 0.81)\mathrm{km \cdot s^{-1} \cdot Mpc^{-1}} \quad 或 \quad h = 67.70 \pm 0.81 \tag{1.2.7}$$

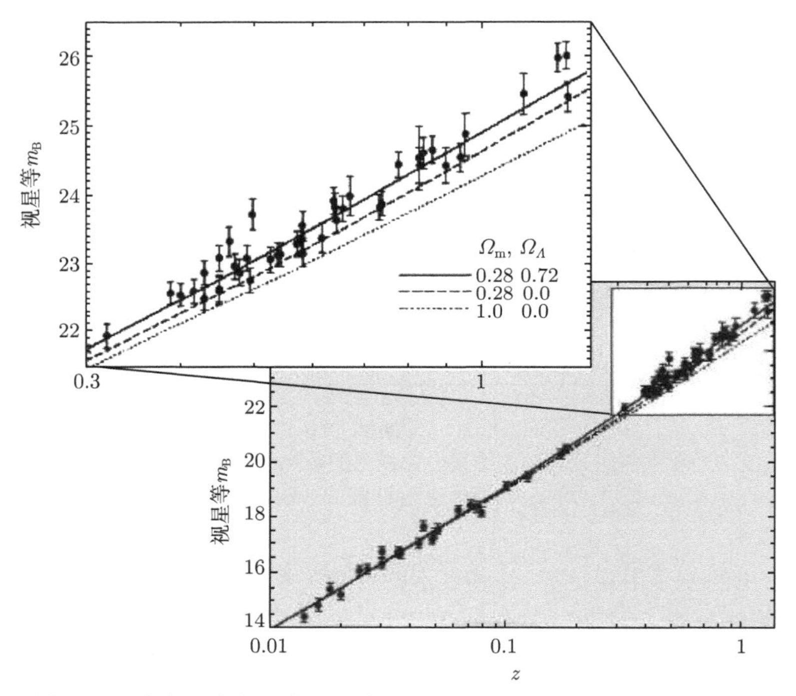

图 1.13 高红移超新星的视星等–红移关系 (引自 Knop et al., 2003)

我们再来看当 z 较大时的视星等–红移关系。由于 Ia 型超新星非常亮，且光度极大时的绝对星等相当确定 ($\simeq -19^m$)，故现在被用作遥远距离测定的重要“标准烛光”。20 世纪 90 年代中期，美国的两个超新星研究小组对一批高红移的 Ia 型超新星做了仔细测量。这两个小组一个是超新星宇宙学项目组 (supernova cosmology project，SCP)，另一个是高红移超新星搜寻组 (high-z supernova seach team)。他们测量了几十颗红移 $z > 0.4$ 的 Ia 型超新星，其中有 6 颗 $z > 1.25$，红移最大的是超新星 SN 1997ff，其红移达到 $z = 1.7$。这两个小组的观测结果如图 1.13 所示，显然这些高红移超新星的红移–视星等关系，既不同于当时人们普遍认为的 $\Omega_m \simeq 1$，$\Omega_\Lambda = 0$ 平直宇宙，也不同于 $\Omega_m \simeq 0.3$，$\Omega_\Lambda = 0$ 的开放宇宙，

而是相应于 $\Omega_{\mathrm{m}} \simeq 0.3$，$\Omega_{\Lambda} \simeq 0.7$。这也就是说，我们的宇宙应当是一个 $\Lambda \neq 0$ 的平直宇宙，现在的宇宙在加速膨胀。图 1.14 画出了由高红移超新星、宇宙微波背景辐射以及星系团的观测结果给出的 Ω_{m}-Ω_{Λ} 图，图中三条数据带的交汇处即为 Ω_{m}-Ω_{Λ} 的最佳取值点。所有这些结果综合起来表明，$\Omega_{\mathrm{m}} \simeq 0.3$，$\Omega_{\Lambda} \simeq 0.7$ 的平直宇宙模型在各个方面都能与观测结果相符合。

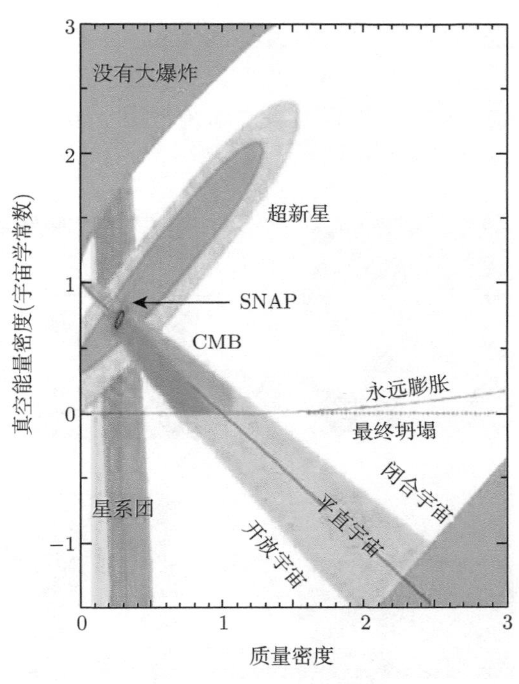

图 1.14 Ω_{m}-Ω_{Λ} 平面上的高红移超新星、宇宙微波背景辐射以及星系团的观测结果，三条数据带的交汇处即为 Ω_{m}-Ω_{Λ} 的最佳取值点 (引自 Aldering et al., 2004)

1.2.3 宇宙微波背景辐射

自伽莫夫与他的合作者提出宇宙极早期的核合成理论，并预言存在热力学温度 5K 的宇宙微波背景辐射 (CMB，即 cosmic microwave background radiation) 以后，在将近二十年的时间里，他们的理论逐渐被人们淡忘了。这样的情况一直持续到 1964 年。1964 年 5 月，贝尔电话实验室的两位工程师 A. Penzias 和 R. Wilson 在美国新泽西州的一个偏远小镇上，把一台号角型天线 (图 1.15(a)) 指向天空，以研究来自天空的无线电噪声。这台天线是为卫星通信而设计的，具有良好的抗干扰性能，能把来自地面的噪声减少在 0.3K 以下。当他们开始测量来自天空的噪声时，发现扣除了大气吸收和天线本身的影响后，还有一个 3.5K 的微波噪声相当显著。在认真检查了天线的每一个接缝，甚至清除了天线内的一个鸽子窝后，噪声依旧存在。持续一年的观测表明，这种噪声与天线在天空的指向无关，也与地球的周日运动、太阳运动无关。当时 Penzias 和 Wilson 并不知道伽莫夫等的工作。他们先是在 4080MHz，即 7.35cm 波长上测量，后来又在 75～0.3cm 的波段上进行了一系列的测量。当波长大于 100cm 时，由于银河系本身有强的超高频辐射，掩盖了来自银河系外的辐射，故不能进行测量。在小于 3cm 的波段，则只有在 0.9cm、0.3cm 几个窄小的大气窗口上，才能接收到来自地球之外的辐射。波长比 0.3cm 更短时，则只有到大气层外进行测量了。他们在不同波长处测量的结果，尽管数据点有限，但还是表明这种来历不明的辐射具有黑体辐射的特征，相应的温度为 3.5K。

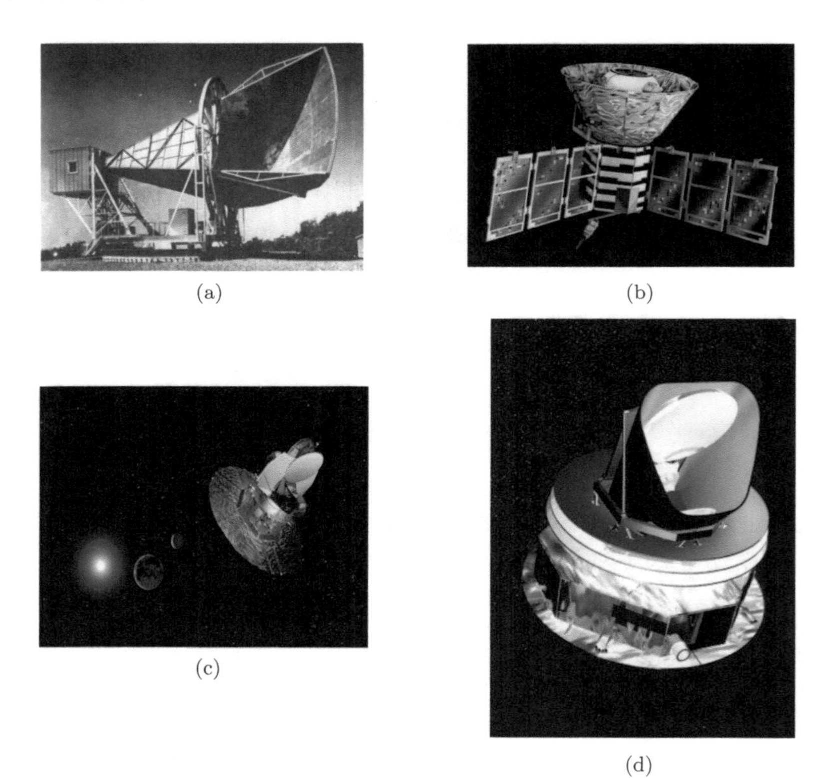

图 1.15　(a)Penzias 和 Wilson 1964 年使用的接收装置；(b)COBE 卫星；(c)WMAP 卫星；(d) Planck 卫星 (NASA 发布)

几乎与此同时，普林斯顿大学的 R. Dicke 等正着手制造一台小型天线，来探测理论家们曾预言的残存的宇宙早期热辐射。对于一个 5K 左右的黑体谱，其主要辐射应集中在微波波段。当 Dicke 小组获知 Penzias 和 Wilson 的发现后，立即前往访问。在观看了他们的天线设备并一起讨论了测量结果以后，Dicke 小组便断言，这就是他们所致力寻找的宇宙微波背景辐射。于是，双方商定同时在《天体物理杂志》(即 Ap. J.) 上发表自己的简讯。Dicke 小组文章的题目是《宇宙黑体辐射》。Penzias 和 Wilson 文章的题目是《在 4080MHz 上额外的天线温度测量》，他们在文中宣称："有效的天顶噪声温度的测量，得出一个比预期高约 3.5K 的值。在我们观察的限度以内，这个多余的温度是各向同性的，非偏振的，并且没有季节的变化。"

上述两篇简讯的发表，立即引起了人们极大的反响。人们期待进一步验证，天线的多余温度是否真正源自于宇宙太空背景。这其中最重要的是，热平衡辐射应当是各向同性的，而且不同频率辐射的能量密度分布应遵从普朗克定律。各向同性已经被 Penzias 和 Wilson 的观测证实了，因此这一多余温度相应的辐射是否能在不同波长上符合普朗克定律，就成为确认该辐射是否是宇宙学起源的关键。

许多天文学家使用地面和空间的各种探测设备，在各个波段对该辐射做了细致和高精度的测量。1965 年，Dicke 小组的 P. Roll 和 D. Wilkinson 完成了在 3.2cm 波长上的测量，结果是 (3.0 ± 0.5)K。不久，T. Howell 和 J. Shakeshaft 在 20.7cm 上测得 (2.8 ± 0.6)K，随后 Penzias 和 Wilson 在 21.1cm 上测得 (3.2 ± 1)K。从 3K 黑体辐射的能谱来看，辐射强度的高峰应在 0.1cm 附近，但这一波长处在远红外范围，大气对它的吸收很强烈。于是康奈尔大学的火箭小组和麻省理工学院的气球小组分别进行了观测，并于 1972 年证实，远红外区域的背景辐射具有 3K 的黑体辐射谱性质。1975 年，加州大学伯克利分校 D. Woody 领导的气球小组确定，从 0.25cm 到 0.06cm 波段的背景辐射，也处于 2.99K 黑体温度的分布曲线范围内。至此，所有的观测数据都已经肯定，背景辐射来自宇宙，并具有大约 3K 温度的黑体谱。这就最后确认了 3K 宇宙微波背景辐射的存在，从而使大爆炸宇宙学得到了决定性的观测支持。因为 Penzias 和 Wilson 的发现大大推动了宇宙学的进展，他们荣获了 1978 年的诺贝尔物理学奖。可以说，宇宙微波背景辐射的发现是继哈勃发现星系整体退行后，观测宇宙学取得的第二个巨大成就。

鉴于宇宙微波背景辐射的极端重要性，NASA 决定发射专用卫星对它进行持续研究。1989 年 11 月 18 日，COBE 卫星 (图 1.15(b)) 发射升空，其研究团队 (包括各种技术支持人员) 约有 1000 人，领导者是 J. Mather 和 G. Smoot。COBE 卫星主要有三个组成部分：① 远红外绝对分光测量仪，能以 10^{-3} 的精度测量 CMB 的黑体谱谱形；② 较差微波辐射计，能以 10^{-6} 的精度测量 CMB 的各向异性；③ 弥漫红外背景实验仪，能探测 $1 \sim 3\mu$m 波段的弥漫红外背景，可以对来自早期宇宙的弥漫红外光 (宇宙第一代恒星、星系发出的辐射) 进行极高灵敏度的搜寻。发射后的第二年即 1990 年，COBE 卫星就得到了宇宙微波背景辐射十分理想的

黑体辐射谱形 (图 1.16(a))，它与普朗克的黑体辐射定律高度符合，相应的温度是

$$T = (2.736 \pm 0.016)\mathrm{K} \tag{1.2.8}$$

1992 年，COBE 又测出了 CMB 的各向异性以及温度涨落的空间分布。各向异性中的偶极各向异性 (图 1.16(b)) 是由地球的空间运动所引起的，即地球相对于弥漫全宇宙的背景辐射运动。在地球上看来，运动前方的背景辐射温度会略高一些，而背向地球运动方向的辐射温度会略低一些，这也就是我们熟知的多普勒频移。由偶极各向异性得出，太阳相对于宇宙微波背景辐射的运动速度约为 $370\mathrm{km \cdot s^{-1}}$，方向为 $\alpha \approx 168°$，$\delta \approx -7°$。扣除掉偶极各向异性后，全空间的背景辐射温度涨落 (图 1.16 (c)~(e)) 幅度很小，仅为

$$\frac{\Delta T}{T} \simeq 10^{-5} \tag{1.2.9}$$

这表明宇宙微波背景辐射是高度各向同性的。另一方面，微小的温度涨落正是宇宙极早期微小的密度涨落的反映。今天的宇宙结构就是由这些微小的密度涨落演化而来的，可以说，它们是宇宙物质积聚成恒星和星系的“种子”。正如后来诺贝尔奖评委会提供的介绍材料中所说的那样，“如果没有这样的涨落，那么今天的宇宙很可能完全不是现在这个样子，宇宙中的所有物质也许始终像淤泥一样均匀分布。” 因此，通过背景辐射涨落的测量，可以回溯宇宙的“婴儿时代” 的场景，并深入了解宇宙中恒星和星系的形成过程。

总之，COBE 实现了对宇宙微波背景辐射的精确测量。它发现了背景辐射严格的黑体谱形式，从而确认了宇宙早期是一个热宇宙，为宇宙起源的大爆炸理论提供了最有力的支持。背景辐射的高度各向同性表示，宇宙中物质的分布是高度各向同性的，这与上面星系大尺度分布均匀各向同性的结果一起为标准宇宙学模型的主要框架——宇宙均匀各向同性——提供了最关键的观测证据。同时，COBE 关于背景辐射微小各向异性的测量结果，对早期宇宙密度扰动的研究也是一个巨大的推动。正是由于这些成就，COBE 团队的领导者 J. Mather 和 G. Smoot 荣获了 2006 年诺贝尔物理学奖。诺贝尔奖评委会的公报说，他们的工作使宇宙学进入了“精确研究” 的时代。霍金 (S. Hawking) 也对此评论说，COBE 的研究成果堪称 20 世纪人类最重要的科学成就之一。涉及宇宙微波背景辐射的工作两次获得诺贝尔奖，可见微波背景辐射对现代宇宙学的重要性。

在 COBE 成功的基础上，2001 年和 2009 年，WMAP(Wilkinson Microwave Anisotropy Probe) 卫星和 Planck 卫星也相继发射升空，对宇宙微波背景辐射进行了更精确的观测。与图 1.16(c) 所示 COBE 的结果相比较，我们看到 WMAP(图 1.16(d)) 和 Planck(图 1.16(e)) 的温度测量分辨率有了大幅度提高。综合这两颗

卫星的测量结果，目前普遍采纳的宇宙微波背景辐射的温度是 (参见后文 1.2.7 节中的表 1.4)

$$T = (2.725 \pm 0.002)\text{K} \tag{1.2.10}$$

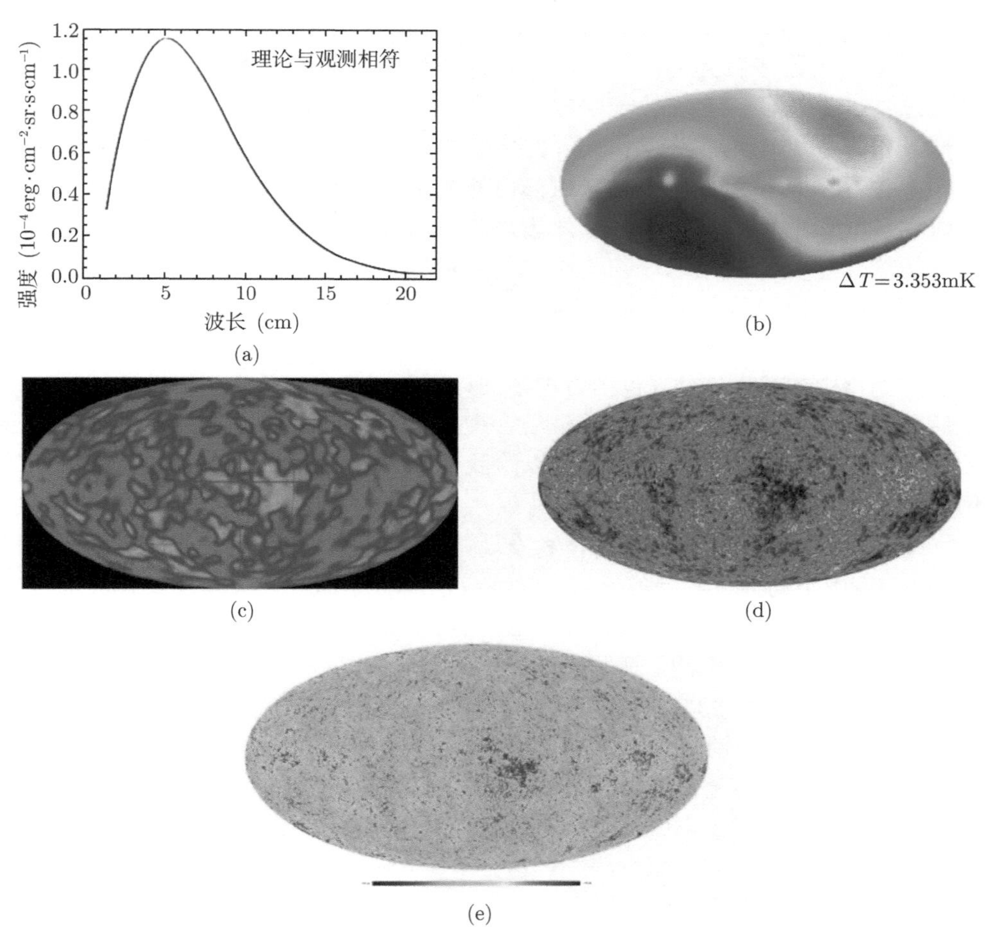

图 1.16 (a)COBE 探测到的 CMB 黑体辐射谱型 (引自 Mather et al., 1994)；(b)COBE 探测到的 CMB 偶极各向异性；(c)COBE、(d)WMAP 和 (e)Planck 分别探测到的 CMB 温度涨落 (引自 Bennett et al., 1996, 2003; Planck Collaboration, 2018a)

1.2.4 宇宙中的元素丰度

天然的化学元素有九十多种，但它们在自然界中的含量相差十分悬殊。有的元素十分丰富，有的却极其稀少。地学界很早就开始测量地球上各种元素重量 (质量) 的百分数，这就是元素的丰度。天体物理学也同样关注元素的丰度，一方面是为了了解宇宙中化学成分的总体构成，另一方面则是为了探究化学元素本身的起源。现在我们知道，元素的丰度与恒星、星系乃至整个宇宙的演化历史有关，因此，通过对目前宇宙元素丰度的观测，我们就可以更深入地了解宇宙中各种天体包括宇宙自身的演化历史。

初看上去，我们的地球只是浩瀚宇宙中的小小一隅，从这里去研究整个宇宙的化学组成是无法做到的。但是，尽管存在实际上的巨大困难，科学工作者还是通过许多办法，积累了关于宇宙中元素丰度的大量数据。首先，我们可以从地球开始，分析地壳、海洋和大气的化学组成，并考虑到一部分物质会散失到空间中去，以及各种元素在地球内部可能的重新分布，就可以计算出地球在形成时各种元素的比例。第二，天外飞来的陨石，应该是远古时代的遗物，它们所经历的化学变化要比地球物质小一些，可以更真实地反映宇宙化学成分的情况。第三，宇航员从月球上、空间飞行器从其他行星上带回来的岩石样品或地质分析资料，也是重要的实物证据。第四，对于太阳系以外的天体以及星云，可以通过光谱中的元素谱线 (包括射电谱线以及分子谱线) 及其强度，相当准确地了解天体表面的化学成分，然后再结合理论模型得到天体内部的元素丰度。最后，来自宇宙深处的宇宙射线，可以给我们带来远至银河系以外的物质组成的信息。

综合所有这些资料，科学工作者发现，由不同途径得到的元素丰度结果大体相同，宇宙中不同地点的同类天体化学组成也很相近。例如，表 1.1 给出了一些典型星系中的氦丰度，显然它们的大小相差不多。总体来看 (图 1.17)，宇宙中最丰富的元素是氢，它占宇宙原子总数的 93%和质量的 76%；其次是氦，大约占原子总数的 7%和质量的 23%。仅这两种元素就占了宇宙原子总数的几乎 100%和质量的 99%。剩下微不足道的比例，就是从锂到铀的所有元素，而且最重的那些元素，按原子数目只有全部原子数目的亿分之一，按质量计也只有百万分之一。此外，一般说来，元素的丰度随着原子量的增加而下降。上述结果表明了，宇宙中各处的物质在元素组成方面有着统一性。由此看来，这些元素也应当有一个统一的起源和演化的模式。我们知道，到铁族为止的重元素，是由恒星内部的核反应产生的，铁之后的重金属元素是在超新星爆炸的过程中形成的。而像氦、锂、铍、硼这些轻元素，它们的起源只能是宇宙早期的核合成。

表 1.1　典型星系的氦丰度

星系名称	Y	星系名称	Y
银河系	0.29	NGC4449	0.28
小麦哲伦星云	0.25	NGC5461	0.28
大麦哲伦星云	0.29	NGC5471	0.28
M33	0.34	NGC7679	0.29
NGC6822	0.27		

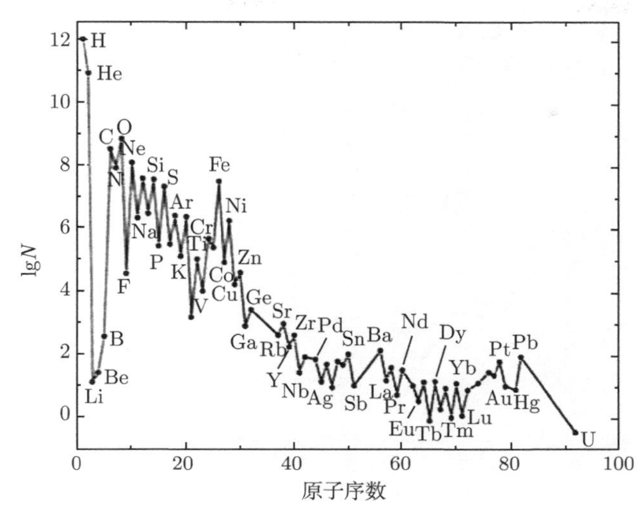

图 1.17 太阳光球中元素丰度的相对分布 (归一化到 10^{12} 个氢原子，引自 Carroll & Ostlie, 2007)

1.2.5 宇宙的年龄

宇宙年龄的估计与宇宙中各种天体的年龄测定密切有关，因为宇宙的年龄必定要大于其中最古老天体的年龄。下面我们来看几个典型的例子。

1. 地球与太阳系

现在普遍认为，地球与太阳系中的其他天体 (包括太阳) 是同时形成的，也就是说，它们具有相同的年龄，并且在形成时具有相同的初始元素丰度。在此后的漫长时间里，地球和其他所有行星由于自身没有热核反应，化学元素发生变化的唯一途径是重元素的放射性衰变。因此，放射性同位素方法很早就被用于测定地球的年龄。

在历史上，化学元素曾在很长时间里被看作是物质的基元，是永恒不变的。例如，直到 1907 年，尽管放射性衰变的证据已有很多，当时最有名望的一些物理学家 (例如开尔文勋爵 (威廉・汤姆孙)) 仍然坚持认为，化学元素是不会有演化的。1908 年，卢瑟福发表了放射性衰变理论，元素演化的观点才被科学界广泛接受。

放射性衰变的规律发现后，卢瑟福很快意识到，可以用元素的衰变作为测量时间的一种 “钟”。今天的同位素年代学就是这样产生的。例如，^{14}C 被广泛应用于考古学，是因为它的半衰期为 5570 年，与人类文明史的时间长度差不多，故可以用来有效地鉴定各种古物的年代。但宇宙的年龄有 100 亿年的量级，^{14}C 的半衰期就远远不够了，因此必须寻找半衰期为几十亿、上百亿年的元素才行。具有这样长半衰期的放射性元素之一就是铀。现在知道，铀有两种同位素，即 ^{235}U 和

^{238}U。设这两种同位素的衰变率分别为 λ_{235} 和 λ_{238}，初始丰度分别为 $^{235}\mathrm{U}_0$ 和 $^{238}\mathrm{U}_0$，则经过一段时间 T 后，两者的丰度值将各自变为

$$^{235}\mathrm{U} = {}^{235}\mathrm{U}_0 \exp(-\lambda_{235} T) \tag{1.2.11a}$$

$$^{238}\mathrm{U} = {}^{238}\mathrm{U}_0 \exp(-\lambda_{238} T) \tag{1.2.11b}$$

这两式之比给出

$$\frac{^{235}\mathrm{U}}{^{238}\mathrm{U}} = \frac{^{235}\mathrm{U}_0}{^{238}\mathrm{U}_0} \exp\left[(\lambda_{238} - \lambda_{235})\, T\right] \tag{1.2.12}$$

由此可得

$$T = \frac{1}{\lambda_{238} - \lambda_{235}} \left[\ln \frac{^{235}\mathrm{U}}{^{238}\mathrm{U}} - \ln \frac{^{235}\mathrm{U}_0}{^{238}\mathrm{U}_0}\right] \tag{1.2.13}$$

其中，衰变率为

$$\lambda_{235} = 9.71 \times 10^{-10}\mathrm{yr}^{-1}$$

$$\lambda_{238} = 1.54 \times 10^{-10}\mathrm{yr}^{-1} \tag{1.2.14}$$

因为 ^{235}U 比 ^{238}U 更快地衰变，这就造成现在地球上的铀中，主要成分是 ^{238}U，而 ^{235}U 的含量很少。目前这两者的丰度比为 $^{235}\mathrm{U}/^{238}\mathrm{U} = 7.23 \times 10^{-3}$。值得注意的是，这个比值对于地球、月球上的岩石采样，以及对于天外飞来的陨石采样都是一样的，这说明太阳系的天体有共同的形成时刻。根据 $^{235}\mathrm{U}/^{238}\mathrm{U}$ 目前的值，并设 $^{235}\mathrm{U}_0/^{238}\mathrm{U}_0 = 1.65$，式 (1.2.13) 给出

$$T = \frac{\ln 1.65 - \ln 0.00723}{(9.71 - 1.54) \times 10^{-10}\mathrm{yr}^{-1}} = 6.6\mathrm{Gyr} \quad (1\mathrm{Gyr} = 10^9\mathrm{yr}) \tag{1.2.15}$$

根据铀的衰变产物铅同位素的丰度比 ($^{207}\mathrm{Pb}/^{204}\mathrm{Pb}, {}^{206}\mathrm{Pb}/^{204}\mathrm{Pb}$)，以及 $^{238}\mathrm{U}/^{232}\mathrm{Th}$，$^{187}\mathrm{Re}/^{187}\mathrm{Os}$ 等其他放射性同位素丰度比，类似的分析和推算得出，地球的年龄是 46 亿年 (4.6Gyr)，这也被认为是太阳系的年龄。

但是，46 亿年只代表太阳系中岩石的年龄，并不是铀等重元素本身的年龄，因为太阳系不会自发产生出这些重元素。由此推测，太阳系诞生之前，在其将形成的位置附近，一定至少发生过一次超新星爆发，使得该处的星际气体中含有了重元素，这些气体后来就形成了太阳系。地球上现在开采出来的铀，就是那时超新星爆发的遗物，它们的年龄肯定比太阳系的年龄要大。现在认为，形成太阳系中重元素的那些超新星爆发，大约是在距今 50 亿 ~100 亿年前发生的，而且其中至少有一次发生在太阳系诞生之前的 1 亿 ~2 亿年前。这样看来，我们银河系的寿命至少已有 100 亿年之久。

2. 银河系内的贫金属星

对银河系内贫金属星的光谱观测，能够使我们更直接地估计银河系的年龄。例如 K 型巨星 CS 22892-052 就是一颗贫金属星，在它的光谱中首次发现了钍元素 (^{232}Th) 的谱线。对这颗星的光谱观测表明，由快速核过程形成的较稳定元素的相对丰度，与太阳系中同类元素的相对丰度是一致的。但其中 ^{232}Th(其半衰期为 140 亿年) 是个例外，它的丰度要低很多。根据观测到的钍丰度估计出，该元素的年龄应当是 (14.1 ± 3)Gyr。

相对于 ^{232}Th，^{238}U 的放射性衰变要更快些。因此，只要在恒星的光谱中能观测到钍和铀的谱线，就可以利用它们的丰度比计算出该恒星的年龄。在 CS 22892-052 的光谱中没有观测到铀的吸收线，但在其他两颗类似的贫金属星 CS 31082-001 和 BD $+17°$3248 中，观测到了铀的谱线。在 CS 31082-001 中，$^{238}\mathrm{U}/^{232}\mathrm{Th} = 10^{-0.74\pm0.15}$，而这一比值的初始值估计在 $10^{-0.255} \sim 10^{-0.10}$。由此利用式 (1.2.13) 所示的方法，可以计算出该星的年龄为 (12.5 ± 3)Gyr。类似地，BD $+ 17°$3248(图 1.18) 的年龄估计为 (13.8 ± 4)Gyr。2007 年发现的一颗贫金属星是 HE 1523-0903，用上述方法得到的年龄估计为 13.2Gyr。

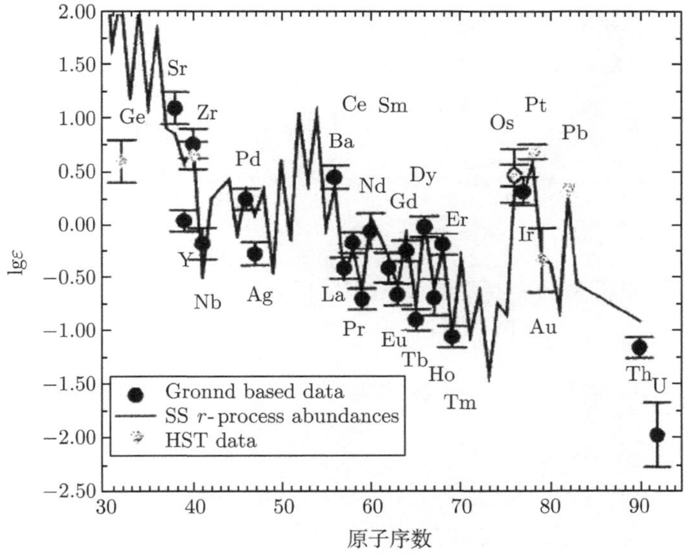

图 1.18　地面观测和哈勃空间望远镜观测得到的贫金属星 BD+17°3248 中，重元素的丰度分布 (引自 Weinberg，2008)

3. 球状星团

球状星团被认为是宇宙中最古老的天体。一个球状星团中包含多至百万颗恒星，可以把它们的光度和光谱型画在一张赫罗图上，称为星团赫罗图。星团中的恒星可以看成是同时形成的，但它们的质量不同，故演化的快慢也不同。此外，因为由同一星云所形成，故这些恒星可以看成具有相同的化学组成。在星团中，质量大的恒星演化得快，故先离开主星序，因此在星团赫罗图上就出现主序转向点 (图 1.19)。显然，星团越年轻，主序转向点越靠近主序上方。反之，星团越老，主序转向点越下降。这样，星团赫罗图上转向点位置的高低就直接显示出星团年龄的大小。实际研究中，首先是根据恒星演化理论计算出不同年龄、不同化学成分的各种星团的赫罗图，然后，再把观测到的星团赫罗图与理论赫罗图相比较，这样就可以得出星团的年龄。目前，宇宙中最古老的球状星团的年龄估计是 $t_{\rm GC} \approx 13 \sim 17{\rm Gyr}$，这也就给出了宇宙年龄的下限。

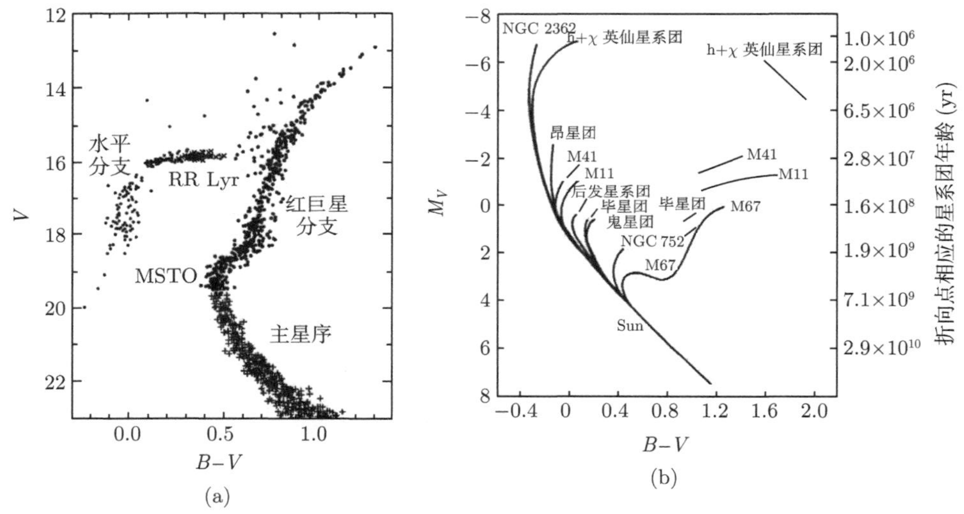

图 1.19 (a) 球状星团 M15 的赫罗图 (引自 Chaboyer, 1998)；(b) 一些典型球状星团的赫罗图 (引自 Carroll & Ostlie, 2007)

4. 白矮星的冷却

白矮星的年龄也可以用来估计宇宙年龄的大小。白矮星是低质量恒星演化晚期的产物，其内部的核燃料已经耗尽，内部结构不再发生变化，从而没有新的能量产生。它发出辐射靠的是自身热能的消耗，因此星体的温度和光度将逐渐降低，即白矮星将逐渐变冷变暗。光度和温度的下降速率是可以根据理论模型计算出来的，例如，对质量为 M 的白矮星，光度随时间的变化为

$$L \propto Mt^{-7/5} \tag{1.2.16}$$

因此白矮星的光度函数应有一个锐截止，即年龄超过一定限度时光度急剧下降，这个结果在银河系银盘部分的恒星中已经观测到了。由这一观测结果给出白矮星的

年龄估计为 (9.3 ± 2)Gyr。但宇宙的年龄肯定要比白矮星长，因为在白矮星形成之前，恒星还要经历演化，而且该恒星也是在宇宙诞生很久之后才形成的。综合这几方面的考虑，由白矮星的观测结果推算出来的宇宙年龄大约在 (15 ± 2)Gyr，即 130 亿 ~170 亿年。

5. 宇宙学模型给出的宇宙年龄

以上我们讨论了一些典型天体的年龄估计，它们给出了实际宇宙年龄的下限。另一方面，不同的宇宙学模型也都给出了各自的宇宙年龄。因此，可以通过与上面的观测结果对比，来判断宇宙学模型的合理性。例如，最简单的办法是由哈勃常数的观测值估计宇宙的年龄。假设对任何给定的星系，由式 (1.2.3) 给出的退行速度 v 保持不变，把这样一个星系的运动倒推回去，回到汇聚点 (出发点) 的时间是

$$t \approx d/v = H_0^{-1} \tag{1.2.17}$$

这一时间代表的宇宙年龄称为**哈勃年龄**。根据哈勃常数目前的观测值，哈勃年龄是

$$H_0^{-1} \simeq 9.78h^{-1}\text{Gyr} \;\Rightarrow H_0^{-1} \simeq 13.6\text{Gyr} \quad (\text{取}h \simeq 0.72) \tag{1.2.18}$$

这一结果看起来与上面几个例子的结果是一致的。但实际的宇宙年龄并不简单地就是哈勃年龄，因为哈勃常数本身并不真的是“常数”，而是随时间变化的。星系过去的退行速度要比现在大，这就使得实际宇宙年龄变得比哈勃年龄小。按照标准宇宙学模型的计算，对于一个纯物质宇宙 (即 $\Omega_\text{m} = 1$，$\Omega_\Lambda = \Omega_k = 0$)，其年龄应当是

$$t_0 = \frac{2}{3H_0} \simeq 9.0 \times \left(\frac{72\text{km} \cdot \text{s}^{-1} \cdot \text{Mpc}^{-1}}{H_0}\right) \text{Gyr} \tag{1.2.19}$$

这一年龄比上面介绍的球状星团或白矮星的年龄还要小，显然是不合逻辑的，这就是 20 世纪 90 年代，标准宇宙学模型曾面临的最严峻挑战。幸运的是，不久以后 Ia 型超新星的观测结果发现了宇宙加速膨胀，从而使这一矛盾得到了解决。在加速膨胀的情况下，宇宙的年龄将比没有加速膨胀时的更长，结果是 (图 1.20)

$$t_0 \simeq 13.7 \times \left(\frac{72\text{km} \cdot \text{s}^{-1} \cdot \ \text{Mpc}^{-1}}{H_0}\right) \text{Gyr} \tag{1.2.20}$$

显然，这一结果可以与上面典型天体的结果相一致。

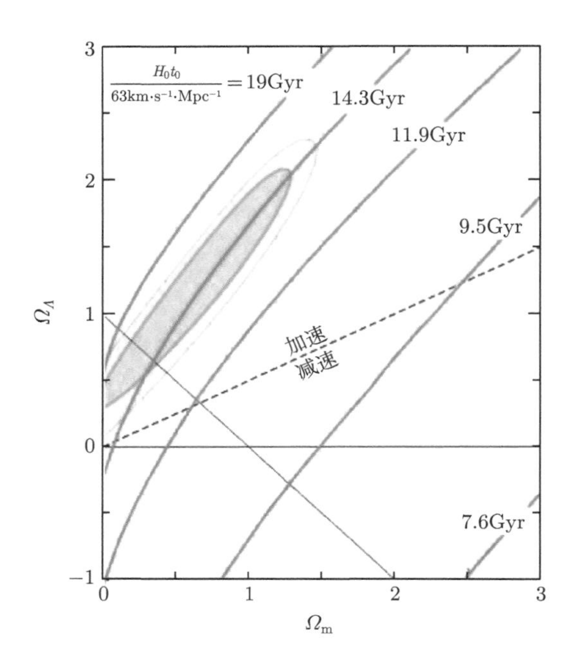

图 1.20　$\Omega_\text{m}, \Omega_\Lambda$ 取不同值时的宇宙年龄 (引自 Perlmutter et al., 1999)

1.2.6　宇宙中的物质组成

大量的观测证据表明，宇宙的总物质构成中，能够发光的物质 (**重子物质**) 只占很少的部分，其余大部分属于不发光的**暗物质**。这些证据主要有以下几点。

1. 旋涡星系的转动曲线

旋涡星系的动能主要是转动动能，例如太阳附近的恒星围绕银河系中心的转动速度为 $200 \sim 300\text{km}\cdot\text{s}^{-1}$，而随机运动的速度只有 $0 \sim 10\text{km}\cdot\text{s}^{-1}$，故可以认为恒星 (包括星际气体) 沿着圆轨道绕星系核转动。设恒星轨道半径为 r，速度为 v，则按照牛顿定律有

$$\frac{GM}{r^2} = \frac{v^2}{r} \tag{1.2.21}$$

其中，M 为轨道半径 r 以内的星系质量，它可以表示为

$$M = \frac{v^2 r}{G} = 2 \times 10^{11} \left(\frac{v}{250}\right)^2 \left(\frac{r}{10}\right) M_\odot \tag{1.2.22}$$

式中，v 的单位是 $\text{km}\cdot\text{s}^{-1}$；$r$ 的单位是 kpc。

如果星系的质量集中在中心附近，则在距中心较远处 M 可以看成是常数，此时由式 (1.2.22) 应有 $v \propto 1/r^{1/2}$。这就是熟知的开普勒运动的轨道速度分布。但近几十年来，用射电 21cm 谱线观测到的大多数旋涡星系，包括银河系在内，速

度分布曲线 (即**转动曲线**) 并不遵从开普勒轨道速度的变化规律，而是在很大一段范围内保持为近似平坦 (图 1.21)。这说明旋涡星系的质量分布，并不是如我们所看到的恒星那样集中在星系的中心附近，而是分布在一个比星系可见部分更大的范围。通常把星系全部质量分布的区域称为星系晕。显然在整个星系晕中，发光的恒星以及气体只占据星系总质量的一小部分，其余的大部分即为暗物质。

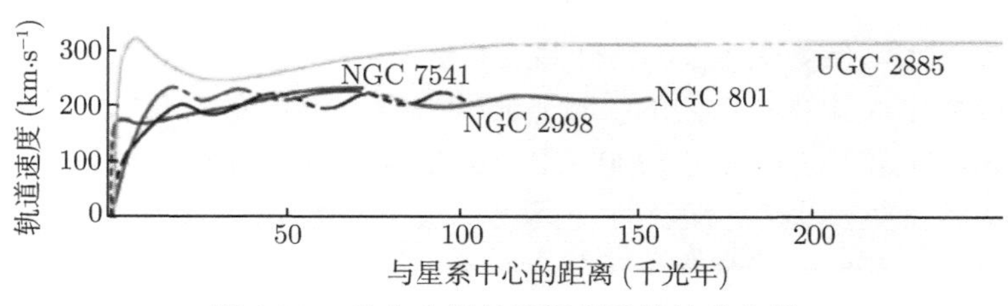

图 1.21 几个典型的旋涡星系的转动曲线

在图 1.21 所示的平性转动曲线下，设这一转动速度为 v_0，则星系物质总密度分布 $\rho(r)$ 应满足式 (1.2.22)

$$M(r)=\frac{v_0^2 r}{G} \tag{1.2.23}$$

以及

$$M(r)=\int_0^r \rho(r')4\pi r'^2\mathrm{d}r' \tag{1.2.24}$$

由此两式容易得出

$$\rho(r)=\frac{v_0^2}{4\pi r^2 G}\propto\frac{1}{r^2} \tag{1.2.25}$$

这就是平性转动曲线下，星系物质 (主要是暗物质) 应满足的密度分布。

2. 各种星系的质光比

椭圆星系的质量测定可以通过位力定理求出，即

$$2T+V=0 \tag{1.2.26}$$

这里，T 是平均动能；V 是平均引力势能，它们分别定义为

$$T=\frac{1}{2}M\langle v^2\rangle,\quad V=-\frac{1}{2}GM^2\left\langle\frac{1}{r}\right\rangle \tag{1.2.27}$$

其中，$\langle v^2\rangle$ 为恒星的均方速度；$\langle 1/r\rangle$ 为恒星之间距离的倒数平均值；M 为星系的总质量。因而位力定理 (1.2.26) 给出

$$M=\frac{2\langle v^2\rangle}{G\langle 1/r\rangle} \tag{1.2.28}$$

这里要强调的是，这样求出的质量是**动力学质量**，即包括所有物质的质量，特别是暗物质也包括在内。上面旋涡星系转动曲线的方法，所求得的星系质量也是动力学质量。观测表明，所有星系的动力学质量总是大于**光度质量** (即利用恒星的计数统计，由恒星的光度而得到的相应质量)。通常把动力学质量与光度之比 M/L 定义为**质光比**，并采用太阳的质量与光度之比 $M_\odot/L_\odot$ 作为计量单位。表 1.2 列出了不同类型星系的质光比，以及气体质量 $M_{\rm gas}$ 与总质量之比。由表 1.2 可以看出，所有星系的质光比均显著大于 1，且椭圆星系的质光比一般要比旋涡星系的大许多。如果也用位力定理计算星系团的质量，则我们会发现星系团的质光比更大。例如对富星系团，质光比通常可达 $(200\sim300)hM_\odot/L_\odot$($h$ 即为以 $100{\rm km\cdot s^{-1}\cdot Mpc^{-1}}$ 为单位的哈勃常数)。这充分表明，星系以及星系团的总质量中，发光的重子物质只贡献很少的一部分，其余绝大部分应归于不发光的宇宙暗物质。

表 1.2　不同类型星系的质光比以及气体质量与总质量之比

星系类型	$M/L\ (M_\odot/L_\odot)$	$M_{\rm gas}/M$
椭圆星系	20~40	$\leqslant 10^{-6}$
旋涡星系 S0	10~15	—
旋涡星系 Sa, SBa	10~13	—
旋涡星系 Sb, SBb	~10	0.05
旋涡星系 Sc, SBc	<10	0.1
不规则星系	~3	0.2

我们还可以来估算一下，宇宙的总质量密度与**临界密度**之比。根据最近的观测结果，宇宙中每 ${\rm Mpc}^3$ 体积内，各种发光物质产生的总光度是

$$\mathcal{L}=(2\pm0.2)\times10^8hL_\odot{\rm Mpc}^{-3} \tag{1.2.29}$$

而宇宙的临界密度 (见第 2 章，式 (2.2.45)) 是

$$\rho_{\rm c}=1.88\times10^{-29}h^2\ {\rm g\cdot cm^{-3}}=2.78\times10^{11}h^2M_\odot{\rm Mpc}^{-3} \tag{1.2.30}$$

这给出

$$\rho_{\rm c}/\mathcal{L}=(1390\pm140)hM_\odot/L_\odot \tag{1.2.31}$$

如果取宇宙总体的平均质光比为 $M/L=(213\pm53)hM_\odot/L_\odot$，则可以求得宇宙的物质密度与临界密度之比 $\Omega_{\rm m}$(即第 2 章定义的**宇宙密度参数**)：

$$\Omega_{\rm m}=\frac{M/L}{\rho_{\rm c}/\mathcal{L}}=0.15\pm0.02 \tag{1.2.32}$$

这一比值比其他方法 (例如 CMB 各向异性的测量以及超新星红移–光度关系) 所得结果要小一些，但重要的是，它肯定是小于 1 的。我们将在第 2 章中讨论到，这一结果意味着宇宙学常数不为零，也就是宇宙中存在暗能量。

3. 引力透镜

遥远光源发出的光线，经过一个大质量天体的附近时会由于引力而发生偏折。光线偏折的结果可能使观测者看到光源的双像或多重像 (参见第 8 章中图 8.8)，还可能使光源的视轮廓及视亮度发生变化，这一现象就称为**引力透镜**。产生引力透镜作用的天体称为透镜天体。透镜天体可以是恒星，也可以是星系，但更大的可能是宇宙中的暗物质团块或暗晕。例如近年来在许多星系团中发现有大量密集的小光弧 (arclets，参见第 8 章中图 8.13)，这些小光弧就是远处背景星系的畸变像，是由星系团中暗物质团块的引力透镜作用而形成的。现在，通过对小光弧的研究，已经可以重构出透镜星系团的质量分布图，由此可计算出星系团的质量。结果表明，用这一方法得到的质量，与前面所述的动力学方法得出的结果符合得很好，即星系团的总质量要大于其中发光星系的质量总和。这表明星系团中必定有大量暗物质存在。我们将在第 8 章中对引力透镜现象作进一步的讨论。

就其本质来说，暗物质可以分为两大类：重子暗物质和非重子暗物质。重子参与电磁作用，本身是可以发光的，但在某些情况下缺乏发光的条件，就变成了重子暗物质。例如不发光的行星、死亡的恒星 (如温度极低的白矮星、黑矮星)，以及没有引起核聚变的暗弱褐矮星等。但 WMAP 的观测结果表明，在整个宇宙暗物质中，重子暗物质的比率很小，宇宙暗物质主要是非重子暗物质 (图 1.22)。这一结果与根据宇宙轻元素丰度的观测得到的宇宙重子密度 (图 3.7) 完全一致。

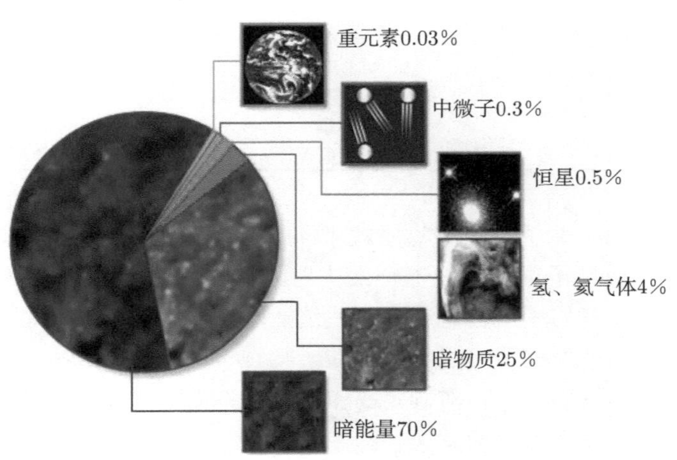

图 1.22 宇宙物质 (能量) 的组成 (引自 esa/hubble(哈勃空间望远镜官网), 2006)

非重子暗物质粒子不参与电磁相互作用，因而不会发光，通常把它们称为 WIMP(weakly interacting massive particles)，即有质量弱作用粒子。它们之间，以及它们与其他种类的粒子之间，只有引力作用和弱相互作用。目前我们还不了解暗物质粒子到底是什么粒子，只能猜测有一些可能的候选者 (表 1.3)，其中热、温、冷等物理性质表明的是，它们在退耦时随机运动速度的大小。例如，弱相互作用的退耦温度为 $T_{\rm d} \sim 10^{11}$K，相应的动能约为 1MeV。如果粒子的静质量 $mc^2 > kT_{\rm d}$，则它们在退耦时具有质量大、速度慢的特点，因而称为**冷暗物质** (CDM)。而对于 $mc^2 < kT_{\rm d}$ 的粒子，它们的质量小，在退耦时的热运动速度仍接近光速，因而称为**热暗物质** (HDM)。现在知道，中微子有三种类型，即电子型、μ 子型和 τ 子型，它们代表三种不同的弱作用本征态，而且三种态之间可以相互转化，即中微子振荡。根据粒子物理的理论，不同类型中微子之间的转变即意味着中微子的静质量不为零。近年来关于中微子振荡的实验结果表明，中微子静质量的下限为 0.06eV；另一方面，Planck Collaboration(2018) 的观测结果给出，中微子静质量的上限大约是 0.12eV(95%置信度)。这样，人类“从地到天”实验观测的总结果表明，中微子的确具有不为零的静质量，这一质量的取值范围约为 $0.06\text{eV} < \sum m_{\rm v} < 0.12\text{eV}$，故中微子应属于热暗物质，且所有中微子对宇宙密度参数的贡献大约只有 $\Omega_{\rm v} < 0.003$。除了冷、热暗物质之外，介于它们之间的称为**温暗物质** (WDM)，它们各方面的物理性质像是冷热两种暗物质的折中。

表 1.3 一些可能的非重子暗物质粒子候选者

粒子	近似质量	物理性质
轴子	10^{-5}eV	冷暗物质
原初中微子	0.06~0.12eV	热暗物质
光微子	keV	热暗物质
右手中微子	500eV	温热暗物质
引力微子	keV	温热暗物质
重中微子	GeV	冷暗物质
磁单极	10^{16}GeV	冷暗物质
超对称弦子	10^{19}GeV	冷暗物质

以上主要介绍了非重子类暗物质粒子即 WIMP 粒子，这是目前学术界比较普遍认可的暗物质粒子类型。但也有人认为，宇宙中可能存在非 WIMP 类的暗物质粒子，且在暗物质中所占比重更大。这一看法尚待实验观测证实。总之，近几十年来，宇宙暗物质的研究已经成为粒子物理、天体物理和宇宙学的学科交叉热点。彻底解开暗物质之谜，对确定宇宙演化模式有重大意义，也对我们了解自然界的基本物质组成有根本的意义。

1.2.7 两个重要的数量比——重子/光子与反物质/物质

下面我们讨论宇宙学中的两个重要比值，即重子数与光子数之比，以及反物质与物质的数量之比。先来看重子数与光子数。宇宙中数量最多的光子是宇宙微波背景辐射光子。因为背景辐射是黑体辐射，我们很容易计算出它的光子数密度。

根据辐射热力学，黑体辐射的能量密度是

$$\rho_{\mathrm{r}} = a_{\mathrm{r}} T^4 \tag{1.2.33}$$

其中，$a_{\mathrm{r}} = 8\pi^5 k^4/15c^3h^3 = 7.57 \times 10^{-15}\mathrm{erg} \cdot \mathrm{cm}^{-3} \cdot \mathrm{K}^{-4}$ 是辐射密度常数。代入宇宙微波背景辐射的温度 $T_{\mathrm{r0}} \simeq 2.725\mathrm{K}$，则有

$$\rho_{\mathrm{r}} \simeq 4.17 \times 10^{-13}\mathrm{erg} \cdot \mathrm{cm}^{-3} \simeq 4.64 \times 10^{-34}\mathrm{g} \cdot \mathrm{cm}^{-3} \tag{1.2.34}$$

同时可以求得宇宙微波背景辐射的平均光子数密度为

$$n_{\mathrm{r}} \approx \rho_{\mathrm{r}}/kT_{\mathrm{r0}} \approx 400\mathrm{cm}^{-3} \tag{1.3.35}$$

另一方面，WMAP 卫星的观测结果表明，按能量计算，重子物质只占宇宙总能量的大约 4%(图 1.22 及表 1.4)，折合成质量后的密度大约是

$$\rho_{\mathrm{B}} \sim 4.2 \times 10^{-31}\mathrm{g} \cdot \mathrm{cm}^{-3} \tag{1.2.36}$$

按每个重子平均质量 $2 \times 10^{-24}\mathrm{g}$(即大约等于质子的质量) 计算，重子的平均数密度为 $n_{\mathrm{B}} \approx 2 \times 10^{-7}\mathrm{cm}^{-3}$，因此在数量级上有

$$n_{\mathrm{B}}/n_{\mathrm{r}} \approx 10^{-9} \tag{1.2.37}$$

这样小的一个比例是无法用通常的粒子过程和核反应过程来解释的，只能从早期宇宙中寻找答案。

再来看宇宙中的反物质。早在 20 世纪 30 年代，狄拉克就提出，宇宙应当是正反物质对称的。他认为在整个宇宙中，一半星体主要是由电子和质子组成，而另一半星体主要是由正电子和反质子组成，这两种星体有着完全相同的光谱，用天文学方法无法作出区分。狄拉克的上述看法是基于自然界严格对称的考虑。但自从李政道等 1957 年发现弱相互作用中宇称不守恒以来，已陆续发现许多对称性被破坏的情况，例如弱相互作用中的电荷宇称 (即 C 宇称)、奇异数等都不守恒，粲夸克在通过弱作用衰变时，粲量子数也不守恒。20 世纪 70 年代开始兴起的大统一理论，甚至认为强作用的色荷可以变为弱作用的色荷，可以使重子 (质子、中子和超子) 变为介子或轻子，这样连重子数也都不守恒了。然而，大统一理论到现在还没有得到公认。虽然它预言的质子寿命 $10^{29} \sim 10^{31}\mathrm{yr}$，与实验定出的下限值 $2 \times 10^{30}\mathrm{yr}$ 很相近，但它预言的新的规范粒子 (X 粒子)，不同理论假设下估算出的质量相差甚远，可见理论还不够成熟。

无论如何，现在人们对于严格对称的看法已经有了很大改变，与严格对称相比，人们更相信“对称中有破缺”才可能是自然界中发生的真实情况。因此，正

反物质今天的不对称也就可以理解了，事实上，人们已经作过许多观测来确定宇宙中的反物质到底有多少。这其中主要的根据是，如果宇宙中存在大量的反物质，则当这些反物质粒子与通常的 (正) 物质粒子相遇时，就会湮灭而产生高能辐射。例如，即使是质量最小的正负电子遇到一起，湮灭后也会产生 511keV 的光子，位于 γ 射线波段。其他质量更大的正反粒子湮灭后，会产生能量更大的 γ 光子。如果宇宙中的正反物质真如狄拉克设想的那样是对称的，则在正物质区域和反物质区域的交界处 (这样的交界区域应当有很多) 会产生大规模的 γ 射线辐射。这样，通过广泛搜寻宇宙 γ 射线辐射，就可以大致估计反物质有多少。但至今为止，对宇宙射线的观测表明，整个太阳系中的反物质含量不会超过普通物质的万分之一；对星系团的观测表明，反物质的含量不会超过物质含量的百万分之一。对更大尺度的宇宙空间的观测，结论也大都相似，即反物质的含量非常之少，也就是说反粒子的数量非常之少。对于占宇宙可见物质总量绝大部分的重子来说，如果用 $n_{\bar{\mathrm{B}}}$ 和 n_{B} 分别表示反重子和重子的数密度，上述结论可以简单地表示为

$$n_{\bar{\mathrm{B}}}/n_{\mathrm{B}} \ll 1 \tag{1.2.38}$$

作为本节的结束，我们把一些基本宇宙学参数的观测值列在表 1.4，这些结果主要来自于 Planck 和 WMAP 的最新观测数据并综合了其他一些观测结果 (参见 Dodelson & Schmidt, 2021; Planck Collaboration, 2018; Komatsu et al., 2008; Dunkley et al., 2008)。

表 1.4　一些基本宇宙学参数的最新观测值

宇宙学参数名称	符号	最新观测值	误差范围
哈勃常数/(km·s^{-1}·Mpc^{-1})	H_0	67.7	± 0.8
重子密度参数	$\Omega_{\mathrm{B}}h^2$	0.022447	± 0.00027
重子数密度/cm^{-3}	n_{B}	2.7×10^{-7}	$\pm1\times10^{-8}$
CDM 密度参数	$\Omega_{\mathrm{c}}h^2$	0.11928	±0.0018
物质密度参数	Ω_{m}	0.3106	±0.011
宇宙学常数参数 (暗能量密度参数)	Ω_Λ	0.6894	±0.011
CMB 密度参数	Ω_{r}	4.8×10^{-5}	0.7×10^{-5}
中微子密度参数	Ω_ν	<0.003	95% 置信度
中微子静质量/ (eV/c^2)	$\sum m_\nu$	$0.06\sim0.12$	95% 置信度
CMB 温度/K	T_{CMB}	2.725	±0.002
CMB 光子数密度/cm^{-3}	n_{r}	410.4	±0.9
重子数/光子数	η	6×10^{-10}	$\pm3\times10^{-11}$
CMB 最后散射时刻相应的红移	z_{LS}	1088	±1
CMB 最后散射层厚度	Δz_{LS}	195	±2
宇宙的年龄/Gyr	t_0	13.784	$+0.040/-0.037$
原初扰动谱指数	n	0.9682	$+0.0076/-0.0073$
宇宙再电离光深	τ	0.0568	±0.014
$8h^{-1}$Mpc 尺度上的密度扰动幅度	σ_8	0.8110	±0.012

第 2 章　标准宇宙学模型

大自然这本书是用数学符号来书写的。

——伽利略《试金者》

寻求自然事物的原因，不得超出真实和足以解释其现象者。

——牛顿《自然哲学之数学原理》

2.1　宇宙学原理与 Robertson-Walker 度规

由观测到的星系大尺度均匀分布和微波背景辐射的各向同性，我们可以猜想，宇宙天体的分布是均匀、各向同性的。这实际上是爱因斯坦最早创立现代宇宙学理论时提出的一个假设，现在被称之为**宇宙学原理**：

宇宙在大尺度上是均匀且各向同性的。

因此，我们可以把宇宙看作是密度处处相同的流体，而星系或星系团就是组成这种流体的质点或质元，这种流体只会静止，或者各向同性地膨胀或收缩。用另外的话来说，宇宙学原理也可以表述为：

宇宙中不同地点、同一时刻看到的宇宙图像相同；不同地点看到的宇宙演化图景也相同。

这就是说，宇宙中没有任何一个地点是特殊的，所有的地点都是平等 (平权) 的。爱因斯坦当时解释说，之所以采用这样一个观点，是由于无法找到被考察区域的空间边界条件，只好用这一“近似的假定”来代替边界条件的作用。爱因斯坦的考虑当然是对的，因为我们的确不知道今天所看到的宇宙之外是什么。但现在人们更倾向于认为，宇宙学原理不仅仅是一种权宜的无奈选择，而是我们周围均匀各向同性的宇宙向其他未知区域的自然扩展和延伸。这样的看法实际上包含着人类的一种美好理念，就像开普勒曾把行星运动看作是宇宙和谐的韵律一样，我们的宇宙是一个和谐的宇宙，而均匀各向同性是宇宙和谐的一个基本特征。

根据宇宙学原理，我们可以容易地得到三维常曲率空间的几何与 Robertson-Walker 度规。先看二维球面的简单情况：它的面积为 $4\pi r^2$，其中 r 为球面半径，因而球面的曲率为 $1/r^2$。球面上的一段线元的长度是

$$\mathrm{d}s^2 = r^2\mathrm{d}\theta^2 + r^2\sin^2\theta\mathrm{d}\varphi^2 \tag{2.1.1}$$

现在让我们来想象一个 (四维空间中的) 三维 “球面”。从均匀性的观点出发，我们希望是常曲率，这时空间中的两点的距离表达为

$$\mathrm{d}s^2 = f(r)\mathrm{d}r^2 + r^2\mathrm{d}\theta^2 + r^2\sin^2\theta\mathrm{d}\varphi^2 \tag{2.1.2}$$

其中，$f(r)$ 表示空间弯曲的程度。$f(r) = 1$ 相应于平直空间，$f(r) \neq 1$ 表示空间弯曲。如 $r =$ 常数，即 $\mathrm{d}r = 0$，就回到二维球面。根据高斯 (Gauss) 求曲率的公式，三维 “球面” 的**曲率**等于

$$K = \frac{\mathrm{d}f(r)}{\mathrm{d}r}\Big/ 2f^2(r)r \quad \Rightarrow \frac{\mathrm{d}}{\mathrm{d}r}\left(\frac{1}{f(r)}\right) = -2Kr \tag{2.1.3}$$

由此解出

$$\frac{1}{f(r)} = C - Kr^2 \tag{2.1.4}$$

由于平直空间 $K = 0, f = 1$，这给出 $C = 1$，故有

$$f(r) = \frac{1}{1 - Kr^2} \tag{2.1.5}$$

现在我们把上述三维 “球面” 放到四维时空中。均匀各向同性要求，在同一时刻 t，宇宙各处的空间曲率应相同，但曲率可以随时间 t 变化，即可以写为 $K(t)$，这样式 (2.1.1) 就变成

$$\mathrm{d}s^2 = \frac{\mathrm{d}r^2}{1 - K(t)r^2} + r^2\mathrm{d}\theta^2 + r^2\sin^2\theta\mathrm{d}\varphi^2 \tag{2.1.6}$$

接下来定义

$$K(t) \equiv \frac{k}{R^2(t)}, \quad k = \begin{cases} +1 & (\text{正曲率空间或闭合空间}) \\ 0 & (\text{平直空间}) \\ -1 & (\text{负曲率空间或开放空间}) \end{cases} \tag{2.1.7}$$

再定义 $\xi \equiv r/R(t)$(注意，R 具有长度量纲，故 ξ 无量纲)，则

$$\mathrm{d}s^2 = R^2(t)\left[\frac{\mathrm{d}\xi^2}{1 - k\xi^2} + \xi^2\mathrm{d}\theta^2 + \xi^2\sin^2\theta\mathrm{d}\varphi^2\right] \tag{2.1.8}$$

由最大对称空间的结构可知 (参见 Weinberg，1972, §13.3)，对于 $k = +1$ 的情况，宇宙空间确实可以看作是四维欧几里得 (Euclid) 空间中半径为 $R(t)$ 的三维

球面，因而 $R(t)$ 可以合理地称为“宇宙半径”；而对 $k=-1, 0$ 的情况就不能作这样的解释了，但 $R(t)$ 仍然决定空间的几何标度，因而在所有的情形下，$R(t)$ 都称为**宇宙标度因子**或**宇宙尺度因子**。$R(t)$ 是一个时间的任意函数，可以随时间变化或不变，表示空间整体膨胀、收缩或静止；ξ, θ, φ 构成所谓的**共动坐标**。注意，球面上每一个坐标点的共动坐标是不变的，但**物理坐标** $r=R(t)\xi$ 是可变的。在每一个坐标点处再放置一个钟记录宇宙时间，并根据宇宙学原理，各处的宇宙时是相同的。对一个静止在共动坐标系的观测者来说，其世界线是 ξ, θ, φ 为常值的线 (即**测地线**)。现在我们把式 (2.1.8) 中各变量的量纲重新分配一下，即把 R 的长度量纲交给 ξ，故宇宙尺度因子 $R(t)$ 就变成无量纲的量，现记为 $a(t)$；而共动坐标 ξ 就变成有长度量纲的量，习惯上仍记为 r。这样，四维时空中的原时间隔 $\mathrm{d}\tau$ 现在写为 (取光速 $c=1$)

$$\mathrm{d}\tau^2=\mathrm{d}t^2-a^2(t)\left[\frac{\mathrm{d}r^2}{1-kr^2}+r^2\mathrm{d}\theta^2+r^2\sin^2\theta\mathrm{d}\varphi^2\right] \tag{2.1.9}$$

注意，此时表示空间曲率的 k 也应具有相应的量纲，但式 (2.1.7) 所给出的 $k=\pm1, 0$ 时的空间曲率性质保持不变。此外，现在 r 是共动坐标，而物理坐标应是 $a(t)r$。式 (2.1.9) 给出的时空度规称为罗伯逊–沃克 **(Robertson-Walker) 度规**，一般简称为 **R-W 度规**。

根据式 (2.1.9)，如果一个星系位于共动坐标 $(r=0, \theta, \varphi)$ 处，另一个星系位于共动坐标 (r, θ, φ) 处，则两者之间的**固有 (物理) 距离**应当是

$$D=a(t)\int_0^r\frac{\mathrm{d}r}{\sqrt{1-kr^2}}=\begin{cases}a(t)\arcsin r & (k=+1)\\ a(t)r & (k=0)\\ a(t)\operatorname{arsinh} r & (k=-1)\end{cases} \tag{2.1.10}$$

这两个星系之间的相对**固有速度**是

$$v=\frac{\mathrm{d}D}{\mathrm{d}t}=\dot{a}(t)\int_0^r\frac{\mathrm{d}r}{\sqrt{1-kr^2}}=\frac{\dot{a}}{a}\cdot D \tag{2.1.11}$$

定义

$$H\equiv\frac{\dot{a}(t)}{a(t)} \tag{2.1.12}$$

为**哈勃参量**，则式 (2.1.11) 变为

$$v=H\cdot D \tag{2.1.13}$$

这即为我们所熟悉的哈勃定律的一般形式 (式 (1.2.3))。定义式 (2.1.12) 表明，哈勃参量一般情况下是一个随时间变化的量。只有在某个固定时刻它才是 “常数”，例如取目前时刻 $t = t_0$，此时的哈勃参量即**哈勃常数**，记为 $H = H_0$。

式 (2.1.9) 用**度规张量** $g_{\mu\nu}$ 表示的形式是

$$\mathrm{d}\tau^2 = -g_{\mu\nu}\mathrm{d}x^\mu x^\nu \equiv -\sum_{\mu,\nu=0}^{3} g_{\mu\nu}\mathrm{d}x^\mu x^\nu \tag{2.1.14}$$

这里 $x^0 = t$，$x^1 = r$，$x^2 = \theta$，$x^3 = \varphi$，且 $g_{\mu\nu}$ 的不为零分量是

$$g_{00} = -1, \quad g_{rr} = \frac{a^2(t)}{1 - kr^2}, \quad g_{\theta\theta} = a^2(t)r^2, \quad g_{\varphi\varphi} = a^2(t)r^2\sin^2\theta \tag{2.1.15}$$

利用 Robertson-Walker 度规，我们可以得到超球面 r 与 $r + \mathrm{d}r$ 之间所包含的固有体积 (参见 Weinberg, 1972, p521)

$$\int_{r\to r+\mathrm{d}r} \sqrt{-g}\mathrm{d}x^3 = \frac{4\pi r^2 a^3(t)\mathrm{d}r}{\sqrt{1 - kr^2}} \tag{2.1.16}$$

其中，g 为度规张量 $g_{\mu\nu}$ 的行列式。因而，如果单位固有体积内的星系数，即星系固有数密度为 $n(t)$，则此体积内所包含的星系总数为

$$N(t) = \frac{4\pi r^2 a^3(t)n(t)\mathrm{d}r}{\sqrt{1 - kr^2}} \tag{2.1.17}$$

假定星系总数不随时间而变，即不考虑演化效应，则由 $N(t_0) = N(t)$ 得出

$$a^3(t)n(t) = a^3(t_0)n(t_0) \tag{2.1.18}$$

这样就有

$$n(t) = \frac{a^3(t_0)}{a^3(t)}n(t_0) \Rightarrow n(t) \propto \frac{1}{a^3(t)} \tag{2.1.19}$$

这一关系对于所有非相对论性的粒子都是成立的。

2.2　Friedmann 方程

在 Robertson-Walker 度规描述下，膨胀宇宙的动力学性质决定于 $a(t)$。为了确定 $a(t)$ 的时间演化，需要求解爱因斯坦场方程

$$R_{\mu\nu} = -8\pi G S_{\mu\nu} \tag{2.2.1}$$

这里，$R_{\mu\nu}$ 为里奇 (Ricci) 张量，

$$R_{\mu\nu} = \frac{\partial \Gamma^{\lambda}_{\mu\lambda}}{\partial x^{\nu}} - \frac{\partial \Gamma^{\lambda}_{\mu\nu}}{\partial x^{\lambda}} + \Gamma^{\delta}_{\mu\lambda}\Gamma^{\lambda}_{\nu\delta} - \Gamma^{\delta}_{\mu\nu}\Gamma^{\lambda}_{\lambda\delta} \tag{2.2.2}$$

式中，仿射联络 $\Gamma^{\mu}_{\nu\beta}$ 的定义是

$$\Gamma^{\mu}_{\nu\beta} = \frac{1}{2} g^{\mu\lambda} \left[\frac{\partial g_{\lambda\nu}}{\partial x^{\beta}} + \frac{\partial g_{\lambda\beta}}{\partial x^{\nu}} - \frac{\partial g_{\nu\beta}}{\partial x^{\lambda}} \right] \tag{2.2.3}$$

式 (2.2.1) 中场源项 $S_{\mu\nu}$ 的定义是

$$S_{\mu\nu} = T_{\mu\nu} - \frac{1}{2} g_{\mu\nu} T \tag{2.2.4}$$

其中，$T_{\mu\nu}$ 为能量–动量张量，

$$T_{\mu\nu} = (\rho + p) u_{\mu} u_{\nu} + g_{\mu\nu} p \tag{2.2.5}$$

这里，ρ、p 分别是宇宙物质的能量密度和压力 (取光速 $c = 1$)；u_{μ} 是物质 (视为流体) 的四维速度，且有 $u^0 = u^t = 1$，$u^i = 0 (i = 1, 2, 3 \Leftrightarrow i = r, \theta, \varphi)$。$T$ 是能量–动量张量 $T_{\mu\nu}$ 的迹，

$$T \equiv T^{\mu}_{\mu} = g^{\mu\lambda} T_{\mu\lambda} \tag{2.2.6}$$

2.2.1 基本形式的 Friedmann 方程

如果宇宙仅由物质 (包括辐射) 组成，在 Robertson-Walker 度规下，可以得到 $R_{\mu\nu}$ 的不为零分量是 (参见 Weinberg, 1972，Weinberg, 2008)

$$R_{00} = 3\frac{\ddot{a}}{a} \tag{2.2.7}$$

$$R_{ij} = -\left[a\ddot{a} + 2\dot{a}^2 + 2k \right] \tilde{g}_{ij} \tag{2.2.8}$$

其中，$k = 0, \pm 1$；$\tilde{g}_{ij}$ 是纯空间度规 $(i, j = r, \theta, \varphi)$，其不为零的分量是

$$\tilde{g}_{rr} = \frac{1}{1 - kr^2}, \quad \tilde{g}_{\theta\theta} = r^2, \quad \tilde{g}_{\varphi\varphi} = r^2 \sin^2\theta \tag{2.2.9}$$

并且有

$$g_{ij} = a^2(t) \tilde{g}_{ij} \quad (g_{ij} = 0 \text{ 对于 } i \neq j) \tag{2.2.10}$$

另一方面，能量–动量张量 $T_{\mu\nu}$ 相应的分量以及 $T_{\mu\nu}$ 的迹 T(式 (2.2.6)) 是

$$T_{00} = \rho, \quad T_{ij} = p g_{ij} = p a^2 \tilde{g}_{ij}, \quad T = -\rho + 3p \tag{2.2.11}$$

相应的非零场源项 $S_{\mu\nu}$ 是

$$S_{00} = T_{00} - \frac{1}{2}g_{00}T = \frac{1}{2}(\rho + 3p) \tag{2.2.12}$$

$$S_{ij} = T_{ij} - \frac{1}{2}g_{ij}T = \frac{1}{2}(\rho - p)a^2\tilde{g}_{ij} \tag{2.2.13}$$

这样，爱因斯坦场方程 (2.2.1) 的时–时分量给出

$$\ddot{a} = -\frac{4\pi G}{3}(\rho + 3p)a \tag{2.2.14}$$

而空–空分量给出

$$\left[a\ddot{a} + 2\dot{a}^2 + 2k\right]\tilde{g}_{ij} = 8\pi G\left[p + \frac{1}{2}(\rho - 3p)\right]a^2\tilde{g}_{ij} \tag{2.2.15}$$

此即

$$a\ddot{a} + 2\dot{a}^2 + 2k = 4\pi G(\rho - p)a^2 \tag{2.2.16}$$

把式 (2.2.14) 代入式 (2.2.16) 消去 $\ddot{a}$，得到

$$\dot{a}^2 + k = \frac{8\pi G}{3}\rho a^2 \tag{2.2.17}$$

式 (2.2.14) 和式 (2.2.17) 称为基本形式的弗里德曼 **(Friedmann) 方程**，它们是描述宇宙尺度因子 $a(t)$ 演化的基本方程。

实际上，式 (2.2.14) 和式 (2.2.17) 的结果还可以用牛顿力学来解释。假设在膨胀的宇宙中划出一个球体，其半径是 $a(t)$，其中包含的物质密度是 $\rho(t)$，总物质质量是 $M = 4\pi\rho a^3/3$(图 2.1)。由于宇宙是均匀各向同性的，故对位于球面上的一个单位质量的质点 m，其所受引力仅为球体对它的引力，因此该质点的加速度就由式 (2.2.14) 给出 (忽略压力 p)。另一方面，质点的动能为 $E_{\mathrm{T}} = \dot{a}^2/2$，引力势能为 $E_{\mathrm{V}} = -4\pi G\rho a^2/3$，故式 (2.2.17) 即表示总机械能

$$E = E_{\mathrm{T}} + E_{\mathrm{V}} = -k/2 \tag{2.2.18}$$

是一个守恒量。显然，当 $k > 0$ 时 (闭合宇宙)，$E < 0$，表示球体膨胀到一定程度后会收缩回来。而当 $k \leqslant 0$ 时 (平直宇宙或开放宇宙)，$E \geqslant 0$，球体将永远膨胀下去。

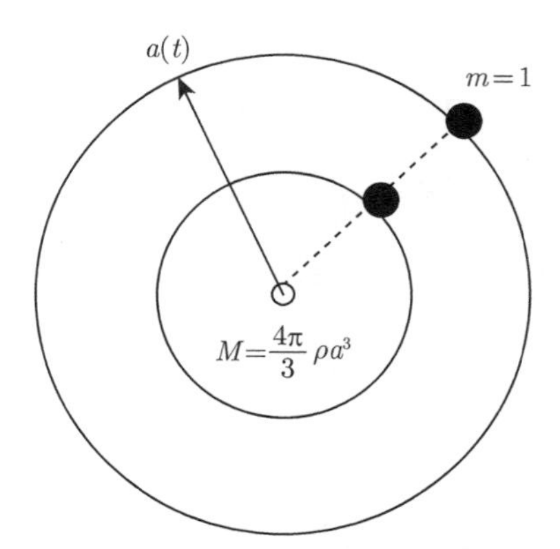

图 2.1 膨胀的球体表面上，单位质量的质点的动能与势能之和守恒

把式 (2.2.17) 对 t 求导，给出

$$2\dot{a}\ddot{a} = \frac{8\pi G}{3}(\dot{\rho}a^2 + 2\rho\dot{a}a) \tag{2.2.19}$$

再将式 (2.2.14) 代入，经过简单计算可得

$$\dot{\rho} = -\frac{3\dot{a}}{a}(\rho + p) \tag{2.2.20}$$

实际上，这一方程是宇宙物质能量守恒的结果，即 $T^{0\mu}$ 对指标 μ 的协变导数为零

$$\begin{aligned} T^{0\mu}_{;\mu} = 0 \Rightarrow & \frac{\partial T^{0\mu}}{\partial x^\mu} + \Gamma^0_{\mu\nu}T^{\nu\mu} + \Gamma^\mu_{\mu\nu}T^{0\nu} = 0 \\ \Rightarrow & \frac{\partial T^{00}}{\partial t} + \Gamma^0_{ij}T^{ij} + \Gamma^i_{i0}T^{00} = 0 \\ \Rightarrow & \frac{\mathrm{d}\rho}{\mathrm{d}t} + \frac{3\dot{a}}{a}(\rho + p) = 0 \end{aligned} \tag{2.2.21}$$

2.2.2 包括真空能量的 Friedmann 方程

式 (2.2.20) 给出了 ρ 与 a 之间演化上的联系。在最一般的情况下，ρ 也可以包括真空能量的贡献。设物质 (或真空能量) 的物态方程是

$$p = w\rho \tag{2.2.22}$$

其中，w 是一个与时间无关的常数，则式 (2.2.20) 给出

$$\rho \propto a^{-3(1+w)} \tag{2.2.23}$$

由此，在以下三种极端情况下，很容易得到 ρ 的演化规律。

(1) 冷物质 (非相对论性物质，例如尘埃)：

$$p=0 \Rightarrow w=0 \Rightarrow \rho \propto a^{-3} \tag{2.2.24}$$

(2) 热物质 (相对论性物质，例如辐射)：

$$p=\rho/3 \Rightarrow w=1/3 \Rightarrow \rho \propto a^{-4} \tag{2.2.25}$$

(3) 真空能量：

$$p=-\rho \Rightarrow w=-1 \Rightarrow \rho \equiv \rho_{\mathrm{V}}=\text{常量} \tag{2.2.26}$$

利用 ρ 的演化规律以及式 (2.2.17)，对于 $k=0$ 的平直宇宙，还可以得到这三种情况下 $a(t)$ 随时间的变化规律：

(1) 冷物质：

$$a(t) \propto t^{2/3} \tag{2.2.27}$$

(2) 热物质：

$$a(t) \propto t^{1/2} \tag{2.2.28}$$

(3) 真空能量：

$$a(t) \propto \exp(Ht), \quad H=\sqrt{\frac{8\pi G\rho_{\mathrm{V}}}{3}} \tag{2.2.29}$$

上面最后一种情况相当于宇宙加速膨胀，因为由式 (2.2.14) 并注意到 $p=-\rho$，这样就会有 $\ddot{a}>0$，即宇宙膨胀有一个正的加速度。现在普遍认为，真空能量属于某种**暗能量**，它直接联系到**宇宙学常数** Λ。历史上，这个常数是在 1917 年，爱因斯坦为了得到一个静态的宇宙学解而人为地加上去的。因为按照式 (2.2.14) 和式 (2.2.17)，一个静态的宇宙需要 $\ddot{a}=0$ 并且 $\dot{a}=0$，这就要求

$$\rho+3p=0 \tag{2.2.30}$$

以及

$$k=\frac{8\pi G}{3}\rho a^{2} \tag{2.2.31}$$

如果宇宙仅由非相对论物质和真空能量所构成，即 $\rho=\rho_{\mathrm{m}}+\rho_{\mathrm{V}}$，$\rho_{\mathrm{m}}>0$，$p=-\rho_{\mathrm{V}}$，这样由式 (2.2.30) 有 $\rho_{\mathrm{m}}=2\rho_{\mathrm{V}}$，$\rho=\rho_{\mathrm{m}}+\rho_{\mathrm{V}}=3\rho_{\mathrm{V}}=3\rho_{\mathrm{m}}/2>0$，故式 (2.2.31) 给出 $k>0$，这表明 $k=1$。定义

$$\Lambda \equiv 8\pi G\rho_{\mathrm{V}} \tag{2.2.32}$$

为宇宙学常数，在静态宇宙即 $\ddot{a}=0$ 且 $\dot{a}=0$ 情况下，式 (2.2.31) ($k=1$) 给出的宇宙尺度因子是

$$a_{\mathrm{E}}=\frac{1}{\sqrt{8\pi G\rho/3}}=\frac{1}{\sqrt{8\pi G\rho_{\mathrm{V}}}}=\frac{1}{\sqrt{\Lambda}} \tag{2.2.33}$$

历史上称这样一个静态宇宙模型为爱因斯坦模型。但实际上，爱因斯坦的这个宇宙是不稳定的：只要宇宙的物质密度 ρ_{m} 比 $2\rho_{\mathrm{V}}$ 略大一点，由式 (2.2.14) 就有 $\ddot{a}<0$，即宇宙开始收缩；反之，如果 ρ_{m} 比 $2\rho_{\mathrm{V}}$ 略小一点，宇宙就开始无限膨胀。

由式 (2.2.5) 和式 (2.2.6)，对真空能量有

$$T_{\mu\nu}^{(\mathrm{V})}=p_{\mathrm{V}}g_{\mu\nu} \tag{2.2.34}$$

$$T^{(\mathrm{V})}=T_{\lambda\beta}^{(\mathrm{V})}g^{\lambda\beta}=p_{\mathrm{V}}g_{\lambda\beta}g^{\lambda\beta}=4p_{\mathrm{V}} \tag{2.2.35}$$

因而方程 (2.2.1) 的场源项 $S_{\mu\nu}$ 中，真空能量贡献的部分 $S_{\mu\nu}^{(\mathrm{V})}$ 为

$$\begin{aligned}S_{\mu\nu}^{(\mathrm{V})}&=T_{\mu\nu}^{(\mathrm{V})}-\frac{1}{2}g_{\mu\nu}T^{(\mathrm{V})}\\&=p_{\mathrm{V}}g_{\mu\nu}-\frac{1}{2}g_{\mu\nu}\cdot 4p_{\mathrm{V}}=-p_{\mathrm{V}}g_{\mu\nu}=\rho_{\mathrm{V}}g_{\mu\nu}\end{aligned} \tag{2.2.36}$$

这样，在有物质和真空能量的情况下，爱因斯坦场方程 (2.2.1) 就写为

$$R_{\mu\nu}=-8\pi G(S_{\mu\nu}^{(\mathrm{m})}+S_{\mu\nu}^{(\mathrm{V})})=-8\pi GS_{\mu\nu}^{(\mathrm{m})}-8\pi G\rho_{\mathrm{V}}g_{\mu\nu} \tag{2.2.37}$$

利用式 (2.2.32)，方程最后化为

$$R_{\mu\nu}=-8\pi GS_{\mu\nu}^{(\mathrm{m})}-\Lambda g_{\mu\nu} \tag{2.2.38}$$

这就是在包括真空能量即宇宙学常数不为零的情况下，爱因斯坦场方程的最一般形式。

与前面推导式 (2.2.14) 和式 (2.2.17) 的过程相似，我们可以得到方程 (2.2.38) 的时–时分量形式 (读者可以作为一个练习试推导)

$$\ddot{a}=-\frac{4\pi G}{3}(\rho+3p)a+\frac{\Lambda}{3}a \tag{2.2.39}$$

以及空–空分量形式

$$\dot{a}^2=\frac{8\pi G}{3}\rho a^2+\frac{\Lambda}{3}a^2-k \tag{2.2.40}$$

式 (2.2.40) 可以改写为

$$H^2 \equiv \left(\frac{\dot{a}}{a}\right)^2 = \frac{8\pi G}{3}\rho + \frac{\Lambda}{3} - \frac{k}{a^2} \tag{2.2.41}$$

其中，H 为式 (2.1.12) 定义的哈勃参量。式 (2.2.39) 以及式 (2.2.40) 或式 (2.2.41) 就是 Friedmann 方程的普遍形式，它们把不为零的宇宙学常数 (真空能量) 也包括在内了。

通常把基于宇宙学原理和爱因斯坦场方程的宇宙学模型称为**标准宇宙学模型**。因而，Friedmann 方程就是标准宇宙学模型的基本方程。由于式 (2.2.41) 对所有宇宙时刻成立，故对现在时刻 $t = t_0$ 也成立，即

$$H_0^2 = \frac{8\pi G}{3}\rho_0 + \frac{\Lambda}{3} - \frac{k}{a_0^2} \tag{2.2.42}$$

其中，$a_0 = a(t_0)$，$\rho_0 = \rho(t_0)$。如果我们把总物质密度 ρ_0 分成冷热两种成分 (这里即非相对论性物质和以辐射为代表的相对论性物质，或简称物质和辐射)，即

$$\rho_0 = \rho_{\mathrm{m0}} + \rho_{\mathrm{r0}} \tag{2.2.43}$$

其中，ρ_{m0} 和 ρ_{r0} 分别代表这两种成分的目前密度值，式 (2.2.42) 就化为

$$1 = \frac{8\pi G\rho_{\mathrm{m0}}}{3H_0^2} + \frac{8\pi G\rho_{\mathrm{r0}}}{3H_0^2} + \frac{\Lambda}{3H_0^2} - \frac{k}{H_0^2 a_0^2} \tag{2.2.44}$$

定义**宇宙临界密度**为

$$\begin{aligned}\rho_{\mathrm{c}} &\equiv \frac{3H_0^2}{8\pi G} = 1.88 \times 10^{-29} h^2 \mathrm{g \cdot cm^{-3}} \\ &= 2.78 \times 10^{11} h^2 M_{\odot} \mathrm{Mpc}^{-3}\end{aligned} \tag{2.2.45}$$

恒等式 (2.2.44) 变成

$$1 = \frac{\rho_{\mathrm{m0}}}{\rho_{\mathrm{c}}} + \frac{\rho_{\mathrm{r0}}}{\rho_{\mathrm{c}}} + \frac{\Lambda}{3H_0^2} - \frac{k}{H_0^2 a_0^2} \tag{2.2.46}$$

再定义如下一些宇宙学参数 (以下把 ρ_{V} 改写为 ρ_{Λ})：

$$\Omega_{\mathrm{m}} = \frac{\rho_{\mathrm{m0}}}{\rho_{\mathrm{c}}} = \frac{8\pi G\rho_{\mathrm{m0}}}{3H_0^2} \quad (\text{物质密度参数}) \tag{2.2.47}$$

$$\Omega_{\mathrm{r}} = \frac{\rho_{\mathrm{r0}}}{\rho_{\mathrm{c}}} = \frac{8\pi G\rho_{\mathrm{r0}}}{3H_0^2} \quad (\text{辐射密度参数}) \tag{2.2.48}$$

$$\Omega_\Lambda = \frac{\Lambda}{3H_0^2} = \frac{8\pi G\rho_\Lambda}{3H_0^2} = \frac{\rho_\Lambda}{\rho_c} \quad (\text{宇宙学常数参数或真空能量密度参数}) \tag{2.2.49}$$

$$\Omega_k = -\frac{k}{H_0^2 a_0^2} \quad (\text{宇宙曲率参数}) \tag{2.2.50}$$

则式 (2.2.46) 给出了一个重要的关系式

$$\Omega_m + \Omega_r + \Omega_\Lambda + \Omega_k = 1 \tag{2.2.51}$$

要强调的是，上述这些 Ω 的定义中涉及的都是一些宇宙学参量的目前值，故这些 Ω 都是不随时间而变化的常数。此外，利用这些 Ω 的定义，并注意到 $\rho = \rho_m + \rho_r$，且对物质有 $p = 0$，而对辐射有 $p = \rho_r/3$，Friedmann 方程 (2.2.39) 可以化为

$$\begin{aligned}\ddot{a} &= -\frac{4\pi G}{3}(\rho_m + 2\rho_r)a + \frac{\Lambda}{3}a \\ &= -\frac{H_0^2 8\pi G}{3H_0^2}\left(\frac{1}{2}\rho_m + \rho_r - \rho_\Lambda\right)a = -\frac{H_0^2}{\rho_c}\left(\frac{1}{2}\rho_m + \rho_r - \rho_\Lambda\right)a\end{aligned} \tag{2.2.52}$$

再由式 (2.2.24)~ 式 (2.2.26)，并取归一化的宇宙尺度因子即 $a_0 = a(t_0) = 1$，则有

$$\rho_m = \rho_{m0}a^{-3}, \quad \rho_r = \rho_{r0}a^{-4}, \quad \rho_\Lambda = \text{常量} \tag{2.2.53}$$

这样式 (2.2.52) 化为

$$\ddot{a} = -H_0^2\left(\frac{\Omega_m}{2a^2} + \frac{\Omega_r}{a^3} - \Omega_\Lambda a\right) \tag{2.2.54}$$

类似地，Friedmann 方程 (2.2.40) 亦可化为 (读者可以作为一个练习)

$$\dot{a}^2 = H_0^2\left(\frac{\Omega_m}{a} + \frac{\Omega_r}{a^2} + \Omega_\Lambda a^2 + \Omega_k\right) \tag{2.2.55}$$

满足 Friedmann 方程的宇宙学模型通常称为 **Friedmann 模型**，其中 $k = 0$ 且 $\Lambda = 0$ 的特殊情况称为 **Einstein-de Sitter 模型**。Friedmann 模型中，$k = 0$ 但 $\Lambda \neq 0$ 的这一情况现在非常重要，它称为 **Friedmann-Lemeître 模型**。在这一情况下，考虑宇宙的总能量密度 $\rho_{\text{总能量}}$，即包括非相对论性物质、相对论性物质以及真空能量的密度总和，则由式 (2.2.24)~ 式 (2.2.26) 可以得到其随宇宙尺度因子 a 的演化规律为

$$\begin{aligned}\rho_{\text{总能量}} &= \rho_m + \rho_r + \rho_\Lambda = \rho_c\left(\frac{\Omega_m}{a^3} + \frac{\Omega_r}{a^4} + \Omega_\Lambda\right) \\ &= \frac{3H_0^2}{8\pi G}\left(\frac{\Omega_m}{a^3} + \frac{\Omega_r}{a^4} + \Omega_\Lambda\right)\end{aligned} \tag{2.2.56}$$

2.3 宇宙学红移与视界

在膨胀的 Friedmann 宇宙中，光的传播满足

$$d\tau^2 = -g_{\mu\nu}dx^\mu x^\nu = 0 \tag{2.3.1}$$

其中，时空度规 $g_{\mu\nu}$ 由式 (2.1.15) 给出。不失一般性，可以设光子仅沿径向 (共动坐标 r 的方向) 传播，即 $dr \neq 0$，而 θ, φ 保持不变。在这样的情况下，式 (2.3.1) 化为

$$d\tau^2 = dt^2 - a^2(t)\frac{dr^2}{1-kr^2} = 0 \tag{2.3.2}$$

这就是膨胀宇宙中光子传播所遵从的基本微分方程。

设某个星系位于共动坐标 r_e 处，并在时刻 t_e 发射一个光子。该光子于时刻 t_0(现在) 被位于原点处的观测者接收到 (图 2.2)，问光子的波长有何变化？下面我们就来分析这一问题。

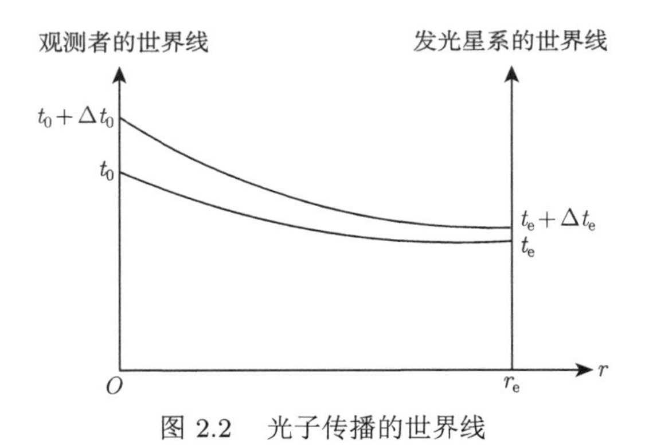

图 2.2 光子传播的世界线

我们把光子看成是波，其发射与接收持续的时间 (周期) 分别是 Δt_e 和 Δt_0。由式 (2.3.2)，波的开始满足

$$\int_{t_e}^{t_0}\frac{dt}{a(t)} = \int_0^{r_e}\frac{dr}{\sqrt{1-kr^2}} \tag{2.3.3}$$

而波的结束满足

$$\int_{t_e+\Delta t_e}^{t_0+\Delta t_0}\frac{dt}{a(t)} = \int_0^{r_e}\frac{dr}{\sqrt{1-kr^2}} \tag{2.3.4}$$

以上两式给出

$$\int_{t_e+\Delta t_e}^{t_0+\Delta t_0} \frac{\mathrm{d}t}{a(t)} = \int_{t_e}^{t_0} \frac{\mathrm{d}t}{a(t)} \quad \Rightarrow \int_{t_e}^{t_e+\Delta t_e} \frac{\mathrm{d}t}{a(t)} = \int_{t_0}^{t_0+\Delta t_0} \frac{\mathrm{d}t}{a(t)} \tag{2.3.5}$$

当 Δt_e、Δt_0 远小于使 $a(t)$ 发生明显变化的时间尺度时，上式给出

$$\frac{\Delta t_e}{a(t_e)} = \frac{\Delta t_0}{a(t_0)} \Rightarrow \frac{\Delta t_0}{\Delta t_e} = \frac{a(t_0)}{a(t_e)} \tag{2.3.6}$$

另一方面，发射与接收到的光子波长分别是 $\lambda_0 = c\Delta t_0$和$\lambda_e = c\Delta t_e$，这就给出

$$\frac{\lambda_0}{\lambda_e} = \frac{a(t_0)}{a(t_e)} \tag{2.3.7}$$

于是我们得到宇宙学红移为

$$z \equiv \frac{\lambda_0 - \lambda_e}{\lambda_e} = \frac{a(t_0)}{a(t_e)} - 1 \tag{2.3.8}$$

显然当宇宙膨胀时有 $z > 0$(图 2.3)，收缩时有 $z < 0$，而静态宇宙总有 $z = 0$。也就是说，宇宙学红移归因于宇宙的膨胀。用上面提到的归一化的 $a(t)$(即 $a(t_0) = 1$)来表示时，宇宙学红移就写为

$$z = \frac{1}{a(t)} - 1 \quad 或 \quad 1 + z = \frac{1}{a(t)} \tag{2.3.9}$$

注意，这里的 t 代表光子发射的时刻。显然，对于一个膨胀的宇宙，我们看到的星系越远，其发光的时刻就越早，因而它的红移也就越大。

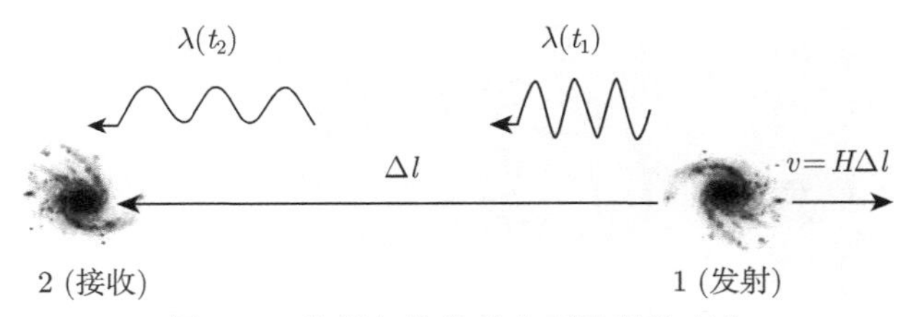

图 2.3 发射与接收的光子波长的变化

与宇宙学红移直接相关的一个重要概念是**宇宙学视界** (cosmological horizon)。在膨胀宇宙中，如果光源位于这样远的位置，使得观测者接收到的光子波长红移为无穷大 (此时光子能量为零，实际上也等于接收不到光子)，则光源所在位置就是宇宙学视界，也称为**粒子视界** (partical horizon)。显然，宇宙学视界是以观测

者为中心、视界到观测者的距离为半径的一个球面。由式 (2.3.9) 看到，宇宙学视界相应的是 $t=0$、$a=0$ 的大爆炸点，即所谓的原初火球。如果宇宙没有大爆炸起源，即没有 $a=0$ 的时刻，就不会有视界。另一方面，如果宇宙是静态的，a 不随时间而变，则由式 (2.3.9) 看出，无论星系的距离有多远，宇宙学红移总是为零，也不存在视界。

现在我们来求视界的大小，即视界到观测者的距离。根据光子的传播方程 (2.3.2) 并恢复光速 c，有

$$c^2\mathrm{d}t^2 = \frac{a^2(t)\mathrm{d}r^2}{1-kr^2} \tag{2.3.10}$$

设视界所在处的共动坐标为 r_h，则光子于 $t=0$ 时刻从视界出发，并在时刻 t 到达观测者的过程应满足式 (2.3.10) 分离变量后的积分等式

$$c\int_0^t \frac{\mathrm{d}t'}{a(t')} = \int_0^{r_\mathrm{h}} \frac{\mathrm{d}r}{\sqrt{1-kr^2}} \tag{2.3.11}$$

按照式 (2.1.10) 给出的求固有距离的公式，t 时刻的视界大小应等于共动距离 r_h 相应的固有距离，即

$$D_\mathrm{h}(t) = a(t)\int_0^{r_\mathrm{h}} \frac{\mathrm{d}r}{\sqrt{1-kr^2}} \tag{2.3.12}$$

利用式 (2.3.11)，这就给出

$$D_\mathrm{h}(t) = ca(t)\int_0^t \frac{\mathrm{d}t'}{a(t')} \tag{2.3.13}$$

由此式可见，视界大小随时间变化的规律取决于 $a(t)$ 的具体形式。例如，如果 $a(t)$ 具有幂律形式，即 $a(t)\propto t^n(0<n<1)$(例如冷、热物质主导的宇宙，参见式 (2.2.27) 和式 (2.2.28))，则由式 (2.3.13) 得到

$$D_\mathrm{h}(t) = ca(t)\int_0^t \frac{\mathrm{d}t'}{a(t')} = ct^n\int_0^t \frac{\mathrm{d}t'}{t'^n} = \frac{1}{1-n}ct \tag{2.3.14}$$

此结果表明，视界的大小在随时间 t 增长，即我们看到的宇宙范围是在不断扩大的。由式 (2.3.11)，t 增长也意味着 r_h 一定增长，即视界的共动坐标位置并不是保持不变的，视界的共动距离也在增加。另一方面，人们为简单起见常说，视界的大小就是 ct，也就是光在宇宙年龄 t 的时间内跑过的距离。但式 (2.3.14) 的结果表明，实际的视界大小并不严格等于 ct，还要乘以一个因子 $1/(1-n)$。这是由宇宙膨胀所引起的。如果宇宙不膨胀，则 a 不随时间而变，这相应于幂指数 $n=0$，

只有在这种情况下，式 (2.3.14) 给出 $D_{\mathrm{h}} = ct$。一般情况下 $0 < n < 1$，因而有 $D_{\mathrm{h}} > ct$。

由式 (2.1.13) 所示的固有退行速度与固有距离之间的哈勃关系 $v = HD$，如果距离足够大，使得该处退行速度 $v = c$，则此距离称为**哈勃距离**，记为 L_{H}，且

$$L_{\mathrm{H}}(t) = \frac{c}{H(t)} = \frac{ca(t)}{\dot{a}(t)} \tag{2.3.15}$$

显然 L_{H} 也是会随时间变化的。对于现在时刻 $t = t_0$，哈勃距离为

$$L_{\mathrm{H}} = \frac{c}{H_0} \sim 3000h^{-1}\mathrm{Mpc} \tag{2.3.16}$$

这给出了目前可见宇宙的近似大小。

我们再来计算一下膨胀宇宙的视界大小与哈勃距离之比。当 $a(t) \propto t^n$ 时，视界大小 D_{h} 由式 (2.3.14) 给出，哈勃距离 L_{H} 由式 (2.3.15) 给出，且有 $\dot{a}/a = n/t$，这样两者之比为

$$\frac{D_{\mathrm{h}}}{L_{\mathrm{H}}} = \frac{n}{1-n} \tag{2.3.17}$$

由此可见，当 $n = 1/2$ 时 (例如辐射主导的宇宙)，$D_{\mathrm{h}} = L_{\mathrm{H}}$，当 $n > 1/2$ 时 (例如冷物质主导的宇宙)，$D_{\mathrm{h}} > L_{\mathrm{H}}$。这表明，我们看到的宇宙 (视界以内)，可以包括膨胀速度等于甚至大于光速的部分。

再来计算一下视界膨胀的速度。由式 (2.3.13)，视界膨胀的速度是

$$\begin{aligned}\frac{\mathrm{d}D_{\mathrm{h}}}{\mathrm{d}t} &= c\dot{a}(t)\int_0^t \frac{\mathrm{d}t'}{a(t')} + ca(t)\frac{\mathrm{d}}{\mathrm{d}t}\int_0^t \frac{\mathrm{d}t'}{a(t')} \\ &= \frac{\dot{a}(t)}{a(t)}ca(t)\int_0^t \frac{\mathrm{d}t'}{a(t')} + c = \frac{\dot{a}(t)}{a(t)}D_{\mathrm{h}} + c = H(t)D_{\mathrm{h}} + c\end{aligned} \tag{2.3.18}$$

其中，$H(t)D_{\mathrm{h}}$ 表示现在位于视界处的星系的退行速度。式 (2.3.18) 表明，视界膨胀的速度比位于视界处的星系退行速度多出一个光速。这一结果意味着，当视界膨胀时，越来越多的星系不断进入我们宇宙的可见部分。

2.4 宇宙的年龄

我们来计算一下 Friedmann 宇宙模型给出的宇宙年龄。仍取归一化的宇宙尺度因子 $a(t)$，$a = 0$ 相应于 $t = 0$，是时空奇点，也是宇宙年龄的开始；$a = 1$ 相

应于宇宙目前时刻 t_0，即宇宙的年龄。Friedmann 方程 (2.2.55) 可以化为

$$\mathrm{d}t = \frac{\mathrm{d}a}{H_0 a\sqrt{\Omega_\Lambda + \Omega_k a^{-2} + \Omega_\mathrm{m} a^{-3} + \Omega_\mathrm{r} a^{-4}}} \tag{2.4.1}$$

因此，宇宙的年龄就是式 (2.4.1) 的定积分

$$t_0 = \frac{1}{H_0}\int_0^1 \frac{\mathrm{d}a}{a\sqrt{\Omega_\Lambda + \Omega_k a^{-2} + \Omega_\mathrm{m} a^{-3} + \Omega_\mathrm{r} a^{-4}}} \tag{2.4.2}$$

特别地，对于 $\Omega_k = \Omega_\Lambda = 0$ 的爱因斯坦–德西特 (Einstein-de Sitter) 宇宙，并忽略辐射的贡献，此时 $\Omega_\mathrm{m} = 1$，式 (2.4.2) 的积分结果是简单的

$$t_0 = \frac{1}{H_0}\int_0^1 \sqrt{a}\mathrm{d}a = \frac{2}{3H_0} \tag{2.4.3}$$

这即是式 (1.2.19) 提到的情况。

利用式 (2.3.9) 的关系即 $a(t) = 1/(1+z)$，还可以把式 (2.4.1) 写为

$$\mathrm{d}t = \frac{-\mathrm{d}z}{H_0(1+z)\sqrt{\Omega_\Lambda + \Omega_k(1+z)^2 + \Omega_\mathrm{m}(1+z)^3 + \Omega_\mathrm{r}(1+z)^4}} \tag{2.4.4}$$

后面我们将看到，辐射为主的时期持续的时间很短，宇宙年龄的绝大部分是以 (冷) 物质为主的时期，因而方程 (2.4.4) 中的 Ω_r 项可以忽略，故有

$$\begin{aligned}\mathrm{d}t &= -\frac{\mathrm{d}z}{H_0(1+z)\sqrt{\Omega_\Lambda + \Omega_k(1+z)^2 + \Omega_\mathrm{m}(1+z)^3}} \\ &= -\frac{\mathrm{d}z}{H_0(1+z)\sqrt{(1+z)^2(1+\Omega_\mathrm{m}z) - z(2+z)\Omega_\Lambda}}\end{aligned} \tag{2.4.5}$$

最后一步用了式 (2.2.51) 且略去 Ω_r，即 $\Omega_k = 1 - \Omega_\mathrm{m} - \Omega_\Lambda$。式 (2.4.5) 积分后得

$$t_0 - t = \frac{1}{H_0}\int_0^z \frac{\mathrm{d}z}{(1+z)\sqrt{(1+z)^2(1+\Omega_\mathrm{m}z) - z(2+z)\Omega_\Lambda}} \tag{2.4.6}$$

$t_0 - t$ 通常称为**回溯时间** (lookback time)，它表示从宇宙现在的时刻 t_0 倒退回到红移 z 时所经历的时间 (图 2.4)。显然，$z = \infty$ 时相应于 $t = 0$，此时回溯时间就等于宇宙的年龄 t_0。图 2.5 给出了不同参数下宇宙年龄的结果。从图中可以看到，在 $\Omega_k = 0$ 的平直宇宙情况下，宇宙学常数不为零时的宇宙年龄要比 $\Lambda = 0$ 时更长一些，这正是我们所希望的情况。实际的观测结果 (图 1.20) 也表明，我们

的宇宙应当有 $\Omega_\mathrm{m} \approx 0.3$，$\Omega_\Lambda \approx 0.7$，即目前宇宙的能量应当是由真空能量 (暗能量) 所主导的。

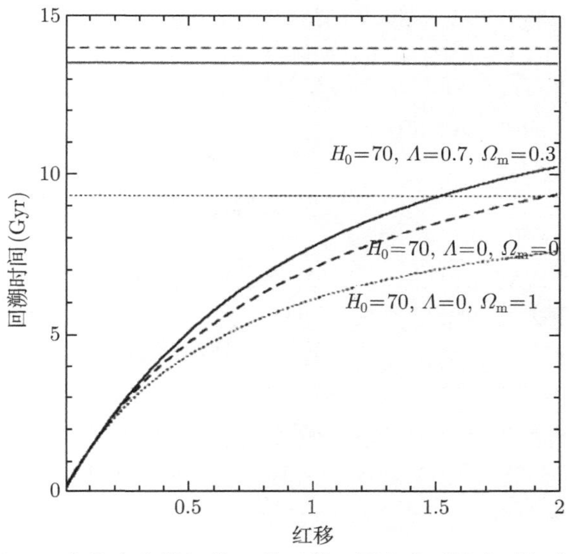

图 2.4　回溯时间 t_0-t 作为宇宙学红移 z 的函数。图中水平线表示相应的 t_0 位置 (参见 Carroll & Ostlie, 2007)

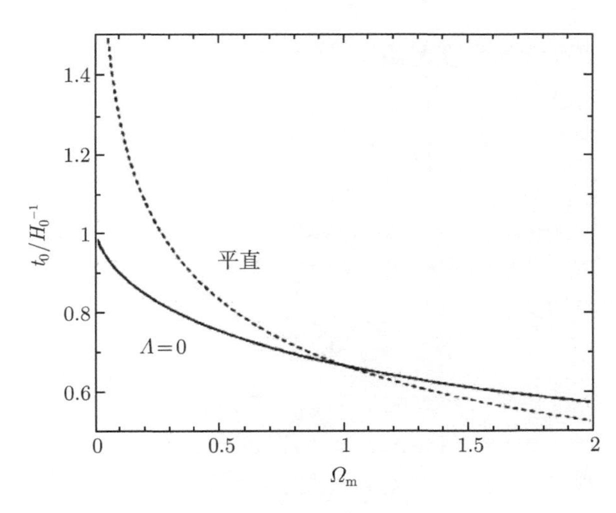

图 2.5　不同宇宙学模型给出的宇宙的年龄 t_0 (引自 Peacock, 1999)

最后，在很小 (百分之几) 的误差内，t_0 还可用下面的近似式来表示：

$$t_0 \simeq \frac{2}{3H_0}(0.7\Omega_\mathrm{m} + 0.3 - 0.3\Omega_\Lambda)^{-0.3} \quad \text{(对于一般情况)} \tag{2.4.7}$$

以及

$$t_0 \simeq \frac{2}{3\Omega_\Lambda^{1/2} H_0} \ln\left(\frac{1+\Omega_\Lambda^{1/2}}{\Omega_\mathrm{m}^{1/2}}\right) \quad (\text{对于}\, \Omega_k = 0 \text{ 且 } \Omega_\Lambda \neq 0) \tag{2.4.8}$$

例如，取 $\Omega_\mathrm{m} = 0.3$，$\Omega_\Lambda = 0.7$，$h \simeq 0.7$，则式 (2.4.8) 给出 $t_0 \simeq 9.36h^{-1} \simeq 13.4\mathrm{Gyr}$，可见这是一个很好的近似表示式。

2.5 宇宙学距离

星系距离的测定现在已经有了许多方法，如图 1.9 所示。对于宇宙学距离上的遥远星系，其距离的测量目前只有两种，即**光度距离**和**角直径距离**。前者利用的是星系的绝对光度与其视光度的比较，后者利用的是星系的真直径与其观测到的角直径的比较。

我们先来看光度距离。在静态的欧几里得空间，如果一个星系的真实光度是 L，观测到的辐射流量 (照度) 是 f，则两者之间的关系为

$$f = \frac{L}{4\pi D^2} \tag{2.5.1}$$

这里，D 就是欧几里得空间中的星系距离。当空间不是静态的欧几里得空间时，这一关系给出的距离称为光度距离 D_L：

$$f = \frac{L}{4\pi D_\mathrm{L}^2} \Rightarrow D_\mathrm{L} = \left(\frac{L}{4\pi f}\right)^{1/2} \tag{2.5.2}$$

利用 Robertso-Walker 度规，我们可以计算出 D_L。设观测者位于共动坐标系的原点，即 $r = 0$ 处，星系的共动坐标是 r_e，光子发射的时刻是 t_e，接收到的时刻是 t_0。此时，波前的面积是

$$A = 4\pi r_\mathrm{e}^2 a^2(t_0) \tag{2.5.3}$$

另一方面，有两个因素使得穿过波前的辐射能流减小：① 光子的红移，使得每个光子的能量变为 $h\nu_0 = h\nu_\mathrm{e}/(1+z)$；② 时间膨胀，使得单位时间内到达观测者的光子数减小一个因子 $1/(1+z)$。这两个因素合起来，总的效果是使到达观测者的辐射能流减小一个因子 $1/(1+z)^2$。故观测者接收到的辐射流量就是

$$f = \frac{L}{4\pi r_\mathrm{e}^2 a^2(t_0)(1+z)^2} = \frac{La^2(t_\mathrm{e})}{4\pi r_\mathrm{e}^2 a^4(t_0)} \tag{2.5.4}$$

从而光度距离为

$$D_{\mathrm{L}}=\frac{r_{\mathrm{e}}a^2(t_0)}{a(t_{\mathrm{e}})}=r_{\mathrm{e}}a(t_0)(1+z) \tag{2.5.5}$$

要注意的是，这一距离并不等于式 (2.1.10) 定义的固有距离。只有在 r_{e} 很小 (z 很小) 的情况下，这两者才趋于一致。

由上面分析可以看到,光度距离测量的关键是如何确定 $r_{\mathrm{e}}a(t_0)$。根据式 (2.3.3) 和式 (2.4.3)，我们有

$$\begin{aligned} r(z)&=S\left[\int_{t(z)}^{t_0}\frac{\mathrm{d}t}{a(t)}\right]\\ &=S\left[\frac{1}{a\left(t_0\right)H_0}\int_{1/(1+z)}^{1}\frac{\mathrm{d}a}{a^2\sqrt{\Omega_\Lambda+\Omega_k a^{-2}+\Omega_{\mathrm{m}}a^{-3}+\Omega_{\mathrm{r}}a^{-4}}}\right] \end{aligned} \tag{2.5.6}$$

其中，函数 S 的定义是

$$S(y)\equiv\begin{cases}\sin y, & k=+1\\ y, & k=0\\ \sinh y, & k=-1\end{cases} \tag{2.5.7}$$

特别地，当 $k=0$ 时，再利用变换 $a(t)=1/(1+z)$ 并忽略 Ω_{r} 项，式 (2.5.6) 化为

$$r(z)=\frac{1}{a(t_0)H_0}\int_0^z\frac{\mathrm{d}z}{\sqrt{\Omega_\Lambda+\Omega_{\mathrm{m}}(1+z)^3}} \tag{2.5.8}$$

因而光度距离式 (2.5.5) 最后的结果是 ($k=0$)

$$D_{\mathrm{L}}=r_{\mathrm{e}}a(t_0)(1+z)=\frac{c(1+z)}{H_0}\int_0^z\frac{\mathrm{d}z}{\sqrt{\Omega_\Lambda+\Omega_{\mathrm{m}}(1+z)^3}} \tag{2.5.9}$$

其中，我们恢复了光速 c。

再来看角直径距离。它是用测量到的星系角直径与星系真实 (固有) 大小的关系而定义的，结果是 (参见 Weinberg，1972，第 14 章)：

$$D_{\mathrm{A}}=a(t_{\mathrm{e}})r_{\mathrm{e}}=a(t_0)r_{\mathrm{e}}\frac{a(t_{\mathrm{e}})}{a(t_0)}=a(t_0)r_{\mathrm{e}}(1+z)^{-1} \tag{2.5.10}$$

显然它与光度距离之间满足

$$D_{\mathrm{A}}=D_{\mathrm{L}}(1+z)^{-2}=\frac{c}{H_0(1+z)}\int_0^z\frac{\mathrm{d}z}{\sqrt{\Omega_\Lambda+\Omega_{\mathrm{m}}(1+z)^3}} \tag{2.5.11}$$

图 2.6 描绘了不同宇宙学模型情况下，角直径距离与红移的关系。图中从左到右的三种宇宙学模型分别代表 $\Omega_{\mathrm{m}}=1$ 的平直宇宙，$\Omega_{\mathrm{m}}=0.2$ 的开放宇宙，以及

$\Omega_{\rm m}=0.2$，$\Omega_\Lambda=0.8$ 的平直宇宙。在图示的三种情况下，红移相同的地方分别对应于不同的共动距离。图中，横线长度代表该处天体的真实 (固有) 线尺度。图 2.7 给出的是角直径距离与红移关系的另一种图示。显然，$\Omega_\Lambda\neq0$ 的宇宙模型可以给出最大的角直径距离。

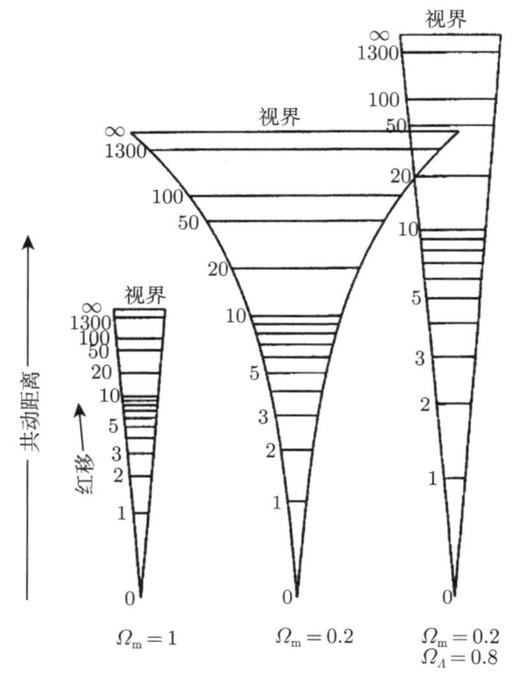

图 2.6　不同宇宙学模型中，角直径距离与红移的关系 (引自 Coles & Lucchin, 2002)

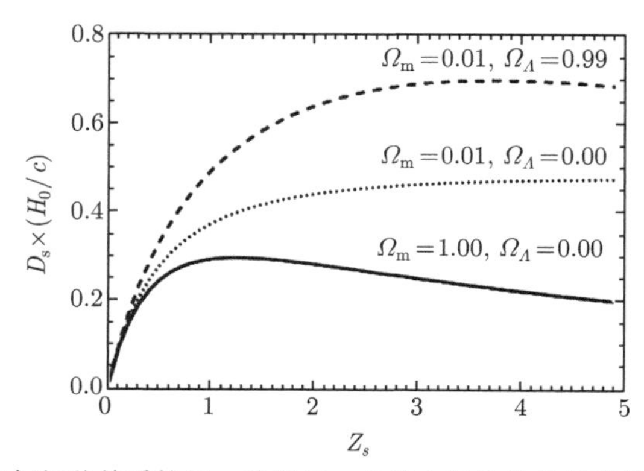

图 2.7　角直径距离与红移关系的另一种图示。曲线上标注的是相应的宇宙学参数 (参见 Ryden, 2003)

习　题

2.1　从宇宙学原理出发，并设宇宙是膨胀的，试根据伽利略速度合成律推导出哈勃定律。

2.2　如果时空间隔由式 (2.1.9) 所描述，并取空间曲率为正 (即 $k=+1$)。求：

(1) 与原点共动距离为 r 的一个星系，其相应的固有距离 l；

(2) $r=$[常数] 所定义的圆周的周长 C；

(3) 围绕原点且 $r=$[常数] 的球面面积 A；

(4) $r=$[常数] 的球面所包含的体积 V。

2.3　当一个星系与我们的距离超过哈勃距离 L_{H} 时，就意味着该星系相对我们的退行速度超过光速。

(1) 这在现实中可能发生吗？

(2) 如果星系的退行速度超过光速，我们还能看到它吗？

2.4　对于正曲率的 Friedmann 方程 (式 (2.2.17))，验证：其解可以利用参数 η 表示为

$$a=a_*(1-\cos\eta)$$
$$t=a_*(\eta-\sin\eta)$$

其中，$a_*\equiv 4\pi Ga^3\rho/3$。显然，该解给出的 a-t 函数曲线是一条旋轮线，求 $t=0$ 之后，宇宙经历多长时间膨胀到极大值，又在什么时刻坍缩回到原点。

2.5　2.4 题给出的是一个 Friedmann 闭合宇宙。现取 $a_*=3.9\times10^{10}$ 光年，以及宇宙目前时刻 $a_0=2.5\times10^{10}$ 光年 (注：a 的这种具有长度量纲的特殊定义只在本题和 2.6 题使用)。如果观测到一个类星体具有红移 $z=4.8$, 求：

(1) 从地球到该类星体的坐标 (共动) 距离 χ；

(2) 从地球到该类星体的真实 (固有) 距离 D；

(3) 当该类星体发出的光现在到达我们时，发光时刻地球与该类星体之间的真实距离 D^*。

2.6　如果 2.5 题中的类星体红移仍为 $z=4.8$，但宇宙尺度因子 $a(t)\propto\sqrt{t}$。求：

(1) 从地球到该类星体的坐标距离 χ；

(2) 当该类星体发出的光现在到达我们时，地球到该类星体的固有距离 D 同发光时刻地球与该类星体之间的固有距离 D^* 之比。

2.7　德西特 (de Sitter) 宇宙的时空间隔是

$$\mathrm{d}\tau^2=\mathrm{d}t^2-a(t)^2(\mathrm{d}\chi^2+\chi^2\mathrm{d}\theta^2+\chi^2\sin^2\theta\mathrm{d}\phi^2)$$

其中，χ 为径向坐标，$a(t)=a_0\exp\left(\sqrt{\dfrac{\Lambda}{3}}t\right)$，且 a_0,Λ 均为常数。

(1) 在时间 t，位于原点的观测者所能看到的最远固有距离 (即所谓的**粒子视界**) 是多少？

(2) 这一宇宙中是否有我们永远看不到的星系 (即所谓的**事件视界**)？

2.8　根据式 (2.4.6) 的定义，取 $\Omega_{\mathrm{m}}=1,\Omega_\Lambda=0$，给出回溯时间 $t_{\mathrm{L}}=t_0-t(z)$ 的解析结果。对于红移 $z=6.28$ 的类星体 SDSS 1030+0524，计算回溯时间与哈勃时间 ($t_{\mathrm{H}}=1/H_0$) 之比。

2.9　取 $\Omega_{\mathrm{m}}=0.3$，$\Omega_\Lambda=0.7$。

(1) 当宇宙演化到 $\rho_{\rm m}(t)=\rho_\Lambda$ 时，即由物质主导变为真空能量即 Λ 主导，相应的宇宙学红移是多少？

(2) 求该宇宙从减速膨胀变为加速膨胀时，相应的宇宙学红移。

2.10 对于 $k=0,\Lambda\neq 0$ 的 Friedmann-Lemeître 宇宙模型，忽略所有相对论性粒子的贡献，

(1) 试给出宇宙年龄 t 随尺度因子 a 变化的解析表达式 (取 $a(t_0)=1$)；

(2) 反解所得结果，给出 $a(t)$ 随 t 变化的关系；

(3) 分别给出 $t\ll t_{\rm H}$ 以及 $t\gg t_{\rm H}(t_{\rm H}\equiv 1/H_0$，称为**哈勃时间**) 两种极限下，$a(t)$ 随 t 变化的近似表达式。

2.11 考虑一个由无压尘埃构成的单一成分且 $\Lambda=0$ 的宇宙，证明：

(1) 当 $t\to 0$ 时，$\mathrm{d}a/\mathrm{d}t\to\infty$；

(2) $\Omega(t)\equiv\dfrac{\rho(t)}{\rho_{\rm c}(t)}=1+\dfrac{k}{\dot a^2}$，其中 $\rho_{\rm c}(t)=\dfrac{3H(t)^2}{8\pi G}$。

2.12 对于 2.11 题给出的宇宙，证明：

$$\frac{1}{\Omega(t)}-1=\left(\frac{1}{\Omega_0}-1\right)(1+z)^{-1}$$

2.13 与 2.12 题的条件相同，证明：

$$\Omega=1+\frac{\Omega_0-1}{1+\Omega_0 z}$$

2.14 如果仿射联络仅有的非零分量是

$$\Gamma^i_{0j}=\Gamma^i_{j0}=\frac{\dot a}{a}\delta_{ij},\quad \Gamma^0_{ij}=a\dot a\delta_{ij}$$

试根据式 (2.2.2) 的定义，推导式 (2.2.7) 和式 (2.2.8)。

2.15 根据式 (2.2.5) 和式 (2.2.6)，推导式 (2.2.11)~ 式 (2.2.13) 给出的结果。

第 3 章　热大爆炸宇宙简史

宇宙中最不可以理解的是——宇宙是可以被理解的。

——爱因斯坦

万物之始，大道至简，衍化至繁。

天下万物生于有，有生于无。

道生一，一生二，二生三，三生万物。

——老子《道德经》

3.1　从辐射为主到物质为主

本章我们对宇宙演化的热历史作一个概述，主要介绍自大爆炸之后，宇宙演化各阶段发生的主要物理过程 (图 3.1)。宇宙的演化过程可以用 t、ρ、T、a 等不同参数来描述，但其中最好的参数是温度 T，因为它可以直接测量；同时，kT 也给出了粒子热运动能量的典型值，在辐射为主阶段，它与宇宙年龄 t(用秒作单位) 有下面的近似关系：

$$\frac{T}{\mathrm{MeV}} \approx \frac{T}{10^{10}\mathrm{K}} \approx \frac{1}{\sqrt{t}} \tag{3.1.1}$$

随着宇宙的 (绝热) 膨胀，温度以及能量密度都逐渐降低，对应于不同的能量密度，宇宙依次进入粒子物理、核物理、原子物理等不同物理学领域的演化阶段。

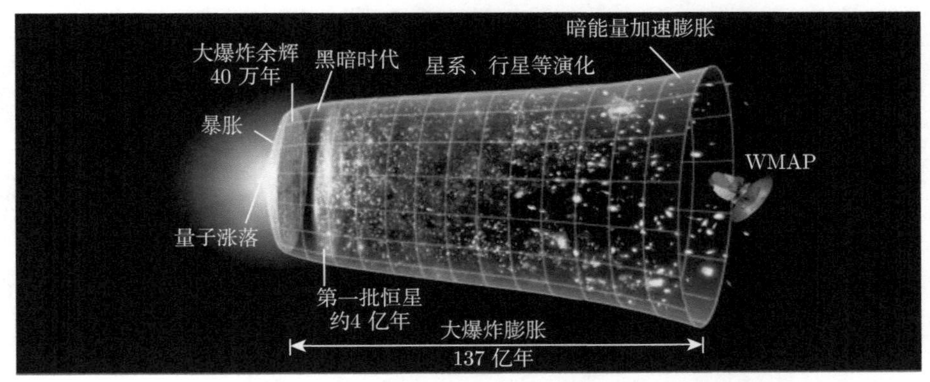

图 3.1　宇宙演化的主要阶段 (引自 esa/hubble(哈勃空间望远镜官网), 2006)

我们知道，宇宙中除了暗能量外，其物质成分大体可以分为非相对论性粒子物质和以辐射为代表的相对论性物质。我们把这两种成分分别称为“物质”和“辐射”。宇宙中目前的物质总密度为

$$\begin{aligned}\rho_{\mathrm{m}0} &= \Omega_{\mathrm{m}}\rho_{\mathrm{c}} = \Omega_{\mathrm{m}}h^2 \times 1.88 \times 10^{-29}\mathrm{g}\cdot\mathrm{cm}^{-3} \\ &\simeq 2.6 \times 10^{-30}\mathrm{g}\cdot\mathrm{cm}^{-3}\end{aligned} \tag{3.1.2}$$

其中，ρ_{c} 为式 (2.2.45) 所示的临界密度，最后一步取 $\Omega_{\mathrm{m}} \simeq 0.27$，$h \simeq 0.72$。在总的物质密度中，大部分为不发光的暗物质，能够发光的重子物质的密度为

$$\begin{aligned}\rho_{\mathrm{B}0} &= \Omega_{\mathrm{B}}\rho_{\mathrm{c}} = \Omega_{\mathrm{B}}h^2 \times 1.88 \times 10^{-29}\mathrm{g}\cdot\mathrm{cm}^{-3} \\ &\approx 4.2 \times 10^{-31}\mathrm{g}\cdot\mathrm{cm}^{-3}\end{aligned} \tag{3.1.3}$$

最后一步取了 $\Omega_{\mathrm{B}} \simeq 0.044$(表 1.4)。另一方面，宇宙微波背景辐射目前的能量密度为 (见式 (1.2.34))

$$\rho_{\mathrm{r}0} \simeq a_{\mathrm{r}}(2.725\mathrm{K})^4 \simeq 4.6 \times 10^{-34}\mathrm{g}\cdot\mathrm{cm}^{-3} \tag{3.1.4}$$

有了这些基本的观测数据，我们就可以探究宇宙的演化过程。

第 2 章式 (2.2.20) 曾给出

$$\frac{\mathrm{d}\rho}{\mathrm{d}t} + \frac{3\dot{a}}{a}(\rho + p) = 0 \tag{3.1.5}$$

实际上，这一关系也可以简单地从热力学得到。我们把宇宙的膨胀看成是绝热过程，因此，一个体积为 V 的绝热膨胀系统，满足热力学第一定律 (取光速 $c = 1$)

$$\mathrm{d}E + p\mathrm{d}V = 0 \tag{3.1.6}$$

其中，

$$E = (\rho_{\mathrm{m}} + \rho_{\mathrm{r}})V = \rho V \tag{3.1.7}$$

这里，ρ_{m} 和 ρ_{r} 分别表示物质密度和辐射密度。由于 $V \propto a^3(t)$ (a 为宇宙尺度因子)，式 (3.1.6) 和式 (3.1.7) 给出

$$\frac{\mathrm{d}}{\mathrm{d}t}(\rho a^3) + p\frac{\mathrm{d}}{\mathrm{d}t}(a^3) = 0 \tag{3.1.8}$$

由于物质粒子是非相对论性的，其压力可以忽略，故方程中的压力 p 仅为辐射的贡献，即 $p = p_{\mathrm{r}} = \rho_{\mathrm{r}}/3$。这样，式 (3.1.8) 现在为

$$\frac{\mathrm{d}}{\mathrm{d}t}\left(\rho_{\mathrm{m}}a^3\right) + \frac{\mathrm{d}}{\mathrm{d}t}\left(\rho_{\mathrm{r}}a^3\right) + \frac{1}{3}\rho_{\mathrm{r}}\frac{\mathrm{d}}{\mathrm{d}t}\left(a^3\right) = 0$$

$$\Rightarrow \frac{\mathrm{d}}{\mathrm{d}t}\left(\rho_{\mathrm{m}} a^3\right) + \frac{1}{a}\frac{\mathrm{d}}{\mathrm{d}t}\left(\rho_{\mathrm{r}} a^4\right) = 0 \tag{3.1.9}$$

如果物质严格守恒，即物质与辐射之间不互相转化，则应分别有

$$\frac{\mathrm{d}}{\mathrm{d}t}(\rho_{\mathrm{m}} a^3) = 0, \quad \frac{1}{a}\frac{\mathrm{d}}{\mathrm{d}t}(\rho_{\mathrm{r}} a^4) = 0 \tag{3.1.10}$$

即

$$\rho_{\mathrm{m}} = \rho_{\mathrm{m0}}(a_0/a)^3 = \rho_{\mathrm{m0}}(1+z)^3 \tag{3.1.11}$$

$$\rho_{\mathrm{r}} = \rho_{\mathrm{r0}}(a_0/a)^4 = \rho_{\mathrm{r0}}(1+z)^4 \tag{3.1.12}$$

这与第 2 章式 (2.2.24) 和式 (2.2.25) 的结果是一致的。显然，由于 $\rho_{\mathrm{r}} \propto a^{-4}$ 而 $\rho_{\mathrm{m}} \propto a^{-3}$，当时间倒退回去即 a 越变越小时，ρ_{r} 比 ρ_{m} 更快地增长。因而，在宇宙早期的某一时刻 t_{eq}，必然有辐射与物质的能量密度相等，即 $\rho_{\mathrm{r}}(t_{\mathrm{eq}}) = \rho_{\mathrm{m}}(t_{\mathrm{eq}})$(图 3.2)，此时的宇宙尺度因子为

$$a(t_{\mathrm{eq}}) = \frac{\rho_{\mathrm{r0}}}{\rho_{\mathrm{m0}}} a(t_0) = 2.5 \times 10^{-5}(\Omega_{\mathrm{m}} h^2)^{-1} a(t_0) \tag{3.1.13}$$

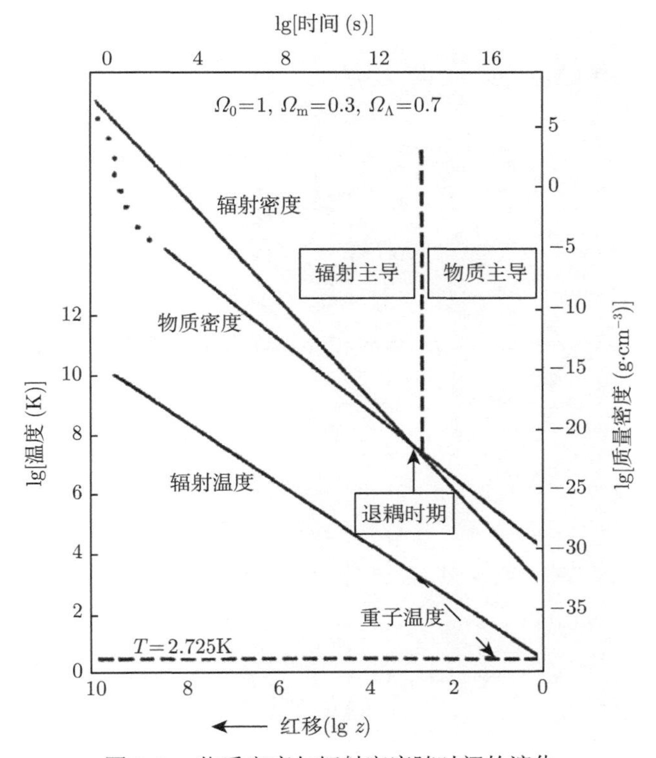

图 3.2 物质密度与辐射密度随时间的演化

其相应的宇宙学红移为

$$(1+z_{\rm eq})=\frac{a(t_0)}{a(t_{\rm eq})}=\frac{\rho_{\rm m0}}{\rho_{\rm r0}}\simeq 4.1\times 10^4\Omega_{\rm m}h^2 \tag{3.1.14}$$

由此可见，当 $t<t_{\rm eq}(z>z_{\rm eq})$ 时，有 $\rho_{\rm r}>\rho_{\rm m}$，宇宙以辐射为主；当 $t>t_{\rm eq}(z<z_{\rm eq})$ 时，有 $\rho_{\rm r}<\rho_{\rm m}$，宇宙以物质为主。另一方面，宇宙微波背景辐射是黑体辐射，即 $\rho_{\rm r}\propto T^4$，则根据式 (3.1.12) 有

$$T\propto a(t)^{-1}\propto(1+z) \tag{3.1.15}$$

因而宇宙早期 ($a\ll a_0$) 的温度很高，是热宇宙。从辐射为主过渡到物质为主以后，宇宙就逐渐变为冷宇宙。从上面的分析容易得到，这一转变相应的温度是

$$T_{\rm eq}=T_0(1+z_{\rm eq})\approx 1.1\times 10^5\Omega_{\rm m}h^2{\rm K} \tag{3.1.16}$$

再来看具有物质和辐射的宇宙中，$a(t)$ 是如何随时间演化的。Friedmann 方程 (2.2.41) 现在是

$$\left(\frac{\dot a}{a}\right)^2=\frac{8\pi G}{3}(\rho_{\rm r}+\rho_{\rm m})+\frac{\Lambda}{3}-\frac{k}{a^2} \tag{3.1.17}$$

对于 $\Lambda=0,k=0$ 的 Einstein-de Sitter 宇宙，并采用归一化的 $a(t)(a(t_0)=1)$，式 (3.1.17) 变为

$$\begin{aligned}\left(\frac{\dot a}{a}\right)^2&=\frac{8\pi G}{3}\rho_{\rm m0}\left(\frac{\rho_{\rm r0}}{\rho_{\rm m0}}a^{-4}+a^{-3}\right)\\&=\frac{8\pi G\rho_0}{3}\left(a_{\rm eq}a^{-4}+a^{-3}\right)\end{aligned} \tag{3.1.18}$$

这里，$\rho_0\equiv\rho_{\rm m0}+\rho_{\rm r0}\simeq\rho_{\rm m0}$，$a_{\rm eq}\equiv a(t_{\rm eq})=\rho_{\rm r0}/\rho_{\rm m0}$(见式 (3.1.13))。注意到

$$\frac{8\pi G\rho_0}{3}=H_0^2 \tag{3.1.19}$$

式 (3.1.18) 最后化为

$$\frac{a{\rm d}a}{(a_{\rm eq}+a)^{1/2}}=H_0{\rm d}t \tag{3.1.20}$$

积分结果给出

$$\begin{aligned}t_{\rm eq}&=H_0^{-1}\int_0^{a_{\rm eq}}\frac{a{\rm d}a}{(a_{\rm eq}+a)^{1/2}}=\left(\frac{4}{3}\sqrt{2}-\frac{2}{3}\right)H_0^{-1}{a_{\rm eq}}^{3/2}\\&\approx 1.5\times 10^3\Omega_{\rm m}^{-3/2}h^{-4}{\rm yr}\end{aligned} \tag{3.1.21}$$

如取 $\Omega_{\rm m}\simeq0.27$，$h\simeq0.72$，则得到 $t_{\rm eq}\approx4\times10^4$yr，即宇宙诞生后大约只经过 4 万年，就从辐射为主转变到物质为主。这一时间与宇宙的年龄相比的确是微不足道的。因此我们可以说，宇宙演化至今，绝大部分时间是以物质为主的。

根据式 (3.1.20)，我们还可以求得 $a(t)$ 以及 $\rho(t)$ 随时间变化的规律。例如，当辐射为主时 ($a\ll a_{\rm eq}$)，式 (3.1.20) 给出

$$a{\rm d}a\propto{\rm d}t\Rightarrow a^2\propto t\Rightarrow a\propto t^{1/2}\quad(\text{辐射为主})\tag{3.1.22}$$

而当物质为主时 ($a\gg a_{\rm eq}$)，式 (3.1.20) 给出

$$a^{1/2}{\rm d}a\propto{\rm d}t\Rightarrow a^{3/2}\propto t\Rightarrow a\propto t^{2/3}\quad(\text{物质为主})\tag{3.1.23}$$

这样，在辐射为主的时期有 (利用式 (3.1.17))

$$\frac{\dot a}{a}=\frac{1}{2t}\Rightarrow\frac{1}{2t}=\sqrt{\frac{8\pi G\rho}{3}}\Rightarrow t=\sqrt{\frac{3}{32\pi G\rho}}\tag{3.1.24}$$

而在物质为主的时期有

$$\frac{\dot a}{a}=\frac{2}{3t}\Rightarrow\frac{2}{3t}=\sqrt{\frac{8\pi G\rho}{3}}\Rightarrow t=\sqrt{\frac{1}{6\pi G\rho}}\tag{3.1.25}$$

这些关系在我们今后的讨论中将要用到。

实际上，我们以上所谈的“辐射”中还应当包括其他相对论性的粒子，例如静质量为零的中微子。相对论性粒子的能量密度随 $a(t)$ 的变化规律与光子是相同的 ($\propto a^{-4}$)，因此在宇宙演化的早期，它们也对宇宙的能量密度有重要的贡献。特别是中微子，它们的数量和光子大致相同。虽然它们与其他粒子 (包括光子) 退耦的时间很早 (见 3.2 节)，但退耦后中微子仍然保持原来的能量分布 (费米分布)，只是温度比光子的温度略低 (约为光子温度的 1/1.4)，其温度 $T\propto a^{-1}$，变化规律与光子相同。这样，在计算 $t_{\rm eq}$、$T_{\rm eq}$ 以及 $a_{\rm eq}$ 时，中微子的能量密度也应当考虑在内。大致说来，考虑了相对论性粒子的贡献之后，上面分析中的“辐射”能量密度应当增加一倍，即 $\rho_{\rm r0}\approx8\times10^{-34}{\rm g\cdot cm^{-3}}$。因此，式 (3.1.16) 给出的 $T_{\rm eq}$ 应降低一半左右，$T_{\rm eq}\approx9000$K；而式 (3.1.21) 给出的 $t_{\rm eq}$ 现在应为 $t_{\rm eq}\approx2^{3/2}\times4\times10^4{\rm yr}\approx1.1\times10^5$yr。

3.2 宇宙的创生——普朗克时期 ($T\sim10^{32}$K，$kT\sim E_{\rm Pl}\simeq10^{19}$GeV，$t\sim10^{-43}$s)

按照现代宇宙学的看法，宇宙大爆炸之前没有物质，没有时间，也没有空间。只有真空——但并不是哲学上真正一无所有的虚空，而是物理上充满了量子涨落

的“沸腾的真空”，它蕴涵了巨大的潜能。今天的宇宙就起源于一百多亿年前的一次真空量子涨落。我们下面来分析一下真空量子涨落给出的时间尺度和能量尺度，这也就是宇宙诞生时相应的时间和能量尺度。按照量子力学的不确定关系，时间的涨落与能量的涨落之间满足

$$\Delta t \Delta E \approx tE \approx \frac{\hbar}{2} = \frac{h}{4\pi} \tag{3.2.1}$$

其中，h 为普朗克常量。另一方面，$E \simeq kT$，并且宇宙诞生后，应为相对论性物质 (辐射) 所主导，即 $\rho \simeq \rho_{\mathrm{r}} = a_{\mathrm{r}} T^4$，其中，

$$a_{\mathrm{r}} = 8\pi^5 k^4 / 15c^3 h^3 = 7.57 \times 10^{-15} \mathrm{erg} \cdot \mathrm{cm}^{-3} \cdot \mathrm{K}^{-4} \tag{3.2.2}$$

为辐射密度常数或黑体常数；同时，也应满足式 (3.1.22) 和式 (3.1.15)，即 $a \propto t^{1/2}$，以及 $a \propto 1/T$。这样，由式 (3.1.24) 容易得到 T 和 t 之间的关系是

$$T = \left(\frac{3c^2}{32\pi G a_{\mathrm{r}}}\right)^{\frac{1}{4}} \frac{1}{\sqrt{t}} \tag{3.2.3}$$

利用这些结果，式 (3.2.1) 现在是

$$tE \approx t \cdot kT \approx t \cdot k \left(\frac{3c^2}{32\pi G a_{\mathrm{r}}}\right)^{\frac{1}{4}} \frac{1}{\sqrt{t}} \approx \frac{h}{4\pi} \tag{3.2.4}$$

最后一个关系式给出

$$t \approx \frac{h^2}{16\pi^2 k^2 \left(\dfrac{3c^2}{32\pi G a_{\mathrm{r}}}\right)^{1/2}} = \pi \left(\frac{hG}{45c^5}\right)^{1/2} \simeq 6 \times 10^{-44} \mathrm{s} \tag{3.2.5}$$

通常把这一时间尺度定义为**普朗克时间** t_{Pl}，并把其值取为

$$t_{\mathrm{Pl}} = \sqrt{\frac{\hbar G}{c^5}} \simeq 5.4 \times 10^{-44} \mathrm{s} \tag{3.2.6}$$

与普朗克时间相应的能量定义为**普朗克能量** E_{Pl}：

$$E_{\mathrm{Pl}} \approx \frac{\hbar}{t_{\mathrm{Pl}}} = \sqrt{\frac{\hbar c^5}{G}} \simeq 1.2 \times 10^{19} \mathrm{GeV} \tag{3.2.7}$$

它相应的温度为 $T \sim 10^{32}\mathrm{K}$。与普朗克能量相应的质量称为**普朗克质量** m_{Pl}：

$$m_{\mathrm{Pl}} = E_{\mathrm{Pl}}/c^2 = \sqrt{\frac{\hbar c}{G}} \simeq 2.2 \times 10^{-5} \mathrm{g} \tag{3.2.8}$$

另一方面，普朗克时间 $t_{\rm Pl}$ 乘以光速就得到**普朗克长度** $l_{\rm Pl}$，即

$$l_{\rm Pl}=ct_{\rm Pl}=\sqrt{\frac{\hbar G}{c^3}}\simeq1.6\times10^{-33}{\rm cm} \tag{3.2.9}$$

普朗克时间和普朗克长度的物理意义是，它们分别代表经典连续时空中所能测量的最小时间和空间间隔。小于普朗克时间和普朗克长度，时间和空间就变得不连续，也就是量子化了。有意义的是，上述普朗克时间、长度及能量的表示式，都是 $\hbar$、G 和 c 这几个基本物理常数的某种组合。$\hbar$ 代表量子效应，G 代表引力作用，c 代表相对论效应。因此，我们宇宙的诞生可以看成是这几种基本物理效应和作用的综合结果。

总之，宇宙大爆炸即是一次 $t\to0,E\to\infty$ 的巨大真空潜能的释放。由相对论的质能关系 $E=mc^2$，释放出来的能量可以转化为物质粒子。从这个意义上说，大爆炸就是一次规模无比巨大的、“无中生有”的真空潜能转变为物质粒子 (物理宇宙) 的过程。大爆炸之后，时空创生了，物质创生了，宇宙也就创生了。在此之前，宇宙处于时空的量子混沌状态，不存在经典意义下的连续时间和空间，也不存在任何因果联系。只是在普朗克时间之后，时空才具有我们熟悉的连续的形式，并且具有了确定的拓扑结构——闭合的、开放的或平直的，单连通的或者多连通的。更重要的是，时空的拓扑结构自宇宙创生之后不会再变化，这就是大爆炸宇宙的最早的历史遗迹。此外还要注意，虽然常常把大爆炸描述为原初的“爆炸”，但它与通常的爆炸有一个关键性的区别——它的向外运动是某种初始条件的结果，而不是由向外的压力所造成的。

最后要指出的是，接近普朗克时期时，广义相对论已不再起作用，必须应用量子引力理论。但只要能量稍低于普朗克能量，经典的时空概念仍然有效。此外，普朗克时期之后所产生的粒子种类，可能比现有的粒子种类多出许多。例如，按照超对称理论，那时的粒子种类数至少是现在的一倍，其中包括多种有质量的弱相互作用粒子，它们是宇宙暗物质很有可能的候选者。

3.3 宇宙暴胀 ($T\sim10^{26}$K，$kT\sim10^{15}$GeV，$t\sim10^{-33}$s)

3.3.1 标准宇宙学模型的两大疑难

暴胀宇宙学模型是 20 世纪 80 年代初，为了解决标准宇宙学模型遇到的“平性”和“视界”两大疑难而提出的。至今这一模型原则上已被国际学术界所广泛接受，尽管在理论上还有许多问题仍在继续探讨。

我们先来看一下这两个疑难。第一个疑难 (“平性”) 与宇宙的曲率有关。根据爱因斯坦广义相对论得到的宇宙动力学方程，有一个重要参数，即宇宙的曲率 k。

如果这一曲率是正的，宇宙就是闭合的、有限的。如果曲率是零或者是负的，宇宙就是平直的或者开放的，且这两种情况下宇宙都是无限的。根据标准大爆炸宇宙模型，在极早期由于物质密度极高，故曲率效应不明显。但随着宇宙膨胀、物质密度的下降，时至今日，应该有足够的观测证据使我们对宇宙的曲率作出正确的判断。也就是说，宇宙的有限或无限，今天应该在观测上看到明显区别。我们就此来分析一下。

Friedmann 方程 (2.2.41) 可以改写为 (这里先不考虑宇宙学常数，故设 $\Lambda=0$)

$$1=\frac{8\pi G}{3H^2}\rho-\frac{k}{H^2a^2} \tag{3.3.1}$$

其中，k 的取值可以是 $k=0,\pm1$。按照式 (2.2.47) 的方式定义宇宙密度参数

$$\Omega\equiv\frac{\rho}{\rho_{\mathrm{c}}}=\frac{8\pi G\rho}{3H^2} \tag{3.3.2}$$

则式 (3.3.1) 化为

$$1=\Omega-\frac{k\Omega}{8\pi G\rho a^2/3}\Rightarrow 1-\frac{1}{\Omega}=\frac{k}{8\pi G\rho a^2/3} \tag{3.3.3}$$

辐射为主时期 $\rho\propto a^{-4}$，物质为主时期 $\rho\propto a^{-3}$，故上式给出

$$\left|1-\frac{1}{\Omega}\right|\propto|k|\times\begin{cases}a^2 & (\text{辐射为主})\\ a & (\text{物质为主})\end{cases} \tag{3.3.4}$$

因此，无论 k 的取值如何，当 $a\to0$ 时都会有 $\Omega\to1$。这说明宇宙极早期，曲率的作用不明显，即使 $k\neq0$，宇宙也表现为平直。但是，当宇宙膨胀使得 a 变得很大时，曲率的作用就应当表现出来，即由式 (3.3.4)，当 a 很大时应当看到 Ω 与 1 有明显偏离。我们现在来计算一下，从宇宙诞生的时刻 (即普朗克时间) 直到今天，a 增大了多少倍。普朗克时间是 $t_{\mathrm{Pl}}\approx10^{-43}\mathrm{s}$，现在宇宙的年龄是 $t_0\approx10^{10}\mathrm{yr}\approx10^{17}\mathrm{s}$，中间由辐射为主到物质为主的转变时刻为 $t_{\mathrm{eq}}\approx10^4\mathrm{yr}\approx10^{11}\mathrm{s}$。注意到，辐射为主时期 $a(t)\propto t^{1/2}$，物质为主时期 $a(t)\propto t^{2/3}$，由这些数据可以计算出，从普朗克时间到现在，a 的变化是

$$\frac{a(t_0)}{a(t_{\mathrm{Pl}})}=\frac{a(t_{\mathrm{eq}})}{a(t_{\mathrm{Pl}})}\frac{a(t_0)}{a(t_{\mathrm{eq}})}\approx\left(\frac{10^{11}}{10^{-43}}\right)^{\frac{1}{2}}\times\left(\frac{10^{17}}{10^{11}}\right)^{\frac{2}{3}}\approx10^{31} \tag{3.3.5}$$

但要计算式 (3.3.4) 所示的 $|1-1/\Omega|$，还要注意到，两个时期应分别正比于 a^2 和

a。这样从 $t_{\rm Pl}$ 到 t_0，$|1-1/\Omega|$ 的总变化将是

$$\left|1-\frac{1}{\Omega}\right|_{t_0}\bigg/\left|1-\frac{1}{\Omega}\right|_{t_{\rm Pl}}\approx\left[\frac{a\left(t_{\rm eq}\right)}{a\left(t_{\rm Pl}\right)}\right]^2\frac{a\left(t_0\right)}{a\left(t_{\rm eq}\right)}\approx\left(\frac{10^{11}}{10^{-43}}\right)\times\left(\frac{10^{17}}{10^{11}}\right)^{\frac{2}{3}}\approx10^{58} \tag{3.3.6}$$

既然 $|1-1/\Omega|$ 有这样大的变化，就很难理解，为什么时至今日，各种观测结果仍倾向于 $\Omega_0\sim1$。换句话说，如果今天的 $|1-1/\Omega_0|\sim1$，则普朗克时间应有

$$\left|1-\frac{1}{\Omega}\right|\approx10^{-58}\Rightarrow\Omega\approx1\pm10^{-58} \tag{3.3.7}$$

从概率的角度看，这也是很难理解的：原初大爆炸时宇宙的密度 ρ 和哈勃常数 H 应当是两个相互独立的随机变量，而由这两个随机变量给出的组合变量 Ω(见式 (3.3.2))，却如此精密地等于 1，与 1 的偏离只是在小数点后第 58 位！这样的巧合是不可思议的。$\Omega_0\sim1$ 即意味着宇宙从开始到现在都是平直的，这就是标准宇宙学模型遇到的平性疑难。

第二个疑难 (“视界”，亦即因果性) 来自观测到的宇宙微波背景辐射的高度均匀与各向同性。如 1.2.3 节中所提到的，全空间各个方向的背景辐射温度涨落只有约 10^{-5}，这说明不同方向上、距离极其遥远的两点之间也一定存在因果联系，即由某种共同的物理过程造成这两点之间，各处的温度涨落大致相同。换句话说，这也就表明，我们今天看到的全部宇宙，历史上曾经处于同一个有因果联系的区域。

我们来计算一下，从宇宙创生 $t=0$，到宇宙微波背景辐射形成的 $t_{\rm R}$ 时刻 (即宇宙背景光子最后散射的时刻)，因果联系 (即光信号) 到底能传播多远。这相当于 $t_{\rm R}$ 时刻的视界膨胀到今天的大小，即 (参见式 (2.3.13) 并取 $c=1$)

$$l=a(t_0)\int_0^{t_{\rm R}}\frac{{\rm d}t}{a(t)} \tag{3.3.8}$$

从 $t=0$ 到 $t_{\rm R}$ 可认为是辐射为主，因而有 $a(t)\propto t^{1/2}$，故

$$l\approx\frac{a(t_0)}{a(t_{\rm R})}\cdot2t_{\rm R} \tag{3.3.9}$$

另一方面，$t_{\rm R}$ 时刻发射的光子到观测者所经过的距离 d 是

$$d=a(t_0)\int_{t_{\rm R}}^{t_0}\frac{{\rm d}t}{a(t)}\approx3t_0 \tag{3.3.10}$$

这里把 t_{R} 到 t_0 看成是物质为主，故 $a(t) \propto t^{2/3}$，并有 $t_{\mathrm{R}} \ll t_0$。因此，我们今天所看到的 t_{R} 时刻的视界在空间所张的角度 θ 是 (图 3.3)

$$\theta \simeq \frac{l}{d} \simeq \frac{2}{3}\frac{a(t_0)}{a(t_{\mathrm{R}})}\frac{t_{\mathrm{R}}}{t_0} \approx \frac{2}{3}\left(\frac{a(t_{\mathrm{R}})}{a(t_0)}\right)^{1/2} = \frac{2}{3}\left(\frac{1}{1+z_{\mathrm{R}}}\right)^{1/2} \tag{3.3.11}$$

其中，z_{R} 是 t_{R} 时刻相应的宇宙学红移，近似为 $z_{\mathrm{R}} \approx 1000$。这样，我们得到这一张角为

$$\theta \approx \frac{2}{3\sqrt{1000}} \approx 1^\circ \tag{3.3.12}$$

这就是说，宇宙微波背景辐射中有因果联系的区域，今天在天空中的张角应只有大约 1°。超过这一角度的两点之间，例如南天和北天跨地球相对的两点之间，温度涨落的幅度不会有任何因果关系，它们可以相差任意大小。但观测的结果不是这样的，而是全天空背景辐射的高度均匀各向同性。这就是标准宇宙学模型遇到的视界疑难，或称平滑性疑难。

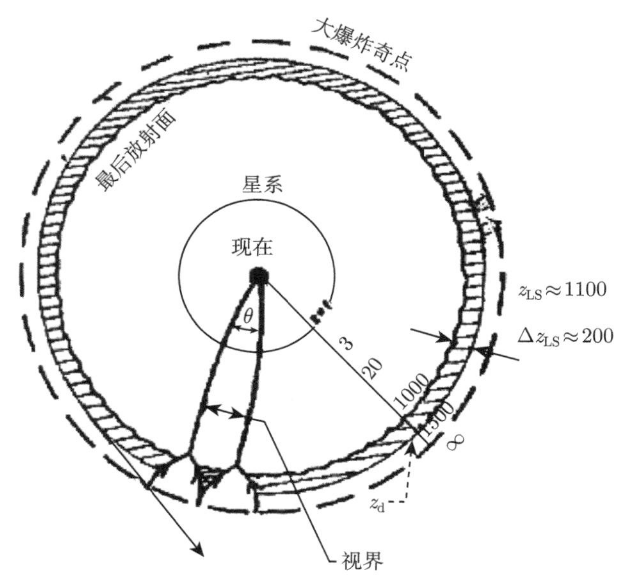

图 3.3 复合时期的视界和最后散射面

3.3.2 宇宙暴胀机制简介

目前宇宙暴胀模型尚有多种，其中混沌暴胀模型 (chaotic inflation model) 较为流行，它用一个或多个标量 ϕ 场 (希格斯 (Higgs) 场) 来描述真空。按照这种模

型，以单一标量场为例，该标量场的拉格朗日 (Lagrange) 量是

$$L_\phi = \frac{1}{2}\partial_\mu\phi\partial^\mu\phi - V(\phi) \tag{3.3.13}$$

其中，函数 V 代表势能。标量场的能量–动量张量是

$$T_{\mu\nu} = \partial_\mu\phi\partial_\nu\phi - g_{\mu\nu}L_\phi \tag{3.3.14}$$

此处，$g_{\mu\nu}$ 是度规张量。如果 ϕ 场代表一个各向同性的均匀场，则它的能量密度和压强满足

$$T^\mu_\nu = \mathrm{diag}(-\rho, p, p, p) \tag{3.3.15}$$

由此给出真空场的能量密度和压强分别是 (取 $\hbar = c = 1$ 单位制)

$$\rho_\phi = \frac{1}{2}\dot{\phi}^2 + V(\phi) \tag{3.3.16}$$

$$p_\phi = \frac{1}{2}\dot{\phi}^2 - V(\phi) \tag{3.3.17}$$

把这两个方程代入 Friedmann 方程，就可以得到下面的膨胀宇宙的动力学方程：

$$H^2 = \frac{8\pi G}{3}\left[\frac{1}{2}\dot{\phi}^2 + V(\phi)\right] \tag{3.3.18}$$

$$\ddot{\phi} + 3H\dot{\phi} = -V'(\phi) \tag{3.3.19}$$

其中，$H \equiv \dot{a}/a$，$V' \equiv \partial V/\partial\phi$。由这两个方程我们可以求出宇宙近似作指数膨胀的条件。对式 (3.3.18) 求导的结果是

$$2H\dot{H} = \frac{8\pi G}{3}\left[\dot{\phi}\ddot{\phi} + V'(\phi)\dot{\phi}\right] = -8\pi GH\dot{\phi}^2 \tag{3.3.20}$$

因此有

$$\dot{H} = -4\pi G\dot{\phi}^2 \tag{3.3.21}$$

为了得到近似指数的膨胀，H 的相对变化 $(\dot{H}/H)$ 在宇宙年龄 $1/H$ 期间内应当很小，即

$$\left|\frac{\dot{H}}{H}\right| \cdot \frac{1}{H} \ll 1 \Rightarrow \left|\dot{H}\right| \ll H^2 \tag{3.3.22}$$

由式 (3.3.21) 和式 (3.3.18)，这要求

$$\dot{\phi}^2 \ll |V(\phi)| \tag{3.3.23}$$

而这一条件对式 (3.3.16) 和式 (3.3.17) 意味着 $p \simeq -\rho$，并且

$$H \simeq \sqrt{\frac{8\pi GV(\phi)}{3}} \tag{3.3.24}$$

即宇宙的膨胀此时由真空势能所主导。此外，通常还假设 $\dot{\phi}$ 的相对变化 $(\ddot{\phi}/\dot{\phi})$ 在宇宙年龄 $1/H$ 期间内很小，亦即

$$\left|\ddot{\phi}\right| \ll H\left|\dot{\phi}\right| \tag{3.3.25}$$

这样我们就可以把式 (3.3.19) 中的 $\ddot{\phi}$ 项略去，因而有

$$\dot{\phi} = -\frac{V'(\phi)}{3H} = -\frac{V'(\phi)}{\sqrt{24\pi GV(\phi)}} \tag{3.3.26}$$

H 在宇宙年龄 $1\,/H$ 期间内的相对变化于是为

$$\frac{\left|\dot{H}\right|}{H^2} = \frac{1}{2}\sqrt{\frac{3}{8\pi G}}\left|\frac{V'(\phi)\dot{\phi}}{V^{3/2}(\phi)}\right| = \frac{1}{16\pi G}\left[\frac{V'(\phi)}{V(\phi)}\right]^2 \tag{3.3.27}$$

因此，只要满足条件

$$\left|\frac{V'(\phi)}{V(\phi)}\right| \ll \sqrt{16\pi G} \tag{3.3.28}$$

宇宙就会持续膨胀 e^α 倍，其中 α 是一个很大的指数。利用式 (3.3.26)，不等式 (3.3.23) 给出

$$\left|\frac{V'(\phi)}{V(\phi)}\right| \ll \sqrt{24\pi G} \tag{3.3.29}$$

这与式 (3.3.28) 的要求是一致的。另一方面，由式 (3.3.26) 及式 (3.3.27) 得到

$$\ddot{\phi} = -\frac{V''(\phi)\dot{\phi}}{3H} + \frac{V'(\phi)\dot{H}}{3H^2} = -\frac{V''(\phi)\dot{\phi}}{3H} + \frac{V'^3}{48\pi GV^2} \tag{3.3.30}$$

因而有

$$\frac{\ddot{\phi}}{\dot{\phi}} = -\frac{V''}{3H} + \frac{1}{48\pi G}\left(\frac{V'}{V}\right)^2 \cdot 3H \tag{3.3.31}$$

故式 (3.3.25) 的要求化为

$$\left|-\frac{V''}{3H}+\frac{1}{48\pi G}\left(\frac{V'}{V}\right)^2\cdot 3H\right| \ll H \quad \Rightarrow \left|\frac{V''}{3H^2}\right| \ll 1 \tag{3.3.32}$$

最后一步用到式 (3.3.28) 的条件。再利用式 (3.3.24)，最后得

$$\left|\frac{V''}{V}\right| \ll 8\pi G \tag{3.3.33}$$

不等式 (3.3.28) 和不等式 (3.3.33) 也可以写为 (恢复 $\hbar$ 和 c)

$$\varepsilon \ll 1, \quad \varepsilon \equiv \frac{m_{\rm Pl}^2}{16\pi}\left(\frac{V'}{V}\right)^2 \tag{3.3.34}$$

$$|\eta| \ll 1, \quad \eta \equiv \frac{m_{\rm Pl}^2 V''}{8\pi V} \tag{3.3.35}$$

其中，$m_{\rm Pl} \equiv \sqrt{\hbar c/G}$ 为式 (3.2.8) 定义的普朗克质量，它们就是保证 $\dot{\phi}$ 和 $\ddot{\phi}$ 缓变的两个“平性”条件。在这样的条件下，宇宙可以发生指数很大的 e 指数型膨胀。例如，假设在某个时间间隔，$\phi(t)$ 场从某一初值 ϕ_1 变为终值 ϕ_2，且有 $0 < V(\phi_2) < V(\phi_1)$，即势能随时间是下降的。同时，在 $\phi(t)$ 场变化的整个期间内，满足不等式 (3.3.34) 和不等式 (3.3.35) 给出的条件，即势能随时间下降很慢，也称**慢滚相** (slow-rolling phase)。容易计算出，在这一期间内宇宙尺度因子发生的变化是

$$\begin{aligned}\frac{a(t_2)}{a(t_1)} &= \exp\left(\int_{t_1}^{t_2} H\mathrm{d}t\right) = \exp\left(\int_{\phi_1}^{\phi_2}\frac{H\mathrm{d}\phi}{\dot{\phi}}\right)\\ &\simeq \exp\left\{-\int_{\phi_1}^{\phi_2}\left[\frac{8\pi G V(\phi)}{V'(\phi)}\right]\mathrm{d}\phi\right\}\end{aligned} \tag{3.3.36}$$

最后一步用到式 (3.3.26) 和式 (3.3.24)。注意到 $V' < 0$，因而指数中的积分结果为正值，而且由于式 (3.3.28)，被积函数的值比 $\sqrt{4\pi G}\,|\phi_2-\phi_1|$ 要大出许多倍。这样，只要在这一时间间隔内 ϕ 的变化满足

$$|\phi_2-\phi_1| > \frac{1}{\sqrt{4\pi G}} \simeq 3.4\times 10^{18}\mathrm{GeV} \tag{3.3.37}$$

宇宙就会发生指数非常大的 e 指数型膨胀，这就是宇宙的暴胀。

由于对真空标量场的本质目前还没有达到统一的认识，故势能函数还没有一个统一的写法。例如有多项式形式、幂律形式、指数形式等。以多项式形式为例，它可以写为

$$V(\phi,T)=-(\mu^2-aT^2)\phi^2+\lambda\phi^4 \tag{3.3.38}$$

其中，μ 代表 Higgs 场的质量；a 和 λ 是常数；T 是宇宙的温度。V 的极小值发生在

$$\phi_{\min}=\begin{cases}0, & 对于T>T_{\rm c}\\ \sqrt{\dfrac{\mu^2-aT^2}{2\lambda}}, & 对于T<T_{\rm c}\end{cases} \tag{3.3.39}$$

式中，

$$T_{\rm c}=\frac{\mu}{\sqrt{a}} \tag{3.3.40}$$

代表临界温度，而相应的 V 的极小值是

$$V_{\min}=\begin{cases}0, & 对于T>T_{\rm c}\\ -\dfrac{(\mu^2-aT^2)^2}{4\lambda}, & 对于T<T_{\rm c}\end{cases} \tag{3.3.41}$$

$V_{\min}$ 对应的状态称为真空态。这里我们看到，当宇宙的温度高于 $T_{\rm c}$ 时，V 当 $\phi=0$ 时为极小 (图 3.4(a))，此时真空态是物理真空，而且是对称真空。在温度降到接近 $T_{\rm c}$ 时，V 开始在 $\phi\neq 0$ 处出现新的极小 (图 3.4(b))，但相对于 $\phi=0$ 的真空，它们的势能还是较高的，因而是亚稳的假真空。当 $T=T_{\rm c}$ 时 (图 3.4(c))，真假真空具有相同的势能，即若干真空态发生了简并，这是真空即将发生相变前的临界状态。当温度降到低于 $T_{\rm c}$ 时 (图 3.4(d))，$\phi=0$ 处的极小已不再是物理真空而成为亚稳的假真空，物理真空现在位于 $\phi\neq 0$ 处，且已不再具有 ϕ 场原有的对称性，成为对称破缺真空。因此，当宇宙从 $T>T_{\rm c}$ 降温到 $T<T_{\rm c}$，真空态要发生一次突变，这就是对称性自发破缺所引起的真空相变。

式 (3.3.40) 表明 $T_{\rm c}\propto\mu$，即相变的临界温度与标量场的质量大小成正比。大统一理论 (GUT) 的理论结果给出，真空相变对应的温度是 $T_{\rm c}\sim(10^{15}\sim10^{14})$GeV。在相变发生前，宇宙能量由辐射主导，宇宙按 $a(t)\propto T^{-1}\propto t^{1/2}$ 的通常规律膨胀。而在相变期间，宇宙能量由真空能量 $\rho_{\rm V}\approx T_{\rm c}^4$ 主导，此时 Friedmann 方程为 (忽略宇宙学常数项及宇宙曲率项)

$$\left(\frac{\dot a}{a}\right)^2=\frac{8\pi G}{3}T_{\rm c}^4 \tag{3.3.42}$$

令

$$H \equiv \left(\frac{8\pi G}{3} T_{\mathrm{c}}^4\right)^{1/2} \approx 10^{35}\mathrm{s}^{-1} \tag{3.3.43}$$

式 (3.3.42) 的解为

$$a(t) \propto \mathrm{e}^{Ht} \tag{3.3.44}$$

此结果表明，宇宙按指数规律膨胀！按照 GUT 理论，这一膨胀过程从 $t \approx 10^{-35}$s 开始，将一直延续到 $t \approx 10^{-33}$s，因而在此阶段宇宙将膨胀 $\mathrm{e}^{100} \approx 10^{43}$ 倍。这就是所谓的宇宙“暴胀”。

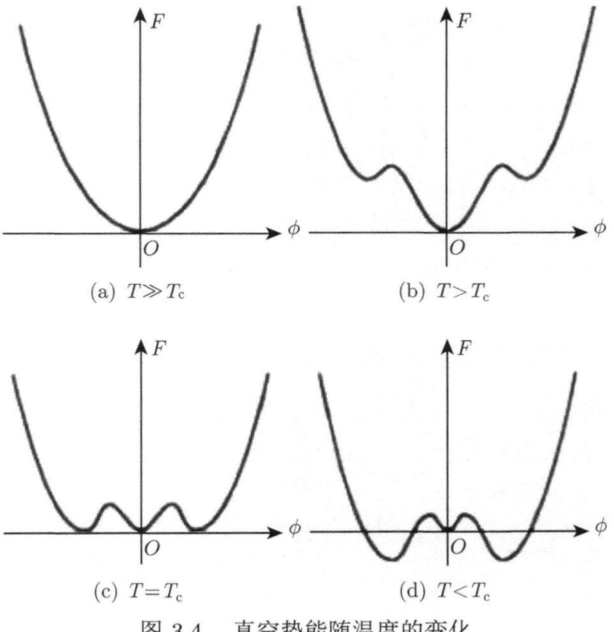

图 3.4 真空势能随温度的变化

宇宙在极短暂的时间内膨胀大约 10^{43} 倍，这就使得前述两个疑难问题可以同时得到解决。例如，视界 (因果联系的区域) 的大小近似正比于宇宙时间 t，从现在起倒退回普朗克时间，视界从今天大约 10^{10} 光年缩小到 10^{-43} 光秒，两者相比约为 10^{60} 倍；而空间区域的大小正比于 $a(t)$，若不考虑暴胀，从现在倒退到普朗克时间，目前观测到的空间区域将缩小到现在的约 10^{-31}(见式 (3.3.5))，这样视界的大小会远小于空间尺度，故而产生视界疑难。但若考虑到暴胀，时间反演后空间区域的大小将再乘以一个因子 10^{-43}，总的结果是缩小到现在的 10^{-74}，因而空间的尺度将远远小于视界的尺度 (图 3.5)。这就使得我们今天看到的全部宇宙，完全可以在宇宙暴胀前处于同一个有因果联系的区域，这样就解决了“视界”疑难。另一方面，$a(t)$ 的暴胀可以比作是宇宙曲率半径的急剧膨胀。例如一个二维球面，当曲率半径变得非常巨大的时候，球面就可以看成是平面，弯曲的空间就可以看成是平直的空间。这样也就同时解决了“平性”疑难。

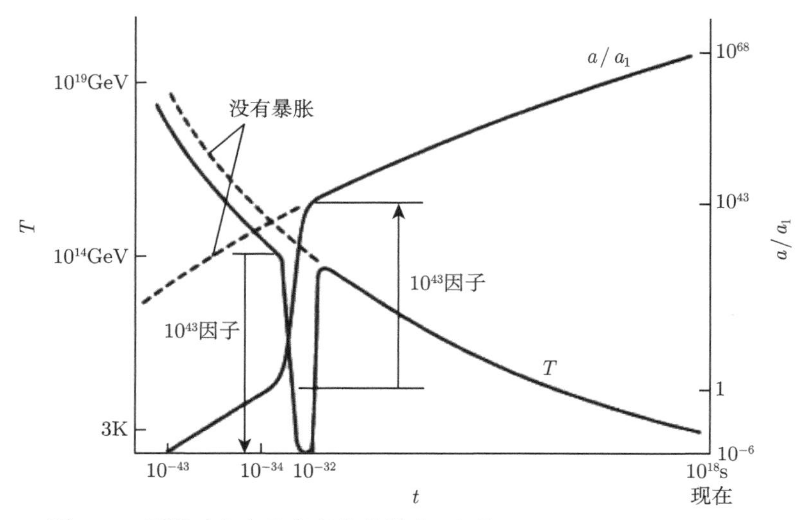

图 3.5 暴胀对宇宙尺度变化的影响 (参见 Carroll & Ostlie, 2007)

宇宙暴胀之后，真空的相变释放潜能，使宇宙重新被加热，同时产生出通常的粒子 (包括暗物质粒子) 和辐射。此外，按照 GUT 理论，可能还会产生宇宙弦 (cosmic string) 以及磁单极子 (monopole) 等类型的拓扑缺陷。但宇宙微波背景辐射各向异性的观测结果认为，这些拓扑缺陷对宇宙大尺度结构形成的意义并不大。有意义的是相变过程中真空场产生的微小不均匀性，它们引起物质密度涨落。这种微小的原初密度涨落，是演化出今天观测到的宇宙结构所必需的“种子”。暴胀理论所预言的初始扰动的谱型，是所谓的 H-Z(Harrison-Zel'dovich) 谱，它的特点是，不同 (质量) 尺度的扰动进入视界时，扰动的大小几乎与尺度无关。这与 WMAP 观测到的宇宙微波背景辐射的结果是一致的。

3.4 强子时期 ($T \approx 10^{13} \sim 10^{12}$K) 和轻子时期 ($T \approx 10^{12} \sim 10^{10}$K)

暴胀结束即 GUT 相变完成后，强相互作用与弱电相互作用脱耦，宇宙介质又重新变为辐射主导，故宇宙又开始按 $a \propto T^{-1} \propto t^{1/2}$ 的正常规律膨胀。此后，宇宙的温度不断下降。当温度下降到 $T \sim 100\text{GeV} \simeq 10^{15}$K 时，弱作用与电磁作用之间也脱耦，至此，宇宙间四种基本相互作用完全分离开来。此阶段的一个重要后果是，物质与反物质之间的不对称产生。我们在 1.2.7 节谈到过，宇宙中的物质与反物质是极大不对称的，反物质粒子数远远少于通常的粒子数。产生这一不对称的原因现在还不完全清楚。一般认为，很有可能是在 $T \sim 300$GeV 或更早些时间，弱相互作用中出现 CP 破坏，使得某种大质量中微子衰变后，轻子数超过反轻子数，重子数也相应地超过反重子数，从而产生正反物质不对称。

在接下来的宇宙膨胀过程中，当宇宙的温度足够高，使得 $kT > m_\alpha c^2$，其中 m_α 代表某种粒子的质量，则粒子 α 与对应的反粒子 $\bar{\alpha}$，以及辐射之间处于热平衡状态

$$\alpha + \bar{\alpha} \Longleftrightarrow \gamma + \gamma \tag{3.4.1}$$

这表明热平衡条件下的光子数目应当与粒子数目大致相等。但当温度的下降使得 $kT < m_\alpha c^2$ 时，这一平衡就被打破了，主要发生的是湮灭反应，且质量越大的正反粒子对越早发生湮灭。这样，只要正粒子比反粒子多出 10^{-9}，当绝大多数正反粒子湮灭变为光子之后，就会有极少量的正粒子残留下来，演化为我们今天所看到的各种宇宙天体，并给出观测到的光子数与重子数之比，即 $n_{\rm r}/n_{\rm B} \sim 10^9$。因而，只要弱电脱耦过程中产生 10^{-9} 的微小正反物质对称破缺，就可以同时解释今天观测到的正反物质粒子极大的不对称，以及巨大的光子数与重子数之比。

当宇宙温度下降到 $T \sim 10^{13}$K，夸克–强子转变发生，自由夸克和胶子 (即所谓的夸克–胶子等离子体) 都被束缚在强子 (重子和介子) 之中。由此直到 $T \sim 10^{12}$K，宇宙物质主要是处于热平衡的光子、轻子、介子和核子，以及它们的反粒子。这一时期称为**强子时期**，此期间介子与核子之间的强相互作用使得物态方程非常复杂。当宇宙温度降到 10^{12}K(能量约 100MeV) 时，绝大部分核子发生湮灭，辐射与重子的能量密度大约为 $\rho_{\rm r} \sim 10^{14}{\rm g\cdot cm^{-3}}$，$\rho_{\rm B} \sim 10^5{\rm g\cdot cm^{-3}}$。此时宇宙中主要包含光子、$\mu^\pm$ 介子、正负电子 $e^\pm$、正反中微子，以及极少的核子混合物 (由数目相等的质子和中子组成)。

当宇宙温度降到 10^{12}K 以下时，μ^+ 和 μ^- 开始湮灭。当 $T \approx 1.3\times10^{11}$K 时，几乎所有的 μ 介子都消失了。中微子也开始与其他粒子退耦，成为自由粒子，但它们仍保持费米分布，并与辐射和正负电子一起，与残存的核子处于热平衡。这一时期称为**轻子时期**，它一直持续到 $T \sim 10^{10}$K。

当温度降到 5×10^9K(相应于电子的静能 $m_{\rm e} \simeq 0.5$MeV) 以下时 (此时 $t \approx 4$s)，正负电子对 $e^\pm$ 迅速大量湮灭，宇宙中余下的主要成分只有光子、中微子和反中微子。正负电子对湮灭的结果使得辐射的温度升高，这是由于湮灭过程中熵保持不变。由粒子物理学我们知道，对于相对论性粒子，其熵密度可以近似表示为

$$s = \frac{2\pi^2}{45} g_* T^3 \tag{3.4.2}$$

其中，

$$g_* = \sum_{\text{玻色子}} g_i + \frac{7}{8} \sum_{\text{费米子}} g_i \tag{3.4.3}$$

为所有玻色子和费米子自旋态数的总和。在 $e^{\pm}$ 湮灭之前，玻色子为光子 (2 个自旋态)，费米子为正负电子 (共 4 个自旋态)、中微子 (3 种，各 1 个自旋态) 以及反中微子 (也是 3 种，各 1 个自旋态)，因而湮灭之前的熵密度为

$$s_1 = \frac{2\pi^2}{45} g_* T_1^3 = \frac{2\pi^2}{45} \left[2 + \frac{7}{8} \times (4+6)\right] T_1^3 \tag{3.4.4}$$

湮灭之后，只有光子和正反中微子，但光子的温度随正负电子的湮灭而升高，而中微子的温度却几乎不变，这样湮灭之后的熵密度为

$$s_2 = \frac{2\pi^2}{45} \left(2T_2^3 + \frac{7}{8} \times 6T_1^3\right) \tag{3.4.5}$$

湮灭前后熵密度不变即 $s_1 = s_2$ 给出

$$\frac{11}{4} T_1^3 = T_2^3 \tag{3.4.6}$$

由此可见，$e^{\pm}$ 湮灭之后辐射的温度 $T_r = T_2$ 将上升，而中微子的温度仍保持原来的温度，即 $T_\nu = T_1$，两者之比为

$$\left(\frac{T_r}{T_\nu}\right) = \left(\frac{11}{4}\right)^{1/3} \approx 1.4 \tag{3.4.7}$$

这一比值将从 $e^{\pm}$ 湮灭之后一直保持到现在。所以，现在宇宙中的中微子温度应当是 $T_\nu \approx 2.73/1.4 \approx 1.9(\mathrm{K})$。

3.5　轻元素核合成 ($T \approx 10^9$K)

夸克–胶子等离子体形成稳定的强子后，中子与质子就可以通过下列 6 种弱作用过程而相互转化：

$$\mathrm{n} + \mathrm{e}^+ \rightleftharpoons \mathrm{p} + \bar{\nu}_\mathrm{e}, \quad \mathrm{n} + \nu_\mathrm{e} \rightleftharpoons \mathrm{p} + \mathrm{e}^-, \quad \mathrm{n} \rightleftharpoons \mathrm{p} + \mathrm{e}^- + \bar{\nu}_\mathrm{e} \tag{3.5.1}$$

其中，$\nu_e, \bar{\nu}_e$ 代表电子型中微子及其反粒子。由于中子与质子的静质量之间有一个差异，即 $Q \equiv (m_n - m_p)c^2 \simeq 1.3\mathrm{MeV}$，因此热平衡时中子数密度 n_n 与质子数密

度 n_p 并不相等。两者之比由玻尔兹曼 (Boltzmann) 分布公式给出

$$\frac{n_\mathrm{n}}{n_\mathrm{p}} = \left(\frac{m_\mathrm{n}}{m_\mathrm{p}}\right)^{3/2} \exp\left(-\frac{Q}{kT}\right) \approx \exp\left(-\frac{Q}{kT}\right) \tag{3.5.2}$$

这表明，热平衡时的中子数略少于质子数。当宇宙温度低于 $kT \approx 0.87$MeV 时 (此时宇宙年龄为 $t \approx 2$s)，式 (3.5.1) 中的弱相互作用反应率开始小于宇宙膨胀的速率，致使中子和质子之间很快停止相互转换，它们的数密度之比也很快“冻结”，不再随着温度变化。如果定义此时的中子数与全部核子数之比为 $X_\mathrm{n}(0)$，则有

$$X_\mathrm{n}(0) = \frac{n_\mathrm{n}}{n_\mathrm{n}+n_\mathrm{p}} = \left[1+\exp\left(\frac{Q}{kT}\right)\right]^{-1} \approx 0.17 \tag{3.5.3}$$

详细的计算表明，这一比值可以一直维持到 $t_\mathrm{n} \approx 20$s，此时 $T \approx 3.3 \times 10^9$K。另一方面，自由中子的平均寿命为 $\tau_\mathrm{n} \approx 886$s，它会衰变为质子

$$\mathrm{n} \longrightarrow \mathrm{p} + \mathrm{e}^- + \bar{\nu}_\mathrm{e} \tag{3.5.4}$$

这样 X_n 随时间的演化将为

$$X_\mathrm{n}(t) = X_\mathrm{n}(0)\exp\left(-\frac{t-t_\mathrm{n}}{\tau_\mathrm{n}}\right) \approx X_\mathrm{n}(0)\mathrm{e}^{-t/\tau_\mathrm{n}} \tag{3.5.5}$$

当温度进一步下降到 $T \approx 9 \times 10^8$K，中子和质子开始形成氘 (^{2}H 或 D)：

$$\mathrm{p} + \mathrm{n} \longrightarrow \mathrm{D} + \gamma \tag{3.5.6}$$

并进一步形成 ^{3}He 和 ^{3}H：

$$\begin{aligned} &\mathrm{D} + \mathrm{p} \longrightarrow {}^3\mathrm{He} + \gamma \\ &\mathrm{D} + \mathrm{D} \longrightarrow {}^3\mathrm{He} + \mathrm{n} \\ &\mathrm{D} + \mathrm{D} \longrightarrow {}^3\mathrm{H} + \mathrm{p} \\ &{}^3\mathrm{He} + \mathrm{n} \longrightarrow {}^3\mathrm{H} + \mathrm{p} \end{aligned} \tag{3.5.7}$$

接下来的反应最终形成稳定的氦：

$$\begin{aligned} &{}^3\mathrm{He} + \mathrm{D} \longrightarrow {}^4\mathrm{He} + \mathrm{p} \\ &{}^3\mathrm{H} + \mathrm{D} \longrightarrow {}^4\mathrm{He} + \mathrm{n} \end{aligned} \tag{3.5.8}$$

上述一系列反应中氘核的生成是关键。氘核的结合能很小，只有约 2.2MeV，所以只有当 T 降到 10^9K 以下时，氘核才能生成。一旦氘核形成，后继反应会迅速进行，把所有的中子都结合到氦核中去。因此，由氘生成时 ($t_{\mathrm{D}} \approx 270\mathrm{s}$) 的中子丰度

$$X_{\mathrm{n}}(t_{\mathrm{D}}) \approx X_{\mathrm{n}}(0) \exp\left(-\frac{t_{\mathrm{D}}}{\tau_{\mathrm{n}}}\right) \approx 0.125 \tag{3.5.9}$$

容易计算接下来生成的氦丰度 (质量丰度)Y。因为所有的中子都被结合到氦核中，而且氦核中的质子数与中子数是相等的，故氦丰度应为 (这里忽略中子与质子质量上的微小差别)

$$Y \simeq \frac{2n_{\mathrm{n}}}{n_{\mathrm{p}}+n_{\mathrm{n}}} = 2X_{\mathrm{n}}(t_{\mathrm{D}}) \approx 0.25 \tag{3.5.10}$$

显然，这个理论值与观测结果符合得很好。氦丰度值是大爆炸宇宙模型给出的最重要的预言之一，而其他任何宇宙学模型都不能给出这样一个与观测相符的氦丰度预言。

实际上，式 (3.5.10) 的结果由伽莫夫等于 1948 年就已经得到了，并且他们当时认为，当 ^{4}He 生成之后，会进一步通过一连串的中子俘获以及电子衰变过程，从而产生宇宙中的所有元素。但是，由于自然界中不存在原子量 $A=5$ 和 $A=8$ 的稳定元素，这一想法遇到了严重困难。例如，在实验中我们可以用中子去轰击 ^{4}He 从而产生 ^{5}He，但 ^{5}He 即刻衰变，又变回到 ^{4}He。与此类似，我们可以瞬时产生原子量为 8 的 Be 同位素，但它也立即裂变为两个 ^{4}He 核。因此，如果中子俘获是制造元素的唯一过程，则从氢开始，制造过程到氦就会完结。

事实上，以氦为基础进一步生成的元素主要是 ^{7}Li，而不是比 ^{7}Li 更重的原子核。生成 ^{7}Li 的方式有

$$^4\mathrm{He} + {}^3\mathrm{H} \longrightarrow {}^7\mathrm{Li} + \gamma \tag{3.5.11}$$

以及

$$\begin{aligned} &^4\mathrm{He} + {}^3\mathrm{He} \longrightarrow {}^7\mathrm{Be} + \gamma \\ &^7\mathrm{Be} + \mathrm{e}^- \longrightarrow {}^7\mathrm{Li} + \nu_{\mathrm{e}} \end{aligned} \tag{3.5.12}$$

而产生的部分 ^{7}Li 会与质子反应又回到 ^{4}He：

$$^7\mathrm{Li} + \mathrm{p} \longrightarrow {}^4\mathrm{He} + {}^4\mathrm{He} \tag{3.5.13}$$

因此净效果是生成了极少量的 ^{7}Li，其丰度也与目前的观测结果相符。但由于 ^{7}Li 的丰度实在太低，不会引起进一步的核聚变。当宇宙的温度继续下降，粒子的动

能不足以克服原子核间的库仑势垒，热核反应就停止了。图 3.6 显示了宇宙早期核合成过程中，各种轻元素的丰度随时间的演化。

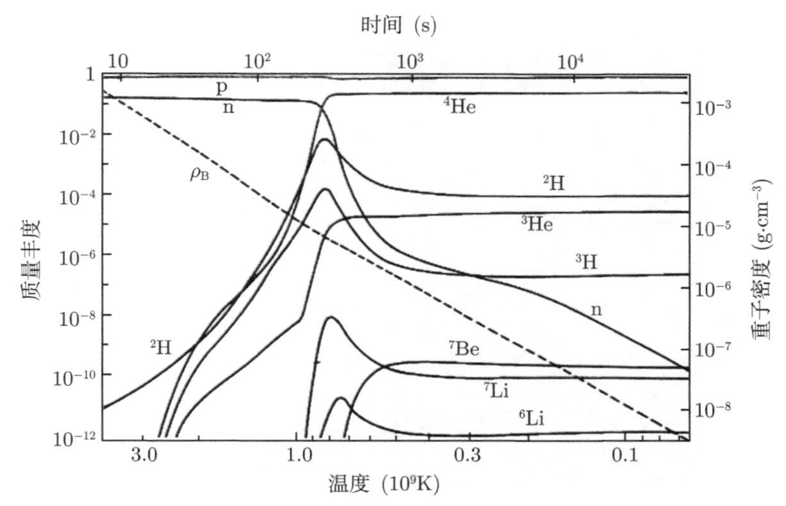

图 3.6 宇宙早期核合成过程中，轻元素丰度随时间的演化 (引自 Wagoner, 1973)

综上所述，宇宙早期的核合成主要发生在大爆炸之后大约 3min 的时间内，核合成的主要产物是 ^{4}He，同时伴随少量的 ^{3}He、^{3}H、D、^{7}Li 和 ^{7}Be。宇宙中其他更重的元素不是在早期宇宙核合成阶段产生的，它们的生成完全依赖于宇宙演化晚期，即恒星内部的核反应和超新星爆发，以及双中子星并合等天体物理过程。

最后还要指出，上述由标准宇宙学模型计算出来的轻元素丰度，与宇宙中总的重子密度 $\rho_{\rm B}$ 是密切有关的。如图 3.7 所示，其中横坐标表示重子密度，纵坐标为相应的重子密度下所产生的各元素的丰度。从图中看到，^{4}He 的稳定性使它的丰度受 $\rho_{\rm B}$ 的影响较小，但氘的丰度则随 $\rho_{\rm B}$ 的上升而急剧下降。这是因为氘的活性太大，重子密度高反而为它提供了更多的反应机会从而消失。^{3}He 对于重子密度的依赖性也不大。但 ^{7}Li 这样的较重元素在重子密度较高时就会较多地生成，因为高密度提供了更多的反应机会。特别要强调的是，以上各种轻元素丰度与重子密度之间的依赖关系为我们提供了确定宇宙中重子密度的一种方法。图 3.7 中竖直带状区域表示观测到的轻元素丰度允许重子密度变化的范围。有意义的是，这个允许范围可以同时满足 ^{4}He、D、^{3}He 和 ^{7}Li 的观测结果，而这些元素的观测丰度都是通过不同途经、各自独立地得到的。更令人惊讶的是，重子密度的这一结果与其他方法，例如 WMAP 卫星对宇宙微波背景辐射的分析得到的结果 (参见式 (3.1.3) 以及表 1.4) 完全一致。宇宙早期核合成的理论结果与观测结果这样高度相符，是天体物理学中非常罕见的。这更加有力地表明了大爆炸宇宙模型的正确性，因为任何其他的理论模型，都无法解释观测到的宇宙轻元素丰度。

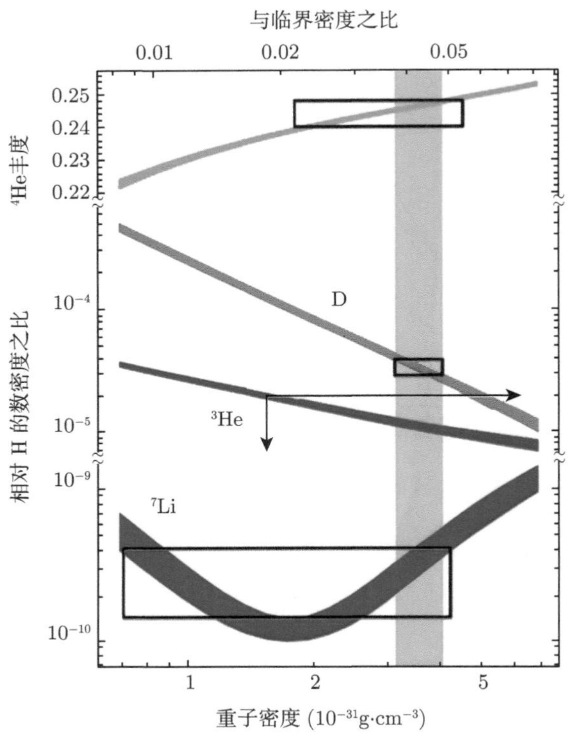

图 3.7　轻元素丰度与重子密度的关系，图中方框和箭头表示观测结果的允许范围 (引自 Burles et al., 1999)

3.6　复合时期 ($T \approx 4000 \sim 3000$K)

早期核合成完成之后大约经过几万年，光子、中微子等相对论性粒子的能量密度，下降到以氢和氦原子核为主的非相对论性物质的能量密度以下，宇宙就由辐射为主而进入物质为主的阶段，此时的物质处于电离状态，是由自由电子、质子、原子核以及光子等混合而成的等离子体。在强大的辐射压力的驱散下，宇宙中各种物质粒子均匀地分布在空间里，呈现高度均匀各向同性的状态。由于辐射与物质之间的耦合较强，二者之间达到热平衡，可以用一个统一的温度来标志，而且热平衡状态下的辐射具有黑体谱。

当宇宙年龄大约为 30 万年时，温度下降到 4000K 以下。此时差不多所有的自由电子都已经被结合到中性原子之中，辐射与物质之间不再有耦合，这就是**复合时期**。在此时期之前辐射与自由电子的强烈作用 (即汤姆孙 (Thomson) 散射) 使物质不透明，而此后宇宙物质就变得透明了。辐射与物质脱耦之后，即形成弥漫于整个宇宙中的背景辐射。

当宇宙温度为 4000K 时，相应的光子平均能量只有 0.34eV，而中性氢原子的电离能是 13.6eV，其相应的温度高达 1.6×10^5K。因此自然会提出一个问题：为什么复合时期的温度如此之低？或者说，在这样低的温度下，如何还能使宇宙中几乎全部中性氢原子电离？实际上，这个问题的答案关键在于，宇宙中的光子数与重子数之比十分巨大，即使是光子能谱的“高能尾巴”中，电离光子的数目也是很大的。这就使得宇宙温度降到 4000K 左右时，大多数的氢仍然还处于电离状态。下面我们再具体计算一下。宇宙微波背景辐射是黑体辐射，故宇宙中的光子数密度为

$$n_{\rm r} = \frac{2\zeta(3)}{\pi^2}\left(\frac{kT}{\hbar c}\right)^3 \approx 420(1+z)^3\ {\rm cm}^{-3} \tag{3.6.1}$$

其中，$\zeta(3) = 1.202$ 是黎曼 (Riemann) ζ 函数。另一方面，宇宙中重子密度为

$$n_{\rm B} = \Omega_{\rm B}\rho_{\rm c}(1+z)^3/m_{\rm B} \approx 1.12 \times 10^{-5} \times (1+z)^3\Omega_{\rm B}h^2 \tag{3.6.2}$$

其中，$m_{\rm B}$ 为重子的平均质量 (可近似取为质子的质量 $m_{\rm p}$，$m_{\rm B} \approx m_{\rm p} \simeq 1.67 \times 10^{-24}$g)。因而宇宙中光子数密度与重子数密度之比为

$$\frac{n_{\rm r}}{n_{\rm B}} \approx 3.8 \times 10^7(\Omega_{\rm B}h^2)^{-1} \tag{3.6.3}$$

如取 $\Omega_{\rm B}h^2 \approx 0.02$，则这一比值可高达约 10^9，显然是一个巨大的比值。通常也把这一比值的倒数记为

$$\eta \equiv \frac{n_{\rm B}}{n_{\rm r}} \approx 2.7 \times 10^{-8}\Omega_{\rm B}h^2 \tag{3.6.4}$$

另一方面，单位体积内能量 $h\nu \geqslant E$ 的光子数与总光子数的比为

$$\beta = \frac{n(h\nu \geqslant E)}{N} \approx \frac{1}{N}\int_{E/h}^{\infty}\frac{8\pi\nu^2}{c^3}\frac{{\rm d}\nu}{\exp(h\nu/kT)} \tag{3.6.5}$$

其中，

$$N = 0.244\left(\frac{kT}{\hbar c}\right)^3 \tag{3.6.6}$$

为温度 T 时的总光子数密度 (见式 (3.6.1))。再令 $y \equiv E/kT$，不难得出

$$\beta(y) \approx \frac{1}{0.244\pi^2}\mathrm{e}^{-y}(y^2+2y+2) \tag{3.6.7}$$

取 $\beta(y) \approx 1/10^9$，由此可解出 $y = E/kT \approx 26.5$。如果取 E 为氢原子基态电离能 $E = 13.6\mathrm{eV}$，解出的相应温度是 $T \approx 6000\mathrm{K}$，此时占光子总数 $1/10^9$(相当于重子数) 的高能光子就可以使全部中性氢原子一次性电离；如果取 E 为氢原子第一激发态的能量 $E = 10.2\mathrm{eV}$，则相应的温度是 $T \approx 4500\mathrm{K}$，此时这些光子就足可以使全部氢原子从基态跃迁到第一激发态，然后其余的光子再使它们从激发态电离。

3.6.1　复合过程电离率的演化

在辐射与重子脱耦的过程中，电离率是一个重要的参数。电离率 χ 的定义为

$$\chi = \frac{n_\mathrm{e}}{n} \tag{3.6.8}$$

其中，n_e 为自由电子的数密度；n 为氢原子加氢离子 (或氢原子加自由电子) 的数密度。在热平衡条件下，氢原子电离平衡的萨哈 (Saha) 公式给出

$$\frac{n_\mathrm{e}n_\mathrm{p}}{n_\mathrm{H}n} = \frac{\chi^2}{1-\chi} = \frac{(2\pi m_\mathrm{e}kT)^{3/2}}{nh^3}\mathrm{e}^{-B/kT} \tag{3.6.9}$$

其中，n_p 为氢离子的数密度 ($n_\mathrm{p} = n_\mathrm{e}$)；$n_\mathrm{H} = n - n_\mathrm{p}$ 为中性氢原子的数密度；$B = 13.6\mathrm{eV}$ 为基态氢原子的电离能。取 $T = 2.73(1+z)\mathrm{K}$，$n = 1.12\times10^{-5}\Omega_\mathrm{B}h^2(1+z)^3\ \mathrm{cm}^{-3}$，式 (3.6.9) 可化为 (Peebles, 1993)

$$\lg[\chi^2/(1-\chi)] = 21.0 - \lg[\Omega_\mathrm{B}h^2(1+z)^{3/2}] - \frac{2.51\times10^4}{1+z} \tag{3.6.10}$$

这一结果给出的 $\chi(z)$ 值随红移 z 的减小而迅速下降 (图 3.8)，比实际的下降速度要快。这是因为，Saha 公式考虑的只是自由电子直接复合到基态，以及氢原子从基态直接电离的过程。随着宇宙的膨胀和温度的降低，背景电离光子数迅速减少，越来越多的复合所产生的光子也由于红移而不能使氢原子再电离。但事实上，发生概率更大的是自由电子先复合到氢原子的某些激发态，然后再从这些激发态向下跃迁到基态，跃迁过程发出的莱曼 (Lyman) 线系光子很容易被其他中性氢原子吸收，使它们变成激发态从而被较低能量的光子进一步电离。这样就使得实际的复合过程变慢了一些，也就是电离率的下降比 Saha 公式给出的要慢一些。中性氢原子最后不断增加有赖于两条主要途径 (图 3.9)：一是从亚稳的 2s 态跃迁到基态时发生的双光子衰变，二是 Ly-α 光子的宇宙学红移使共振光子数减少。

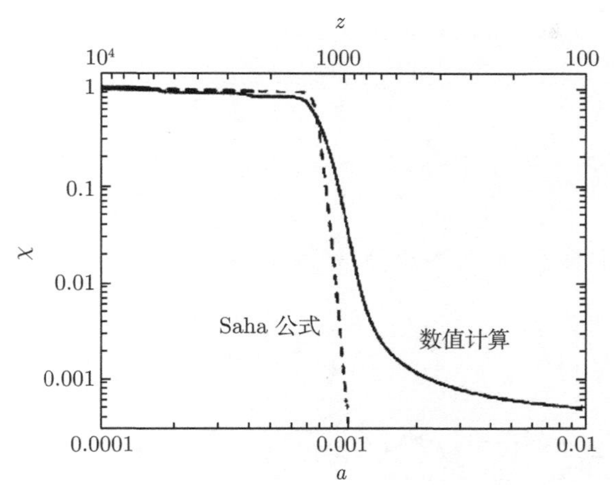

图 3.8 复合时期电离率的演化。虚线为 Saha 公式的结果，实线为准确数值结算的结果 (参见 Dodelson, 2003)

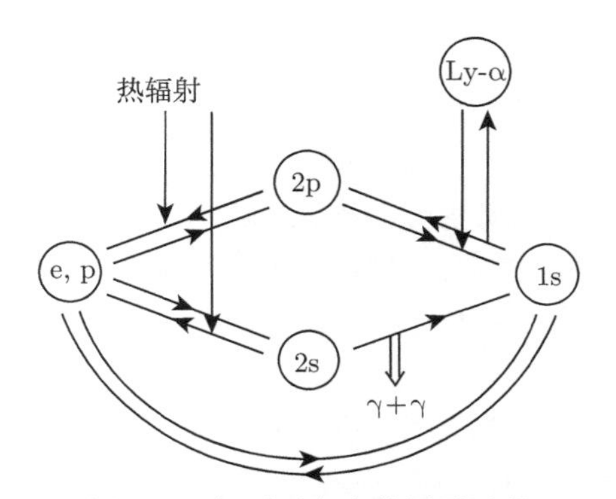

图 3.9 氢原子复合的原子过程

综合以上这些考虑，电离率 χ 随温度 T(以 K 为单位) 的变化由以下方程给出 (Weinberg，2008)：

$$\frac{\mathrm{d}\chi}{\mathrm{d}T} = \frac{\alpha n}{HT}\left[1 + \frac{\beta}{\Gamma_{2\mathrm{s}} + 8\pi H/\lambda_\alpha^3 n(1-\chi)}\right]^{-1}[\chi^2 - (1-\chi)/S] \tag{3.6.11}$$

其中，$\lambda_\alpha = 1.216 \times 10^{-5}$cm，$\Gamma_{2\mathrm{s}} = 8.22458\mathrm{s}^{-1}$ 为 2s 态双光子衰变率；α 为复合常数，

$$\alpha = \frac{1.4377 \times 10^{-10} T^{-0.6166}}{1 + 5.085 \times 10^{-3} T^{0.53}}\ \mathrm{cm}^3 \cdot \mathrm{s}^{-1} \tag{3.6.12}$$

$$\beta = \alpha\left(\frac{m_\mathrm{e} kT}{2\pi\hbar^2}\right)\exp(-B_2/kT) = 2.4147 \times 10^{15} T^{3/2} \mathrm{e}^{-39474/T} \alpha\ \mathrm{cm}^{-3} \tag{3.6.13}$$

式中，$B_2 = 3.4\text{eV}$ 为第一激发态 (2s) 能级的电离能；n 为氢 (原子加离子) 的数密度，

$$n = 0.76 \times \frac{3H_0^2 \Omega_{\mathrm{B}}}{8\pi G m_{\mathrm{p}}} \left(\frac{T}{T_{\mathrm{r0}}}\right)^3 = 4.218 \times 10^{-7} \Omega_{\mathrm{B}} h^2 T^3 \ \mathrm{cm}^{-3} \tag{3.6.14}$$

这里，H 是宇宙温度为 T 时的哈勃常数，

$$\begin{aligned} H &= H_0 \left[\Omega_{\mathrm{m}} \left(\frac{T}{T_{\mathrm{r0}}}\right)^3 + \Omega_{\mathrm{r}} \left(\frac{T}{T_{\mathrm{r0}}}\right)^4\right]^{1/2} \\ &= 7.204 \times 10^{-19} T^{3/2} \sqrt{\Omega_{\mathrm{m}} h^2 + 1.523 \times 10^{-5} T} \ \mathrm{s}^{-1} \end{aligned} \tag{3.6.15}$$

式 (3.6.11) 中函数 S 的定义是

$$S = 1.747 \times 10^{-22} \mathrm{e}^{157894/T} T^{3/2} \Omega_{\mathrm{B}} h^2 \tag{3.6.16}$$

式 (3.6.11) 可以通过数值方法求解。$\chi(T)$ 的初始值可以取为当 $T = 4226\ \mathrm{K}$(相应于 $z = 1500$) 时，根据 Saha 公式 (3.6.10) 得到的热平衡时的电离率。在这一温度下几乎所有的氢仍处于电离状态，而氦已经完成复合变为中性原子。图 3.8 给出了典型的计算结果。从图中我们看到，复合时期 ($z \sim 1000$) 之后氢的电离率并不是立即下降到零，而是在很长时间内保持在 $\chi \sim 10^{-4}$。这说明，在复合时期之后仍有少量的氢处于电离状态。

以上的讨论只考虑了氢原子的复合过程。实际上，氦的丰度约占重子物质的四分之一，并且每个氦原子有两个电子，因而氦对复合过程的影响亦应加以考虑。但是我们已经看到，即使是对于只有一个电子的氢原子，电离率的计算也是十分复杂的，所以这里我们只利用 Saha 方程给出一个估算。

为简单起见，设每次氦原子都是两个电子一起电离，电离能取为 $B_{\mathrm{He}} \simeq 24.7\text{eV}$。这样由 Saha 公式有

$$\frac{n_{\mathrm{e}}^2(\mathrm{He})}{n_{\mathrm{He,A}} n_{\mathrm{He}}} = \frac{(2\pi m_{\mathrm{e}} kT)^{3/2}}{n_{\mathrm{He}} h^3} \exp\left(-\frac{B_{\mathrm{He}}}{kT}\right) \tag{3.6.17}$$

这里，$n_{\mathrm{e}}(\mathrm{He})$ 表示隶属于氦的电子数密度；$n_{\mathrm{He,A}}$ 表示中性氦原子的数密度；n_{He} 表示氦核的总密度。氦原子的电离率定义为

$$\chi_{\mathrm{He}} = \frac{n_{\mathrm{e}}(\mathrm{He})}{2n_{\mathrm{He}}} \tag{3.6.18}$$

分母中因子 2 的出现是由于每个氦原子有两个电子，且假设两个电子一起电离。因此我们有 $n_{\text{He,A}} = n_{\text{He}} - n_{\text{e}}(\text{He})/2$，并且

$$\frac{n_{\text{e}}^2(\text{He})}{n_{\text{He,A}} n_{\text{He}}} = \frac{4\chi_{\text{He}}^2}{1-\chi_{\text{He}}} \tag{3.6.19}$$

故由式 (3.6.17) 得到

$$\frac{\chi_{\text{He}}^2}{1-\chi_{\text{He}}} = \frac{(2\pi m_{\text{e}} kT)^{3/2}}{4 n_{\text{He}} h^3} \exp\left(-\frac{B_{\text{He}}}{kT}\right) \tag{3.6.20}$$

与前面式 (3.6.9) 相比较，并注意到 $4n_{\text{He}} \approx n$，可以看出区别仅在于最后的指数函数项。化成与式 (3.6.10) 类似的方程后，得到

$$\lg[\chi_{\text{He}}^2/(1-\chi_{\text{He}})] \approx 21.0 - \lg[\Omega_{\text{B}} h^2 (1+z)^{3/2}] - \frac{4.54 \times 10^4}{1+z} \tag{3.6.21}$$

我们来看一下例如 $z = 2000$ 时的情况。此时由式 (3.6.21) 解得 $\chi_{\text{He}} \approx 4.7 \times 10^{-3}$，显然氦已基本完成复合。实际上氦原子的两个电子在电离或复合过程中并不是同步的，但考虑到 He^+ 的电离能更高，$B_{\text{He}^+} = 54.4\text{eV}$，这将使 $z = 2000$ 时氦的电离率变得更小，因而氦对氢复合过程的影响更小。准确的计算表明，当宇宙温度下降到 $T \sim 5000\text{K}$，即红移为 $z \sim 1800$ 时，几乎所有的氦已经复合为中性氦原子。因此，在讨论氢的复合过程中，我们就可以不再考虑氦的影响了。

3.6.2 最后散射面与最后散射层

当辐射与物质退耦时，宇宙背景光子与自由电子发生最后一次散射 (图 3.10(a))，此后就在空间中自由传播，宇宙也就变得透明了。下面我们来求最后散射地点的位置。从红移 z 处发出的光子，到达观测者的途中所经历的**光深**定义为

$$\tau = \int_0^z \sigma_{\text{T}} n_{\text{e}} c \frac{\text{d}t}{\text{d}z} \text{d}z \tag{3.6.22}$$

其中，$\sigma_{\text{T}} = 6.65 \times 10^{-25}\text{cm}^2$ 表示汤姆森 (Thomson) 散射截面。显然，光深 τ 相当于光子从红移 z 处至观测者的途中，所可能碰到的自由电子数。设想在此途中取一小段距离，其相应的光深为 $\text{d}\tau$。对这一小段距离而言，设有 N 个光子入射，则在此距离内可能被散射掉的光子数目为 $-\text{d}N = N\text{d}\tau$。对全程积分即给出 $N = N_0 \text{e}^{-\tau}$，此处的 N_0 为 $\tau = 0$ 处的入射光子数，而 N 为光深 τ 处的出射光子数，亦即没有被散射掉的光子数。这样，$N/N_0 = \text{e}^{-\tau}$ 即表示一个光子自由穿过光深为 τ 的路程而不被散射的概率，即光子从到观测者的光深为 τ 的位置开

始，此后再没有与任何自由电子发生散射的概率。我们所看到的宇宙微波背景辐射光子是宇宙极早期时发出的，可以认为它发出时刻的位置到观测者之间的光深为 $\tau=\infty$，这就给出概率的归一化条件

$$\int_0^{\infty} \mathrm{e}^{-\tau} \mathrm{d}\tau = 1 \tag{3.6.23}$$

即

$$\int_0^{\infty} \mathrm{e}^{-\tau} \frac{\mathrm{d}\tau}{\mathrm{d}z} \mathrm{d}z = 1 \tag{3.6.24}$$

因此，函数

$$g(z) = \mathrm{e}^{-\tau} \frac{\mathrm{d}\tau}{\mathrm{d}z} \tag{3.6.25}$$

就表示,光子在红移为 z 处的单位红移间隔内发生最后一次散射的概率。图 3.10(b) 画出了背景光子与自由电子发生最后一次散射的概率随宇宙学红移的分布。从图中可见，概率最大处相应的红移为 $z\approx1100$，它所在的位置称为**最后散射面**。图中曲线的半峰全宽为 $\Delta z\approx200$。这表明，观测者看到的最后散射光子，大多数来源于半径 $z\approx1100$ 的一个球面附近、厚度为 $\Delta z\approx200$ 的球层，称为**最后散射层** (图 3.3)。我们现在所接收到的宇宙微波背景辐射光子，就是从最后散射层中的不同位置出发，而直接到达地球的。

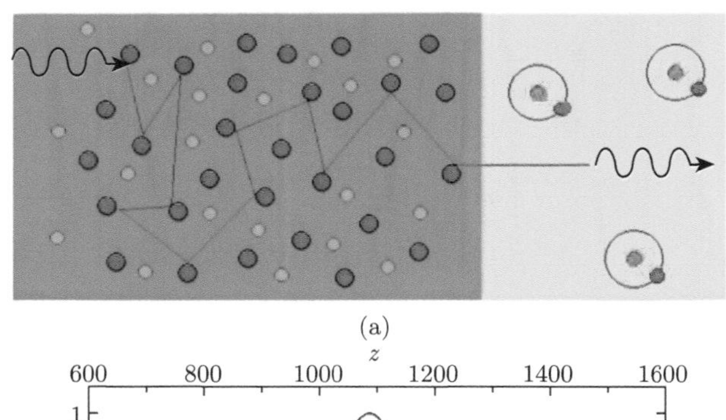

(a)

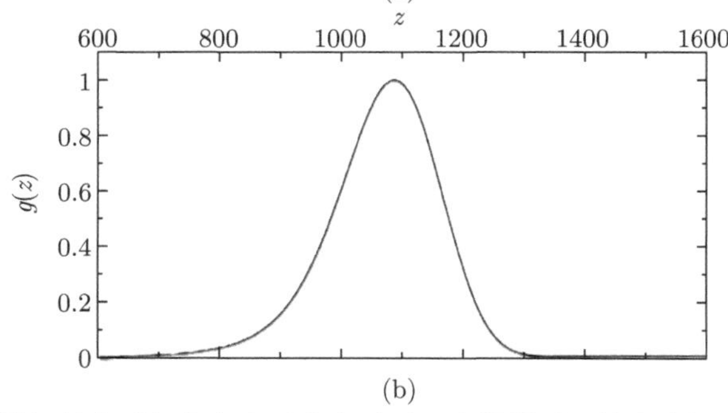

(b)

图 3.10　(a) 背景辐射光子与自由电子发生最后一次散射后，就在中性原子中自由传播；(b) 函数 $g(z)$ (式 (3.6.25)) 随红移的变化，曲线的极大值相应于最后散射面的位置

3.6.3 辐射与重子物质之间的热平衡

辐射为主时期宇宙的温度非常高，重子 (核子) 被全部电离而成为等离子体。辐射和自由电子之间频繁的 Thomson 散射使得辐射与重子处于紧密耦合的热平衡状态。但这并不是说，辐射与重子物质经复合时期脱耦之后，它们之间就马上失去热平衡。对此我们来作一分析。设自由电子的温度为 T_{e}，辐射的温度为 T_{r}，则在有扰动的情况下，光子与电子之间能量交换引起的能量密度变化为

$$\frac{\mathrm{d}\varepsilon_{\mathrm{r}}}{\mathrm{d}t} = -\frac{\mathrm{d}\varepsilon_{\mathrm{e}}}{\mathrm{d}t} = 4n_{\mathrm{e}}\sigma_{\mathrm{T}}c\varepsilon_{\mathrm{r}}\left(\frac{kT_{\mathrm{e}} - kT_{\mathrm{r}}}{m_{\mathrm{e}}c^2}\right) \tag{3.6.26}$$

其中，$\varepsilon_{\mathrm{r}} \equiv a_{\mathrm{r}}T^4$ 为辐射能量密度，这里 a_{r} 为黑体常数；ε_{e} 为电子气体的能量密度；m_{e} 为电子的静止质量。我们可以这样来理解式 (3.6.26)。考虑一个以速度 $v \ll c$ 在背景辐射场中运动的电子。取电子速度方向为球极坐标 $\theta = 0$ 的方向。在电子静止参考系中，辐射场的温度分布为

$$T(\theta) = T\left(1 + \frac{v}{c}\cos\theta\right) \tag{3.6.27}$$

在角 θ 方向，立体角元 $\mathrm{d}\Omega = \sin\theta\mathrm{d}\theta\mathrm{d}\phi = \mathrm{d}\cos\theta\mathrm{d}\phi$，入射的辐射能量流为

$$\mathrm{d}I = a_{\mathrm{r}}T^4(\theta)c \cdot \frac{\mathrm{d}\cos\theta\mathrm{d}\phi}{4\pi} \tag{3.6.28}$$

这一能流除以 c 即得入射的动量流，然后再乘以 Thomson 散射截面 σ_{T}，就得到辐射沿角 θ 方向转移到电子的动量。再对所有方向积分，就得出作用在该电子上的曳引力为

$$\begin{aligned} F &= \int \sigma_{\mathrm{T}}a_{\mathrm{r}}T^4\cos\theta\frac{\mathrm{d}\cos\theta\mathrm{d}\phi}{4\pi}\left(1 + 4\frac{v}{c}\cos\theta\right) \\ &= \frac{4}{3}\frac{\sigma_{\mathrm{T}}a_{\mathrm{r}}T^4v}{c} = \frac{4}{3}\frac{\sigma_{\mathrm{T}}\varepsilon_{\mathrm{r}}v}{c} \end{aligned} \tag{3.6.29}$$

这一力的平均功率 $\langle Fv\rangle$ 即为单位时间内，一个电子平均转移给辐射场的能量

$$\langle Fv\rangle = \frac{4}{3}\frac{\sigma_{\mathrm{T}}\varepsilon_{\mathrm{r}}}{c}\left\langle v^2\right\rangle = -\frac{\mathrm{d}\varepsilon_{\mathrm{e}}}{n_{\mathrm{e}}\mathrm{d}t} \tag{3.6.30}$$

电子的平均动能为

$$\frac{1}{2}m_{\mathrm{e}}\left\langle v^2\right\rangle = \frac{3}{2}kT_{\mathrm{e}} \tag{3.6.31}$$

故由式 (3.6.30) 和式 (3.6.31) 给出

$$-\frac{\mathrm{d}\varepsilon_{\mathrm{e}}}{\mathrm{d}t} = 4n_{\mathrm{e}}\sigma_{\mathrm{T}}c\varepsilon_{\mathrm{r}}\left(\frac{kT_{\mathrm{e}}}{m_{\mathrm{e}}c^2}\right) = \frac{\mathrm{d}\varepsilon_{\mathrm{r}}}{\mathrm{d}t} \tag{3.6.32}$$

最后一步表示，电子失去的能量转移给了辐射场，使得辐射能量密度增加。事实上，电子与辐射之间的能量转移方向取决于两者的温度差，如果 $T_{\mathrm{e}}=T_{\mathrm{r}}$，则电子与辐射之间处于热平衡，就没有净的能量转移。此时每个电子的平均动能可以记为 $m_{\mathrm{e}}\left\langle\bar{v}^2\right\rangle/2=3kT_{\mathrm{r}}/2$，$\bar{v}$ 表示热平衡时的电子平均速度。如果我们把式 (3.6.31) 改写成

$$\frac{1}{2}m_{\mathrm{e}}\left\langle v^2-\bar{v}^2\right\rangle=\frac{3}{2}(kT_{\mathrm{e}}-kT_{\mathrm{r}}) \tag{3.6.33}$$

则可以看出，当电子的温度低于辐射场时，光子就会把能量传递给电子从而使电子的能量密度增加而达到热平衡。因此，电子与辐射之间能量转移的准确关系式应为式 (3.6.26)。

热等离子体中，电子和质子由于库仑 (Coulomb) 力而耦合，故实际上 ε_{e} 应理解为等离子体的热能密度 ε_{B}，即其中应包括质子的贡献。根据热平衡时的能量均分定理，应有 $\varepsilon_{\mathrm{B}}=3n_{\mathrm{e}}kT_{\mathrm{e}}$。我们利用式 (3.6.26) 来估计一下扰动恢复的特征时间 (即所谓的**弛豫时间**)。把 ε_{e} 换成 ε_{B}，则有

$$\frac{\mathrm{d}T_{\mathrm{e}}}{\mathrm{d}t}=\frac{4}{3}\sigma_{\mathrm{T}}\varepsilon_{\mathrm{r}}\left(\frac{T_{\mathrm{r}}-T_{\mathrm{e}}}{m_{\mathrm{e}}c}\right) \tag{3.6.34}$$

因为光子的数量远远大于电子，这表明背景辐射场具有巨大的热容量，从而在等离子体温度 T_{e} 出现涨落的情况下，辐射场的温度 T_{r} 可以保持不变，即可看成常量。因而由式 (3.6.34) 得

$$\frac{\mathrm{d}(T_{\mathrm{e}}-T_{\mathrm{r}})}{T_{\mathrm{e}}-T_{\mathrm{r}}}=-\frac{4}{3}\frac{\sigma_{\mathrm{T}}\varepsilon_{\mathrm{r}}}{m_{\mathrm{e}}c}\mathrm{d}t \tag{3.6.35}$$

它表明，$T_{\mathrm{e}}-T_{\mathrm{r}}$ 的涨落出现后会发生指数衰减，其弛豫时间定义为

$$\tau\equiv\frac{3m_{\mathrm{e}}c}{4\sigma_{\mathrm{T}}\varepsilon_{\mathrm{r}}}=\frac{3m_{\mathrm{e}}c}{4\sigma_{\mathrm{T}}\varepsilon_{\mathrm{r0}}}(1+z)^{-4}\simeq 7.1\times 10^{19}z^{-4}\ \mathrm{s} \tag{3.6.36}$$

这里设 $z\gg 1$。在辐射为主时期 $z\gg z_{\mathrm{eq}}$，宇宙的年龄是

$$t\simeq\left(\frac{3}{32\pi G\rho_{\mathrm{r0}}}\right)^{1/2}(1+z)^{-2}\simeq 3.1\times 10^{19}z^{-2}\ \mathrm{s} \tag{3.6.37}$$

显然有 $\tau\ll t$，这表示在整个辐射为主的时期，物质与辐射都处在热平衡状态。物质为主时期宇宙的年龄是

$$t\simeq\left(\frac{1}{6\pi G\rho_0}\right)^{1/2}(1+z)^{-3/2}\simeq 2.1\times 10^{17}\Omega_{\mathrm{m}}^{-1/2}h^{-1}z^{-3/2}\ \mathrm{s} \tag{3.6.38}$$

在这一时期的复合之前的阶段，即 $z_{\text{eq}} > z \geqslant z_{\text{rec}} \approx 1000$，宇宙物质仍可看成是等离子体状态，因而扰动恢复时间 τ 仍可用式 (3.6.36) 表示。不难验证，这一阶段依然有 $\tau \ll t$，故热平衡状态仍保持。当宇宙的温度降到 4000K 以下，自由电子开始与质子复合成为中性氢原子，重子物质的电离率 $\chi(z)$ 从 1 很快下降，到红移 $z \sim 700$ 之后就下降得非常缓慢。此时残余的自由电子虽然很少，但仍可与背景光子发生能量交换，使辐射场的能量传递给以中性氢为主的气体。中性氢原子的热能密度是 $\varepsilon_{\text{H}} = (3/2)n_{\text{H}}kT_{\text{H}}$，残余的自由电子的数密度是 $\chi(z)n_{\text{H}}$。设这些自由电子从辐射场中获得的动能全部转移给气体，则由式 (3.6.30)，一个电子与辐射场交换的能量是 $\dfrac{4}{3}\dfrac{\sigma_{\text{T}}\varepsilon_{\text{r}}}{c}\left\langle v^2\right\rangle$，故单位体积内 $\chi(z)n_{\text{H}}$ 个电子获得的总能量为

$$\frac{4}{3}\frac{\sigma_{\text{T}}\varepsilon_{\text{r}}}{c}\left\langle v^2\right\rangle \times n_{\text{H}}\chi(z) = \frac{\mathrm{d}\varepsilon_{\text{H}}}{\mathrm{d}t} = \frac{3}{2}n_{\text{H}}k\frac{\mathrm{d}T_{\text{H}}}{\mathrm{d}t} \tag{3.6.39}$$

又

$$\frac{1}{2}m_{\text{e}}\left\langle v^2\right\rangle = \frac{3}{2}kT_{\text{H}} \tag{3.6.40}$$

因而得到

$$\frac{\mathrm{d}T_{\text{H}}}{\mathrm{d}t} = \frac{8}{3}\sigma_{\text{T}}\varepsilon_{\text{r}}\chi(z)\left(\frac{T_{\text{r}} - T_{\text{H}}}{m_{\text{e}}c}\right) \tag{3.6.41}$$

其中，出现 T_{r} 的理由与前面相同。这样，温度涨落的典型恢复时间就是

$$\tau = \frac{3m_{\text{e}}c}{8\sigma_{\text{T}}\varepsilon_{\text{r}}\chi(z)} = \frac{3m_{\text{e}}c}{8\sigma_{\text{T}}\varepsilon_{\text{r0}}\chi(z)}(1+z)^{-4} \simeq 1.5 \times 10^{24}z^{-4}\ \text{s} \tag{3.6.42}$$

这里取 $\chi(z) \approx 2.5 \times 10^{-5}$。与式 (3.6.38) 比较，可见 $\tau \sim t$ 发生在红移为

$$z \approx 550\Omega_{\text{m}}^{1/5}h^{2/5} \approx 375 \tag{3.6.43}$$

的时刻。也就是说，在此之前，尽管绝大部分重子已经与辐射脱耦，但重子与辐射仍可看成处在热平衡状态，两者的温度按同样的速率下降；在此之后，它们才可以看成是完全脱耦，温度下降的速率分别是 $T_{\text{B}} \propto a^{-2}(t)$(参见第 4 章的式 (4.1.55))，$T_{\text{r}} \propto a^{-1}(t)$。

3.7 星系形成 ($T \leqslant 100\text{K}$)

星系的形成是物质与辐射退耦之后发生的最重要的事件，也是离我们最近、内容极其丰富多样的天体物理过程。物质粒子与辐射退耦之后，由于引力作用而彼此聚集成团。这种成团过程不断发展，形成越来越大的原始星云。大致在宇宙

温度降到 $T \leqslant 100\text{K}$ 时 (相应于红移 $z = 20 \sim 30$)，宇宙中的第一代天体就开始形成。其后，便开始了星系 (包括恒星、行星乃至生命) 形成的漫长历程。

星系是由宇宙极早期产生的微小密度扰动 (涨落) 经过引力凝聚作用逐渐发展而成的。从第 1 章我们知道，宇宙微波背景辐射温度涨落的观测结果是 $\delta T/T \sim 10^{-5}$，这表明复合结束之时 (即 $z \sim 1000$ 时)，物质中也相应具有 $\delta\rho/\rho \sim 10^{-5}$ 的密度涨落，即不均匀性。这种微小不均匀性是原初宇宙遗留下来的，是形成我们今天观察到的星系和宇宙大尺度结构所必需的"种子"。辐射与物质退耦以后，物质中的密度扰动不再被辐射压力所驱散，从而开始在引力的作用下增长。当密度扰动增长到 $\delta\rho/\rho \sim 1$ 时，就进入非线性增长阶段，然后发生坍缩而形成第一代天体。目前的观测结果表明，许多星系和类星体是在 $1 \leqslant z \leqslant 6$ 期间形成的，在 $6 < z < 10$ 之间的星系或类星体数目非常稀少。很多人认为，最早的天体 (例如所谓的**星族 III 天体**) 可能形成于 $z = 20 \sim 30$，但目前还没有直接的观测证据表明这一点。现在常把 $10 < z < 1000$ 的时期称为宇宙的"**黑暗时代**"(Dark Age)，因为此期间除了弥漫于太空的宇宙微波背景辐射外，没有任何发光的天体被观测到。我们对这一时期宇宙中究竟发生了什么几乎一无所知。

星系和宇宙大尺度结构的形成过程很复杂，其中包括气体冷却、坍缩、恒星形成、气体再加热和再电离等过程，还要考虑周围环境的能量反馈、磁场、角动量交换等一系列复杂因素。除此之外，占宇宙物质总量大部分的暗物质的本质到现在也还不很清楚，只能作某些假设。由于这些方面的原因，大容量、高速度的计算机数值模拟现已成为理论研究越来越重要的手段。另一方面，从地面到太空，各个波段的观测已经延伸到宇宙越来越大的纵深，为研究提供了丰富的观测数据。正是近年来计算机数值处理能力的大幅度提高和观测技术手段的巨大进步使得星系和宇宙大尺度结构的研究进入了黄金时期。从第 4 章起，我们将系统讨论星系和宇宙大尺度结构形成的主要物理过程。

3.8 关于宇宙暗能量的一个讨论

我们已经知道，高红移超新星的红移–视星等关系给出 $\Omega_{\text{m}} \simeq 0.3$，$\Omega_\Lambda \simeq 0.7$，这表明宇宙学常数 $\Lambda \neq 0$，或真空能量密度 $\rho_{\text{V}} \equiv \rho_\Lambda \neq 0$ (式 (2.2.32))。ρ_Λ 的本质至今还不清楚，现在通常把它看作是一种不随时间变化的暗能量。有人认为，它在宇宙诞生时就已经具有了，只不过直到现在，它的作用才显现出来。但根据量子理论估算出来的真空能量密度，比实际测到的暗能量密度要高 120 个数量级以上。下面我们对此作一简要分析。

首先来估计一下真空的能量密度。我们把量子力学的不确定关系简单地写为

$$\Delta x \Delta p \approx \hbar, \quad \Delta t \Delta E \approx \hbar \tag{3.8.1}$$

按照狄拉克的观点，真空可以看成是正反虚粒子对不断产生和湮灭的场所，这些虚粒子从真空得到能量 ΔE，并在 Δt 的时间内被湮灭掉。考虑一个虚粒子，它的质量为 $m \approx \Delta E/c^2$，并封闭在一个尺度为 $L \approx \Delta x$ 的盒子内。该粒子的寿命是

$$\Delta t \approx \hbar/\Delta E \approx \hbar/mc^2 \tag{3.8.2}$$

粒子的速度为 $v \approx \Delta p/m$，利用式 (3.8.1) 第一式可得

$$v \approx \frac{\hbar}{m\Delta x} \approx \frac{\hbar}{mL} \tag{3.8.3}$$

因为粒子在 Δt 的时间内最远可移动距离 $v\Delta t$，我们设定 $L = v\Delta t$，这样粒子就不会跑出盒子以外。因而，

$$L = v\Delta t \approx \frac{\hbar}{mL}\frac{\hbar}{mc^2} \tag{3.8.4}$$

L 的解是

$$L \approx \frac{\hbar}{mc} \tag{3.8.5}$$

另一方面，真空的能量密度 $u_{真空}$ 必须至少能够在盒子内产生一对虚粒子，即 $u_{真空}$ 至少应为

$$u_{真空} \approx \frac{2mc^2}{L^3} \approx \frac{2m^4c^5}{\hbar^3} \tag{3.8.6}$$

这一粒子对中，每一粒子的最大质量可以取为普朗克质量 $m_{\rm Pl} = \sqrt{\hbar c/G}$(见式 (3.2.8))，因此上式给出

$$u_{真空} \approx \frac{2m_{\rm Pl}^4c^5}{\hbar^3} \approx \frac{2c^7}{\hbar G^2} \approx 10^{115}{\rm erg}\cdot{\rm cm}^{-3} \tag{3.8.7}$$

这是一个比较粗略的估计，更细致的考虑得到的结论是 $u_{真空} \approx 10^{111}{\rm erg}\cdot{\rm cm}^{-3}$。而另一方面，由宇宙学常数给出的暗能量密度为

$$u_{暗能量} \equiv \rho_\Lambda c^2 = \rho_{\rm c}\Omega_\Lambda c^2 \approx 6\times10^{-9}{\rm erg}\cdot{\rm cm}^{-3} \tag{3.8.8}$$

其中，$\rho_{\rm c}$ 为宇宙临界密度。如果 ρ_Λ 真的是真空能量，那么式 (3.8.7) 和式 (3.8.8) 的结果 (即理论结果与观测结果) 相差 120 个数量级以上，这意味着一个发生概率完全可以看作是零的事件竟然变成了现实，这样的偶然性很难让人接受。同时，如果真空的能量密度真的如式 (3.8.7) 给出的那么大，则宇宙的膨胀将极其迅速，以至于恒星和星系都来不及在引力的作用下生成。

为了降低真空的能量密度，已经提出了一些可能的机制。例如有些粒子物理学家认为，玻色子和费米子对真空能量密度的贡献是符号相反的，但两者不是百分之百完全抵消，而是残余极少量的能量密度，这就是今天观测到的宇宙暗能量。而更多人的看法是，可以把真空的物态方程写为

$$p = w\rho c^2 \tag{3.8.9}$$

其中，$w < 0$，表示真空产生负压，从而推动宇宙加速膨胀。如果真空能量由 ρ_Λ 代表，则根据式 (2.2.26)，不随时间变化的 ρ_Λ 一定有 $w = -1$(此时 $p = -\rho_\Lambda c^2$)。如果 w 的值偏离 -1，则 ρ_Λ 就代表可以随时间演化的暗能量。目前，关于 w 取值的讨论有很多，且不同的取值相应于不同的真空物理机制，如标量场、规范场等 (参见 Weinberg, 2008, 1.12 节)，但还没有一种理论得到广泛认可。还有人猜测，我们以往的经典真空概念很可能有根本性的错误，甚至有人认为，暗能量实际上是一个“引力需要被修正”的问题，即只需要修改引力理论，而并不需要引入暗能量。总之，看似虚无的真空中实际上蕴藏着许多奥秘，为了破解这些奥秘，人们还要付出巨大的努力。

习　题

3.1　德国天文学家奥尔伯斯 (H. Olbers) 于 1826 年提出一个论断，后人称之为**奥尔伯斯佯谬**，它的意思是说，如果宇宙在空间和时间上是无限的，且均匀布满恒星，则在这些恒星的照耀下，地球上的夜空背景应当无限亮。你对此有何看法？有几条可能的途径破解奥尔伯斯佯谬？

3.2　当宇宙的温度为 $T \approx 10^9\text{K}$ 时，宇宙中的中子与质子的比率降至 $n_\text{n}/n_\text{p} \approx \beta(\beta < 1)$，且很短的时间内全部中子就被结合到氦核之中，这就是宇宙早期的氦生成。试计算这样生成的氦元素丰度 Y。如果 $\beta \approx 1/7$，相应的氦丰度是多少？

3.3　黑体辐射的能量体积密度为 $\varepsilon_\text{r} = aT^4$，光子数密度为 $n_\text{r} = \beta T^3$，其中，

$$a = \frac{\pi^2}{15}\frac{k^4}{\hbar^3 c^3},\quad \beta = \frac{2.404}{\pi^2}\frac{k^3}{\hbar^3 c^3}$$

现宇宙微波背景辐射 (CMB) 的温度为 $T_0 = 2.725\text{K}$，代入有关的物理常数，计算其相应的 ε_r 和 n_r，并求出今天 CMB 光子的平均能量 (用 eV 表示)。

3.4　观测表明,今天宇宙中单一种类中微子与反中微子的数密度为 $n_\text{v} = \dfrac{3}{11}n_\text{r} = 112\text{cm}^{-3}$，试给出 $m_\text{v} \neq 0$(以 eV 为单位) 时 Ω_v 的表示式。

3.5　你所了解的基本粒子标准模型 (即大统一理论) 给出的基本粒子共有多少种？现在实验上都发现了吗？

3.6　设银河系有一个巨大的暗物质晕，且晕中的暗物质以银心为中心呈球对称分布。如果银道面的恒星具有平坦的转动曲线，试求暗物质粒子的密度 $\rho(r)$ 随恒星到银心距离 r 的分布(忽略所有恒星的引力影响)。

3.7 如果取复合时刻 $t_{\rm rec}$ 的视界尺度为 $d_{\rm rec}=2c/H(t_{\rm rec})$，其中 $H(t_{\rm rec})$ 为复合时刻的哈勃常数，该视界尺度对今天观测者的张角为 $\theta_{\rm rec}=d_{\rm rec}/d_{\rm A}$，其中 $d_{\rm A}$ 为该视界到观测者的角直径距离，由式 (2.5.11) 定义。设 $\Omega_\Lambda=\Omega_k=\Omega_{\rm r}=0$，$t_{\rm rec}$ 相应的红移是 $z_{\rm rec}\simeq 1000$，试给出 $\theta_{\rm rec}$ 的大小。

3.8 宇宙目前的视界大小可以近似表示为 $d_0\approx ct_0\approx 10^{17}$ 光秒，视界内所包含的空间区域的固有尺度 $D_0\approx d_0$。把时间倒退回到暴胀开始的时刻，即 $t^*\approx 10^{-35}{\rm s}$，那时的视界尺度约为 $d^*\approx ct^*$，而我们现在看到的空间固有尺度 D_0 将缩小为 D^*。试估计一下 D^*/d^* 的大小 (取辐射与物质相等的时刻为 $t_{\rm eq}\approx 10^{11}{\rm s}$)。

3.9 历史上还有过其他一些宇宙学模型，例如，“光子老化说” 认为，星际物质的吸收和散射会使得越远的天体看上去越红，故哈勃关系并不是由于宇宙的膨胀，宇宙实际上是静态的；“稳恒态宇宙说” 认为，物质的创生并不是源于一次性的大爆炸，而是永久、稳恒地在进行着，宇宙也是在永恒地膨胀。对照第 1 章介绍的宇宙学观测事实并结合本章内容，请你对这两种宇宙学模型作一简要评判。

第 4 章　小扰动的线性演化理论

合抱之木，生于毫末；九层之台，起于累土；千里之行，始于足下。

——老子《道德经》(第 64 章)

积土成山，风雨兴焉；积水成渊，蛟龙生焉 …… 故不积跬步，无以至千里；不积小流，无以成江海。

——荀子《荀子 • 劝学篇》

现在普遍认为，宇宙目前的结构是由早期很小的密度扰动发展而成的。密度扰动的“种子”被认为是宇宙暴胀 (inflation) 的结果。在引力和宇宙膨胀的共同作用下，初始很小的密度扰动被不断增强，先是经过线性阶段 (即相对密度扰动 $\delta = \delta\rho/\rho \ll 1$)，后来经过非线性阶段，逐步演化为我们今天所看到的尺度不同、形态各异的宇宙结构。因此，密度扰动的发展应当从暴胀结束后开始，一直持续至今。这一过程的计算是非常复杂的，即使是线性发展阶段的计算也要作一些简化假设，而非线性发展阶段的计算现在主要求助于计算机数值模拟。

本章中我们只研究线性扰动的发展。根据目前的流行看法，宇宙中第一代天体的形成发生在宇宙学红移 $z \sim 10$ 之前，很可能是红移为 15~20 的时候，相应的宇宙年龄大约为 2 亿 ~ 4 亿年。一般认为，第一代天体的形成意味着非线性演化的开始，在此之前的密度扰动演化可以看成是线性的。因而，线性演化阶段跨越了全部辐射为主时期，以及直到复合之后很长时间的物质为主时期。

密度扰动在发展过程中，要经受两方面的影响：一方面，引力的作用使扰动不断增强；另一方面，辐射压力、气体压力、相对论性粒子的自由冲流 (free streaming) 以及宇宙的膨胀，又使扰动发生衰减。这两方面影响“较力”的总结果，是引力作用最终胜出，使密度扰动得以不断增长。但宇宙微波背景辐射 (CMB) 各向异性的观测结果表明，到复合结束 ($z \sim 1000$) 时，密度扰动的大小只有 $\delta\rho/\rho \sim 10^{-5} \ll 1$，因而直到复合结束，这一扰动增长过程完全可以看成是线性的。辐射与物质退耦之后，辐射成分中的扰动将停止增长，而物质成分中的扰动继续增长，但仍会在一个相当长的时期保持 $\delta\rho/\rho \ll 1$，故仍可看成是线性的。对于扰动的线性演化阶段，由于所涉及的动力学方程是线性的，因而能够从理论上给出相当精确的计算结果，并与 CMB 各向异性的观测结果相比较，从而确定一些关键宇宙学参数的取值。这就是今天宇宙学已步入“精确宇宙学”的含义。这表明，作为宇宙热历史遗迹之一的 CMB，其中包含的关于宇宙学模型的重要信息，主要来源于扰动的线性发展阶段。除此之外，扰动的线性发展阶段的结果，又成为下一步非线性发展的初始条件。因此，对线性扰动理论作一个比较仔细的讨论，对于我们了解宇宙大尺度结构形成的物理过程是十分必要的。

4.1 牛顿宇宙学方法

为严格求解宇宙各组分的密度扰动的时间演化，需要应用广义相对论理论，并从动理学的 Boltzmann 方程出发来求解，但这是一个非常繁复的计算过程。实际上，对于宇宙演化的某些典型时期，应用牛顿经典力学方法也能得到许多有意义的结果，且这一方法在数学处理上简捷明晰，有助于初学者理解扰动演化中的基本物理过程并建立正确的物理图像。故本节我们完全采用牛顿流体动力学加膨胀宇宙的处理方法，对冷物质宇宙、辐射为主的宇宙，以及一般形式的物态方程等几种基本情况分别进行讨论。从 4.2 节开始，我们再来采用广义相对论的细致处理方法。

4.1.1 冷物质宇宙

如果宇宙由温度、密度都不太高 (即非相对论性或称为冷物质) 的气体或流体构成，设其质量密度为 ρ，压力为 P，速度为 $\boldsymbol{v}$，引力势为 $\varPhi$，则有下列经典力学方程组。

连续性方程：

$$\frac{\partial \rho}{\partial t}+\nabla\cdot(\rho\boldsymbol{v})=0 \tag{4.1.1a}$$

动力学方程 (或欧拉 (Eular) 方程)：

$$\frac{\partial \boldsymbol{v}}{\partial t}+(\boldsymbol{v}\cdot\nabla)\,\boldsymbol{v}=-\frac{1}{\rho}\nabla P-\nabla\varPhi \tag{4.1.1b}$$

泊松 (Poisson) 方程：

$$\nabla^2\varPhi=4\pi G\rho \tag{4.1.1c}$$

此外，如果没有由黏滞阻力和热传导引起的能量耗散，还应当加上一个熵守恒方程

$$\frac{\partial S}{\partial t}+\boldsymbol{v}\cdot\nabla S=0 \tag{4.1.1d}$$

其中，S 代表单位质量物质的熵。

设宇宙物质整体为均匀各向同性分布。宇宙尺度因子 $a(t)$ 所满足的方程是式 (2.2.17)，即

$$\dot{a}^2 = \frac{8\pi G}{3}\rho a^2 \tag{4.1.1e}$$

式中，我们取宇宙曲率 $k = 0$。容易证明，在膨胀的冷物质宇宙情况下，方程组 (4.1.1) 有一组简单的空间均匀解，即

$$\rho = \rho_0\left(\frac{1}{a^3}\right) \tag{4.1.2a}$$

$$\boldsymbol{v} = \frac{\dot{a}}{a}\boldsymbol{r} \tag{4.1.2b}$$

$$\varPhi = \frac{2}{3}\pi G\rho r^2 \tag{4.1.2c}$$

$$P = P(\rho, S) \tag{4.1.2d}$$

$$S = \text{恒量} \tag{4.1.2e}$$

其中，$a(t)$ 的归一化取为 $a(t_0) = 1$；$\boldsymbol{r}$ 是空间点的固有 (物理) 坐标。显然，式 (4.1.2b) 即表示宇宙膨胀的哈勃速度。

在有小扰动的情况下，上述各量可表示为未扰动值 (以下标 0 标记) 加相应的一阶扰动量之和

$$\begin{aligned}&\rho = \rho_0 + \delta\rho, \quad P = P_0 + p, \quad \boldsymbol{v} = \boldsymbol{v}_0 + \delta\boldsymbol{v} = \delta\boldsymbol{v}\\&\varPhi = \varPhi_0 + \phi, \quad S = S_0 + s\end{aligned} \tag{4.1.3}$$

代入式 (4.1.1) 并消去零阶量后，即得各扰动量所满足的方程

$$\dot{\delta}\rho + 3\frac{\dot{a}}{a}\delta\rho + \frac{\dot{a}}{a}(\boldsymbol{r}\cdot\nabla)\delta\rho + \rho(\nabla\cdot\delta v) = 0 \tag{4.1.4a}$$

$$\dot{\delta}\boldsymbol{v} + \frac{\dot{a}}{a}\delta\boldsymbol{v} + \frac{\dot{a}}{a}(\boldsymbol{r}\cdot\nabla)\delta\boldsymbol{v} = -\frac{1}{\rho}\nabla p - \nabla\phi \tag{4.1.4b}$$

$$\nabla^2\phi - 4\pi G\delta\rho = 0 \tag{4.1.4c}$$

$$\dot{s} + \frac{\dot{a}}{a}(\boldsymbol{r}\cdot\nabla)s = 0 \tag{4.1.4d}$$

我们可以进一步选择参考系，使得在其中哈勃速度 $\boldsymbol{v} = \dot{a}\boldsymbol{r}/a = 0$。这就使得式 (4.1.4) 中所有含有 $\boldsymbol{r}\cdot\nabla$ 的项可以忽略。现在我们把各小扰动展开为平面波的形式，例如，$\delta\rho$ 的展开式为

$$\delta\rho(\boldsymbol{r}, t) = \sum_k \delta\rho(\boldsymbol{k}, t)\exp(\mathrm{i}\boldsymbol{k}\cdot\boldsymbol{r}) \tag{4.1.5}$$

且为简便起见，以下我们略去展开后各扰动分量中的 $\boldsymbol{k}$ 指标，例如把 $\delta\rho(\boldsymbol{k},t)$ 简单地记为 $\delta\rho(t)$。但要注意，由于宇宙的膨胀，固有波长 $\lambda=\lambda_0 a$ 是随时间变化的 (其中 λ_0 是共动坐标下的波长)，故波数 k 也应相应地随时间变化

$$k=\frac{2\pi}{\lambda}=\frac{2\pi}{\lambda_0 a}=\frac{k_0}{a} \tag{4.1.6}$$

其中，k_0 是共动坐标下的波数。式 (4.1.5) 的指数因子中，$\boldsymbol{r}$ 表示固有坐标，因而乘积 $\boldsymbol{k}\cdot\boldsymbol{r}$ 不随时间而变。经过适当的计算，方程组 (4.1.4) 化为

$$\dot{\delta\rho}+3\frac{\dot{a}}{a}\delta\rho+\mathrm{i}\rho\boldsymbol{k}\cdot\delta\boldsymbol{v}=0 \tag{4.1.7a}$$

$$\dot{\delta\boldsymbol{v}}+\frac{\dot{a}}{a}\delta\boldsymbol{v}+\mathrm{i}v_{\mathrm{s}}^2\boldsymbol{k}\frac{\delta\rho}{\rho}+\mathrm{i}\frac{\boldsymbol{k}}{\rho}\left(\frac{\partial p}{\partial s}\right)_\rho s+\mathrm{i}\boldsymbol{k}\phi=0 \tag{4.1.7b}$$

$$k^2\phi+4\pi G\delta\rho=0 \tag{4.1.7c}$$

$$\dot{s}=0 \tag{4.1.7d}$$

其中，$v_{\mathrm{s}}^2=(\partial p/\partial\rho)_s$ 代表绝热声速。我们感兴趣的情况是等熵 $(s=0)$ 扰动，并且不失一般性，取 $\delta\boldsymbol{v}$ 平行于 $\boldsymbol{k}$。因此，由方程组 (4.1.7) 得出

$$\dot{\delta\rho}+3\frac{\dot{a}}{a}\delta\rho+\mathrm{i}\rho k\delta v=0 \tag{4.1.8a}$$

$$\dot{\delta v}+\frac{\dot{a}}{a}\delta v+\mathrm{i}k\left(v_{\mathrm{s}}^2-\frac{4\pi G\rho}{k^2}\right)\frac{\delta\rho}{\rho}=0 \tag{4.1.8b}$$

定义

$$\delta\equiv\delta\rho/\rho \tag{4.1.9}$$

代表相对密度扰动，则式 (4.1.8a) 可以化为 (其中用到式 (4.1.2a))

$$\dot{\delta}+\mathrm{i}k\delta v=0 \tag{4.1.10}$$

再对时间求导，并注意到式 (4.1.6) 给出的波数 k 随时间的变化，得

$$\ddot{\delta}+\mathrm{i}k\left(\dot{\delta v}-\frac{\dot{a}}{a}\delta v\right)=0 \tag{4.1.11}$$

把式 (4.1.8b) 和式 (4.1.10) 代入式 (4.1.11)，消去 $\dot{\delta v}$ 和 δv 后，我们最后得到膨胀宇宙中密度扰动 δ 随时间演化的方程：

$$\ddot{\delta}+2\frac{\dot{a}}{a}\dot{\delta}+(v_{\mathrm{s}}^2k^2-4\pi G\rho)\delta=0 \tag{4.1.12a}$$

如果记 $\omega_0^2 \equiv k^2 v_s^2 - 4\pi G\rho$ ，此式化为

$$\ddot{\delta} + 2\frac{\dot{a}}{a}\dot{\delta} + \omega_0^2 \delta = 0 \tag{4.1.12b}$$

显然，式 (4.1.12b) 在形式上与经典力学中的阻尼振动方程完全一致，其中 ω_0 代表振子系统的固有圆频率，$2\dot{a}/a$ 则代表阻尼因数。经典力学中的 ω_0^2 一定是正值，故得到的必定是衰减解。而现在式 (4.1.12) 给出的 ω_0^2 在一些情况下却可能是负值，此时相当于一个在 $F \propto +x$ 的斥力场中运动的粒子，即使有阻尼力存在，仍然会偏离原来的位置越来越远。这实际上就表示，扰动 δ 在 ω_0^2 为负值的情况下有随时间的增长解。

如果记 ω_0^2 为负值，即 $k^2 v_s^2 - 4\pi G\rho < 0$，则波数 k 一旦小于一个临界值，即

$$k < k_J = \left(\frac{4\pi G\rho}{v_s^2}\right)^{\frac{1}{2}} \tag{4.1.13}$$

扰动 δ 就会随时间增长。这一临界波数 k_J 相应的波长为

$$\lambda_J \equiv \frac{2\pi}{k_J} = v_s\sqrt{\frac{\pi}{G\rho}} \tag{4.1.14}$$

称为**金斯 (Jeans) 波长**，式 (4.1.13) 的条件亦即 $\lambda > \lambda_J$。以 λ_J 为直径的球体积内所包含的总质量 M_J 称为 **Jeans 质量**：

$$M_J = \frac{\pi}{6}\rho\lambda_J^3 = \frac{\pi}{6}v_s^3\sqrt{\frac{\pi^3}{G^3\rho}} \tag{4.1.15}$$

显然，当某个球体内的总质量 $M > M_J$(或该球体的线尺度 $\lambda > \lambda_J$) 时，就会出现引力不稳定性，流体将由于这种不稳定性而坍缩。这个理论是一百多年前 Jeans 在研究气体星云形成恒星的过程中提出的 (但当时还不知道宇宙膨胀)，称为 Jeans 引力不稳定性理论，故式 (4.1.13) 也称为 **Jeans 判据**。

还可以用引力与压力之间的关系对 Jeans 判据作一些定性说明。设有一个尺度为 λ 的球形区域，其质量为 M ，处于平均密度为 ρ 的均匀背景流体之中。如果此区域出现一个 $\delta\rho > 0$ 的密度扰动，则以下几种表述是等效的。

(1) 如果单位质量流体所受到的引力 F_g 超过作用在其上的压力 F_P，即

$$F_g \approx \frac{GM}{\lambda^2} \approx \frac{G\rho\lambda^3}{\lambda^2} > F_P \approx \frac{P\lambda^2}{\rho\lambda^3} \approx \frac{v_s^2}{\lambda} \tag{4.1.16}$$

则该扰动将增长。这一关系即给出 $\lambda > v_{\rm s}(G\rho)^{-1/2}$，它在量级上与式 (4.1.14) 的结果是一致的。

(2) 扰动增长的条件 $\lambda > \lambda_{\rm J}$ 还可以表示为，要求球内单位质量流体的引力自能 U 超过相应的热运动动能 $E_{\rm T}$，即

$$U \approx \frac{G\rho\lambda^3}{\lambda} > E_{\rm T} \approx v_{\rm s}^2 \tag{4.1.17}$$

(3) 如果引力自由下落的时标 $\tau_{\rm ff}$ 小于流体动力学时标 $\tau_{\rm d}$，即

$$\tau_{\rm ff} \approx \frac{1}{(G\rho)^{1/2}} < \tau_{\rm d} \approx \frac{\lambda}{v_{\rm s}} \tag{4.1.18}$$

扰动也将随时间增长。

下面我们对扰动增长的速率作一简单估算。对于平直的 Einstein-de Sitter 宇宙 (宇宙学常数 $\Lambda = 0$，宇宙曲率 $k = 0$)，我们有

$$\rho = \frac{1}{6\pi G t^2} \tag{4.1.19a}$$

$$a = \left(\frac{t}{t_0}\right)^{2/3} \tag{4.1.19b}$$

$$\frac{\dot{a}}{a} = \frac{2}{3t} \tag{4.1.19c}$$

把它们代入式 (4.1.12)，得到

$$\ddot{\delta} + \frac{4}{3}\frac{\dot{\delta}}{t} - \frac{2}{3t^2}\left(1 - \frac{v_{\rm s}^2 k^2}{4\pi G\rho}\right)\delta = 0 \tag{4.1.20}$$

设 δ 具有 $\delta \propto t^n$ 的形式，则对于 $k \to 0$ 的长波极限，容易得到增长解和衰减解分别是

$$\delta_+ \propto t^{2/3} \tag{4.1.21}$$

$$\delta_- \propto t^{-1} \tag{4.1.22}$$

严格的解给出

$$n = -\frac{1}{6}\left[1 \pm 5\left(1 - \frac{6v_{\rm s}^2 k^2}{25\pi G\rho}\right)^{1/2}\right] \tag{4.1.23}$$

显然，临界的情况相应于

$$1 = \frac{6v_{\rm s}^2 k^2}{25\pi G\rho} \tag{4.1.24}$$

这表示扰动增长的条件是

$$\lambda > \lambda_{\mathrm{J}} = \frac{\sqrt{24}}{5} v_{\mathrm{s}} \left(\frac{\pi}{G\rho}\right)^{1/2} \tag{4.1.25}$$

它与式 (4.1.14) 的结果几乎完全一致。

4.1.2 辐射为主的宇宙

$a \ll a_{\mathrm{eq}}$ 的宇宙是辐射为主的，能量密度由辐射所主导。我们仍然可以用 4.1.1 节的方法，把辐射作为流体来处理，但由于辐射是相对论性的，辐射压对于能量密度的贡献必须要考虑。此时的流体力学方程组是

$$\frac{\partial \rho}{\partial t} + \nabla \cdot [(\rho + P)\boldsymbol{v}] = 0 \tag{4.1.26a}$$

$$\frac{\partial \boldsymbol{v}}{\partial t} + (\boldsymbol{v} \cdot \nabla)\boldsymbol{v} = -\frac{1}{(\rho + P)} \nabla P - \nabla \Phi \tag{4.1.26b}$$

$$\nabla^2 \Phi = 4\pi G(\rho + 3P) = 8\pi G\rho \tag{4.1.26c}$$

这里取光速 $c = 1$，并在式 (4.1.26c) 最后一步用到了辐射压与辐射能量密度的关系 $P = \rho/3$。对于辐射为主的宇宙，我们有

$$\rho = \frac{3}{32\pi G t^2} \tag{4.1.27a}$$

$$a = a_{\mathrm{eq}} \left(\frac{t}{t_{\mathrm{eq}}}\right)^{1/2} \tag{4.1.27b}$$

$$\frac{\dot{a}}{a} = \frac{1}{2t} \tag{4.1.27c}$$

用与 4.1.1 节相同的方法，我们得到描述辐射能量相对密度扰动 $\delta = \delta\rho/\rho$ 随时间演化的方程为

$$\ddot{\delta} + 2\frac{\dot{a}}{a}\dot{\delta} + \left(v_{\mathrm{s}}^2 k^2 - \frac{32\pi G\rho}{3}\right)\delta = 0 \tag{4.1.28}$$

亦即

$$\ddot{\delta} + \frac{\dot{\delta}}{t} - \frac{1}{t^2}\left(1 - \frac{3v_{\mathrm{s}}^2 k^2}{32\pi G\rho}\right)\delta = 0 \tag{4.1.29}$$

其形式为 $\delta \propto t^n$ 的解给出

$$n = \pm\sqrt{1 - \frac{3v_{\mathrm{s}}^2 k^2}{32\pi G\rho}} \tag{4.1.30}$$

因而相应于长波极限 $k \to 0$ 的解是

$$\delta_{\pm} \propto t^{\pm 1} \tag{4.1.31}$$

此外，还可以由式 (4.1.30) 得到辐射扰动相应的 Jeans 波长 λ_{J} 及 Jeans 质量 M_{J}

$$\lambda_{\mathrm{J}} = v_{\mathrm{s}} \left(\frac{3\pi}{8G\rho} \right)^{1/2} \tag{4.1.32}$$

$$M_{\mathrm{J}} = \frac{\pi}{6} \rho \lambda_{\mathrm{J}}^3 = \frac{\pi}{16} v_{\mathrm{s}}^3 \sqrt{\frac{3\pi^3}{8G^3\rho}} \tag{4.1.33}$$

对于辐射流体，上面所有方程中的声速取为 $v_{\mathrm{s}} = c/\sqrt{3}$。

4.1.3 一般形式的物态方程

一般形式的物态方程可以表示为

$$p = w\rho c^2 \tag{4.1.34}$$

其中，w 设为常数，不随时间而变，它的取值范围 $0 \leqslant w \leqslant 1$ 称为 Zel'dovich 区间。此物态方程相应的声速为

$$v_{\mathrm{s}}^2 \equiv \frac{\mathrm{d}p}{\mathrm{d}\rho} = wc^2 \tag{4.1.35}$$

显然，极端相对论性流体 (例如辐射，以及由静质量为零的粒子构成的流体) 相应于 $w = 1/3$，而物质为主 (非相对论性冷物质宇宙) 时相应于 $w = 0$，此时压力对能量密度无贡献，但声速 (压力扰动传播的速度) 不为零，大致为粒子速度的方均根值。近二十几年来，随着宇宙加速膨胀的观测发现，人们用 $w < 0$ 的负压物态方程来描述真空物态，以研究造成宇宙膨胀的宇宙暗能量。但以下我们只限于讨论 $0 \leqslant w \leqslant 1/3$ 的情况，它相应于从极端非相对论到极端相对论的宇宙物质。

对于一个绝热膨胀系统，热力学第一定律给出

$$\frac{\mathrm{d}}{\mathrm{d}t}(\rho a^3) + \frac{p}{c^2}\frac{\mathrm{d}}{\mathrm{d}t}a^3 = \frac{\mathrm{d}}{\mathrm{d}t}(\rho a^3) + w\rho\frac{\mathrm{d}}{\mathrm{d}t}a^3 = 0 \tag{4.1.36}$$

由此得到

$$\frac{\mathrm{d}}{\mathrm{d}t}[\rho a^{3(1+w)}] = 0 \tag{4.1.37}$$

即

$$\rho a^{3(1+w)} = \text{恒量} \tag{4.1.38}$$

对于平直的 Einstein-de Sitter 宇宙，容易得出

$$a(t)=\left(\frac{t}{t_0}\right)^{\frac{2}{3(1+w)}} \tag{4.1.39}$$

$$\frac{\dot{a}}{a}=\frac{2}{3(1+w)t} \tag{4.1.40}$$

$$\rho=\frac{1}{6(1+w)^2\pi Gt^2} \tag{4.1.41}$$

用与 4.1.1 节和 4.1.2 节相同的方法，我们可以得到描述 $\delta=\delta\rho/\rho$ 演化的方程

$$\ddot{\delta}+2\frac{\dot{a}}{a}\dot{\delta}+[v_{\rm s}^2k^2-4\pi G(1+w)(1+3w)\rho]\delta=0 \tag{4.1.42}$$

显然，当 $w=0$ 和 $w=1/3$ 时，式 (4.1.42) 分别回到式 (4.1.12) 和式 (4.1.28)。设式 (4.1.42) 具有形式为 $\delta\propto t^n$ 的解，则由式 (4.1.39)～ 式 (4.1.42) 不难得到 n 应满足的方程

$$n^2+\frac{1-3w}{3(1+w)}n-\left[\frac{2(1+3w)}{3(1+w)}-\frac{v_{\rm s}^2k^2}{6(1+w)^2\pi G\rho}\right]=0 \tag{4.1.43}$$

其解为

$$n=-\frac{1-3w}{6(1+w)}\pm\frac{5+9w}{6(1+w)}\sqrt{1-\frac{6v_{\rm s}^2k^2}{(5+9w)^2\pi G\rho}} \tag{4.1.44}$$

在长波极限 $k\to0$ 的情况下，式 (4.1.44) 给出密度扰动的增长解和衰减解分别是

$$\delta_+\propto t^{\frac{2(1+3w)}{3(1+w)}} \tag{4.1.45}$$

$$\delta_-\propto t^{-1} \tag{4.1.46}$$

同样地，当 $w=0$ 和 $w=1/3$ 时，增长解分别回到零压宇宙解 (4.1.21) 和辐射宇宙解 (4.1.31)，而所有情况下衰减解的模式是相同的。由式 (4.1.44) 的临界解得到的 Jeans 波长以及 Jeans 质量分别是

$$\lambda_{\rm J}=\frac{\sqrt{24}}{5+9w}v_{\rm s}\left(\frac{\pi}{G\rho}\right)^{1/2} \tag{4.1.47}$$

$$M_{\rm J}=\frac{\pi}{6}\rho\lambda_{\rm J}^3=\frac{8\sqrt{6}\pi}{(5+9w)^3}v_{\rm s}^3\sqrt{\frac{\pi^3}{G^3\rho}} \tag{4.1.48}$$

4.1.4 物质与辐射混合流体中的 Jeans 质量与视界质量

前面我们讨论的是单一成分的宇宙中密度扰动的演化。而实际的宇宙是由物质和辐射共同组成的。在这样的宇宙中，扰动的演化相当复杂，例如辐射与重子 (等离子体) 都有一定的压力，且它们之间通过 Thomson 散射而相互作用；同时，宇宙中的所有成分 (包括暗物质) 都对引力势的扰动产生贡献。

在由物质与辐射混合流体构成的宇宙中，总质量密度为 $\rho = \rho_{\mathrm{m}} + \rho_{\mathrm{r}}$，其中 ρ_{m} 和 ρ_{r} 分别表示物质密度和辐射密度。我们关心的是引力收缩的物质部分，其 Jeans 质量为

$$M_{\mathrm{J}} = \frac{4\pi}{3}\rho_{\mathrm{m}}\left(\frac{\lambda_{\mathrm{J}}}{2}\right)^3 = \frac{1}{6}\pi\rho_{\mathrm{m}}\lambda_{\mathrm{J}}^3 \tag{4.1.49}$$

其中，λ_{J} 为 Jeans 波长，且由式 (4.1.32) 有

$$\lambda_{\mathrm{J}} = v_{\mathrm{s}}\left(\frac{3\pi}{8G\rho}\right)^{1/2} \tag{4.1.50}$$

注意到，辐射为主时期 $v_{\mathrm{s}} = c/\sqrt{3}$，$\rho = \rho_{\mathrm{r}} = a_{\mathrm{r}}T^4/c^2$(其中 a_{r} 为辐射密度常数)，且物质密度可以写为

$$\rho_{\mathrm{m}}(t) = \rho(t_{\mathrm{eq}})\frac{a^3(t_{\mathrm{eq}})}{a^3(t)} = \frac{\rho(t_{\mathrm{eq}})T^3(t)}{T^3(t_{\mathrm{eq}})} = \frac{a_{\mathrm{r}}T(t_{\mathrm{eq}})T^3(t)}{c^2} \tag{4.1.51}$$

这样，在辐射为主时期，物质成分的 Jeans 质量就是

$$M_{\mathrm{J}} = \frac{\pi^{5/2}c^4T(t_{\mathrm{eq}})}{96\sqrt{2}G^{3/2}a_{\mathrm{r}}^{1/2}T^3} \tag{4.1.52}$$

显然随着宇宙膨胀，M_{J} 按 T^{-3} 的方式增加，亦即 $M_{\mathrm{J}} \propto a^3$ (图 4.1)。在 $t = t_{\mathrm{eq}}$ 时刻，M_{J} 达到最大值 (此时 $T(t_{\mathrm{eq}}) = T_0(1 + z_{\mathrm{eq}})$)

$$M_{\mathrm{J}}(t_{\mathrm{eq}}) \simeq 3 \times 10^{15}\Omega_{\mathrm{m}}^{-2}h^{-4}M_{\odot} \tag{4.1.53}$$

复合之后即 $z < z_{\mathrm{rec}}$ 时期，物质与辐射退耦，辐射密度和压力均可忽略，此时声速可以表示为 (为简单起见，设重子以氢为主，且有 $P_{\mathrm{m}} = nk_{\mathrm{B}}T_{\mathrm{m}}$，$\rho_{\mathrm{m}} \approx nm_{\mathrm{p}}$)

$$v_{\mathrm{s}} = \left(\frac{\gamma p_{\mathrm{m}}}{\rho_{\mathrm{m}}}\right)^{1/2} = \left(\frac{\gamma k_{\mathrm{B}}T_{\mathrm{m}}}{m_{\mathrm{p}}}\right)^{1/2} \tag{4.1.54}$$

其中，m_{p} 为质子的质量；$\gamma = 5/3$ 。理想气体绝热膨胀满足 $TV^{\gamma-1}$ =恒量，因 $V \propto a^3$，故有

$$T_{\mathrm{m}} \propto a^{-3(\gamma-1)} \propto a^{-2}, \quad \rho_{\mathrm{m}} \propto a^{-3} \tag{4.1.55}$$

因而 $M_{\mathrm{J}} \propto a^{-3/2}$ 。由图 4.1 可见，这一阶段的 Jeans 质量比辐射为主时期小很多，且随着宇宙的膨胀而递减。

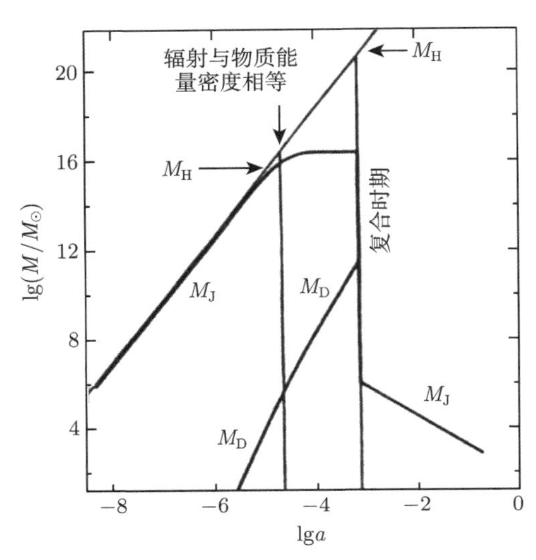

图 4.1　Jeans 质量、视界质量以及阻尼质量的演化 (引自 Longair，2008)

在从辐射为主向物质为主转化的时期，即 $z_{\mathrm{eq}} > z > z_{\mathrm{rec}}$ ，物质与辐射之间仍然通过康普顿 (Compton) 散射而发生耦合。每一个重子对应的熵 S 几乎完全由辐射贡献

$$S = \frac{\rho_{\mathrm{r}} c^2 + p}{T \rho_{\mathrm{m}}} \simeq \frac{4}{3} \frac{\rho_{\mathrm{r}} c^2}{T \rho_{\mathrm{m}}} \propto \frac{T^3}{\rho_{\mathrm{m}}} \propto \frac{\rho_{\mathrm{r}}^{3/4}}{\rho_{\mathrm{m}}} \tag{4.1.56}$$

其中，T 为辐射的温度，$p = \rho_{\mathrm{r}} c^2/3$。绝热扰动要求

$$\frac{\delta S}{S} = \frac{3}{4} \frac{\delta \rho_{\mathrm{r}}}{\rho_{\mathrm{r}}} - \frac{\delta \rho_{\mathrm{m}}}{\rho_{\mathrm{m}}} = \frac{3 \delta T}{T} - \frac{\delta \rho_{\mathrm{m}}}{\rho_{\mathrm{m}}} = 0 \tag{4.1.57}$$

这给出

$$\frac{\delta \rho_{\mathrm{m}}}{\rho_{\mathrm{m}}} = 3 \frac{\delta T}{T} = \frac{3}{4} \frac{\delta \rho_{\mathrm{r}}}{\rho_{\mathrm{r}}} \tag{4.1.58}$$

绝热声速于是为

$$\begin{aligned} v_{\mathrm{s}}^2 &= \left(\frac{\partial p}{\partial \rho} \right)_S = \left(\frac{\partial p}{\partial \rho_{\mathrm{r}}} \right)_S \cdot \left(\frac{\partial \rho}{\partial \rho_{\mathrm{r}}} \right)_S^{-1} \\ &= \frac{c^2}{3} \left(1 + \frac{\partial \rho_{\mathrm{m}}}{\partial \rho_{\mathrm{r}}} \right)_S^{-1} = \frac{c^2}{3} \left(1 + \frac{\delta \rho_{\mathrm{m}}}{\delta \rho_{\mathrm{r}}} \right)_S^{-1} = \frac{c^2}{3} \left(1 + \frac{3}{4} \frac{\rho_{\mathrm{m}}}{\rho_{\mathrm{r}}} \right)^{-1} \end{aligned} \tag{4.1.59}$$

在 $z_{\rm eq} > z > z_{\rm rec}$ 时期可以取近似 $\rho_{\rm m} \gg \rho_{\rm r}$ ，故式 (4.1.59) 给出

$$v_{\rm s}^2 \approx \frac{c^2}{3}\left(\frac{4}{3}\frac{\rho_{\rm r}}{\rho_{\rm m}}\right) = \frac{c^2}{3}\left(\frac{4}{3}\frac{a_{\rm eq}}{a}\right) \tag{4.1.60}$$

即 $v_{\rm s} \propto a^{-1/2}$，$\rho_{\rm m} \propto a^{-3}$，$\lambda_{\rm J} \propto v_{\rm s}\rho_{\rm m}^{-1/2} \propto a$，因而在 $z_{\rm eq} > z > z_{\rm rec}$ 时期有

$$M_{\rm J} \propto \rho_{\rm m}\lambda_{\rm J}^3 \approx 恒量 \tag{4.1.61}$$

这一结果正如图 4.1 中所示。

视界质量定义为宇宙视界 ($\sim ct$) 之内所包含的物质成分的总质量

$$M_{\rm H} \simeq \frac{4}{3}\pi\rho_{\rm m}(ct)^3 \tag{4.1.62}$$

在辐射为主时期，$\rho_{\rm m}$ 的变化规律仍为 $\rho_{\rm m} \propto a^{-3}$，且有 $t \propto a^2$，因而容易得到

$$M_{\rm H} \simeq M_{\rm H}(t_{\rm eq})\left(\frac{a}{a_{\rm eq}}\right)^3 = M_{\rm H}(t_{\rm eq})\left(\frac{1+z_{\rm eq}}{1+z}\right)^3 \tag{4.1.63}$$

这里，$M_{\rm H}(t_{\rm eq})$ 为

$$\begin{aligned} M_{\rm H}(t_{\rm eq}) &= \frac{4}{3}\pi\rho_{\rm m}(t_{\rm eq})(ct_{\rm eq})^3 = \frac{4}{3}\pi\frac{a_{\rm r}T_{\rm eq}^4}{c^2}(ct_{\rm eq})^3 \\ &\simeq 7\times10^{15}\Omega_{\rm m}^{-1/2}h^{-4}M_\odot \end{aligned} \tag{4.1.64}$$

其中，用到式 (3.1.16) 和式 (3.1.21)。可见在辐射为主时期，视界质量与 Jeans 质量具有相同的数量级，且两者随时间 (或 a) 的变化规律是一样的。进入物质为主时期，仍有 $\rho_{\rm m} \propto a^{-3}$，但 $t \propto a^{3/2}$，故视界质量为

$$M_{\rm H} \simeq M_{\rm H}(t_{\rm eq})\left(\frac{a}{a_{\rm eq}}\right)^{3/2} = M_{\rm H}(t_{\rm eq})\left(\frac{1+z_{\rm eq}}{1+z}\right)^{3/2} \tag{4.1.65}$$

它将随着宇宙的膨胀而继续增长。

由图 4.1 可见，不同质量尺度进入视界的时间是不同的。大质量尺度比小质量尺度进入视界的时间要晚。对于一个给定的质量 M，其进入视界的时间用相应的宇宙学红移来表示时为

$$M = M_{\rm H}(z_{\rm H}) \tag{4.1.66}$$

对于 $M < M_{\rm H}(t_{\rm eq})$ 的质量，其进入视界的时间要早于 $t_{\rm eq}$(或红移 $z_{\rm H} > z_{\rm eq}$)；而对于 $M > M_{\rm H}(t_{\rm eq})$ 的质量，其进入视界的时间要晚于 $t_{\rm eq}$(或红移 $z_{\rm H} < z_{\rm eq}$)。利

用式 (4.1.63) 和式 (4.1.65)，不难得到它们进入视界的时间分别是

$$z_{\rm H} \simeq z_{\rm eq}\left(\frac{M_{\rm H}(z_{\rm eq})}{M}\right)^{1/3}, \quad 对于 M < M_{\rm H}(t_{\rm eq}) \tag{4.1.67}$$

$$z_{\rm H} \simeq z_{\rm eq}\left(\frac{M_{\rm H}(z_{\rm eq})}{M}\right)^{2/3}, \quad 对于 M > M_{\rm H}(t_{\rm eq}) \tag{4.1.68}$$

后面将会看到，在讨论宇宙物质密度扰动的演化时，Jeans 质量和视界质量有相当重要的作用。

4.2　广义相对论的宇宙学小扰动与规范变换

下面，我们开始应用广义相对论理论来讨论宇宙学小扰动。首先用广义相对论来研究密度扰动演化问题的是 Lifshitz(1946)，其后 Peebles 和 Yu (1970)，Zel'dovich(1970) 又继续作了深入研究。广义相对论处理的方法是从描述均匀各向同性宇宙的 Robertson-Walker 度规出发，由度规的小扰动得出扰动的爱因斯坦场方程，从而进一步得到描述物质与辐射扰动演化的方程。由于这些方程对于解析解而言太复杂了，现在已经有了很好的数值计算程序供研究者使用，例如 CMB-fast(Seljak & Zaldarriaga，1996，www.cmbfast.org) 和在此基础上进一步发展的 CAMB(Lewis, https://cosmologist.info/notes/CAMB.pdf)。但这些程序本身并不能直接告诉我们实际发生了哪些物理过程，所以我们仍然有必要对扰动发展的主要物理过程作一个基本介绍。

在没有扰动的情况下，一个均匀且各向同性的宇宙中的原时间隔 $\mathrm{d}\tau$ ，可用度规张量 $g_{\mu\nu}$ 表示为 (式 (2.1.14))

$$\mathrm{d}\tau^2 = -g_{\mu\nu}\mathrm{d}x^\mu x^\nu \equiv -\sum_{\mu,\nu=0}^{3} g_{\mu\nu}\mathrm{d}x^\mu x^\nu \tag{4.2.1}$$

对于平直时空 ($k=0$)，$g_{\mu\nu}$ 的形式是 (取光速 $c=1$)

$$g_{00}=-1, \quad g_{i0}=g_{0i}=0, \quad g_{ij}=a^2(t)\delta_{ij} \tag{4.2.2}$$

式中，δ_{ij} 为 Kronecker delta 符号；i,j 遍取 1、2、3，且时间坐标取为 $x^0\equiv t$。式 (4.2.2) 也可以写成矩阵的形式

$$g_{\mu\nu} = \begin{pmatrix} -1 & 0 & 0 & 0 \\ 0 & a^2(t) & 0 & 0 \\ 0 & 0 & a^2(t) & 0 \\ 0 & 0 & 0 & a^2(t) \end{pmatrix} \tag{4.2.3}$$

当度规有小扰动时，其普遍形式可以写作

$$g_{\mu\nu} = \bar{g}_{\mu\nu} + h_{\mu\nu} \tag{4.2.4}$$

其中，$\bar{g}_{\mu\nu}$ 为未扰动的度规，即式 (4.2.2) 或式 (4.2.3) 所示的 $g_{\mu\nu}$；$h_{\mu\nu} = h_{\nu\mu}$ 为小扰动，它们均为时间与空间位置的函数。我们约定：本章及以后各章中，若非特别说明，任何上面带横线的量，均表示该量的未扰动值。

按照广义相对论理论，度规扰动 $h_{\mu\nu}$ 可以写成下面的普遍形式 (Weinberg, 2008)：

$$\begin{aligned} h_{00} &= -E \\ h_{i0} &= a\left[\frac{\partial F}{\partial x^i} + G_i\right] \\ h_{ij} &= a^2\left[A\delta_{ij} + \frac{\partial^2 B}{\partial x^i \partial x^j} + \frac{\partial C_i}{\partial x^j} + \frac{\partial C_j}{\partial x^i} + D_{ij}\right] \end{aligned} \tag{4.2.5}$$

其中，A、B、E、F 是标量；C_i、G_i 是无散度矢量；$D_{ij} = D_{ji}$ 是无散度零迹对称张量。这些量都是位置 x 与时间 t 的函数，并且满足条件：

$$\frac{\partial C_i}{\partial x^i} = \frac{\partial G_i}{\partial x^i} = 0, \quad \frac{\partial D_{ij}}{\partial x^i} = 0, \quad D_{ii} = 0 \tag{4.2.6}$$

不难看出，这样构建的有扰动度规 $g_{\mu\nu}$ 与未扰动的 $\bar{g}_{\mu\nu}$ 一样，仍然是对称张量。下面我们会看到，爱因斯坦场方程 (2.2.1) 中能量–动量张量 (即式 (2.2.5)) 的扰动项中，也包含一些标量、矢量和张量，例如标量中有密度扰动 $\delta\rho$、压力扰动 δp；矢量中有速度扰动 δu_i；张量中有一些惯量张量的耗散改正项等。因而，把包括扰动项的度规和能量–动量张量代入爱因斯坦场方程 (2.2.1) 后，就分别得出标量模式、矢量模式以及张量模式的扰动方程，且这三种模式的演化是各自独立的，没有耦合。这三种模式中，标量扰动产生于能量 (物质与辐射) 密度的不均匀性，它们对引力不稳定性和宇宙结构的形成至关重要。矢量扰动与流体的旋转运动有关，但在宇宙膨胀的过程中它们会很快衰减 (一般情况下随 $1/a^2$ 衰减)，所以从宇宙学的角度看，矢量 (涡旋) 扰动模式的意义并不大。张量扰动使 CMB 中产生可观的各向异性，特别是在大尺度上非常显著；更重要的是，张量扰动还可以产生引力波辐射。基于这样的考虑，在许多实际问题的处理中，往往把式 (4.2.5) 里面所有的 C_i 和 G_i 直接取为零，从而使得度规扰动 $h_{\mu\nu}$ 中只保留标量 A、B、E、F 以及张量 D_{ij}。

在具体计算时，标量扰动方程非常复杂，而张量扰动方程则相对简单，它可以化为引力辐射的波动方程。但无论是标量还是张量的扰动方程，其中都有一些非物理的解，它们只不过相应于未扰动的 Robertson-Walker 度规以及能量–动量张量的坐标变换，也就是说，这些方程本身并不完备，它们含有多余的自由度。因此，为了消除这些多余的自由度，以去掉这些非物理解并同时使标量方程得以改善，就需要通过对度规和能量–动量张量的扰动采用适当的坐标条件，也就是采用所谓的**规范变换**，例如常用的**同步规范**、**牛顿规范**，此外还有**共动规范**等。

实际上，我们在学习物理学的过程中也曾遇到过多余自由度的情况。例如在经典力学中，引力 (重力) 势中可以添加一个任意常数，它不会影响引力 (重力) 的大小，因为力等于势的梯度。故添加这个任意常数后动力学方程及其结果并没有改变，因而这也可以算作是一个最简单的规范变换。它表明，同一个场 (这里是牛顿引力场或重力场) 可以对应于不同的势。更普遍提到的例子是经典电动力学中的麦克斯韦方程。用矢量势 $A_\mu(\mu=0,1,2,3)$ 来写麦克斯韦方程时，对 4 个未知量 A_μ 有 4 个方程，但它们之间满足一个微分恒等式

$$\frac{\partial}{\partial x^\alpha}\left\{\Box^2 A^\alpha-\frac{\partial^2}{\partial x^\alpha\partial x^\beta}A^\beta\right\}\equiv 0 \tag{4.2.7}$$

其中，$\Box^2$ 为达朗贝尔算符。这样，函数上独立的方程数目就只有 $4-1=3$ 个，即 4 个 A_μ 的解里存在一个自由度。故我们可以选择 A_μ，使其满足某个限制条件，例如 $\partial^a A_a=0$，这就是规范变换。变换后的矢量势消除了解的不确定性，但仍保持麦克斯韦方程以及电、磁场的结果不变，这称为**规范不变性**。从电动力学我们知道，可以有不同的规范选择模式，例如选择条件 $\partial^\alpha A_\alpha=0$ 的称为洛伦兹规范，选择条件 $\nabla\cdot\boldsymbol{A}=0$ 的称为库仑规范。虽然不同规范下的数学求解过程有所差异，但最终给出的物理结果是完全相同的。

现在我们再回到宇宙学扰动。式 (4.2.5) 所示的度规扰动 $h_{\mu\nu}$ 中，独立的未知量有：标量 4 个 (A,B,E,F)，矢量 6 个 (C_i,G_i)，对称张量 6 个 (D_{ij})，总共有 16 个未知量。另一方面，爱因斯坦场方程 (2.2.1) 包含 10 个方程，但由于比安基 (Bianchi) 恒等式

$$\left(R^{\mu\nu}-\frac{1}{2}g^{\mu\nu}R\right)_{;\mu}=0$$

的联系，故只有 $10-4=6$ 个独立的方程；这 6 个方程加上式 (4.2.6) 所示的 6 个约束条件，总共构成了 12 个方程。这样，16 个未知量但只有 12 个方程，这就留下了 4 个自由度。这 4 个自由度对应着如下情况：如果 $g_{\mu\nu}$ 是爱因斯坦场方程的解，则 $g'_{\mu\nu}$ 亦是解，这里 $g'_{\mu\nu}$ 是 $g_{\mu\nu}$ 通过任意坐标变换 $x\to x'$ 得到的。这样的坐标变换含有 4 个任意函数 $x'^\mu(x)$，这就使得爱因斯坦场方程 (2.2.1) 的解恰好有 4 个自由度。

在讨论爱因斯坦场方程的规范不变性之前，我们先来讨论在小扰动 (即一阶扰动) 的情况下，任意张量场、矢量场以及标量场规范变换的普遍法则。然后，我们把这些结果用于讨论有关的宇宙学扰动。

1. 张量扰动的规范变换法则

首先来看张量扰动的情况。设有一个张量场

$$T_{\mu\nu}(x)=\overline{T}_{\mu\nu}(x)+\delta T_{\mu\nu}(x) \tag{4.2.8}$$

(注意：这里的 $T_{\mu\nu}$ 目前只代表一个任意的协变张量，并不特指能量–动量张量) 其中，$\overline{T}_{\mu\nu}$ 为未扰动值，且扰动部分 $\delta T_{\mu\nu}$ 是一个很小的量。考虑一个时空坐标变换

$$x^\mu\to x'^\mu=x^\mu+\varepsilon^\mu(x) \tag{4.2.9}$$

其中，$\varepsilon^\mu(x)$ 也是很小的量。在这样的变换下，该张量变成

$$T'_{\mu\nu}(x')=T_{\lambda\kappa}(x)\frac{\partial x^\lambda}{\partial x'^\mu}\frac{\partial x^\kappa}{\partial x'^\nu} \tag{4.2.10}$$

这个变换对未扰动场本身及场的扰动都产生了影响。而**规范变换**的要求是：*这一变换只影响到场的扰动部分，而不影响未扰动场本身*。这意味着，如果我们在作了坐标变换 (4.2.9) 之后，去掉坐标自变量上面的撇号以重新标记坐标，并把 $T_{\mu\nu}$ 中所有的改变归结为扰动 $\delta T_{\mu\nu}$ 的改变，则张量场本身应当在变换 $\delta T_{\mu\nu}(x)\to\delta T_{\mu\nu}(x)+\Delta\delta T_{\mu\nu}(x)$ 下保持不变，这里 $\Delta\delta T_{\mu\nu}$ 的定义是

$$\Delta\delta T_{\mu\nu}(x)\equiv T'_{\mu\nu}(x)-T_{\mu\nu}(x) \tag{4.2.11}$$

也就是说，这样定义的 $\Delta\delta T_{\mu\nu}$，把由坐标变换引起的 $T_{\mu\nu}$ 本身的改变吸收进来了，从而使得未扰动的 $\overline{T}_{\mu\nu}(x)$ 没有改变，即具有**规范不变性**。在一阶近似下，式 (4.2.10) 中的 $T'_{\mu\nu}(x')$ 应当满足下面的关系：

$$T'_{\mu\nu}(x')=T'_{\mu\nu}(x)+\frac{\partial T'_{\mu\nu}(x')}{\partial x^\lambda}\varepsilon^\lambda(x)=T'_{\mu\nu}(x)+\frac{\partial T_{\mu\nu}(x)}{\partial x^\lambda}\varepsilon^\lambda(x)$$

其中，第二个等式是由于 ε^μ 是一阶小量，故可以把导数中的 $T'_{\mu\nu}(x')$ 换成 $T_{\mu\nu}(x)$。此式即

$$T'_{\mu\nu}(x)=T'_{\mu\nu}(x')-\frac{\partial T_{\mu\nu}(x)}{\partial x^\lambda}\varepsilon^\lambda(x) \tag{4.2.12}$$

代入式 (4.2.11)，得到

$$\Delta\delta T_{\mu\nu}(x)=T'_{\mu\nu}(x')-T_{\mu\nu}(x)-\frac{\partial T_{\mu\nu}(x)}{\partial x^\lambda}\varepsilon^\lambda(x) \tag{4.2.13}$$

另一方面，由式 (4.2.9) 有

$$\frac{\partial x^{\lambda}}{\partial x'^{\mu}}=\delta_{\lambda\mu}-\frac{\partial\varepsilon^{\lambda}}{\partial x'^{\mu}},\quad \frac{\partial x^{\kappa}}{\partial x'^{\nu}}=\delta_{\kappa\nu}-\frac{\partial\varepsilon^{\kappa}}{\partial x'^{\nu}} \tag{4.2.14}$$

因而，在保留到一阶小量的情况下，式 (4.2.10) 给出

$$\begin{aligned}
T'_{\mu\nu}(x') &= T_{\lambda\kappa}(x)\frac{\partial x^{\lambda}}{\partial x'^{\mu}}\frac{\partial x^{\kappa}}{\partial x'^{\nu}}\\
&= T_{\lambda\kappa}(x)\left(\delta_{\lambda\mu}\delta_{\kappa\nu}-\delta_{\kappa\nu}(x)\frac{\partial\varepsilon^{\lambda}}{\partial x'^{\mu}}-\delta_{\lambda\mu}(x)\frac{\partial\varepsilon^{\kappa}}{\partial x'^{\nu}}\right)\\
&= T_{\mu\nu}(x)-T_{\lambda\nu}(x)\frac{\partial\varepsilon^{\lambda}}{\partial x'^{\mu}}-T_{\lambda\mu}(x)\frac{\partial\varepsilon^{\lambda}}{\partial x'^{\nu}}
\end{aligned} \tag{4.2.15}$$

把这一结果代入式 (4.2.13)，并把所有的 $T_{\mu\nu}$ 取为未扰动值且把导数中的 x' 换成 x，最终得到张量扰动的规范变换法则

$$\Delta\delta T_{\mu\nu}=-\overline{T}_{\lambda\nu}(x)\frac{\partial\varepsilon^{\lambda}}{\partial x^{\mu}}-\overline{T}_{\lambda\mu}(x)\frac{\partial\varepsilon^{\lambda}}{\partial x^{\nu}}-\frac{\partial\overline{T}_{\mu\nu}(x)}{\partial x^{\lambda}}\varepsilon^{\lambda}(x) \tag{4.2.16}$$

2. 矢量扰动的规范变换法则

再来看矢量扰动的情况。对任意一个矢量场

$$V_{\mu}(x)=\overline{V}_{\mu}(x)+\delta V_{\mu}(x) \tag{4.2.17}$$

其中，$\overline{V}_{\mu}$ 为其未扰动值，且扰动部分 δV_{μ} 是一个很小的量。在式 (4.2.9) 所示的坐标变换下，该矢量的变换是

$$V'_{\mu}(x')=V_{\lambda}(x)\frac{\partial x^{\lambda}}{\partial x'^{\mu}} \tag{4.2.18}$$

而扰动相应的规范变换为

$$\Delta\delta V_{\mu}(x)\equiv V'_{\mu}(x)-V_{\mu}(x) \tag{4.2.19}$$

下面的步骤可以类比张量扰动的情况，我们把这留给读者作为练习。这样，我们就得到矢量扰动的规范变换法则

$$\Delta\delta V_{\mu}(x)=-\overline{V}_{\lambda}(x)\frac{\partial\varepsilon^{\lambda}}{\partial x^{\mu}}-\frac{\partial\overline{V}_{\mu}}{\partial x^{\lambda}}\varepsilon^{\lambda}(x) \tag{4.2.20}$$

3. 标量扰动的规范变换法则

最后来看标量扰动的情况。设一个四维标量场

$$S(x)=\overline{S}(x)+\delta S(x) \tag{4.2.21}$$

在式 (4.2.9) 所示的坐标变换下满足

$$S'(x')=S(x) \tag{4.2.22}$$

扰动 δS 的规范变换要求

$$\Delta\delta S=S'(x)-S(x) \tag{4.2.23}$$

另一方面，标量场有

$$S'(x')=S'(x)+\frac{\partial S}{\partial x^\lambda}\varepsilon^\lambda \tag{4.2.24}$$

这样就得到

$$\Delta\delta S=S'(x')-\frac{\partial S}{\partial x^\lambda}\varepsilon^\lambda-S(x)=-\frac{\partial\overline{S}}{\partial x^\lambda}\varepsilon^\lambda \tag{4.2.25}$$

最后一步用到了式 (4.2.22)。由此，标量扰动的规范变换法则是

$$\Delta\delta S=-\frac{\partial\overline{S}}{\partial x^\lambda}\varepsilon^\lambda \tag{4.2.26}$$

特别地，如果标量场仅仅是时间的函数，则有

$$\Delta\delta S=-\frac{\partial\overline{S}}{\partial x^0}\varepsilon^0=-\dot{\overline{S}}\varepsilon^0=\dot{\overline{S}}\varepsilon_0 \tag{4.2.27}$$

其中，$\varepsilon_0=g_{00}\varepsilon^0=-\varepsilon^0$。

以上的讨论给出了在小扰动的情况下，任意张量场、矢量场以及标量场规范变换的普遍法则。因此，我们现在就可以运用这些法则，对爱因斯坦场方程涉及的有关扰动进行计算。

首先来看度规张量。对于式 (4.2.4) 所示的度规张量 $g_{\mu\nu}$，其扰动部分的规范变换按照式 (4.2.16) 应当是

$$\Delta h_{\mu\nu}=-\overline{g}_{\lambda\nu}(x)\frac{\partial\varepsilon^\lambda}{\partial x^\mu}-\overline{g}_{\lambda\mu}(x)\frac{\partial\varepsilon^\lambda}{\partial x^\nu}-\frac{\partial\overline{g}_{\mu\nu}(x)}{\partial x^\lambda}\varepsilon^\lambda(x) \tag{4.2.28}$$

具体到各有关分量，注意 $\overline{g}_{\mu\nu}$ 由式 (4.2.2) 给出，并且 $\varepsilon_0=-\varepsilon^0$，$\varepsilon_i=a^2\varepsilon^i$，$x^0\equiv t$，结果是

$$\Delta h_{00}=-\overline{g}_{\lambda 0}\frac{\partial\varepsilon^\lambda}{\partial x^0}-\overline{g}_{\lambda 0}\frac{\partial\varepsilon^\lambda}{\partial x^0}=2\frac{\partial\varepsilon^0}{\partial x^0}=-2\frac{\partial\varepsilon_0}{\partial t} \tag{4.2.29}$$

$$\begin{aligned}
\Delta h_{i0} &= -\overline{g}_{\lambda i}\frac{\partial \varepsilon^\lambda}{\partial x^0} - \overline{g}_{\lambda 0}\frac{\partial \varepsilon^\lambda}{\partial x^i} - \frac{\partial \overline{g}_{i0}}{\partial x^\lambda}\varepsilon^\lambda \\
&= -a^2\frac{\partial}{\partial t}\left(\frac{\varepsilon_i}{a^2}\right) - \frac{\partial \varepsilon_0}{\partial x^i} = -\frac{\partial \varepsilon_i}{\partial t} - \frac{\partial \varepsilon_0}{\partial x^i} + 2\frac{\dot{a}}{a}\varepsilon_i
\end{aligned} \tag{4.2.30}$$

$$\begin{aligned}
\Delta h_{ij} &= -\overline{g}_{\lambda i}\frac{\partial \varepsilon^\lambda}{\partial x^j} - \overline{g}_{\lambda j}\frac{\partial \varepsilon^\lambda}{\partial x^i} - \frac{\partial (a^2\delta_{ij})}{\partial x^\lambda}\varepsilon^\lambda \\
&= -a^2\frac{\partial \varepsilon^i}{\partial x^j} - a^2\frac{\partial \varepsilon^j}{\partial x^i} - \frac{\partial (a^2\delta_{ij})}{\partial t}\varepsilon^0 \\
&= -\frac{\partial \varepsilon_i}{\partial x^j} - \frac{\partial \varepsilon_j}{\partial x^i} + 2a\dot{a}\delta_{ij}\varepsilon_0
\end{aligned} \tag{4.2.31}$$

另一方面，爱因斯坦场方程中的能量–动量张量 $T_{\mu\nu}$ 也必须是规范不变的。按照式 (2.2.5)，理想流体的能量–动量张量为

$$T_{\mu\nu} = (\rho + p)u_\mu u_\nu + g_{\mu\nu}p \tag{4.2.32}$$

这里，ρ、p 分别是宇宙物质的能量密度和压力，四维速度 $\overline{u}^0 = 1$，$\overline{u}^i = 0$(故有 $\overline{u}_0 = -1$，$\overline{u} = 0$)，且满足归一化条件

$$g_{\mu\nu}u^\mu u^\nu = -1 \tag{4.2.33}$$

此式的扰动形式为

$$(\delta g_{\mu\nu})u^\mu u^\nu + g_{\mu\nu}(\delta u^\mu)u^\nu + g_{\mu\nu}u^\mu(\delta u^\nu) = 0$$

在一阶近似下，它给出

$$\delta g_{00} + 2g_{00}(\delta u^0) = 0$$

即

$$h_{00} - 2\delta u^0 = 0 \Rightarrow \delta u^0 = \frac{1}{2}h_{00} \tag{4.2.34}$$

因为 $u_0 = g_{\mu 0}u^\mu$，故有

$$\delta u_0 = \delta g_{00}\cdot u^0 + g_{00}\delta u^0 = h_{00} - \delta u^0 = \frac{1}{2}h_{00} \tag{4.2.35}$$

这里要指出的是，四维速度空间分量的扰动 δu_i 是一个独立的动力学变量，与度规的扰动无关；并且它可以表示成一个**标量速度势** δu 的梯度，即

$$\delta u_i = \frac{\partial}{\partial x^i}\delta u = \partial_i \delta u \tag{4.2.36}$$

根据式 (4.2.20) 所示的矢量扰动 δu_i 的规范变换法则，有

$$\Delta\delta u_i \equiv \frac{\partial(\Delta\delta u)}{\partial x^i} = -\bar{u}_\lambda\frac{\partial\varepsilon^\lambda}{\partial x^i} = \frac{\partial\varepsilon^0}{\partial x^i} = -\frac{\partial\varepsilon_0}{\partial x^i} \tag{4.2.37}$$

此式给出，标量速度势 δu 的规范变换应当是

$$\Delta\delta u = -\varepsilon_0 \tag{4.2.38}$$

我们再来看一下能量–动量张量 $T_{\mu\nu}$ 的扰动。由式 (4.2.32)，该张量的时–时分量是

$$T_{00} = (\rho+p)u_0u_0 + g_{00}p \tag{4.2.39}$$

故一阶扰动时有

$$\begin{aligned}\delta T_{00} &= (\delta\rho+\delta p)\overline{u}_0\overline{u}_0 + 2(\overline{\rho}+\overline{p})\overline{u}_0\delta u_0 + \delta g_{00}\cdot\overline{p} + g_{00}\delta p\\ &= \delta\rho + \delta p - (\overline{\rho}+\overline{p})h_{00} + h_{00}\overline{p} - \delta p\\ &= \delta\rho - \overline{\rho}h_{00}\end{aligned} \tag{4.2.40}$$

这里已经代入了式 (4.2.35) 关于 δu_0 的结果。类似可得其他分量的扰动 ($\overline{u}_i = 0, \overline{g}_{i0} = \overline{g}_{0i} = 0, \overline{g}_{ij} = a^2(t)\delta_{ij}$)

$$\delta T_{i0} = -(\overline{\rho}+\overline{p})\delta u_i + \overline{p}h_{i0} \tag{4.2.41}$$

$$\delta T_{ij} = a^2\delta_{ij}\delta p + \overline{p}h_{ij} \tag{4.2.42}$$

然后，就可以根据前面讨论过的有关规范变换法则，以及式 (4.2.29)～式 (4.2.31) 和式 (4.2.37) 的结果，得到各分量相应的规范变换

$$\Delta\delta T_{00} = \Delta\delta\rho - \overline{\rho}\Delta h_{00} = \dot{\overline{\rho}}\varepsilon_0 + 2\overline{\rho}\frac{\partial\varepsilon_0}{\partial t} \tag{4.2.43}$$

$$\begin{aligned}\Delta\delta T_{i0} &= -(\overline{\rho}+\overline{p})\Delta\delta u_i + \overline{p}\Delta h_{i0}\\ &= (\overline{\rho}+\overline{p})\frac{\partial\varepsilon_0}{\partial x^i} + \overline{p}\left(-\frac{\partial\varepsilon_i}{\partial t} - \frac{\partial\varepsilon_0}{\partial x^i} + 2\frac{\dot{a}}{a}\varepsilon_i\right)\\ &= \overline{\rho}\frac{\partial\varepsilon_0}{\partial x^i} - \overline{p}\frac{\partial\varepsilon_i}{\partial t} + 2\overline{p}\frac{\dot{a}}{a}\varepsilon_i\end{aligned} \tag{4.2.44}$$

$$\Delta\delta T_{ij} = a^2\delta_{ij}\Delta\delta p + \overline{p}\Delta h_{ij}$$

$$
\begin{aligned}
&= a^2\delta_{ij}\dot{\overline{p}}\varepsilon_0 + \overline{p}\left(-\frac{\partial\varepsilon_i}{\partial x^j} - \frac{\partial\varepsilon_j}{\partial x^i} + 2a\dot{a}\delta_{ij}\varepsilon_0\right) \\
&= \frac{\partial}{\partial t}(a^2\overline{p})\delta_{ij}\varepsilon_0 - \overline{p}\left(\frac{\partial\varepsilon_i}{\partial x^j} + \frac{\partial\varepsilon_j}{\partial x^i}\right)
\end{aligned}
\tag{4.2.45}
$$

以上我们对能量–动量张量各分量的扰动得到了相应的规范变换。实际上，也可以直接利用式 (4.2.16)(注意此时 $T_{\mu\nu}$ 代表能量–动量张量)，得出 $\delta T_{\mu\nu}$ 各分量的规范变换，其计算过程更为简捷，且结果与式 (4.2.43)∼ 式 (4.2.45) 完全相同。读者不妨把这个作为一个练习。

下面我们要写出式 (4.2.5) 中的标量 (A, B, E, F)、矢量 (C_i, G_i) 和张量 (D_{ij}) 的规范变换形式。为此，我们把式 (4.2.9) 中 ε^μ 的空间部分 ε_i 分解为一个空间标量 $\varepsilon^{\rm s}$ 的梯度加上一个无散度矢量，即

$$
\varepsilon_i = \partial_i\varepsilon^{\rm s} + \varepsilon_i^{\rm v}, \quad \partial_i\varepsilon_i^{\rm v} = 0 \tag{4.2.46}
$$

首先，由式 (4.2.5) 和式 (4.2.29) 马上得到

$$
\Delta E = -\Delta h_{00} = 2\frac{\partial\varepsilon_0}{\partial t} = 2\dot{\varepsilon}_0 \tag{4.2.47}
$$

然后，由式 (4.2.5) 以及式 (4.2.30) 和式 (4.2.46)，

$$
\begin{aligned}
\Delta h_{i0} &= \Delta\left(a\frac{\partial F}{\partial x^i} + aG_i\right) = -\frac{\partial\varepsilon_i}{\partial t} - \frac{\partial\varepsilon_0}{\partial x^i} + 2\frac{\dot{a}}{a}\varepsilon_i \\
&= -\frac{\partial}{\partial t}\left(\frac{\partial\varepsilon^{\rm s}}{\partial x^i} + \varepsilon_i^{\rm v}\right) - \frac{\partial\varepsilon_0}{\partial x^i} + 2\frac{\dot{a}}{a}\left(\frac{\partial\varepsilon^{\rm s}}{\partial x^i} + \varepsilon_i^{\rm v}\right) \\
&= \frac{\partial}{\partial x^i}\left(-\varepsilon_0 - \dot{\varepsilon}^{\rm s} + 2\frac{\dot{a}}{a}\varepsilon^{\rm s}\right) + \left(-\dot{\varepsilon}_i^{\rm v} + 2\frac{\dot{a}}{a}\varepsilon_i^{\rm v}\right)
\end{aligned}
$$

把第一个等式与最后一个等式相比较，不难发现

$$
\Delta F = \frac{1}{a}\left(-\varepsilon_0 - \dot{\varepsilon}^{\rm s} + 2\frac{\dot{a}}{a}\varepsilon^{\rm s}\right), \quad \Delta G_i = \frac{1}{a}\left(-\dot{\varepsilon}_i^{\rm v} + 2\frac{\dot{a}}{a}\varepsilon_i^{\rm v}\right) \tag{4.2.48}
$$

最后，由式 (4.2.5) 以及式 (4.2.31) 和式 (4.2.46)，有

$$
\begin{aligned}
\Delta h_{ij} &= \Delta\left[a^2\left(A\delta_{ij} + \frac{\partial^2 B}{\partial x^i\partial x^j} + \frac{\partial C_i}{\partial x^j} + \frac{\partial C_j}{\partial x^i} + D_{ij}\right)\right] \\
&= -\frac{\partial\varepsilon_i}{\partial x^j} - \frac{\partial\varepsilon_j}{\partial x^i} + 2a\dot{a}\delta_{ij}\varepsilon_0
\end{aligned}
$$

$$= -\frac{\partial}{\partial x^j}\left(\frac{\partial}{\partial x^i}\varepsilon^{\mathrm{s}} + \varepsilon_i^{\mathrm{v}}\right) - \frac{\partial}{\partial x^i}\left(\frac{\partial}{\partial x^j}\varepsilon^{\mathrm{s}} + \varepsilon_j^{\mathrm{v}}\right) + 2a\dot{a}\delta_{ij}\varepsilon_0$$

同样地，把第一个等式与最后一个等式相比较，即得

$$\begin{aligned} \Delta A &= \frac{2\dot{a}}{a}\varepsilon_0, \quad \Delta B = -\frac{2}{a^2}\varepsilon^{\mathrm{s}} \\ \Delta C_i &= -\frac{1}{a^2}\varepsilon_i^{\mathrm{v}}, \quad \Delta D_{ij} = 0 \end{aligned} \tag{4.2.49}$$

这样，我们就得出了式 (4.2.5) 中度规扰动 $h_{\mu\nu}$ 所有 16 个未知量 (标量 4 个 (A, B, E, F)、矢量 6 个 (C_i, G_i)、对称张量 6 个 (D_{ij})) 的规范变换。前面曾经谈到，这 16 个量中只有 4 个是独立的，即具有 4 个自由度，且这 4 个自由度恰好相应于坐标变换 $x^\mu \to x'^\mu = x^\mu + \varepsilon^\mu(x)$，因该坐标变换含有 4 个任意函数 $\varepsilon^\mu(x)$。更进一步，如果按照式 (4.2.46)，把 ε^μ 的空间部分 ε_i 分解为一个空间标量 ε^{s} 的梯度加上一个无散度矢量 $\varepsilon_i^{\mathrm{v}}$，则此 4 个任意函数 ε^μ 即化为时间分量 ε^0、空间标量 ε^{s} 以及空间矢量 $\varepsilon_i^{\mathrm{v}}$ 中的 2 个分量 (因为无散度条件 $\partial_i\varepsilon_i^{\mathrm{v}} = 0$，故使 3 个独立的 $\varepsilon_i^{\mathrm{v}}$ 分量减少了一个)。从式 (4.2.47)～ 式 (4.2.49) 可以看出，4 个标量 (A, B, E, F) 中的 2 个自由度即 ε^0 和 ε^{s}；无散度矢量 C_i 和 G_i 的自由度取决于 $\varepsilon_i^{\mathrm{v}}$ 的 2 个分量；而无迹对称张量 D_{ij} 没有自由度，从而是规范不变的。因此，即使在处理最复杂的标量扰动方程时，我们也只需要考虑度规中的 2 个自由度。

4.3 规范的选择与规范不变量

如上所述，由于爱因斯坦场方程中存在多余的自由度，这就需要在求解的过程中选择适当的规范，以消除这些多余的自由度，即去掉非物理解并同时使方程本身的复杂程度得以改善。因为矢量扰动最终会衰减，从而对宇宙学结果没有明显影响，而张量扰动本身已是规范不变的，故下面的讨论主要集中于标量扰动方程。

度规扰动中的 4 个标量即 A、B、E、F 中有 2 个自由度，因而我们可以把其中的两个量选为适当的固定值，这样另外两个量的值就可以根据爱因斯坦场方程来求解确定了，并且不再有规范变换的自由度。实际上，在这 4 个量中事先选取哪两个固定下来，完全是任意的；但为了方程本身的简便，人们通常采用两种选择，即**牛顿规范**和**同步规范**。下面我们分别讨论一下这两种规范。

- **牛顿规范**

这一规范选取 $B = 0, F = 0$，故待定的标量只有 E 和 A。且习惯上，令

$$E \equiv 2\Phi, \quad A \equiv -2\Psi \tag{4.3.1}$$

则按照式 (4.2.3)~ 式 (4.2.5) 并仅仅考虑标量扰动，就给出

$$g_{00} = -1 - 2\Phi, \quad g_{0i} = 0, \quad g_{ij} = a^2\delta_{ij}(1 - 2\Psi) \tag{4.3.2}$$

这是可以做到的，因为根据式 (4.2.47)~ 式 (4.2.49)，在任意的 ε^{μ} 变换下，A、B、E、F 都只是 ε_0 和 ε^{s} 的函数，这样我们就可以通过选择 ε_0 和 ε^{s}，使 $B = 0, F = 0$ 并同时也确定了 E 和 A。附带提到，分量 g_{00} 中所包含的标量 Φ，恰好与牛顿极限下的引力势相对应，这大概就是这一规范被称为牛顿规范的原因。

- **同步规范**

这一规范选取 $E = 0, F = 0$，故在只考虑标量扰动的情况下，相应的度规分量为

$$g_{00} = -1, \quad g_{0i} = 0, \quad g_{ij} = a^2\left[(1 + A)\delta_{ij} + \partial_i\partial_j B\right] \tag{4.3.3}$$

其中，$\partial_i \equiv \partial/\partial x^i$。同步规范下的时空坐标有时也称作时间正交坐标 (time-orthogonal coordinates)，其含义是：在这样的坐标系中，位于初始超曲面上的所有的钟都同步；且任何观测者附近的物质粒子，其平均运动速度在初始时刻 (无扰动时) 总可以取为零。也就是说，这可以看作是由自由落体的观测者所定义的坐标系。同步规范在宇宙学扰动演化的早期研究中曾被广泛使用 (例如 Lifshitz (1946) 开创性的研究)，因其更有利于数值计算，特别是在计算宇宙各向异性和非均匀性演化时非常方便。但 20 世纪 80 年代曾有一段时间，由于 Bardeen (1980) 指出同步规范下仍有某些剩余规范不变性，故一度影响了同步规范的应用。但后来人们发现，如果宇宙中流体粒子的运动速度远远小于光速，就能通过一个简单的变换而消除掉剩余规范不变性，因而同步规范的选取就不再有任何不确定性了。例如在宇宙学后期的演化中，冷暗物质起着显著的作用，情况就是这样。基于这样的考虑，Peebles (1980，1993) 和 Weinberg (2008) 所采用的都是同步规范。

除了牛顿规范和同步规范以外，还有其他一些规范选择，例如**共动规范** (对标量扰动总有速度扰动 $\delta u^i = 0$)、**恒定密度规范** (总有密度扰动 $\delta\rho = 0$)、**空间平滑规范** (度规的空间分量 g_{ij} 没有扰动，在研究暴胀理论时有些人喜欢使用这一规范) 等。应当指出的是，选取不同的规范，会使爱因斯坦场方程具有不同的形式；但对我们所期望得到的最终宇宙学结果，例如宇宙各组分的密度、压力、温度及各向异性等，是不会有任何影响的。不同的规范得出的宇宙学结果完全相同，这就像经典力学中不同引力势零点给出同样的引力、电磁学中洛伦兹规范和库仑规范给出同样的电磁场结果一样。从本质上说，度规扰动不同规范的选取，只相当于数学上采用不同的时空坐标，其对宇宙演化的物理过程和结果不会造成影响 (参见后面的图 4.2)。

有时出于求解爱因斯坦场方程数学上的考虑，在宇宙演化的不同时期应用不同的规范。为了把不同时期的结果结合到一起，就需要从一种规范转换到另一种规范 (参见 Ma & Bertchinger, 1995；Weinberg，2008)。例如，开始时用的是同步规范，此时 $A \neq 0, B \neq 0$；然后需要把它转换成牛顿规范。转换的步骤是：首先使 B 变为零，按照式 (4.2.49)，这需要

$$\Delta B = -\frac{2}{a^2}\varepsilon^{\mathrm{s}} = -B \tag{4.3.4}$$

此即

$$\varepsilon^{\mathrm{s}} = \frac{1}{2}a^2 B \tag{4.3.5}$$

然后，为使 F 在坐标变换 ε^{μ} 下始终保持 $F=0$，按照式 (4.2.48)，这需要

$$\Delta F = \frac{1}{a}\left(-\varepsilon_0 - \dot{\varepsilon}^{\mathrm{s}} + 2\frac{\dot{a}}{a}\varepsilon^{\mathrm{s}}\right) = 0 \tag{4.3.6}$$

代入式 (4.3.5) 的结果，此即

$$\varepsilon_0 = -\dot{\varepsilon}^{\mathrm{s}} + 2\frac{\dot{a}}{a}\varepsilon^{\mathrm{s}} = -a\dot{a}B - \frac{1}{2}a^2\dot{B} + a\dot{a}B = -\frac{1}{2}a^2\dot{B} \tag{4.3.7}$$

有了 ε_0 和 ε^{s}，就可以按照式 (4.2.47) 构造牛顿规范所需要的 $E \equiv 2\varPhi$：

$$E = \Delta E = 2\dot{\varepsilon}_0, \quad \varPhi = \dot{\varepsilon}_0 = -\frac{1}{2}(a^2\dot{B}) \tag{4.3.8}$$

以及按照式 (4.2.49) 构造新的 $A \equiv -2\varPsi$：

$$-2\varPsi = A + \Delta A = A + \frac{2\dot{a}}{a}\varepsilon_0 \tag{4.3.9}$$

即

$$\varPsi = -\frac{1}{2}A - \frac{\dot{a}}{a}\varepsilon_0 = -\frac{1}{2}(A - a\dot{a}\dot{B}) \tag{4.3.10}$$

这样就完成了从同步规范到牛顿规范的转换。

反过来，如果是从牛顿规范 ($\varPhi \neq 0, \varPsi \neq 0$) 转换到同步规范，则步骤如下所述。首先为使 $E \equiv 2\varPhi$ 变为零，则根据式 (4.2.47)，需要

$$\Delta E = 2\dot{\varepsilon}_0 = -2\varPhi \tag{4.3.11}$$

此即

$$\dot{\varepsilon}_0 = -\varPhi \tag{4.3.12}$$

同样为使 F 满足式 (4.3.6)，需要

$$\varepsilon_0 = -\dot{\varepsilon}^{\mathrm{s}} + 2\frac{\dot{a}}{a}\varepsilon^{\mathrm{s}} \quad \Rightarrow \quad \frac{\partial}{\partial t}\left(\frac{\varepsilon^{\mathrm{s}}}{a^2}\right) = -\frac{\varepsilon_0}{a^2} \tag{4.3.13}$$

然后，根据式 (4.2.49) 构造新的 A：

$$A = -2\varPsi + \Delta A = -2\varPsi + \frac{2\dot{a}}{a}\varepsilon_0 \tag{4.3.14}$$

以及

$$B = \Delta B = -\frac{2}{a^2}\varepsilon^{\mathrm{s}} \tag{4.3.15}$$

这就完成了从牛顿规范到同步规范的转换。

这里我们只讨论了不同规范之间度规扰动分量的转换。在实际处理过程中，也要同时对爱因斯坦场方程中能量–动量张量所包含的张量、矢量和标量作相应的变换，其变换法则由式 (4.2.16)、式 (4.2.20) 和式 (4.2.26) 给出。

除了不同规范之间的转换外，Bardeen(1980) 还找到了两个在不同规范下保持不变的量，称为**规范不变量**。这两个量是

$$\begin{aligned}
\varPhi_{\mathrm{A}} &\equiv \frac{E}{2} + \frac{1}{a}\frac{\partial}{\partial\tau}\left[a\left(-\frac{1}{2}B' + F\right)\right] \\
\varPhi_{\mathrm{H}} &\equiv -\frac{A}{2} + aH\left(\frac{1}{2}B' - F\right)
\end{aligned} \tag{4.3.16}$$

其中，A、B、E、F 由式 (4.2.5) 给定；H 为哈勃参数；η 称为**共形时**，其定义是

$$\eta \equiv \int_0^t \frac{\mathrm{d}t'}{a(t')} \tag{4.3.17}$$

它表示从 0 到 t 的时间内，光线所走过的共动距离 (取光速 $c = 1$)。此外，式 (4.3.16) 中的撇号表示对共形时 η 求导。容易验证，这两个规范不变量恰好就是牛顿规范下的两个度规标量，即 $\varPhi_{\mathrm{A}} = \varPhi, \varPhi_{\mathrm{H}} = \varPsi$。

下面我们来验证一下这两个量的规范不变性，即在式 (4.2.9) 给出的任意一个坐标变换下，这两个量是保持不变的。首先来看 $\varPhi_{\mathrm{A}}$。我们先把共形时 η 还原成熟悉的坐标时 t(注意求导关系 $\partial/\partial\eta = a\partial/\partial t$)，以便与前面的讨论一致。这样就有

$$\varPhi_{\mathrm{A}} = \frac{E}{2} + \frac{\partial}{\partial t}\left[-\frac{a^2}{2}\dot{B} + aF\right] = \frac{E}{2} + \left[-a\dot{a}\dot{B} - \frac{a^2}{2}\ddot{B} + \dot{a}F + a\dot{F}\right] \tag{4.3.18}$$

此时所有的导数都变为对 t 求导。按照式 (4.2.47)~ 式 (4.2.49) 所示的规范变换法则，得到

$$\Delta\Phi_{\mathrm{A}}=\frac{\Delta E}{2}+\left[-a\dot{a}(\dot{B})-\frac{a^2}{2}(\Delta\ddot{B})+\dot{a}(\Delta F)+a(\Delta\dot{F})\right] \tag{4.3.19}$$

其中，

$$\begin{aligned}
\Delta E&=2\dot{\varepsilon}_0\\
\Delta\dot{B}&=\frac{4\dot{a}}{a^3}\varepsilon^{\mathrm{s}}-\frac{2}{a^2}\dot{\varepsilon}^{\mathrm{s}}\\
\Delta\ddot{B}&=\left(\frac{4\ddot{a}}{a^3}-\frac{12\dot{a}^2}{a^4}\right)\varepsilon^{\mathrm{s}}+\frac{4\dot{a}}{a^3}\dot{\varepsilon}^{\mathrm{s}}-\frac{2}{a^2}\ddot{\varepsilon}^{\mathrm{s}}\\
\Delta F&=\frac{1}{a}\left(-\varepsilon_0+\frac{2\dot{a}}{a}\varepsilon^{\mathrm{s}}-\dot{\varepsilon}^{\mathrm{s}}\right)\\
\Delta\dot{F}&=\frac{\dot{a}}{a^2}\varepsilon_0-\frac{1}{a}\dot{\varepsilon}_0+\left(\frac{2\ddot{a}}{a^2}-\frac{4\dot{a}^2}{a^3}\right)\varepsilon^{\mathrm{s}}+\frac{\dot{a}}{a^2}\dot{\varepsilon}^{\mathrm{s}}-\frac{1}{a}\ddot{\varepsilon}^{\mathrm{s}}
\end{aligned}$$

不难验证，式 (4.3.19) 中 ε_0、$\dot{\varepsilon}_0$ 和 ε^{s}、$\dot{\varepsilon}^{\mathrm{s}}$ 以及 $\ddot{\varepsilon}^{\mathrm{s}}$ 各项的系数均为零，这就证明了 $\Delta\Phi_{\mathrm{A}}\equiv 0$，即 Φ_{A} 是一个规范不变量。同样可以得到

$$\Delta\Phi_{\mathrm{H}}=-\frac{\Delta A}{2}+\dot{a}\left(\frac{1}{2}a\Delta\dot{B}-\Delta F\right) \tag{4.3.20}$$

并容易证明 $\Delta\Phi_{\mathrm{H}}\equiv 0$，即 Φ_{H} 也是一个规范不变量。我们把这作为练习留给读者。

除了 Φ_{A} 和 Φ_{H} 外，Bardeen 还给出了与能量–动量张量有关的另外两个规范不变量

$$\zeta=A/2-H\delta\rho/\dot{\bar{\rho}} \tag{4.3.21}$$

$$\mathcal{R}=A/2+H\delta u \tag{4.3.22}$$

其中，A、$\delta\rho$ 和 δu 是在同一规范下计算的。证明很简单：对 ΔA、$\Delta\delta\rho$ 和 $\Delta\delta u$ 分别利用式 (4.2.49)、式 (4.2.27) 和式 (4.2.38)，得到结果 $\Delta\zeta\equiv 0$，$\Delta\mathcal{R}\equiv 0$。

4.4　宇宙学小扰动的基本方程

下面我们来研究宇宙学小扰动的演化方程。如 4.2 节中所述，从爱因斯坦场方程可以分别得出标量模式、矢量模式以及张量模式的扰动方程，且这三种模式的演化之间没有耦合，是各自独立的。标量扰动产生于宇宙各组分中的密度不均

匀性，它们对宇宙结构的形成至关重要，但对它们的分析处理却十分复杂繁冗。矢量扰动在宇宙膨胀的过程中会很快衰减，所以没有实质性的宇宙学意义，我们就不予以讨论了。张量扰动不仅在 CMB 中产生可观的各向异性，还可以产生引力波辐射，具有重要的宇宙学意义。但由于张量扰动在处理上比标量要简单很多，故以下我们将用大部分篇幅来分析标量扰动，而把张量扰动放到本章最后一节中进行讨论。

4.4.1 爱因斯坦场方程

在有小扰动的情况下，爱因斯坦场方程 (2.2.1) 变为

$$\delta R_{\mu\nu} = -8\pi G\delta S_{\mu\nu} \tag{4.4.1}$$

因此我们需要分别求出方程两边的扰动形式。先看方程左边，由式 (2.2.2)，Ricci 张量 $R_{\mu\nu}$ 是

$$R_{\mu\nu} = \frac{\partial \Gamma^\lambda_{\mu\lambda}}{\partial x^\nu} - \frac{\partial \Gamma^\lambda_{\mu\nu}}{\partial x^\lambda} + \Gamma^\delta_{\mu\lambda}\Gamma^\lambda_{\nu\delta} - \Gamma^\delta_{\mu\nu}\Gamma^\lambda_{\lambda\delta} \tag{4.4.2}$$

式中，仿射联络 $\Gamma^\mu_{\nu\beta}$ 由式 (2.2.3) 定义

$$\Gamma^\mu_{\nu\beta} = \frac{1}{2}g^{\mu\lambda}\left[\frac{\partial g_{\lambda\nu}}{\partial x^\beta} + \frac{\partial g_{\lambda\beta}}{\partial x^\nu} - \frac{\partial g_{\nu\beta}}{\partial x^\lambda}\right] \tag{4.4.3}$$

当度规有小扰动时，其形式为式 (4.2.4)，即

$$g_{\mu\nu} = \overline{g}_{\mu\nu} + h_{\mu\nu} \tag{4.4.4}$$

其中，未扰动的部分为

$$\overline{g}_{00} = -1, \quad \overline{g}_{i0} = 0, \quad \overline{g}_{ij} = a^2(t)\delta_{ij} \tag{4.4.5}$$

其相应的逆变形式是

$$\overline{g}^{00} = -1, \quad \overline{g}^{i0} = 0, \quad \overline{g}^{ij} = a^{-2}(t)\delta_{ij} \tag{4.4.6}$$

为求出 $g^{\mu\nu}$ 的扰动

$$h^{\mu\nu} \equiv \delta g^{\mu\nu} = g^{\mu\nu} - \overline{g}^{\mu\nu} \tag{4.4.7}$$

需要注意，$h^{\mu\nu}$ 并不是简单地用未扰动度规 $\overline{g}^{\mu\nu}$ 对 $h_{\mu\nu}$ 作指标提升，而是必须根据矩阵的运算法则：一个通常的矩阵 M，其逆 M^{-1} 的扰动为

$$\delta M^{-1} = -M^{-1}(\delta M)M^{-1} \tag{4.4.8}$$

其中，δM 为该矩阵的扰动。这样就有

$$h^{\mu\nu} = -\overline{g}^{\mu\rho}\overline{g}^{\nu\lambda}h_{\rho\lambda} \tag{4.4.9}$$

把式 (4.4.6) 代入，就得到

$$h^{00} = -h_{00}, \quad h^{i0} = a^{-2}h_{i0}, \quad h^{ij} = -a^{-4}h_{ij} \tag{4.4.10}$$

现在就可以来求有扰动的仿射联络 $\Gamma^{\mu}_{\nu\beta}$ 了。根据式 (4.4.3)~ 式 (4.4.7) 以及式 (4.4.10) 进行计算并保留至一阶扰动，可得有扰动时仿射联络 $\Gamma^{\mu}_{\nu\beta}$ 相应的分量为

$$\Gamma^{0}_{00} = -\frac{1}{2}\dot{h}_{00} \tag{4.4.11}$$

$$\Gamma^{0}_{i0} = \frac{\dot{a}}{a}h_{i0} - \frac{1}{2}\partial_i h_{00} \tag{4.4.12}$$

$$\Gamma^{i}_{00} = \frac{1}{2a^2}(2\dot{h}_{i0} - \partial_i h_{00}) \tag{4.4.13}$$

$$\Gamma^{0}_{ij} = a\dot{a}(1+h_{00})\delta_{ij} - \frac{1}{2}(\partial_j h_{i0} + \partial_i h_{j0} - \dot{h}_{ij}) \tag{4.4.14}$$

$$\Gamma^{i}_{j0} = \frac{\dot{a}}{a}\delta_{ij} + \frac{1}{2a^2}\left(\partial_j h_{i0} - \partial_i h_{j0} - \frac{2\dot{a}}{a}h_{ij} + \dot{h}_{ij}\right) \tag{4.4.15}$$

$$\Gamma^{i}_{jk} = -\frac{\dot{a}}{a}h_{i0}\delta_{jk} + \frac{1}{2a^2}(\partial_k h_{ij} + \partial_j h_{ik} - \partial_i h_{jk}) \tag{4.4.16}$$

另一方面容易算出，未受扰动的仿射联络 $\overline{\Gamma}^{\mu}_{\nu\beta}$ 相应的分量是

$$\begin{aligned} &\overline{\Gamma}^{0}_{00} = 0, \quad \overline{\Gamma}^{0}_{i0} = 0, \quad \overline{\Gamma}^{i}_{00} = 0, \quad \overline{\Gamma}^{i}_{jk} = 0 \\ &\overline{\Gamma}^{i}_{0j} = \overline{\Gamma}^{i}_{j0} = \frac{\dot{a}}{a}\delta_{ij}, \quad \overline{\Gamma}^{0}_{ij} = a\dot{a}\delta_{ij} \end{aligned} \tag{4.4.17}$$

这样，我们就可以根据式 (4.4.2)，先利用式 (4.4.11)~ 式 (4.4.16) 给出的 $\Gamma^{\mu}_{\nu\beta}$ 计算扰动的 $R_{\mu\nu}$，再利用式 (4.4.17) 给出的 $\overline{\Gamma}^{\mu}_{\nu\beta}$ 计算未扰动的 $\overline{R}_{\mu\nu}$，两者之差即为式 (4.4.1) 等号左边所示的 $\delta R_{\mu\nu} \equiv R_{\mu\nu} - \overline{R}_{\mu\nu}$。

实际上，还可以通过另一个途径来求 $\delta R_{\mu\nu}$。在小扰动下，式 (4.4.3) 给出

$$\delta\Gamma^{\mu}_{\nu\beta} = \frac{1}{2}\delta g^{\mu\lambda}\left[\frac{\partial g_{\lambda\nu}}{\partial x^{\beta}} + \frac{\partial g_{\lambda\beta}}{\partial x^{\nu}} - \frac{\partial g_{\nu\beta}}{\partial x^{\lambda}}\right] + \frac{1}{2}\overline{g}^{\mu\lambda}\left[\frac{\partial \delta g_{\lambda\nu}}{\partial x^{\beta}} + \frac{\partial \delta g_{\lambda\beta}}{\partial x^{\nu}} - \frac{\partial \delta g_{\nu\beta}}{\partial x^{\lambda}}\right] \tag{4.4.18}$$

其中，由式 (4.4.7) 和式 (4.4.9) 有

$$\delta g^{\mu\lambda} = h^{\mu\lambda} = -\overline{g}^{\mu\rho}\overline{g}^{\lambda\sigma}h_{\rho\sigma} \tag{4.4.19}$$

故式 (4.4.18) 中等号右边第一项变为

$$\frac{1}{2}\delta g^{\mu\lambda}\left[\frac{\partial g_{\lambda_\nu}}{\partial x^\beta}+\frac{\partial g_{\lambda\beta}}{\partial x^\nu}-\frac{\partial g_{\nu\beta}}{\partial x^\lambda}\right]=-\frac{1}{2}\overline{g}^{\mu\rho}\overline{g}^{\lambda\sigma}\left[\frac{\partial g_{\lambda\nu}}{\partial x^\beta}+\frac{\partial g_{\lambda\beta}}{\partial x^\nu}-\frac{\partial g_{\nu\beta}}{\partial x^\lambda}\right]h_{\rho\sigma}$$
$$=-\overline{g}^{\mu\rho}\overline{\Gamma}^{\sigma}_{\nu\beta}h_{\rho\sigma} \tag{4.4.20}$$

把式 (4.4.18) 等号右边第二项中所有的指标 λ 换成 ρ，则 $\overline{g}^{\mu\lambda}$ 换成 $\overline{g}^{\mu\rho}$；再把第一项 (即式 (4.4.20)) 与第二项相加，式 (4.4.18) 最后变为

$$\delta\Gamma^{\mu}_{\nu\beta}=\frac{1}{2}\overline{g}^{\mu\rho}\left[-2\overline{\Gamma}^{\sigma}_{\nu\beta}h_{\rho\sigma}+\partial_\beta h_{\rho\nu}+\partial_\nu h_{\rho\beta}-\partial_\rho h_{\beta\nu}\right] \tag{4.4.21}$$

其各分量的具体结果是

$$\delta\Gamma^0_{00}=-\frac{1}{2}\dot{h}_{00} \tag{4.4.22}$$

$$\delta\Gamma^0_{i0}=\frac{\dot{a}}{a}h_{i0}-\frac{1}{2}\partial_i h_{00} \tag{4.4.23}$$

$$\delta\Gamma^i_{00}=\frac{1}{2a^2}(2\dot{h}_{i0}-\partial_i h_{00}) \tag{4.4.24}$$

$$\delta\Gamma^0_{ij}=a\dot{a}\delta_{ij}h_{00}-\frac{1}{2}(\partial_j h_{i0}+\partial_i h_{j0}-\dot{h}_{ij}) \tag{4.4.25}$$

$$\delta\Gamma^i_{j0}=\frac{1}{2a^2}\left(\partial_j h_{i0}-\partial_i h_{j0}-\frac{2\dot{a}}{a}h_{ij}+\dot{h}_{ij}\right) \tag{4.4.26}$$

$$\delta\Gamma^i_{jk}=-\frac{\dot{a}}{a}h_{i0}\delta_{jk}+\frac{1}{2a^2}\left(\partial_k h_{ij}+\partial_j h_{ik}-\partial_i h_{jk}\right) \tag{4.4.27}$$

小扰动下式 (4.4.2) 给出

$$\delta R_{\mu\nu}=\frac{\partial\delta\Gamma^\lambda_{\mu\lambda}}{\partial x^\nu}-\frac{\partial\delta\Gamma^\lambda_{\mu\nu}}{\partial x^\lambda}+\delta\Gamma^\delta_{\mu\lambda}\overline{\Gamma}^\lambda_{\nu\delta}+\delta\Gamma^\lambda_{\nu\delta}\overline{\Gamma}^\delta_{\mu\lambda}-\delta\Gamma^\delta_{\mu\nu}\overline{\Gamma}^\lambda_{\lambda\delta}-\delta\Gamma^\lambda_{\lambda\delta}\overline{\Gamma}^\delta_{\mu\nu} \tag{4.4.28}$$

这样，利用式 (4.4.17) 及式 (4.4.22)~ 式 (4.4.27) 的结果，就可以计算出所有的 $\delta R_{\mu\nu}$。

对于一般形式的 $h_{\mu\nu}$，Ricci 张量扰动 $\delta R_{\mu\nu}$ 的计算相当繁冗 (参见习题 4.7)。下面我们仅就常用的牛顿规范和同步规范的情况给出有关结果。

里奇 (Ricci) 张量扰动 $\delta R_{\mu\nu}$

- **牛顿规范**

由式 (4.3.2)，在这一规范下有

$$h_{00}=-2\Phi,\quad h_{0i}=h_{i0}=0,\quad h_{ij}=-2a^2\Psi\delta_{ij} \tag{4.4.29}$$

其中，Φ、Ψ 均为时空的函数。此时 $\delta R_{\mu\nu}$ 的相关分量为

$$\delta R_{00} = -\frac{1}{a^2}\nabla^2\Phi - \frac{3\dot{a}}{a}\dot{\Phi} - 6\frac{\dot{a}}{a}\dot{\Psi} - 3\ddot{\Psi} \tag{4.4.30}$$

$$\delta R_{0i} = \delta R_{i0} = -\frac{2\dot{a}}{a}\partial_i\Phi - 2\partial_i\dot{\Psi} \tag{4.4.31}$$

$$\begin{aligned}\delta R_{ij} = &\left[(4\dot{a}^2 + 2a\ddot{a})\Phi + a\dot{a}\dot{\Phi} + (4\dot{a}^2 + 2a\ddot{a})\Psi + 6a\dot{a}\dot{\Psi} + a^2\ddot{\Psi} - \nabla^2\Psi\right]\delta_{ij} \\ &+ \partial_i\partial_j(\Phi - \Psi)\end{aligned} \tag{4.4.32}$$

- **同步规范**

由式 (4.3.3)，在这一规范下有

$$h_{00} = 0, \quad h_{0i} = h_{i0} = 0, \quad h_{ij} = a^2(A\delta_{ij} + \partial_i\partial_j B) \tag{4.4.33}$$

其中，A, B 均为时空的函数。此时 $\delta R_{\mu\nu}$ 的相关分量为

$$\delta R_{00} = \frac{\dot{a}}{a}\left(3\dot{A} + \nabla^2\dot{B}\right) + \frac{1}{2}\left(3\ddot{A} + \nabla^2\ddot{B}\right) \tag{4.4.34}$$

$$\delta R_{0i} = \delta R_{i0} = \partial_i\dot{A} \tag{4.4.35}$$

$$\begin{aligned}\delta R_{ij} = &\left[\frac{1}{2}\nabla^2 A - \left(a\ddot{a} + 2\dot{a}^2\right)A - 3a\dot{a}\dot{A} - \frac{1}{2}a^2\ddot{A} - \frac{1}{2}a\dot{a}\nabla^2\dot{B}\right]\delta_{ij} \\ &+ \partial_i\partial_j\left[\frac{1}{2}A - \left(a\ddot{a} + 2\dot{a}^2\right)B - \frac{3}{2}a\dot{a}\dot{B} - \frac{1}{2}a^2\ddot{B}\right]\end{aligned} \tag{4.4.36}$$

接下来就需要求出式 (4.4.1) 右边场源项的扰动 $\delta S_{\mu\nu}$。由式 (2.2.4) 和式 (2.2.6)，可得

$$\delta S_{\mu\nu} = \delta T_{\mu\nu} - \frac{1}{2}\overline{g}_{\mu\nu}\delta T^\lambda_\lambda - \frac{1}{2}h_{\mu\nu}\overline{T}^\lambda_\lambda \tag{4.4.37}$$

其中，在理想流体情况下，未扰动的能量–动量张量是

$$\overline{T}_{\mu\nu} = (\overline{\rho} + \overline{p})\overline{u}_\mu\overline{u}_\nu + \overline{g}_{\mu\nu}\overline{p} \tag{4.4.38}$$

这里，$\overline{u}^0 = 1, \overline{u}^i = 0$，且有

$$\overline{T}_{00} = \overline{\rho}, \quad \overline{T}_{i0} = 0, \quad \overline{T}_{ij} = a^2\overline{p}\delta_{ij}$$

$$\overline{T}^0_{\ 0} = -\overline{\rho},\quad \overline{T}^i_{\ 0} = \overline{T}^0_{\ i} = 0,\quad \overline{T}^i_{\ j} = a^{-2}\overline{T}_{ij} = \overline{p}\delta_{ij},\quad \overline{T}^\lambda_{\ \lambda} = 3\overline{p} - \overline{\rho} \tag{4.4.39}$$

在一阶扰动下，由前面式 (4.2.40)∼ 式 (4.2.42) 给出，$T_{\mu\nu}$ 的扰动分量为

$$\delta T_{00} = \delta\rho - \overline{\rho}h_{00} \tag{4.4.40}$$

$$\delta T_{i0} = -(\overline{\rho} + \overline{p})\delta u_i + \overline{p}h_{i0} \tag{4.4.41}$$

$$\delta T_{ij} = a^2\delta_{ij}\delta p + \overline{p}h_{ij} \tag{4.4.42}$$

其中，$\delta u_i = \partial_i \delta u$ 为标量速度势 δu 的梯度，是一个独立的动力学变量，与度规的扰动无关。此外，由式 (4.4.39) 可得

$$\delta T^\lambda_{\ \lambda} = 3\delta p - \delta\rho \tag{4.4.43}$$

上面诸式中的未扰动量 $\overline{\rho}$、$\overline{p}$，可以根据基本形式的 Friedmann 方程即式 (2.2.14) 和式 (2.2.17) 写出 (取平直空间 $k = 0$)

$$\overline{\rho} = \frac{3}{8\pi G}\left(\frac{\dot{a}^2}{a^2}\right),\quad \overline{p} = -\frac{1}{8\pi G}\left(\frac{2\ddot{a}}{a} + \frac{\dot{a}^2}{a^2}\right) \tag{4.4.44}$$

此时有

$$\overline{T}^\lambda_{\ \lambda} = -\frac{3}{4\pi G}\left(\frac{\ddot{a}}{a} + \frac{\dot{a}^2}{a^2}\right) \tag{4.4.45}$$

这样，根据式 (4.4.37) 以及式 (4.4.39)∼ 式 (4.4.45)，我们得到场源项扰动 $\delta S_{\mu\nu}$ 的分量形式为

$$\begin{aligned}\delta S_{00} &= \delta T_{00} + \frac{1}{2}\delta T^\lambda_{\ \lambda} + \frac{3}{8\pi G}\left(\frac{\ddot{a}}{a} + \frac{\dot{a}^2}{a^2}\right)h_{00}\\ &= \delta\rho - \frac{3}{8\pi G}\left(\frac{\dot{a}^2}{a^2}\right)h_{00} + \frac{1}{2}(3\delta p - \delta\rho) + \frac{3}{8\pi G}\left(\frac{\ddot{a}}{a} + \frac{\dot{a}^2}{a^2}\right)h_{00}\\ &= \frac{1}{2}\delta\rho + \frac{3}{2}\delta p + \frac{3}{8\pi G}\frac{\ddot{a}}{a}h_{00}\end{aligned} \tag{4.4.46}$$

$$\begin{aligned}\delta S_{i0} &= \delta T_{i0} + \frac{3}{8\pi G}\left(\frac{\ddot{a}}{a} + \frac{\dot{a}^2}{a^2}\right)h_{i0}\\ &= -(\overline{\rho} + \overline{p})\delta u_i + \overline{p}h_{i0} + \frac{3}{8\pi G}\left(\frac{\ddot{a}}{a} + \frac{\dot{a}^2}{a^2}\right)h_{i0}\end{aligned}$$

$$= -(\overline{\rho} + \overline{p})\delta u_i + \frac{1}{8\pi G}\left(\frac{\ddot{a}}{a} + \frac{2\dot{a}^2}{a^2}\right) h_{i0} \tag{4.4.47}$$

$$\begin{aligned}\delta S_{ij} &= \delta T_{ij} - \frac{1}{2}a^2\delta_{ij}\delta T^\lambda_\lambda + \frac{3}{8\pi G}\left(\frac{\ddot{a}}{a} + \frac{\dot{a}^2}{a^2}\right) h_{ij} \\ &= \overline{p}h_{ij} + a^2\delta_{ij}\delta p - \frac{1}{2}a^2\delta_{ij}(3\delta p - \delta\rho) + \frac{3}{8\pi G}\left(\frac{\ddot{a}}{a} + \frac{\dot{a}^2}{a^2}\right) h_{ij} \\ &= -\frac{1}{8\pi G}\left(\frac{2\ddot{a}}{a} + \frac{\dot{a}^2}{a^2}\right) h_{ij} + \frac{1}{2}a^2\delta_{ij}(\delta\rho - \delta p) + \frac{3}{8\pi G}\left(\frac{\ddot{a}}{a} + \frac{\dot{a}^2}{a^2}\right) h_{ij} \\ &= \frac{1}{2}a^2\delta_{ij}(\delta\rho - \delta p) + \frac{1}{8\pi G}\left(\frac{\ddot{a}}{a} + \frac{2\dot{a}^2}{a^2}\right) h_{ij}\end{aligned} \tag{4.4.48}$$

式 (4.4.46)∼ 式 (4.4.48) 给出的是度规扰动为普遍形式时的结果。对于**标量扰动**，在牛顿规范和同步规范的情况下，这一结果如下。

场源项扰动 $\delta S_{\mu\nu}$

- **牛顿规范**

$$-8\pi G\delta S_{00} = -4\pi G(\delta\rho + 3\delta p) + 6\frac{\ddot{a}}{a}\varPhi \tag{4.4.49}$$

$$-8\pi G\delta S_{i0} = 8\pi G(\overline{\rho} + \overline{p})\partial_i\delta u \tag{4.4.50}$$

$$-8\pi G\delta S_{ij} = -4\pi Ga^2(\delta\rho - \delta p)\delta_{ij} + 2(a\ddot{a} + 2\dot{a}^2)\varPsi\delta_{ij} \tag{4.4.51}$$

- **同步规范**

$$-8\pi G\delta S_{00} = -4\pi G(\delta\rho + 3\delta p) \tag{4.4.52}$$

$$-8\pi G\delta S_{i0} = 8\pi G(\bar{\rho} + \bar{p})\partial_i\delta u \tag{4.4.53}$$

$$\begin{aligned}-8\pi G\delta S_{ij} &= -4\pi Ga^2(\delta\rho - \delta p)\delta_{ij} - \left(\frac{\ddot{a}}{a} + \frac{2\dot{a}^2}{a^2}\right) a^2(A\delta_{ij} + \partial_i\partial_j B) \\ &= -4\pi Ga^2(\delta\rho - \delta p)\delta_{ij} - (a\ddot{a} + 2\dot{a}^2)A\delta_{ij} - (a\ddot{a} + 2\dot{a}^2)\partial_i\partial_j B\end{aligned} \tag{4.4.54}$$

以上我们得到了扰动的爱因斯坦场方程 (4.4.1) 两边各有关分量的表示式，这样就构成了包括时–时、空–时、空–空分量的方程组。此外，每一个空–空分量方程都可以再化为两个方程，即分别由等号两边正比于 δ_{ij} 的项相等，以及两边含有 $\partial_i\partial_j$ 的项相等所构成的两个方程。因此，如果把所有动力学变量 (例如密度、压力、速度等) 放到方程的一边，而把所有时空度规变量放到方程的另一边，爱因斯坦场方程 (4.4.1) 最后就可以写为如下形式。

爱因斯坦场方程

- 牛顿规范

$$4\pi G(\delta\rho + 3\delta p) = \frac{1}{a^2}\nabla^2\varPhi + \frac{3\dot{a}}{a}\dot{\varPhi} + 6\frac{\ddot{a}}{a}\varPhi + 6\frac{\dot{a}}{a}\dot{\varPsi} + 3\ddot{\varPsi} \tag{4.4.55}$$

$$4\pi G(\overline{\rho} + \overline{p})\partial_i\delta u = -\frac{\dot{a}}{a}\partial_i\varPhi - \partial_i\dot{\varPsi} \tag{4.4.56}$$

$$-4\pi G(\delta\rho - \delta p) = \left(\frac{4\dot{a}^2}{a^2} + \frac{2\ddot{a}}{a}\right)\varPhi + \frac{\dot{a}}{a}\dot{\varPhi} + 6\frac{\dot{a}}{a}\dot{\varPsi} + \ddot{\varPsi} - \frac{1}{a^2}\nabla^2\varPsi \tag{4.4.57}$$

$$\varPhi = \varPsi \tag{4.4.58}$$

- 同步规范

$$-4\pi G(\delta\rho + 3\delta p) = \frac{\dot{a}}{a}\left(3\dot{A} + \nabla^2\dot{B}\right) + \frac{1}{2}\left(3\ddot{A} + \nabla^2\ddot{B}\right) \tag{4.4.59}$$

$$8\pi G(\overline{\rho} + \overline{p})\delta u = \dot{A} \tag{4.4.60}$$

$$-4\pi G(\delta\rho - \delta p) = \frac{1}{2a^2}\nabla^2 A - 3\frac{\dot{a}}{a}\dot{A} - \frac{1}{2}\ddot{A} - \frac{1}{2}\frac{\dot{a}}{a}\nabla^2\dot{B} \tag{4.4.61}$$

$$A - 3a\dot{a}\dot{B} - a^2\ddot{B} = 0 \tag{4.4.62}$$

4.4.2 能量–动量守恒方程

实际上，除了直接用爱因斯坦场方程 (4.4.1) 求解之外，还有一个重要的关系式可以应用，这就是能量–动量守恒方程

$$T^{\mu}_{\nu;\mu} = 0 \tag{4.4.63}$$

这里，混合指标的 T^{μ}_{ν} 是把 $T_{\nu\mu}$ 提升一个指标，即 $T^{\nu}_{\mu} = g^{\mu\lambda}T_{\lambda\nu}$。守恒式 (4.4.63) 在一阶扰动的情况下化为

$$\partial_\mu\delta T^{\mu}_{\nu} + \overline{\varGamma}^{\mu}_{\mu\lambda}\delta T^{\lambda}_{\nu} - \overline{\varGamma}^{\lambda}_{\mu\nu}\delta T^{\mu}_{\lambda} + \delta\varGamma^{\mu}_{\mu\lambda}\overline{T}^{\lambda}_{\nu} - \delta\varGamma^{\lambda}_{\mu\nu}\overline{T}^{\mu}_{\lambda} = 0 \tag{4.4.64}$$

其中，δT^{μ}_{ν} 的计算式是

$$\delta T^{\mu}_{\nu} = \overline{g}^{\mu\lambda}[\delta T_{\lambda\nu} - h_{\lambda\sigma}\overline{T}^{\sigma}_{\nu}] \tag{4.4.65}$$

利用前面式 (4.4.6)、式 (4.2.5) 以及式 (4.4.39)～ 式 (4.4.42) 的结果，可得

$$\delta T^0_0 = -\delta\rho, \quad \delta T^0_j = (\overline{\rho} + \overline{p})\partial_j\delta u$$

$$\delta T_0^j = -a^{-2}(\overline{\rho}+\overline{p})\partial_j\delta u, \quad \delta T_j^i = \delta_{ij}\delta p \tag{4.4.66}$$

这样，加上式 (4.4.17) 和式 (4.4.22)$\sim$ 式 (4.4.27) 分别给出的 $\overline{\Gamma}^{\mu}_{\nu\beta}$ 和 $\delta\Gamma^{\mu}_{\nu\beta}$，扰动的能量–动量守恒方程 (4.4.64) 最终化为**能量守恒方程** ($\nu=0$)：

$$\partial_0\delta T_0^0 + \partial_i\delta T_0^i + \frac{3\dot{a}}{a}\delta T_0^0 - \frac{\dot{a}}{a}\delta T_i^i - \left(\frac{\overline{\rho}+\overline{p}}{2a^2}\right)\left(-\frac{2\dot{a}}{a}h_{ii}+\dot{h}_{ii}\right)=0$$

即

$$\dot{\delta}\rho + \frac{3\dot{a}}{a}(\delta\rho+\delta p) + \frac{\overline{\rho}+\overline{p}}{a^2}\nabla^2\delta u + \frac{1}{2}(\overline{\rho}+\overline{p})(3\dot{A}+\nabla^2\dot{B})=0 \tag{4.4.67}$$

和**动量守恒方程** ($\nu=i$)：

$$\partial_0\delta T_j^0 + \partial_i\delta T_j^i + \frac{3\dot{a}}{a}\delta T_j^0 - (\overline{\rho}+\overline{p})\left(\frac{1}{2}\partial_j h_{00} - \frac{\dot{a}}{a}h_{j0}\right)=0$$

即

$$\partial_i\delta p + \partial_0[(\overline{\rho}+\overline{p})\partial_i\delta u] + \frac{3\dot{a}}{a}(\overline{\rho}+\overline{p})\partial_i\delta u + \frac{1}{2}(\overline{\rho}+\overline{p})\partial_i E=0 \tag{4.4.68}$$

在牛顿规范和同步规范的情况下，相应的结果分别如下所述。

- **牛顿规范**

  能量守恒方程

$$\dot{\delta}\rho + \frac{3\dot{a}}{a}(\delta\rho+\delta p) + \frac{\overline{\rho}+\overline{p}}{a^2}\nabla^2\delta u - 3(\overline{\rho}+\overline{p})\dot{\Psi}=0 \tag{4.4.69}$$

  动量守恒方程

$$\partial_i\delta p + \partial_0[(\overline{\rho}+\overline{p})\partial_i\delta u] + \frac{3\dot{a}}{a}(\overline{\rho}+\overline{p})\partial_i\delta u + (\overline{\rho}+\overline{p})\partial_i\Phi=0 \tag{4.4.70}$$

- **同步规范**

  能量守恒方程

$$\dot{\delta}\rho + \frac{3\dot{a}}{a}(\delta\rho+\delta p) + \frac{\overline{\rho}+\overline{p}}{a^2}\nabla^2\delta u + \frac{1}{2}(\overline{\rho}+\overline{p})(3\dot{A}+\nabla^2\dot{B})=0 \tag{4.4.71}$$

  动量守恒方程

$$\partial_i\delta p + \partial_0[(\overline{\rho}+\overline{p})\partial_i\delta u] + \frac{3\dot{a}}{a}(\overline{\rho}+\overline{p})\partial_i\delta u=0 \tag{4.4.72}$$

如果流体的物态方程遵从式 (2.2.22) 所示的形式

$$p = w\rho \tag{4.4.73}$$

其中，系数 w 是一个不随时间而变的常数；此外，再把式 (4.2.36) 定义的速度扰动 δu_i 转换为逆变形式

$$\delta u_i = g_{ij}\delta u^j = a^2\delta u^j = av^i, \quad v^i \equiv a\delta u^i \tag{4.4.74}$$

其中，v^i 代表**固有速度**的扰动，并且也是一个如 $\delta\rho$、δp 那样的小扰动，则式 (4.4.67) 和式 (4.4.68) 还可以进一步改写为 (以下为简便起见，略去未扰动量符号上面的横杠标记)

$$\dot{\delta\rho} + \frac{3\dot{a}}{a}(1+w)\delta\rho + \frac{1+w}{a}\rho\partial_i v^i + \frac{1}{2}(1+w)\rho(3\dot{A} + \nabla^2\dot{B}) = 0 \tag{4.4.75}$$

$$\partial_i\delta p + \partial_0[(1+w)\rho a v^i] + 3\dot{a}(1+w)\rho v^i + \frac{1}{2}(1+w)\rho\partial_i E = 0 \tag{4.4.76}$$

由式 (4.1.9) 定义的相对密度扰动

$$\delta \equiv \frac{\delta\rho}{\rho} = \frac{\delta p}{p} \tag{4.4.77}$$

并注意求导关系 $\dot{\delta\rho} \equiv \mathrm{d}(\rho\delta)/\mathrm{d}t = \rho\dot{\delta} + \dot{\rho}\delta$ 以及式 (2.2.20) 的结果，可得

$$\dot{\delta\rho} = \rho\dot{\delta} + \dot{\rho}\delta = \rho\dot{\delta} - \frac{3\dot{a}}{a}(\rho + p)\delta = \rho\dot{\delta} - \frac{3\dot{a}}{a}(1+w)\rho\delta \tag{4.4.78}$$

代入式 (4.4.75) 后，最后得到**能量守恒方程**

$$\dot{\delta} + \frac{1+w}{a}\partial_i v^i = -\frac{1}{2}(1+w)(3\dot{A} + \nabla^2\dot{B}) \tag{4.4.79}$$

动量守恒方程式 (4.4.76) 也可以用类似的方式改写，注意，其中用到

$$\begin{aligned}
\partial_0[\rho a v^i] + 3\dot{a}\rho v^i &= \dot{\rho} a v^i + \rho\frac{\mathrm{d}}{\mathrm{d}t}(av^i) + 3\dot{a}\rho v^i \\
&= -\frac{3\dot{a}}{a}(1+w)\rho a v^i + \rho\frac{\mathrm{d}}{\mathrm{d}t}(av^i) + 3\dot{a}\rho v^i \\
&= -3w\dot{a}\rho v^i + \rho\frac{\mathrm{d}}{\mathrm{d}t}(av^i)
\end{aligned}$$

以及

$$\partial_i \delta p = \partial_i \left(\frac{\delta p}{\delta \rho}\right) \delta \rho = \partial_i \left(\frac{\delta p}{\delta \rho}\right) \frac{\delta \rho}{\rho} \rho = w \rho \partial_i \delta$$

最后得到**动量守恒方程**

$$\frac{\mathrm{d}}{\mathrm{d}t}(a v^i) - 3 w \dot{a} v^i + \frac{w}{1+w} \partial_i \delta = -\frac{1}{2} \partial_i E \tag{4.4.80}$$

这里应当指出两点：首先，能量动量的这些守恒方程并不是另加的独立条件，而是可以从爱因斯坦场方程推导出来，为了计算上的方便常用它们代替场方程。这与经典力学的情况很相似：牛顿力学中的能量守恒、动量守恒和角动量守恒方程，都可以从牛顿三大定律推导出来，并不是额外的独立的方程。但在实际应用中直接由守恒方程来求解反而更为便捷 (例如重力场中的质点运动直接由机械能守恒求解)，而不需要一切都从牛顿三大定律出发来推导。其次，当宇宙的组分中包含几种相互间除引力外没有其他作用的流体时，每种组分都应分别独立满足这些守恒方程。

4.4.3 时间变量由 t 到共形时 η 的转换

很多研究者喜欢用式 (4.3.17) 定义的共形时 η 作为时间变量。这时式 (4.2.2) 中的未扰动度规分量 g_{00} 应改为 $g_{00} = -a^2(t)$，而式 (4.2.5) 中度规扰动 h_{00} 的普遍形式应改为 $h_{00} = -a^2 \mathcal{E}$，即 $E = a^2 \mathcal{E}$。这样改动后，式 (4.3.2) 给出的牛顿规范下的度规分量现在变为

$$g_{00} = -a^2(\eta)[1 + 2\phi(\boldsymbol{x}, \eta)], \quad g_{0i} = 0, \quad g_{ij} = a^2(\eta)\delta_{ij}[1 - 2\varPsi(\boldsymbol{x}, \eta)] \tag{4.4.81}$$

此时的牛顿规范常称为**共形牛顿规范**。这一规范下的原时间隔 $\mathrm{d}\tau$(式 (4.2.1)) 现在是

$$\mathrm{d}\tau^2 = a^2(\eta)[-(1 + 2\phi)\mathrm{d}\eta^2 + (1 - 2\varPsi)\mathrm{d}x^i \mathrm{d}x_i] \tag{4.4.82}$$

而式 (4.3.3) 给出的同步规范的度规分量现在写为

$$g_{00} = -a^2(\eta), \quad g_{0i} = 0, \quad g_{ij} = a^2(\eta)\left\{[1 + A(x, \eta)]\delta_{ij} + \partial_i \partial_j B(x, \eta)\right\} \tag{4.4.83}$$

相应的原时间隔 $\mathrm{d}\tau$ 是

$$\mathrm{d}\tau^2 = a^2(\eta)[-\mathrm{d}\eta^2 + (1 + A)\delta_{ij} + \partial_i \partial_j B \mathrm{d}x^i \mathrm{d}x^j] \tag{4.4.84}$$

在采用共形时 η 作为时间变量的情况下，扰动的爱因斯坦场方程 (4.4.1) 的各分量方程，其形式会与采用坐标时 t 所表示的结果即式 (4.4.55)～式 (4.4.62) 有

所不同。读者可以把这当作一个练习。我们下面只讨论能量守恒方程和动量守恒方程。实际上，能量守恒方程 (4.4.75) 和动量守恒方程 (4.4.76) 经过简单的变换，就可以改写为用共形时 η 作为时间变量的形式。但其中有一个关键点要注意，即式 (4.4.74) 所示的变量 $v^i \equiv \delta u^i$，实际是空间位移对坐标时间 t 的求导结果。时间变量改变之后，就需要把求导变成对共形时 η 来进行，即

$$v^i(t) = \frac{\mathrm{d}x^i}{\mathrm{d}t} = \frac{1}{a}\frac{\mathrm{d}x^i}{\mathrm{d}\eta} = \frac{1}{a}v^i(\eta) \tag{4.4.85}$$

这里，$v^i(\eta)$ 表示同样的空间位移 $\mathrm{d}x^i$ 对 $\mathrm{d}\eta$ 的微商，其结果虽然仍用相同的 v^i 符号表示，但后面括号中的 η 已表明这是对 η 的求导结果。这样，当把时间变量从 t 换为 η 时，不能简单地只把 $v^i(t)$ 换成 $v^i(\eta)$，而是要把乘积 $a(t)v^i(t)$ 换成 $v^i(\eta)$。此外，所有的 $\dot{a}(t)$ 也要换成 a 对 η 的求导 $a'(\eta)$，即

$$\dot{a}(t) = \frac{\mathrm{d}a(t)}{\mathrm{d}t} = \frac{1}{a(\eta)}\frac{\mathrm{d}a(\eta)}{\mathrm{d}\eta} = \frac{a'(\eta)}{a(\eta)} \tag{4.4.86}$$

这里的撇号代表对共形时 η 求导。这些操作对**能量守恒方程** (4.4.75) 的转换是简单的，结果为

$$\delta' = -(1+w)\partial_i v^i - \frac{1}{2}(1+w)(3A' + \nabla^2 B') \tag{4.4.87}$$

而动量守恒方程 (4.4.76) 转换时，

$$\begin{aligned}\frac{\mathrm{d}}{\mathrm{d}t}(a^2 v^i) - 3w\dot{a}av^i &= \frac{1}{a}\frac{\mathrm{d}}{\mathrm{d}\eta}\left[av^i(\eta)\right] - 3w\frac{a'(\eta)}{a(\eta)}v^i(\eta) \\ &= v'^i(\eta) + \frac{a'(\eta)}{a(\eta)}v^i(\eta) - 3w\frac{a'(\eta)}{a(\eta)}v^i(\eta)\end{aligned}$$

故最后得到的**动量守恒方程**是

$$v'^i = -\frac{a'}{a}(1-3w)v^i - \frac{w}{1+w}\partial_i\delta - \frac{1}{2}\partial_i E \tag{4.4.88}$$

再重申一下，上面式 (4.4.82) 和式 (4.4.83) 两个方程中，所有物理量中的时间变量，现在都已经变为共形时 η 了。

4.5　相空间与 Boltzmann 方程

以上我们得到了描述引力场中扰动演化的一套方程组，包括引力场本身的扰动以及宇宙物质能量–动量扰动。这里再强调两点。

(1) 这组方程只适用于扰动的标量模式，而不适用于矢量和张量模式。

(2) 因为式 (4.2.32) 所示的能量–动量张量是针对理想流体的，即流体中不存在能量耗散以及各向异性的物理性质，故这组方程也只适用于可以近似为理想流体的宇宙组分，像冷暗物质、电子–重子等离子体，以及与物质之间紧密耦合的光子等。因此，对于 $z > 1300$(复合开始之前) 的时期，这一方法可以给出很好的结果。但是，当构成流体的粒子的平均自由程变得很长，例如 $z < 1300$ 时背景光子的情况，流体近似就不再适用了。此时必须应用动理学的 Boltzmann 方程，即采用单粒子分布函数来进行描述。这一节我们就此进行讨论。

在只有标量小扰动的情况下，时空度规的一般形式为 (式 (4.2.5))

$$g_{00} = -(1+E), \quad g_{0i} = 0, \quad g_{ij} = a^2\left[(1+A)\delta_{ij} + \partial_i\partial_j B\right] \tag{4.5.1}$$

单粒子分布函数 $f(x^i, P_i, t)(i = 1, 2, 3)$ 定义为单相位空间体积内的粒子数：

$$\mathrm{d}N = f(x^i, P_i, t)\mathrm{d}x^1\mathrm{d}x^2\mathrm{d}x^3\mathrm{d}P_1\mathrm{d}P_2\mathrm{d}P_3 \tag{4.5.2}$$

这里，x^i 是粒子的三维共动坐标；P_i 是其相应的共轭动量，

$$P_i = g_{i\mu}P^\mu, \quad P^\mu \equiv \frac{\mathrm{d}x^\mu}{\mathrm{d}\lambda} \quad (\mu = 0, 1, 2, 3) \tag{4.5.3}$$

其中，P^μ 为四维动量；λ 为一沿粒子轨道单调增长的仿射参量，用以描述粒子的测地线方程

$$\frac{\mathrm{d}^2x^\mu}{\mathrm{d}\lambda^2} + \Gamma^\mu_{\alpha\beta}\frac{\mathrm{d}x^\alpha}{\mathrm{d}\lambda}\frac{\mathrm{d}x^\beta}{\mathrm{d}\lambda} = 0 \tag{4.5.4}$$

这一方程等效于

$$\frac{\mathrm{d}P^\mu}{\mathrm{d}\lambda} + \Gamma^\mu_{\alpha\beta}P^\alpha P^\beta = 0 \tag{4.5.5}$$

根据广义相对论,粒子的四维动量 P^μ 遵从所谓的质壳约束 (mass-shell constraint)

$$g_{\mu\nu}P^\mu P^\nu = -m^2 \tag{4.5.6}$$

式中，m 是粒子的静止质量 (对于光子有 $m = 0$)。这一约束即

$$g_{00}(P^0)^2 + g_{ij}P^iP^j = -m^2 \tag{4.5.7}$$

它就是我们熟悉的形式：

$$\varepsilon^2 = p^2 + m^2, \quad \varepsilon \equiv \sqrt{-g_{00}}P^0 \tag{4.5.8}$$

其中，ε 代表粒子的固有能量，当 $m=0$ 时有 $\varepsilon=p$；p 是粒子的三维固有动量 p^i 的大小，满足

$$p^2 \equiv \delta_{ij}p^ip^j = g_{ij}P^iP^j \tag{4.5.9}$$

且有

$$\begin{aligned} p^i &= p\hat{p}^i, \quad \delta_{ij}\hat{p}^i\hat{p}^j = 1 \\ \hat{p}^i &= \hat{p}_i \quad p^i = p_i \end{aligned} \tag{4.5.10}$$

现在我们来看一下 P^i 与 p^i 的大小关系。设 $P^i \propto p^i$ 且 $P^i/p^i = \beta(i=1,2,3,$ 这里相同的两个 i 不代表求和)，则由式 (4.5.9) 可以看出，这要求

$$\beta^2 g_{ij} = \delta_{ij} \quad \Rightarrow \quad \beta = \frac{1}{a}\sqrt{\frac{3}{3(1+A)+\nabla^2 B}} = \frac{1}{a\sqrt{(1+A)+(\nabla^2 B)/3}} \tag{4.5.11}$$

另一方面，由式 (4.5.8) 得到

$$P^0 = \frac{\varepsilon}{\sqrt{-g_{00}}} = \frac{\varepsilon}{\sqrt{1+E}}$$

这样，P^μ 的四个分量现在可以表示为

$$P^0 = \frac{\varepsilon}{\sqrt{1+E}}, \quad P^i = \frac{p^i}{a\sqrt{(1+A)+(\nabla^2 B)/3}} \quad (i=1,2,3) \tag{4.5.12}$$

再来看一下共轭动量 P_i。由式 (4.5.3)、式 (4.5.1)，有

$$P_i = g_{ij}P^j = a^2[(1+A)+\partial_i^2 B]P^i$$

此处我们没有计入 $j \neq i$ 的 P^j 项的贡献,因其与 P^i 项相比是一阶小量,可以忽略。设标量扰动 B 的方向导数具有各向同性的性质，则可以取 $\partial_i^2 B = (\nabla^2 B)/3(i=1,2,3)$，再利用式 (4.5.12)，上式就化为

$$P_i = a^2[(1+A)+(\nabla^2 B)/3]P^i = a[(1+A)+(\nabla^2 B)/3]^{1/2}p^i \tag{4.5.13}$$

由此可见，如果度规没有发生扰动，则共轭动量与固有动量之间满足 $P_i = ap^i$ 这样一个简单的关系。我们从广义相对论理论得知，在度规没有扰动的情况下，哈密顿 (Hamilton) 方程表明，共轭动量 P_i 始终保持为恒量。这就意味着，固有动量 p^i 由于宇宙的膨胀而像 a^{-1} 那样变化，即发生宇宙学红移。

式 (4.5.2) 定义的粒子分布函数 $f(x^i, P_i, t)$ 中，采用的动量是共轭动量 P_i。这是因为即使在时空有扰动的情况下，x^i 和 P_i 也仍然保持为正则共轭变量，且总

遵从哈密顿方程给出的运动方程。但在实际应用中，人们发现利用固有 (物理) 动量 p^i 更为方便，例如在计算粒子碰撞引起的分布函数变化时，方程中出现的总是粒子的固有动量。因此，在本书以后的讨论中 (除 5.8 节外)，我们将把分布函数中的相空间变量作一替换，即由 $f(x^i, P_i, t)$ 改为 $f(x^i, p, \hat{p}^i, t)$，其中 p 和 $\hat{p}^i$(注意 $\delta_{ij}\hat{p}^i\hat{p}^j = 1$) 分别代表固有动量的大小和方向。尽管此时 $p_i = p^i$ 并不是 x^i 的共轭动量，但只要我们按照哈密顿方程对动量进行变换，相空间变量的这一改变对分布函数的形式是没有影响的。需要注意的只是计算粒子数密度时，相空间体积元的大小需要计入度规扰动所引起的变化。

下面我们就来讨论有小扰动时，相空间分布函数的演化。当以 x^i、p、$\hat{p}^i$、t 为变量时，粒子分布函数 f 满足的演化方程即 **Boltzmann 方程**

$$\frac{\mathrm{d}f}{\mathrm{d}t} = \frac{\partial f}{\partial t} + \frac{\partial f}{\partial x^i}\frac{\mathrm{d}x^i}{\mathrm{d}t} + \frac{\partial f}{\partial p}\frac{\mathrm{d}p}{\mathrm{d}t} + \frac{\partial f}{\partial \hat{p}^i}\frac{\mathrm{d}\hat{p}^i}{\mathrm{d}t} = \left(\frac{\partial f}{\partial t}\right)_c \tag{4.5.14}$$

式中等号右边的项代表碰撞项，即粒子之间的相互作用 (碰撞) 使分布函数产生的变化。这一碰撞项与相互作用的物理性质有关，例如光子与自由电子之间的碰撞是 Thomson 散射。当粒子之间无相互作用时，方程即为无碰撞的 Boltzmann 方程，此时方程右边为 $(\partial f/\partial t)_c = 0$。

为了计算 f 的演化，关键是要给出有扰动时，Boltzmann 方程左边三个因子的表示式，即 $\mathrm{d}x^i/\mathrm{d}t$、$\mathrm{d}p/\mathrm{d}t$ 以及 $\mathrm{d}\hat{p}^i/\mathrm{d}t$。

1. $\mathrm{d}x^i/\mathrm{d}t$ 的表示式

这一步是比较简单的，利用式 (4.5.3) 和式 (4.5.12)，马上得出

$$\frac{\mathrm{d}x^i}{\mathrm{d}t} = \frac{\mathrm{d}x^i}{\mathrm{d}\lambda}\frac{\mathrm{d}\lambda}{\mathrm{d}t} = \frac{P^i}{P^0} = \frac{p^i}{a\varepsilon}\frac{\sqrt{1+E}}{\sqrt{(1+A)+(\nabla^2 B)/3}} \tag{4.5.15}$$

为以后计算方便，我们引入一个新的变量

$$h \equiv \frac{h_{ii}}{a^2} = 3A + \nabla^2 B \tag{4.5.16}$$

式中，h_{ii} 是式 (4.2.5) 所示的度规扰动 $h_{\mu\nu}$ 的迹。这样，式 (4.5.15) 就变得比较简洁，且在一阶近似下有

$$\frac{\mathrm{d}x^i}{\mathrm{d}t} = \frac{p^i}{a\varepsilon}\frac{\sqrt{1+E}}{\sqrt{1+h/3}} = \frac{p^i}{a\varepsilon}(1 + E/2 - h/6) \tag{4.5.17}$$

2. $\mathrm{d}p/\mathrm{d}t$ 的表示式

$\mathrm{d}p/\mathrm{d}t$ 的计算要复杂一些。首先，由 $p^2 = \delta_{ij}p^ip^j$ 得到

$$p\frac{\mathrm{d}p}{\mathrm{d}t} = \delta_{ij}\frac{\mathrm{d}p^i}{\mathrm{d}t}p^j \tag{4.5.18}$$

然后，进行求导变换

$$\frac{\mathrm{d}p^i}{\mathrm{d}t} = \frac{\mathrm{d}p^i}{\mathrm{d}\lambda}\frac{\mathrm{d}\lambda}{\mathrm{d}t} = \frac{1}{P^0}\frac{\mathrm{d}p^i}{\mathrm{d}\lambda} \tag{4.5.19}$$

这就需要计算 $\mathrm{d}p^i/\mathrm{d}\lambda$。而 $\mathrm{d}p^i/\mathrm{d}\lambda$ 的计算有不同的途径，例如 Dodelson 和 Schmidt (2021) 是先利用测地方程求出 $\mathrm{d}P^i/\mathrm{d}\lambda$，然后再求 $\mathrm{d}p^i/\mathrm{d}\lambda$。我们这里则先由欧拉–拉格朗日 (Euler-Lagrange) 运动方程 (Peebles，1993，式 (9.11))

$$\frac{\mathrm{d}P_i}{\mathrm{d}t} = \frac{1}{2P^0}P^\mu P^\nu g_{\mu\nu,i} \tag{4.5.20}$$

求出共轭动量 P_i 对 t 的导数 $\mathrm{d}P_i/\mathrm{d}t$，然后再利用式 (4.5.13) 所示的 P_i 与 p^i 的关系，由 P_i 的导数得出 p^i 的导数。具体做法是：取 $g_{\mu\nu}$ 的形式如式 (4.5.1)，则式 (4.5.20) 给出

$$\begin{aligned}\frac{\mathrm{d}P_i}{\mathrm{d}t} &= \frac{1}{2P^0}[(P^0)^2 g_{00,i} + P^jP^k g_{jk,i}] \\ &= \frac{1}{2P^0}\left[-(P^0)^2E_{,i} + a^2(P^kP^kA_{,i} + P^jP^k\partial_j\partial_k B_{,i})\right]\end{aligned} \tag{4.5.21}$$

式中，方括号里的最后一项还可以进一步改写。我们把 $\partial_i\partial_j B$ 写成下面形式：

$$\partial_i\partial_j B = \frac{1}{3}\delta_{ij}\nabla^2 B + (\partial_i\partial_j B - \frac{1}{3}\delta_{ij}\nabla^2 B) = \frac{1}{3}\delta_{ij}\nabla^2 B + \mathcal{B}_{ij} \tag{4.5.22}$$

这里，等号右边第一项代表 $\partial_i\partial_j B$ 的迹，第二项

$$\mathcal{B}_{ij} \equiv \partial_i\partial_j B - \frac{1}{3}\delta_{ij}\nabla^2 B \tag{4.5.23}$$

是一个零迹量，且关于 i,j 是对称的。但容易看出，它的散度即 $\partial_i\partial_i\partial_j\mathcal{B} = \dfrac{2}{3}\partial_j\nabla^2 B$ 一般并不为零，故不能把它归并到式 (4.2.5) 中的无散度零迹对称张量 D_{ij} 中去。但实际上，我们可以取 $\mathcal{B}_{ij} = 0$，这样就有 $\partial_i\partial_j B = \dfrac{1}{3}\delta_{ij}\nabla^2 B$，从而使以后的有关计算大为简化。这样做是合理的，如果我们考查一下式 (4.4.36) 和式 (4.4.54) 的等

号右边，就会发现这两式中所含的 $\partial_i\partial_j B$ 项完全相同，因而由此两式所建立的场方程中，两边出现的 $\partial_i\partial_j B$ 项就会抵消掉。这表明，对扰动标量 B 取 $\mathcal{B}_{ij}=0$ 即 $\partial_i\partial_j B=\dfrac{1}{3}\delta_{ij}\nabla^2 B$，不会对爱因斯坦场方程产生影响，这一点也可以从同步规范下的场方程式 (4.4.59)~ 式 (4.4.62) 中看到，其中只出现 $\nabla^2 B$ 项而没有 $\partial_i\partial_j B$ 项。

如此，式 (4.5.21) 中的最后一项就可以写为

$$P^j P^k \partial_j\partial_k B_{,i}=\partial_i(P^j P^k\partial_j\partial_k B)=\partial_i\left[P^j P^k\left(\frac{1}{3}\delta_{jk}\nabla^2 B\right)\right]=\frac{1}{3}P^2\nabla^2 B_{,i} \tag{4.5.24}$$

因而式 (4.5.21) 现在变成

$$\frac{\mathrm{d}P_i}{\mathrm{d}t}=\frac{1}{2P^0}\left[-(P^0)^2 E_{,i}+a^2P^2\left(A_{,i}+\frac{1}{3}\nabla^2 B_{,i}\right)\right] \tag{4.5.25}$$

把对 t 的导数换成对仿射参量 λ 的导数，即为

$$\begin{aligned}\frac{\mathrm{d}P_i}{\mathrm{d}\lambda}=\frac{\mathrm{d}P_i}{\mathrm{d}t}\frac{\mathrm{d}t}{\mathrm{d}\lambda}&=\frac{\mathrm{d}P_i}{\mathrm{d}t}P^0\\&=\frac{1}{2}\left[-(P^0)^2 E_{,i}+a^2P^2\left(A_{,i}+\frac{1}{3}\nabla^2 B_{,i}\right)\right]\end{aligned} \tag{4.5.26}$$

再由式 (4.5.13) 得

$$p^i=\frac{P_i}{a[(1+A)+(\nabla^2 B)/3]^{1/2}}=\frac{P_i}{a(1+h/3)^{1/2}}=\frac{1-h/6}{a}P_i \tag{4.5.27}$$

式中，变量 h 由式 (4.5.16) 定义，并在最后一步取了一阶近似。把此式两边对 λ 求导，并利用式 (4.5.26)，

$$\frac{\mathrm{d}p^i}{\mathrm{d}\lambda}=\frac{\mathrm{d}}{\mathrm{d}\lambda}\left(\frac{1-h/6}{a}\right)P_i+\frac{1-h/6}{a}\frac{\mathrm{d}P_i}{\mathrm{d}\lambda} \tag{4.5.28}$$

这里需要说明的是，此方程两边对 λ 求导而不是直接对 t 求导，这是因为 λ 是沿粒子轨道单调增长的仿射参量，而 t(即 x^0) 与粒子的空间位置坐标 x^i 一起都是 λ 的函数。当 λ 沿轨道变化时，t 与 x^i 都在变化。因此，求与粒子运动相关的参量 (例如动量) 对 t 的导数时，需要通过对 λ 的导数得出，即

$$\frac{\mathrm{d}}{\mathrm{d}\lambda}=\frac{\mathrm{d}x^\mu}{\mathrm{d}\lambda}\frac{\partial}{\partial x^\mu}=\frac{\mathrm{d}t}{\mathrm{d}\lambda}\frac{\partial}{\partial t}+\frac{\mathrm{d}x^k}{\mathrm{d}\lambda}\frac{\partial}{\partial x^k}=P^0\frac{\partial}{\partial t}+P^k\frac{\partial}{\partial x^k} \tag{4.5.29}$$

由此，式 (4.5.28) 给出

$$\frac{\mathrm{d}p^i}{\mathrm{d}\lambda}=P_iP^0\frac{\partial}{\partial t}\left(\frac{1-h/6}{a}\right)+P_iP^k\frac{\partial}{\partial x^k}\left(\frac{1-h/6}{a}\right)+\frac{1-h/6}{a}\frac{\mathrm{d}P_i}{\mathrm{d}\lambda}$$

$$=P_i\left\{-P^0\left[\frac{a\dot{h}/6+(1-h/6)\dot{a}}{a^2}\right]-\frac{1}{6a}P^kh_{,k}\right\}+\frac{1-h/6}{a}\frac{\mathrm{d}P_i}{\mathrm{d}\lambda}\tag{4.5.30}$$

式中，字母上的圆点代表对 t 求导。接下来就要把式 (4.5.26) 关于 $\mathrm{d}P_i/\mathrm{d}\lambda$ 的结果代入上式最后一项，并把等号左边对 λ 的导数换回到对 t 的导数：

$$\begin{aligned}\frac{\mathrm{d}p^i}{\mathrm{d}t}=&\frac{\mathrm{d}\lambda}{\mathrm{d}t}\frac{\mathrm{d}p^i}{\mathrm{d}\lambda}=\frac{1}{P^0}\frac{\mathrm{d}p^i}{\mathrm{d}\lambda}\\=&\frac{P_i}{P^0}\left\{-P^0\left[\frac{a\dot{h}/6+(1-h/6)\dot{a}}{a^2}\right]-\frac{1}{6a}P^kh_{,k}\right\}\\&+\frac{1-h/6}{2aP^0}\left[-(P^0)^2E_{,i}+a^2P^2\left(A_{,i}+\frac{1}{3}\nabla^2B_{,i}\right)\right]\end{aligned}\tag{4.5.31}$$

根据上面式 (4.5.12)、式 (4.5.13) 以及式 (4.5.11) 的结果，有

$$\begin{aligned}&P^0=\frac{\varepsilon}{\sqrt{1+E}}=\varepsilon\left(1-\frac{E}{2}\right),\quad P^i=\frac{p^i}{a\sqrt{1+h/3}}=\frac{1}{a}\left(1-\frac{h}{6}\right)p^i\\&P_i=a(1+h/3)^{1/2}p^i=a(1+h/6)p^i\\&P^2=\beta^2p^2=\frac{p^2}{a^2(1+h/3)}=\frac{1-h/6}{a^2}p^2\end{aligned}\tag{4.5.32}$$

这样式 (4.5.31) 就变成

$$\begin{aligned}\frac{\mathrm{d}p^i}{\mathrm{d}t}=&-\left(1+\frac{h}{6}\right)\left[\frac{\dot{h}}{6}+\left(1-\frac{h}{6}\right)\frac{\dot{a}}{a}+\frac{(1-h/6)(1+E/2)}{6a\varepsilon}p^kh_{,k}\right]p^i\\&+\left(1-\frac{h}{6}\right)\left[-\frac{\varepsilon(1-E/2)}{2a}E_{,i}+\frac{(1-h/3)(1+E/2)}{2\varepsilon a}p^2A_{,i}\right.\\&\left.+\frac{(1+E/2)(1-h/6)^2}{2\varepsilon a}\left(\frac{1}{3}p^2\nabla^2B_{,i}\right)\right]\end{aligned}\tag{4.5.33}$$

在一阶近似下，上式可以简化为

$$\frac{\mathrm{d}p^i}{\mathrm{d}t}=-\left[\frac{\dot{a}}{a}+\frac{\dot{h}}{6}+\frac{1}{6a\varepsilon}p^kh_{,k}\right]p^i-\frac{\varepsilon}{2a}E_{,i}+\frac{p^2}{2a\varepsilon}\left(A_{,i}+\frac{1}{3}\nabla^2B_{,i}\right)$$

$$= -\left[\frac{\dot{a}}{a} + \frac{\dot{h}}{6} + \frac{1}{6a\varepsilon}p^k h_{,k}\right]p^i - \frac{\varepsilon}{2a}E_{,i} + \frac{p^2}{6a\varepsilon}h_{,i} \tag{4.5.34}$$

现在我们就可以根据式 (4.5.18)，得到

$$\begin{aligned}\frac{\mathrm{d}p}{\mathrm{d}t} &= \delta_{ij}\frac{p^j}{p}\frac{\mathrm{d}p^i}{\mathrm{d}t} = \delta_{ij}\hat{p}^j\frac{\mathrm{d}p^i}{\mathrm{d}t} \\ &= -\left[\frac{\dot{a}}{a} + \frac{\dot{h}}{6} + \frac{1}{6a\varepsilon}p^k h_{,k}\right]p - \frac{\varepsilon}{2a}\hat{p}^i E_{,i} + \frac{p^2}{6a\varepsilon}\hat{p}^i h_{,i}\end{aligned}$$

不难看出，上式中第三项和第五项是相消的，故最后的结果是

$$\frac{\mathrm{d}p}{\mathrm{d}t} = -\left(\frac{\dot{a}}{a} + \frac{\dot{h}}{6}\right)p - \frac{\varepsilon}{2a}\hat{p}^i E_{,i} \tag{4.5.35}$$

3. $\mathrm{d}\hat{p}^i/\mathrm{d}t$ 的表示式

至此，Boltzmann 方程式 (4.5.14) 等号左边，就只有 $\mathrm{d}\hat{p}^i/\mathrm{d}t$ 的表示式还没有给出了。这个计算并不难，根据定义式 (4.5.10) 并直接代入式 (4.5.34) 和式 (4.5.35) 的结果，可得

$$\begin{aligned}\frac{\mathrm{d}\hat{p}^i}{\mathrm{d}t} &= \frac{1}{p}\frac{\mathrm{d}p^i}{\mathrm{d}t} - \frac{p^i}{p^2}\frac{\mathrm{d}p}{\mathrm{d}t} \\ &= \frac{p}{6a\varepsilon}h_{,i} - \frac{\varepsilon}{2ap}E_{,i} + \frac{\varepsilon}{2ap}\hat{p}^i\hat{p}^k E_{,k} - \frac{p}{6a\varepsilon}\hat{p}^i\hat{p}^k h_{,k}\end{aligned} \tag{4.5.36}$$

到目前为止，我们已经求得了在小扰动情况下，Boltzmann 方程的三个因子即 $\mathrm{d}x^i/\mathrm{d}t$、$\mathrm{d}p/\mathrm{d}t$ 以及 $\mathrm{d}\hat{p}^i/\mathrm{d}t$ 的表示式。此时分布函数 $f(x^i, p, \hat{p}^i, t)$ 本身的形式没有具体给出，因为它是与粒子的物理属性直接有关的，例如对于光子，其分布是玻色–爱因斯坦 (Bose-Einstein) 分布；而对于中微子，这一分布将是费米–狄拉克 (Fermi-Dirac) 分布。此外，方程 (4.5.14) 等号右边的碰撞项也是与粒子的物理属性及其所处物理条件有关的，我们将在之后具体讨论。

前面讨论过的流体能量–动量张量 $T_{\mu\nu}$，现在也可以用粒子分布函数的积分来表述。它的普遍形式为 (Ma & Bertchinger，1995；Dodelson & Schmidt，2021)

$$T^{\mu}_{\nu} = \int \mathrm{d}P_1\mathrm{d}P_2\mathrm{d}P_3(-g)^{-1/2}\frac{P^{\mu}P_{\nu}}{P^0}f(\boldsymbol{x}, \boldsymbol{p}, t) \tag{4.5.37}$$

其中，g 是度规 $g_{\mu\nu}$ 的行列式值，在式 (4.5.1) 所示的扰动时空度规下，取一阶近似时有

$$-g = -\det[g_{\mu\nu}] = a^6(1 + E + h)$$

$$(-g)^{-1/2} = a^{-3}(1 - E/2 - h/2) \tag{4.5.38}$$

再把动量从共轭动量换成固有动量并只保留一阶扰动项，这给出

$$\begin{aligned} \mathrm{d}P_1\mathrm{d}P_2\mathrm{d}P_3(-g)^{-1/2} &= a^3(1+h/3)^{3/2}\mathrm{d}p^1\mathrm{d}p^2\mathrm{d}p^3(-g)^{-1/2} \\ &= (1+h/2)(1-E/2-h/2)\mathrm{d}p^1\mathrm{d}p^2\mathrm{d}p^3 = (1-E/2)\mathrm{d}p^1\mathrm{d}p^2\mathrm{d}p^3 \end{aligned} \tag{4.5.39}$$

接下来由式 (4.5.32)，有

$$P_0 = g_{00}P^0 = -\varepsilon\sqrt{1+E} = -\varepsilon(1+E/2), \quad P_i = a(1+h/6)p^i$$

$$\frac{P^iP_j}{P^0} = \frac{(1+E/2)}{\varepsilon}p^ip_j \tag{4.5.40}$$

把上述诸结果代入式 (4.5.37) 并只保留一阶扰动，得

$$T_0^0(\boldsymbol{x},t) = -\int \mathrm{d}^3p\varepsilon(p)f(\boldsymbol{x},\boldsymbol{p},t) \tag{4.5.41}$$

$$T_i^0(\boldsymbol{x},t) = a(1-E/2+h/6)\int \mathrm{d}^3pp_if(\boldsymbol{x},\boldsymbol{p},t) \tag{4.5.42}$$

$$T_j^i(\boldsymbol{x},t) = \int \mathrm{d}^3p\frac{p^ip_j}{\varepsilon(p)}f(\boldsymbol{x},\boldsymbol{p},t) \tag{4.5.43}$$

对比前面式 (4.5.39) 我们看到，如果度规发生小扰动时分布函数 f 仍保持不变，即 $f=\bar{f}$，则一阶扰动下的结果与无扰动时的相同，都有

$$\begin{aligned} \overline{T}^0{}_0(\boldsymbol{x},t) &= \int \mathrm{d}^3p\varepsilon(p)\overline{f}(\boldsymbol{x},\boldsymbol{p},t) = \overline{\rho}(\boldsymbol{x},t) \\ \overline{T}^i{}_j(\boldsymbol{x},t) &= \int \mathrm{d}^3p\frac{p^ip_j}{\varepsilon(p)}\overline{f}(\boldsymbol{x},\boldsymbol{p},t) = \overline{p}\delta_{ij} \end{aligned} \tag{4.5.44}$$

这其实就是我们在统计物理课程中学到过的结果。但实际上 f 在扰动情况下也会有所变化，我们将在 4.6 节对此进行讨论。

4.6 宇宙各主要组分的扰动演化方程

下面我们就来具体讨论宇宙中各主要组分的扰动演化，其相应的时期大约从宇宙温度为 10^9K 开始。此时中微子已与其他物质粒子以及光子退耦，电子与正电子的湮灭已完成，宇宙核合成的主要过程也已基本结束。这一时期我们所主要

关注的宇宙组分为冷暗物质、重子物质、中微子和光子。这些组分的扰动与引力场扰动一起演化的结果，将给我们提供可观测宇宙的关键信息。当然，除了这些组分之外，我们还应当考虑宇宙暗能量的扰动，因为暗能量也是宇宙中的一种能量形式，而不应该被认为是一个不变的“宇宙学常数”。但至今为止，几乎所有的暗能量模型所预言的扰动都非常小，因此对度规扰动的贡献完全可以忽略。

4.6.1 冷暗物质

在宇宙演化的极早期，冷暗物质粒子就与其他粒子退耦并变成非相对论性的粒子，其热运动速度及压力都可以被忽略，且它与宇宙其他组分之间仅仅存在引力相互作用而没有任何碰撞。这样，我们就可以把冷暗物质 (CDM) 当作零压的理想流体来处理，因此方程就变得比较简单了。此外，目前的观测结果普遍认为，冷暗物质在所有宇宙物质成分中占主导地位，故它在宇宙结构的生长过程中起到了关键的引领作用，形成宏伟宇宙大厦的基础构架。

按照理想流体的能量–动量守恒式 (4.4.79) 和式 (4.4.80) 并对冷暗物质取 $w = 0$，则描述密度扰动和速度扰动随时间演化的方程分别是

$$\dot{\delta}_{\mathrm{D}} + \frac{1}{a}\partial_i v_{\mathrm{D}}^i = -\frac{1}{2}(3\dot{A} + \nabla^2\dot{B}) = -\frac{1}{2}\dot{h} \tag{4.6.1}$$

$$\frac{\mathrm{d}v_{\mathrm{D}}^i}{\mathrm{d}t} + \frac{\dot{a}}{a}v_{\mathrm{D}}^i = -\frac{1}{2a}\partial_i E \tag{4.6.2}$$

其中，下标 D 表示冷暗物质；参数 h 由式 (4.5.16) 定义；且 $\delta \equiv \delta\rho/\rho$ 代表相对密度扰动；v_{D}^i 代表冷暗物质固有 (物理) 速度的扰动。(注意，v_{D}^i 是由流体连续性方程定义的宏观流动速度，而不是指粒子的热运动速度。通常认为冷暗物质粒子是极端非相对论性的，故其热运动速度近似为零，但仍存在可观的宏观流动速度。对于其他粒子，虽然其相对论性各有不同，也都存在类似的两种速度概念的区别。) 同时，我们这里不再分别列出牛顿规范和同步规范下的方程式，而把这作为练习留给读者。

式 (4.6.1) 和式 (4.6.2) 两个方程还可以根据 Boltzmann 方程导出。无碰撞项的 Boltzmann 方程现在是

$$\frac{\partial f_{\mathrm{D}}}{\partial t} + \frac{\partial f_{\mathrm{D}}}{\partial x^i}\frac{\mathrm{d}x^i}{\mathrm{d}t} + \frac{\partial f_{\mathrm{D}}}{\partial p}\frac{\mathrm{d}p}{\mathrm{d}t} + \frac{\partial f_{\mathrm{D}}}{\partial \hat{p}^i}\frac{\mathrm{d}\hat{p}^i}{\mathrm{d}t} = 0 \tag{4.6.3}$$

式中，三个系数因子即 $\mathrm{d}x^i/\mathrm{d}t$、$\mathrm{d}p/\mathrm{d}t$ 以及 $\mathrm{d}\hat{p}^i/\mathrm{d}t$ 的表示式已由式 (4.5.17)、式 (4.5.35) 和式 (4.5.36) 给出。但等号左边第四项，因为相乘的两个因子都是一阶小量，相乘后为二阶小量，故此项可略去。其他两项中也有简化：例如等号左边第二项要用到式 (4.5.17)，但因 p^i/ε 本身已是一阶小量，故括号中的 E 和

h 可以忽略；等号左边第三项要用到式 (4.5.35)，该式倒数第一项由于含有一个一阶小量 E，故下一步对 $\partial f_{\rm D}/\partial p$ 作分部积分后，只需保留 $f_{\rm D}$ 的未扰动值，而未扰动的分布函数应当是各向同性的，故不显含 $\hat{p}^i$。这样一来，在对方位角 $\mathrm{d}\Omega$ 作积分时，由于 $\int \mathrm{d}\Omega\hat{p}^i = 0$，因而该项积分为零。因此，式 (4.6.3) 最终简化为

$$\frac{\partial f_{\rm D}}{\partial t} + \frac{1}{a}\frac{\partial f_{\rm D}}{\partial x^i}\frac{p^i}{\varepsilon} - \left(\frac{\dot{a}}{a} + \frac{\dot{h}}{6}\right)\frac{\partial f_{\rm D}}{\partial p}p = 0 \tag{4.6.4}$$

现在对式 (4.6.4) 进行积分，即得

$$\frac{\partial}{\partial t}\int \mathrm{d}^3 p f_{\rm D} + \frac{1}{a}\frac{\partial}{\partial x^i}\int \mathrm{d}^3 p f_{\rm D}\frac{p^i}{\varepsilon} - \left(\frac{\dot{a}}{a} + \frac{\dot{h}}{6}\right)\int \mathrm{d}^3 p\frac{\partial f_{\rm D}}{\partial p}p = 0 \tag{4.6.5}$$

这里我们还要说明两点。首先，分布函数 f 中应当包含有粒子自旋态简并度因子 g_s，但因为它是方程中诸项的共同因子，故可以消去。其次，式 (4.5.2) 所定义的分布函数 $f(x^i, P_i, t)$ 代表单相位空间体积内的粒子数，这里既包括空间位置构成的相空间体积 $\mathrm{d}^3 p$，也包括动量空间构成的相空间体积 $\mathrm{d}^3 p$。而式 (4.5.37) 及其后的一些表示式中，都直接略去了 $\mathrm{d}^3 x$ 的空间积分。这可以理解为：坐标空间与动量空间的变量是相互独立的，故可以预先对坐标空间积分 (实际上是取一个单位体积，但这个积分没有以显式方式出现)，这就有简单的表示式

$$\int \mathrm{d}^3 p f_{\rm D} = n_{\rm D} \tag{4.6.6}$$

这里，$n_{\rm D}$ 是粒子的空间数密度。接下来有

$$\int \mathrm{d}^3 p f_{\rm D}\frac{p^i}{\varepsilon} = n_{\rm D} v_{\rm D}^i \tag{4.6.7}$$

这里，$v_{\rm D}^i$ 代表单个冷暗物质粒子的平均固有 (非热运动) 速度。式 (4.6.5) 的最后一项积分给出

$$\int \mathrm{d}^3 p\frac{\partial f_{\rm D}}{\partial p}p = \int \mathrm{d}p p^3\frac{\partial}{\partial p}\int f_{\rm D}\mathrm{d}\Omega = -3\int \mathrm{d}p p^2\int f_{\rm D}\mathrm{d}\Omega = -3n_{\rm D} \tag{4.6.8}$$

第二个等号是分部积分的结果。把式 (4.6.6)～式 (4.6.8) 代入式 (4.6.5)，即可得

$$\frac{\partial n_{\rm D}}{\partial t} + \frac{1}{a}\frac{\partial (n_{\rm D} v_{\rm D}^i)}{\partial x^i} + 3\left(\frac{\dot{a}}{a} + \frac{\dot{h}}{6}\right)n_{\rm D} = 0 \tag{4.6.9}$$

如果把数密度函数 n_{D} 展开为平均值 $\overline{n}_{\mathrm{D}}$ 加上一个一阶扰动量 δ_{D}，即

$$n_{\mathrm{D}}(\boldsymbol{x},t)=\overline{n}_{\mathrm{D}}(t)[1+\delta_{\mathrm{D}}(\boldsymbol{x},t)] \tag{4.6.10}$$

则式 (4.6.9) 的零阶项给出方程

$$\frac{\partial\overline{n}_{\mathrm{D}}}{\partial t}+3\frac{\dot{a}}{a}\overline{n}_{\mathrm{D}}=0 \tag{4.6.11}$$

由此得到 $\overline{n}_{\mathrm{D}}\propto a^{-3}$，这其实就是熟知的极端非相对论粒子的结果。方程 (4.6.9) 的一阶项给出

$$\frac{\partial\delta_{\mathrm{D}}}{\partial t}+\frac{1}{a}\frac{\partial v_{\mathrm{D}}^i}{\partial x^i}+\frac{\dot{h}}{2}=0 \tag{4.6.12}$$

这个方程与前面流体的方程 (4.6.1) 完全一致。这里要补充说明一下，虽然式 (4.6.10) 定义的 δ_{D} 是粒子数密度涨落，但对于非相对论性粒子，数密度涨落与质量密度涨落总是一致的。

下面我们再来看，如何由 Boltzmann 方程 (4.6.3) 得出第二个流体方程 (4.6.2)。将式 (4.6.3)(如前所述，其最后一项是二阶小量，故略去) 乘以一阶小量 p^i/ε 后再对 p 积分，得

$$\int\mathrm{d}^3p\frac{\partial f_{\mathrm{D}}}{\partial t}\frac{p^i}{\varepsilon}+\int\mathrm{d}^3p\frac{\partial f_{\mathrm{D}}}{\partial x^j}\frac{\mathrm{d}x^j}{\mathrm{d}t}\frac{p^i}{\varepsilon}+\int\mathrm{d}^3p\frac{\partial f_{\mathrm{D}}}{\partial p}\frac{\mathrm{d}p}{\mathrm{d}t}\frac{p^i}{\varepsilon}=0 \tag{4.6.13}$$

其中，$\mathrm{d}x^j/\mathrm{d}t$、$\mathrm{d}p/\mathrm{d}t$ 分别由式 (4.5.17) 和式 (4.5.35) 给出。与前面讨论过的情况一样，式 (4.4.17) 中的 E 和 h 可以忽略，但式 (4.5.35) 中倒数第一项的情况现在有所变化，因分部积分后将不会出现 $\int\mathrm{d}\Omega\hat{p}^i=0$ 的简单结果，故该项不能被略去。这样，式 (4.6.13) 现在的形式是

$$\begin{aligned}&\frac{\partial}{\partial t}\int\mathrm{d}^3pf_{\mathrm{D}}\frac{p^i}{\varepsilon}+\frac{1}{a}\frac{\partial}{\partial x^j}\int\mathrm{d}^3pf_{\mathrm{D}}\frac{p^2}{\varepsilon^2}\hat{p}^j\hat{p}^i-\left(\frac{\dot{a}}{a}+\frac{\dot{h}}{6}\right)\int\mathrm{d}^3p\frac{\partial f_{\mathrm{D}}}{\partial p}p\frac{p^i}{\varepsilon}\\&-\int\mathrm{d}^3p\frac{\partial f_{\mathrm{D}}}{\partial p}\frac{\varepsilon}{2a}\frac{p^i}{\varepsilon}\hat{p}^jE_{,j}=0\end{aligned} \tag{4.6.14}$$

方程左边第一项的结果是已知的，

$$\frac{\partial}{\partial t}\int\mathrm{d}^3pf_{\mathrm{D}}\frac{p^i}{\varepsilon}=\frac{\partial}{\partial t}(n_{\mathrm{D}}v_{\mathrm{D}}^i) \tag{4.6.15}$$

而第二项显然是一个二阶小量，故可略去，同样也有第三项中括号里的 $\dot{h}/6$ 项。第三项中的积分现在是

$$\begin{aligned}\int \mathrm{d}^3 p \frac{\partial f_{\mathrm{D}}}{\partial p} p \frac{p^i}{\varepsilon} &= \int \mathrm{d}\Omega \hat{p}^i \int \mathrm{d}p \frac{p^4}{\varepsilon(p)} \frac{\partial f_{\mathrm{D}}}{\partial p} = -\int \mathrm{d}\Omega \hat{p}^i \int \mathrm{d}p f_{\mathrm{D}} \frac{\mathrm{d}}{\mathrm{d}p}\left[\frac{p^4}{\varepsilon(p)}\right] \\ &= -\int \mathrm{d}\Omega \hat{p}^i \int \mathrm{d}p f_{\mathrm{D}} \left[\frac{4p^3}{\varepsilon(p)} - \frac{p^5}{\varepsilon(p)^2}\right]\end{aligned} \tag{4.6.16}$$

这里的第二个等号是分部积分，且有 $\varepsilon(p)=\sqrt{p^2+m^2}$ 。最后的积分结果，括号里面第二项显然是高阶小量，故可舍去，从而得到

$$-4\int \mathrm{d}\Omega \int p^2 \mathrm{d}p f_{\mathrm{D}} \frac{p^i}{\varepsilon} = -4 n_{\mathrm{D}} v_{\mathrm{D}}^i \tag{4.6.17}$$

现在来看式 (4.6.14) 的最后一项，

$$\begin{aligned}\int \mathrm{d}^3 p \frac{\partial f_{\mathrm{D}}}{\partial p} \frac{\varepsilon}{2a} \frac{p^i}{\varepsilon} \hat{p}^j E_{,j} &= \frac{E_{,j}}{2a} \int \mathrm{d}^3 p \frac{\partial f_{\mathrm{D}}}{\partial p} p \hat{p}^i \hat{p}^j \\ &= \frac{E_{,j}}{2a} \int \mathrm{d}\Omega \hat{p}^i \hat{p}^j \int \mathrm{d}p \frac{\partial f_{\mathrm{D}}}{\partial p} p^3 = -\frac{E_{,j}}{2a} \frac{4\pi}{3} \delta_{ij} \int \mathrm{d}p f_{\mathrm{D}} \frac{\mathrm{d}}{\mathrm{d}p} p^3 \\ &= -\frac{E_{,i}}{2a} \int \mathrm{d}\Omega p^2 \mathrm{d}p f_{\mathrm{D}} = -\frac{E_{,i}}{2a} n_{\mathrm{D}}\end{aligned} \tag{4.6.18}$$

其中，用到 $\int \mathrm{d}\Omega \hat{p}^i \hat{p}^j = \delta_{ij} 4\pi/3$。

至此，式 (4.6.14) 化为

$$\frac{\partial}{\partial t}(n_{\mathrm{D}} v_{\mathrm{D}}^i) + 4\frac{\dot{a}}{a} n_{\mathrm{D}} v_{\mathrm{D}}^i + \frac{E_{,i}}{2a} n_{\mathrm{D}} = 0 \tag{4.6.19}$$

再利用式 (4.6.11) 的零阶项方程，最后得到一阶扰动下的形式

$$\frac{\partial}{\partial t} v_{\mathrm{D}}^i + \frac{\dot{a}}{a} v_{\mathrm{D}}^i + \frac{E_{,i}}{2a} = 0 \tag{4.6.20}$$

显然，这个结果与前面的流体方程 (4.6.2) 完全一致。

4.6.2 光子 (辐射)

接下来我们讨论光子，即通常所称的辐射。光子与冷暗物质粒子的情况截然相反，它的静止质量为零，故属于极端相对论性粒子，因而有 $\varepsilon = p$；此外，它不

仅参与引力作用，而且通过电磁作用与重子物质之间发生耦合，直到宇宙温度降到大约 4000K 以下这种耦合才迅速变弱。光子给我们提供了有关宇宙结构的丰富信息，是宇宙派给人类的忠实信使。

前面提到，在复合之前光子与重子等离子体紧密耦合，故可用流体近似很好地描述。但复合期间及复合结束后，光子的平均自由程变得越来越长，流体近似就不再适用了。因此，我们现在就直接从 Boltzmann 方程着手，且一开始就把二阶扰动项 (即式 (4.5.14) 等号左边最后一项) 舍去，这样方程就变成

$$\frac{\partial f}{\partial t}+\frac{\partial f}{\partial x^i}\frac{\mathrm{d}x^i}{\mathrm{d}t}+\frac{\partial f}{\partial p}\frac{\mathrm{d}p}{\mathrm{d}t}=\left(\frac{\partial f}{\partial t}\right)_c \tag{4.6.21}$$

这里，f 的形式为 Bose-Einstein 分布 (并取化学势为零)，且为简便起见，f 并没有标记下标。方程的左边我们已经进行过仔细讨论，其有关因子现在的形式为

$$\frac{\mathrm{d}x^i}{\mathrm{d}t}==\frac{p^i}{a\varepsilon}(1+E/2-h/6)=\frac{\hat{p}^i}{a}(1+E/2-h/6) \tag{4.6.22}$$

$$\frac{\mathrm{d}p}{\mathrm{d}t}=-\left(\frac{\dot{a}}{a}+\frac{\dot{h}}{6}\right)p-\frac{p}{2a}\hat{p}^iE_{,i} \tag{4.6.23}$$

其中，已取 $\varepsilon=p$。与冷暗物质粒子不同的是，这里我们必须考虑等号右边的碰撞项，因为光子通过 Thomson 散射与重子等离子体中的自由电子发生散射，这就使得光子的分布函数不断产生变化。Peebles 和 Yu(1970)，以及 Peebles(1980) 最早指出，该碰撞项可以写为

$$\left(\frac{\partial f}{\partial t}\right)_c=\frac{p'}{p}(f_+-f) \tag{4.6.24}$$

其中，f_+ 代表由于散射而进入该单位体积的光子分布函数；p'/p 表示从物质 (重子流体) 静止坐标系 (带撇号) 变换到观测者静止坐标系时，时间快慢的改正，并在一阶近似下有 (Peebles，1980)

$$p'/p=1-\hat{p}_iv^i \tag{4.6.25}$$

式中，v^i 是物质的固有速度。这实际上就是狭义相对论的频移效应。f_+ 的形式可以如下得到。设在物质静止参考系中，光子的散射是各向同性的。因为分布函数具有标量不变性，故

$$f_+(p,\hat{p})=\frac{1}{4\pi}\int\mathrm{d}\Omega'f'(p',\hat{p}') \tag{4.6.26}$$

其中，撇号相应于物质静止的局域闵可夫斯基 (Minkowski) 参考系，且 p' 与 p 和 $\hat{p}^i$ 的关系由式 (4.6.25) 给出。

下面我们先来定义几个物理量。观测者静止系中，在方向 $\boldsymbol{n}$ 观测到的辐射能量密度定义为

$$\rho_{\mathrm{r}}(\boldsymbol{n}) \equiv \int \mathrm{d}^3 p f p = \rho_{\mathrm{rb}}[1+\delta_{\mathrm{r}}(\boldsymbol{n})] \tag{4.6.27}$$

其中，ρ_{rb} 表示未受扰动的辐射能量密度值，

$$\rho_{\mathrm{rb}} = \int \mathrm{d}^3 p f_{\mathrm{b}} p \tag{4.6.28}$$

这里，f_{b} 表示未受扰动时的分布函数。式 (4.6.27) 也称为**辐射亮度**，这样 $\delta_{\mathrm{r}}(\boldsymbol{n})$ 就表示辐射亮度的涨落，它的方向平均称为辐射密度扰动：

$$\delta^{(\mathrm{r})} = \frac{1}{4\pi}\int \mathrm{d}\Omega \delta_{\mathrm{r}}(\boldsymbol{n}) \tag{4.6.29}$$

现在把式 (4.6.21) 两边乘以 p 并对动量空间积分。左边第一项利用式 (4.6.27) 化为

$$\begin{aligned}\int \mathrm{d}^3 p \frac{\partial f}{\partial t} p &= \frac{\partial}{\partial t}\int \mathrm{d}^3 p f p = \frac{\partial}{\partial t}\rho_{\mathrm{r}}(\boldsymbol{n}) = \frac{\partial}{\partial t}\left\{\rho_{\mathrm{rb}}[1+\delta_{\mathrm{r}}(\boldsymbol{n})]\right\} \\ &= \frac{\mathrm{d}\rho_{\mathrm{rb}}}{\mathrm{d}t}(1+\delta_{\mathrm{r}}) + \rho_{\mathrm{rb}}\frac{\partial \delta_{\mathrm{r}}}{\partial t} \\ &= -\frac{4\rho_{\mathrm{rb}}}{a}\frac{\mathrm{d}a}{\mathrm{d}t}(1+\delta_{\mathrm{r}}) + \rho_{\mathrm{rb}}\frac{\partial \delta_{\mathrm{r}}}{\partial t}\end{aligned} \tag{4.6.30}$$

这里为简便起见略去了 δ_{r} 后面的 $(\boldsymbol{n})$，且最后一步用到未扰动时的辐射密度变化规律 (式 (2.2.25))

$$\frac{\mathrm{d}\rho_{\mathrm{rb}}}{\mathrm{d}t} = -\frac{4\rho_{\mathrm{rb}}}{a}\frac{\mathrm{d}a}{\mathrm{d}t} \tag{4.6.31}$$

式 (4.6.21) 左边第二项现在化为

$$\begin{aligned}\frac{\mathrm{d}x^i}{\mathrm{d}t}\frac{\partial}{\partial x^i}\int \mathrm{d}^3 p f p &= \frac{\mathrm{d}x^i}{\mathrm{d}t}\frac{\partial}{\partial x^i}[\rho_{\mathrm{rb}}(1+\delta_{\mathrm{r}})] \\ &= \frac{\hat{p}^i}{a}(1+E/2-h/6)\frac{\partial}{\partial x^i}[\rho_{\mathrm{rb}}(1+\delta_{\mathrm{r}})] \\ &= \frac{\rho_{\mathrm{rb}}}{a}\hat{p}^i\frac{\partial \delta^{(\mathrm{r})}}{\partial x^i}\end{aligned} \tag{4.6.32}$$

其中，用到式 (4.6.22) 并在最后只保留一阶扰动项。式 (4.6.21) 左边第三项现在是 (利用式 (4.6.23))

$$\begin{aligned}\int \mathrm{d}^3p\frac{\partial f}{\partial p}\frac{\mathrm{d}p}{\mathrm{d}t}p &= -\int \mathrm{d}\Omega\int p^3\mathrm{d}p\frac{\partial f}{\partial p}\times\left(\frac{\dot{a}}{a}+\frac{\dot{h}}{6}\right)p \\ &= -\left(\frac{\dot{a}}{a}+\frac{\dot{h}}{6}\right)\int \mathrm{d}\Omega\int p^4\mathrm{d}p\frac{\partial f}{\partial p} = 4\left(\frac{\dot{a}}{a}+\frac{\dot{h}}{6}\right)\int \mathrm{d}\Omega\int p^2\mathrm{d}pfp \\ &= 4\left(\frac{\dot{a}}{a}+\frac{\dot{h}}{6}\right)\rho_{\mathrm{rb}}[1+\delta_{\mathrm{r}}]\end{aligned} \tag{4.6.33}$$

这里要说明的是，上式第一个等号引用式 (4.6.23) 的结果时，只保留了该式右边的第一项 (即含括号项) 而舍去了第二项，这是因为第二项中的度规扰动 E 已是一阶小量，接下来进行分部积分时，积分中必然出现 $\int \mathrm{d}\Omega\hat{p}^i=0$，故一开始就可以把该项舍去。

最后来看式 (4.6.21) 的等号右边即式 (4.6.24)。因为 f_+ 与 f 只相差一阶小量，故在一阶近似下可取 $p'/p\simeq 1$；再乘以 p 并对动量空间积分，则 $\sigma_{\mathrm{T}}n_{\mathrm{e}}$ 所乘的因子 (f_+-f) 变为

$$\begin{aligned}\int \mathrm{d}^3pf_+p-\int \mathrm{d}^3pfp &= \int \mathrm{d}^3pf_+p-\rho_{\mathrm{rb}}(1+\delta_{\mathrm{r}}) \\ &= \rho_{\mathrm{rb}}\left[\frac{1}{\rho_{\mathrm{rb}}}\left(\int \mathrm{d}^3pf_+p\right)-(1+\delta_{\mathrm{r}})\right]\end{aligned} \tag{4.6.34}$$

其中，用到式 (4.6.27)。把式 (4.6.26) 代入，上式中含 f_+ 的积分现在是

$$\begin{aligned}\int \mathrm{d}^3pf_+p &= \int \mathrm{d}^3pp\left(\frac{1}{4\pi}\int \mathrm{d}\Omega'f'\right)=\left(\frac{p}{p'}\right)^4\frac{1}{4\pi}\int \mathrm{d}\Omega'\int \mathrm{d}^3p'f'p' \\ &= \left(\frac{p}{p'}\right)^4\frac{1}{4\pi}\int \mathrm{d}\Omega'\rho'_{\mathrm{rb}}(1+\delta'_{\mathrm{r}})=\rho'_{\mathrm{rb}}(1+4\hat{p}_iv^i)(1+\delta'^{(\mathrm{r})})\end{aligned} \tag{4.6.35}$$

其中，$\delta^{(\mathrm{r})}$ 由式 (4.6.29) 及式 (4.6.27) 定义，并用到式 (4.6.25) 给出的近似。把式 (4.6.35) 的结果代入式 (4.6.34) 并取一阶近似 $\rho'_{\mathrm{rb}}\simeq\rho_{\mathrm{rb}}$，$\delta'^{(\mathrm{r})}\simeq\delta^{(\mathrm{r})}$，则式 (4.6.34) 变成

$$\int \mathrm{d}^3pf_+p-\int \mathrm{d}^3pfp=\rho_{\mathrm{rb}}(\delta^{(\mathrm{r})}+4\hat{p}_iv^i-\delta_{\mathrm{r}}) \tag{4.6.36}$$

现在，我们把式 (4.6.30)、式 (4.6.32)、式 (4.6.33) 及式 (4.6.36) 的结果列到一起，就得到

$$-4\rho_{\rm rb}\frac{\dot{a}}{a}(1+\delta_{\rm r})+\rho_{\rm rb}\frac{\partial\delta_{\rm r}}{\partial t}+\frac{\rho_{\rm rb}}{a}\hat{p}^i\frac{\partial\delta^{(\rm r)}}{\partial x^i}+4\left(\frac{\dot{a}}{a}+\frac{\dot{h}}{6}\right)\rho_{\rm rb}(1+\delta_{\rm r})$$

$$=\sigma_{\rm T}n_{\rm e}\rho_{\rm rb}\left(\delta^{(\rm r)}+4\hat{p}_iv^i-\delta_{\rm r}\right) \tag{4.6.37}$$

化简并只保留一阶小量，最终得到

$$\frac{\partial\delta_{\rm r}}{\partial t}+\frac{\hat{p}^i}{a}\frac{\partial\delta^{(\rm r)}}{\partial x^i}+\frac{2}{3}\dot{h}=\sigma_{\rm T}n_{\rm e}(\delta^{(\rm r)}+4\hat{p}_iv^i-\delta_{\rm r}) \tag{4.6.38}$$

这就是光子扰动所满足的 Boltzmann 方程，其中 $\delta^{(\rm r)}$ 由式 (4.6.29) 定义。注意，这一方程中除了辐射亮度涨落 $\delta_{\rm r}$ 外，还包含了重子物质的速度 v^i 和引力场的扰动 g_{ij}，因而需要与这些扰动量的方程联立求解。4.6.3 节我们将对此加以讨论。

4.6.3 重子物质

这里的重子物质是指原子核、自由电子以及中性原子所构成的混合体。宇宙中的重子物质的主要成分是氢和氦。在宇宙的较早时期，所有重子物质都处于电离状态，离子与自由电子之间通过库仑 (Coulomb) 散射而紧密耦合。当宇宙学红移为 $z\approx2000$ 时，几乎所有的氦已复合成为中性原子，但此时几乎所有的氢还处于电离状态。直到宇宙学红移为 $z\approx1000$ 时，氢的复合过程开始，此后宇宙中的自由电子数目迅速减少，重子物质主要以中性原子的形式存在。我们下面讨论重子物质中的扰动的时候，通常是把这些离子、电子和中性原子当作同一种流体来看待，称为重子流体，且具有一个统一的速度 $V_{\rm B}$。同时，在我们所讨论的宇宙时期，宇宙温度 $T\ll m_{\rm e}$，故重子流体早已是非相对论性的了。这样，前面对冷暗物质的一些讨论结果就可以用到重子流体上来。但有一个明显不同的是，冷暗物质与光子之间除了引力之外没有其他相互作用，而光子的辐射压力却会对重子流体的运动产生阻尼作用。

我们先来看重子物质的密度扰动。与冷暗物质的情况一样，式 (4.6.1)(流体) 或式 (4.6.12)(Boltzmann 方程) 给出同样的结果：

$$\frac{\partial\delta_{\rm B}}{\partial t}+\frac{1}{a}\frac{\partial v_{\rm B}^i}{\partial x^i}+\frac{\dot{h}}{2}=0 \tag{4.6.39}$$

这里，$v_{\rm B}^i$ 是重子物质的固有速度。空间某处辐射压的大小由两个因素所决定：一是从该处向外的光子能流，即单位立体角内的辐射能量 (参见式 (4.6.27))

$$I=\rho_{\rm rb}(1+\delta_{\rm r})/4\pi \tag{4.6.40}$$

另一个是单位立体角内，由 Thomson 散射而向内注入的光子能流 (参见式 (4.6.35))

$$I_+ = \rho_{\rm rb}(1 + \delta^{(\rm r)} + 4\hat{p}_i v^i)/4\pi \tag{4.6.41}$$

分别乘以 $\sigma_{\rm T} n_{\rm e}$ 后 (相当于单位体积内的总散射截面)，将此两项之差对全部立体角积分，即给出单位体积物质受到的净辐射压力，其在 $\hat{p}_i$ 方向的分量为

$$F_i = \sigma_{\rm T} n_{\rm e} \rho_{\rm rb} \int (\delta_{\rm r} - 4\hat{p}_j v^j - \delta^{(\rm r)})\hat{p}_i {\rm d}\Omega/4\pi \tag{4.6.42}$$

定义

$$f_i = \int \delta_{\rm r} \hat{p}_i {\rm d}\Omega/4\pi \tag{4.6.43}$$

并注意到积分中第二、第三项分别有

$$\int \hat{p}_i \hat{p}_j v^j {\rm d}\Omega/4\pi = \frac{2\pi v^i}{4\pi}\int_0^\pi \cos^2\theta \sin\theta {\rm d}\theta = \frac{1}{3}v^i \tag{4.6.44}$$

$$\int \delta^{(\rm r)} \hat{p}_i {\rm d}\Omega/4\pi = 0 \tag{4.6.45}$$

则式 (4.6.42) 化为

$$F_i = \sigma_{\rm T} n_{\rm e} \rho_{\rm rb}\left(f_i - \frac{4}{3}v^i\right) \tag{4.6.46}$$

这样，把冷暗物质的运动方程 (4.6.2) 等号右边再加上一项辐射压力 $F_i/\rho_{\rm B}$，就得到重子物质的运动方程

$$\frac{\partial v_{\rm B}^i}{\partial t} + \frac{\dot{a}}{a}v_{\rm B}^i + \frac{1}{2a}\frac{\partial E}{\partial x^i} = \frac{F_i}{\rho_{\rm B}} = \sigma_{\rm T} n_{\rm e}\frac{\rho_{\rm rb}}{\rho_{\rm B}}\left(f_i - \frac{4}{3}v_{\rm B}^i\right) \tag{4.6.47}$$

式中，f_i 由式 (4.6.43) 定义。

4.6.4 有质量中微子

最后，我们来讨论有质量中微子，即静质量不为零的中微子，它属于所谓热暗物质 (HDM) 粒子。热暗物质是指静止质量较小的 WIMP 粒子，它们在宇宙演化的很长时期内保持为相对论性的，即具有很大的热运动速度。虽然观测已经表明，热暗物质占宇宙总质量密度的比例很小 (表 1.4)，但由于它对小尺度扰动会产生平滑作用，因而还是值得研究的。同时，中微子是目前唯一被实验确认存在的 WIMP 粒子，是热暗物质的主要候选者。而其他所有的 WIMP 粒子 (包括人们认为必须存在的、占暗物质主导地位的冷暗物质粒子)，也都还只是理论上的各

种可能模型。故有质量中微子对宇宙结构形成的影响仍然是目前宇宙学和粒子物理学感兴趣的研究课题。

根据标准的粒子物理模型，中微子在宇宙早期温度为 1~2MeV 时就与其他粒子退耦，这一时刻略早于正负电子湮灭的时刻，因此它们的温度要比辐射温度低一个 $(4/11)^{1/3}$ 因子。宇宙中单一类型 (也称为单代) 的中微子数密度与光子数密度之比为 (Dodelson & Schmidt，2021)

$$n_{\mathrm{v}} = \frac{3}{11} n_{\mathrm{r}} \tag{4.6.48}$$

故所有类型的中微子静质量之和与中微子总质量密度参数 Ω_{v} 的关系是

$$\Omega_{\mathrm{v}} h^2 = \frac{\sum m_{\mathrm{v}}}{94\mathrm{eV}} \tag{4.6.49}$$

其中，$\sum m_{\mathrm{v}} = m(v_{\mathrm{e}}) + m(v_{\mu}) + m(v_{\tau})$。近年来对这一质量的上下限估计为 (见表 1.4)

$$0.06\mathrm{eV}/c^2 \leqslant \sum m_{\mathrm{v}} \leqslant 0.12\mathrm{eV}/c^2$$

中微子由相对论性变为非相对论性的温度 T_{nr} 定义为

$$3k_{\mathrm{B}} T_{\mathrm{nr}} = c^2 \sum m_{\mathrm{v}} \tag{4.6.50}$$

如果取 $\sum m_{\mathrm{v}} < 0.12\mathrm{eV}/c^2$，则将给出

$$T_{\mathrm{nr}} = \frac{c^2 \sum m_{\mathrm{v}}}{3k_{\mathrm{B}}} < 550\mathrm{K} \tag{4.6.51}$$

这一时刻比辐射与物质退耦的时刻还要晚许多。因此，在我们所关心的宇宙演化时期，利用 Boltzmann 方程来讨论中微子的扰动演化时，应当把中微子作为相对论性粒子来处理。这个处理过程与前面冷暗物质和光子的情况相比有很大不同。在冷暗物质情况下 $p/\varepsilon \ll 1$，故 p/ε 项总是一阶小量；光子的静质量为零，故方程中始终可取 $\varepsilon = p$。而中微子则应取 $\varepsilon = \varepsilon(p) = (p^2 + m_{\mathrm{v}}^2)^{1/2}$。这就使得对中微子应用 Boltzmann 方程时，在数学处理上会出现比较复杂的情况。

这里我们只讨论一下最基本的扰动方程。中微子的无碰撞 Boltzmann 方程是

$$\frac{\partial f_{\mathrm{v}}}{\partial t} + \frac{\partial f_{\mathrm{v}}}{\partial x^i}\frac{\mathrm{d}x^i}{\mathrm{d}t} + \frac{\partial f_{\mathrm{v}}}{\partial p}\frac{\mathrm{d}p}{\mathrm{d}t} = 0 \tag{4.6.52}$$

其中，仍然略去了与动量方向变化有关的二阶小量。设在未受扰动的情况下，式中的分布函数 f_{v} 仍保持为 Fermi-Dirac 分布，系数因子 $\mathrm{d}x^i/\mathrm{d}t$ 和 $\mathrm{d}p/\mathrm{d}t$ 仍分别

具有式 (4.5.17) 和式 (4.5.35) 的形式。这样，在只保留一阶扰动项时，$f_{\rm v}$ 所遵从的扰动方程现在是

$$\frac{\partial f_{\rm v}}{\partial t}+\frac{p}{\varepsilon(p)}\frac{\hat{p}^i}{a}\frac{\partial f_{\rm v}}{\partial x^i}-\left(\frac{\dot{a}}{a}+\frac{\dot{h}}{6}\right)p\frac{\partial f_{\rm v}}{\partial p}=0 \tag{4.6.53}$$

式中，与光子的情况相似，在引用式 (4.6.23) 关于 $\mathrm{d}p/\mathrm{d}t$ 的结果时，我们舍去了含有 E 的那一项，因为 E 已是一阶小量，故接下来进行分部积分时，如果未扰动的分布函数 $f_{\rm v}$ 仍保持为各向同性，则积分中就必然出现 $\int \mathrm{d}\Omega\hat{p}^i=0$。但是，在如式 (4.6.16) 那样积分时，对中微子而言 p/ε 既不是一阶小量 (如冷暗物质及重子)，也不等于 1(如光子)，故式 (4.6.16) 中括号里的第二项不可以舍去。因此在求解中微子密度扰动演化方程时，会出现微分–积分方程的复杂情况，需要进行相当繁冗的数值计算。

4.6.5 扰动的平面波展开

至此，我们已经得到了一组耦合方程，用以描述各项宇宙学扰动的演化，包括冷暗物质、辐射、重子物质、热暗物质以及引力场的扰动等。为了研究这些扰动在不同空间尺度上的演化，我们需要把诸扰动在傅里叶 (Fourier) 空间展开，即展开为平面波的形式。各种宇宙学扰动所呈现的与空间位置 $\boldsymbol{x}$ 有关的小涨落，实际就是宇宙原初小扰动在引力、压力 (如辐射压及气体压力) 和宇宙膨胀的共同作用下，经过线性演化阶段的结果。但在不同的空间尺度上，引力、压力和宇宙膨胀的影响各有不同，这就使得扰动的演化结果与空间尺度有关，从而形成扰动的谱结构。

一个随共动空间位置 $\boldsymbol{x}$ 涨落变化的物理量，例如密度扰动 $\delta(\boldsymbol{x})$，其 Fourier 变换是

$$\tilde{\delta}(\boldsymbol{q})=\int \mathrm{d}^3x\mathrm{e}^{-\mathrm{i}\boldsymbol{q}\cdot\boldsymbol{x}}\delta(\boldsymbol{x}) \tag{4.6.54}$$

式中，$\boldsymbol{q}$ 称为**共动波矢量**，其大小 $q=|\boldsymbol{q}|$ 称为**共动波数**；$\tilde{\delta}(\boldsymbol{q})$ 代表一个沿 $\boldsymbol{q}$ 的正方向传播的、**共动波长** $\lambda=2\pi/q$ 的平面扰动波，其逆变换给出

$$\delta(\boldsymbol{x})=\int \frac{\mathrm{d}^3q}{(2\pi)^3}\mathrm{e}^{\mathrm{i}\boldsymbol{q}\cdot\boldsymbol{x}}\tilde{\delta}(\boldsymbol{q}) \tag{4.6.55}$$

这表示，$\delta(\boldsymbol{x})$ 的普遍解可以写为不同波长的平面波的叠加。此外，原来方程中包含的空间导数项，例如 $\partial_i\delta(\boldsymbol{x})$、$\partial_i\partial_j\delta(\boldsymbol{x})$、$\nabla^2\delta(\boldsymbol{x})$ 等，在 Fourier 变换后就变成简单的代数关系：

$$\partial_i\delta(\boldsymbol{x},t)\rightarrow \mathrm{i}k_i\tilde{\delta}(\boldsymbol{q},t)$$

$$\partial_i\partial_j\delta(\boldsymbol{x},t) \to -k_ik_j\tilde{\delta}(\boldsymbol{q},t) \tag{4.6.56}$$

$$\nabla^2\delta(\boldsymbol{x},t) \to -k^2\tilde{\delta}(\boldsymbol{q},t)$$

这里，波矢量 $\boldsymbol{q}$ 是在欧几里得空间中的三维矢量，故有 $q_i = q^i$。以后为简便起见，我们略去 Fourier 变换后的物理量上面的波纹号，即直接把 $\tilde{\delta}(\boldsymbol{q},t)$ 写为 $\delta(\boldsymbol{q},t)$；且在很多情况下，因为平面波展开之后，每个微分方程描述的都是同一平面波分量，故我们将略去每个扰动变量中的 $\boldsymbol{q}$ 指标，例如把 $\delta(\boldsymbol{q},t)$ 简单地记为 $\delta(t)$。此外，通常把波矢量 $\boldsymbol{q}$ 的方向选作球极坐标的极轴 (z 轴) 方向，这样就有 $\hat{\boldsymbol{p}}\cdot\hat{\boldsymbol{q}} = \cos\theta \equiv \mu$。

现在，我们就可以容易地把前面得到的各项扰动方程写成平面波展开后的形式，式中为方便起见且不失一般性，取固有速度 $\boldsymbol{v}$ 的方向与 $\boldsymbol{q}$ 的方向一致。

冷暗物质

$$\frac{\partial\delta_{\mathrm{D}}}{\partial t} + \frac{\mathrm{i}qv_{\mathrm{D}}}{a} + \frac{\dot{h}}{2} = 0 \tag{4.6.57}$$

$$\frac{\partial}{\partial t}v_{\mathrm{D}} + \frac{\dot{a}}{a}v_{\mathrm{D}} + \frac{\mathrm{i}qE}{2a} = 0 \tag{4.6.58}$$

重子

$$\frac{\partial\delta_{\mathrm{B}}}{\partial t} + \frac{\mathrm{i}qv_{\mathrm{B}}}{a} + \frac{\dot{h}}{2} = 0 \tag{4.6.59}$$

$$\frac{\partial v_{\mathrm{B}}}{\partial t} + \frac{\dot{a}}{a}v_{\mathrm{B}} + \frac{\mathrm{i}qE}{2a} = \sigma_{\mathrm{T}}n_{\mathrm{e}}\frac{\rho_{\mathrm{rb}}}{\rho_{\mathrm{B}}}\left(f - \frac{4}{3}v_{\mathrm{B}}\right)$$

$$f = \frac{1}{2}\int_{-1}^{1}\delta_{\mathrm{r}}\mu\mathrm{d}\mu \tag{4.6.60}$$

光子

$$\frac{\partial\delta_{\mathrm{r}}}{\partial t} + \frac{\mathrm{i}q\mu\delta_{\mathrm{r}}}{a} + \frac{2}{3}\dot{h} = \sigma_{\mathrm{T}}n_{\mathrm{e}}(\delta^{(\mathrm{r})} + 4\mu v_{\mathrm{B}} - \delta_{\mathrm{r}}) \tag{4.6.61}$$

为了与宇宙微波背景辐射的观测值相比较，我们还需要把辐射扰动 $\delta_{\mathrm{r}}(q,t)$ 用勒让德 (Legendre) 多项式进行分波展开

$$\delta_{\mathrm{r}}(q,t) = \sum_{l=0}^{\infty}(2l+1)\mathrm{P}_l(\mu)(-\mathrm{i})^l\Theta_l(q,t) \tag{4.6.62}$$

其中，$\mathrm{P}_l(\mu)$ 为 Legendre 多项式 ($\mu = \cos\theta$)，它满足下面的正交关系及递推关系：

$$\int_{-1}^{1}\mathrm{P}_n(x)\mathrm{P}_{n'}(x)\mathrm{d}x = \frac{2}{2n+1}\delta_{nn'} \tag{4.6.63}$$

$$nP_n(x) - (2n-1)xP_{n-1}(x) + (n-1)P_{n-2}(x) = 0 \tag{4.6.64}$$

且有

$$\begin{aligned} &P_0(x) = 1 \\ &P_1(x) = x \\ &P_2(x) = \frac{3}{2}x^2 - \frac{1}{2} \end{aligned} \tag{4.6.65}$$

把式 (4.6.62) 代入式 (4.6.61) 后，两边同乘 $P_0(\mu)$ 并对 μ 积分，再利用式 (4.6.63) 及式 (4.6.64)，得到

$$\dot{\Theta}_0 + \frac{q}{a}\Theta_1 = \frac{2}{3}\dot{h} \tag{4.6.66}$$

类似地，两边依次同乘 $P_n(\mu)(n = 1, 2, \cdots, l)$，并利用式 (4.6.64) 及式 (4.6.63) 把显含因子 μ 的项变换掉，再对 μ 积分得到

$$\dot{\Theta}_1 - \frac{q}{3a}\Theta_0 + \frac{2q}{3a}\Theta_2 = \sigma_T n_e \left(i\frac{4}{3}v - \Theta_1\right) \tag{4.6.67}$$

$$\dot{\Theta}_2 + \frac{3q}{5a}\Theta_3 - \frac{2q}{5a}\Theta_1 = -\frac{4}{15}\dot{h} - \sigma_T n_e \Theta_2 \tag{4.6.68}$$

$$\dot{\Theta}_l + \frac{l+1}{2l+1}\frac{q}{a}\Theta_{l+1} - \frac{l}{2l+1}\frac{q}{a}\Theta_{l-1} = -\sigma_T n_e \Theta_l \quad (l > 2) \tag{4.6.69}$$

此外，式 (4.6.29) 给出

$$\delta^{(r)} = \int \delta_r d\Omega/4\pi = \Theta_0 \tag{4.6.70}$$

它可以直接代入方程 (4.6.61) 的右边。

利用 δ_r 的多项式展开式 (4.6.62)，式 (4.6.60) 的第二式变成

$$f = \frac{1}{2}\int_{-1}^{1} \delta_r \mu d\mu = \frac{1}{3}\Theta_1 \tag{4.6.71}$$

因而重子物质的速度扰动方程，即式 (4.6.60) 的第一式现在化为

$$\frac{dv}{dt} + \frac{\dot{a}}{a}v + \frac{iqE}{2a} = \frac{\sigma_T n_e \rho_{rb}}{\rho_B}\left(\frac{1}{3}\Theta_1 - \frac{4}{3}v\right) \tag{4.6.72}$$

引力场 (取 $\delta R_{00} = -8\pi G \delta S_{00}$)

$$\begin{aligned} &3\frac{\ddot{a}}{a}E + \frac{3\dot{a}}{2a}\dot{E} - \frac{q^2 E}{2a^2} - \frac{\dot{a}}{a}\dot{h} - \frac{1}{2}\ddot{h} = 4\pi G(\delta\rho + 3\delta p) \\ &h = 3A - q^2 B \end{aligned} \tag{4.6.73}$$

这里要再补充说明几点。

(1) 本节所有方程中的度规扰动变量采用的都是式 (4.2.5) 的普遍形式，没有区分牛顿规范和同步规范。但在实际计算中需要首先选定采用哪种规范，这样就使度规变量减少，方程得到简化。

(2) 引力场方程 (4.6.73) 第一式中，等号右边的 $\delta\rho$ 是各种宇宙组分的集体贡献，故应对所有组分求和，即

$$\begin{aligned}\delta\rho &= \delta\rho_{\mathrm{r}} + \delta\rho_{\mathrm{B}} + \delta\rho_{\mathrm{D}} = \rho_{\mathrm{r}}\frac{\delta\rho_{\mathrm{r}}}{\rho_{\mathrm{r}}} + \rho_{\mathrm{B}}\frac{\delta\rho_{\mathrm{B}}}{\rho_{\mathrm{B}}} + \rho_{\mathrm{D}}\frac{\delta\rho_{\mathrm{D}}}{\rho_{\mathrm{D}}} \\ &= \rho_{\mathrm{r}}\delta_{\mathrm{r}} + \rho_{\mathrm{B}}\delta_{\mathrm{B}} + \rho_{\mathrm{D}}\delta_{\mathrm{D}}\end{aligned} \tag{4.6.74}$$

而 δp 中却只有辐射对压力有贡献，故

$$\delta p = \delta p_{\mathrm{r}} = \frac{1}{3}\delta\rho_{\mathrm{r}} = \frac{1}{3}\rho_{\mathrm{r}}\delta_{\mathrm{r}} \tag{4.6.75}$$

这样，引力场方程 (4.6.73) 最后化为

$$\begin{aligned}3\frac{\ddot{a}}{a}E + \frac{3\dot{a}}{2a}\dot{E} - \frac{q^2E}{2a^2} - \frac{\dot{a}}{a}\dot{h} - \frac{1}{2}\ddot{h} &= 4\pi G(\delta\rho + 3\delta p) \\ &= 4\pi G(2\rho_{\mathrm{r}}\delta_{\mathrm{r}} + \rho_{\mathrm{B}}\delta_{\mathrm{B}} + \rho_{\mathrm{D}}\delta_{\mathrm{D}})\end{aligned} \tag{4.6.76}$$

(3) 我们这里取的引力场方程是 00 分量方程，即 $\delta R_{00} = -8\pi G\delta S_{00}$。如前所述，其他一些分量方程还给出度规变量之间的另一些相互关系。例如当流体的能量–动量中没有由温度、化学势等的变化而产生的耗散修正时，在牛顿规范下有 $\varPhi = \varPsi$(见式 (4.4.58))，这就会使计算变得较为简单。

(4) 上面诸方程中没有包括质量中微子，即宇宙热暗物质。这一方面是由于宇宙中的暗物质是由冷暗物质所主导，虽然中微子数量巨大，但其对于宇宙总质量密度的贡献却很小；另一方面，由于中微子有 $\varepsilon = \varepsilon(p)$，故在求解中微子扰动演化时，需要进行比较复杂的微分积分方程的数值计算，因而本书为叙述简便就没有列入。但在实际研究中，因为有质量中微子是相对论性粒子，其自由冲流 (free-streaming) 效应使得它对小尺度扰动会产生较显著的平滑作用，故在精确计算宇宙学扰动及其观测效应时，还是应该把方程 (4.6.53) 与其他方程联立求解 (参见 Weinberg，2008)。

(5) 在标量扰动中，根据熵和温度变化的不同，通常还可分为绝热扰动、等温扰动以及等曲率扰动等不同模式。这几种模式的重要特点如下：

绝热扰动

$$\delta s=0,\quad \frac{\delta\rho_{\rm r}}{\rho_{\rm r}}=\frac{4}{3}\frac{\delta\rho_{\rm m}}{\rho_{\rm m}},\quad \frac{\delta T}{T}=\frac{1}{4}\frac{\delta\rho_{\rm r}}{\rho_{\rm r}}=\frac{1}{3}\frac{\delta\rho_{\rm m}}{\rho_{\rm m}} \tag{4.6.77}$$

等温扰动

$$\delta\rho_{\rm r}=0,\quad \delta T=0,\quad \delta\rho_{\rm m}\neq 0 \tag{4.6.78}$$

等曲率扰动 (isocurvature perturbation)

$$\delta=\dot{\delta}=0,\quad \nabla^2 s\neq 0 \tag{4.6.79}$$

简单介绍一下等曲率扰动。这一模式假设宇宙初始时的物质密度是完全均匀的，没有任何涨落，因而时空曲率没有扰动，即全空间是等曲率的。但宇宙熵的分布有不均匀性 (由于物质化学成分分布不均匀、物态方程不统一等)，因而熵扰动可以作为密度扰动的源：

$$\ddot{\delta}+\frac{\dot{a}}{a}\dot{\delta}-4\pi G\bar{\rho}a^2\delta-v_{\rm s}^2\nabla^2\delta=\frac{2}{3}T\nabla^2 s \tag{4.6.80}$$

这就使密度扰动得以产生并增长。

4.7 密度扰动的线性增长

根据 4.6 节得到的各宇宙组分及引力场的扰动演化方程，我们就可以选择不同的宇宙组分比例 (如 $\Omega_{\rm D}$、$\Omega_{\rm B}$、$\Omega_{\rm r}$ 等)，以及相关的宇宙学参数值 (如哈勃常数 H_0、宇宙学常数 Λ)，通过计算机数值计算方法求解各组分扰动的演化。这一求解过程所覆盖的时间段大体从暴胀结束后开始，一直持续到宇宙学红移 $z\sim 10$，即宇宙第一代天体形成的时期。一般认为，第一代天体的形成意味着非线性演化的开始，故在此之前的扰动演化可以看成是线性的。注意在计算中，$\rho_{\rm r}$、$\rho_{\rm B}$、$\rho_{\rm D}$ 等动力学变量以及 a 都是时间的函数，且 $n_{\rm e}$ 要用电离率演化方程 (3.6.11) 同时算出。此外，式 (4.6.62)~ 式 (4.6.69) 给出的多项式展开，也需要在一个适当的 l 值处截断，根据计算精度的需要，这个 l 值通常可能在数十到数千之间。

在进行繁复的计算机数值计算之前，我们不妨针对一些简化的模型，探究一下宇宙主要组分扰动演化的基本图像，并与 4.1 节牛顿宇宙学方法的结果进行一下比较，这对于我们理解宇宙大尺度结构的形成与演化是大有帮助的。

4.7.1 冷暗物质宇宙

这是最简单的宇宙学模型，在这一模型中，所有的物质粒子都是冷暗物质粒子。取同步规范 ($E=0$)，式 (4.6.57) 和式 (4.6.58) 给出

$$\frac{{\rm d}\delta}{{\rm d}t}+\frac{{\rm i}qv}{a}=-\frac{\dot{h}}{2} \tag{4.7.1}$$

$$\frac{\mathrm{d}}{\mathrm{d}t}v+\frac{\dot{a}}{a}v=0 \tag{4.7.2}$$

引力场方程 (4.6.73) 现在是

$$\frac{1}{2}\ddot{h}+\frac{\dot{a}}{a}\dot{h}=-4\pi G(\delta\rho+3\delta p)=-4\pi G\rho\delta \tag{4.7.3}$$

由前两个方程消去速度 v，得到

$$\frac{\mathrm{d}^2\delta}{\mathrm{d}t^2}+\frac{2\dot{a}}{a}\frac{\mathrm{d}\delta}{\mathrm{d}t}=-\frac{\ddot{h}}{2}-\frac{\dot{a}}{a}\dot{h} \tag{4.7.4}$$

再代入式 (4.7.3) 的结果，最后得到描述密度扰动 δ 随时间演化的方程：

$$\frac{\mathrm{d}^2\delta}{\mathrm{d}t^2}+\frac{2\dot{a}}{a}\frac{\mathrm{d}\delta}{\mathrm{d}t}=4\pi G\rho\delta \tag{4.7.5}$$

显然，这与 4.1 节中式 (4.1.12a) 在长波极限 $k\to 0$ 下的结果完全一致。因而式 (4.7.5) 给出的增长解与牛顿理论得到的增长解完全相同，即

$$\delta\propto t^{2/3}\propto a \tag{4.7.6}$$

当然，因为式 (4.7.3) 中没有考虑辐射的贡献，故这只相应于宇宙在 $t>t_{\mathrm{eq}}$ 的物质主导时期的情况。

式 (4.7.6) 的结果表明，$\mathrm{d}\lg\delta/\mathrm{d}\lg a=1$。事实上，$\delta$ 增长的快慢还与宇宙密度参数有关。由式 (2.2.47) 并取 $\rho_0\simeq\rho_{\mathrm{m}0}$ 且设 $\Omega_0\equiv\Omega_{\mathrm{m}}+\Omega_{\mathrm{r}}\simeq\Omega_{\mathrm{m}}=1-\Omega_\Lambda$，式 (4.7.5) 可以化为

$$\ddot{\delta}+2\frac{\dot{a}}{a}\dot{\delta}=\frac{3\Omega_0H_0^2}{2a^3}\delta \tag{4.7.7}$$

另一方面，由式 (2.2.55) 可得

$$\dot{a}=H_0\left[\Omega_0\left(\frac{1}{a}-a^2\right)+a^2\right]^{1/2} \tag{4.7.8}$$

这样，δ 的增长解就可以表示为下列积分：

$$\delta_+(a)=\frac{5\Omega_0}{2}\frac{\dot{a}}{a}\int_0^a\frac{\mathrm{d}a}{\dot{a}^3} \tag{4.7.9}$$

其结果为椭圆函数，一般情况下只能通过数值方法求解。但下面的结果可以给出较好的近似：

$$f(\Omega_0)\equiv\frac{\mathrm{d}\lg\delta_+}{\mathrm{d}\lg a}\approx\Omega_0^{0.6}+\frac{\Omega_\Lambda}{70}\left(1+\frac{1}{2}\Omega_0\right) \tag{4.7.10}$$

这里，函数 f 称为增长因子。这一表示式常用于对复合之后扰动增长速率的分析。

4.7.2 具有一般形式物态方程的宇宙

在 4.1.3 节中，我们曾应用牛顿动力学方法，对具有一般形式物态方程的宇宙学扰动进行过讨论。下面我们改用广义相对论方法来处理，看一看这两种方法得到的结果是否会有所不同。

我们选取同步规范即 $E=0$，然后把能量守恒方程 (4.4.79) 以及动量守恒方程 (4.4.80) 都展开为平面波形式

$$\dot{\delta}+\mathrm{i}q\frac{1+w}{a}v=-\frac{1}{2}(1+w)\dot{h} \tag{4.7.11}$$

$$\frac{\mathrm{d}}{\mathrm{d}t}(av)-3w\dot{a}v+\mathrm{i}q\frac{w}{1+w}\delta=0 \tag{4.7.12}$$

其中，波数 q 与扰动波长的关系为 $\lambda=2\pi/q$。对式 (4.7.11) 求时间导数，再利用式 (4.7.12) 和式 (4.7.11) 消去变量 v，可得

$$\begin{aligned}\ddot{\delta}+(2-3w)\frac{\dot{a}}{a}\dot{\delta}+\frac{wq^2\delta}{a^2}&=-\frac{1}{2}(1+w)\ddot{h}-\frac{1}{2}(1+w)(2-3w)\frac{\dot{a}}{a}\dot{h}\\&=-(1+w)\left(\frac{1}{2}\ddot{h}+\frac{\dot{a}}{a}\dot{h}\right)+(1+w)\frac{3w}{2}\frac{\dot{a}}{a}\dot{h}\end{aligned} \tag{4.7.13}$$

等号左边可以写成

$$\ddot{\delta}+(2-3w)\frac{\dot{a}}{a}\dot{\delta}+\frac{wq^2\delta}{a^2}=\ddot{\delta}+2\frac{\dot{a}}{a}\dot{\delta}+\frac{wq^2\delta}{a^2}-3w\frac{\dot{a}}{a}\dot{\delta} \tag{4.7.14}$$

利用式 (4.7.11)，上式等号右边最后一项可化为

$$\begin{aligned}-3w\frac{\dot{a}}{a}\dot{\delta}&=3w\frac{\dot{a}}{a}\left[\mathrm{i}q\frac{1+w}{a}v+\frac{1}{2}(1+w)\dot{h}\right]\\&=3w(1+w)\frac{\dot{a}}{a^2}\mathrm{i}qv+(1+w)\frac{3w}{2}\frac{\dot{a}}{a}\dot{h}\end{aligned} \tag{4.7.15}$$

此式最后一项与式 (4.7.13) 等号右边最后一项恰好相消。这样，式 (4.7.14) 右边有两项含有波数 q，即

$$A\equiv\frac{wq^2\delta}{a^2},\quad B\equiv3w(1+w)\frac{\dot{a}}{a^2}\mathrm{i}qv \tag{4.7.16}$$

我们来比较一下这两项的大小。再次利用式 (4.7.11)，可以把 B 化为

$$B\equiv3w(1+w)\frac{\dot{a}}{a^2}\mathrm{i}qv=-3w\frac{\dot{a}}{a}\left[\dot{\delta}+\frac{1}{2}(1+w)\dot{h}\right] \tag{4.7.17}$$

现假设 $a \propto t^{1/2}$(宇宙以辐射为主的情况)，此时 $\delta \propto t, h \propto t$，则

$$A \propto \frac{\delta}{a^2} \propto C_1$$
$$B \propto \frac{\dot{a}}{a}\left[\dot{\delta} + \frac{1}{2}(1+w)\dot{h}\right] \propto \frac{C_2 + C_3}{t} \tag{4.7.18}$$

其中，C_1、C_2、C_3 均为常量。可见，由于 A 不随时间而变而 B 却按 t^{-1} 衰减，故经过一段时间之后，B 就变得可以忽略 (实际上，只要假设 $\delta \propto t^n, h \propto t^n (n > 0)$，则一段时间之后就会有 $B \ll A$)。由此，式 (4.7.13) 现在写成

$$\ddot{\delta} + 2\frac{\dot{a}}{a}\dot{\delta} + \frac{wq^2\delta}{a^2} = -(1+w)\left(\frac{1}{2}\ddot{h} + \frac{\dot{a}}{a}\dot{h}\right)$$

$$= 4\pi G(1+w)(\delta\rho + 3\delta p) \tag{4.7.19}$$

最后一步应用了引力场方程 (4.6.76) 并取同步规范 $E = 0$。又因为 $\delta p = w\delta\rho$，故最后得到密度扰动随时间演化的方程为

$$\ddot{\delta} + 2\frac{\dot{a}}{a}\dot{\delta} + \left[\frac{wq^2}{a^2} - 4\pi G\rho(1+w)(1+3w)\right]\delta = 0 \tag{4.7.20}$$

显然，此方程与牛顿动力学方法得到的方程即式 (4.1.42) 完全一致 (注意，这里的 q 是共动波数，而式 (4.1.42) 中的 k 是物理波数)，因而方程给出的解也与式 (4.1.45) 和式 (4.1.46) 相同，即

$$\delta_+ \propto t^{\frac{2(1+3w)}{3(1+w)}}, \quad \delta_- \propto t^{-1} \tag{4.7.21}$$

由此得增长解

$$w = 0 \Rightarrow \delta \propto t^{2/3} \propto a \quad (\text{冷暗物质主导}) \tag{4.7.22}$$

$$w = 1/3 \Rightarrow \delta \propto t \propto a^2 \quad (\text{辐射主导}) \tag{4.7.23}$$

我们看到，对于不同的宇宙组分，增长解具有不同的模式，即 t^n 的幂指数 n 各不相同，但所有情况下衰减解的模式是一样的。

4.7.3　多组分宇宙

上面我们讨论的是单一组分的宇宙中密度扰动的演化。但真实的宇宙是由多种组分构成的：冷的、热的，可能还有“温”的，以及可见的与不可见的，等等。于是就有了问题：在多种组分共存的情况下，各个组分的扰动还会像上面单一组分那样各自演化吗？谁将是演化过程的主导？

我们从能量守恒式 (4.4.67) 出发，把它进行平面波展开并取长波极限 $q \to 0$，得到

$$\dot{\delta\rho} + \frac{3\dot{a}}{a}(\delta\rho + \delta p) = -\frac{1}{2}(\rho + p)\dot{h} \tag{4.7.24}$$

再如式 (4.4.78) 那样把 $\delta\rho$ 的导数变换成 $\dot{\delta}$，上式就简化为

$$\dot{\delta} = -\left(1 + \frac{p}{\rho}\right)\frac{\dot{h}}{2} \tag{4.7.25}$$

式 (4.7.24) 中，$\delta\rho$ 是辐射、重子和冷暗物质诸成分的密度扰动之和，即

$$\delta\rho = \delta\rho_{\rm r} + \delta\rho_{\rm B} + \delta\rho_{\rm D} = \rho_{\rm r}\delta_{\rm r} + \rho_{\rm B}\delta_{\rm B} + \rho_{\rm D}\delta_{\rm D} \tag{4.7.26}$$

因此，总的相对密度扰动写为

$$\delta = \frac{\delta\rho}{\rho} = \frac{\rho_{\rm r}\delta_{\rm r} + \rho_{\rm B}\delta_{\rm B} + \rho_{\rm D}\delta_{\rm D}}{\rho} = \varOmega_{\rm r}\delta_{\rm r} + \varOmega_{\rm B}\delta_{\rm B} + \varOmega_{\rm D}\delta_{\rm D} \tag{4.7.27}$$

其中，$\varOmega_{\rm r} \equiv \rho_{\rm r}/\rho$，$\varOmega_{\rm B} \equiv \rho_{\rm B}/\rho$，$\varOmega_{\rm D} \equiv \rho_{\rm D}/\rho$。

再由式 (4.6.76) 并取同步规范，引力场方程现在是

$$\begin{aligned}\ddot{h} + 2\frac{\dot{a}}{a}\dot{h} &= -8\pi G\left(2\rho_{\rm r}\delta_{\rm r} + \rho_{\rm B}\delta_{\rm B} + \rho_{\rm D}\delta_{\rm D}\right) \\ &= -8\pi G\rho\left(2\varOmega_{\rm r}\delta_{\rm r} + \varOmega_{\rm B}\delta_{\rm B} + \varOmega_{\rm D}\delta_{\rm D}\right)\end{aligned} \tag{4.7.28}$$

注意，式中的各 $\varOmega$ 现在都是随时间变化的量。为更清楚起见，我们用 $\varOmega_{\rm r0}$、$\varOmega_{\rm B0}$ 及 $\varOmega_{\rm D0}$ 来表示它们目前时刻的值，则对于 Einstein-de Sitter 宇宙，有

$$\rho(t) = \left(\frac{\varOmega_{\rm r0}}{a} + \varOmega_{\rm B0} + \varOmega_{\rm D0}\right)\frac{\rho_0}{a^3} = \frac{\varOmega_{\rm m0}\rho_0}{a^4}\left(a_{\rm eq} + a\right) \tag{4.7.29}$$

其中，$\varOmega_{\rm m0} \equiv \varOmega_{\rm B0} + \varOmega_{\rm D0}$，$a_{\rm eq} \equiv \varOmega_{\rm r0}/(\varOmega_{\rm B0} + \varOmega_{\rm D0}) = \varOmega_{\rm r0}/\varOmega_{\rm m0}$。另一方面，由定义容易得到

$$\begin{aligned}\varOmega_{\rm r} \equiv \frac{\rho_{\rm r}(t)}{\rho(t)} &= \frac{\rho_{\rm r0}/a^4}{\left(\dfrac{\varOmega_{\rm r0}}{a} + \varOmega_{\rm B0} + \varOmega_{\rm D0}\right)\dfrac{\rho_0}{a^3}} \\ &= \frac{\varOmega_{\rm r0}/a}{\varOmega_{\rm r0}/a + \varOmega_{\rm B0} + \varOmega_{\rm D0}} = \frac{a_{\rm eq}}{a + a_{\rm eq}}\end{aligned} \tag{4.7.30}$$

类似可得

$$\Omega_{\mathrm{B}} = \frac{\Omega_{\mathrm{B0}}}{\Omega_{\mathrm{r0}}/a + \Omega_{\mathrm{B0}} + \Omega_{\mathrm{D0}}} = \frac{\Omega_{\mathrm{B0}}}{\Omega_{\mathrm{m0}}} \cdot \frac{a}{a + a_{\mathrm{eq}}} \tag{4.7.31}$$

$$\Omega_{\mathrm{D}} = \frac{\Omega_{\mathrm{D0}}}{\Omega_{\mathrm{r0}}/a + \Omega_{\mathrm{B0}} + \Omega_{\mathrm{D0}}} = \frac{\Omega_{\mathrm{D0}}}{\Omega_{\mathrm{m0}}} \cdot \frac{a}{a + a_{\mathrm{eq}}} \tag{4.7.32}$$

利用这些结果，式 (4.7.28) 最后化为

$$\begin{aligned} \ddot{h} + 2\frac{\dot{a}}{a}\dot{h} =& -8\pi G\frac{\rho_0}{a^3}\frac{\Omega_{\mathrm{m0}}}{a}(a + a_{\mathrm{eq}}) \\ & \times \left(2\frac{a_{\mathrm{eq}}}{a + a_{\mathrm{eq}}}\delta_{\mathrm{r}} + \frac{\Omega_{\mathrm{B0}}}{\Omega_{\mathrm{m0}}} \cdot \frac{a}{a + a_{\mathrm{eq}}}\delta_{\mathrm{B}} + \frac{\Omega_{\mathrm{D0}}}{\Omega_{\mathrm{m0}}} \cdot \frac{a}{a + a_{\mathrm{eq}}}\delta_{\mathrm{D}}\right) \\ =& -8\pi G\frac{\rho_0}{a^3}\frac{\Omega_{\mathrm{m0}}}{a}\left(2a_{\mathrm{eq}}\delta_{\mathrm{r}} + \frac{\Omega_{\mathrm{B0}}}{\Omega_{\mathrm{m0}}} \cdot a\delta_{\mathrm{B}} + \frac{\Omega_{\mathrm{D0}}}{\Omega_{\mathrm{m0}}} \cdot a\delta_{\mathrm{D}}\right) \\ =& -\frac{8\pi G\rho_0}{a^3}(2\Omega_{\mathrm{r0}}\delta_{\mathrm{r}}/a + \Omega_{\mathrm{B0}}\delta_{\mathrm{B}} + \Omega_{\mathrm{D0}}\delta_{\mathrm{D}}) \end{aligned} \tag{4.7.33}$$

可见在辐射为主阶段，h 的演化由 δ_{r} 所主导，δ_{B} 和 δ_{D} 的贡献可以忽略；到了物质为主阶段，h 的演化才由 δ_{B} 和 δ_{D}(主要是 δ_{D}) 主导。

再来看密度扰动的演化方程 (4.7.25)，它给出的是总的密度扰动 δ 的演化。但我们更关心宇宙每一成分即 δ_{r}、δ_{B}、δ_{D} 各自的演化，因为不同的观测结果对应于不同的宇宙成分。例如，宇宙微波背景辐射的观测结果对应于辐射的演化，而星系、星系团的观测结果对应于重子和暗物质的演化。同时，辐射与物质耦合时也只与其中的重子物质相耦合。由式 (4.7.26) 和式 (4.7.27) 我们看到，总密度扰动可以写成各成分扰动的线性和，所以原则上可以把不同成分的扰动从式 (4.7.25) 中分离出来，从而得到各自的演化方程。

利用式 (4.7.27) 以及恒等式 $\Omega_{\mathrm{r}} + \Omega_{\mathrm{B}} + \Omega_{\mathrm{D}} = 1$，式 (4.7.25) 化为

$$\begin{aligned} \dot{\delta} = \frac{\mathrm{d}}{\mathrm{d}t}(\Omega_{\mathrm{r}}\delta_{\mathrm{r}} + \Omega_{\mathrm{B}}\delta_{\mathrm{B}} + \Omega_{\mathrm{D}}\delta_{\mathrm{D}}) &= -\frac{\dot{h}}{2}\left(1 + \frac{p}{\rho}\right) \\ &= -\frac{\dot{h}}{2}\left(\Omega_{\mathrm{r}} + \Omega_{\mathrm{B}} + \Omega_{\mathrm{D}} + \frac{p_{\mathrm{r}}}{\rho}\right) \end{aligned} \tag{4.7.34}$$

这一方程等效于下面的三个方程：

$$\frac{\mathrm{d}}{\mathrm{d}t}(\Omega_{\mathrm{r}}\delta_{\mathrm{r}}) = -\frac{\dot{h}}{2}\left(\Omega_{\mathrm{r}} + \frac{p_{\mathrm{r}}}{\rho}\right) = -\frac{\dot{h}}{2}\left(\Omega_{\mathrm{r}} + \frac{\rho_{\mathrm{r}}}{\rho}\frac{p_{\mathrm{r}}}{\rho_{\mathrm{r}}}\right)$$

$$= -\frac{\dot{h}}{2}\left(\Omega_{\rm r}+\frac{1}{3}\Omega_{\rm r}\right) = -\frac{2\dot{h}}{3}\Omega_{\rm r} \tag{4.7.35}$$

$$\frac{\rm d}{{\rm d}t}\left(\Omega_{\rm B}\delta_{\rm B}\right) = -\frac{\dot{h}}{2}\Omega_{\rm B} \tag{4.7.36}$$

$$\frac{\rm d}{{\rm d}t}\left(\Omega_{\rm D}\delta_{\rm D}\right) = -\frac{\dot{h}}{2}\Omega_{\rm D} \tag{4.7.37}$$

这三个方程分别描述了 $\delta_{\rm r}$、$\delta_{\rm B}$ 和 $\delta_{\rm D}$ 的演化。把它们与度规扰动方程 (4.7.33) 联立，原则上就可以通过积分求出 h 和所有 $\delta_i(i={\rm r,B,D})$ 的解。

先来看辐射为主时期。这一时期 $a\ll a_{\rm eq}$，故由式 (4.7.30) 有 $\Omega_{\rm r}\simeq 1$，因而 $\delta_{\rm r}$ 的演化方程为

$$\dot{\delta}_{\rm r} = -\frac{\dot{h}}{2}\left(1+\frac{1}{3}\right) = -\frac{2}{3}\dot{h} \tag{4.7.38}$$

积分给出

$$\delta_{\rm r} = -\frac{2h}{3} \tag{4.7.39}$$

再由式 (4.7.31) 和式 (4.7.32)，$a\ll a_{\rm eq}$ 时近似有 $\Omega_{\rm B}\simeq\Omega_{\rm D}\simeq 0$，把这一结果代入式 (4.7.33)，就得到 h 满足的方程为

$$\ddot{h}+2\frac{\dot{a}}{a}\dot{h} = -8\pi G\rho\times 2\Omega_{\rm r}\delta_{\rm r} \simeq \frac{32\pi G\rho}{3}h \tag{4.7.40}$$

另一方面，辐射为主时期有

$$a\propto t^{1/2},\quad \frac{\dot{a}}{a}=\frac{1}{2t},\quad \frac{32\pi G\rho}{3}=\frac{1}{t^2} \tag{4.7.41}$$

因而式 (4.7.40) 化为

$$\ddot{h}+\frac{\dot{h}}{t}=\frac{h}{t^2} \tag{4.7.42}$$

设它具有形式为 $h=-h_0t^n$ 的解，代入式 (4.7.42) 后得 $n=1$(只取增长解)，即

$$h=-h_0t \tag{4.7.43}$$

于是，由式 (4.7.39) 得到辐射密度扰动的增长解是

$$\delta_{\rm r} = -\frac{2h}{3} = \frac{2}{3}h_0t \tag{4.7.44}$$

显然，这个解与式 (4.7.23) 给出的长波极限下的解是一致的。

$\delta_{\rm B}$ 的演化方程和 $\delta_{\rm D}$ 类似。以 $\delta_{\rm B}$ 为例，此时 $\varOmega_{\rm B}\simeq\dfrac{\varOmega_{\rm B0}}{\varOmega_{\rm m0}}\dfrac{a}{a_{\rm eq}}$，故式 (4.7.36) 变成

$$\varOmega_{\rm B}\dot{\delta}_{\rm B}+\dot{\varOmega}_{\rm B}\delta_{\rm B}=-\frac{\dot{h}}{2}\varOmega_{\rm B} \tag{4.7.45}$$

即

$$\dot{\delta}_{\rm B}+\frac{\dot{\varOmega}_{\rm B}}{\varOmega_{\rm B}}\delta_{\rm B}=\dot{\delta}_{\rm B}+\frac{\dot{a}}{a}\delta_{\rm B}=-\frac{\dot{h}}{2} \tag{4.7.46}$$

如设 $\delta_{\rm B}=Bh_0t^n$，则与 $\dot{a}/a=1/2t$ 以及 $h=-h_0t$ 一起代入后，即得 $n=1$ 及 $B=1/3$，故 $\delta_{\rm B}$ 的解为

$$\delta_{\rm B}=\frac{1}{3}h_0t \tag{4.7.47}$$

同样可得

$$\delta_{\rm D}=\frac{1}{3}h_0t \tag{4.7.48}$$

事实上，辐射为主时期重子物质与辐射之间是紧密耦合的，重子物质的密度扰动应当满足绝热扰动条件

$$\frac{\delta\rho_{\rm B}}{\rho_{\rm B}}=\frac{3}{4}\frac{\delta\rho_{\rm r}}{\rho_{\rm r}} \tag{4.7.49}$$

由此得到

$$\delta_{\rm B}=\frac{3}{4}\delta_{\rm r}=\frac{3}{4}\times\frac{2}{3}h_0t=\frac{1}{2}h_0t \tag{4.7.50}$$

这表明，有耦合时的重子密度扰动幅度要比无耦合时大一些，即解 (4.7.47) 的数值系数应当是 1/2 而不是 1/3。冷暗物质与辐射之间没有耦合，它的解仍然是式 (4.7.48)。

再来看物质为主时期。这一时期有 $a\gg a_{\rm eq}$，故由式 (4.7.30)~ 式 (4.7.32) 有 $\varOmega_{\rm r}\simeq 0$，$\varOmega_{\rm B}\simeq\varOmega_{\rm B0}/\varOmega_{\rm m0}$，$\varOmega_{\rm D}\simeq\varOmega_{\rm D0}/\varOmega_{\rm m0}$，且这一时期有

$$a\propto t^{2/3},\quad \frac{\dot{a}}{a}=\frac{2}{3t},\quad \rho=\frac{1}{6\pi Gt^2} \tag{4.7.51}$$

此时物质成分总的扰动是 $\delta\simeq\varOmega_{\rm B}\delta_{\rm B}+\varOmega_{\rm D}\delta_{\rm D}=\varOmega_{\rm m}\delta_{\rm m}\simeq\delta_{\rm m}$，且由式 (4.7.25) 有 $\dot{\delta}\simeq\dot{\delta}_{\rm m}=-\dot{h}/2$，其解为

$$\delta\simeq\delta_{\rm m}=-\frac{h}{2} \tag{4.7.52}$$

故式 (4.7.28) 变为

$$\ddot{h}+2\frac{\dot{a}}{a}\dot{h}=-8\pi G\rho\left(\Omega_{\mathrm{B}}\delta_{\mathrm{B}}+\Omega_{\mathrm{D}}\delta_{\mathrm{D}}\right)=8\pi G\rho\times\frac{h}{2} \tag{4.7.53}$$

亦即

$$\ddot{h}+\frac{4}{3}\frac{\dot{h}}{t}=\frac{2}{3}\frac{h}{t^2} \tag{4.7.54}$$

同样设 $h=-h_0t^n$，则式 (4.7.54) 给出 $n=2/3,-1$。我们感兴趣的是增长解，即

$$h=-h_0t^{2/3} \tag{4.7.55}$$

因而物质成分总的扰动增长为

$$\delta_{\mathrm{m}}=-\frac{h}{2}=\frac{1}{2}h_0t^{2/3} \tag{4.7.56}$$

同时，式 (4.7.36) 和式 (4.7.37) 给出

$$\delta_{\mathrm{B}}=-\frac{1}{2}h=\frac{1}{2}h_0t^{2/3} \tag{4.7.57}$$

$$\delta_{\mathrm{D}}=-\frac{1}{2}h=\frac{1}{2}h_0t^{2/3} \tag{4.7.58}$$

显然，这与冷物质宇宙的解 (4.7.6) 完全一致。但对辐射成分来说，读者可以自行验证，此时这个方法已不适用了。设度规扰动 h 按式 (4.7.55) 那样变化，如果还要继续套用上面的方法，则无法得到 $\delta_{\mathrm{r}}\propto t^{2/3}$ 这样简单形式的解，得到的解将会是 $\delta_{\mathrm{r}}\propto t^{2/3}\ln t$(参见习题 4.12)。这其中的原因也很好理解：因为 $a\gg a_{\mathrm{eq}}$ 时，辐射会经历与重子物质逐渐脱耦及最后一次散射等复杂的物理过程，此时辐射已不能再看成是流体了，故流体描述不再适用，必须利用式 (4.6.61) 那样的 Boltzmann 方程求解。

把长波极限 $q\to 0$ 时的一些主要结果小结如下。

辐射为主时期 ($a\ll a_{\mathrm{eq}}$)：度规扰动 h 由 δ_{r} 主导，$h=-h_0t$(h_0 为常量，下同)

$$\delta_{\mathrm{r}}=\frac{2}{3}h_0t,\quad \delta_{\mathrm{B}}=\frac{1}{3}h_0t,\quad \delta_{\mathrm{D}}=\frac{1}{3}h_0t \tag{4.7.59}$$

物质为主时期 ($a\gg a_{\mathrm{eq}}$)：度规扰动 h 由 δ_{D} 主导，$h=-h_0t^{2/3}$

$$\delta_{\mathrm{B}}=\frac{1}{2}h_0t^{2/3},\quad \delta_{\mathrm{D}}=\frac{1}{2}h_0t^{2/3} \tag{4.7.60}$$

4.8　线性转移函数

以上的一些结果都是在长波极限下 (即 $q \to 0$) 得到的。长波极限意味着扰动的尺度远大于视界尺度 ($\sim ct$)，此时在整体上引力占主导而压力只在局部起作用，故在这样的超大尺度上，如我们在 4.7 节中看到的那样，扰动总是随时间增长的。但在多种组分构成的宇宙中，扰动的演化实际是相当复杂的物理过程：一方面，所有组分 (包括暗物质) 都对引力扰动产生贡献；另一方面，辐射与重子 (等离子体) 之间通过 Thomson 散射而耦合；引力与辐射压、气体压在不同尺度上相互较力，使扰动有增强、有振荡、有衰减；速度弥散很大的有质量中微子，其自由冲流会使所经之处的小尺度密度扰动被抹平。此外，光子阻尼也会使重子成分中的扰动被衰减，等等。这些物理过程会对不同尺度的扰动产生不同的影响，从而造成各种尺度上的扰动演化结果的显著差异。为此，我们应当精确求解各组分的密度扰动 $\delta_i(i = \mathrm{r}, \mathrm{B}, \mathrm{D}, \nu)$ 在不同尺度上的演化全过程，而这就需要应用动理学理论的 Boltzmann 方程，通过光子和其他粒子在相空间中的分布及其变化来求解。然而，这些方程对于解析处理实在是太复杂了，必须借助于大规模计算机数值计算，例如已有的 CMBfast 和 CAMB 等计算程序。但正如 Weinberg(2008) 所指出的，遗憾的是“这些计算机程序并不能用以解释其中的物理现象”。因此，Weinberg 在他的书里主要还是利用流体动力学计算方法，只在少数地方应用了数值积分。这些流体动力学处理抓住了物理过程的本质，并通过一些合理的简化从而可用解析方法来做。(当然，这需要有深厚的数学造诣！) 从 Weinberg 的书中可以看到，与精密的计算机程序处理结果相对比，流体动力学的处理的确是很好的近似，可以在相当理想的程度上得到与观测相符的结果。

由于本书只是导论性的教材而非专著，所以我们这里不去讨论整个线性演化时期的所有细节，而只概括介绍宇宙在这一时期发生的主要物理过程，以及最终形成的线性转移函数和密度扰动功率谱。想进一步了解细节的读者可参阅 Weinberg(2008) 或者是 Dodelson 和 Schmidt (2021) 所著文献。

我们再回到式 (4.7.20)，即

$$\ddot{\delta} + 2\frac{\dot{a}}{a}\dot{\delta} + \left[\frac{wq^2}{a^2} - 4\pi G\rho(1+w)(1+3w)\right]\delta = 0 \tag{4.8.1}$$

这是关于密度扰动 δ 的线性微分方程，其 $\delta \propto t^n$ 形式的解为 (式 (4.1.44))

$$n = -\frac{1-3w}{6(1+w)} + \frac{5+9w}{6(1+w)}\sqrt{1 - \frac{6wq^2}{(5+9w)^2\pi G\rho a^2}} \tag{4.8.2}$$

因为我们只关注增长解，故在最后一项的前面只取了 + 号。式中，$w \equiv v_{\mathrm{s}}^2 =$

$\delta p/\delta\rho = p/\rho$，其中，$v_{\rm s}$ 为压力波的传播速度 (通常称之为声速)，对于辐射流体有 $v_{\rm s}^2 = c/3$。我们看到 $w = 0$(冷暗物质) 的情况是一个特例：当 $w = 0$ 时，无论是方程 (4.8.1) 还是解 (4.8.2) 都变得与 q 或 λ 无关，故所有不同波长的扰动都始终随时间增长，正如前面 4.7.1 节中给出的那样。因而，我们现在把 w 的取值范围限定在 $0 < w \leqslant 1/3$，这也几乎涵盖了从非相对论性流体到极端相对论性流体的全部情况。此外，式 (4.8.2) 中的波数 q 是共动波数，是不随时间变化的。它与固有 (物理) 波数 k 的关系是 $q = ak = 2\pi a/\lambda$，其中 λ 现在代表的是**固有波长**，它是随时间而变的，$\lambda \propto a(t)$。把式 (4.8.2) 中的 q 换成 k 并把式 (4.1.41) 代入，则式 (4.8.2) 变为

$$\begin{aligned} n &= -\frac{1-3w}{6(1+w)} + \frac{5+9w}{6(1+w)}\sqrt{1 - \frac{6wk^2}{(5+9w)^2\pi G\rho}} \\ &= -\frac{1-3w}{6(1+w)} + \frac{5+9w}{6(1+w)}\sqrt{1 - \frac{36w(1+w)^2k^2t^2}{(5+9w)^2}} \end{aligned} \tag{4.8.3}$$

我们以辐射流体为例。此时 $w = v_{\rm s}^2 = 1/3$，式 (4.8.3) 给出

$$n = \sqrt{1 - \frac{v_{\rm s}^2(2\pi)^2t^2}{\lambda^2}} \tag{4.8.4}$$

显然，如果根号里的量是正的，即

$$\lambda > 2\pi v_{\rm s} t \tag{4.8.5}$$

密度扰动 δ 就会按 $\delta \propto t^n (n > 0)$ 的方式一直保持增长。容易验证，式 (4.8.5) 的结果与式 (4.1.32) 和式 (4.1.47) 关于 Jeans 波长的结论是完全一致的。如果相反，即

$$\lambda < 2\pi v_{\rm s} t \tag{4.8.6}$$

根号里的量就变成负值，此时

$$n = {\rm i}\beta, \quad \beta \equiv \sqrt{\frac{v_{\rm s}^2(2\pi)^2t^2}{\lambda^2} - 1} \tag{4.8.7}$$

密度扰动 δ 的解也就变为

$$\delta = At^{{\rm i}\beta} = A{\rm e}^{{\rm i}\beta\ln t} = A\cos(\beta\ln t) \tag{4.8.8}$$

这显然是一个振荡解。一般把视界的大小看作是 $\sim ct$，因此式 (4.8.6) 的条件意味着，一旦扰动进入视界，则该扰动将停止增长并出现振荡。而式 (4.8.5) 则表明，如果扰动的尺度大于视界 (或称扰动在视界之外)，则该扰动将一直保持增长。

此外，从上面的分析中还可以看到，振荡的出现不仅与扰动尺度与视界尺度的大小有关，而且必须有不为零的声速 v_s 即不为零的 w，这意味着流体中的压力不能为零。压力的扰动产生压力波，其传播的速度正是 v_s。而冷暗物质中完全没有压力，也就不会有压力波产生，故冷暗物质中的扰动将始终增长而不会出现振荡 (实际上，由于冷暗物质粒子也具有式 (4.6.7) 所示的非热运动性质的固有速度，因而在很小的尺度上也会出现扰动的衰减。在性质上这相当于热暗物质中的自由冲流，但热暗物质影响的尺度要大得多)。总之，在流体组分的密度扰动演化过程中，引力的作用是动力，使扰动增强；压力和宇宙膨胀 (式 (4.8.1) 左边第二项) 的作用相当于阻尼力，使扰动衰减；而当动力与阻力可以相互抗衡时，就出现了振荡。

计算表明，对于不同尺度 (相应于不同的 k) 的扰动，辐射与重子开始振荡的时间会有所不同。例如，小尺度 (大的 k) 扰动开始振荡的时间较早，而大尺度 (小的 k) 扰动开始振荡的时间则较晚。这一点也很好理解：因为目前普遍认为，原初扰动是由宇宙暴胀阶段的真空量子涨落而形成的，暴胀的结果使得宇宙尺度因子 a 增长大约 10^{43} 倍，这就使得几乎所有波长的扰动都远在视界之外。暴胀结束之后，宇宙尺度因子 a 恢复正常增长，扰动波长也按 $\lambda \propto a(t) \propto t^{1/2}$(辐射为主) 或 $\propto t^{2/3}$(物质为主) 继续增长，但视界的大小总是按 $\propto ct$ 增长，这意味着视界大小比扰动波长增长得更快，因而原来位于视界之外的扰动就会在某一时刻进入视界之内，且波长越短的扰动进入视界的时间就越早。这与前面图 4.1 所示的视界质量的情况是一致的：不同质量尺度的扰动进入视界的时间不同，小质量尺度 (扰动波长短) 比大质量尺度 (扰动波长长) 进入视界的时间要早。波长短的扰动在辐射为主时期就会进入视界，而波长足够长的扰动将迟至物质为主时期进入视界。当扰动的尺度进入视界，即 $\lambda \sim ct$ 时，扰动就停止增长且出现振荡。这样，即使初始时刻不同尺度扰动的振幅大小相近，到了线性阶段即将结束时，各尺度的扰动振幅大小也会呈现很大的差异。

这里需要再强调一下：我们在以上的讨论中主要采用流体动力学方法，而且主要针对辐射为主 ($a \ll a_{\rm eq}$) 或物质为主 ($a \gg a_{\rm eq}$) 两种极端情况，并往往取 $q \to 0$ 的长波极限。实际上，从辐射为主到物质为主是一个渐变的过程，在这一过程中，上述两种极端情况下的一些简单解析关系就不再适用了。我们不能把两种极端情况下的结果硬性拼接，只能在一定近似程度上用插值或其他近似方法作合理的衔接。当然，最根本的办法还是应用“流体方程 +Boltzmann 方程”，通过数值计算对演化全程精密求解。

图 4.2 给出了一个典型的 CDM+HDM 宇宙中密度扰动演化的数值计算结果。由图可见，在辐射为主的演化早期，各组分的扰动增长是同步的。当扰动的尺度进入视界即 $\lambda \sim ct$ 时，辐射与重子的扰动就表现为振荡模式而停止增长，这种情况一

直持续到复合以后，此时辐射与物质脱耦而成为残余辐射，重子的扰动却由于冷暗物质扰动的影响而得到恢复，并且很快与冷暗物质的扰动同步。同时，我们看到在整个演化过程中，冷暗物质的扰动是一直增长的，其随 $a(t)$ 增长的速率与式 (4.7.59) 和式 (4.7.60) 给出的结果完全一致。除此之外，还有如下两个特点。

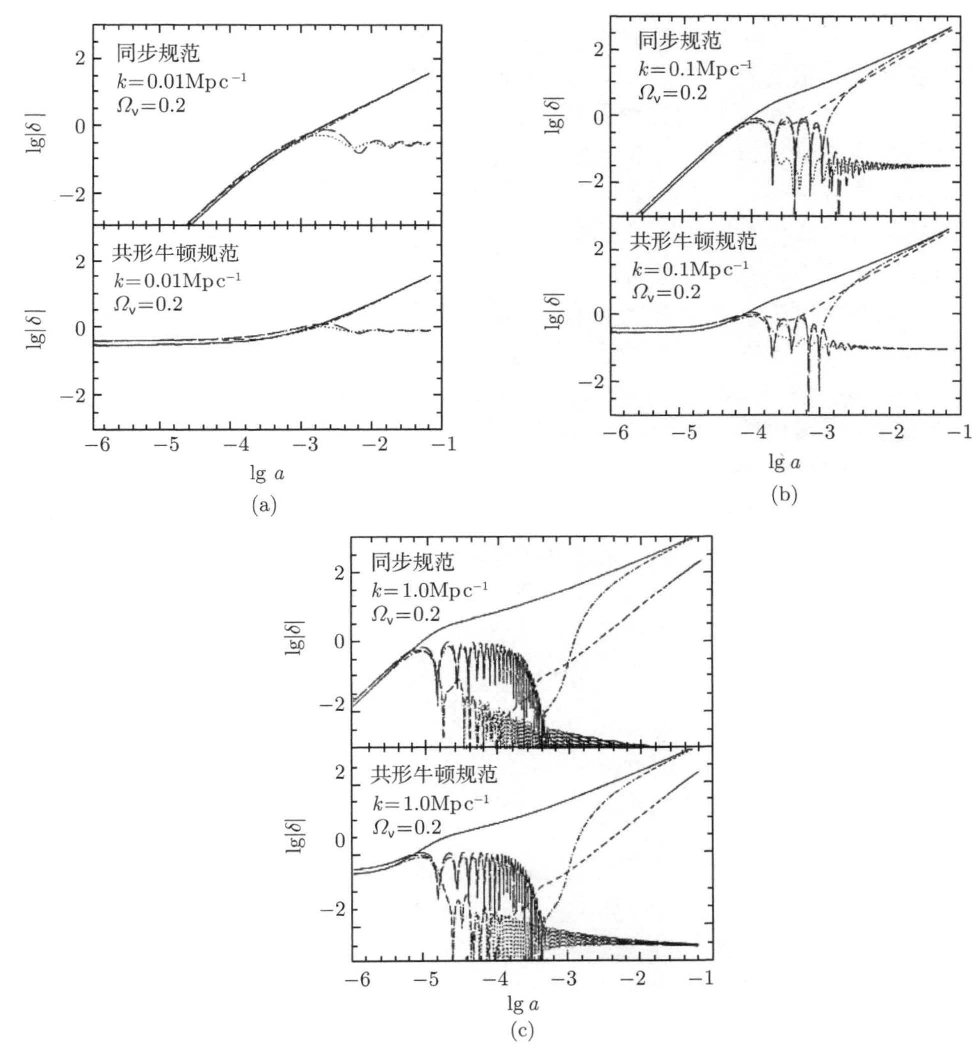

图 4.2 CDM+HDM($\Omega_v=0.2$) 宇宙模型中密度扰动的演化。每张小图的上、下方分别为同步规范和共形牛顿规范给出的结果。三张图中相应的共动波数 k 是 (a)$0.01\mathrm{Mpc}^{-1}$；(b)$0.1\mathrm{Mpc}^{-1}$；(c)$1.0\mathrm{Mpc}^{-1}$。图中有关扰动分别是 δ_D(实线)、δ_B(点画线)、δ_r(长划线)，以及有质量中微子 (短划线) 和无质量中微子 (点虚线)(引自 Ma & Berchinger，1995)

• 图 4.2(a)~(c) 分别代表大、中、小三个不同的扰动尺度。从图中看到，尺度越小时，辐射与重子的扰动停止增长并开始振荡的时间也越早。

• 每幅图中，上下两帧分别表示同步规范和共形牛顿规范给出的结果。显然，在不同的规范选取下，所得到的扰动演化结果在扰动进入视界之后是完全相同的，只是在扰动进入视界前有所区别。这可以理解如下：当扰动的初始值选为等熵条件，即 $\delta_{\rm r}=\delta_{\rm v}=4\delta_{\rm B}/3=4\delta_{\rm D}/3$(参见式 (4.1.58)) 时，扰动在视界外的表现是与规范的选取强烈相关的。对于同步规范，各扰动在视界外的增长都是 $\delta\propto a^2\propto t$(辐射为主时)，正如前面我们已经看到过的那样；而共形牛顿规范在视界外的扰动值一直保持为常量，但一旦扰动开始进入视界，就会变得与同步规范完全一致 (参见 Ma & Berchinger，1995)。因为我们能够观测到的所有宇宙信息，都来自扰动进入视界后的演化结果，所以无论选择什么样的规范，对宇宙演化物理过程的描述和计算结果都不会产生影响。

再来继续讨论不同尺度扰动的演化。我们把某个时刻 t、不同尺度的扰动大小记为 $\delta(q,t)$，这是一个随尺度 q(注意 q 是共动波数) 变化的函数，通常称为**扰动谱**。设 $\delta(q,t_{\rm i})$ 表示波数 q 的扰动在某一初始时刻 $t_{\rm i}$ 的值，$\delta(q,t_{\rm f})$ 表示该波数的扰动在线性演化结束时刻 $t_{\rm f}$ 的值。定义 $D(t_{\rm i},t_{\rm f})$ 为从 $t_{\rm i}$ 到 $t_{\rm f}$ 期间的线性增长因子，例如辐射为主时期有 $D=t_{\rm f}/t_{\rm i}$，而物质为主时期有 $D=(t_{\rm f}/t_{\rm i})^{2/3}$。假如各种尺度的扰动都始终处于视界之外，扰动的演化将与尺度无关，则会有简单的关系 $\delta(q,t_{\rm f})=\delta(q,t_{\rm i})D(t_{\rm i},t_{\rm f})$，即扰动谱的谱形 ($\delta$-$q$ 关系) 不变，只是 δ 的大小变化了。但真实的情况并非如此：如上所述，不同尺度的扰动将在不同的时间进入视界，结果就会使原初的谱形发生很大改变。我们用**线性转移函数** $T(q)$ 来表示这种谱形的变化，它的定义是 $\delta(q,t_{\rm f})=T(q)\delta(q,t_{\rm i})D(t_{\rm i},t_{\rm f})$，或

$$T(q)\equiv\frac{\delta\left(q,t_{\rm f}\right)}{\delta\left(q,t_{\rm i}\right)D\left(t_{\rm i},t_{\rm f}\right)} \tag{4.8.9}$$

图 4.3 画出了宇宙物质由不同组分主导时，绝热扰动情况下的线性转移函数。从线性转移函数可以看到三个特征。①所有成分的扰动在短波 (大的 q) 方向都有一个截止，这表明小尺度上的扰动急剧衰减。对暗物质这是由于粒子的自由冲流，对重子物质是由于光子阻尼和声波耗散，因而这一截止很可能为第一代天体的形成设定了一个质量下限。②重子转移函数中出现空间尺度上的振荡及零点。③当尺度很大时，各成分的转移函数与 q 无关，这是由于这些尺度已远超视界尺度，从而不同尺度的扰动始终保持同步增长。

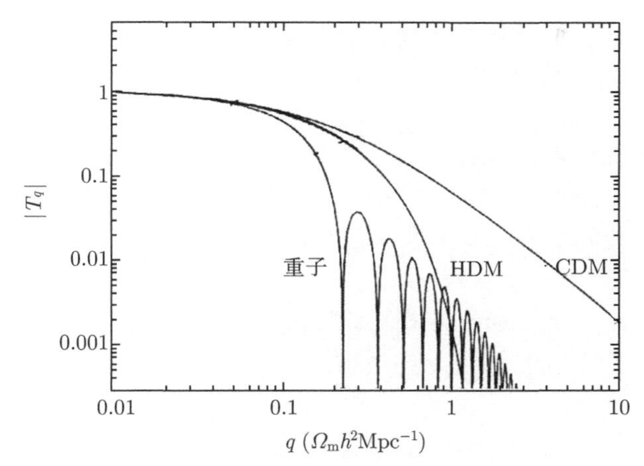

图 4.3 线性转移函数：纯重子宇宙；纯 CDM 宇宙；纯 HDM 宇宙。图中的波数 q 代表共动波数 (引自 Peacock，1999)

为得到准确的线性转移函数表示式，需要进行繁复的数值计算。但在一些特定参数下，也可以利用已有的解析拟合式，例如对物质组分为纯冷暗物质 (CDM) 的宇宙，在绝热扰动的情况下有 (BBKS，1986)

$$T(q)=\frac{\ln(1+2.34q)}{2.34q}\left[1+3.89q+(16.1q)^2+(5.46q)^3+(6.71q)^4\right]^{-1/4} \tag{4.8.10}$$

其中，q 以 $\Omega_{\rm m}h^2{\rm Mpc}^{-1}$ 为单位；而对于多重组分的宇宙，其转移函数具有更加复杂的形式 (参见 Weinberg，2008，式 (6.5.12)~ 式 (6.5.14))。

我们注意到，在式 (4.8.10) 所表示的转移函数中，当从很大的尺度 $(q\to 0)$ 过渡到很小的尺度 $(q\to\infty)$ 时，转移函数的谱形有一个大致如 q^{-2} 的变化。这其中的原因不难理解：共动波数 q 的扰动，其固有波长是 $\lambda=2\pi a(t)/q$。当 λ 大于视界时，扰动一直保持增长；而当 $\lambda\sim ct$ 即扰动进入视界时，就开始振荡从而停止增长，这时有

$$\lambda=2\pi a\left(t_q\right)/q\sim ct_q\Rightarrow a\left(t_q\right)\sim ct_q\cdot q/2\pi \tag{4.8.11}$$

另一方面，辐射为主时期 $a(t)\propto t^{1/2}$，这就给出波数 q 的扰动进入视界的时间

$$t_q\propto a(t_q)^2\propto t_q^2\cdot q^2\Rightarrow t_q\propto q^{-2} \tag{4.8.12}$$

这表明，尺度越小 (即 q 越大) 的扰动，进入视界的时刻越早，因此停止增长的时刻也就越早，从而根据式 (4.7.59)，它在进入视界之前的扰动增长为

$$T(q)\propto t_q\propto q^{-2} \tag{4.8.13}$$

这就产生了谱形 q^{-2} 的变化。从辐射为主转变到物质为主之后，各种尺度的扰动又恢复了增长，且 $T(q) \propto t^{2/3}$ 与 q 无关，因而 $T(q)$ 的形状得以基本保持到线性增长阶段结束。

以上在讨论扰动增长所受到的阻尼作用时，主要提到了辐射压、气体压以及暗物质粒子的自由冲流 (free streaming)。实际上还有两个效应的阻尼作用也很重要，即宇宙膨胀和光子阻尼。下面我们对此作一简要介绍。

• **Meszaros 效应**

Meszaros(1974) 最早研究非相对论物质主导的宇宙时，曾发现 t_{eq} 之前密度扰动的增长被“冻结”的现象，这被称为 **Meszaros 效应**。他所讨论的密度扰动演化方程是

$$\ddot{\delta} + 2\frac{\dot{a}}{a}\dot{\delta} - 4\pi G\rho_{\mathrm{m}}\delta = 0 \tag{4.8.14}$$

其中，ρ_{m} 和 δ 分别表示非相对论物质的质量密度及密度涨落。宇宙尺度因子 $a(t)$ 的演化方程由式 (3.1.18) 给出：

$$\left(\frac{\dot{a}}{a}\right)^2 = \frac{8\pi G\rho_0}{3}\left(a_{\mathrm{eq}}a^{-4} + a^{-3}\right) \tag{4.8.15}$$

其微分形式是式 (3.1.20)

$$\frac{a\mathrm{d}a}{(a_{\mathrm{eq}} + a)^{1/2}} = H_0\mathrm{d}t \tag{4.8.16}$$

现作变量代换

$$y \equiv \frac{\rho_{\mathrm{m}}}{\rho_{\mathrm{r}}} = \frac{a}{a_{\mathrm{eq}}} \tag{4.8.17}$$

容易证明

$$\begin{aligned}\frac{\mathrm{d}}{\mathrm{d}t} &= H_0\frac{(a_{\mathrm{eq}} + a)^{1/2}}{a}\frac{\mathrm{d}}{\mathrm{d}a} = \frac{H_0}{a_{\mathrm{eq}}^{3/2}}\frac{(1+y)^{1/2}}{y}\frac{\mathrm{d}}{\mathrm{d}y}\\ \frac{\mathrm{d}^2}{\mathrm{d}t^2} &= H_0^2\frac{(a_{\mathrm{eq}} + a)}{a^2}\frac{\mathrm{d}^2}{\mathrm{d}a^2} - H_0^2\frac{2a_{\mathrm{eq}} + a}{2a^3}\frac{\mathrm{d}}{\mathrm{d}a}\\ &= \frac{H_0^2}{a_{\mathrm{eq}}^3}\frac{(1+y)}{y^2}\frac{\mathrm{d}^2}{\mathrm{d}y^2} - \frac{H_0^2}{a_{\mathrm{eq}}^3}\frac{2+y}{2y^3}\frac{\mathrm{d}}{\mathrm{d}y}\end{aligned} \tag{4.8.18}$$

其中，$H_0^2 = 8\pi G\rho_{\mathrm{m}0}/3$。于是，式 (4.8.14) 化为

$$\frac{\mathrm{d}^2\delta}{\mathrm{d}y^2} + \frac{2+3y}{2y(1+y)}\frac{\mathrm{d}\delta}{\mathrm{d}y} - \frac{3\delta}{2y(1+y)} = 0 \tag{4.8.19}$$

它的增长解是

$$\delta_+ \propto 1 + \frac{3}{2}y \tag{4.8.20}$$

显然当 $t < t_{\rm eq}(y < 1)$，即辐射为主时，δ_+ 几乎不随时间而变，且有

$$\frac{\delta_+(y=1)}{\delta_+(y=0)} = \frac{5}{2} \tag{4.8.21}$$

这表明扰动的增长被“冻结”。只有当 $t > t_{\rm eq}(y > 1)$，即宇宙进入物质为主的时期时，扰动才重新恢复增长，并且有

$$\delta_+(y \gg 1) \propto y \propto a \propto t^{3/2} \tag{4.8.22}$$

这正是我们熟悉的扰动增长模式。实际上，Meszaros 效应表示，即使是完全没有压力的非相对论物质 (例如冷暗物质)，当引力坍缩的速率与宇宙膨胀的速率大致相同时，密度扰动的增长也会被“冻结”。显然，造成“冻结”的原因就是宇宙的膨胀。

- **光子阻尼**

另一个重要的效应是光子阻尼。这一效应的要点是，宇宙中的光子与自由电子之间的 Compton 散射，使光子从密度扰动区域扩散 (图 4.4)，从而造成密度扰动的阻尼衰减。下面我们对此作一个简要的分析。

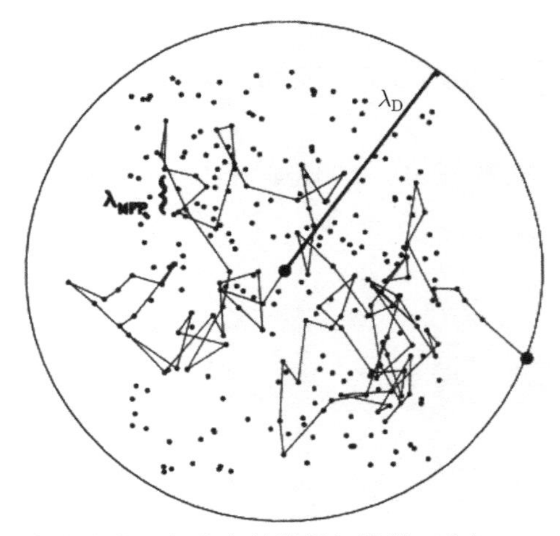

图 4.4 光子在自由电子气体中的散射与扩散 (引自 Dodelson，2003)

光子被自由电子散射的平均自由程是

$$\lambda = \frac{1}{n_{\rm e}\sigma_{\rm T}} \tag{4.8.23}$$

其中，n_{e} 是自由电子的数密度；σ_{T} 是 Thomson 散射截面。在复合发生之前，重子物质完全电离，电子与质子通过电磁力紧密耦合，因而光子与电子、质子都处在紧密耦合状态。由统计力学的结果可知，光子的扩散系数 D 与其平均自由程 λ 之间的关系是 $D=\lambda c/3$，其中 c 为光速。因此，在 t 时间内，光子径向的扩散距离是

$$r_{\mathrm{D}} \simeq (Dt)^{1/2} = \left(\frac{1}{3}\lambda ct\right)^{1/2} \tag{4.8.24}$$

在此半径之内，重子密度的不均匀性将被衰减掉。我们来求一下这一半径之内所包含的重子质量。

t_{eq} 之前即 $z>z_{\mathrm{eq}}$ 时，自由电子的数密度与宇宙学红移的关系是

$$n_{\mathrm{e}} = \frac{\Omega_{\mathrm{B}}\rho_{\mathrm{c}}(1+z)^3}{m_{\mathrm{p}}} \simeq 1.1\times 10^{-5}\Omega_{\mathrm{B}}h^2(1+z)^3\mathrm{cm}^{-3} \tag{4.8.25}$$

其中，m_{p} 是质子的质量。这一时期宇宙时间 t 可由式 (3.1.24) 得出

$$t = \left(\frac{3}{32\pi G\rho}\right)^{1/2} \simeq 2.5\times 10^{19}\times(1+z)^{-2}\mathrm{s} \tag{4.8.26}$$

由式 (4.8.23)∼ 式 (4.8.26)，不难得到半径 r_{D} 内的重子质量，即阻尼质量为

$$M_{\mathrm{D}} = \frac{4\pi}{3}\rho_{\mathrm{B}}r_{\mathrm{D}}^3 \simeq 4.9\times 10^5\Omega_{\mathrm{B}}^{-1/2}h^{-10}\left(\frac{1+z}{1+z_{\mathrm{eq}}}\right)^{-9/2}M_{\odot} \tag{4.8.27}$$

这一质量也称为 **Silk 质量** (Silk，1967)。在 $z_{\mathrm{eq}}>z>z_{\mathrm{res}}$ 期间，自由电子数密度与红移的关系仍为式 (4.8.25)，但宇宙时间 t 现在是 (利用 $a=(t/t_0)^{2/3}$，并取 $t_0\approx 2/3H_0$)，

$$t \simeq \frac{2}{3H_0}\frac{1}{(1+z)^{3/2}} \simeq 2.1\times 10^{17}h^{-1}(1+z)^{-3/2}\mathrm{s} \tag{4.8.28}$$

因而阻尼质量为

$$M_{\mathrm{D}} \simeq 1.0\times 10^6\Omega_{\mathrm{B}}^{-1/2}h^{-10}\left(\frac{1+z}{1+z_{\mathrm{eq}}}\right)^{-15/4}M_{\odot} \tag{4.8.29}$$

复合完成之后，光子与中性氢原子退耦，密度扰动的阻尼衰减也就停止了。由式 (4.8.29) 得到，复合刚好完成时 (在 $z\approx 1000$) 的衰减质量 (Silk 质量) 是 $M_{\mathrm{D}}\sim 10^{12}\Omega_{\mathrm{B}}^{-1/2}h^{-10}M_{\odot}$，大约是大星系和小星系团质量的量级。这说明，复合

结束时星系及以下尺度的扰动都由于光子阻尼而被衰减掉了。因此，如果宇宙仅由光子和重子构成，则星系及更小尺度的结构 (例如恒星和星团) 的产生必须借助于先期形成的大尺度结构的碎裂过程。

目前的观测结果认为，宇宙物质之中，重子物质只占很小的比例，其余大部分是不发光的暗物质，其中绝大部分是冷暗物质，即速度弥散很小的、弱相互作用的有质量粒子 (现在宇宙学研究中提到的 WIMP 通常专指这种暗物质粒子)。冷暗物质的假设可以很自然地解决上述星系及小尺度结构的产生问题。如后面将要讨论到的，有了足够多的冷暗物质，就可以在小尺度上产生出与观测相符的足够强的功率谱。

4.9 密度扰动功率谱

我们来考虑空间中的一个体积 V，比如一个边长为 L 的立方体。它的体积足够大，比我们感兴趣的、由扰动所产生的结构的最大尺度还要大。我们可以想象把整个宇宙分割成许许多多这样的立方体，并且这些立方体之间满足所谓的周期性边界条件。通常把密度涨落定义为 $\delta(\boldsymbol{x})=[\rho(\boldsymbol{x})-\langle\rho\rangle]/\langle\rho\rangle$，其中 $\langle\rho\rangle$ 是体积 V 内的平均密度。当把 $\delta(\boldsymbol{x})$ 进行平面波展开时，

$$\delta(\boldsymbol{x})=\sum_{\boldsymbol{k}}\delta_{\boldsymbol{k}}\exp(\mathrm{i}\boldsymbol{k}\cdot\boldsymbol{x})=\sum_{\boldsymbol{k}}\delta_{\boldsymbol{k}}^{*}\exp(-\mathrm{i}\boldsymbol{k}\cdot\boldsymbol{x}) \tag{4.9.1}$$

注意，这里的波数 k 现在不代表固有波数，而是按照普遍习惯，定义为 $k\equiv q/a(t_0)$，其中 t_0 为宇宙目前的时刻。因而当取 $a(t_0)=1$ 时，k 实际上代表共动波数，此时式 (4.9.1) 中的空间坐标 $\boldsymbol{x}$ 自然就是共动坐标。周期性边界条件 (例如沿 x 方向) 可以取为 $\delta(L,y,z)=\delta(0,y,z)$，等等。这样，波数 $\boldsymbol{k}$ 就需要满足

$$k_x=n_x\frac{2\pi}{L},\quad k_y=n_y\frac{2\pi}{L},\quad k_z=n_z\frac{2\pi}{L} \tag{4.9.2}$$

其中，n_x、n_y、n_z 为整数。展开式 (4.9.1) 的系数 δ_k 可以直接由 Fourier 积分得出

$$\delta_{\boldsymbol{k}}=\frac{1}{V}\int_V\delta(\boldsymbol{x})\exp(-\mathrm{i}\boldsymbol{k}\cdot\boldsymbol{x})\mathrm{d}\boldsymbol{x} \tag{4.9.3}$$

注意，此处积分是对体积 V 进行的。假设我们取另一个体积 V，把该体积内的扰动同样展开成式 (4.9.1) 的形式，则展开式的系数 δ_k 可能就会有所不同。如果取大量数目的体积 V，我们就会发现，无论是 δ_k 的振幅还是相位，都可能各处不同。但如果相位是随机的，我们就说此时的密度扰动场具有 Gauss 分布的统计特征，它的全空间平均值为零，即 $\langle\delta(\boldsymbol{x})\rangle\equiv\bar{\delta}(\boldsymbol{x})=0$；但其方差 (平方平均值)

不为零

$$\sigma^2 \equiv \left\langle\delta^2(\boldsymbol{x})\right\rangle = \sum_{\boldsymbol{k}}\left\langle|\delta_{\boldsymbol{k}}|^2\right\rangle = \frac{1}{V}\sum_{\boldsymbol{k}}\delta_{\boldsymbol{k}}^2 \tag{4.9.4}$$

当 $V\to\infty$ 时，$\boldsymbol{k}$ 就由分立过渡到连续，有

$$\delta(\boldsymbol{x}) = \frac{V}{(2\pi)^3}\int\delta_{\boldsymbol{k}}\exp(\mathrm{i}\boldsymbol{k}\cdot\boldsymbol{x})\mathrm{d}\boldsymbol{k} \tag{4.9.5}$$

它与式 (4.9.3) 互为逆变换。由帕塞瓦尔 (Parseval) 定理，$\delta(\boldsymbol{x})$ 和 δ_k 之间的关系是

$$\frac{1}{V}\int\delta^2(\boldsymbol{x})\mathrm{d}\boldsymbol{x} = \frac{V}{(2\pi)^3}\int\delta_{\boldsymbol{k}}^2\mathrm{d}\boldsymbol{k} \tag{4.9.6}$$

因此给出

$$\sigma^2 \equiv \left\langle\delta^2(\boldsymbol{x})\right\rangle = \frac{1}{V}\int\delta^2(\boldsymbol{x})\mathrm{d}\boldsymbol{x} = \frac{V}{(2\pi)^3}\int\delta_{\boldsymbol{k}}^2\mathrm{d}\boldsymbol{k} \tag{4.9.7}$$

设密度扰动场是统计上均匀各向同性的，统计性质与方向无关，因而 $\boldsymbol{k}$ 可以换成 $k=|\boldsymbol{k}|$，即有

$$\sigma^2 = \frac{V}{(2\pi)^3}\int\delta_k^2\mathrm{d}^3k = \frac{V}{2\pi^2}\int_0^\infty P(k)k^2\mathrm{d}k \tag{4.9.8}$$

其中，

$$P(k)\equiv\delta_k^2 \tag{4.9.9}$$

称为密度扰动的**功率谱**，它与空间位置无关而只是时间的函数。由线性转移函数的定义式 (4.8.9) 可见，线性演化阶段结束时的功率谱 $P(k,t_{\mathrm{f}})$ 与初始功率谱 $P(k,t_{\mathrm{i}})$ 之间的关系是

$$P\left(k,t_{\mathrm{f}}\right)\equiv\delta_k^2\left(t_{\mathrm{f}}\right) = T^2(k)\delta_k^2\left(t_{\mathrm{i}}\right)D^2\left(t_{\mathrm{i}},t_{\mathrm{f}}\right) = T^2(k)P\left(k,t_{\mathrm{i}}\right)D^2\left(t_{\mathrm{i}},t_{\mathrm{f}}\right) \tag{4.9.10}$$

在实际应用上，因为宇宙结构的尺度 (或者 k) 跨越许多量级，故通常把式 (4.9.8) 写成对 k 的对数积分形式

$$\sigma^2 = \frac{V}{2\pi^2}\int_0^\infty P(k)k^2\mathrm{d}k = \frac{V}{2\pi^2}\int_0^\infty P(k)k^3\mathrm{d}\ln k = \frac{V}{2\pi^2}\int_0^\infty\delta_k^2k^3\mathrm{d}\ln k \tag{4.9.11}$$

这样 $\delta_k^2k^3$(或 $P(k)k^3$) 就表示，在 k 尺度上单位对数间隔内密度扰动的功率大小，即在该尺度上成团强度的大小。对于 CDM 宇宙，演化的结果将是小尺度上有较大的扰动功率，即成团先从小的质量开始，然后通过引力作用逐渐形成越来越大的结构，这就是所谓的等级式 (hierarchical；也称为 bottom-up，即自下而上) 成

团模式；对于热暗物质为主的 HDM 宇宙，则大尺度上将产生较大的扰动功率，从而使大尺度上优先成团，再通过分裂过程产生较小尺度的结构，这就是所谓的 top-down(即自上而下) 成团模式。如果暗物质由冷、热两种成分混合组成，则优先成团的尺度将在上述两种情况之间 (例如，参见 Fang et al., 1984)。图 4.5 给出了由 CMB 以及 SDSS、弱引力透镜和类星体 Ly-α 线丛等观测结果得到的功率谱 (见 Tegmark et al., 2004)。

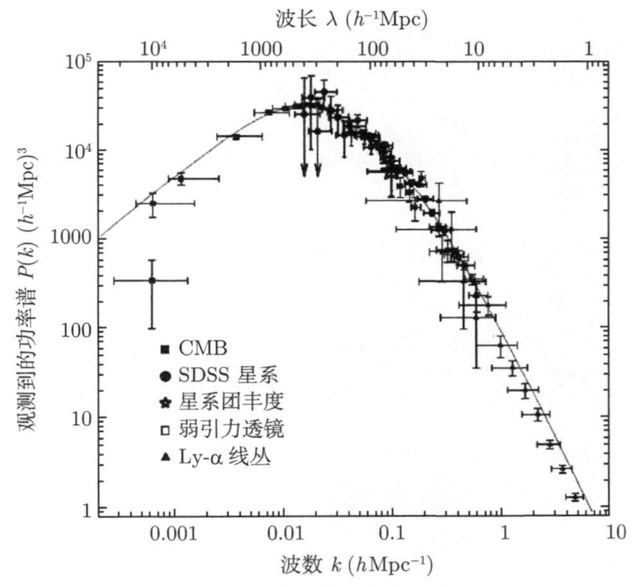

图 4.5 由 CMB 以及 SDSS 等观测结果得到的功率谱 (引自 Tegmark et al., 2004)

由密度扰动功率谱还可以得到另一个重要概念，即**质量涨落方差**。在一个半径为 R 的球体积内，宇宙物质的平均质量是

$$\langle M\rangle = \langle\rho\rangle V = \frac{4\pi}{3}\langle\rho\rangle R^3 \tag{4.9.12}$$

质量涨落方差定义为

$$\sigma_{\mathrm{M}}^2 = \left\langle \frac{[M-\langle M\rangle]^2}{\langle M\rangle^2} \right\rangle = \left\langle \left(\frac{\delta M}{M}\right)^2 (R) \right\rangle \tag{4.9.13}$$

它表示在全空间任意选取的、半径为 R 的球体积 $V = 4\pi R^3/3$ 内，质量涨落的方均值，且由式 (4.9.12) 容易看出，这实际上也等于这样的球体积内的密度涨落方

均值。利用式 (4.9.1) 的 Fourier 级数展开，可得

$$
\begin{aligned}
\sigma_{\mathrm{M}}^2 &= \left\langle \frac{\int \delta(\boldsymbol{x})\mathrm{d}\boldsymbol{x}}{V} \frac{\int \delta(\boldsymbol{x}')\,\mathrm{d}\boldsymbol{x}'}{V} \right\rangle \\
&= \frac{1}{V^2}\left\langle \int_V \int_V \sum_{\boldsymbol{k}} \delta_{\boldsymbol{k}} \exp(\mathrm{i}\boldsymbol{k}\cdot\boldsymbol{x}) \sum_{\boldsymbol{k}'} \delta_{\boldsymbol{k}'}^* \exp(-\mathrm{i}\boldsymbol{k}'\cdot\boldsymbol{x}')\,\mathrm{d}\boldsymbol{x}\mathrm{d}\boldsymbol{x}' \right\rangle \\
&= \frac{1}{V^2}\left\langle \sum_{\boldsymbol{k},\boldsymbol{k}'} \delta_{\boldsymbol{k}}\delta_{\boldsymbol{k}'}^* \int_V \exp(\mathrm{i}\boldsymbol{k}\cdot\boldsymbol{x})\mathrm{d}\boldsymbol{x} \int_V \exp(-\mathrm{i}\boldsymbol{k}'\cdot\boldsymbol{x}')\,\mathrm{d}\boldsymbol{x}' \right\rangle \\
&= \frac{1}{V^2}\int_V \mathrm{d}\boldsymbol{x}_0 \left\{ \sum_{\boldsymbol{k},\boldsymbol{k}'} \delta_{\boldsymbol{k}}\delta_{\boldsymbol{k}'}^* \int_V \exp[\mathrm{i}\boldsymbol{k}\cdot(\boldsymbol{x}_0+\boldsymbol{x})]\,\mathrm{d}\boldsymbol{x} \int_V \exp[-\mathrm{i}\boldsymbol{k}'\cdot(\boldsymbol{x}_0+\boldsymbol{x}')]\,\mathrm{d}\boldsymbol{x}' \right\} \\
&= \frac{1}{V^2}\int_V \mathrm{d}\boldsymbol{x}_0 \exp[\mathrm{i}(\boldsymbol{k}-\boldsymbol{k}')\cdot\boldsymbol{x}_0] \left[\sum_{\boldsymbol{k},\boldsymbol{k}'} \delta_{\boldsymbol{k}}\delta_{\boldsymbol{k}'}^* \int_V \exp(\mathrm{i}\boldsymbol{k}\cdot\boldsymbol{x})\mathrm{d}\boldsymbol{x} \int_V \exp(-\mathrm{i}\boldsymbol{k}'\cdot\boldsymbol{x}')\,\mathrm{d}\boldsymbol{x}' \right]
\end{aligned}
\tag{4.9.14}
$$

注意到 $\int \mathrm{d}\boldsymbol{x}_0 \exp[\mathrm{i}(\boldsymbol{k}-\boldsymbol{k}')\cdot\boldsymbol{x}_0] = \delta'_{\boldsymbol{k},\boldsymbol{k}}$，上式化为

$$
\sigma_{\mathrm{M}}^2 = \sum_k \delta_k^2 \left[\frac{1}{V}\int_V \exp(\mathrm{i}\boldsymbol{k}\cdot\boldsymbol{x})\mathrm{d}\boldsymbol{x}\right]^2 \tag{4.9.15}
$$

其中，积分是对半径为 R 的球形体积进行的。不难证明，

$$
\frac{1}{V}\int_V \exp(\mathrm{i}\boldsymbol{k}\cdot\boldsymbol{x})\mathrm{d}\boldsymbol{x} = \frac{3}{(kR)^3}[\sin(kR) - kR\cos(kR)] \equiv W(kR) \tag{4.9.16}
$$

这里，$W(kR)$ 通常称为窗函数。故最后得到

$$
\sigma_{\mathrm{M}}^2 = \sum_k \delta_k^2 W^2(kR) \tag{4.9.17}
$$

在 k 为连续的情况下，此结果也可以写成积分的形式

$$
\sigma_{\mathrm{M}}^2 = \frac{V}{2\pi^2}\int_0^\infty \delta_k^2 W^2(kR) k^2 \mathrm{d}k = \frac{V}{2\pi^2}\int_0^\infty P(k) W^2(kR) k^3 \mathrm{d}\ln k \tag{4.9.18}
$$

其中，$P(k) = \delta_k^2$ 为密度涨落的功率谱。

4.10 原初扰动的产生和原初功率谱

式 (4.9.10) 表明，线性演化阶段结束时的功率谱与原初扰动功率谱有直接的关系。因此，要了解宇宙大尺度结构的形成，就必须知道原初扰动功率谱的形式。根据现在对于极早期宇宙的研究结果，人们普遍认为，原初密度扰动是由宇宙暴胀阶段的真空量子涨落而形成的，并且具有下面的特征：① Gauss 型，即扰动在空间中的分布满足 Gauss 分布，且各 Fourier 分量之间的相位是随机的，功率谱具有幂律形式，即 $P(k) \propto k^n$；② 扰动是**尺度不变** (scale-invariant) 的，即各种尺度的扰动在进入视界时的大小与尺度无关。我们现在来分析一下，根据这些特征如何选取谱指数 n。

由式 (4.9.11) 可知，共动尺度为 $R(R \sim k^{-1})$ 的质量扰动是

$$\frac{\delta M}{M}(R) \propto \left(\delta_k^2 k^3\right)^{1/2} \propto k^{\frac{n+3}{2}} \propto R^{-\frac{n+3}{2}} \tag{4.10.1}$$

再根据式 (4.8.13)，从初始扰动产生到扰动进入视界期间，扰动的增长是

$$T(k) \propto k^{-2} \propto R^2 \tag{4.10.2}$$

因此，尺度为 R 的扰动进入视界时的大小为

$$\frac{\delta M}{M}(R) \propto R^{-\frac{n+3}{2}} \cdot R^2 = R^{\frac{1-n}{2}} \tag{4.10.3}$$

显然，尺度不变要求 $n = 1$，即原初扰动的功率谱应具有形式

$$P(k) = \delta_k^2 \propto k \tag{4.10.4}$$

这一形式的扰动谱称为哈里森–泽尔多维奇 (Harrison-Zel'dovich) 谱。

我们再来简要回顾一下，暴胀宇宙如何产生出 Harrison-Zel'dovich 谱。根据暴胀理论，真空由一个标量 ϕ 场 (Higgs 场) 来描述，其运动方程是 (见式 (3.3.19))

$$\ddot{\phi} + 3\frac{\dot{a}}{a}\dot{\phi} = -\frac{\partial V(\phi)}{\partial \phi} \tag{4.10.5}$$

这一方程类似于经典力学中一个小球在外力 $-\partial V/\partial\phi$ 和黏滞阻力 $-3(\dot{a}/a)\dot{\phi}$ 共同作用下的滚动。所以通常也说，ϕ 沿势能曲线向极小值 ϕ_0 方向滚下来。我们考虑势函数相当平缓的情况 (即所谓 “慢滚相”)，此时 ϕ 场的运动类似于粒子在黏性介质中的缓慢沉降。这样，外力与黏滞阻力相平衡，即

$$\dot{\phi} \approx -V'/3H \tag{4.10.6}$$

其中，V' 表示对 ϕ 求导；$H \equiv \dot{a}/a$。现在我们假设，式 (4.10.5) 中的 ϕ 场有一个扰动 $\delta\phi$。把 $\delta\phi$ 展开成式 (4.9.1) 那样的平面波的形式，其 k 分量为

$$\delta\phi_k = A_k \exp[\mathrm{i}(\boldsymbol{k}\cdot\boldsymbol{x} - kt/a)] \tag{4.10.7}$$

这里，k 是共动波数，它与 (固有) 波长 λ 之间的关系是 $\lambda = 2\pi a/k$(容易看出，此平面波随时间振荡的圆频率是 $\omega = 2\pi\nu = 2\pi/\lambda = k/a$(取光速 $c = 1$))。于是式 (4.10.5) 给出

$$\ddot{\delta\phi_k} + 3H\dot{\delta\phi_k} + \left(\frac{k}{a}\right)^2 \delta\phi_k = 0 \tag{4.10.8}$$

这个方程看上去像是一个有阻尼的简谐振动方程。用量子场论中求基态能级的办法，可以求出 $\delta\phi_k$ 的期待值为

$$\left\langle |\delta\phi_k|^2 \right\rangle = \frac{H^2}{2k^3} \tag{4.10.9}$$

这一真空量子零点能的涨落最终转化为宇宙极早期的密度涨落，其重新进入视界时的功率谱 $P_{\mathrm{H}}(k)$ 满足 $\varDelta_k^2 \equiv k^3 P_{\mathrm{H}}(k) =$ 恒量。因为 P_{H} 与原初功率谱 P_{i} 之间满足 $P_{\mathrm{H}}(k) \propto P_{\mathrm{i}}(k)k^{-4}$(即把式 (4.10.2) 的两边平方)，故 $\varDelta_k^2$ 为恒量必然有 $P_{\mathrm{i}}(k) \propto k$，即取 $P_{\mathrm{i}}(k) \propto k^n$，则 $n = 1$，这就是 Harrison-Zel'dovich 谱。严格的分析表明，对于标量 ϕ 场，暴胀宇宙模型有

$$n = 1 - 6\varepsilon + 2\eta \tag{4.10.10}$$

其中，ε、η 分别由式 (3.3.34) 和式 (3.3.35) 定义。总之，暴胀产生的原初密度扰动具有以下两个主要特点：① 由于 H 和 $\dot{\phi}$ 在暴胀过程中近乎不变，因而最后形成的原初扰动谱具有尺度不变 (Harrison-Zel'dovich 谱) 的特征，即功率谱 $P(k) = \delta_k^2 \propto k$；② 原初扰动是 Gauss 型的，并且是绝热扰动的。

我们曾在 3.3 节中介绍过，宇宙暴胀理论的提出很好地解决了困扰标准宇宙学模型的“平性”和“视界”两大疑难。现在，暴胀理论又帮助我们解决了宇宙学原初扰动的起源和功率谱的问题。这样看来，除了例如真空场的描述形式等一些细节外，暴胀理论似乎已是功德圆满了，但事实上并非如此。至今暴胀理论仍然属于“假说”一类，因为还没有“一锤定音”的观测证据表明这个理论是确凿而且唯一的。目前，人们正在期待着这样的证据出现，这就是暴胀理论所预言的原初引力波，它产生于时空暴胀中的张量扰动，而其可观测结果则是 CMB 中相应的偏振图像。下面我们就来讨论宇宙学的张量扰动。

4.11 张量扰动与引力波

时空度规中的张量扰动由式 (4.2.5) 中的 D_{ij} 给出，它是一个张量，满足无散度零迹对称张量条件

$$D_{ij} = D_{ji}, \quad D_{ii} = 0, \quad \partial_i D_{ij} = 0 \tag{4.11.1}$$

把 D_{ij} 作平面波展开后，此条件化为

$$D_{ij} = D_{ji}, \quad D_{ii} = 0, \quad q_i D_{ij} = 0 \tag{4.11.2}$$

这里第三个等式也称为横向性条件，其中 $\boldsymbol{q}$ 为波矢量。容易看到，满足上式的 D_{ij} 只能有两个独立的分量。如果我们取波矢量 $\boldsymbol{q}$ 的方向为第三方向 (即 z 轴)，则上式给出

$$\begin{aligned} &D_{11} = -D_{22}, \quad D_{12} = D_{21} \\ &D_{13} = D_{31} = D_{23} = D_{32} = D_{33} = 0 \end{aligned} \tag{4.11.3}$$

这样，所有的 D_{ij} 都可以用两个独立分量 D_{11} 和 D_{12} 来表示。习惯上常把这两个量标记为

$$h_+ = D_{11}, \quad h_\times = D_{12} \tag{4.11.4}$$

故 D_{ij} 的矩阵形式是

$$D_{ij} = \begin{pmatrix} D_{11} & D_{12} & 0 \\ D_{21} & -D_{11} & 0 \\ 0 & 0 & 0 \end{pmatrix} = \begin{pmatrix} h_+ & h_\times & 0 \\ h_\times & -h_+ & 0 \\ 0 & 0 & 0 \end{pmatrix} \tag{4.11.5}$$

在讨论 D_{ij} 的演化方程之前，我们先来介绍一下引力平面波的**螺旋度**概念。把 D_{ij} 围绕第 3 轴转动一个角度 θ，其转动变换矩阵是 (我们只考虑二维平面内的变换)

$$R_i^j = \begin{pmatrix} \cos\theta & \sin\theta \\ -\sin\theta & \cos\theta \end{pmatrix} \tag{4.11.6}$$

D_{ij} 的变换是

$$D'_{ij} = R_i^k R_j^l D_{ij} \tag{4.11.7}$$

其两个独立分量的变换结果分别为

$$
\begin{aligned}
D'_{11} &= \cos^2\theta D_{11} + \cos\theta\sin\theta D_{12} + \sin\theta\cos\theta D_{21} + \sin^2\theta D_{22} \\
&= \cos 2\theta D_{11} + \sin 2\theta D_{12} \\
D'_{12} &= \cos^2\theta D_{12} - \cos\theta\sin\theta D_{11} + \sin\theta\cos\theta D_{22} - \sin^2\theta D_{21} \\
&= -\sin 2\theta D_{11} + \cos 2\theta D_{12}
\end{aligned}
\tag{4.11.8}
$$

这相当于下列变换：

$$D'_{\pm} = \mathrm{e}^{\pm 2\mathrm{i}\theta} D_{\pm} \tag{4.11.9}$$

其中，

$$D_{\pm} = D_{11} \mp \mathrm{i} D_{12} \tag{4.11.10}$$

一般说来，任一平面波 Ψ，通过绕传播方向转动任一角度 θ 时，如果满足变换

$$\Psi' = \mathrm{e}^{\mathrm{i}\lambda\theta}\Psi \tag{4.11.11}$$

则称该平面波具有螺旋度 λ。因而，式 (4.11.9) 表明，引力平面波 $D_{\pm}$ 的螺旋度是 ± 2。通常认为，一个螺旋度为 λ 的波，由在运动方向角动量等于 $\lambda\hbar$ 的量子构成。如果把引力波的量子称为引力子，这就意味着引力子的自旋角动量等于 $\pm 2\hbar$。

接下来我们讨论 D_{ij} 的演化方程。回到式 (4.4.1) 表示的爱因斯坦场方程，即

$$\delta R_{\mu\nu} = -8\pi G \delta S_{\mu\nu} \tag{4.11.12}$$

因为 D_{ij} 是式 (4.2.5) 中度规扰动 $h_{\mu\nu}$ 中唯一的无散度零迹对称张量，故我们只需要把上式两边的无散度零迹对称张量分别提取出来，就可以得到 D_{ij} 所满足的场方程。首先，度规扰动 $h_{\mu\nu}$ 中满足该条件的是 $h_{ij} = a^2 D_{ij}$。接下来是式 (4.4.28) 给出的 $\delta R_{\mu\nu}$，相应的计算表明，满足无散度零迹对称张量条件的项为

$$
\begin{aligned}
\delta R_{ij} =& \frac{1}{2a^2}\nabla^2 h_{ij} - \frac{1}{2}\ddot{h}_{ij} + \frac{\dot{a}}{2a}\dot{h}_{ij} - \frac{2\dot{a}^2}{a^2}h_{ij} \\
=& \frac{1}{2}\nabla^2 D_{ij} - \frac{1}{2}\left[\left(2\dot{a}^2 + 2a\ddot{a}\right)D_{ij} + 4a\dot{a}\dot{D}_{ij} + a^2\ddot{D}_{ij}\right] \\
& + \frac{\dot{a}}{2a}\left(2a\dot{a}D_{ij} + a^2\dot{D}_{ij}\right) - 2\dot{a}^2 D_{ij} \\
=& \frac{1}{2}\nabla^2 D_{ij} - \left(a\ddot{a} + 2\dot{a}^2\right)D_{ij} - \frac{3}{2}a\dot{a}\dot{D}_{ij} - \frac{1}{2}a^2\ddot{D}_{ij}
\end{aligned}
\tag{4.11.13}
$$

再下来就是 $\delta S_{\mu\nu}$ 了。由 (4.4.37)、式 (4.4.42) 和式 (4.4.43) 可以看到，满足无散度零迹对称张量条件的项是

$$\delta S_{ij} = \delta T_{ij} - \frac{1}{2}h_{ij}\overline{T}^{\lambda}_{\lambda}$$

$$= a^2\pi_{ij}^{\mathrm{T}} + \overline{p}h_{ij} - \frac{1}{2}h_{ij}\overline{T}_{\lambda}^{\lambda} \tag{4.11.14}$$

式中，π_{ij}^{T} 代表流体能量–动量中的各向异性惯量张量，它是一个无散度零迹对称张量。在我们之前的讨论中此项从未出现，这是因为之前的讨论都仅限于标量扰动，而现在讨论张量扰动就必须加上这一项了。但这一项对于冷暗物质和重子物质来说就太小了，主要应来自光子和中微子的贡献。但是光子在复合之前的平均自由程很短，而复合之后光子在总能量密度中的占比又很小，故光子对各向异性惯量的贡献亦可以忽略，这就只剩下中微子 (包括反中微子) 的贡献了。由式 (4.11.14) 以及式 (4.4.44) 和式 (4.4.39)，可得

$$-8\pi G\delta S_{ij} = -8\pi Ga^2\pi_{ij}^{\mathrm{T}} - \left(a\ddot{a} + 2\dot{a}^2\right)D_{ij} \tag{4.11.15}$$

把此式与式 (4.11.13) 联立，最后得到张量分量的爱因斯坦场方程为

$$\nabla^2 D_{ij} - 3a\dot{a}\dot{D}_{ij} - a^2\ddot{D}_{ij} = -16\pi Ga^2\pi_{ij}^{\mathrm{T}} \tag{4.11.16}$$

显然，这是一个波动方程，即引力波辐射的波动方程，而各向异性惯量张量 π_{ij}^{T} 在方程中起着引力波源的作用。由式 (4.11.9) 和式 (4.11.10) 得知，引力平面波 $D_{\pm}$ 的螺旋度是 $\lambda = \pm 2$，故把式 (4.11.16) 作平面波展开并取共动波矢量 $\boldsymbol{q}$ 沿第 3 方向即 z 轴方向，$D_{ij}(q,t)$ 可以写成

$$D_{ij}(q,t) = \sum_{\lambda=\pm 2} D(q,\lambda,t) \tag{4.11.17}$$

式中，$D(q,\lambda,t)$ 亦满足方程 (4.11.16)，但其中的拉普拉斯 (Laplace) 算符 ∇^2 需换成 $-q^2$(参见式 (4.6.56))

$$\ddot{D}_q + 3\frac{\dot{a}}{a}\dot{D}_q + \frac{q^2}{a^2}D_q = 16\pi G\pi_q^{\mathrm{T}} \tag{4.11.18}$$

这里，$D_q \equiv D(q,\lambda,t)$。当扰动尺度远大于视界，或者物理波数 q/a 远小于宇宙膨胀率 $\dot{a}/a$ 时，等号左边第 3 项可以忽略，且此时各向异性惯量 π_q^{T} 亦可忽略，式 (4.11.18) 就变成

$$\ddot{D}_q + 3\frac{\dot{a}}{a}\dot{D}_q = 0 \tag{4.11.19}$$

它有两个解

$$D_{1q}(t) = 1, \quad D_{2q}(t) = \int_t^{\infty}\frac{\mathrm{d}t'}{a^3\left(t'\right)} \tag{4.11.20}$$

这两个解都代表沿 $\pm z$ 轴方向以光速传播的引力波，其中第 1 个解是不随时间而变的常量，第 2 个解是衰减解。在辐射主导时期第 2 个解的变化如 $t^{-1/2}$。故只要时间足够长，我们就可以忽略掉此衰减解，而把极早期的 $D_q(t)$ 趋于一个常量 D_q^0 当作引力波的初始条件。图 4.6 为沿 z 轴方向传播的引力波图示。上方图表示引力波振幅随时间的变化。下方图表示在垂直于传播方向的平面内，两种类型的波 $(h_+, h_\times)$ 所造成的时空拉伸压缩形变随时间的变化。

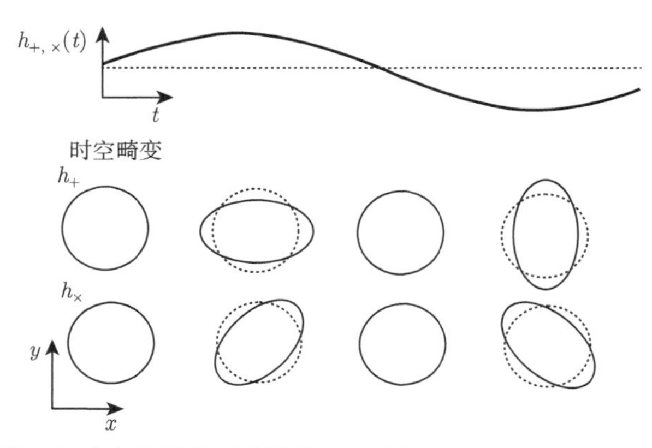

图 4.6　沿 z 轴方向传播的引力波图示 (引自 Dodelson & Schmidt，2021)

要补充说明的是，式 (4.11.20) 给出的解只代表宇宙极早期的情况，此时引力波的波长远大于视界，并且所有的各向异性惯量 π_q^{T} 都可以忽略。但随着宇宙的不断膨胀，波长较短的引力波逐渐进入视界，且中微子和光子能量动量中的各向异性惯量也逐渐变得不能忽略。这样一来，式 (4.11.18) 的解就会像前面的式 (4.8.1) 那样，当引力波的波长 $\lambda \sim ct$ 时，就出现振荡和衰减 (图 4.7)。与式 (4.8.1) 的解情况不同的是，引力波相应的是时空的扰动，该扰动在视界之外的振幅基本保持不变，如式 (4.11.20) 第 1 式所示；而式 (4.8.1) 的解相应的是辐射与物质组分的扰动，该扰动在进入视界之前是按某种方式随时间增长的，如式 (4.7.59) 所示。此外，辐射与物质的扰动进入视界后之所以振荡并停止增长，是由于引力与 “压力 + 宇宙膨胀” 的相反作用；而引力波的振荡与衰减只是由于引力与宇宙膨胀的相反作用，与压力无关，因为张量模式中是没有压力扰动的。扰动的张量模式只对引力、光子以及中微子有实际意义，且对光子和中微子的处理一定要利用 Boltzmann 方程，从中提取各向异性惯量的信息。有兴趣进一步研究的读者可以参阅 Weinberg(2008) 所著文献的 6.6 节。

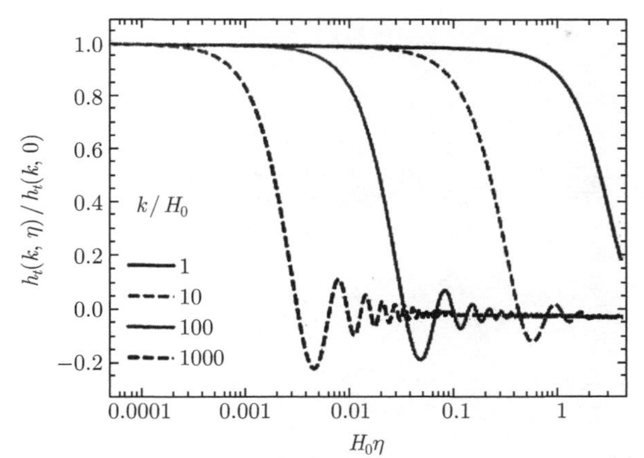

图 4.7　不同波数 (图中 k 表示共动波数) 的引力波演化，时间轴由哈勃常数乘以共形时来标度 (引自 Dodelson & Schmidt，2021)

习　题

4.1　根据式 (4.1.15) 及式 (4.1.54) 的定义，计算物质与辐射退耦之后 (取 $T \approx 2700\text{K}$ 时) 重子物质的 Jeans 质量。

4.2　在电磁学中，电磁场的性质可以用四维矢量即四维势 $A^\mu = (\varphi, \boldsymbol{A})$ 来描述，其中 φ 是标量，$\boldsymbol{A}$ 是三维空间矢量。A^μ 的协变形式 A_μ 为 $A_0 = A^0 = \varphi$，$A_i = -A^i$。利用四维势，电场强度 $\boldsymbol{E}$ 和磁场强度 $\boldsymbol{H}$ 分别表示为 (取光速 $c = 1$)

$$\boldsymbol{E} = -\frac{\partial \boldsymbol{A}}{\partial t} - \nabla\varphi, \quad \boldsymbol{H} = \nabla \times \boldsymbol{A}$$

现作变换 $A'_\mu = A_\mu - \dfrac{\partial f}{\partial x^\mu}$，其中 f 是时间与空间坐标的任意函数。证明：在这一变换下 $\boldsymbol{E}$ 和 $\boldsymbol{H}$ 保持不变。

4.3　参考式 (4.2.16) 所示的张量扰动规范变换法则，推导矢量扰动的规范变换式 (4.2.20)。

4.4　根据式 (4.2.16)，推导出 $\delta T_{\mu\nu}$ 各分量的规范变换。

4.5　证明：式 (4.3.16) 定义的 $\varPhi_{\rm H}$ 是一个规范不变量。

4.6　证明：式 (4.3.21) 和式 (4.3.22) 定义的 ζ 和 $\mathcal{R}$ 是规范不变量。

4.7　根据小扰动下 $\delta R_{\mu\nu}$ 的普遍结果式 (4.4.28)，导出 δR_{00}、δR_{0i} 和 δR_{ij} 的表示式。

4.8　根据 4.7 题的结果，给出牛顿规范下 δR_{00} 的表示式。

4.9　根据 4.7 题的结果，给出同步规范下 δR_{00} 的表示式。

4.10　推导同步规范下 δR_{ij} 和 δS_{ij} 的表示式。

4.11　设时空度规中的张量扰动由式 (4.2.5) 中的 D_{ij} 给出，它满足式 (4.11.1) 所示的无散度、零迹对称张量条件，并且能量–动量张量中没有各向异性惯量项。试导出 D_{ij} 满足的引力波方程。

4.12　在物质为主时期，度规扰动 h 的增长解由式 (4.7.55) 给出。试根据辐射扰动方程 (4.7.35)，求 $\delta_{\rm r}$ 随时间变化的解。

4.13　证明式 (4.9.16)。

第 5 章　宇宙微波背景辐射的各向异性

圣人见微以知萌，见端以知末……

——《韩非子·说林上》

一叶知秋、见微知著。

成语

5.1　CMB 温度涨落的统计描述

密度扰动线性演化阶段的最重要的可观测结果是宇宙微波背景辐射 (CMB)。如前所述，辐射与物质退耦主要发生在红移 $1000 \leqslant z \leqslant 1200$ 之间，因而 CMB 的温度涨落可以直接反映那时的宇宙演化状况，例如密度扰动的谱形和大小。由于非线性演化还远未开始，因而那时的密度扰动谱与原初扰动谱之间简单地由线性转移函数相联系，不需要考虑非线性演化以及偏置 (bias) 等复杂效应。近十几年来，COBE、WMAP 和 Planck 卫星获得了大量的 CMB 精确观测数据，为我们提供了丰富的有关宇宙结构形成和基本宇宙学参数的信息 (图 5.1)，同时也给各种宇宙学模型提出了严格的限制。

观测表明，CMB 的温度在全天空的分布基本上是均匀各向同性的，全天空的平均温度是 $T_0 = (2.725 \pm 0.002)\mathrm{K}$，只存在很小的涨落 $\Delta T/T \sim 10^{-5}$。但这很小的涨落亦即很小的各向异性，对宇宙学来说却很重要，我们可以从中提取许多重要信息。对 CMB 温度这种很小的各向异性的描述，是利用测量到的全天 CMB 温度逐点变化的统计特征。通常把全天空 CMB 温度的分布展开为球谐函数 (Bond & Efstathiou，1987)：

$$\frac{\Delta T}{T}(\theta, \phi) = \frac{T(\theta, \phi) - T_0}{T_0} = \sum_{l=0}^{\infty} \sum_{m=-l}^{l} a_{lm} \mathrm{Y}_{lm}(\theta, \phi) \tag{5.1.1}$$

其中，θ、ϕ 分别为球极坐标下的极角和方位角；Y_{lm} 为球谐函数，

$$\mathrm{Y}_{lm}(\theta, \phi) = \left[\frac{2l+1}{4\pi} \frac{(l-|m|)!}{(l+|m|)!}\right]^{1/2} \mathrm{P}_l^{|m|}(\cos\theta) \mathrm{e}^{\mathrm{i}m\phi} \tag{5.1.2}$$

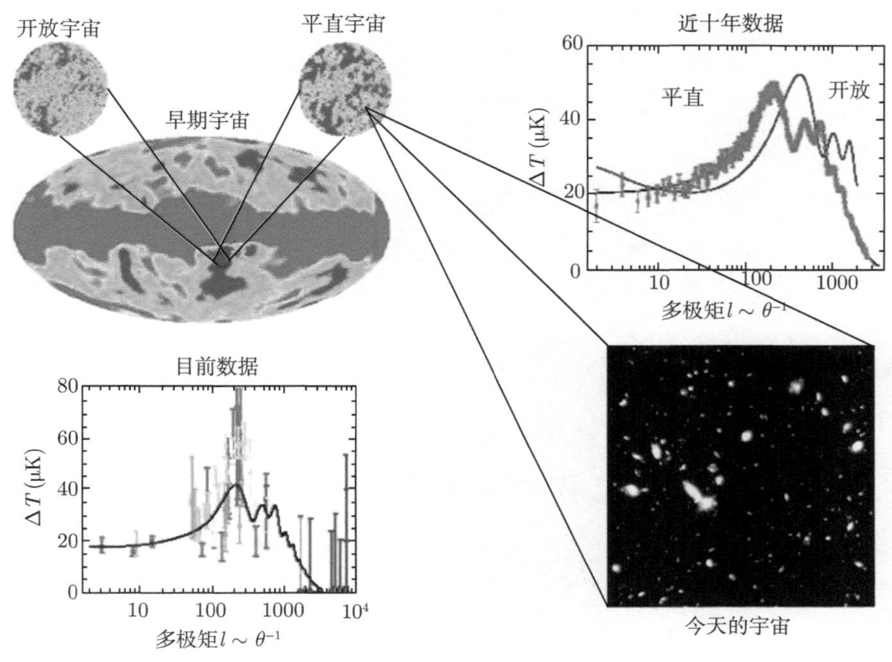

图 5.1 CMB 带来的信息

其中，$\mathrm{P}_l^{|m|}(\cos\theta)$ 是缔合勒让德 (Legendre) 多项式

$$\mathrm{P}_l^{|m|}(\mu) = \left(1-\mu^2\right)^{\frac{|m|}{2}} \frac{\mathrm{d}^{|m|}}{\mathrm{d}\mu^{|m|}}\mathrm{P}_l(\mu) \tag{5.1.3}$$

Y_{lm} 满足正交归一化条件

$$\int_0^{2\pi}\int_0^{\pi} \mathrm{Y}_{lm}^*(\theta,\phi)\mathrm{Y}_{l'm'}(\theta,\phi)\sin\theta\mathrm{d}\theta\mathrm{d}\phi = \delta_{ll'}\delta_{mm'} \tag{5.1.4}$$

与前面密度涨落的展开式 (4.6.55) 相比较，我们看到，$\Delta T/T$ 的球谐函数展开类似于密度涨落 $\delta(\boldsymbol{x})$ 的平面波展开，但现在 $\Delta T/T$ 来自天空的球面背景，球面上的正交完备函数集是 Y_{lm}，正如平面波展开中的 $\exp(\mathrm{i}\boldsymbol{k}\cdot\boldsymbol{x})$ 是平直空间中的正交函数集一样。一些典型的球谐函数 Y_{lm} 的表达式为

$$\mathrm{Y}_{00} = \frac{1}{4\pi}$$

$$\mathrm{Y}_{10} = \sqrt{\frac{3}{4\pi}}\cos\theta, \quad \mathrm{Y}_{1\pm1} = \sqrt{\frac{3}{8\pi}}\sin\theta\mathrm{e}^{\pm\mathrm{i}\phi}$$

$$\mathrm{Y}_{20}=\sqrt{\frac{5}{16\pi}}\left(3\cos^2\theta-1\right),\quad \mathrm{Y}_{2\pm1}=\mp\sqrt{\frac{15}{8\pi}}\sin\theta\cos\theta\mathrm{e}^{\pm\mathrm{i}\phi}$$

$$\mathrm{Y}_{2\pm2}=\sqrt{\frac{15}{32\pi}}\sin^2\theta\mathrm{e}^{\pm\mathrm{i}2\phi} \tag{5.1.5}$$

式 (5.1.1) 中的系数 a_{lm} 容易由下面的积分得到

$$a_{lm}=\int_{4\pi}\frac{\Delta T}{T}(\theta,\phi)\mathrm{Y}_{lm}^{*}\mathrm{d}\Omega \tag{5.1.6}$$

其中，$\mathrm{d}\Omega=\sin\theta\mathrm{d}\theta\mathrm{d}\phi$，且 a_{lm} 满足条件

$$\langle a_{lm}^{*}a_{l'm'}\rangle=C_l\delta_{ll'}\delta_{mm'} \tag{5.1.7}$$

式中，平均是对全天平均；C_l 称为**角功率谱**，

$$C_l=\frac{1}{2l+1}\sum_m a_{lm}^{*}a_{lm}=\left\langle|a_{lm}|^2\right\rangle \tag{5.1.8}$$

它类似于式 (4.9.9) 定义的功率谱。CMB 的温度涨落也常用**自协方差函数** $C(\theta)$ 定义，

$$C(\theta)=\left\langle\frac{\Delta T}{T}(\boldsymbol{n}_1)\frac{\Delta T}{T}(\boldsymbol{n}_2)\right\rangle \tag{5.1.9}$$

其中，$\boldsymbol{n}_1$、$\boldsymbol{n}_2$ 为指向天空 1 和 2 两个方向的单位矢量，$\boldsymbol{n}_1\cdot\boldsymbol{n}_2=\cos\theta$；平均也是对全天平均，但 $\boldsymbol{n}_1$ 和 $\boldsymbol{n}_2$ 之间的夹角要始终保持为 θ。我们后面会看到，这一定义形式类似于星系统计中的两点相关函数。因为球谐函数的正交性，我们有

$$\sum_{lm}\mathrm{Y}_{lm}^{*}(\boldsymbol{n}_1)\mathrm{Y}_{lm}(\boldsymbol{n}_2)=\sum_l\frac{2l+1}{4\pi}\mathrm{P}_l(\cos\theta) \tag{5.1.10}$$

其中，$\mathrm{P}_l(\cos\theta)$ 为 Legendre 多项式。由此不难验证，自协方差函数 $C(\theta)$ 和角功率谱 C_l 之间的关系是

$$C(\theta)=\frac{1}{4\pi}\sum_l(2l+1)C_l\mathrm{P}_l(\cos\theta) \tag{5.1.11}$$

这与后面将讨论到的星系两点相关函数与功率谱之间的关系亦十分相似。

还需要说明的是，以上各有关展开式中，$l=0$ 的项表示的是对单极矩的改正，亦即宇宙中某个观测者观察到的天空平均温度，相对于宇宙中所有可能的观测者观察到的天空温度整体平均值的改正。实际上这一项是无法测量的，而且它

对我们感兴趣的背景辐射温度各向异性没有贡献，因而在以下的讨论中，$l=0$ 的项可以略去。

$l=1$ 的项表示偶极矩，它起源于我们附近的宇宙物质密度涨落所引起的本动运动，表现为地球相对于宇宙平均背景的运动，或偏离宇宙哈勃流的运动。这实际上是一种局域效应，可以单独处理，因而在对背景温度各向异性的讨论中也可以略去。

接下来，$l=2$ 的项表示四极矩，$l>2$ 的项表示多极矩，它们都产生于复合期间或复合以后的密度涨落，因此代表了背景辐射的内禀各向异性。较大的 l 相应于较小的 θ 角内的温度涨落。根据函数 Y_{lm} 的零点分布特征，可以估计出 l 与角分辨率之间有 $\theta\sim 180°/l$。图 5.2 显示 CMB 温度涨落全天分布 (左上角 ILC 图) 及 $l=2\sim 8$ 的多极各向异性的图像。

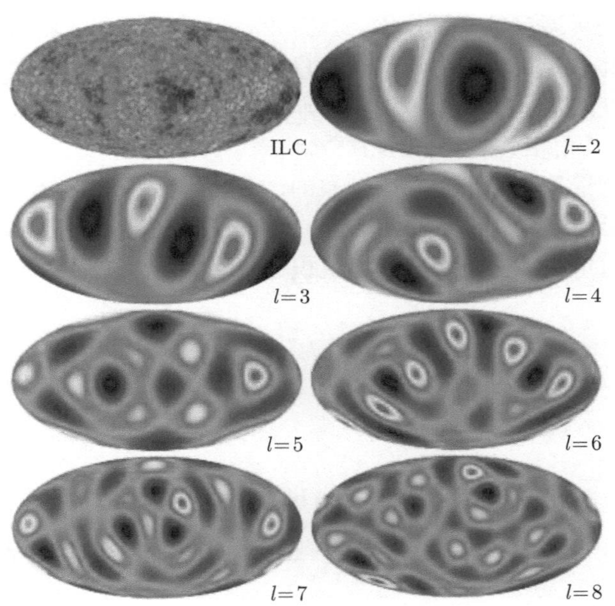

图 5.2 CMB 温度涨落全天分布 (左上角 ILC 图) 及 $l=2\sim 8$ 的多极各向异性 (引自 Hinshaw et al., 2007)

前面我们曾把辐射亮度函数 δ_{r} 展开为 Legendre 多项式 (4.6.62)：

$$\delta_{\mathrm{r}}(q,t)=\sum_{l=0}^{\infty}(2l+1)\mathrm{P}_l(\mu)(-i)^l\Theta_l(q,t) \tag{5.1.12}$$

其中，$\mu=\cos\theta$ 表示光子的动量和波矢量 $\boldsymbol{k}$ 之间夹角的余弦。现在，就可以利用数值计算得到的 Θ_l，得出 CMB 温度涨落的自协方差函数 $C(\theta)$，这两者之间的

关系是

$$C(\theta) = \frac{1}{2\pi^2} \int_0^\infty \sum_{l \geqslant 2} (2l+1) \left[\frac{1}{4}\Theta_l(k, t_0)\right]^2 \mathrm{P}_l(\cos\theta) q^2 \mathrm{d}q \tag{5.1.13}$$

其中，因子 1/4 是由于 $\Delta T/T = \delta_{\mathrm{r}}/4$。当然，还可以利用式 (5.1.11) 把 $C(\theta)$ 换成用角功率谱表示的形式，从而得出角功率谱 C_l 随 l 的分布。我们在 4.6 节中已经看到，Θ_l 的计算过程非常复杂，要与暗物质、重子、引力场等的扰动方程联立求解，仅 Θ_l 就要列出数千个方程，而且在数值求解中还要对时常出现的振荡作合理的技术处理。不过现在已经有了相当好的数值计算程序，例如 CMBfast 和 CAMB，只要输入选择的基本宇宙学参数，就可以方便地得到 CMB 温度涨落的理论结果。

现在普遍采用**温度功率谱** $l(l+1)C_l/2\pi$ 来描述 CMB 温度涨落 δT，例如图 5.3 所示的就是 WMAP 三年巡天测量到的温度功率谱。表观上，我们观测到的 CMB 的温度涨落是在两维球面 (天球) 上分布的，因而式 (5.1.9) 定义的自协方差函数 $C(\theta)$ 是角相关函数。但是严格说来，温度功率谱是一个三维的概念，因为温度即辐射能量是在三维空间中分布的，我们看到的二维分布实际上是三维分布在天球上投影的结果。在空间为平直的情况下，根据汉克尔 (Hankel) 变换，可以得到投影后的角相关函数用三维波数积分表示的形式 (见 Peacock，1999)

$$C(\theta) = \int_0^\infty F^2(k) \mathrm{J}_0(k\theta) \frac{\mathrm{d}k}{k} \tag{5.1.14}$$

其中，

$$F^2\left(k = l + \frac{1}{2}\right) = \frac{\left(l + \frac{1}{2}\right)(2l+1)}{4\pi} C_l \quad (\text{当 } \theta \ll 1, l \gg 1) \tag{5.1.15}$$

为三维空间的功率谱，C_l 的定义如式 (5.1.8)；J_0 为贝塞尔 (Bessel) 函数

$$\mathrm{J}_0(z) \simeq \sqrt{\frac{2}{\pi z}} \cos\left(z - \frac{1}{4}\pi\right) \tag{5.1.16}$$

容易看出，当 $\theta \ll 1$ 时，J_0 的这一表示式与 Legendre 多项式的近似表示

$$\mathrm{P}_l(\cos\theta) \simeq \sqrt{\frac{2}{\pi l \sin\theta}} \cos\left[\left(l + \frac{1}{2}\right)\theta - \frac{1}{4}\pi\right] \tag{5.1.17}$$

在 l 和 z 都很大时趋于一致，且此时有 $l \to k$。另一方面，式 (5.1.15) 表示的三维功率谱现在是

$$F^2\left(k = l + \frac{1}{2}\right) = \frac{2l^2 + 2l + \frac{1}{2}}{4\pi}C_l \to \frac{l(l+1)}{2\pi}C_l \tag{5.1.18}$$

这正是实际上常用的温度功率谱。虽然它的形式是二维球面上的统计描述，但其中已经包含了三维空间的全部信息。因此，式 (5.1.14) 最后可以化为

$$C(\theta) = \frac{1}{2\pi}\int_0^\infty l(l+1)C_l \mathrm{P}_l(\cos\theta)\frac{\mathrm{d}l}{l} \tag{5.1.19}$$

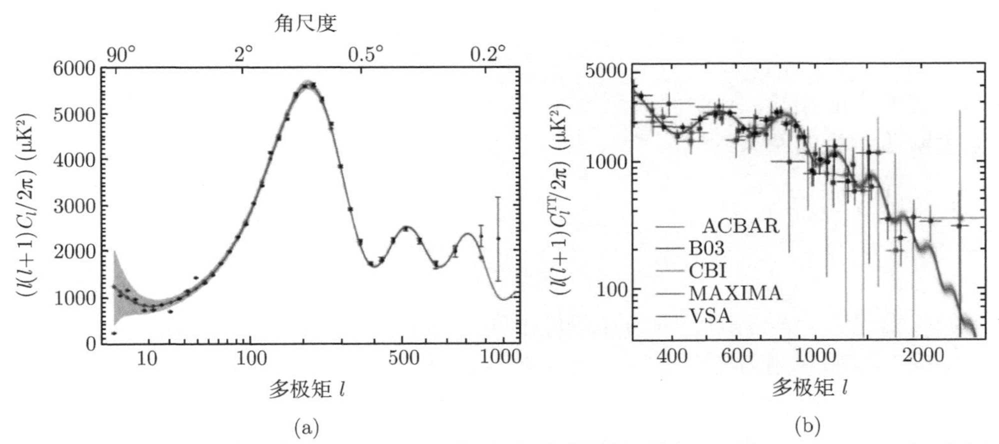

图 5.3 (a) CMB 温度功率谱 (WMAP 三年巡天观测结果，引自 Hinshaw et al., 2007)；(b) l 很大时的 CMB 温度功率谱 (引自 Spergel et al., 2007)

还需要说明的是，在对 CMB 温度涨落的实际测量中，任何测量装置 (包括地面射电望远镜、气球探测装置，以及 COBE、WMAP 等卫星探测装置) 的接收天线都有一个有限的波束宽度 (beamwidth)，使得测量的结果不是天球上实际温度的逐点分布，而是经过某种响应函数平滑后的结果。响应函数一般具有 Gauss 分布的形式

$$F(\theta) = \frac{1}{2\pi\theta_{\mathrm{f}}^2}\exp\left(-\frac{\theta^2}{2\theta_{\mathrm{f}}^2}\right) \tag{5.1.20}$$

其中，θ_{f} 为波束的宽度。但通常习惯用 l 来代替 θ，故响应函数用 l 来表示时为

$$F_l = \exp\left[-\left(l + \frac{1}{2}\right)^2 \frac{1}{2}\theta_{\mathrm{f}}^2\right] \tag{5.1.21}$$

于是，观测到的温度自协方差函数现在写为

$$C(\theta;\theta_{\mathrm{f}})=\frac{1}{4\pi}\sum_{l=2}^{\infty}(2l+1)F_lC_l\mathrm{P}_l(\cos\theta) \tag{5.1.22}$$

对于用单波束扫描进行的测量，温度涨落的均方值为

$$\left\langle\left(\frac{\Delta T}{T}\right)^2\right\rangle=\frac{1}{4\pi}\sum(2l+1)C_lF_l=C(0;\theta_{\mathrm{f}}) \tag{5.1.23}$$

对于用双波束进行的测量，其中每一波束的宽度为 θ_{f}，波束摆度 (beam throw) 即两个波束之间的夹角为 θ，温度涨落的均方值为

$$\left\langle\left(\frac{\Delta T}{T}\right)^2\right\rangle=\left\langle\frac{(T_1-T_2)^2}{T^2}\right\rangle=2\left[C(0;\theta_{\mathrm{f}})-C(\theta;\theta_{\mathrm{f}})\right] \tag{5.1.24}$$

对于三波束的测量，其中间波束为 1，其余 2、3 两个波束与 1 之间的夹角均为 θ，温度涨落测量的结果为

$$\left\langle\left(\frac{\Delta T}{T}\right)^2\right\rangle=\left\langle\frac{\left[T_1-(T_2+T_3)/2\right]^2}{T^2}\right\rangle=\frac{3}{2}C(0;\theta_{\mathrm{f}})-2C(\theta;\theta_{\mathrm{f}})+\frac{1}{2}C(2\theta,\theta_{\mathrm{f}}) \tag{5.1.25}$$

不同仪器设备由于工作的目的和环境不同，对测量方法和仪器参数的选择也会有所不同。地面观测通常会受到大气辐射的影响，因而更常采用双波束或三波束扫描的方法，以消除大气辐射的干扰。COBE 卫星探测器的波束宽度为几度，波束摆度大约为 60°，它对于较小的 l 比较敏感；单碟射电望远镜的工作主要是针对温度功率谱的另一端，即大到几千的 l。

5.2　大角尺度上的各向异性：Sachs-Wolfe 效应

在复合期间，由于引力场扰动的存在，光子与重子发生最后一次散射时是位于扰动的引力势阱之中，因而光子从引力势阱中爬升并最终到达观测者的过程中，会受到两个相对论效应的影响：① 引力红移引起光子频率改变，从而使观测到的辐射温度出现涨落；② 引力红移也使得光子受到散射的时间发生膨胀 (time dilation)，从而使我们看到的光子相应于更早一些的散射时刻，亦即相应于更小一些的宇宙尺度因子 a，也就是说，那时的宇宙要更年轻一些因而也就更热一些。我们可以利用牛顿理论对此作一分析。显然，第一个效应给出

$$\frac{\Delta T}{T}\simeq\frac{\delta\varphi}{c^2}\simeq-\frac{G\delta M}{c^2r} \tag{5.2.1}$$

其中，$\delta\varphi$ 是引力势的扰动；δM 是质量扰动；r 是相应的扰动区域在复合时的物理尺度。第二个效应给出

$$\frac{\Delta T}{T}=-\frac{\delta a}{a}=-\frac{2}{3}\frac{\delta t}{t}\simeq-\frac{2}{3}\frac{\delta\varphi}{c^2} \tag{5.2.2}$$

这两个效应加在一起的净结果是

$$\frac{\Delta T}{T}\simeq\frac{1}{3}\frac{\delta\varphi}{c^2}\simeq-\frac{1}{3}\frac{G\delta M}{c^2 r} \tag{5.2.3}$$

这一总的效应称为 **Sachs-Wolfe 效应** (Sachs & Wolfe，1967)，它在大角尺度各向异性中占主导地位，而且是内禀的各向异性，即起源于光子最后散射阶段由物质密度不均匀性而产生的引力势扰动 (严格说应是度规扰动)。

下面我们来看一下如何估计引力势扰动的大小。在平直宇宙中，物质为主阶段密度扰动的增长为 $\delta\rho/\rho\propto a\propto 1/(1+z)$，因而有

$$\delta\rho=\frac{\rho}{1+z}\frac{\delta\rho_0}{\rho_0}=\delta\rho_0(1+z)^2 \tag{5.2.4}$$

其中，下标 0 表示目前时刻 t_0 时的值。另一方面，$\delta M\simeq\delta\rho r^3$，其中 r 为扰动区域的物理尺度，且 $r=r_0/(1+z)$，故得到

$$-\delta\varphi\simeq\frac{G\delta M}{r}\simeq G\delta\rho\cdot r^2\simeq G\delta\rho_0(1+z)^2\cdot r_0^2(1+z)^{-2}\simeq G\delta\rho_0 r_0^2 \tag{5.2.5}$$

此式表明，引力势扰动的大小与时间无关，因为所有随时间变化的量都彼此抵消掉了。这就是说，对于某个在复合时已经形成的扰动，在其后任何宇宙时刻它产生的 $\delta\varphi$ 都是相同的，尽管该扰动本身还在随时间作线性增长。我们再来分析一下如何由这一结果估计温度涨落的大小。设密度扰动的功率谱具有幂律形式，即 $P(k)=\delta_k^2\propto k^n$，且 $r\sim k^{-1}$。由式 (4.9.18) 得知

$$\frac{\delta M}{M}(r)\propto\left(\delta_k^2 k^3\right)^{1/2}\propto k^{\frac{n+3}{2}}\propto r^{-\frac{n+3}{2}}\propto M^{-\frac{(n+3)}{6}} \tag{5.2.6}$$

其中最后一步用到，尺度为 r 的扰动所包含的质量 $M\propto r^3$。又因为 $\delta M/M=\delta\rho/\rho$，$M\approx\rho_0 r_0^3$，故有

$$\delta\rho_0\propto\rho_0 M^{-\frac{n+3}{6}}\propto r_0^{-\frac{n+3}{2}} \tag{5.2.7}$$

因此，式 (5.2.5) 给出

$$\delta\varphi\simeq G\delta\rho_0 r_0^2\propto r_0^{\frac{1-n}{2}} \tag{5.2.8}$$

物理尺度 r_0 对于观测者的张角是 $\theta = r_0/D$，其中 $D = 2c/H_0$ 为最后散射面的宇宙学距离。这样我们最后得到

$$\frac{\Delta T}{T} \approx \frac{1}{3}\frac{\delta\varphi}{c^2} \propto \theta^{\frac{1-n}{2}} \tag{5.2.9}$$

显然，由此我们得到 Sachs-Wolfe 效应一个重要的物理结果：对于 Harrison-Zel'dovich 谱型的扰动，即 $n = 1$ 的扰动，背景辐射温度的涨落与观测的角尺度无关。这是 $n = 1$ 的扰动谱所产生的又一个**尺度不变**的结果。由上面的分析可以看出，这一结果只适用于大的角尺度，它们对应的扰动区域的物理尺度直到复合时期还没有进入视界 (因而才得以保持原初的 Harrison-Zel'dovich 谱型)。由图 5.3(a) 我们看到，在大的角尺度上 (例如 $\theta > 6$ 或 $l < 30$)，温度涨落或温度功率谱的确变化不大。这一结果同时也表明了，宇宙原初扰动的谱型确实是尺度不变的 Harrison-Zel'dovich 谱型。

上述结果还可以用另外一个分析方法得出。Sachs-Wolfe 效应可以等效地写为 (Peebles，1993，式 (21.77))

$$\frac{\Delta T}{T} = -\frac{1}{3}\frac{G\rho_0}{D}\int \frac{\delta(\boldsymbol{r}')}{|\boldsymbol{r}-\boldsymbol{r}'|}\mathrm{d}\boldsymbol{r}' \tag{5.2.10}$$

其中，矢量 $\boldsymbol{r}$ 指向测量 CMB 温度的方向，$\boldsymbol{r}$ 的长度等于光子从最后散射地点到达观测者的当前时刻的固有距离。把密度扰动 $\delta(\boldsymbol{r})$ 用平面波展开

$$\delta(\boldsymbol{r}) = \frac{(2\pi)^{3/2}}{V^{1/2}}\sum_{\boldsymbol{k}} \delta_{\boldsymbol{k}} \mathrm{e}^{\mathrm{i}\boldsymbol{k}\cdot\boldsymbol{r}} \tag{5.2.11}$$

代入式 (5.2.10) 后得

$$\frac{\Delta T}{T} = -\frac{H_0^2}{2D}\frac{(2\pi)^{3/2}}{V^{1/2}}\sum_{\boldsymbol{k}} \frac{\delta_{\boldsymbol{k}}}{k^2}\mathrm{e}^{\mathrm{i}\boldsymbol{k}\cdot\boldsymbol{r}} \tag{5.2.12}$$

利用平面波展开的性质

$$\mathrm{e}^{\mathrm{i}\boldsymbol{k}\cdot\boldsymbol{r}} = 4\pi\sum \mathrm{i}^l \mathrm{j}_l(kr)\mathrm{Y}_l^m(\Omega_{\boldsymbol{r}})\,\mathrm{Y}_l^{-m}(\Omega_{\boldsymbol{k}}) \tag{5.2.13}$$

其中，$\Omega_{\boldsymbol{r}}$ 和 $\Omega_{\boldsymbol{k}}$ 的方向分别指向 $\boldsymbol{r}$ 和 $\boldsymbol{k}$ 方向；$\mathrm{j}_l(x)$ 是球 Bessel 函数。由此得出

$$a_l^m = -\frac{2\pi H_0^2}{D}\frac{(2\pi)^{3/2}}{V^{1/2}}\sum_{\boldsymbol{k}} \mathrm{i}^l \mathrm{j}_l(kr)\mathrm{Y}_l^{-m}(\Omega_{\boldsymbol{k}})\,\frac{\delta_{\boldsymbol{k}}}{k^2} \tag{5.2.14}$$

其均方值 (即角功率谱) 为

$$C_l = \left\langle |a_l^m|^2 \right\rangle = \frac{4\pi^2 H_0^4}{D^2} \int_0^\infty \frac{\mathrm{d}k}{k^2} P(k) \mathrm{j}_l(kr)^2 \tag{5.2.15}$$

设密度扰动功率谱的形式为 $P(k) = Ak^n$，则上式中的积分具有以下形式

$$\int_0^\infty \frac{\mathrm{d}z}{z^m} \mathrm{j}_l(z)^2 = \frac{\pi}{2^{m+2}} \frac{m!}{(m/2)!} \frac{(l-m/2-1/2)!}{(l+m/2+1/2)!} \tag{5.2.16}$$

显然，当 $n=1$ 时有 $m=1$，由式 (5.2.15) 和式 (5.2.16) 立即得到

$$l(l+1)C_l = 常量 \tag{5.2.17}$$

这表明在大角尺度上，温度功率谱与 l 无关，即具有尺度不变性，这也正是前面讨论过的 Sachs-Wolfe 效应的重要物理性质。再强调一下，这一结果只有当 $n=1$ 时，即扰动谱为 Harrison-Zel'dovich 谱时才成立。

5.3 中等角尺度上的各向异性：多普勒峰与声峰

我们从图 5.3(a) 看到，当 $l \sim 200$ 时，温度功率谱有一个显著的升高并达到极大，这一角尺度大致相应于 t_{rec} 时的视界张角，其对应的共动视界尺度为

$$r_{\mathrm{H}} \simeq \frac{2c}{H_0 \Omega_0^{1/2}} (1+z_{\mathrm{rec}})^{-1/2} \simeq 200 \left(\Omega_0 h^2\right)^{-1/2} \mathrm{Mpc} \tag{5.3.1}$$

作为比较，5.2 节讨论过的 Sachs-Wolfe 效应其相应的线尺度 $\geqslant 1h^{-1}\mathrm{Gpc}$。

另一个重要的尺度是光子–重子耦合时等离子体的 Jeans 长度 λ_{J}(式 (4.1.14))。这时的声速是

$$v_{\mathrm{s}}^2 = \frac{c^2}{3} \frac{4\rho_{\mathrm{r}}}{4\rho_{\mathrm{r}} + 3\rho_{\mathrm{B}}} \tag{5.3.2}$$

显然，如果 $4\rho_{\mathrm{r}} > 3\rho_{\mathrm{B}}$，则 v_{s} 趋于相对论时的声速 $c/\sqrt{3}$，此时红移为 $z \geqslant 4 \times 10^4 \Omega_{\mathrm{B}} h^2$。如取 $\Omega_{\mathrm{B}} h^2 \simeq 0.022$，得到 $z \sim 1000$ 时仍有 $v_{\mathrm{s}} \sim c/\sqrt{3}$，这表明到了最后散射的时刻，重子物质的 Jeans 长度比视界尺度还是小不了多少，简单的计算给出 $\lambda_{\mathrm{J}} \approx 46 \left(\Omega_{\mathrm{B}} h^2\right)^{-1} \mathrm{Mpc}$。这样，当暗物质扰动进入视界后，同样尺度上的重子物质的扰动就开始像声波一样振荡。换句话说，所有小于及等于视界尺度的重子扰动都表现为声驻波，且密度扰动和速度扰动之间存在着一定的相位关系。这就使得**最后散射层** (last scattering layer) 中出现所谓的 **Sakharov 振荡**，即如图 4.3 中所示的、重子物质线性转移函数中出现的振荡。复合过程完成之后，气体压

力变得可以忽略，这些波动不再随时间变化，但其相位随波长的不同而不同，被保留下来成为记录复合时期物理过程的宇宙历史“遗迹”。这就是温度功率谱中出现类周期现象的原因。

通常把温度功率谱中的第一个峰称为**多普勒** (Doppler) **峰**，认为它的产生是由于最后散射面上的速度扰动。因为重子密度扰动会引起等离子体的流动，从而产生 Doppler 效应，使得最后散射光子频移并造成温度涨落

$$\frac{\Delta T}{T} \simeq \frac{v}{c} \simeq \frac{\delta\rho}{\rho}\frac{\lambda}{ct} \tag{5.3.3}$$

其中，λ 为扰动的线尺度；v 为扰动的速度，且最后一步用了连续性方程作为估计。第一个峰以后，随着 l 的增加，谱的形状就变得比较复杂了，出现了若干个小的峰，但总体的趋势是在 l 越来越大时迅速衰减 (图 5.3(b))。

再一个重要的尺度是最后散射层的**声视界** (sound horizon)，$\lambda_{\rm s} = v_{\rm s}t$(其中 t 代表宇宙的年龄)，它表示声波在复合时期传播的距离。这一尺度为复合时期声波可能具有的波长设定了一个上限。如果取声速的上限值 $v_{\rm s} = c/\sqrt{3}$，则声视界 $\lambda_{\rm s}$ 的共动尺度就与 $\lambda_{\rm J}$ 差不多，实际上 Doppler 峰就是与复合时期的声视界直接联系的，它相应于在最后散射层中波长等于声视界的波。如果 $\lambda_{\rm s} \ll \lambda_{\rm J}$，则表明式 (4.1.12a) 第三项的系数给出的色散关系中，我们可以取短波近似，即

$$\omega^2 = v_{\rm s}^2 k^2 - 4\pi G\rho_{\rm B} = v_{\rm s}^2(k^2 - k_{\rm J}^2) \approx v_{\rm s}^2 k^2 \tag{5.3.4}$$

这也就说明，扰动所产生的波动确实是声波。附带说明，习惯上只把第一个峰称为 Doppler 峰，而把其他峰统称为声峰 (acoustic peak)，这可能会产生某种误解。事实上，Doppler 峰也是 Sakharov 振荡的一个极大，不过它的振幅最大罢了。虽然扰动速度的作用无疑是非常重要的，但把 Doppler 峰产生的原因与其他峰从物理上区别开，就变成误导了。也许，把其他峰称为 Doppler 峰的“谐波”要更为适当一些。例如，我们把 Doppler 峰的波数记为 k_1，则所有相位与之相差 $n\pi$ 的波都会在温度功率谱中表现为极大，它们满足下列关系：

$$v_{\rm s}k_n t_{\rm rec} = n\pi, \quad k_n = \frac{n\pi}{\lambda_{\rm s}} = nk_1 \tag{5.3.5}$$

由此可见，声峰之间的间隔可以给我们提供有关宇宙学参数组合的信息，例如关于 $v_{\rm s}t_{\rm rec}/(c/H_0)\Omega_0$ 的信息。

最后还有两个重要的尺度概念。一个是最后散射层的厚度 $\lambda_{\rm lsl}$：最后散射层的厚度可以取为以 $z \simeq 1100$ 为中心且 $\Delta z \approx 200$，它相应于共动尺度 $\lambda_{\rm lsl} \approx 16\left(\Omega_0 h^2\right)^{-1/2}{\rm Mpc} \approx 42{\rm Mpc}$，在这样一个尺度内所包含的质量是 $M \approx 6 \times$

$10^{14}\left(\Omega_0 h^2\right)^{-1/2} M_{\odot} \approx 1.6 \times 10^{15} M_{\odot}$，即大约相当于星系团的质量；另一个是复合时期重子扰动的阻尼尺度 $\lambda_{\rm D}$：这实际上就是式 (4.8.24) 给出的光子在复合期间由于扩散所走过的共动距离：

$$r_{\rm D} \approx \left(\frac{1}{3}\lambda ct\right)^{1/2} \approx 5\left(\Omega_0 h^2\right)^{-1/2} {\rm Mpc} \tag{5.3.6}$$

亦即 Silk 阻尼相应的共动尺度。

综上所述我们看到，当 $\theta \geqslant 3^\circ$ 时，CMB 的温度功率谱由 Sachs-Wolfe 效应主导，谱的变化相当平缓；在 $\theta \sim 1^\circ (l \sim 200)$ 时出现第一个大峰，即 Doppler 峰；在 $1^\circ > \theta > 1'$ 时是一系列声峰，但在更小的尺度上温度功率谱迅速衰减。

计算表明，当 $\Omega_{\rm B}$、$\Omega_{\rm m}$ 或 H_0 变化时，Doppler 峰及其后诸峰的高度与位置也会有所改变。更一般地说，Doppler 峰以及其他峰的位置和相对幅度与基本宇宙学参数密切相关 (图 5.4)。例如，第一个峰的位置直接关系到宇宙的总体曲率 k：该峰产生的物理尺度相应于复合时的声视界 $v_{\rm s}t_{\rm rec}$，虽然这一大小看来与宇宙学参数无关，但这一物理尺度对观测者的张角却与宇宙的几何有关。如果宇宙的几何发生改变，Doppler 峰相应的 l 值也会变化。在平直宇宙中的 Doppler 峰发

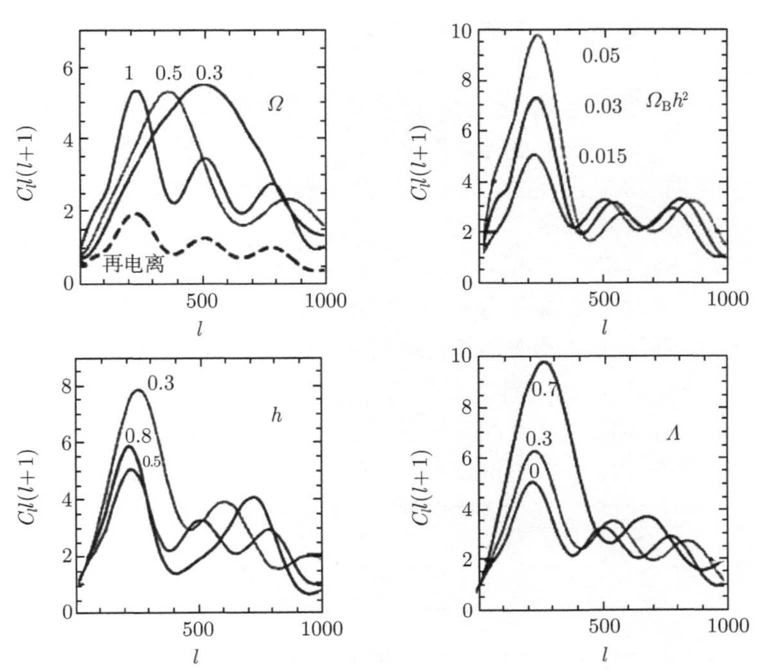

图 5.4 CMB 的温度功率谱随宇宙学参量的变化 (引自 Kamionkowski & Kosowsky，1999)

生在 $l \sim 200$ 时。如果宇宙具有正曲率，该峰将移向较小的 l；如果宇宙具有负曲率，则该峰将移向较大的 l。

5.4 小角尺度上的各向异性

我们在前面已经看到，在小的角尺度上 (例如 $\theta < 1'$)，CMB 的各向异性或其温度功率谱迅速衰减，这主要有两方面的原因：第一个是统计上的原因，即当扰动的线度小于最后散射层的厚度 $\lambda_{\rm lsl} \approx 16(\Omega_0 h^2)^{-1/2}$Mpc 时，视线方向上会有一系列相互独立的扰动存在于最后的散射层内，这些扰动的随机叠加，就会导致观测到的涨落强度缩减一个因子 $N^{-1/2}$，其中 N 是视线方向上最后散射层中包含的扰动的数目；第二个原因就是 5.3 节提到的阻尼尺度，它相应于大约 $1'$ 的张角，在此角度以下，CMB 的各向异性几乎都被阻尼衰减掉了。

5.5 视线方向随时间变化的引力势的影响

光子离开最后散射面之后，如果在其到达观测者的途中经过一个随时间变化的引力势阱 $\dot{\varphi}$，则光子的引力红移将积累为温度的涨落：

$$\frac{\Delta T}{T} = \int \frac{\dot{\varphi}}{c^2}\frac{{\rm d}l}{c} \tag{5.5.1}$$

其中，dl 为固有距离的增量。这也就是引力势阱深度的变化引起经过它的光子温度的涨落，它发生在远晚于复合时期之时，与复合时期的物理过程无关，因而对 CMB 来说是一种非内禀的涨落。需要说明的是，对于 Einstein-de Sitter 宇宙，这一效应并不显现，因为 $\varphi_k = -4\pi G\rho a^2\delta_k$，故 $\varphi_k \propto \delta_k/a$；又因为线性增长阶段有 $\delta_k \propto a$，所以总的结果是，尽管光子所经过之处的密度扰动 δ_k 在增长，但 φ 并不随时间变化，因而也就没有温度涨落产生。这一效应有所表现是在两种情况之下：一是密度扰动经历非线性增长，此时该效应称为 **Rees-Sciama 效应** (Rees & Sciama, 1968)；二是 Ω_0 明显不等于 1，因而 φ 中的时间变化不能完全相消，从而引起 CMB 温度的涨落，此时该效应称为**积分 Sachs-Wolfe 效应**。非线性演化一般是在小的尺度上，而积分 Sachs-Wolfe 效应主要表现在大的尺度上，且产生的时间很晚 (因为 $\Omega_0 \neq 1$ 的影响直到很低红移时才会显现)。

5.6 Sunyaev-Zel’dovich 效应

观测表明，许多星系团中的气体是高度电离的，因而 CMB 光子经过时，会被热气体中的高能电子 Compton 散射变成高能光子 (例如 X 射线光子)，也就是使原来位于瑞利–金斯 (Rayleigh-Jeans)(长波) 区域的光子被频移到维恩 (Wien) 区域 (亦即 Comptonization)，从而造成观测到的 CMB 谱在星系团方向上产生畸变。至于星系团中气体被电离的原因，即其能量来源，现在还不清楚。一般认为是第一代天体形成的结果；也有人提出其他的可能性，例如基本粒子的衰变，或者早期恒星、活动星系核或类星体的能量注入等。

电离气体对 CMB 光子造成的谱畸变通常用一个无量纲的 y 参数 (其物理意义为 Compton 散射的光深) 来表示

$$y \equiv \int \left(\frac{k_{\mathrm{B}}T_{\mathrm{e}}}{m_{\mathrm{e}}c^2}\right)\sigma_{\mathrm{T}}n_{\mathrm{e}}c\mathrm{d}t \tag{5.6.1}$$

其中，T_{e} 为热气体温度，可以表示为 $T_{\mathrm{e}} = T_0(1+z)^2$(见式 (4.1.55))；$n_{\mathrm{e}}$ 为自由电子的数密度，可以表示为

$$n_{\mathrm{e}} = \frac{3H_0^2\Omega_{\mathrm{g}}}{8\pi G\mu m_{\mathrm{p}}}(1+z)^3 \simeq 9.84\times10^{-6}\Omega_{\mathrm{g}}h^2(1+z)^3\ \mathrm{cm}^{-3} \tag{5.6.2}$$

式中，Ω_{g} 是热气体的质量密度参数，$\mu \approx 1.143$(对于 25%的氦丰度)。把这些结果代入式 (5.6.1)，可以得出用红移积分表示的 y

$$y = 1.2\times10^{-4}\Omega_{\mathrm{g}}h^2\left(\frac{T_0}{\mathrm{keV}}\right)\int_0^{z_{\max}}\frac{(1+z)^3}{\sqrt{1+\Omega_0 z}}\mathrm{d}z \tag{5.6.3}$$

其中，$z_{\max}$ 代表气体被电离时刻相应的宇宙学红移。根据 Kompaneets 方程的结果 (Peebles，1993，式 (24.49))，在 Rayleigh-Jeans 区域，CMB 的温度变化是

$$\frac{\Delta T}{T} = -2y = -2\int\left(\frac{k_{\mathrm{B}}T_{\mathrm{e}}}{m_{\mathrm{e}}c^2}\right)\sigma_{\mathrm{T}}n_{\mathrm{e}}c\mathrm{d}t \tag{5.6.4}$$

注意，负号表示 CMB 温度的降低。这就是所谓的**苏尼阿耶夫–泽尔多维奇** (Sunyaev-Zel'dovich) **效应** (简称 **S-Z 效应**，Sunyaev & Zel'dovich，1969)，它是视线方向存在热电离气体的观测证据，并已经得到观测的证实。例如，COBE 给出的结果是 $y \leqslant 1.5\times10^{-5}$(Fixsen et al., 1996)。对于一些已知为强 X 射线源的富星系团，CMB 温度的降低为 $\Delta T/T \sim 10^{-4}$。例如在 Coma 星系团方向，WMAP 三年观测数据给出的结果是 $\Delta T_{\mathrm{SZ}} = (-0.46\pm0.16)\mathrm{mK}$，与地面测量的结果相符 (Hinshaw et al., 2007)。因而，S-Z 效应的观测，对我们了解宇宙复合之后的再加热和再电离过程有着重要的意义。

还有一种所谓的**热 S-Z 效应** (或运动 S-Z 效应)，即热气体相对于各向同性的 CMB 有本动运动时所产生的效应。对于这样一个气体云，在其静止参照系中

CMB 光子是各向异性的，但经过热电子散射后，光子重新分布而变为各向同性。这一本动运动所引起的温度涨落为 (Sunyaev & Zel'dovich，1980)

$$\frac{\Delta T}{T} = \int \sigma_{\mathrm{T}} n_{\mathrm{e}} \frac{v_{//}}{c} \mathrm{d}l \tag{5.6.5}$$

其中，$\mathrm{d}l = c\mathrm{d}t$ 为光子在气体云中穿过的距离；$v_{//}$ 为气体云的本动速度在视线方向的分量。注意，这一效应与光子的频率无关。对于典型的富星系团中的热气体云，$n_{\mathrm{e}} \approx 3 \times 10^3 \mathrm{m}^{-3}$，$v_{//} \approx 500\mathrm{km \cdot s^{-1}}$ 并取星系团核心半径为约 0.4Mpc，得到的温度涨落为 $\Delta T \approx 30\mu\mathrm{K}$。这一效应为我们提供了估计星系团径向本动速度的一个方法。

5.7 星系际介质再电离对 CMB 温度涨落的影响

如果星系际介质 (IGM) 在复合之后又发生大范围的再电离，则对 CMB 的影响是至关重要的 (参见 Hu，1999)。其一即上面谈到的再电离气体中的高能电子对 CMB 光子的 Compton 散射，即 S-Z 效应引起的 CMB 谱畸变。COBE 的观测给出 $y \leqslant 1.5 \times 10^{-5}$，这意味着在有关参数合理的取值范围内有 $z_{\max} < 0.1$(参见式 (5.6.3))。我们在第 7 章将谈到，类星体光谱的 Gunn-Peterson 检验表明，IGM 的再电离很可能发生在红移 $z \approx 6$，这远早于 $z_{\max} \approx 0.1$ 相应的时间。由此看来，复合后再电离的 IGM 不可能对宇宙中弥漫的 X 射线背景作出明显贡献。

IGM 再电离对 CMB 的另一重要影响是 CMB 各向异性的观测结果。如果整个宇宙空间的 IGM 自红移 z 开始被全部再电离，将导致 CMB 光子的 Thomson 散射光深为

$$\tau = \int_0^z \frac{\sigma_{\mathrm{T}} n_{\mathrm{e}} c}{H_0} \frac{\mathrm{d}z'}{(1+z')^2 \sqrt{1+\Omega_{\mathrm{m}} z'}} \tag{5.7.1}$$

其中，自由电子的数密度 n_{e} 由式 (5.6.2) 给出。当红移 $z \gg 1$ 时，上式积分后的结果为

$$\tau \simeq 2.2 \times 10^{-3} \left(\frac{\Omega_{\mathrm{B}} h}{0.03}\right) \left(\frac{\Omega_{\mathrm{m}}}{0.3}\right)^{-1/2} z^{3/2} \tag{5.7.2}$$

取 $\Omega_{\mathrm{B}} \approx 0.04$，$\Omega_{\mathrm{m}} \approx 0.3$，$h \approx 0.7$，可得当再电离发生在 $z \leqslant 20$ 时，有 $\tau \leqslant 0.2$；如这一时刻降至 $z \leqslant 13$，光深即可降至 $\tau \leqslant 0.1$。这说明，只要宇宙再电离的时刻不早于 $z \sim 20$，再电离对 CMB 温度涨落 $\Delta T/T$ 的观测结果就不会产生显著影响。由式 (5.7.2) 还可以算出，$\tau \simeq 1$ 时相应于 $z \simeq 59$，此时的宇宙视界张角为

$\theta \sim z^{-1/2} \sim 7^\circ$。这样一来，CMB 温度功率谱中所有的峰结构就会消失，所有关于原初扰动以及复合过程的物理信息就都不复存在了。所幸的是，最近的观测结果表明 (表 1.4)，宇宙再电离的光深只有 $z \approx 0.057$，它相应于宇宙被再电离的时间为 $z \approx 8.7$。而此前 WMAP 卫星 3 年的观测结果给出的是 $\tau \approx 0.17$，相应的再电离时间为 $z_{\max} \approx 18$。

5.8 CMB 的偏振

到目前为止，我们主要研究了 CMB 的温度涨落。通过对 CMB 温度涨落相关性的研究，我们能选择正确的宇宙学模型，并精确测定一些关键宇宙学参数的取值。除了温度涨落以外，CMB 的偏振及其与温度涨落的关联也会给我们带来许多重要信息，这些信息能使我们更好地了解辐射与物质退耦，以及宇宙再电离的历史。特别是对于验证作为暴胀宇宙理论重要预言之一的引力波，CMB 偏振能够提供最为有效和灵敏的测量手段。

5.8.1 CMB 偏振的产生与描述

在复合时期之前，辐射与重子等离子体之间紧密耦合，因此 CMB 是完全非偏振的。CMB 的偏振产生于复合后期，即最后散射层中的自由电子对宇宙微波背景辐射的 Thomson 散射。如图 5.5(a) 所示，当一束沿 y 方向入射的非偏振光 (i) 经由自由电子 e^- 散射后，在与入射方向垂直的方向 (例如图示的 x 方向) 上，将会观测到完全偏振的线偏振光 (n)。但是，如果电子散射的背景辐射来自各个方向，并且是严格各向同性的，则偏振将完全消失。同样，如果背景辐射是偶极各向异性的 (图 5.5(b))，也不会产生偏振。此时沿 $+x$ 方向入射的强 (热) 辐射与沿 $-x$ 方向入射的弱 (冷) 辐射经电子散射后，会在 z 方向上产生中等强度的辐射，其电场矢量平行于 y 轴；而沿 $\pm y$ 方向入射的中等强度的辐射，经电子散射后，仍然产生 z 方向上中等强度的辐射，其电场矢量平行于 x 轴。这样一来，在 z 方向上就观测不到偏振。只有在背景辐射具有四极 (quadrupole) 各向异性 (即四极矩) 的情况下 (图 5.5(c))，才会产生偏振。此时沿 z 方向观测散射光时，会看到在平行 y 轴的方向上光较强，而在平行 x 轴的方向上光较弱，这就表现出偏振。早在 1980 年，Sunyaev 和 Zel'dovichi 就已经指出 (Sunyaev & Zel'dovichi, 1980)：偏振是一个张量，它正比于 CMB 强度角分布的四极矩，而与偶极矩及其他高阶矩无关。

对 CMB 偏振的描述与测量，实际上只需要在一个很小的天区进行。这个很小的天区在观测者看来可以认为是一个小平面，因而就可以在这一平面内建立一个直角坐标系，如图 5.6 所示，与该平面垂直的方向即指向观测者。图中原点取为天球极点 (不失一般性)，极角 $\boldsymbol{\theta}$ 则用图中的二维矢量 $\boldsymbol{\theta}$ 表示。此外，我们定

义与 $\boldsymbol{\theta}$ 对应的二维 Fourier 空间中的矢量 $\boldsymbol{l}$，来代替多极系数 a_{lm} 中的指标 l,m，这样式 (5.1.1) 就可以写为

$$\frac{\Delta T(\boldsymbol{\theta})}{T}=\frac{1}{2\pi}\int \mathrm{d}^2\boldsymbol{l}a(\boldsymbol{l})\mathrm{e}^{-\mathrm{i}\boldsymbol{\theta}\cdot\boldsymbol{l}} \tag{5.8.1}$$

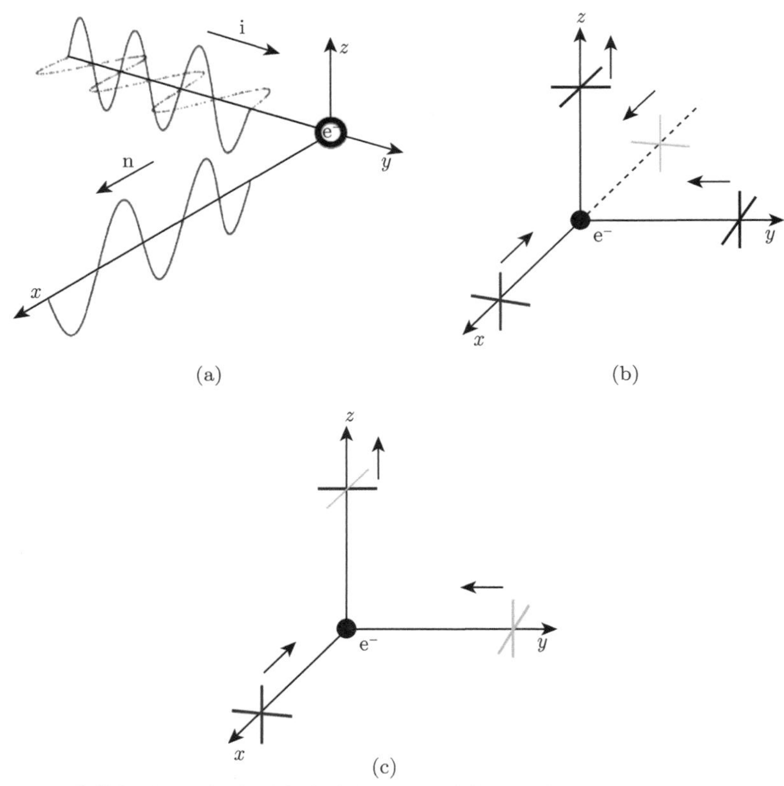

图 5.5　(a) 非偏振光 (i) 经由图中自由电子 e^- 散射后，在 x 方向上产生线偏振光 (n)；(b) 偶极背景辐射不会产生偏振；(c) 四极背景辐射将产生偏振

与式 (5.1.1) 相对照，我们看到，这里 $a(\boldsymbol{l})$ 的作用相当于多极系数 a_{lm}，且有逆变换

$$\frac{\Delta T(\boldsymbol{l})}{T}\equiv a(\boldsymbol{l})=\int \mathrm{d}^2\boldsymbol{\theta}\frac{\Delta T(\boldsymbol{\theta})}{T}\mathrm{e}^{\mathrm{i}\boldsymbol{\theta}\cdot\boldsymbol{l}} \tag{5.8.2}$$

式 (5.8.1) 的积分要对矢量 $\boldsymbol{l}$ 所在的整个平面进行，原来多极系数 a_{lm} 中的 l 是整数，故现在对 l 的积分相当于原来的 $\sum\limits_{l}^{\infty}\rightarrow\int \mathrm{d}l$，并且函数 $\exp(\mathrm{i}\boldsymbol{\theta}\cdot\boldsymbol{l})$ 现在是

正交基函数。

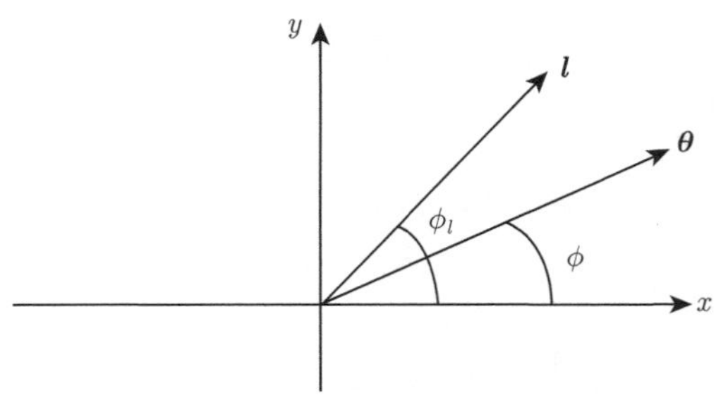

图 5.6 在极点附近很小的天区内建立的直角坐标系，极角用矢量 $\boldsymbol{\theta}$ 表示，其在二维 Fourier 空间对应的矢量为 $\boldsymbol{l}$

下面我们先来回顾一下经典电磁学中对偏振光的描述。图 5.7 表示一个椭圆偏振波，由垂直于纸面的方向向外传播。这个椭圆偏振波的场强 $\boldsymbol{E}$，是由 x 方向的场强 $\boldsymbol{E}_1$ 和 y 方向的场强 $\boldsymbol{E}_2$ 矢量叠加而成的，这两个方向的场强大小分别是

$$\begin{aligned} E_1(t) &= a_1 \cos{(\omega t - \delta_1)} \\ E_2(t) &= a_2 \cos{(\omega t - \delta_2)} \end{aligned} \tag{5.8.3}$$

显然，当 $\delta_1 = \delta_2$ 时，该偏振光是线偏振的；而当 $a_1 = a_2$，且 $\delta_1 - \delta_2 = \pm\pi/2$ 时，该偏振光就变成圆偏振。一旦给定 $(a_1, a_2, \delta_1, \delta_2)$ 这 4 个参数，就唯一地确定了一支椭圆偏振光。

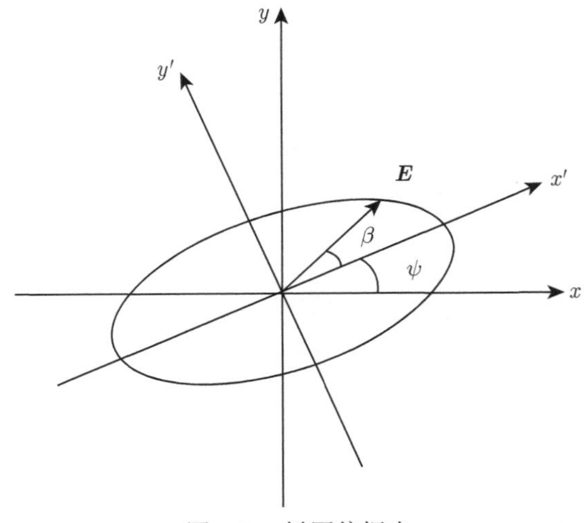

图 5.7 椭圆偏振光

一般情况下，椭圆偏振光的场强矢量 $\boldsymbol{E}$ 描绘出的空间轨迹是一个斜椭圆，如图 5.7 所示，但我们可以经过一个坐标变换把它变成一个正椭圆。如图，设若把 x-y 坐标系逆时针转动一个角度 ψ，则在转动后的 x'-y' 坐标系中，该椭圆就变成正椭圆，且在此坐标系中，x' 和 y' 方向上的分量分别变为

$$\begin{aligned} E_1' &= E_0 \cos\beta \cos\omega t \\ E_2' &= E_0 \sin\beta \cos(\omega t + \pi/2) = -E_0 \sin\beta \sin\omega t \end{aligned} \tag{5.8.4}$$

其中，β 表示矢量 $\boldsymbol{E}$ 与 x' 轴方向的夹角；相位差 $\pi/2$ 是由于正椭圆的要求，并且我们只保留了 + 号 (这并不影响接下来的讨论)。由上式还可以得到，对时间 t 求平均后有 $\overline{(\boldsymbol{E}_1' + \boldsymbol{E}_2')^2} = E_0^2 = I$，这里 I 代表光的强度，且由式 (5.8.3) 显然有 $I = a_1^2 + a_2^2$。

根据坐标系转动的变换规则，(E_1, E_2) 与 (E_1', E_2') 之间满足

$$\begin{aligned} E_1 &= E_1' \cos\psi - E_2' \sin\psi = E_0 \cos\beta \cos\psi \cos\omega t + E_0 \sin\beta \sin\psi \sin\omega t \\ E_2 &= E_1' \sin\psi + E_2' \cos\psi = E_0 \cos\beta \sin\psi \cos\omega t - E_0 \sin\beta \cos\psi \sin\omega t \end{aligned} \tag{5.8.5}$$

而由式 (5.8.3) 有

$$\begin{aligned} E_1 &= a_1 \cos(\omega t - \delta_1) = a_1 (\cos\delta_1 \cos\omega t + \sin\delta_1 \sin\omega t) \\ E_2 &= a_2 \cos(\omega t - \delta_2) = a_2 (\cos\delta_2 \cos\omega t + \sin\delta_2 \sin\omega t) \end{aligned} \tag{5.8.6}$$

比较式 (5.8.5) 和式 (5.8.6)，得

$$\begin{aligned} a_1 \cos\delta_1 &= E_0 \cos\beta \cos\psi \\ a_1 \sin\delta_1 &= E_0 \sin\beta \sin\psi \\ a_2 \cos\delta_2 &= E_0 \cos\beta \sin\psi \\ a_2 \sin\delta_2 &= -E_0 \sin\beta \cos\psi \end{aligned} \tag{5.8.7}$$

由此可见，参量 $(a_1, a_2, \delta_1, \delta_2) \Leftrightarrow (E_0, \beta, \psi)$，即这两组参量描述的是同样的偏振光特性。但在实际测量中，只有强度量是容易测量的，而像 $a_1, a_2, \delta_1, \delta_2$ 这些量是难以测量的。因此，为了描述光的偏振特性，实际采用的是如下定义的**斯托克斯** (Stocks) **参量**：

$$I \equiv a_1^2 + a_2^2 = E_0^2$$

$$Q \equiv a_1^2 - a_2^2$$

$$U \equiv 2a_1 a_2 \cos(\delta_2 - \delta_1) \tag{5.8.8}$$

$$V \equiv 2a_1 a_2 \sin(\delta_2 - \delta_1)$$

这 4 个量都是强度量纲，容易测量。其中 I 代表总强度；而参量 V 主要决定光的旋转方向 (即左旋或右旋)，这对于我们以下的讨论并不重要，因而我们下面就不再关注它了。要强调说明的是，上式是针对一个理想的椭圆偏振波而言的，其中 $a_1, a_2, \delta_1, \delta_2$ 诸参量都假定为恒定不变，但这并不符合实际情况。即使单色波能在相当多次振动中维持振幅和相位恒定，但它们在一秒钟内仍会发生成千上万次变化。因此我们要求的是，尽管发生这些变化，但其分振幅之比 a_1/a_2 以及相位差 $\delta_2 - \delta_1$ 必须保持不变。实际观测到的情况就是如此，因而式 (5.8.8) 所定义的斯托克斯参量应当理解为都是时间平均量，即在一个足够长的观测时间内的平均结果。此外，如果观测到的波束是几支独立波的混合，彼此并无固定相位关系，则混合波的斯托克斯参量应等于各独立波束相应的参量之和。

由式 (5.8.7)，容易得到

$$\begin{aligned} a_1^2 &= E_0^2\left(\cos^2\beta\cos^2\psi + \sin^2\beta\sin^2\psi\right) \\ a_2^2 &= E_0^2\left(\cos^2\beta\sin^2\psi + \sin^2\beta\cos^2\psi\right) \end{aligned} \tag{5.8.9}$$

这样式 (5.8.8) 就化为 (略去 V)

$$\begin{aligned} I &\equiv a_1^2 + a_2^2 = E_0^2 \\ Q &\equiv a_1^2 - a_2^2 = E_0^2\left(\cos^2\beta\cos 2\psi - \sin^2\beta\cos 2\psi\right) = E_0^2\cos 2\beta\cos 2\psi \\ U &\equiv 2a_1a_2\cos(\delta_2 - \delta_1) = 2a_1a_2(\cos\delta_2\cos\delta_1 + \sin\delta_2\sin\delta_1) \\ &= 2E_0^2\left(\cos^2\beta\cos\psi\sin\psi - \sin^2\beta\cos\psi\sin\psi\right) \\ &= E_0^2\cos 2\beta\sin 2\psi \end{aligned} \tag{5.8.10}$$

如果我们把图 5.7 中的 x-y 坐标系逆时针转动一个角度 φ，则转动后新的 x' 轴与椭圆长轴之间的夹角将是 $\psi - \varphi$。按照式 (5.8.10)，此时新坐标系下的总强度将保持不变，即 $I' = I$；而其他两个斯托克斯参量变为

$$\begin{aligned} Q' &= I\cos 2\beta\cos 2(\psi - \varphi) \\ &= I\cos 2\beta(\cos 2\psi\cos 2\varphi + \sin 2\psi\sin 2\varphi) \\ &= Q\cos 2\varphi + U\sin 2\varphi \end{aligned}$$

$$\begin{aligned}U' &= I\cos 2\beta \sin 2(\psi-\varphi) \\ &= I\cos 2\beta(\sin 2\psi\cos 2\varphi - \cos 2\psi \sin 2\varphi) \\ &= U\cos 2\varphi - Q\sin 2\varphi\end{aligned} \tag{5.8.11}$$

用矩阵的形式来表示就是

$$\begin{pmatrix} Q' \\ U' \end{pmatrix} = \begin{pmatrix} \cos 2\varphi & \sin 2\varphi \\ -\sin 2\varphi & \cos 2\varphi \end{pmatrix} \begin{pmatrix} Q \\ U \end{pmatrix} \tag{5.8.12}$$

通常把 Q、U 写成式 (5.8.2) 那样的二维 Fourier 变换形式，并定义两个新的变量

$$\begin{aligned}E(\boldsymbol{l}) &= Q(\boldsymbol{l})\cos 2\varphi_l + U(\boldsymbol{l})\sin 2\varphi_l \\ B(\boldsymbol{l}) &= -Q(\boldsymbol{l})\sin 2\varphi_l + U(\boldsymbol{l})\cos 2\varphi_l\end{aligned} \tag{5.8.13}$$

其中，$\boldsymbol{l} = (l_x, l_y) = (\cos\varphi_l, \sin\varphi_l)\, l$。$E(\boldsymbol{l})$ 和 $B(\boldsymbol{l})$ 代表两种不同的偏振模式，通常称为电场型 (E 型) 和磁场型 (B 型) 偏振模式 (图 5.8)。在对称性上，E 型是偶宇称的，B 型是奇宇称的。要指出的是，标量扰动 (例如温度扰动) 仅能给出 E 型偏振；B 型偏振由张量扰动 (例如能量–动量张量中的各向异性惯量或引力波) 给出，而原初的 B 型偏振只能产生于宇宙暴胀时期的引力波。因此，对 CMB 磁场型 (B 型) 极化功率谱的观测，被认为是探测宇宙极早期引力波辐射的最有效的方法，也是对宇宙暴胀理论的一个关键性检验。

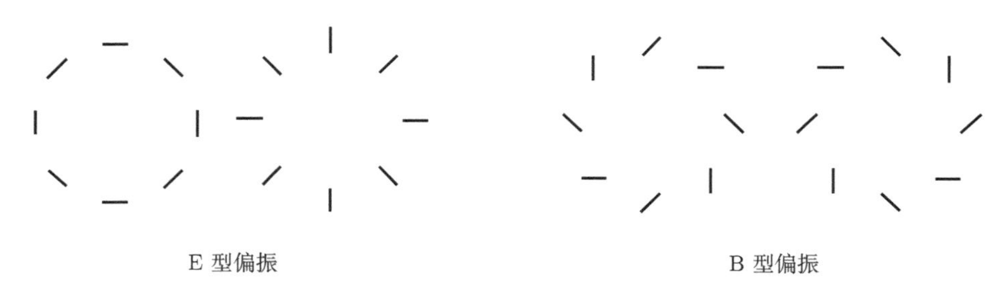

图 5.8 偏振光的两种模式

5.8.2 Thomson 散射所产生的光子极化

5.8.1 节曾定性地讨论了 CMB 被自由电子 Thomson 散射所产生的极化。现在我们就来定量地讨论一下这个问题。首先来看一个沿 $\hat{\boldsymbol{n}}'$ 方向入射的光子，被位于坐标系原点的自由电子散射的情况 (图 5.9)。该入射光子有两个极化分量：一个是沿极角方向的 $\hat{\boldsymbol{e}}_1'$，另一个是沿方位角方向的 $\hat{\boldsymbol{e}}_2'$，这两个方向矢量与 $\hat{\boldsymbol{n}}'$ 构成三维正交标架。此外，设光子的出射方向沿 z 轴，即出射方向为 $\hat{\boldsymbol{n}} = \hat{\boldsymbol{e}}_z$，且极化

分量为 $\hat{\boldsymbol{e}}_1=\hat{\boldsymbol{e}}_x$，$\hat{\boldsymbol{e}}_2=\hat{\boldsymbol{e}}_y$。根据量子电动力学的 Klein-Nishina 公式，当一个动量为 $\boldsymbol{p}'$，极化矢量为 $\boldsymbol{e}'$ 的光子被一个静止电子散射时，发现光子处于极化矢量 $\boldsymbol{e}$ 的终态的概率正比于 $(\boldsymbol{e}\cdot\boldsymbol{e}')^2$，而与初始光子的动量 $\boldsymbol{p}'$ 以及终态光子的动量 $\boldsymbol{p}$ 无关。这样，出射光子极化方向为 $\hat{\boldsymbol{e}}_1$ 的概率将正比于 $\sum_i|\hat{\boldsymbol{e}}_1\cdot\hat{\boldsymbol{e}}_i'|^2$，其中求和是对入射光子的两个极化分量 $(i=1,2)$ 进行的。类似地，出射光子极化方向为 $\hat{\boldsymbol{e}}_2$ 的概率，也可进行同样的计算。

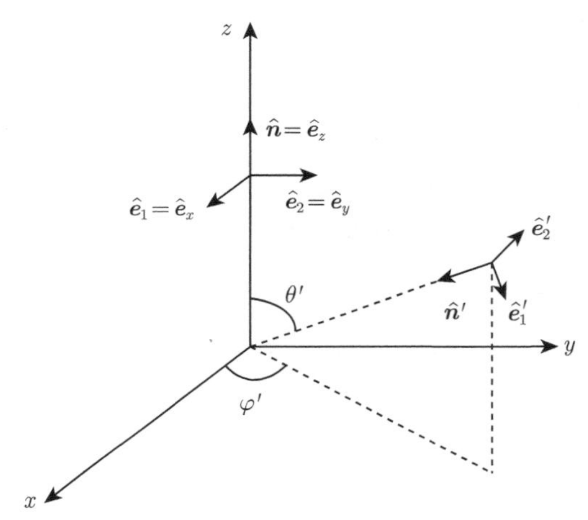

图 5.9　由 $\hat{\boldsymbol{n}}'$ 方向入射的光子，被位于坐标系原点的电子散射

下面我们先来计算偏振参量 Q。由式 (5.8.8) 的定义，Q 的物理意义为 x 和 y 方向的偏振光强度之差，因而就可以写为

$$Q=A\int\mathrm{d}\Omega' f(\hat{\boldsymbol{n}}')\sum_{i=1,2}\left(|\hat{\boldsymbol{e}}_x\cdot\hat{\boldsymbol{e}}_i'|^2-|\hat{\boldsymbol{e}}_y\cdot\hat{\boldsymbol{e}}_i'|^2\right)\tag{5.8.14}$$

其中，$f(\hat{\boldsymbol{n}}')$ 为与入射方向 $\hat{\boldsymbol{n}}'$ 相关，但与偏振状态无关的光辐射强度；A 是一个归一化常数。由图 5.9，$\hat{\boldsymbol{n}}'$ 的分量式为

$$\hat{\boldsymbol{n}}'=(\sin\theta'\cos\varphi',\sin\theta'\sin\varphi',\cos\theta')\tag{5.8.15}$$

入射光的两个极化分量是

$$\hat{\boldsymbol{e}}_1'=(\cos\theta'\cos\varphi',\cos\theta'\sin\varphi',-\sin\theta')\tag{5.8.16}$$

$$\hat{\boldsymbol{e}}_2'=(-\sin\varphi',\cos\varphi',0)\tag{5.8.17}$$

由此容易得到两个求和的结果

$$\sum_{i=1,2}|\hat{\boldsymbol{e}}_x\cdot\hat{\boldsymbol{e}}_i'|^2=\cos^2\theta'\cos^2\varphi'+\sin^2\varphi'$$

$$\sum_{i=1,2}|\hat{\boldsymbol{e}}_y\cdot\hat{\boldsymbol{e}}_i'|^2=\cos^2\theta'\sin^2\varphi'+\cos^2\varphi'$$

故式 (5.8.14) 给出

$$\begin{aligned}Q&=A\int \mathrm{d}\Omega' f(\hat{\boldsymbol{n}}')\left[\cos^2\theta'\left(\cos^2\varphi'-\sin^2\varphi'\right)+\sin^2\varphi'-\cos^2\varphi'\right]\\&=A\int \mathrm{d}\Omega' f(\hat{\boldsymbol{n}}')\left(\cos^2\theta'\cos 2\varphi'-\cos 2\varphi'\right)\\&=-A\int \mathrm{d}\Omega' f(\hat{\boldsymbol{n}}')\sin^2\theta'\cos 2\varphi'\end{aligned}\tag{5.8.18}$$

通过类似的计算可以得到另一个偏振参量 U，但此时要把式 (5.8.14) 中出射光子的极化分量 $\hat{\boldsymbol{e}}_1=\hat{\boldsymbol{e}}_x$，$\hat{\boldsymbol{e}}_2=\hat{\boldsymbol{e}}_y$，分别换成 $\hat{\boldsymbol{e}}_1=(\hat{\boldsymbol{e}}_x+\hat{\boldsymbol{e}}_y)/\sqrt{2}$，$\hat{\boldsymbol{e}}_2=(\hat{\boldsymbol{e}}_x-\hat{\boldsymbol{e}}_y)/\sqrt{2}$。两个求和的结果现在是

$$\begin{aligned}\sum_{i=1,2}\frac{1}{2}\left|(\hat{\boldsymbol{e}}_x+\hat{\boldsymbol{e}}_y)\cdot\hat{\boldsymbol{e}}_i'\right|^2=&\frac{1}{2}\left[(\hat{\boldsymbol{e}}_x+\hat{\boldsymbol{e}}_y)\cdot\hat{\boldsymbol{e}}_1'\right]^2+\frac{1}{2}\left[(\hat{\boldsymbol{e}}_x+\hat{\boldsymbol{e}}_y)\cdot\hat{\boldsymbol{e}}_2'\right]^2\\=&\frac{1}{2}\left(\cos\theta'\cos\varphi'+\cos\theta'\sin\varphi'\right)^2+\frac{1}{2}\left(-\sin\varphi'+\cos\varphi'\right)^2\\\sum_{i=1,2}\frac{1}{2}\left|(\hat{\boldsymbol{e}}_x-\hat{\boldsymbol{e}}_y)\cdot\hat{\boldsymbol{e}}_i'\right|^2=&\frac{1}{2}\left[(\hat{\boldsymbol{e}}_x-\hat{\boldsymbol{e}}_y)\cdot\hat{\boldsymbol{e}}_1'\right]^2+\frac{1}{2}\left[(\hat{\boldsymbol{e}}_x-\hat{\boldsymbol{e}}_y)\cdot\hat{\boldsymbol{e}}_2'\right]^2\\=&\frac{1}{2}\left(\cos\theta'\cos\varphi'-\cos\theta'\sin\varphi'\right)^2+\frac{1}{2}\left(-\sin\varphi'-\cos\varphi'\right)^2\end{aligned}$$

最后得到

$$\begin{aligned}U&=A\int \mathrm{d}\Omega' f(\hat{\boldsymbol{n}}')\sum_{i=1,2}\left[\left|(\hat{\boldsymbol{e}}_x+\hat{\boldsymbol{e}}_y)\cdot\hat{\boldsymbol{e}}_i'\right|^2-\left|(\hat{\boldsymbol{e}}_x-\hat{\boldsymbol{e}}_y)\cdot\hat{\boldsymbol{e}}_i'\right|^2\right]/2\\&=A\int \mathrm{d}\Omega' f(\hat{\boldsymbol{n}}')\left(\cos^2\theta'\sin 2\varphi'-\sin 2\varphi'\right)\\&=-A\int \mathrm{d}\Omega' f(\hat{\boldsymbol{n}}')\sin^2\theta'\sin 2\varphi'\end{aligned}\tag{5.8.19}$$

接下来需要考虑入射光的 $f(\hat{\boldsymbol{n}}')$。式 (5.8.18) 和式 (5.8.19) 的积分中，分别含有因子 $\sin^2\theta'\cos 2\varphi'$ 和 $\sin^2\theta'\sin 2\varphi'$，它们与式 (5.1.5) 所示的球谐函数 $\mathrm{Y}_{2\pm2}$ 只相差一个常数因子。球谐函数 $\mathrm{Y}_{2\pm2}$ 代表四极矩分布，因此，根据球谐函数的正交性质，只有 $f(\hat{\boldsymbol{n}}')$ 中 (实际上是扰动部分，因为无扰动部分是各向同性的，故

积分为零) 的四极矩分量才对积分有贡献，这个结论显然与 5.8.1 节中的定性分析一致。在第 4 章中曾把辐射扰动展开为平面波的形式，即 (式 (4.6.62))

$$\delta_{\mathrm{r}}(k)=\sum_{l=0}^{\infty}(2l+1)\mathrm{P}_l(\mu)(-\mathrm{i})^l\Theta_l(k) \tag{5.8.20}$$

这里，δ_{r} 即 $f(\hat{\boldsymbol{n}}')$ 中的扰动部分，且习惯上仍把波矢量写为 $\boldsymbol{k}$，并有 $\mu=\hat{\boldsymbol{n}}'\cdot\hat{\boldsymbol{k}}$。设 $\hat{\boldsymbol{k}}$ 的分量式为

$$\hat{\boldsymbol{k}}=(\sin\theta_k\cos\varphi_k,\sin\theta_k\sin\varphi_k,\cos\theta_k) \tag{5.8.21}$$

再结合式 (5.8.15)，有

$$\begin{aligned}\mu=\hat{\boldsymbol{n}}'\cdot\hat{\boldsymbol{k}}=&\sin\theta_k\cos\varphi_k\sin\theta'\cos\varphi'+\sin\theta_k\sin\varphi_k\sin\theta'\sin\varphi'\\&+\cos\theta_k\cos\theta'\end{aligned} \tag{5.8.22}$$

多项式 (5.8.20) 中，相应于四极矩的项是 $l=2$ 的项，其他项对式 (5.8.18) 以及式 (5.8.19) 的积分没有贡献。这样，式 (5.8.20) 就只需保留 $l=2$ 的项

$$\delta_{\mathrm{r}}(k)=-5\mathrm{P}_2(\mu)\Theta_2(k) \tag{5.8.23}$$

注意到，$\mathrm{P}_2(\mu)=\left(3\mu^2-1\right)/2$，如果把式 (5.8.23) 作为 $f(\hat{\boldsymbol{n}}')$ 代入式 (5.8.18)(或式 (5.8.19))，则 $\mathrm{P}_2(\mu)$ 中的 $-1/2$ 这一项对积分也没有贡献，因为此时 $\cos 2\varphi'$(或 $\sin 2\varphi'$) 对 φ' 的积分为零。基于这些考虑，式 (5.8.18) 现在化为

$$Q(k)=\frac{15A\Theta_2(k)}{2}\int_0^{\pi}\mathrm{d}\theta'\sin\theta'\int_0^{2\pi}\mathrm{d}\varphi'\mu^2\sin^2\theta'\cos 2\varphi' \tag{5.8.24}$$

其中，μ^2 的计算需要把式 (5.8.22) 代入，结果会出现六项，但因为被积函数中包含 $\cos 2\varphi'$，故这六项中只有两项对 φ' 的积分不为零，即式 (5.8.22) 等号右边第一项的平方及第二项的平方。这两项代回式 (5.8.24) 后，与 φ' 有关的积分是

$$\begin{aligned}\int_0^{2\pi}\mathrm{d}\varphi'\cos^2\varphi'\cos 2\varphi'&=\int_0^{2\pi}\mathrm{d}\varphi'\cos^2\varphi'\left(2\cos^2\varphi'-1\right)\\&=2\int_0^{2\pi}\mathrm{d}\varphi'\cos^4\varphi'-\int_0^{2\pi}\mathrm{d}\varphi'\cos^2\varphi'=\frac{3\pi}{2}-\pi=\frac{\pi}{2}\end{aligned}$$

$$\int_0^{2\pi}\mathrm{d}\varphi'\sin^2\varphi'\cos 2\varphi'=\int_0^{2\pi}\mathrm{d}\varphi'\sin^2\varphi'\left(1-2\sin^2\varphi'\right)$$

$$= \int_0^{2\pi} \mathrm{d}\varphi' \sin^2 \varphi' - 2 \int_0^{2\pi} \mathrm{d}\varphi' \sin^4 \varphi' = \pi - \frac{3\pi}{2} = -\frac{\pi}{2}$$

故式 (5.8.24) 中第二个积分 (即对 φ' 的积分) 的总结果为

$$\begin{aligned} &\left(\sin^2 \theta_k \cos^2 \varphi_k \sin^2 \theta'\right) \frac{\pi}{2} - \left(\sin^2 \theta_k \sin^2 \varphi_k \sin^2 \theta'\right) \frac{\pi}{2} \\ =&\frac{\pi}{2} \sin^2 \theta_k \left(\cos^2 \varphi_k - \sin^2 \varphi_k\right) \sin^2 \theta' = \frac{\pi}{2} \sin^2 \theta_k \cos 2\varphi_k \sin^2 \theta' \end{aligned} \tag{5.8.25}$$

这样，式 (5.8.24) 中现在只剩下对 θ' 的积分了

$$\int_0^{\pi} \mathrm{d}\theta' \sin^5 \theta' = \frac{16}{15} \tag{5.8.26}$$

把这些结果一起代回式 (5.8.24)，最后得到

$$Q(k) = 4\pi A \sin^2 \theta_k \cos\left(2\varphi_k\right) \Theta_2(k) \tag{5.8.27}$$

再来计算偏振参量 U。式 (5.8.19) 与式 (5.8.18) 的不同之处是，被积函数中最后一项 $\cos 2\varphi'$ 现在换成了 $\sin 2\varphi'$，故与求得式 (5.8.24) 的过程类似，U 的表示式可以化为

$$U(k) = \frac{15A\Theta_2(k)}{2} \int_0^{\pi} \mathrm{d}\theta' \sin \theta' \int_0^{2\pi} \mathrm{d}\varphi' \mu^2 \sin^2 \theta' \sin 2\varphi' \tag{5.8.28}$$

而式 (5.8.22) 的平方 (即 μ^2) 给出的六项中，乘以 $\sin 2\varphi'$ 后对 φ' 积分不为零的只剩一项，即 $2\sin^2 \theta_k \cos \varphi_k \sin \varphi_k \sin^2 \theta' \cos \varphi' \sin \varphi'$，它乘以 $\sin 2\varphi'$ 后，与 φ' 有关的积分是

$$2 \int_0^{2\pi} \mathrm{d}\varphi' \cos \varphi' \sin \varphi' \sin 2\varphi' = \int_0^{2\pi} \mathrm{d}\varphi' \sin^2 2\varphi' = \pi$$

故式 (5.8.28) 中第二个积分总的结果为

$$\pi \sin^2 \theta_k \cos \varphi_k \sin \varphi_k \sin^2 \theta' = \frac{\pi}{2} \sin^2 \theta_k \sin 2\varphi_k \sin^2 \theta'$$

剩下的对 θ' 的积分结果与式 (5.8.26) 相同，这样式 (5.8.28) 最后的结果是

$$U(k) = 4\pi A \sin^2 \theta_k \sin\left(2\varphi_k\right) \Theta_2(k) \tag{5.8.29}$$

最后来看一个很有意义的结果。如果令波矢量 $\boldsymbol{k}$ 的方向与观测者视线方向 ($\hat{\boldsymbol{n}} = \hat{\boldsymbol{e}}_z$) 垂直，即 $\theta_k = \pi/2$，并令波矢量 $\boldsymbol{k}$ 与二维 Fourier 空间中的 $\boldsymbol{l}$ 矢量一致，则按照式 (5.8.13)，并把式 (5.8.27) 和式 (5.8.29) 代入，有

$$
\begin{aligned}
E(\boldsymbol{l}) &= \cos 2\varphi_l Q(\boldsymbol{l}) + \sin 2\varphi_l U(\boldsymbol{l}) \\
&= 4\pi A \left(\cos^2 2\varphi_l + \sin^2 2\varphi_l\right) \Theta_2(k) = 4\pi A \Theta_2(k)
\end{aligned}
\tag{5.8.30}
$$

$$
\begin{aligned}
B(\boldsymbol{l}) &= -\sin 2\varphi_l Q(\boldsymbol{l}) + \cos 2\varphi_l U(\boldsymbol{l}) \\
&= 4\pi A \left(-\sin 2\varphi_l \cos 2\varphi_l + \cos 2\varphi_l \sin 2\varphi_l\right) \Theta_2(k) = 0
\end{aligned}
\tag{5.8.31}
$$

这一结果表明，标量扰动只会产生 E 偏振模式，这对于 CMB 的观测以及理论研究都是非常重要的。

5.8.3 包括光子极化的 Boltzmann 方程

在 4.6 节中我们讨论过辐射扰动的 Boltzmann 方程，但该方程中并没有包括光子的极化。因此，为了研究 CMB 的偏振，我们必须考虑包括光子极化的 Boltzmann 方程。光子极化在宇宙学中的作用是很重要的，在标量和张量扰动模式下，它影响了引力场方程中的各向异性惯量项，因而在宇宙微波背景中产生了重要的可观测效应。

在三维平直空间中，极化矢量是一个三维矢量 $\boldsymbol{e}$，它垂直于光子的运动方向，即有 $\boldsymbol{p}_i \boldsymbol{e}^i = 0$，且 $\boldsymbol{e}^i \boldsymbol{e}_i = 1$。在有引力场的情况下，光子极化矢量满足的条件是

$$
\boldsymbol{p}_i \boldsymbol{e}^i = \boldsymbol{p}_\mu \boldsymbol{e}^\mu = 0, \quad g_{ij} \boldsymbol{e}^i \boldsymbol{e}^{j*} = g_{\mu\nu} \boldsymbol{e}^\mu \boldsymbol{e}^{\nu*} = 1 \tag{5.8.32}
$$

其中，四维极化矢量 $\boldsymbol{e}^\mu$ 的时间分量取为 $e^0 = 0$。此外，由于光子是在引力场中传播的，在传播过程中极化矢量将遵从广义相对论的矢量平行移动法则

$$
\frac{\mathrm{d}\boldsymbol{e}^j(t)}{\mathrm{d}t} = \left\{ -\Gamma^j_{k\lambda}[x(t)] + \Gamma^0_{k\lambda}[x(t)] \frac{\mathrm{d}x^j(t)}{\mathrm{d}t} \right\} \boldsymbol{e}^k(t) \frac{\mathrm{d}x^\lambda(t)}{\mathrm{d}t} \tag{5.8.33}
$$

在量子力学中，常用**极化密度矩阵** N^{ij} 来描述光子的偏振状态，其定义为

$$
N^{ij} = \sum_m P_m e^i_m e^{j*}_m \tag{5.8.34}
$$

其中，P_m 表示光子处于第 m 个可能的偏振态的概率，满足 $\sum_m P_m = 1$ 以及 $e^i_m e^{i*}_m = 1$(只对 i 求和)。对于宇宙微波背景光子而言，所有的光子都是线偏振的，

因而极化密度矩阵 N^{ij} 是一个实对称矩阵，且因所有的极化矢量都与光子的运动方向正交，故对单个光子有

$$p_i N^{ij} = p_i N^{ji} = 0, \quad g_{ij} N^{ij} = 1 \tag{5.8.35}$$

此外，由于极化矢量 $\boldsymbol{e}^i$ 遵从式 (5.8.33) 的平行移动法则，故光子极化密度矩阵的时间变化是

$$\begin{aligned}\frac{\mathrm{d}N^{ij}}{\mathrm{d}t} =& \left\{-\Gamma^i_{k\lambda}[x(t)] + \Gamma^0_{k\lambda}[x(t)]\frac{\mathrm{d}x^i(t)}{\mathrm{d}t}\right\} N^{kj}(t)\frac{\mathrm{d}x^\lambda(t)}{\mathrm{d}t} \\ &+ \left\{-\Gamma^j_{k\lambda}[x(t)] + \Gamma^0_{k\lambda}[x(t)]\frac{\mathrm{d}x^j(t)}{\mathrm{d}t}\right\} N^{ik}(t)\frac{\mathrm{d}x^\lambda(t)}{\mathrm{d}t}\end{aligned} \tag{5.8.36}$$

有了这些准备，我们就可以来建立包括光子极化的 Boltzmann 方程了。4.6 节中用到的 Boltzmann 方程的基本形式是

$$\frac{\partial f}{\partial t} + \frac{\partial f}{\partial x^i}\frac{\mathrm{d}x^i}{\mathrm{d}t} + \frac{\partial f}{\partial p_i}\frac{\mathrm{d}p_i}{\mathrm{d}t} = \left(\frac{\partial f}{\partial t}\right)_c \tag{5.8.37}$$

其中，$f\left(x^i, p_i, t\right)$ $(i = 1, 2, 3)$ 表示单相位空间体积内的粒子数。现在我们针对这一方程做两点修改。

(1) 把分布函数乘以极化密度矩阵 N^{ij}，得到一个数密度矩阵

$$f^{ij} \equiv f \cdot N^{ij} \tag{5.8.38}$$

这样就把光子的偏振状态也包括了进去。

(2) 式 (4.5.14) 的分布函数 $f\left(x^i, p_i, t\right)$ 中，p_i 所表示的是固有动量，现在我们把它改为与正则动量 $p^\mu \equiv \mathrm{d}x^\mu/\mathrm{d}\lambda$ 对应的**共轭动量** $p_i = g_{i\mu}p^\mu$，这是由于以下的讨论主要基于 Weinberg (2008) 的处理方法，而书中所使用的就是正则共轭动量。正如前面曾提到过的，只要我们按照哈密顿方程对动量进行变换，相空间变量的这一改变对分布函数的形式是没有影响的。

由于 N^{ij} 只是时间的函数，故式 (5.8.37) 可以化为 f^{ij} 所满足的方程

$$\begin{aligned}&\frac{\partial\left(fN^{ij}\right)}{\partial t} - f\frac{\partial N^{ij}}{\partial t} + \frac{\partial\left(fN^{ij}\right)}{\partial x^k}\frac{\mathrm{d}x^k}{\mathrm{d}t} + \frac{\partial\left(fN^{ij}\right)}{\partial p_k}\frac{\mathrm{d}p_k}{\mathrm{d}t} \\ =&\frac{\partial\left(f^{ij}\right)}{\partial t} + \frac{\partial\left(f^{ij}\right)}{\partial x^k}\frac{\mathrm{d}x^k}{\mathrm{d}t} + \frac{\partial\left(f^{ij}\right)}{\partial p_k}\frac{\mathrm{d}p_k}{\mathrm{d}t} - f\frac{\partial N^{ij}}{\partial t} = C^{ij}\end{aligned} \tag{5.8.39}$$

其中，C^{ij} 代表与光子散射有关的碰撞项。把式 (5.8.36) 代入上式等号左边最后一项，即得

$$\frac{\partial\left(f^{ij}\right)}{\partial t}+\frac{\partial\left(f^{ij}\right)}{\partial x^{k}}\frac{\mathrm{d}x^{k}}{\mathrm{d}t}+\frac{\partial\left(f^{ij}\right)}{\partial p_{k}}\frac{\mathrm{d}p_{k}}{\mathrm{d}t}+\left[\Gamma^{i}_{k\lambda}(x)-\Gamma^{0}_{k\lambda}(x)\frac{p^{i}}{p^{0}}\right]f^{kj}\frac{p^{\lambda}}{p^{0}}$$
$$+\left[\Gamma^{j}_{k\lambda}(x)-\Gamma^{0}_{k\lambda}(x)\frac{p^{j}}{p^{0}}\right]f^{ik}\frac{p^{\lambda}}{p^{0}}=C^{ij} \tag{5.8.40}$$

接下来是计算等号右边的碰撞项 C^{ij}。光子与自由电子的碰撞（散射）会产生两个方面的作用，一方面可以使动量 $\boldsymbol{p}$ 的光子散射到其他方向，引起 f^{ij} 的减小，其大小为

$$C^{ij}_{-}(\boldsymbol{x},\boldsymbol{p},t)=-\omega_{\mathrm{c}}f^{ij}(\boldsymbol{x},\boldsymbol{p},t) \tag{5.8.41}$$

这里，$\omega_{\mathrm{c}}\equiv n_{\mathrm{e}}(t)\sigma_{\mathrm{T}}$，其中 n_{e} 为自由电子数密度，σ_{T} 为 Thomson 散射截面。另一方面，某些初始动量为 $\boldsymbol{p}_1$(方向与 $\boldsymbol{p}$ 不同，但能量守恒要求 $|\boldsymbol{p}_1|=|\boldsymbol{p}|$) 的光子，会散射到 $\boldsymbol{p}$ 的方向上来，这就造成 f^{ij} 的增加。前面已经谈到，散射后发现光子处于极化矢量 $\boldsymbol{e}$ 的终态的概率正比于 $(\boldsymbol{e}\cdot\boldsymbol{e}_1)^2$，而与初始光子的动量 $\boldsymbol{p}_1$ 以及终态光子的动量 $\boldsymbol{p}$ 无关。根据量子电动力学的计算，散射后光子的极化密度矩阵是

$$N^{ij}(\hat{p})=S^{-1}(\hat{p})\left[N^{ij}_{1}-\hat{p}_{i}\hat{p}_{k}N^{kj}_{1}-\hat{p}_{j}\hat{p}_{k}N^{ik}_{1}+\hat{p}_{i}\hat{p}_{j}\hat{p}_{k}\hat{p}_{l}N^{kl}_{1}\right] \tag{5.8.42}$$

其中，

$$S(\hat{p})=1-\hat{p}_{i}\hat{p}_{j}N^{ij}_{1} \tag{5.8.43}$$

它表示对于给定的 $\hat{p}$，把 $(\boldsymbol{e}\cdot\boldsymbol{e}_1)^2$ 对所有可能的终态 $\boldsymbol{e}$ 求和而得到的一个微分散射截面。这一微分截面再对 $\hat{p}$ 的所有立体角积分，即有

$$\int\mathrm{d}^{2}\hat{p}S(\hat{p})=\int_{0}^{\pi}\sin\theta\mathrm{d}\theta\int_{0}^{2\pi}\mathrm{d}\varphi\left[1-\hat{p}_{i}\hat{p}_{j}N^{ij}_{1}\right] \tag{5.8.44}$$

注意到，N^{ij}_{1} 与 $\hat{p}$ 无关，且

$$\hat{p}_{1}=\sin\theta\cos\varphi,\quad \hat{p}_{2}=\sin\theta\sin\varphi,\quad \hat{p}_{3}=\cos\theta \tag{5.8.45}$$

于是式 (5.8.44) 化为

$$\int\mathrm{d}^{2}\hat{p}S(\hat{p})=\int_{0}^{\pi}\sin\theta\mathrm{d}\theta\int_{0}^{2\pi}\mathrm{d}\varphi\left[1-\left(\hat{p}_{1}\hat{p}_{1}N^{11}_{1}+\hat{p}_{2}\hat{p}_{2}N^{22}_{1}+\hat{p}_{3}\hat{p}_{3}N^{33}_{1}\right)\right]$$
$$=4\pi-\frac{4\pi}{3}\left(N^{11}_{1}+N^{22}_{1}+N^{33}_{1}\right)$$

$$= 4\pi - \frac{4\pi}{3} = \frac{8\pi}{3} \tag{5.8.46}$$

其中，用到 $N_1^{ii} = 1$。式 (5.8.42) 的推导已超出本书的讨论范围，但很容易证明，该极化密度矩阵 N_1^{ij} 满足式 (5.8.35) 要求的条件

$$\begin{aligned}
p_i N^{ij} &= S^{-1} \cdot p_i \left(N_1^{ij} - \hat{p}_i \hat{p}_k N_1^{kj} - \hat{p}_j \hat{p}_k N_1^{ik} + \hat{p}_i \hat{p}_j \hat{p}_k \hat{p}_l N_1^{kl} \right) \\
&= S^{-1} \cdot \left[\hat{p}_i N_1^{ij} - (\hat{p}_i \hat{p}_i) \hat{p}_k N_1^{kj} - \hat{p}_j \hat{p}_i \hat{p}_k N_1^{ik} + (\hat{p}_i \hat{p}_i) \hat{p}_j \hat{p}_k \hat{p}_l N_1^{kl} \right] \\
&= 0
\end{aligned}$$

(注意 $\hat{p}_i \hat{p}_i = 1$) 以及

$$\begin{aligned}
N^{ii} &= S^{-1} \cdot \left[N_1^{ii} - \hat{p}_i \hat{p}_k N_1^{ki} - \hat{p}_i \hat{p}_k N_1^{ik} + (\hat{p}_i \hat{p}_i) \hat{p}_k \hat{p}_l N_1^{kl} \right] \\
&= \left(1 - \hat{p}_i \hat{p}_j N_1^{ij} \right)^{-1} \left(1 - \hat{p}_i \hat{p}_k N_1^{ki} \right) = 1
\end{aligned}$$

其中，用到局部惯性系下 $N_1^{ii} = 1$。因而，造成 f^{ij} 增加的碰撞项应是

$$C_+^{ij}(\boldsymbol{x}, \boldsymbol{p}, t) = n_e \int d^2\hat{p}_1 \left(\frac{d^2\sigma}{d^2\hat{p}} \right) N^{ij} f(\boldsymbol{x}, \boldsymbol{p}_1, t) \tag{5.8.47}$$

其中，因子 $(d^2\sigma/d^2\hat{p})$ 表示，一个初始动量为 $\boldsymbol{p}_1(|\boldsymbol{p}_1| = |\boldsymbol{p}|)$ 的光子散射到 $\boldsymbol{p}$ 的方向时，$\hat{p}$ 方向单位立体角相应的微分散射截面，这一微分截面对全部立体角积分就等于 Thomson 散射截面，即

$$\int d^2\hat{p} \left(\frac{d^2\sigma}{d^2\hat{p}} \right) = \sigma_T \tag{5.8.48}$$

对比式 (5.8.46)，我们得到

$$\frac{d^2\sigma}{d^2\hat{p}} = \frac{3}{8\pi} \sigma_T S(\hat{p}) \tag{5.8.49}$$

把此式与式 (5.8.42) 一起代入式 (5.8.47)，就得出

$$\begin{aligned}
C_+^{ij}(\boldsymbol{x}, \boldsymbol{p}, t) = &\frac{3\omega_c}{8\pi} \int d^2\hat{p}_1 \left[f^{ij}(\boldsymbol{x}, \boldsymbol{p}_1, t) - \hat{p}_i \hat{p}_k f^{kj}(\boldsymbol{x}, \boldsymbol{p}_1, t) - \hat{p}_j \hat{p}_k f^{ik}(\boldsymbol{x}, \boldsymbol{p}_1, t) \right. \\
&\left. + \hat{p}_i \hat{p}_j \hat{p}_k \hat{p}_l f^{kl}(\boldsymbol{x}, \boldsymbol{p}_1, t) \right]
\end{aligned} \tag{5.8.50}$$

其中，$\omega_c = n_e(t)\sigma_T$。

至此，把式 (5.8.40)、式 (5.8.41) 和式 (5.8.50) 结合在一起，就构成了包括光子极化的 Boltzmann 方程。但这还不是我们最后想要的结果，我们想要的是扰动

下的 Boltzmann 方程，即一阶扰动量的时间演化方程。为此，如 4.6 节中那样，我们把 f^{ij} 展开为零阶量加上一个一阶扰动量，即

$$f^{ij}(\boldsymbol{x},\boldsymbol{p},t)=\frac{1}{2}\bar{f}\left[a(t)p^0(\boldsymbol{x},\boldsymbol{p},t)\right]\left[g^{ij}-\frac{p^ip^j}{\left(p^0\right)^2}\right]+\delta f^{ij}(\boldsymbol{x},\boldsymbol{p},t) \tag{5.8.51}$$

等号右边第一项的写法看上去似乎令人费解，实际上，只要用 g_{ij} 对上式进行缩并，就得到

$$g_{ij}f^{ij}=\frac{1}{2}\bar{f}\left[a(t)p^0(\boldsymbol{x},\boldsymbol{p},t)\right]\left[g_{ij}g^{ij}-\frac{g_{ij}p^ip^j}{\left(p^0\right)^2}\right]+g_{ij}\delta f^{ij}(\boldsymbol{x},\boldsymbol{p},t)$$

此即我们熟悉的形式

$$f=\frac{1}{2}\bar{f}[3-1]+\delta f=\bar{f}+\delta f$$

其中，用到 $g_{ij}N^{ij}=1$ 以及光子的 $\left(p^0\right)^2=g_{ij}p^ip^j$。除此之外，第二个方括号内的量在零阶 (无扰动) 情况下可以写为

$$g^{ij}-\frac{p^ip^j}{\left(p^0\right)^2}=\frac{1}{a^2}\left(\delta_{ij}-\hat{p}_i\hat{p}_j\right) \tag{5.8.52}$$

其中用到

$$\begin{gathered}g^{ij}=\delta_{ij}/a^2,\quad p^i=p_i/a^2,\quad p=\sqrt{p_ip_i}\\ p^0=\left(g^{ij}p_ip_j\right)^{1/2}=\left(a^{-2}\delta_{ij}p_ip_j\right)^{1/2}=a^{-1}p,\quad \hat{p}_i=p_i/p\end{gathered} \tag{5.8.53}$$

这样，式 (5.8.51) 中的零阶项 $f^{ij}\propto\bar{f}\cdot\left(\delta_{ij}-\hat{p}_i\hat{p}_j\right)$。有兴趣的读者可以试证明 (见习题 5.2)，在热平衡条件下 (此时光子无极化，且动量分布是均匀各向同性的)，式 (5.8.41) 和式 (5.8.50) 所示的 C_-^{ij} 和 C_+^{ij} 相互抵消，这当然是热平衡情况下的必然结果。

按照通常的做法，下一步是把式 (5.8.51) 代入式 (5.8.40)、式 (5.8.41) 和式 (5.8.50) 中，消去零阶项后，就得到一阶扰动项的方程。但式 (5.8.51) 的零阶项中有一个方括号项，这就使得计算变复杂了。然而不难验证，这个方括号中的量满足无碰撞的 Boltzmann 方程，即式 (5.8.40) 并取 $C^{ij}=0$：

$$\frac{\partial}{\partial t}\left[g^{ij}-\frac{p^ip^j}{\left(p^0\right)^2}\right]+\frac{p^\lambda}{p^0}\left(\Gamma_{k\lambda}^i-\Gamma_{k\lambda}^0\frac{p^i}{p^0}\right)\left[g^{kj}-\frac{p^kp^j}{\left(p^0\right)^2}\right]$$

$$+\frac{p^\lambda}{p^0}\left(\Gamma^j_{k\lambda}-\Gamma^0_{k\lambda}\frac{p^j}{p^0}\right)\left[g^{ik}-\frac{p^ip^k}{\left(p^0\right)^2}\right]=0 \tag{5.8.54}$$

注意，方程左边第一项只出现对 t 的导数，实际上完整的导数形式应当是

$$\frac{\partial}{\partial t}+\frac{\mathrm{d}x^i}{\mathrm{d}t}\frac{\partial}{\partial x^i}+\frac{\mathrm{d}p_i}{\mathrm{d}t}\frac{\partial}{\partial p_i}=\frac{\partial}{\partial t}+\frac{p^i}{p^0}\frac{\partial}{\partial x^i}+\frac{1}{2p^0}p^jp^k\left(\frac{\partial g_{jk}}{\partial x^i}\right)\frac{\partial}{\partial p_i} \tag{5.8.55}$$

最后一项的系数变换是根据 Euler-Lagrange 运动方程

$$\frac{\mathrm{d}p_i}{\mathrm{d}t}=\frac{1}{2p^0}p^jp^k\left(\frac{\partial g_{jk}}{\partial x^i}\right) \tag{5.8.56}$$

式 (5.8.54) 左边第一项之所以只保留了对 t 的导数而略去了对 x^i 和 p^i 的导数，是因为零阶的度规 g_{ij} 中只含有时间变量，因而所有 $\partial g_{ij}/\partial x^k=0$；这就使得对 x^i 和 p^i 的导数项都为零，最后只剩下对 t 的导数项。利用仿射联络中仅有的非零项 $\Gamma^i_{0j}=\Gamma^i_{j0}=\dot{a}\delta_{ij}/a$，$\Gamma^0_{ij}=a\dot{a}\delta_{ij}$，读者可以自行验证式 (5.8.54)(再强调一下，本小节中的 p^i 是四维动量 p^μ 的空间分量，而不是固有动量)。

再来讨论一下 $\bar{f}$ 的导数。式 (5.8.51) 中的平均值 $\bar{f}$ 即熟知的 Bose-Einstein 分布函数

$$\bar{f}(p)=\frac{1}{(2\pi)^3}\left[\exp\frac{p}{k_{\mathrm{B}}a(t)T}-1\right]^{-1} \tag{5.8.57}$$

式 (5.8.51) 中 $\bar{f}$ 的自变量是 $a(t)p^0$，其中 $p^0=\left(g^{ij}p_ip_j\right)^{1/2}$。当考虑小扰动时，有

$$\begin{aligned}
&g_{ij}=a^2\delta_{ij}+\delta g_{ij},\quad g^{ij}=\frac{\delta_{ij}}{a^2}-\frac{\delta g_{ij}}{a^4}\\
&ap^0=a\left(a^{-2}\delta_{ij}p_ip_j-a^{-4}\delta g_{kl}p_kp_l\right)^{1/2}=\left[p_ip_i\left(1-a^{-2}\delta g_{kl}\hat{p}_k\hat{p}_l\right)\right]^{1/2}\\
&\quad=p\left(1-a^{-2}\delta g_{kl}\hat{p}_k\hat{p}_l\right)^{1/2}
\end{aligned} \tag{5.8.58}$$

其中，$p=\sqrt{p_ip_i}$。用式 (5.8.55) 所示的微分算符对 $\bar{f}\left(ap^0\right)$ 求导时，会产生三项导数，第一项是时间导数 (以下取一阶近似)

$$\frac{\partial}{\partial t}\bar{f}\left(ap^0\right)=\bar{f}'\left(ap^0\right)\frac{\partial}{\partial t}\left(ap^0\right)=-\frac{p}{2}\bar{f}'(p)\hat{p}_k\hat{p}_l\frac{\partial}{\partial t}\left(a^{-2}g_{kl}\right) \tag{5.8.59}$$

第二项是空间导数

$$\frac{p^i}{p^0}\frac{\partial}{\partial x^i}\bar{f}\left(ap^0\right)=\frac{p^i}{p^0}\bar{f}'\left(ap^0\right)\frac{\partial}{\partial x^i}\left[p_jp_j\left(1-a^{-2}\delta g_{kl}\hat{p}_k\hat{p}_l\right)\right]^{1/2}$$

$$= -\frac{1}{2}\frac{pp^i}{a^2p^0}\bar{f}'(p)\left(\frac{\partial}{\partial x^i}\delta g_{kl}\right)\hat{p}_k\hat{p}_l \tag{5.8.60}$$

第三项是动量导数

$$\begin{aligned}
\frac{1}{2p^0}p^lp^k\left(\frac{\partial g_{lk}}{\partial x^i}\right)\frac{\partial}{\partial p_i}\bar{f}\left(ap^0\right) &= \frac{1}{2p^0}p^lp^k\left(\frac{\partial \delta g_{lk}}{\partial x^i}\right)\bar{f}'\left(ap^0\right)\frac{\partial}{\partial p_i}\left[p_jp_j\right]^{1/2} \\
&= \frac{1}{2p^0}p^lp^k\left(\frac{\partial \delta g_{lk}}{\partial x^i}\right)\bar{f}'(p)\frac{p_i}{\sqrt{p_jp_j}} \\
&= \frac{1}{2p^0}\frac{p_lp_k}{a^2}\left(\frac{\partial \delta g_{lk}}{\partial x^i}\right)\bar{f}'(p)\frac{p^i}{p} \\
&= \frac{1}{2a^2p^0}\hat{p}_l\hat{p}_k\left(\frac{\partial \delta g_{lk}}{\partial x^i}\right)\bar{f}'(p)pp^i
\end{aligned} \tag{5.8.61}$$

其中用到 $p_i = a^2p^i$，并且在求 $\partial\left(ap^0\right)/\partial p_i$ 时，我们略去了式 (5.8.58) 最后一式中的一阶小量 $a^{-2}\delta g_{kl}\hat{p}_k\hat{p}_l$。对比一下式 (5.8.60) 和式 (5.8.61)，我们发现这两项的结果相互抵消，故三项导数最后只剩下对时间的导数，即式 (5.8.59)。

至此，Boltzmann 方程式 (5.8.40) 的左边，导数项已经处理完毕，剩下的两项是与极化矢量平行移动相关的项。注意到在一阶近似下，仿射联络的非零分量只有

$$\Gamma^i_{j0} = \frac{1}{2}g^{ik}\dot{g}_{kj} = \frac{\dot{a}}{a}\delta_{ij}, \quad \Gamma^0_{ij} = \frac{1}{2}\dot{g}_{ij} = a\dot{a}\delta_{ij}$$

对于式 (5.8.51) 所示的扰动项 δf^{ij}，式 (5.8.40) 左边与极化矢量平行移动相关的第一项给出

$$\begin{aligned}
\frac{p^\lambda}{p^0}\left[\Gamma^i_{k\lambda} - \Gamma^0_{k\lambda}\frac{p^i}{p^0}\right]\delta f^{kj} &= \Gamma^i_{k0}\delta f^{kj} - \Gamma^0_{kl}\frac{p^i}{p^0}\frac{p^l}{p^0}\delta f^{kj} \\
&= \frac{\dot{a}}{a}\delta f^{ij} - a\dot{a}\frac{p^i}{\left(p^0\right)^2}p^k\delta f^{kj} = \frac{\dot{a}}{a}\delta f^{ij}
\end{aligned} \tag{5.8.62}$$

最后一步是因为，δf^{kj} 中包含的极化矢量 N^{kj} 满足式 (5.8.35) 的横向条件 $p_kN^{kj} = 0$，故最后一个等号的左边第二项为零。至于式 (5.8.40) 左边与极化矢量平行移动相关的第二项，不难看出，它相当于把式 (5.8.62) 中的指标 i, j 互换，显然所得结果是一样的。因此，这两项与极化矢量平行移动相关的项，加起来的结果是 $2\dot{a}\left(\delta f^{ij}\right)/a$。

把方程 (5.8.40) 两边的零阶项都消掉之后，我们就可以写出 δf^{ij} 满足的 Boltzmann 方程

$$\frac{\partial}{\partial t}\delta f^{ij}(\boldsymbol{x},\boldsymbol{p},t) + \frac{\hat{p}_k}{a(t)}\frac{\partial}{\partial x^k}\delta f^{ij}(\boldsymbol{x},\boldsymbol{p},t) + \frac{2\dot{a}(t)}{a(t)}\delta f^{ij}(\boldsymbol{x},\boldsymbol{p},t)$$

$$
\begin{aligned}
&-\frac{1}{4a^2(t)}p\bar{f}'(p)\hat{p}_k\hat{p}_l\frac{\partial}{\partial t}\left(a^{-2}\delta g_{kl}\right)\left(\delta_{ij}-\hat{p}_i\hat{p}_j\right)\\
=&-\omega_{\rm c}\delta f^{ij}(\boldsymbol{x},\boldsymbol{p},t)+\frac{3\omega_{\rm c}}{8\pi}\int{\rm d}^2\hat{p}_1\left[\delta f^{ij}\left(\boldsymbol{x},\boldsymbol{p}_1,t\right)-\hat{p}_i\hat{p}_k\delta f^{kj}\left(\boldsymbol{x},\boldsymbol{p}_1,t\right)\right.\\
&\left.-\hat{p}_j\hat{p}_k\delta f^{ik}\left(\boldsymbol{x},\boldsymbol{p}_1,t\right)+\hat{p}_i\hat{p}_j\hat{p}_k\hat{p}_l\delta f^{kl}\left(\boldsymbol{x},\boldsymbol{p}_1,t\right)\right]
\end{aligned}\tag{5.8.63}
$$

注意，式中的第二行应用了式 (5.8.51)、式 (5.8.52) 以及式 (5.8.59) 的结果。式 (5.8.63) 对于描述张量模式的扰动是完备的，但对于标量模式的扰动，还有一个因素要考虑，这就是重子等离子体的本动速度会改变入射光子的能量 $|\boldsymbol{p}_1|$(其出射动量仍为 $\boldsymbol{p}$)。这一影响本身也是一个一阶扰动，这里我们不仔细推导而只给出结果 (参见 Weinberg，2008，附录 H)：

$$
C_{\rm B}^{ij}=-\frac{\omega_{\rm c}}{2a^3}p_k\delta u_{{\rm B}k}\bar{f}'(p)\left(\delta_{ij}-\hat{p}_i\hat{p}_j\right)\tag{5.8.64}
$$

其中，$\delta\boldsymbol{u}_{\rm B}$ 是重子等离子体的本动速度。这就是说，在标量模式扰动的情况下，δf^{ij} 满足的方程还要在式 (5.8.63) 最后加上一项 $C_{\rm B}^{ij}$。

尽管我们已得到了 δf^{ij} 的完整 Boltzmann 方程，但 δf^{ij} 并不是一个直接可测量，我们还需要把它转换成可测量的量，即温度涨落。为此，定义一个无量纲的强度矩阵

$$
J_{ij}(\boldsymbol{x},\hat{p},t)\equiv\frac{4\pi}{a^2(t)\bar{\rho}_{\rm r}}\int p^3\delta f^{ij}(\boldsymbol{x},p\hat{p},t){\rm d}p\tag{5.8.65}
$$

其中，$p=\sqrt{p_ip_i}$，$\bar{\rho}_{\rm r}$ 即式 (4.6.28) 给出的未受扰动的辐射能量密度

$$
\bar{\rho}_{\rm r}=\frac{4\pi}{a^4(t)}\int p^3\bar{f}_{\rm r}{\rm d}p\tag{5.8.66}
$$

注意，此式与式 (4.6.28) 有所不同，即积分符号前多出了一个系数 a^{-4}。这是因为式 (4.6.28) 所用的动量 p 是固有动量，而式 (5.8.66) 中的 p 是共轭动量，后者与前者之比是 $a(t)$。

接下来，我们把式 (5.8.64) 的 $C_{\rm B}^{ij}$ 补加到式 (5.8.63) 右边，再按照式 (5.8.65) 的定义，用 $4\pi p^3$ 乘以方程式的两边，然后对 p 积分并最后乘以系数 $\left[a^2(t)\bar{\rho}_{\rm r}\right]^{-1}$，就得到强度矩阵 J_{ij} 的 Boltzmann 方程。但对式 (5.8.63) 左边的变换还要逐项说明一下。

式 (5.8.63) 左边第一项本身就是时间导数，故有

$$
\frac{4\pi}{a^2(t)\bar{\rho}_{\rm r}}\int p^3\frac{\partial}{\partial t}\delta f^{ij}(\boldsymbol{x},p\hat{p},t){\rm d}p=\frac{\partial}{\partial t}\left[\frac{4\pi}{a^2(t)\bar{\rho}_{\rm r}}\int p^3\delta f^{ij}(\boldsymbol{x},p\hat{p},t){\rm d}p\right]
$$

$$
\begin{aligned}
&-\frac{2\dot{a}}{a}\left[\frac{4\pi}{a^2(t)\bar{\rho}_{\rm r}}\int p^3\delta f^{ij}(\boldsymbol{x},p\hat{p},t){\rm d}p\right]\\
&=\frac{\partial}{\partial t}J_{ij}(\boldsymbol{x},\hat{p},t)-\frac{2\dot{a}}{a}J_{ij}(\boldsymbol{x},\hat{p},t)
\end{aligned}\tag{5.8.67}
$$

第二项的变换是简单的，直接给出结果

$$
\frac{4\pi}{a^2(t)\bar{\rho}_{\rm r}}\int p^3\frac{\hat{p}_k}{a(t)}\frac{\partial}{\partial x^k}\delta f^{ij}(\boldsymbol{x},p\hat{p},t){\rm d}p=\frac{\hat{p}_k}{a(t)}\frac{\partial}{\partial x^k}J_{ij}(\boldsymbol{x},\hat{p},t)\tag{5.8.68}
$$

第三项的结果显然与式 (5.8.67) 的第二项相消，故不需再列出。第四项的变换关键是对 $\bar{f}'(p)$ 的积分

$$
4\pi\int p^4\bar{f}'(p){\rm d}p=-16\pi\int p^3\bar{f}(p){\rm d}p=-4a^4\bar{\rho}_{\rm r}(t)\tag{5.8.69}
$$

最后一步利用了式 (5.8.66)。这样，上述第四项变成

$$
\begin{aligned}
\frac{1}{4a^2}\frac{4a^4\bar{\rho}_{\rm r}}{a^2\bar{\rho}_{\rm r}}\hat{p}_k\hat{p}_l\frac{\partial}{\partial t}\left(a^{-2}g_{kl}\right)\left(\delta_{ij}-\hat{p}_i\hat{p}_j\right)&=\hat{p}_k\hat{p}_l\frac{\partial}{\partial t}\left(a^{-2}g_{kl}\right)\left(\delta_{ij}-\hat{p}_i\hat{p}_j\right)\\
&=\frac{\partial}{\partial t}\left[A(t)+\hat{p}_k\hat{p}_l\partial_k\partial_l B(t)\right]\left(\delta_{ij}-\hat{p}_i\hat{p}_j\right)
\end{aligned}\tag{5.8.70}
$$

最后一个等式应用了式 (4.3.3) 给出的**同步规范**。至此，式 (5.8.63) 左边各项都已变换完毕，而方程右边 (注意还要补加一项 $C_{\rm B}^{ij}$，即式 (5.8.64)) 各项的变换都是简单的。为节省篇幅，我们就不再把变换后的方程完整地写一遍了，而是直接把整个方程按照式 (4.6.55) 那样再进行一次 Fourier 变换，结果是

$$
\begin{aligned}
&\frac{\partial}{\partial t}J_{ij}(\boldsymbol{q},\hat{p},t)+{\rm i}\frac{\hat{p}\cdot\boldsymbol{q}}{a(t)}J_{ij}(\boldsymbol{q},\hat{p},t)+\left[\dot{A}_q(t)+(\hat{p}\cdot\boldsymbol{q})^2\dot{B}_q(t)\right]\left(\delta_{ij}-\hat{p}_i\hat{p}_j\right)\\
=&-\omega_{\rm c}J_{ij}(\boldsymbol{q},\hat{p},t)+\frac{3\omega_{\rm c}}{8\pi}\int{\rm d}^2\hat{p}_1\left[J_{ij}\left(\boldsymbol{q},\hat{p}_1,t\right)-\hat{p}_i\hat{p}_kJ_{kj}\left(\boldsymbol{q},\hat{p}_1,t\right)\right.\\
&\left.-\hat{p}_j\hat{p}_kJ_{ik}\left(\boldsymbol{q},\hat{p}_1,t\right)+\hat{p}_i\hat{p}_j\hat{p}_k\hat{p}_lJ_{kl}\left(\boldsymbol{q},\hat{p}_1,t\right)\right]\\
&+{\rm i}\frac{2\omega_{\rm c}}{a}\hat{p}_kq_k\delta u_{{\rm B}q}(t)\left(\delta_{ij}-\hat{p}_i\hat{p}_j\right)
\end{aligned}\tag{5.8.71}
$$

其中，用到式 (4.6.56) 所列的空间导数变换规则，并在最后一项的变换中用到了式 (5.8.69)。

得到了 J_{ij} 所满足的 Boltzmann 方程之后，下一步就要考虑它的求解。J_{ij} 是强度矩阵，它与光子的极化密度矩阵 N^{ij} 直接联系，而宇宙背景光子的 N^{ij} 是实对称矩阵，即具有对称张量的形式，且满足单位迹 $N^{ii}=1$ 以及横向正交条件 $p_iN^{ij}=0$。因此我们预期，J_{ij} 的解也应由满足这些条件的三维对称张量构成，而与 $\boldsymbol{p}$ 和 $\boldsymbol{q}$ 有关，且能满足条件的对称张量只有两个，即

$$N_1^{ij}=\frac{1}{2}\left(\delta_{ij}-\hat{p}_i\hat{p}_j\right),\quad N_2^{ij}=\frac{\left[\hat{q}_i-(\hat{q}\cdot\hat{p})\hat{p}_i\right]\left[\hat{q}_j-(\hat{q}\cdot\hat{p})\hat{p}_j\right]}{1-(\hat{p}\cdot\hat{q})^2} \tag{5.8.72}$$

(读者可以验证，这两个张量满足上述单位迹和横向条件。) 这样，我们就可以把 J_{ij} 的解写成

$$J_{ij}(\boldsymbol{q},\hat{p},t)=\left[\Theta_T(q,\hat{q}\cdot\hat{p},t)-\Theta_P(q,\hat{q}\cdot\hat{p},t)\right]N_1^{ij}+\Theta_P(q,\hat{q}\cdot\hat{p},t)N_2^{ij} \tag{5.8.73}$$

其中，下标 T 和 P 分别代表“温度”和“极化”。因为 N_1^{ij} 和 N_2^{ij} 的迹都是 1，故上式表明 J_{ij} 的迹只与 Θ_T 有关而与 Θ_P 无关。此外，式 (4.5.37) 定义的能量–动量张量中只出现 f^{ij} 的迹即 f，而 J_{ij} 的定义 (式 (5.8.65)) 就是 f^{ij} 的积分，故能量–动量张量中只包括 J_{ij} 的迹，也就是只包括 Θ_T。这表明，式 (5.8.73) 中的 Θ_P 虽然对温度涨落有贡献，但对能量–动量张量没有贡献，Θ_P 的作用只是用来表征极化 (偏振)。

下面我们就把式 (5.8.73) 代入式 (5.8.71)，并且用两个“源函数”$\Phi(q,t)$ 和 $\Pi(q,t)$ 来表示式 (5.8.71) 右边出现的对 $\hat{p}_1$ 的积分

$$\frac{1}{4\pi}\int \mathrm{d}^2\hat{p}_1 J_{ij}\left(\boldsymbol{q},\hat{p}_1,t\right)=\delta_{ij}\Phi(q,t)+\frac{1}{2}q_iq_j\Pi(q,t) \tag{5.8.74}$$

于是式 (5.8.71) 化为 (为书写简洁起见，我们暂时略去每个变量后面的括号)

$$\begin{aligned}&\left(\dot{\Theta}_T-\dot{\Theta}_P\right)N_1^{ij}+\dot{\Theta}_PN_2^{ij}+\frac{\mathrm{i}q\mu}{a}\left[\left(\Theta_T-\Theta_P\right)N_1^{ij}+\Theta_PN_2^{ij}\right]+2\left[\dot{A}_q+q^2\mu^2\dot{B}_q\right]N_1^{ij}\\ =&-\omega_{\mathrm{c}}\left[\left(\Theta_T-\Theta_P\right)N_1^{ij}+\Theta_PN_2^{ij}\right]+\frac{3\omega_{\mathrm{c}}}{2}\left[\left(\delta_{ij}\Phi+\frac{1}{2}\hat{q}_i\hat{q}_j\Pi\right)-\hat{p}_i\hat{p}_k\left(\delta_{kj}\Phi+\frac{1}{2}\hat{q}_k\hat{q}_j\Pi\right)\right.\\ &\left.-\hat{p}_j\hat{p}_k\left(\delta_{ik}\Phi+\frac{1}{2}\hat{q}_i\hat{q}_k\Pi\right)+\hat{p}_i\hat{p}_j\hat{p}_k\hat{p}_l\left(\delta_{kl}\Phi+\frac{1}{2}\hat{q}_k\hat{q}_l\Pi\right)\right]+\mathrm{i}\frac{4\omega_{\mathrm{c}}}{a}\hat{p}_kq_k\delta u_{\mathrm{B}q}N_1^{ij}\end{aligned} \tag{5.8.75}$$

其中，$\mu=\hat{q}\cdot\hat{p}=\hat{q}_i\hat{p}_i$。我们把等号右边所有含 Φ 的项合并在一起，得

$$\frac{3\omega_{\mathrm{c}}}{2}\left(\delta_{ij}-\hat{p}_i\hat{p}_j-\hat{p}_i\hat{p}_j+\hat{p}_i\hat{p}_j\hat{p}_k\hat{p}_l\delta_{kl}\right)\Phi=\frac{3\omega_{\mathrm{c}}}{2}\left(\delta_{ij}-\hat{p}_i\hat{p}_j\right)\Phi$$

$$= 3\omega_{\rm c}\varPhi N_1^{ij} \tag{5.8.76}$$

把等号右边所有含 $\varPi$ 的项合并在一起，得

$$\begin{aligned}
&\frac{3\omega_{\rm c}}{4}\left(\hat{q}_i\hat{q}_j - \hat{p}_i\hat{p}_k\hat{q}_k\hat{q}_j - \hat{p}_j\hat{p}_k\hat{q}_i\hat{q}_k + \hat{p}_i\hat{p}_j\hat{p}_k\hat{p}_l\hat{q}_k\hat{q}_l\right)\varPi \\
=&\frac{3\omega_{\rm c}}{4}\left(\hat{q}_i\hat{q}_j - \mu\hat{p}_i\hat{q}_j - \mu\hat{p}_j\hat{q}_i + \mu^2\hat{p}_i\hat{p}_j\right)\varPi = \frac{3\omega_{\rm c}}{4}\frac{\left(\hat{q}_i - \mu\hat{p}_i\right)\left(\hat{q}_j - \mu\hat{p}_j\right)}{1-\mu^2}\left(1-\mu^2\right)\varPi \\
=&\frac{3\omega_{\rm c}}{4}\left(1-\mu^2\right)\varPi N_2^{ij}
\end{aligned} \tag{5.8.77}$$

接下来，再把式 (5.8.71) 两边含有 N_1^{ij} 的项和含有 N_2^{ij} 的项分别列出，就可以得到 $\varTheta_T(q,\mu,t)$ 和 $\varTheta_P(q,\mu,t)$ 满足的方程。首先看所有含 N_2^{ij} 的项，直接给出 $\varTheta_P$ 的方程

$$\dot{\varTheta}_P + {\rm i}\frac{\mu q}{a}\varTheta_P = -\omega_{\rm c}\varTheta_P + \frac{3}{4}\omega_{\rm c}\left(1-\mu^2\right)\varPi \tag{5.8.78}$$

再看所有含 N_1^{ij} 的项，给出

$$\begin{aligned}
&\dot{\varTheta}_T - \dot{\varTheta}_P + {\rm i}\frac{\mu q}{a}\left(\varTheta_T - \varTheta_P\right) + 2\left(\dot{A}_q - \mu^2 q^2\dot{B}_q\right) \\
=&-\omega_{\rm c}\left(\varTheta_T - \varTheta_P\right) + 3\omega_{\rm c}\varPhi + {\rm i}\frac{4\omega_{\rm c}}{a}\mu q\delta u_{{\rm B}q}
\end{aligned}$$

利用式 (5.8.78) 的结果消去式中的 $\dot{\varTheta}_P$ 和 $\varTheta_P$，就得到 $\varTheta_T$ 满足的方程

$$\begin{aligned}
\dot{\varTheta}_T + {\rm i}\frac{\mu q}{a}\varTheta_T =& -\omega_{\rm c}\varTheta_T - 2\dot{A}_q + 2\mu^2 q^2\dot{B}_q + 3\omega_{\rm c}\varPhi \\
&+ \frac{3}{4}\omega_{\rm c}\left(1-\mu^2\right)\varPi + {\rm i}\frac{4\mu q}{a}\omega_{\rm c}\delta u_{{\rm B}q}
\end{aligned} \tag{5.8.79}$$

注意，为了求解 $\varTheta_T$ 和 $\varTheta_P$，还需要对它们进行分波展开

$$\begin{aligned}
\varTheta_P(q,\mu,t) &= \sum_{l=0}^{\infty}(2l+1){\rm P}_l(\mu)(-{\rm i})^l\varTheta_{P,l}(q,t) \\
\varTheta_T(q,\mu,t) &= \sum_{l=0}^{\infty}(2l+1){\rm P}_l(\mu)(-{\rm i})^l\varTheta_{T,l}(q,t)
\end{aligned} \tag{5.8.80}$$

把展开式分别代入式 (5.8.78) 和式 (5.8.79)，再乘以 ${\rm P}_l(\mu)$ 并对 μ 积分，利用 Legendre 多项式的正交关系及递推关系 (式 (4.6.63) 和式 (4.6.64))，就得到分波

振幅的方程为

$$\dot{\Theta}_{P,l}+\frac{q}{a(2l+1)}\left[(l+1)\Theta_{P,l+1}-l\Theta_{P,l-1}\right]=-\omega_{\rm c}\Theta_{P,l}+\frac{1}{2}\omega_{\rm c}\Pi\left(\delta_{l0}+\frac{\delta_{l2}}{5}\right) \tag{5.8.81}$$

$$\begin{aligned}&\dot{\Theta}_{T,l}+\frac{q}{a(2l+1)}\left[(l+1)\Theta_{T,l+1}-l\Theta_{T,l-1}\right]=\\&-\omega_{\rm c}\Theta_{T,l}+\omega_{\rm c}\left(3\Phi+\frac{1}{2}\Pi\right)\delta_{l0}\\&+\frac{1}{10}\omega_{\rm c}\Pi\delta_{l2}-2\dot{A}_q\delta_{l0}+2q^2\dot{B}_q\left(\frac{\delta_{l0}}{3}-\frac{2\delta_{l2}}{15}\right)-\frac{4}{3}\frac{\omega_{\rm c}q}{a}\delta u_{{\rm B}q}\delta_{l1}\end{aligned} \tag{5.8.82}$$

现在方程中只剩下源函数 Φ 和 Π 需要用分波振幅来表示了。源函数的定义是式 (5.8.74)，这需要把函数 $J_{ij}(\boldsymbol{q},\hat{p},t)$ 对 $\hat{p}$ 的立体角积分，而由式 (5.8.73) 定义的 $J_{ij}(\boldsymbol{q},\hat{p},t)$ 可以看成是与 $\mu=\hat{q}\cdot\hat{p}$ 有关的函数 $J_{ij}(\mu)$。我们用下述办法来求源函数 Φ 和 Π。首先，选取 $\hat{q}$ 的方向为 z 轴 (即第 3 方向)，这样就有 $\hat{q}_3=1$，$\hat{q}_1=\hat{q}_2=0$，且

$$\hat{p}_1=\sin\theta\cos\varphi,\quad \hat{p}_2=\sin\theta\sin\varphi,\quad \hat{p}_3=\cos\theta=\mu$$

按照式 (5.8.72)~ 式 (5.8.74)，当取 $i=j=1$ 时，由于 $\hat{q}_1=\hat{q}_2=0$，故有

$$\begin{aligned}\Phi&=\frac{1}{4\pi}\int{\rm d}^2\hat{p}J_{11}(\mu)\\&=\frac{1}{4\pi}\int{\rm d}^2\hat{p}\left\{\left[\Theta_T-\Theta_P\right]\frac{1-\hat{p}_1\hat{p}_1}{2}+\Theta_P\frac{\mu^2\hat{p}_1\hat{p}_1}{1-\mu^2}\right\}\\&=\frac{1}{4}\int{\rm d}\mu\left\{\left[\Theta_T-\Theta_P\right]\left(1-\frac{\sin^2\theta}{2}\right)+\Theta_P\frac{\mu^2\sin^2\theta}{2\left(1-\mu^2\right)}\right\}\\&=\frac{1}{8}\int{\rm d}\mu\left[\Theta_T\left(1+\mu^2\right)-\Theta_P\left(1-\mu^2\right)\right]\\&=\frac{1}{8}\int{\rm d}\mu\left[\frac{2}{3}\Theta_T\left(2P_0+P_2\right)-\frac{2}{3}\Theta_P\left(P_0-P_2\right)\right]\\&=\frac{1}{6}\left(2\Theta_{T,0}-\Theta_{T,2}-\Theta_{P,0}-\Theta_{P,2}\right)\end{aligned} \tag{5.8.83}$$

最后一步利用了式 (5.8.80) 以及式 (4.6.63) 和式 (4.6.65)。这样我们就先求得了源函数 Φ。

下一步再取 $i=j=3$，由式 (5.8.74) 有

$$\frac{1}{4\pi}\int \mathrm{d}^2\hat{p}J_{33}(q,\mu,t)=\varPhi(q,t)+\frac{1}{2}\varPi(q,t) \tag{5.8.84}$$

其中，

$$\begin{aligned}J_{33}(\mu)&=\frac{1}{2}\left[\varTheta_T(\mu)-\varTheta_P(\mu)\right](1-\hat{p}_3\hat{p}_3)+\varTheta_P(\mu)\frac{1-2\mu\hat{p}_3+\hat{p}_3\hat{p}_3}{1-\mu^2}\\&=\frac{1}{2}\left[\varTheta_T(\mu)-\varTheta_P(\mu)\right]\left(1-\mu^2\right)+\varTheta_P(\mu)\left(1-\mu^2\right)\end{aligned}$$

积分结果是

$$\begin{aligned}\frac{1}{4\pi}\int \mathrm{d}^2\hat{p}J_{33}(\mu)&=\frac{1}{4\pi}\int \mathrm{d}^2\hat{p}\left\{\frac{1}{2}\left[\varTheta_T(\mu)-\varTheta_P(\mu)\right]\left(1-\mu^2\right)+\varTheta_P(\mu)\left(1-\mu^2\right)\right\}\\&=\frac{1}{4}\int \mathrm{d}\mu\left[\varTheta_T(\mu)+\varTheta_P(\mu)\right]\left(1-\mu^2\right)\\&=\frac{1}{6}\int \mathrm{d}\mu\left[\varTheta_T(\mu)+\varTheta_P(\mu)\right](P_0-P_2)\\&=\frac{1}{3}\left(\varTheta_{T,0}+\varTheta_{P,0}+\varTheta_{T,2}+\varTheta_{P,2}\right)\end{aligned} \tag{5.8.85}$$

再结合式 (5.8.84) 和式 (5.8.83)，就容易得出源函数 $\varPi$

$$\varPi=\varTheta_{P,0}+\varTheta_{T,2}+\varTheta_{P,2} \tag{5.8.86}$$

至此，把两个源函数 $\varPhi$ 和 $\varPi$ 代入式 (5.8.81) 和式 (5.8.82)，再加上引力场方程 (如式 (4.6.76))，就得到包括极化的辐射扰动的 Boltzmann 方程了。当然，实际求解时还要再加上暗物质、重子物质的扰动方程，因为这些物质通过引力与辐射相耦合。同时，方程中的碰撞参数 $\omega_{\mathrm{c}}=n_{\mathrm{e}}(t)\sigma_{\mathrm{T}}$ 也是一个随时间变化的量 (参见 3.6.1 节)，故需要与整个方程组同步求解。此外，在求解式 (5.8.81) 和式 (5.8.82) 时，因它们都是 $l\to\infty$ 的递推方程，这就需要在某个足够高的 l 阶处截断，例如对于 CMB 的观测解释，$\varTheta_{T,l}$ 和 $\varTheta_{P,l}$ 需要求解的 l 阶数超过了 1000。

5.8.4 CMB 偏振的测量

5.8.1 节已经讨论过，在 CMB 的观测中测量到的是斯托克斯参量 Q 和 U。实际上，Q 和 U 与式 (5.8.65) 定义的强度矩阵 $J_{ij}(\boldsymbol{x},\hat{p},t)$ 有如下联系

$$J_{ij}\left(0,-\hat{z},t_0\right)=\frac{2}{T_0}\begin{pmatrix}\Delta T+Q & U\\ U & \Delta T-Q\end{pmatrix} \tag{5.8.87}$$

这里，$\boldsymbol{x}=0$ 表示观测者所在的空间位置；$\hat{p}=-\hat{z}$ 表示到达观测者的光子的动量方向，$\hat{z}$ 是视线方向；t_0 代表宇宙的目前时刻。J_{ij} 的迹给出 $\hat{z}$ 方向观测到的宇宙微波背景辐射温度涨落

$$\frac{\Delta T(\hat{z})}{T_0}=\frac{1}{4}J_{jj}\left(0,-\hat{z},t_0\right) \tag{5.8.88}$$

系数 1/4 是由于绝热扰动时辐射温度涨落与能量密度涨落之间的关系式 (4.6.77)。另一方面，由 J_{ij} 的解式 (5.8.73) 可以直接得到 Q、U 与 Θ_T、Θ_P 之间的关系。例如当 $\hat{p}$ 取为 $-\hat{z}$ 方向时，$\hat{p}_1=\hat{p}_2=0$；再取 $\hat{q}$ 的方向与视线垂直 $(\mu=0)$，在垂直视线的平面内，建立直角坐标系并取 $\hat{q}_1=\cos\varphi_q$，$\hat{q}_2=\sin\varphi_q$。此时根据式 (5.8.72) 有 $N_1^{ij}=\delta_{ij}/2$，$N_2^{ij}=q_iq_j(i,j=1,2)$，故由式 (5.8.73)，取 $i=j=1$：

$$\begin{aligned}J_{11}&=\frac{1}{2}\left[\Theta_T-\Theta_P\right]+\Theta_P\hat{q}_1\hat{q}_1=\frac{1}{2}\left[\Theta_T-\Theta_P\right]+\Theta_P\cos^2\varphi_q\\&=\frac{1}{2}\left[\Theta_T+\Theta_P\left(2\cos^2\varphi_q-1\right)\right]=\frac{1}{2}\left(\Theta_T+\Theta_P\cos2\varphi_q\right)\end{aligned} \tag{5.8.89}$$

再取 $i=1,j=2$：

$$J_{12}=\Theta_P\hat{q}_1\hat{q}_2=\Theta_P\cos\varphi_q\sin\varphi_q=\frac{1}{2}\Theta_P\sin2\varphi_q \tag{5.8.90}$$

对比式 (5.8.87)，马上得到

$$\Delta T=\frac{T_0}{4}\Theta_T,\quad Q=\frac{T_0}{4}\Theta_P\cos2\varphi_q,\quad U=\frac{T_0}{4}\Theta_P\sin2\varphi_q \tag{5.8.91}$$

这与前面式 (5.8.27) 和式 (5.8.29) 的结果 $(\theta_q=\pi/2)$ 完全一致 (该两式只保留了 $l=2$ 的四极矩项，这里也应如此理解)。由式 (5.8.13) 还可以看到，E 型偏振模式的强度 $E(\hat{q})$ 完全取决于 Θ_P

$$E(\hat{q})=Q(\hat{q})\cos2\varphi_q+U(\hat{q})\sin2\varphi_q=\frac{T_0}{4}\Theta_P(q) \tag{5.8.92}$$

而 B 型偏振模式的强度 $B(\hat{q})=0$，这是因为标量扰动只会产生 E 型偏振。

上述结果只是针对 $\hat{q}$ 与视线方向垂直的特殊情况。在普遍情况下，应当对整个 $\boldsymbol{q}$ 空间进行积分

$$\begin{aligned}Q&=\frac{T_0}{4}\int\mathrm{d}^3q\Theta_P(q)\sin^2\theta_q\cos2\varphi_q\\U&=\frac{T_0}{4}\int\mathrm{d}^3q\Theta_P(q)\sin^2\theta_q\sin2\varphi_q\end{aligned} \tag{5.8.93}$$

此前曾把温度涨落 Θ_T 展开为球谐函数级数

$$\Theta_T = \sum_{l=0}^{\infty} \sum_{m=-l}^{l} a_{T,lm} \mathrm{Y}_{lm}(\theta, \phi) \tag{5.8.94}$$

并定义双线性平均值 $C_{TT,l}$ 表示不同地点温度涨落的相关性

$$\left\langle a_{T,lm}^* a_{T,l'm'} \right\rangle = C_{TT,l} \delta_{ll'} \delta_{mm'} \tag{5.8.95}$$

现偏振涨落 Θ_P(等同于 E 型偏振涨落) 亦可作类似展开，并定义类似的双线性平均值来表示偏振涨落的相关性

$$\left\langle a_{E,lm}^* a_{E,l'm'} \right\rangle = C_{EE,l} \delta_{ll'} \delta_{mm'} \tag{5.8.96}$$

以及温度–偏振涨落之间的相关性：

$$\left\langle a_{T,lm}^* a_{E,l'm'} \right\rangle = C_{TE,l} \delta_{ll'} \delta_{mm'} \tag{5.8.97}$$

图 5.10(a) 给出了在通常的 ΛCDM 宇宙中，多极系数 $l(l+1)C_{XY,l}/2\pi$(其中 XY 分别取为 TT、TE、EE) 相对于 l 的分布。从图中可以看到，$C_{EE,l} \ll C_{TE,l} \ll C_{TT,l}$，这表明宇宙微波背景辐射的偏振很小，比起温度涨落，偏振信号是非常微弱的。例如在小尺度上，它只有温度涨落的百分之几，而在大尺度上更迅速地下降到小于 0.1%的水平。这是因为在复合时期，宇宙在极短的时间内从热平衡状态变为几乎透明的状态，而在热平衡状态下光子是没有偏振的。

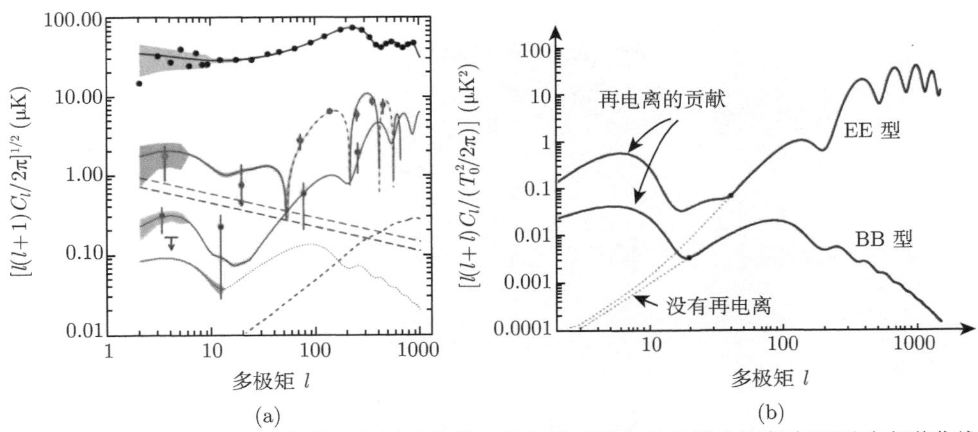

图 5.10 (a) CMB 强度功率谱及偏振功率谱。从上到下的各条曲线分别代表下列功率谱曲线：CMB 总强度 (TT)；强度与偏振的交叉相关 (TE)；E 型偏振 (EE)；B 型偏振 (BB)；弱引力透镜偏振 (BB lens) (引自 Page et al., 2007)；(b) 再电离对 E 型偏振 (EE) 与 B 型偏振 (BB) 的功率谱的影响 (参见 Page et al., 2007)

最后再概括地讲一下，我们今天观测到的 CMB 偏振有以下几个来源。① 首先而且最重要的是，在最后散射层中，重子物质的扰动 (特别是 Sachs-Wolfe 效应) 使得 CMB 产生四极各向异性，再经过自由电子散射后就出现偏振。当扰动波长与自由电子的平均自由程相当时，偏振信号最强。这里要注意，只有在最后散射层中偏振才会产生，因为如果偏振光再经过多次散射，偏振特性就会消失。② 暴胀时期原初张量扰动所产生的引力波。因为引力的作用总是吸引，故不会产生偶极引力波，只会产生四极引力波。但引力波十分微弱，根据 WMAP 的观测分析，引力波密度参数 $\Omega_{\rm GW}$ 的上限仅为 $\Omega_{\rm GW}h^2 < 10^{-12}$(Page et al., 2007)，这就使得偏振信号也很微弱。③ 弱引力透镜。我们将在第 8 章讨论有关引力透镜的问题。这里只简单介绍一下弱引力透镜对 CMB 偏振的影响。弱引力透镜引起像的几何形状的畸变，例如使背景星系的像被拉长。同时，由于像畸变的张量性质，就会有偏振信号产生。这一信号和引力波所引起的偏振信号一样微弱，但在小的角尺度上要强于引力波 (图 5.10(a))。④ 宇宙再电离 (图 5.10(b))。当宇宙第一代天体形成后，星系际介质就会被加热直至电离。这就使得任何背景辐射的四极分量都会产生线偏振信号，其物理原理与最后散射层中产生线偏振是相同的。

5.8.5　引力波与 CMB 偏振

上面讨论的都是标量扰动情况。我们现在来讨论张量扰动下的光子 Boltzmann 方程和 CMB 偏振。4.11 节讨论过张量扰动及引力波方程。张量模式下度规扰动的形式是 (式 (4.2.5))

$$\delta g_{ij}(\boldsymbol{x},t) = a^2(t)D_{ij}(\boldsymbol{x},t) \tag{5.8.98}$$

其中，D_{ij} 满足无散度 (即横向性)、零迹、对称张量条件

$$\partial_i D_{ij} = 0, \quad D_{ii} = 0, \quad D_{ij} = D_{ji} \tag{5.8.99}$$

在张量扰动时，描述 D_{ij} 的爱因斯坦场方程是一个波动方程

$$\ddot{D}_{ij} + 3\frac{\dot{a}}{a}\dot{D}_{ij} - \frac{1}{a^2}\nabla^2 D_{ij} = 0 \tag{5.8.100}$$

式中，等号右边已把作为引力波源的各向异性惯量张量 $\pi^{\rm T}_{ij}$ 取为零，这相当于原初扰动的情况。再把式 (5.8.100) 作平面波展开，并取共动波矢量 $\boldsymbol{q}$ 沿第 3 方向即 z 轴方向，方程化为

$$\ddot{D}_q + 3\frac{\dot{a}}{a}\dot{D}_q + \frac{q^2}{a^2}D_q = 0 \tag{5.8.101}$$

其中，D_q 与 D_{ij} 的关系由下式给出：

$$D_{ij}(\boldsymbol{q},t)=\sum_{\lambda=\pm 2} e_{ij}(\hat{q},\lambda)D(\boldsymbol{q},\lambda,t) \tag{5.8.102}$$

这里，$e_{ij}(\hat{q},\lambda)$ 表示引力波的极化张量，$\lambda=\pm 2$ 为其螺旋度。当波矢量的方向 $\hat{q}$ 沿第 3(即 $\hat{z}$) 方向时有

$$e_{ij}(\hat{z},\lambda=\pm 2)=\frac{1}{\sqrt{2}}\begin{pmatrix} 1 & \pm\mathrm{i} \\ \pm\mathrm{i} & -1 \end{pmatrix} \tag{5.8.103}$$

且 e_{ij} 满足条件 $e_{ii}=q_i e_{ij}=0$。

在张量扰动的情况下，包括极化的光子 Boltzmann 方程还是式 (5.8.63)，只不过要把式中的 $\partial\left(a^{-2}\delta g_{kl}\right)/\partial t$ 换成 $\dot{D}_{kl}$。下一步仍然如式 (5.8.65) 那样定义一个相对强度矩阵 $J_{ij}(\boldsymbol{x},\hat{p},t)$，并把其展开为平面波 $J_{ij}(\boldsymbol{q},\hat{p},t,\lambda)$ 的形式 ($\hat{q}$ 沿 $\hat{z}$ 方向)。因为对于给定的螺旋度 λ，$J_{ij}(\boldsymbol{q},\hat{p},t,\lambda)$ 必须是同一 λ 的极化分量 $e_{kl}(\hat{q},\lambda)$ 的线性组合，故式 (5.8.74) 要改写为

$$\frac{1}{4\pi}\int \mathrm{d}^2\hat{p}_1 J_{ij}\left(\boldsymbol{q},\hat{p}_1,t\right)=-\frac{2}{3}e_{ij}(\hat{q},\lambda)\varPsi(q,t) \tag{5.8.104}$$

接下来就是要像式 (5.8.73) 那样，把 $J_{ij}(\boldsymbol{q},\hat{p},t,\lambda)$ 写成 $\varTheta_T^{(\mathrm{T})}$ 和 $\varTheta_P^{(\mathrm{T})}$(上标 T 表示张量) 的某种线性组合，且组合中每一项都需要含有极化张量 $e_{kl}(\hat{q},\lambda)$，这样就可得到 $\varTheta_T^{(\mathrm{T})}$ 和 $\varTheta_P^{(\mathrm{T})}$ 的 Boltzmann 方程。完成这些步骤之后，最后就是利用 Legendre 多项式展开，写出如式 (5.8.81)、式 (5.8.82) 那样的 $\varTheta_{T,l}^{(\mathrm{T})}$ 和 $\varTheta_{P,l}^{(\mathrm{T})}$ 的递推方程，并给出 $\varPsi(q,t)$ 的分波展开式。这里我们就不再详细写出这些结果了，感兴趣的读者可参阅 Weinberg(2008) 所著文献。

如同标量扰动那样，根据上面的结果，就可以进一步求出斯托克斯参量 Q 和 U，以及多极系数 $C_{\mathrm{EE},l}^{\mathrm{T}}$、$C_{\mathrm{BB},l}^{\mathrm{T}}$ 和 $C_{\mathrm{TE},l}^{\mathrm{T}}$。计算结果表明，张量扰动既可以产生 E 型偏振，也可以产生 B 型偏振；这与标量扰动是不同的，如前所述，标量扰动只会产生 E 型偏振而不会产生 B 型偏振。这意味着，如果我们在 CMB 中观测到了 B 型偏振，则其起源一定是宇宙极早期暴胀时期的张量扰动，亦即暴胀所产生的引力波。由图 5.10(a) 还可以看到，$C_{\mathrm{BB},l}\ll C_{\mathrm{EE},l}$，这说明 B 型偏振信号比 E 型偏振信号更加微弱。最后还要再补充一点，由于标量模式与张量模式相互独立、互不干扰，故最终与观测对比的所有多极系数都应当写成标量项 (上标 S) 与张量项 (上标 T) 之和

$$C_{XY,l}=C_{XY,l}^{\mathrm{S}}+C_{XY,l}^{\mathrm{T}} \tag{5.8.105}$$

习　题

5.1　光的极化可以用张量形式来表示，即

$$I_{ij} = \begin{pmatrix} I+Q & U \\ U & I-Q \end{pmatrix} = I\delta_{ij} + I_{ij}^{\mathrm{T}} \tag{1}$$

其中，I_{ij}^{T} 是一个零迹对称张量。现按式 (5.8.2) 那样作二维 Fourier 变换，其中 $\boldsymbol{l} = (l_x, l_y) = (\cos\varphi_l, \sin\varphi_l)\, l$；并把 I_{ij}^{T} 进一步分解为某个标量 E 与张量 I_{ij}^{TT}(零迹对称且满足横向条件 $l^i I_{ij}^{\mathrm{TT}} = 0$) 的组合

$$I_{ij}^{\mathrm{T}}(\boldsymbol{l}) = 2\left(\frac{l_i l_j}{l^2} - \frac{1}{2}\delta_{ij}\right) E(\boldsymbol{l}) + I_{ij}^{\mathrm{TT}}(\boldsymbol{l}) \tag{2}$$

(1) 将式 (2) 两边乘以 $l_i l_j / l^2$ 并对 i, j 求和 (即缩并)，解出 $E(\boldsymbol{l})$；

(2) 用式 (1) 定义的 Q 和 U 来表示 $E(\boldsymbol{l})$；

(3) 利用式 (5.8.13) 定义的 $B(\boldsymbol{l})$，写出张量 I_{ij}^{TT} 的各分量；

(4) 用 $E(\boldsymbol{l})$ 和 $B(\boldsymbol{l})$ 表示出 $I_{ij}^{\mathrm{T}}(\boldsymbol{l})$。

5.2　试证明：在热平衡条件下 (此时光子无极化，且动量分布是均匀各向同性的，光子分布函数有 $f^{ij} \propto \bar{f} \cdot (\delta_{ij} - \hat{p}_i \hat{p}_j)$)，式 (5.8.41) 和式 (5.8.50) 所示的 C_-^{ij} 和 C_+^{ij} 相互抵消。

5.3　证明式 (5.8.54)。

5.4　证明：由式 (5.8.72) 定义 N_1^{ij} 和 N_2^{ij} 满足单位迹和横向条件。

5.5　根据式 (5.8.73) 和式 (5.8.72)，给出 J_{22} 的表示式。

5.6　设光子的动量为 $\boldsymbol{p}$，扰动波的波矢量为 $\boldsymbol{q}$，试证明对任意函数 $f(\hat{q} \cdot \hat{p})$，下面的积分公式成立

$$\frac{1}{4\pi} \int \mathrm{d}^2 \hat{p} f(\hat{q} \cdot \hat{p}) \hat{p}_i \hat{p}_j = A\delta_{ij} + B\hat{q}_i \hat{q}_j \tag{1}$$

其中，$\mu = \hat{q} \cdot \hat{p}$，且

$$A = \frac{1}{4} \int_{-1}^{1} \mathrm{d}\mu f(\mu) \left(1 - \mu^2\right) = \frac{1}{6} \int_{-1}^{1} \mathrm{d}\mu f(\mu) \left[P_0(\mu) - P_2(\mu)\right] \tag{2}$$

$$B = \frac{1}{4} \int_{-1}^{1} \mathrm{d}\mu f(\mu) \left(3\mu^2 - 1\right) = \frac{1}{2} \int_{-1}^{1} \mathrm{d}\mu f(\mu) P_2(\mu) \tag{3}$$

5.7　如 4.11 节所述，度规的张量扰动会产生螺旋度 $\lambda = \pm 2$ 的引力波。对于每个螺旋度 λ，都可以定义一个极化张量 $e_{ij} = e_{ij}(\hat{q}, \lambda)$ 来描述引力波的极化，其中 $\hat{q}$ 表示引力波传播方向的单位波矢量，e_{ij} 只在垂直于 $\hat{q}$ 的平面内定义，即 $e_{i3} = e_{3i} = 0$，且满足对称、零迹与横向条件，即

$$e_{ij} = e_{ji}, \quad e_{ii} = 0, \quad \hat{q}_i e_{ij} = 0$$

试证明下列积分公式

$$\int \mathrm{d}^2\hat{p} f(\hat{p}\cdot\hat{q})\hat{p}_i\hat{p}_k e_{jk}(\hat{q}) = \pi e_{ij}(\hat{q})\int_{-1}^{1}\mathrm{d}\mu f(\mu)\left(1-\mu^2\right) \tag{1}$$

$$\int \mathrm{d}^2\hat{p} f(\hat{p}\cdot\hat{q})\hat{p}_i\hat{p}_j\hat{p}_k\hat{p}_l e_{kl}(\hat{q}) = \frac{\pi}{2} e_{ij}(q)\int_{-1}^{1}\mathrm{d}\mu f(\mu)\left(1-\mu^2\right)^2 \tag{2}$$

其中，$\boldsymbol{p}$ 表示光子的动量；$\mu=\hat{q}\cdot\hat{p}$；f 是 μ 的任意函数。

第 6 章 扰动的非线性演化

路漫漫其修远兮，吾将上下而求索。

——屈原《离骚》

复合结束之后，密度扰动仍处于线性增长阶段。CMB 温度各向异性的观测结果是全天 $\Delta T/T \sim 10^{-5}$，这相应于 $z \sim 1000$ 时密度扰动涨落为 $\delta = \delta\rho/\rho \sim 10^{-5}$。另一方面，物质为主时期线性演化的规律是 $\delta \propto a \propto t^{2/3}$，因而密度扰动的线性增长还要持续很长的时间才能进入非线性演化阶段从而坍缩成为第一代天体。目前的观测结果也表明，许多星系和类星体是在 $1 \leqslant z \leqslant 6$ 期间形成的，在 $6 < z < 10$ 之间的星系或类星体数目非常稀少。也有一些人认为，最早的天体 (例如所谓的星族 Ⅲ 天体) 可能形成于 $z \sim 30$，但目前还没有直接的观测证据表明这一点。现在通常把 $10 < z < 1000$ 时期称为宇宙的 "**黑暗时代**"(the Dark Age)，因为此期间除了弥漫于太空的宇宙微波背景辐射外，几乎没有发光的天体被观测到，因而我们对这一时期宇宙中究竟发生了什么，几乎是一无所知。这一章我们主要讨论扰动的非线性演化和引力束缚系统的形成阶段，相对于漫长的黑暗时代，这个阶段可以比喻为 "黎明的曙光"。

我们在 4.1 节曾用牛顿动力学加膨胀宇宙的处理方法，讨论过不同宇宙组分情况下引力坍缩的条件，即 Jeans 引力不稳定性判据。一个关键的判据是 Jeans 质量 M_{J}，当某空间范围内的总质量 $M > M_{\mathrm{J}}$ 时，就会出现引力不稳定性，物质将由于这种不稳定性而坍缩成团。并且图 4.1 表明，这一阶段的 Jeans 质量比辐射为主时期小很多，且随着宇宙的膨胀而递减。这一坍缩过程使得物质的相对密度扰动 δ 随时间作幂指数增长，当 $\delta \sim 1$ 时，即进入非线性演化阶段。Jeans 理论的好处在于，它可以针对不同的宇宙组分即不同的物态方程给出相应的 M_{J}，但它无法给出某一宇宙时刻不同质量物质成团的分布，即坍缩成团的数目随质量大小的分布 $n(M,t)$，因而很难与星系或星系团的实际观测 (例如星系或星系团的相关函数) 相对比。另一方面，当扰动进入非线性演化阶段后，第 4 章中所述的线性扰动理论，无论是牛顿流体动力学近似还是 Boltzmann 方程，都将变得不再适用了。由于研究扰动的非线性增长会遇到许多难以克服的数学障碍，故通常采用的是计算机数值模拟。但这是一个专门的研究方向，已超出本书的讨论范围，我们只在 6.6 节对其作一简要介绍。本章我们首先基于球对称坍缩模型，对非线性增长作解析方法处理。这一模型把冷暗物质与重子物质一起看作冷物质，因而避免了许多数学上的困难，故可以得出这种冷物质团的数目随质量大小的分布。这一处理方法的基本考虑是，复合之后的重子物质已与辐射脱耦，重子气体的温度不是很高，其压力也只在很小的尺度上起作用，因此可以近似看作无碰撞的冷物质，在引力的作用下与冷暗物质一起坍缩，形成不同质量的凝团 (晕)。当然，这一模型还不足以将结果直接与观测相比较，因为并不是所有这些凝团中都会形成星系。只有当团中的重子物质通过辐射冷却失去能量，才能进一步凝聚为由最终形成恒星的气体云构成的原始星系。但冷暗物质粒子由于不参与电磁相互作用，不能通过辐射冷却失去能量，因而它们继续保持在这些星系周围，形成很大的，且大致为球状的晕。如果凝团的质量较小，其中的重子物质受到的引力不足以克服气体压力，就不能进一步坍缩形成星系。球对称坍缩模型实际上也是基于 Gauss 随机场分析的结果，故接下来我们将简要介绍 Gauss 随机场及其主要的统计性质，并在此基础上进一步讨论扰动峰的数密度、星系相关函数等与观测密切关联的问题。最后我们将讨论星系的本动速度与红移空间的畸变对观测的影响。

6.1 球对称坍缩模型

最简单的非线性演化模型是球对称坍缩模型，它最早由 Peebles(1967) 提出。虽然实际上的密度扰动多是非球对称的，但球对称模型可以通过简单的计算而得到有启发意义的物理图像，因而在研究非线性演化时被作为一种基本的模型。

假设在复合结束后的某一时刻 $t_{\rm i}$，在膨胀宇宙背景中有一个球对称的扰动区域 (图 6.1(a))，其中的密度为 $\rho_{\rm p}(t_{\rm i})$，周围未受扰动区域的密度为 $\rho(t_{\rm i})$，因而初始密度涨落是 $\delta_{\rm i}\equiv[\rho_{\rm p}(t_{\rm i})-\rho(t_{\rm i})]/\rho(t_{\rm i})$。设 $0<\delta_{\rm i}\ll 1$，且扰动区域中心处的初始本动速度为零。这样的模型称为球对称 “top-hat”(大礼帽) 坍缩模型，它可以看成是膨胀宇宙背景中的一个正曲率 “小宇宙”，其 “尺度因子”$a(t)$ 满足的方程与 Friedmann 宇宙模型类似 (参见式 (2.2.55))，设宇宙学常数 $\Lambda=0$ 且辐射的贡献可以忽略 (参见式 (2.2.55))

$$\left(\frac{\dot{a}}{a_{\rm i}}\right)^2=H_{\rm i}^2\left[\Omega_{\rm p}\left(t_{\rm i}\right)\frac{a_{\rm i}}{a}+1-\Omega_{\rm p}\left(t_{\rm i}\right)\right] \tag{6.1.1}$$

这里，$a_{\rm i}=a\left(t_{\rm i}\right)$；$H_{\rm i}$ 为 $t_{\rm i}$ 时刻的哈勃参量；$\Omega_{\rm p}$ 为扰动区域的密度参数，定义为

$$\Omega_{\rm p}(t_{\rm i})=\frac{\rho_{\rm p}(t_{\rm i})}{\rho_{\rm c}(t_{\rm i})}=\frac{\rho(t_{\rm i})}{\rho_{\rm c}(t_{\rm i})}(1+\delta_{\rm i})=\Omega_{\rm i}(1+\delta_{\rm i}) \tag{6.1.2}$$

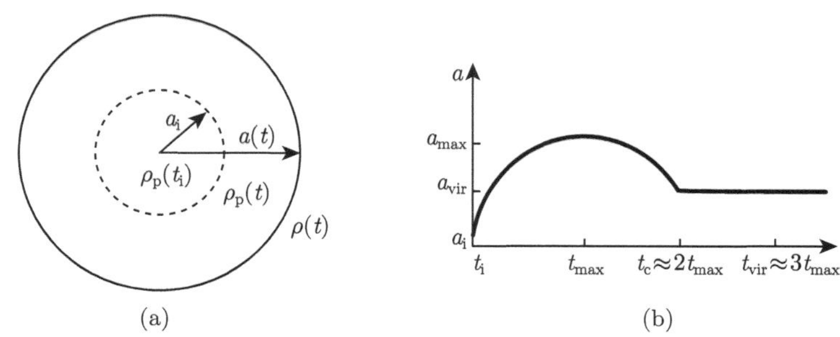

图 6.1 (a) 球形扰动区域，相当于一个闭合的小 “宇宙”；(b) 扰动区域的尺度因子 $a(t)$ 随时间的演化

其中，$\rho_c(t_i)$ 为 t_i 时刻的宇宙临界密度；$\Omega_i = \rho(t_i)/\rho_c(t_i)$。注意到，式 (6.1.1) 方括号中最后两项的意义是 $1 - \Omega_p = \Omega_k < 0$，即 “小宇宙” 的曲率为正 (参见式 (2.2.50))。在现在的情况下，式 (6.1.1) 的解具有标准形式

$$a(\theta) = A(1 - \cos\theta) \tag{6.1.3}$$

$$t(\theta) = B(\theta - \sin\theta) \tag{6.1.4}$$

其中常数 A、B 的值可以如下求出。式 (6.1.1) 中的 $\dot{a}$ 可以化为

$$\dot{a} = \frac{\mathrm{d}a}{\mathrm{d}\theta}\bigg/\frac{\mathrm{d}t}{\mathrm{d}\theta} = \frac{A\sin\theta}{B(1-\cos\theta)} \tag{6.1.5}$$

因而式 (6.1.1) 变成

$$\frac{A^2\sin^2\theta}{B^2(1-\cos\theta)^2} = a_i^2 H_i^2\left[\frac{\Omega_p(t_i)\,a_i}{A(1-\cos\theta)} + 1 - \Omega_p(t_i)\right] \tag{6.1.6}$$

当 $\theta = \pi$ 时，式 (6.1.6) 的左边为零，由此得

$$\frac{a_i\Omega_p(t_i)}{2A} = \Omega_p(t_i) - 1 \tag{6.1.7}$$

即

$$A = \frac{a_i\Omega_p(t_i)}{2[\Omega_p(t_i) - 1]} \tag{6.1.8}$$

当 $\theta = \pi/2$ 时，方程 (6.1.6) 给出

$$\frac{A^2}{B^2} = a_i^2 H_i^2\left[\frac{a_i\Omega_p(t_i)}{A} + 1 - \Omega_p(t_i)\right] \tag{6.1.9}$$

代入式 (6.1.8)，即得

$$B = \frac{\Omega_{\mathrm{p}}(t_{\mathrm{i}})}{2H_{\mathrm{i}}\left[\Omega_{\mathrm{p}}(t_{\mathrm{i}}) - 1\right]^{3/2}} \tag{6.1.10}$$

由上面的结果可以看到，a 的最大值为

$$a_{\max} = 2A = \frac{a_{\mathrm{i}}\Omega_{\mathrm{p}}(t_{\mathrm{i}})}{\Omega_{\mathrm{p}}(t_{\mathrm{i}}) - 1} \tag{6.1.11}$$

其相应的时刻为 (图 6.1(b))

$$t_{\max} = \pi B = \frac{\pi\Omega_{\mathrm{p}}(t_{\mathrm{i}})}{2H_{\mathrm{i}}\left[\Omega_{\mathrm{p}}(t_{\mathrm{i}}) - 1\right]^{3/2}} \tag{6.1.12}$$

这一时刻扰动区域的密度是

$$\begin{aligned}\rho_{\mathrm{p}}(t_{\max}) &= \rho_{\mathrm{p}}(t_{\mathrm{i}})\left(\frac{a_{\mathrm{i}}}{a_{\max}}\right)^3 = \rho_{\mathrm{p}}(t_{\mathrm{i}})\left[\frac{\Omega_{\mathrm{p}}(t_{\mathrm{i}}) - 1}{\Omega_{\mathrm{p}}(t_{\mathrm{i}})}\right]^3 \\ &= \rho_{\mathrm{c}}(t_{\mathrm{i}})\,\Omega_{\mathrm{p}}(t_{\mathrm{i}})\left[\frac{\Omega_{\mathrm{p}}(t_{\mathrm{i}}) - 1}{\Omega_{\mathrm{p}}(t_{\mathrm{i}})}\right]^3 = \rho_{\mathrm{c}}(t_{\mathrm{i}})\,\frac{\left[\Omega_{\mathrm{p}}(t_{\mathrm{i}}) - 1\right]^3}{\Omega_{\mathrm{p}}^2(t_{\mathrm{i}})}\end{aligned} \tag{6.1.13}$$

利用此式，式 (6.1.12) 可以写作

$$t_{\max} = \frac{\pi}{2H_{\mathrm{i}}}\left[\frac{\rho_{\mathrm{c}}(t_{\mathrm{i}})}{\rho_{\mathrm{p}}(t_{\max})}\right]^{1/2} = \left[\frac{3\pi}{32G\rho_{\mathrm{p}}(t_{\max})}\right]^{1/2} \tag{6.1.14}$$

其中用到

$$H_{\mathrm{i}}^2 = \frac{8\pi G}{3}\rho_{\mathrm{c}}(t_{\mathrm{i}}) \tag{6.1.15}$$

另一方面，在扰动区域周围的 Einstein-de Sitter 背景宇宙中，$t_{\max}$ 时刻的密度是 (见式 (3.1.25))

$$\rho(t_{\max}) = \frac{1}{6\pi G t_{\max}^2} \tag{6.1.16}$$

由此容易得出扰动区域的密度与周围密度之比 (即**密度反差**) 为

$$\chi = \frac{\rho_{\mathrm{p}}(t_{\max})}{\rho(t_{\max})} = \left(\frac{3\pi}{4}\right)^2 = 5.6 \tag{6.1.17}$$

这相应于 $\delta(t_{\max})=4.6$。而从线性演化的角度看，密度扰动的增长就会小很多，下面我们对此作一个简单计算。按照第 4 章讲过的线性扰动理论，总的密度扰动 δ 的解应包括增长和衰减两部分

$$\delta(t)=\delta_+(t_{\rm i})\left(\frac{t}{t_{\rm i}}\right)^{2/3}+\delta_-(t_{\rm i})\left(\frac{t}{t_{\rm i}}\right)^{-1} \tag{6.1.18}$$

另一方面，连续性方程给出

$$v={\rm i}\frac{\dot{\delta}}{k}=\frac{\rm i}{kt_{\rm i}}\left[\frac{2}{3}\delta_+(t_{\rm i})\left(\frac{t}{t_{\rm i}}\right)^{-1/3}-\delta_-(t_{\rm i})\left(\frac{t}{t_{\rm i}}\right)^{-2}\right] \tag{6.1.19}$$

其中，k 为波数。显然，初始时刻 $(t=t_{\rm i})$ 本动速度 $v=0$ 的要求导致

$$\frac{2}{3}\delta_+(t_{\rm i})=\delta_-(t_{\rm i}) \tag{6.1.20}$$

这样，式 (6.1.18) 就给出 $t_{\rm i}$ 时刻的总密度扰动为

$$\delta(t_{\rm i})=\delta_+(t_{\rm i})+\delta_-(t_{\rm i})=\frac{5}{3}\delta_+(t_{\rm i}) \tag{6.1.21}$$

这也就是

$$\delta_+(t_{\rm i})=\frac{3}{5}\delta_{\rm i} \tag{6.1.22}$$

因此，在线性增长模式下，从 $t_{\rm i}$ 到 $t_{\max}$，密度扰动应当增长到

$$\delta_+(t_{\max})=\delta_+(t_{\rm i})\left(\frac{t_{\max}}{t_{\rm i}}\right)^{2/3} \tag{6.1.23}$$

为求出 $t_{\max}/t_{\rm i}$，先利用式 (6.1.3) 的级数展开近似求得 $t_{\rm i}$ 对应的 $\theta_{\rm i}$

$$a_{\rm i}=A\left(1-\cos\theta_{\rm i}\right)\simeq A\cdot\frac{1}{2}\theta_{\rm i}^2\Rightarrow\theta_{\rm i}\simeq\left(\frac{2a_{\rm i}}{A}\right)^{1/2} \tag{6.1.24}$$

再由式 (6.1.4) 的级数展开近似并利用式 (6.1.8)，得到

$$\begin{aligned}\frac{t_{\max}}{t_{\rm i}}&=\frac{\pi B}{B\left(\theta_{\rm i}-\sin\theta_{\rm i}\right)}\simeq\frac{\pi}{\dfrac{1}{6}\theta_{\rm i}^3}\simeq\frac{6\pi}{\left(2a_{\rm i}/A\right)^{3/2}}\\&=\frac{6\pi}{\left[4\left(\varOmega_{\rm p}\left(t_{\rm i}\right)-1\right)/\varOmega_{\rm p}\left(t_{\rm i}\right)\right]^{3/2}}=\frac{3\pi}{4}\frac{\varOmega_{\rm p}^{3/2}\left(t_{\rm i}\right)}{\left[\varOmega_{\rm p}\left(t_{\rm i}\right)-1\right]^{3/2}}\end{aligned} \tag{6.1.25}$$

这样，式 (6.1.23) 的结果就是

$$\delta_+(t_{\max}) = \delta_+(t_i)\left(\frac{t_{\max}}{t_i}\right)^{2/3} = \delta_+(t_i)\left(\frac{3\pi}{4}\right)^{2/3}\frac{\Omega_p(t_i)}{\delta_i}$$
$$\simeq \frac{3}{5}\left(\frac{3\pi}{4}\right)^{2/3} \simeq 1.07 \tag{6.1.26}$$

其中利用了式 (6.1.22) 并近似取 $\Omega_p(t_i) \simeq 1$。显然，线性演化的这一结果远小于前面球对称坍缩模型的结果 $\delta \simeq 4.6$。

当 a 达到最大值之后，扰动区域就开始坍缩。由解式 (6.1.3) 和式 (6.1.4) 可以看到，如果忽略压力，则坍缩持续到时间约为 $2t_{\max}$ 时，中心密度就会达到无穷大。这个坍缩过程进行得十分迅速，因为 $a \propto t^{2/3}$，故 a 最大时的红移 $z_{\max}$ 和完全坍缩时刻 $2t_{\max}$ 的红移 z_c 之间满足

$$1 + z_c = \frac{1 + z_{\max}}{2^{2/3}} \tag{6.1.27}$$

例如，$z_{\max} = 20$ 时 $z_c = 12$，$z_{\max} = 10$ 时 $z_c = 6$ 。但事实上，当中心密度变得很高时，压力就不能忽略，而且此时如果有一点偏离球对称，则很容易出现激波和显著的能量耗散，使得坍缩物质的动能转化为热能，即随机热运动能量。这样，扰动区域就会很快达到位力平衡，坍缩实际上也就停止了。另一条可能的途径是，在坍缩过程中，大块的气体云分裂为小的团块，这些小团块在大尺度引力势梯度的影响下，很快达到动力学平衡。这一过程即所谓的**剧烈弛豫** (violent relaxation) 过程 (见 Lynden-Bell，1967)。总之，球对称坍缩最后的普遍结果是，不是坍缩到密度无穷大的奇点，而是形成一个体积有限的、满足位力平衡条件的自引力束缚系统。数值模拟结果给出这一时间过程为 $t_{\text{vir}} \simeq 3t_{\max}$。

设最后形成的自引力束缚系统半径为 R_{vir}，质量为 M。根据位力定理，该系统的总能量是

$$E_{\text{vir}} = -\frac{1}{2}\frac{3GM^2}{5R_{\text{vir}}} \tag{6.1.28}$$

如果在坍缩过程中总能量不损失，则此总能量应等于 $t_{\max}$ 时的总能量

$$E_{\max} = -\frac{3}{5}\frac{GM^2}{R_{\max}} \tag{6.1.29}$$

由式 (6.1.28) 和式 (6.1.29) 显然有 $R_{\max} = 2R_{\text{vir}}$，即位力平衡时，系统的半径为其膨胀最大时半径的一半。由此得出，位力平衡状态时的密度 $\rho_p(t_{\text{vir}}) = 8\rho_p(t_{\max})$。再由式 (6.1.3) 和式 (6.1.4) 可知，扰动区域的尺度因子从开始演化到坍缩阶段的

$R_{\max}/2$ 时 (相应于 $\theta = 3\pi/2$)，所经历的时间为 $t_c = \left(1.5 + \pi^{-1}\right) t_{\max} \approx 2t_{\max}$。因而根据式 (6.1.16)，在从 $t_{\max}$ 到 t_c 的过程中，宇宙背景的密度将减小一个因子 $(t_c/t_{\max})^2 \approx 4$。所以，把前面的分步过程综合起来，我们得到在 t_c 时刻，该系统的密度与宇宙背景密度之比是

$$\frac{\rho_p(t_c)}{\rho(t_c)} = \chi \times 8 \times 4 = 18\pi^2 \simeq 180 \tag{6.1.30}$$

类似地可以得到，位力化完成时，即 t_{vir} 时刻 ($t_{\text{vir}} \simeq 3t_{\max}$) 系统的密度与宇宙背景密度之比为

$$\frac{\rho_p(t_{\text{vir}})}{\rho(t_{\text{vir}})} = \chi \times 8 \times 9 = \frac{81}{2}\pi^2 \simeq 400 \tag{6.1.31}$$

而如果从线性演化的角度看，t_c 时刻和 t_{vir} 时刻的密度扰动应当增长到

$$\delta_+(t_c) \simeq \frac{3}{5}\left(\frac{3\pi}{4}\right)^{2/3} 2^{2/3} \simeq 1.69 \tag{6.1.32}$$

$$\delta_+(t_{\text{vir}}) \simeq \frac{3}{5}\left(\frac{3\pi}{4}\right)^{2/3} 3^{2/3} \simeq 2.20 \tag{6.1.33}$$

这就显示出非线性演化与线性演化的巨大差别，非线性演化的结果使得密度反差大大增加了。

6.2　Press-Schechter 质量函数

我们观测到的各种形态的宇宙成团结构，小到恒星，大到超星系团，在质量上跨越大约 15 个数量级，即从 $M \sim M_\odot$ 到 $M \sim 10^{15}M_\odot$。如第 1 章中所述，这些不同质量层次的结构的形成，既与宇宙物质成分及基本宇宙学参数的选择有关，又与引力、气体压力乃至星际磁场、角动量分布等诸多因素有关，其中包括线性以及非线性作用，因而是非常复杂的物理过程。但另一方面我们也已经知道，只要所考虑的扰动质量大于 Jeans 质量，则该扰动质量就一定会发生引力坍缩，从而形成自引力束缚系统。所以，自然会提出一个问题：是否可以避开复杂的物理过程，而只从统计规律出发，得出坍缩天体的数目随质量的分布及其时间演化？答案是可以的，这就是至今在理论研究中广泛采用的 **Press-Schechter 质量函数** (Press & Schechter，1974)，这一质量函数被广泛用于描述暗物质晕的质量分布。

Press 和 Schechter 把宇宙物质的分布考虑为一个密度扰动场。如 4.9 节中所讨论的那样，设某一体积 V 内所包含的宇宙物质的质量为 M，其相应的平均值是

$$\langle M\rangle = \langle\rho\rangle V \tag{6.2.1}$$

其中，$\langle\rho\rangle$ 为体积 V 内宇宙物质的平均密度；对全空间任意选取的体积 V，这一质量的相对涨落定义为

$$\delta_{\mathrm{M}} \equiv \frac{M-\langle M\rangle}{\langle M\rangle} \tag{6.2.2}$$

相应的质量涨落方差定义为

$$\sigma_{\mathrm{M}}^2 \equiv \frac{\langle M^2\rangle-\langle M\rangle^2}{\langle M\rangle^2} \tag{6.2.3}$$

其中平均是对全空间进行的，因而结果只与 M 的大小 (即体积 V 的大小) 有关而与空间位置无关。Press 和 Schechter 认为，从引力成团过程的开始 (亦即复合时期刚结束时)，σ_{M} 就只由密度分布的内禀随机性所决定。由于邻近质点间的 (非线性) 引力相互作用，首先是最小成团尺度上出现引力坍缩，继而这些小尺度的随机相互作用逐级传递，成为越来越大尺度上引力扰动的源。这实际上就是等级式 (即所谓“自下而上”) 成团的模式。

按照 Press 和 Schechter 的假设，质量涨落 δ_{M} 的统计分布为 Gauss 分布

$$P\left(\delta_{\mathrm{M}}\right)=\frac{1}{\sqrt{2\pi}\sigma_{\mathrm{M}}}\exp\left(-\frac{\delta_{\mathrm{M}}^2}{2\sigma_{\mathrm{M}}^2}\right) \tag{6.2.4}$$

而且，只有当 $\delta_{\mathrm{M}}>\delta_{\mathrm{c}}$(取临界阈值 $\delta_{\mathrm{c}}\simeq 1.69$，见式 (6.1.32)) 时，扰动才能够进一步发展成为引力束缚系统，这意味着体积 V 中形成质量为 M 的坍缩天体的概率是

$$F(M)=\frac{1}{\sqrt{2\pi}\sigma_{\mathrm{M}}}\int_{\delta_{\mathrm{c}}}^{\infty}\exp\left(-\frac{\delta_{\mathrm{M}}^2}{2\sigma_{\mathrm{M}}^2}\right)\mathrm{d}\delta_{\mathrm{M}}=\frac{1}{2}\left[1-\varPhi\left(t_{\mathrm{c}}\right)\right] \tag{6.2.5}$$

其中，$t_{\mathrm{c}}=\delta_{\mathrm{c}}/\sqrt{2}\sigma_{\mathrm{M}}$，且函数 $\varPhi$ 的定义是

$$\varPhi(x)=\frac{2}{\sqrt{\pi}}\int_0^x \mathrm{e}^{-t^2}\mathrm{d}t \equiv \mathrm{erf}(x) \tag{6.2.6}$$

即误差函数或概率积分。

因为同一体积内可能包含不同质量的天体，即不同质量天体有一个数密度分布 $N(M)$，为得出 $N(M)$，我们首先选择一个定义该数密度的体积 V'。在该体

积内，$N(M)M\mathrm{d}M$ 表示质量从 M 到 $M+\mathrm{d}M$ 的天体所贡献的质量；另一方面，这一质量应当等于

$$\frac{M'}{V'}\left|\frac{\partial F}{\partial M}\right|\mathrm{d}M=\bar{\rho}\left|\frac{\partial F}{\partial M}\right|\mathrm{d}M \tag{6.2.7}$$

式中，M' 为体积 V' 内包含的所有质量，显然 M'/V' 应等于宇宙的平均质量密度 $\bar{\rho}$；$|\partial F/\partial M|\mathrm{d}M$ 表示形成质量 M 到 $M+\mathrm{d}M$ 的天体的概率。比较以上两个方面的结果给出

$$N(M)M\mathrm{d}M=\bar{\rho}\left|\frac{\partial F}{\partial M}\right|\mathrm{d}M \tag{6.2.8}$$

因而得到

$$N(M)=\frac{\bar{\rho}}{M}\left|\frac{\partial F}{\partial M}\right|=\frac{\bar{\rho}}{M}\left|\frac{\partial F}{\partial \sigma_M}\frac{\mathrm{d}\sigma_{\mathrm{M}}}{\mathrm{d}M}\right| \tag{6.2.9}$$

由第 4 章式 (4.9.18) 可知 (可设窗函数 $W\approx 1$)，当密度扰动的功率谱具有形式 $p(k)\propto k^n$ 时，共动尺度 $R(R\sim k^{-1}\propto M^{1/3})$ 内的质量扰动标准差是

$$\sigma_{\mathrm{M}}\propto R^{-\frac{n+3}{2}}\propto M^{-\frac{n+3}{6}} \tag{6.2.10}$$

因为现在讨论的是非线性扰动演化的一般情况，我们可以设

$$\sigma_{\mathrm{M}}=\left(\frac{M}{M_0}\right)^{-\alpha} \tag{6.2.11}$$

其中，M_0 为一与时间有关的参量 (因为 σ_{M} 随时间增长，见下面式 (6.2.24))；α 称为有效幂指数。注意到，由式 (6.2.5) 和式 (6.2.6) 以及 $t_{\mathrm{c}}=\delta_{\mathrm{c}}/\sqrt{2}\sigma_{\mathrm{M}}$，有

$$\begin{aligned}\frac{\partial F}{\partial\sigma_{\mathrm{M}}}&=-\frac{1}{2}\frac{\partial\Phi}{\partial t_{\mathrm{c}}}\frac{\mathrm{d}t_{\mathrm{c}}}{\mathrm{d}\sigma_{\mathrm{M}}}=-\frac{1}{2}\frac{2}{\sqrt{\pi}}\mathrm{e}^{-t_{\mathrm{c}}^2}\left(-\frac{\delta_{\mathrm{c}}}{\sqrt{2}\sigma_{\mathrm{M}}^2}\right)\\&=\frac{\delta_{\mathrm{c}}}{\sqrt{2\pi}\sigma_{\mathrm{M}}^2}\exp\left(-\frac{\delta_{\mathrm{c}}^2}{2\sigma_{\mathrm{M}}^2}\right)\end{aligned} \tag{6.2.12}$$

此外，式 (6.2.11) 给出

$$\frac{\partial\sigma_{\mathrm{M}}}{\partial M}=-\frac{\alpha}{M}\sigma_{\mathrm{M}} \tag{6.2.13}$$

将以上两式代入式 (6.2.9)，得到

$$N(M)=\frac{\alpha\bar{\rho}\delta_{\mathrm{c}}}{\sqrt{2\pi}\sigma_{\mathrm{M}}M^2}\exp\left(-\frac{\delta_{\mathrm{c}}^2}{2\sigma_{\mathrm{M}}^2}\right)$$

$$= \frac{\alpha \bar{\rho} \delta_c}{\sqrt{2\pi} M^2} \left(\frac{M}{M_0} \right)^{\alpha} \exp \left[-\frac{\delta_c^2}{2} \left(\frac{M}{M_0} \right)^{2\alpha} \right] \tag{6.2.14}$$

再令

$$M_* \equiv \left(\frac{2}{\delta_c^2} \right)^{1/2\alpha} M_0 \tag{6.2.15}$$

式 (6.2.14) 化为

$$N(M) = \frac{2\alpha \bar{\rho}}{\sqrt{\pi} M_*^2} \left(\frac{M}{M_*} \right)^{\alpha - 2} \exp \left[-\left(\frac{M}{M_*} \right)^{2\alpha} \right] \tag{6.2.16}$$

其中，人为添加了一个乘因子 2 是出于对物质吸积的考虑 (见下面的讨论)。这就是 Press-Schechter 最初得到的质量函数公式。从数学形式上看，它与描述星系**光度函数** $\Phi(L)$ 的 Schechter 公式 (Schechter，1976，参见图 6.2)

$$\Phi(L) = \frac{\Phi_*}{L_*} \left(\frac{L}{L_*} \right)^{-\alpha} \exp \left(-\frac{L}{L_*} \right) \tag{6.2.17}$$

非常相似，这一相似性说明，星系的质量和光度之间应当存在很强的相关性。

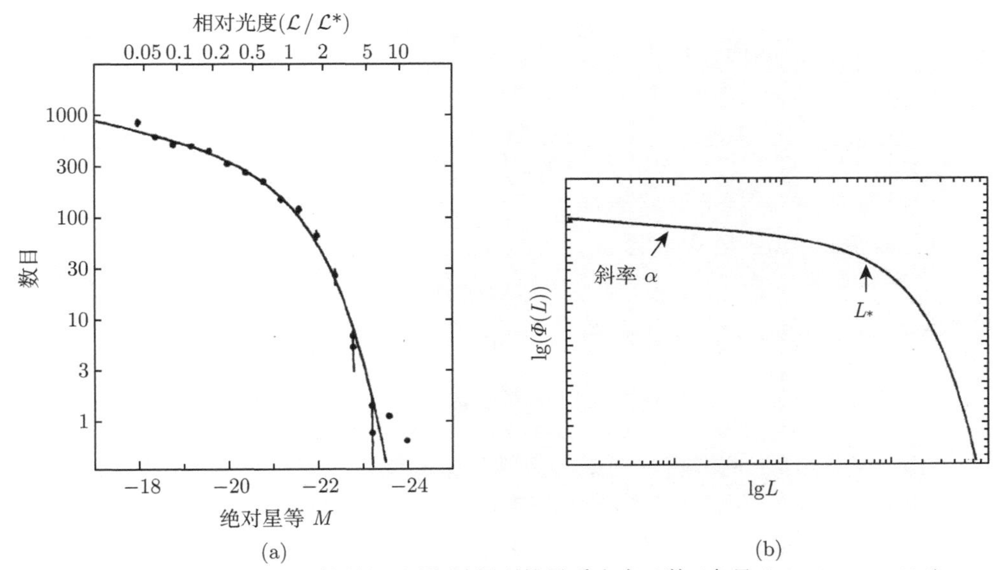

图 6.2 (a) 由 13 个星系团的观测资料得到的星系光度函数 (参见 Schechter，1976)；(b) Schechter 光度函数的图示

Press-Schechter 质量函数还可以写成另外的形式。定义

$$\nu = \frac{\delta_c}{\sigma_M} \tag{6.2.18}$$

则有

$$\frac{d\nu}{dM} = -\frac{\delta_c}{\sigma_M^2}\frac{d\sigma_M}{dM} \tag{6.2.19}$$

再由式 (6.2.13)，

$$\alpha = -\frac{M}{\sigma_M}\frac{d\sigma_M}{dM} = \frac{M\sigma_M}{\delta_c}\frac{d\nu}{dM} \tag{6.2.20}$$

将此式代入式 (6.2.14) 的第一个等式，即得到

$$N(M)dM = \sqrt{\frac{2}{\pi}}\frac{\bar{\rho}}{M}\frac{d\nu}{dM}\exp\left(-\frac{\nu^2}{2}\right)dM \tag{6.2.21}$$

式中同样人为地多乘了一个因子 2。不难验证，式 (6.2.21) 还可以化为另一常用的形式

$$N(M)dM = \frac{\bar{\rho}}{M^2}f(\nu)\left|\frac{d\ln\sigma_M}{d\ln M}\right|dM \tag{6.2.22}$$

其中，函数 $f(\nu)$ 的形式是

$$f(\nu) = 2\left(\frac{\nu^2}{2\pi}\right)^{1/2}\exp\left(-\frac{\nu^2}{2}\right) \tag{6.2.23}$$

Press-Schechter 公式 (6.2.16)、式 (6.2.21) 或式 (6.2.22) 给出的是某一宇宙时刻的质量函数。由于 σ_M 可以看成线性增长 (回忆一下，复合结束时的物质密度涨落只有 $\delta = \delta\rho/\rho \sim 10^{-5}$)，故

$$\sigma_M \propto a(t) \propto t^{2/3} \propto 1/(1+z) \tag{6.2.24}$$

因而 M_*(以及 M_0) 也将随时间或宇宙学红移演化，这就给出质量函数随时间或红移的演化。图 6.3(a) 显示的就是冷暗物质主导 ($\Omega_0 = 1$) 的宇宙中，质量大于 M 的坍缩天体 (暗物质晕)，其共动数密度 $N(>M, z)$ 随宇宙学红移 z 的演化结果 (参见 Efstathiou，1995)。图 6.3(b) 显示 ΛCDM 宇宙中的相应结果 (参见 Mo & White，2002)。

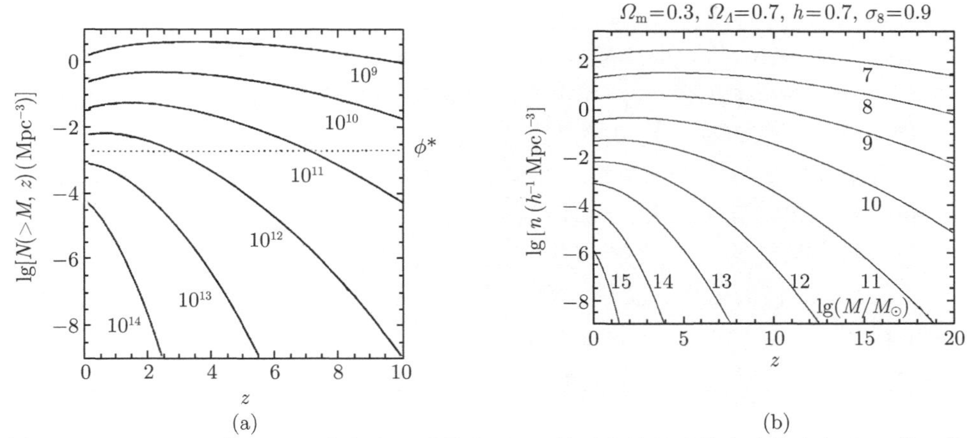

图 6.3 (a) $\Omega_0 = 1$ 的 CDM 宇宙中，质量大于 M 的天体的共动数密度作为红移 z 的函数 $N(>M, z)$(引自 Efstathiou，1995)；(b) ΛCDM 宇宙中，质量大于 M 的天体的共动数密度作为红移 z 的函数 $N(>M, z)$。有关宇宙学参数为 $\Omega_m = 0.3$，$\Omega_\Lambda = 0.7$，$h = 0.7$ (引自 Mo & White，2002)

几点讨论

(1) 如前所述，Press-Schechter 质量函数给出的是等级式 (hierarchical 或 bottom-up) 成团模式的结果，它表明，质量越大的天体其形成的时刻越晚。这一点从图 6.3 中可以清楚地看到，例如质量 $M \sim 10^{12}M_\odot$ 的暗物质晕，只有在 $z \leqslant 4$ 时才会形成足够多的数量；而质量较小的天体，例如 $M \sim 10^{8\sim9}M_\odot$ 的暗物质晕，其数量甚至在 $z \geqslant 10$ 时就已十分丰富，这对于活动星系核及其黑洞的形成是十分有利的。还可以预期，质量很大的富星系团由于刚形成不久，我们可能会看到它们展现低红移时的显著演化效应。

(2) Press-Schechter 方法是基于球对称坍缩模型，且认为天体 (暗物质晕) 形成于密度扰动场的一定峰值 ($\delta > \delta_c$) 而不是所有峰值处。这一点看来具有较强的人为假定因素，很难从理论上给出确切说明，后面 6.4.2 节还会谈到这个问题。此外，从 6.3 节所述的 Zel'dovich 近似中将看到，在非线性演化阶段，所有的物质粒子都由其原初的 Lagrange 位置产生显著的位移，并不仅仅限于密度扰动的高峰值处。

(3) Press-Schechter 的结果与宇宙学基本参数的选取有关。虽然式 (6.2.16) 中并没有显式地出现这些参数，但其中的指数 α 实际上暗含了各项宇宙学参数的影响，因为从式 (6.2.11) 可以看出，α 表示扰动谱的谱指数，它来自线性演化阶段的结果，其中包括了原初谱和转移函数两者的贡献，而正如我们在第 5 章中已经了解的，转移函数与各主要宇宙学参数 (例如哈勃参量、宇宙密度参数等) 有着密切关系。

(4) 式 (6.2.16) 给出的质量函数只反映了暗物质晕的质量分布情况，并没有直接显示发光物质 (重子) 的质量分布。但如式 (6.2.17) 所示，星系的光度函数的确具有与暗物质晕质量函数相类似的数学表示，这反映了两者之间一定存在某种联系。重子物质如何在暗晕中聚集并最后演化为星系，这是一个十分繁复的问题，其中包含许多错综复杂的天体物理过程以及艰难的数学处理，需要进行专门的研究。我们将在第 7 章中对此作一些讨论。

(5) 比球对称坍缩更为实际一些的考虑是暗晕具有椭球形的一般情况。例如 Sheth 和 Tormen (2002)，Sheth、Mo 和 Tormen (2001) 基于椭球模型，得到的 Press-Schechter 公式 (6.2.22) 中函数 $f(\nu)$ 的一个改进形式为 (对比式 (6.2.23))

$$f(\nu)=2A\left[1+\frac{1}{(a\nu^2)^q}\right]\left(\frac{a\nu^2}{2\pi}\right)^{1/2}\exp\left(-\frac{a\nu^2}{2}\right) \tag{6.2.25}$$

式中，A、a、q 为常数 ($A\simeq 0.322$，$a=0.707$，$q=0.3$)。数值模拟计算表明，改进后的公式与数值模拟样本的结果更相符。图 6.3(b) 给出的就是利用这一改进公式，对 ΛCDM 宇宙 ($\varOmega_{\rm m}=0.3$，$\varOmega_\Lambda=0.7$) 计算出的质量大于 M 的暗物质晕，共动数密度 $N(>M,z)$ 随宇宙学红移 z 的演化结果。

(6) 最后，我们来谈一下关于式 (6.2.16) 以及式 (6.2.21) 等号右边的因子 2 的问题。Press-Schechter 当时的考虑是，如果半径为 r_1 的球形区域内有一个 $+\delta$ 的密度涨落，则在其周围一定的范围内密度涨落必然会是 $-\delta$，设其半径为 r_2。为了使总质量守恒，应有 $4\pi r_1^3\delta/3=4\pi\left(r_2^3-r_1^3\right)\delta/3$，即 $r_2^3=2r_1^3$，这样实际上发生引力坍缩的是半径 r_2 以内的区域，而 r_2 以外的背景宇宙仍然按哈勃规律膨胀。显然，r_2 以内的区域所包含的质量为 r_1 以内的两倍，这意味着式 (6.2.16) 右边应乘以一个因子 2，表示坍缩区域对周围物质的吸积。尽管后来的数值模拟结果表明，乘以因子 2 以后该公式的确就与数值模拟结果符合得相当好，但是 Press-Schechter 对此的解释却显得不能令人满意。

后来，Bond 等 (1991) 对因子 2 问题进行了仔细研究。他们发现，在 Press-Schechter 近似中，没有考虑所谓的 “云中云”(cloud-in-cloud) 问题，即某些先已成团的小尺度结构，在晚些时候又可能会包含在更大尺度的成团结构之中。如果考虑到这一问题，则式 (6.2.16) 右边确实应当乘以一个因子 2。他们采用的分析方法是，用一个所谓的 “锐 k 滤波器”(sharp-k filter) 来滤掉短波 (即大的 k 或小尺度) 的扰动，而不是通常那样用球对称的 top-hat 窗函数对扰动场进行平滑。于是密度扰动场 F 可以表示为

$$F\left(\boldsymbol{x},t;k_{\rm c}\right)=\int{\rm d}^3kF_{\boldsymbol{k}}(t)\tilde{W}\left(\boldsymbol{k};k_{\rm c}\right){\rm e}^{-{\rm i}\boldsymbol{k}\cdot\boldsymbol{x}}=\int_{k<k_{\rm c}}{\rm d}^3kF_{\boldsymbol{k}}(t){\rm e}^{-{\rm i}\boldsymbol{k}\cdot\boldsymbol{x}} \tag{6.2.26}$$

其中，

$$\tilde{W}(k;k_c)=\vartheta(1-k/k_c) \tag{6.2.27}$$

这里 ϑ 是阶跃函数；$k_c=1/R_f$，其中 R_f 是共动空间的平滑尺度。同时，F 场的方差是

$$\sigma^2(k_c,t)=\frac{1}{2\pi^2}\int_{k<k_c}k^2F_{\boldsymbol{k}}^2(t)\mathrm{d}k=D^2(t)\sigma^2(k_c) \tag{6.2.28}$$

最后一步中 $D(t)$ 表示线性增长因子。如果扰动场 F 为 Gauss 随机场，应有

$$P(F)\mathrm{d}F=\frac{1}{\sqrt{2\pi}\sigma}\exp\left(-\frac{F^2}{2\sigma^2}\right)\mathrm{d}F \tag{6.2.29}$$

且当 k_c 增加时，$\sigma^2(k_c)$ 也增加，即 $\Delta\sigma^2=\sigma^2(k_c+\Delta k)-\sigma^2(k_c)$ 总为正，故 $\sigma^2(k_c)$ 是 k_c 的一个增函数。另一方面，由于不同 k 分量的相位的随机性，空间 $\boldsymbol{x}$ 点处由式 (6.2.26) 给出的 F 值的增量也应当满足 Gauss 分布

$$P\left(F+\Delta F,\sigma^2+\Delta\sigma^2\mid F,\sigma^2\right)=\frac{1}{\sqrt{2\pi}\sigma_\Delta}\exp\left[-\frac{(\Delta F)^2}{2\sigma_\Delta^2}\right]\mathrm{d}\Delta F \tag{6.2.30}$$

其中，

$$\sigma_\Delta^2\equiv\left\langle(\Delta F-\overline{\Delta F})^2\right\rangle=\overline{(\Delta F)^2} \tag{6.2.31}$$

注意，此处及式 (6.2.30) 中用到了 $\overline{\Delta F}=0$。在这一情况下，当 $\Delta\sigma^2$ 很小时，我们可以把 σ^2 看作“时间”，把 F 看作是某个“粒子”的“位置坐标”，这样，F 值的变化就相当于“粒子”在一维空间中的随机行走或扩散。这实际上是一个马尔可夫 (Markov) 过程。

我们先从概率的角度来研究一下这个过程。如图 6.4 所示，“粒子”从原点出发，随“时间”σ^2 的增加而随机行走。设 F 有一阈值 F_c，当 $F\geqslant F_c$ 时密度扰动就发生非线性坍缩。因此，对于某个“时刻”$\sigma^2(K_c)$，所有可能的“粒子”轨迹点可以分为三类：① 此时“粒子”已位于 $F>F_c$；② 此时“粒子”位于 $F<F_c$，但在此前某一时刻 $(k_c<K_c)$，它曾到达过 $F>F_c$(即曾穿越过 $F=F_c$，这称为 upcrossing)；③ 直到目前为止“粒子”一直位于 $F<F_c$。显然，如果“粒子”的轨迹属于第一类和第二类，则坍缩一定发生了；只有第三类轨迹相应于没有发生坍缩。因此，只要计算出属于第三类轨迹的概率，则已经坍缩的概率就等于总概率 1 减去这个概率。由 F 场的 Gauss 性质即式 (6.2.29)，得出“粒子”位于 $F<F_c$ 的概率是

$$W\left(F,\sigma^2\right)=\frac{1}{\sqrt{2\pi}\sigma}\exp\left(-\frac{F^2}{2\sigma^2}\right) \tag{6.2.32}$$

但要注意，这一概率中不但包含第三类轨迹，而且包含第二类，因此必须从中减去第二类轨迹的贡献。这一点最早是 Chandrasehkar(1943) 在研究壁垒吸收问题时注意到的，他发现，对于每个已经穿过“壁垒” F_c 的第一类“粒子”，一定存在一个从它首次穿越 F_c 的点开始，轨迹与其完全对称的第二类“粒子”，且对称轴为 $F = F_c$(图 6.4)。这也可以反过来说成，对于每个第二类“粒子”，一定存在一个轨迹对称性同上的第一类“粒子”，且两者出现的概率相同。这样，如果该第二类“粒子”位于 F 处，则其出现的概率应该等于轨迹与其对称的、位于 $F' = F + 2(F_c - F) = 2F_c - F$ 处的第一类“粒子”，这一概率是

$$W\left(F', \sigma^2\right) = \frac{1}{\sqrt{2\pi}\sigma} \exp\left(-\frac{F^2}{2\sigma^2}\right) = \frac{1}{\sqrt{2\pi}\sigma} \exp\left[-\frac{\left(2F_c - F\right)^2}{2\sigma^2}\right] \tag{6.2.33}$$

因此，“粒子”始终位于 $F < F_c$(即第三类“粒子”) 的概率现在是

$$W\left(F, \sigma^2\right) = \frac{1}{\sqrt{2\pi}\sigma} \exp\left(-\frac{F^2}{2\sigma^2}\right) - \frac{1}{\sqrt{2\pi}\sigma} \exp\left[-\frac{\left(2F_c - F\right)^2}{2\sigma^2}\right] \tag{6.2.34}$$

与式 (6.2.29) 相比较，式 (6.2.34) 等号右边第二项代表第二类轨迹中已经坍缩的概率，它正好与第一类轨迹的概率相同，如图 6.4 中的加重阴影部分所示，它在“壁垒” $F = F_c$ 的上下两部分具有相同的面积。这就表明，Press-Schechter 的结果中应当有一个乘因子 2，即式 (6.2.5) 所表示的坍缩天体的概率应当乘以 2。实际上，第二类“粒子”相应的正是“云中云”。简言之，任何一个处于坍缩区域的“粒子”，一定还有一个“云中云粒子”与其对应，因此粒子总数应当乘以 2。

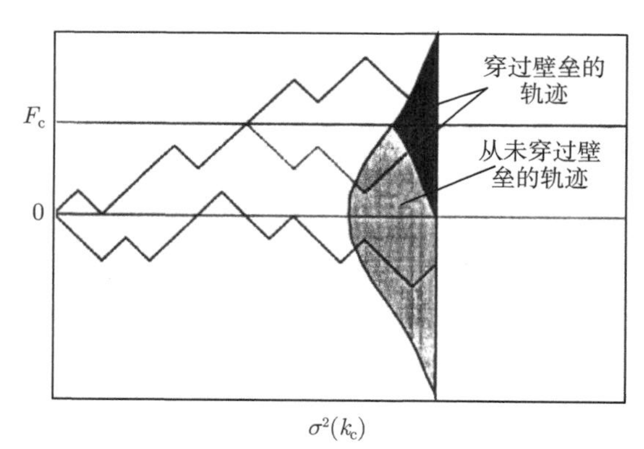

图 6.4 $F(\boldsymbol{x}, \sigma^2)$ 随“时间”σ^2 的随机行走 (引自 Bond et al., 1991)

随机行走问题可以用扩散方程来描述，在满足条件式 (6.2.30) 和式 (6.2.31) 的情况下，该方程为

$$\frac{\partial W}{\partial \sigma^2} = \frac{1}{2}\frac{\partial^2 W}{\partial F^2} \tag{6.2.35}$$

容易验证，式 (6.2.34) 给出的概率分布函数正好满足这一方程。因此，最后形成的质量等于 M 的坍缩天体的比率为

$$\frac{\Omega_{\mathrm{c}}(M)}{\Omega} = 1 - \int_{-\infty}^{F_{\mathrm{c}}} \mathrm{d}F W\left(F, \sigma^2\right) \tag{6.2.36}$$

其中，$\Omega_{\mathrm{c}}(M)$ 表示在给定的空间体积内，所有质量为 M 的坍缩天体的总质量平均值；而 Ω 代表该空间体积内宇宙物质的平均总质量。此式的微分形式是

$$\frac{1}{\Omega}\frac{\mathrm{d}\Omega_{\mathrm{c}}(M)}{\mathrm{d}\ln M} = -\frac{\mathrm{d}\ln\sigma^2}{\mathrm{d}\ln M}\left[\frac{\mathrm{d}}{\mathrm{d}\ln\sigma^2}\int_{-\infty}^{F_{\mathrm{c}}} \mathrm{d}F W\left(F, \sigma^2\right)\right] \tag{6.2.37}$$

利用扩散方程 (6.2.35)，上式可以进一步化为

$$\begin{aligned}\frac{1}{\Omega}\frac{\mathrm{d}\Omega_{\mathrm{c}}(M)}{\mathrm{d}\ln M} &= \frac{\mathrm{d}\ln\sigma^2}{\mathrm{d}\ln M}\left(\frac{-\sigma^2}{2}\right)\left[\frac{\partial W\left(F, \sigma^2\right)}{\partial F}\right]_{F=-\infty}^{F=F_{\mathrm{c}}} \\ &= -\frac{1}{\sqrt{2\pi}}\frac{F_{\mathrm{c}}}{\sigma}\exp\left(\frac{-F_{\mathrm{c}}^2}{2\sigma^2}\right)\frac{\mathrm{d}\ln\sigma^2}{\mathrm{d}\ln M}\end{aligned} \tag{6.2.38}$$

读者可自行验证，这一表示式与乘以因子 2 之后的 Press-Schechter 的结果式 (6.2.16) 完全等同 (习题 6.3)。

由于 Press-Schechter 公式的数学形式简单明了，更重要的是它的结果和 N 体数值模拟的结果符合得相当好，因而在非线性引力成团的理论分析中被广泛应用。不过这一方法的明显不足是，它在本质上是一种统计结果，因而不能够描述单个暗晕的演化细节。例如，在时刻 t 具有相同质量 M 的两个暗晕，可能是经由完全不同的并合过程而形成的：其中一个可能是由两个质量大致相等的暗晕碰撞而成；而另一个可能是由一个较大的暗晕，不断吸积周围质量小得多的暗晕而成。这些不同的并合历史可以用所谓的 “并合树” (merger tree) 来表示 (图 6.5)。现在一般认为，质量相同但并合历史不同的暗晕，最后可能演化成为不同类型的天体。

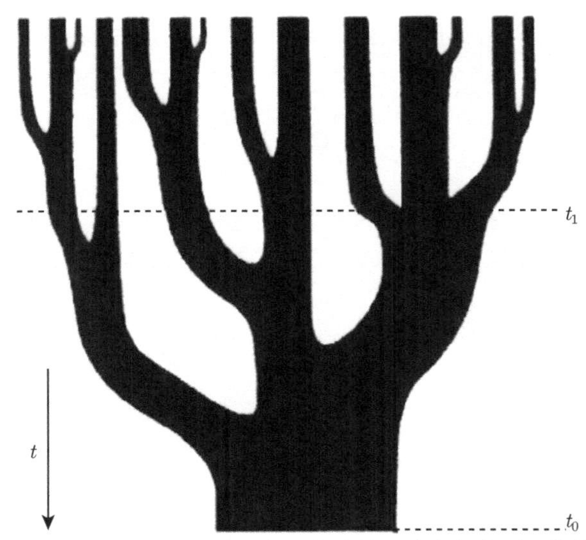

图 6.5　“并合树” 的例子。“树干” 代表最后生成的暗晕，分支代表不同的前代暗晕，支干的粗细表示不同的质量 (引自 Lacey & Cole，1993)

“并合树” 的生成可以运用蒙特卡罗 (Monte-Carlo) 方法。例如，Bond 等 (1991) 以及 Lacey 和 Cole(1993) 给出了红移 z_1 时质量为 M_1 的暗晕，在红移 $z_0(z_0 < z_1)$ 时并入到质量为 $M_0(M_0 > M_1)$ 的暗晕的概率为

$$f\left(M_1, M_0\right)=\frac{1}{\sqrt{2\pi}} \frac{\delta_1-\delta_0}{\left(\sigma_1^2-\sigma_2^2\right)^{3/2}} \times \exp \left[-\frac{\left(\delta_1-\delta_0\right)^2}{2\left(\sigma_1^2-\sigma_0^2\right)}\right] \frac{\mathrm{d} \sigma_1^2}{\mathrm{d} M_1} \tag{6.2.39}$$

式中，σ_1、σ_2 分别表示质量为 M_1、M_2 的球形区域的均方根密度扰动，按线性增长规律分别外推到目前时刻 $(z=0)$ 的值；$\delta_i=1.69(1+z_i)$，$i=1,0$ (参见后面式 (6.4.2.36))。显然，“并合树” 方法实际上是 Press-Schechter 方法的扩展。

6.3　Zel'dovich 近似：“薄饼” 模型

实际的坍缩过程很少有严格球对称的，非球对称的或至少像三轴椭球那样的扰动应当是绝大多数。最早研究这一情况的是林家翘等 (Lin et al., 1965)，他们指出，对于一个三轴椭球状的扰动来说，坍缩过程不会终结到一个点，而是终结到一个准二维的平展结构——通常称为 **“薄饼” (pancake) 模型**。Zel'dovich (1970) 对薄饼模型的特征进行了仔细的研究，他假设压力可以忽略，流体可以看成是由大量尘埃质点组成的，并假设在称为焦散线 (caustics) 的地方，密度可以达到无穷大，但这些区域引起的引力加速度保持为有限。在这些近似下，粒子的位置坐

标表示为

$$\boldsymbol{r}(t,\boldsymbol{q}) = a(t)[\boldsymbol{q} - b(t)\boldsymbol{f}(\boldsymbol{q})] \tag{6.3.1}$$

其中，$\boldsymbol{r}$ 称为 Eular 位置坐标，即固有坐标；$a(t)$ 即通常的宇宙尺度因子，$a(t) \propto t^{2/3}$；$\boldsymbol{q}$ 称为 Lagrange 位置坐标，它相当于无扰动时粒子的初始共动坐标；在有扰动的情况下粒子的共动坐标是 $\boldsymbol{x} = \boldsymbol{q} - b(t)\boldsymbol{f}(\boldsymbol{q})$，这里 $\boldsymbol{f}(\boldsymbol{q})$ 是描述扰动产生的与时间无关的位移场的函数，无量纲函数 $b(t)$ 描述位移的线性演化，且在扰动开始时刻 t_{i}，有 $b(t_{\mathrm{i}}) = 0$，并满足演化方程

$$\ddot{b} + 2\frac{\dot{a}}{a}\dot{b} - 4\pi G\rho b = 0 \tag{6.3.2}$$

显然这一方程与第 4 章中线性扰动方程 (4.1.12a) 一致，只要后者取零压近似。由此可见，函数 $b(t)$ 随时间增长的规律是 $b(t) \propto t^{2/3}$。再设扰动位移场是无旋的，因而可以把它写为某个势函数 (速度势函数) 的梯度

$$\boldsymbol{f}(\boldsymbol{q}) = \nabla_{\boldsymbol{q}}\psi(\boldsymbol{q}) \tag{6.3.3}$$

在共动坐标下，粒子的本动速度是

$$\boldsymbol{u} \equiv \dot{\boldsymbol{x}} = \frac{1}{a}\left(\frac{\mathrm{d}\boldsymbol{r}}{\mathrm{d}t} - H\boldsymbol{r}\right) = -\dot{b}\boldsymbol{f}(\boldsymbol{q}) \tag{6.3.4}$$

可见速度场也是无旋的。

另一方面，在扰动位移为线性的情况下，通过 $\boldsymbol{r}$ 与 $\boldsymbol{q}$ 之间坐标变换的雅可比 (Jacobi) 行列式 $|J(\boldsymbol{r},t)| = |\partial\boldsymbol{r}/\partial\boldsymbol{q}|$，扰动的密度和平均背景密度之间的守恒关系 $\rho(\boldsymbol{r},t)\mathrm{d}^3\boldsymbol{r} = \bar{\rho}(t)\mathrm{d}^3\boldsymbol{q}$ 可表示为

$$\rho(\boldsymbol{r},t) = \frac{\bar{\rho}(t)}{|J(\boldsymbol{r},t)|} \tag{6.3.5}$$

或

$$\frac{\rho}{\bar{\rho}} = \frac{1}{[1+b(t)\alpha_1][1+b(t)\alpha_2][1+b(t)\alpha_3]} \tag{6.3.6}$$

其中，$1 + b(t)\alpha_i (i = 1,2,3)$ 为矩阵 J 的本征值；α_i 称为应变张量 (或形变张量)$\partial f_i/\partial q_j$ 的本征值 (由式 (6.3.3) 看出，应变张量应该是对称张量)。式 (6.3.6) 表明，Zel'dovich 近似是对粒子的位移取一阶线性近似，而不是像我们在第 4 章中那样直接对密度扰动取线性近似；也就是说，位移被认为是线性变化的，而密度的变化可能是线性的，也可能是非线性的。当 $|b(t)\alpha_i| \ll 1$ 时，式 (6.3.6) 给出的密度扰动为

$$\delta \approx -(\alpha_1+\alpha_2+\alpha_3)\,b(t) = b\nabla\cdot\boldsymbol{f} = b\nabla_{\boldsymbol{q}}^2\psi \tag{6.3.7}$$

这相应于密度扰动的线性增长阶段，且结合式 (6.3.4) 得出 $\dot{\delta} = -\nabla \cdot \boldsymbol{u}$，即质量守恒方程。如果 α_i 为负值，则当扰动增大到使得 $b(t) = -1/\alpha_i$ 时，式 (6.3.6) 给出密度为无穷大，即形成奇点。这称为“壳层交叉”(shell-crossing)，它意味着 Lagrange 坐标不同的两个粒子 (或多个粒子)，现在碰到一起了，即具有相同的 Eular 坐标。换句话说，粒子的轨道交叉了，坐标变换 (或映射) 式 (6.3.1) 现在不是一对一了。发生壳层交叉的地方称为焦散线 (或焦散面)。因此，对于发生坍缩的情况来说，至少要有一个 α_i 为负值。如果不止一个 α_i 为负，则坍缩首先发生在最负的 α_i 相应的轴方向，从而形成“薄饼”状结构；在很少的情况下，当两个或三个 α_i 相同时，也可能在两个或三个方向同时坍缩，从而形成“纤维”状或“点”状的结构。因此，Zel'dovich 近似的结果是，薄饼状结构是引力坍缩结构的最一般形式。

计算表明，直到壳层交叉发生之前，Zel'dovich 近似与 N 体数值模拟的结果一直符合得很好。在壳层交叉发生之后，按照 Zel'dovich 近似，粒子将继续沿原来的轨道运动，因此薄饼状结构的出现是瞬时的，随后会很快消失。但实际上，粒子在焦散线 (或面) 附近会受到很强的引力作用，因而不会从中逃离。之所以出现这一矛盾情况，是由于 Zel'dovich 近似只是一个运动学的近似，它并没有考虑到交叉区域的引力，以及该区域很强的非线性作用，也没有考虑到激波形成等与压力有关的因素。可以采取一些办法对 Zel'dovich 近似进行改进，例如通过乘以适当的窗函数的办法，把初始功率谱中容易产生壳层交叉的小尺度扰动平滑掉，就可以得到始终与 N 体数值模拟接近的结果 (图 6.6)。

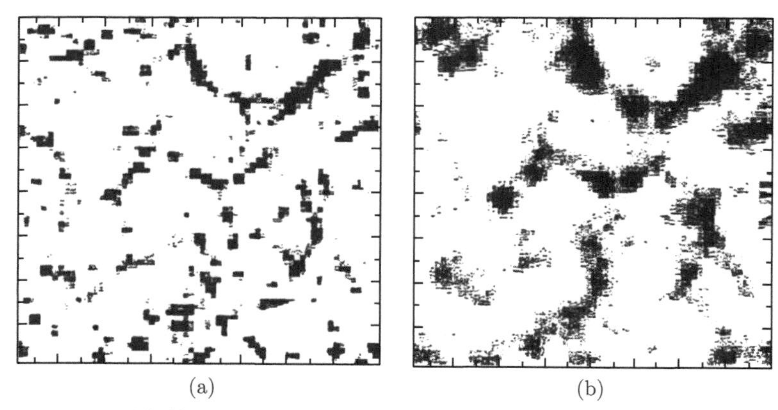

图 6.6　Zel'dovich 近似结果 (a) 与 N 体数值模拟结果 (b) 的比较 (引自 Coles et al., 1993)

6.4 宇宙密度扰动场的统计分析

宇宙学的密度扰动通常假设为 Gauss 随机场。一般认为，非线性结构形成于该场中的局域极大即峰值处。这些峰的统计特征，例如不同高度的峰的数密度、大尺度高密度区中的峰密度增强因子、分开一定距离的峰的相关函数，以及峰的密度轮廓等，常被用来预测不同类型天体的丰度及成团性质。这种基于 Gauss 随机场的分析属于统计学方法，实际上，前面得到的 Press-Schechter 公式就是这样一种方法的结果。

6.4.1 Gauss 随机场及其统计性质

宇宙密度涨落的表示形式是我们熟知的

$$\delta(\boldsymbol{x}, t) \equiv \frac{\rho(\boldsymbol{x}, t) - \langle\rho\rangle}{\langle\rho\rangle} \tag{6.4.1}$$

在宇宙学上，原初密度涨落 $\delta(\boldsymbol{x}, t_{\mathrm{i}})$ 的空间分布定义了一个三维随机场，其中 t_{i} 相应于宇宙暴胀结束的时刻。根据宇宙学原理，这个随机场应当是均匀各向同性的；又根据中心极限定理，大量独立的随机变量 (或事件) 相加的结果应趋于正态分布或 Gauss 分布，故密度扰动场应当是 Gauss 场，且其平均值为零。一个 Gauss 随机场的统计性质可以用一个单独的函数来表征：**功率谱** $P(k)$，或等效地，功率谱的 Fourier 变换即**自相关函数** $\xi(x)$。此外，一个 Gauss 随机场如果进行空间 Fourier 分解，则它的各谐频分量 δ_k 的相位是相互独立的，即不同分量的相位在 $0 \sim 2\pi$ 随机分布。

我们先来看一个一般的 Gauss 随机场 $F(\boldsymbol{x})$，它是三维空间位置坐标 $\boldsymbol{x}$ 的函数。如果该场在尺度为 L 的方盒子内是周期函数，则利用 Fourier 分析，可以把它展开为一系列平面波叠加的形式

$$F(\boldsymbol{x}) = \sum F_{\boldsymbol{k}} \mathrm{e}^{-\mathrm{i}\boldsymbol{k}\cdot\boldsymbol{x}} \tag{6.4.2}$$

其中，波数满足谐和边界条件

$$k_x = n\frac{2\pi}{L}, \quad n = 1, 2, \cdots \tag{6.4.3}$$

k_y 和 k_z 的表示式类似。当盒子的大小变为无限大，即 $L \to \infty$ 时，则求和变为积分，我们就得到通常的 Fourier 积分变换及相应的逆变换

$$F(\boldsymbol{x}) = \left(\frac{L}{2\pi}\right)^3 \int \mathrm{d}^3 k F_{\boldsymbol{k}}(\boldsymbol{k}) \exp(-\mathrm{i}\boldsymbol{k}\cdot\boldsymbol{x}) \tag{6.4.4}$$

$$F_{\boldsymbol{k}}(\boldsymbol{k})=\frac{1}{L^3}\int \mathrm{d}^3 x F(\boldsymbol{x}) \exp(\mathrm{i}\boldsymbol{k}\cdot\boldsymbol{x}) \tag{6.4.5}$$

下面列出 Fourier 积分变换的几个常用性质。

1) δ 函数的 Fourier 变换

$$\delta(\boldsymbol{x})=\frac{L^3}{(2\pi)^3}\int \mathrm{d}^3 k \mathrm{e}^{-\mathrm{i}\boldsymbol{k}\cdot\boldsymbol{x}} \tag{6.4.6}$$

或用平面波展开表示为

$$\delta(\boldsymbol{x})=\sum_{\boldsymbol{k}} \mathrm{e}^{-\mathrm{i}\boldsymbol{k}\cdot\boldsymbol{x}} \tag{6.4.7}$$

附带提到，常用的 δ 函数的计算性质有

$$\int \mathrm{d}\boldsymbol{x}' \varphi\left(\boldsymbol{x}'\right) \delta\left(\boldsymbol{x}-\boldsymbol{x}'\right)=\varphi(\boldsymbol{x}) \tag{6.4.8}$$

其中 $\varphi(\boldsymbol{x})$ 为任意函数；又设 $\varphi(x)=0$ 具有单根 $x_l(l=1,2,\cdots)$，则

$$\delta[\varphi(x)]=\sum_{l} \frac{\delta\left(x-x_l\right)}{\left|\varphi'\left(x_l\right)\right|} \tag{6.4.9}$$

其中 φ' 表示对 x 的导数，例如当 a 为常数时，

$$\delta(a\boldsymbol{x})=\delta(\boldsymbol{x})/|a| \tag{6.4.10}$$

δ 函数更多的性质可在有关教科书中找到。

2) Parseval 定理 (以下计算中取 $L=1$)

$$\begin{aligned}
\int \mathrm{d}^3 x F^2(\boldsymbol{x}) &=\left(\frac{1}{2\pi}\right)^6 \int \mathrm{d}^3 x \int \mathrm{d}^3 k F_{\boldsymbol{k}}(\boldsymbol{k}) \mathrm{e}^{-\mathrm{i}\boldsymbol{k}\cdot\boldsymbol{x}} \int \mathrm{d}^3 k' F_{\boldsymbol{k}}^*\left(\boldsymbol{k}'\right) \mathrm{e}^{\mathrm{i}\boldsymbol{k}'\cdot\boldsymbol{x}} \\
&=\left(\frac{1}{2\pi}\right)^6 \int \mathrm{d}^3 k \int \mathrm{d}^3 k' F_{\boldsymbol{k}}(\boldsymbol{k}) F_{\boldsymbol{k}}^*\left(\boldsymbol{k}'\right) \int \mathrm{d}^3 x \mathrm{e}^{-\mathrm{i}(\boldsymbol{k}-\boldsymbol{k})\cdot\boldsymbol{x}} \\
&=\left(\frac{1}{2\pi}\right)^6 \int \mathrm{d}^3 k \int \mathrm{d}^3 k' F_{\boldsymbol{k}}(\boldsymbol{k}) F_{\boldsymbol{k}}^*\left(\boldsymbol{k}'\right) \cdot(2\pi)^3 \delta\left(\boldsymbol{k}-\boldsymbol{k}'\right) \\
&=\left(\frac{1}{2\pi}\right)^3 \int \mathrm{d}^3 k F_{\boldsymbol{k}}^2(\boldsymbol{k})
\end{aligned} \tag{6.4.11}$$

这一等式称为 **Parseval 定理**。因为 $\int \mathrm{d}^3 x F^2(\boldsymbol{x})$ 表示场 $F(\boldsymbol{x})$ 的总功率，因而 $F_{\boldsymbol{k}}^2(\boldsymbol{k})$ 就是相应的功率谱。对于各向同性的功率谱，则有 $F_{\boldsymbol{k}}^2(\boldsymbol{k})=F_{\boldsymbol{k}}^2(k) \equiv P(k)$。

3) 卷积定理

两个连续函数 $f(\boldsymbol{x})$、$g(\boldsymbol{x})$ 的卷积定义为

$$c(\boldsymbol{x})=\int \mathrm{d}^3x' f\left(\boldsymbol{x}'\right) g\left(\boldsymbol{x}-\boldsymbol{x}'\right) \tag{6.4.12}$$

它的 Fourier 变换给出

$$\begin{aligned}
c_{\boldsymbol{k}}(\boldsymbol{k}) &= \int \mathrm{d}^3 x c(\boldsymbol{x}) \mathrm{e}^{\mathrm{i}\boldsymbol{k}\cdot\boldsymbol{x}}=\int \mathrm{d}^3 x \int \mathrm{d}^3 x' f\left(\boldsymbol{x}'\right) g\left(\boldsymbol{x}-\boldsymbol{x}'\right) \mathrm{e}^{\mathrm{i}\boldsymbol{k}\cdot\boldsymbol{x}} \\
&= \int \mathrm{d}^3 x \int \mathrm{d}^3 x' \frac{1}{(2\pi)^3} \int \mathrm{d}^3 k' \frac{1}{(2\pi)^3} \int \mathrm{d}^3 k'' f_{\boldsymbol{k}}\left(\boldsymbol{k}'\right) g_{\boldsymbol{k}}\left(\boldsymbol{k}''\right) \mathrm{e}^{\mathrm{i}\left[\boldsymbol{k}\cdot\boldsymbol{x}-\boldsymbol{k}'\cdot\boldsymbol{x}'-\boldsymbol{k}''\cdot\left(\boldsymbol{x}-\boldsymbol{x}'\right)\right]} \\
&= \frac{1}{(2\pi)^6} \int \mathrm{d}^3 k' \int \mathrm{d}^3 k'' f_{\boldsymbol{k}}\left(\boldsymbol{k}'\right) g_{\boldsymbol{k}}\left(\boldsymbol{k}''\right) \int \mathrm{d}^3 x \mathrm{e}^{\mathrm{i}\left(\boldsymbol{k}-\boldsymbol{k}''\right)\cdot\boldsymbol{x}} \int \mathrm{d}^3 x' \mathrm{e}^{\mathrm{i}\left(\boldsymbol{k}''-\boldsymbol{k}'\right)\cdot\boldsymbol{x}'} \\
&= \int \mathrm{d}^3 k' \int \mathrm{d}^3 k'' f_{\boldsymbol{k}}\left(\boldsymbol{k}'\right) g_{\boldsymbol{k}}\left(\boldsymbol{k}''\right) \delta\left(\boldsymbol{k}-\boldsymbol{k}''\right) \delta\left(\boldsymbol{k}''-\boldsymbol{k}'\right) \\
&= f_{\boldsymbol{k}}(\boldsymbol{k}) g_{\boldsymbol{k}}(\boldsymbol{k})
\end{aligned} \tag{6.4.13}$$

这表明，两个函数卷积的 Fourier 变换等于此两函数各自 Fourier 变换的乘积。

4) 相关函数与功率谱 (Wiener-Khinchin 定理)

函数 $F(\boldsymbol{x})$ 的自相关函数 (autocorrelation function，通常简称为**相关函数** (correlation function)) 定义为

$$\xi(\boldsymbol{r})=\langle F(\boldsymbol{x}) F(\boldsymbol{x}+\boldsymbol{r})\rangle \tag{6.4.14}$$

其中，尖括号表示对函数 $F(\boldsymbol{x})$ 的定义空间进行平均，故

$$\begin{aligned}
\xi(\boldsymbol{r}) &= \frac{1}{L^3} \int \mathrm{d}^3 x F(\boldsymbol{x}) F(\boldsymbol{x}+\boldsymbol{r}) \\
&= \frac{1}{L^3} \int \mathrm{d}^3 x \int \frac{L^3}{(2\pi)^3} \mathrm{d}^3 k F_{\boldsymbol{k}}(\boldsymbol{k}) \mathrm{e}^{-\mathrm{i}\boldsymbol{k}\cdot\boldsymbol{x}} \int \frac{L^3}{(2\pi)^3} \mathrm{d}^3 k' F_{\boldsymbol{k}}\left(\boldsymbol{k}'\right) \mathrm{e}^{-\mathrm{i}\boldsymbol{k}'\cdot(\boldsymbol{x}+\boldsymbol{r})} \\
&= \frac{1}{(2\pi)^3} \int \mathrm{d}^3 k \int \frac{L^3}{(2\pi)^3} \mathrm{d}^3 k' F_{\boldsymbol{k}}(\boldsymbol{k}) F_{\boldsymbol{k}}\left(\boldsymbol{k}'\right) \mathrm{e}^{-\mathrm{i}\boldsymbol{k}'\cdot\boldsymbol{r}} \int \mathrm{d}^3 x \mathrm{e}^{-\mathrm{i}\left(\boldsymbol{k}+\boldsymbol{k}'\right)} \\
&= \frac{L^3}{(2\pi)^3} \int \mathrm{d}^3 k F_{\boldsymbol{k}}(-\boldsymbol{k}) F_{\boldsymbol{k}}(\boldsymbol{k}) \mathrm{e}^{-\mathrm{i}\boldsymbol{k}\cdot\boldsymbol{r}} \\
&= \frac{L^3}{(2\pi)^3} \int \mathrm{d}^3 k F_{\boldsymbol{k}}^2(\boldsymbol{k}) \mathrm{e}^{-\mathrm{i}\boldsymbol{k}\cdot\boldsymbol{r}}
\end{aligned} \tag{6.4.15}$$

其中，我们用到 $F_{\boldsymbol{k}}(-\boldsymbol{k}) = F_{\boldsymbol{k}}^*(\boldsymbol{k})$，因为 $F(\boldsymbol{x})$ 是实函数。式 (6.4.15) 表明，相关函数是功率谱的 Fourier 变换，反之亦是。这就是 **Wiener-Khinchin 定理**。在场为各向同性的条件下，$F_{\boldsymbol{k}}^2(\boldsymbol{k}) = P(k)$，并且 ξ 具有转动不变性，故式 (6.4.15) 可以化为常用的表示式

$$\begin{aligned}\xi(r) &= \frac{L^3}{(2\pi)^3}\int P(k)\cos(kr\cos\theta)\cdot 2\pi k^2\sin\theta\mathrm{d}\theta\mathrm{d}k \\ &= \frac{L^3}{2\pi^2}\int P(k)\frac{\sin kr}{kr}k^2\mathrm{d}k \end{aligned} \tag{6.4.16}$$

5) 导数和积分的 Fourier 变换

以一维情况为例，如果函数 $F(x)$ 的导数是

$$f(x) \equiv \frac{\mathrm{d}F(x)}{\mathrm{d}x} \tag{6.4.17}$$

则由式 (6.4.4) 有

$$\begin{aligned}\int \mathrm{d}k f_{\boldsymbol{k}}(k)\mathrm{e}^{-\mathrm{i}kx} &= \frac{\mathrm{d}}{\mathrm{d}x}\int \mathrm{d}k F_{\boldsymbol{k}}(k)\mathrm{e}^{-\mathrm{i}kx} \\ &= \int \mathrm{d}k F_{\boldsymbol{k}}(k)\frac{\mathrm{d}\mathrm{e}^{-\mathrm{i}kx}}{\mathrm{d}x} \\ &= \int \mathrm{d}k\left[-\mathrm{i}kF_{\boldsymbol{k}}(k)\right]\mathrm{e}^{-\mathrm{i}kx} \end{aligned} \tag{6.4.18}$$

这表明，一个函数的导数的 Fourier 变换，等于该函数的 Fourier 变换乘以 $-\mathrm{i}k$

$$f_{\boldsymbol{k}}(k) = -\mathrm{i}kF_{\boldsymbol{k}}(k) \tag{6.4.19}$$

读者不难把这一性质推广到三维情况。例如前面我们已经遇到过的 Poisson 方程 $\nabla^2\Phi = 4\pi G\rho$，其相应的 Fourier 变换给出

$$\Phi_{\boldsymbol{k}} = -4\pi G\rho_{\boldsymbol{k}}/k^2 \tag{6.4.20}$$

(实际上，导数的变换性质我们在第 4 章中已经用过了，例如式 (4.6.56))。此外，利用积分与求导之间的关系，读者亦不难自行验证，一个函数的积分的 Fourier 变换，等于该函数的 Fourier 变换除以 $-\mathrm{i}k$。

6) Fourier 延迟定理

如果 $F(\boldsymbol{x})$ 的 Fourier 变换是 $F_{\boldsymbol{k}}(\boldsymbol{k})$，则 $F'(\boldsymbol{x}) = F(\boldsymbol{x}-\boldsymbol{d})$ 的 Fourier 变换是

$$F'_{\boldsymbol{k}}(\boldsymbol{k}) = \mathrm{e}^{-\mathrm{i}\boldsymbol{k}\cdot\boldsymbol{d}}F_{\boldsymbol{k}}(\boldsymbol{k}) \tag{6.4.21}$$

7) Fourier 位移定理

如果 $F(\boldsymbol{x})$ 的 Fourier 变换是 $F_{\boldsymbol{k}}(\boldsymbol{k})$，则 $F'(\boldsymbol{x})=\mathrm{e}^{\mathrm{i}\boldsymbol{k}_0\cdot\boldsymbol{x}}F(\boldsymbol{x})$ 的 Fourier 变换是

$$F'_{\boldsymbol{k}}(\boldsymbol{k})=F_{\boldsymbol{k}}\left(\boldsymbol{k}-\boldsymbol{k}_0\right) \tag{6.4.22}$$

延迟定理和位移定理的证明是直接的，读者可自行给出。图 6.7 给出了一些典型函数的 Fourier 变换结果。

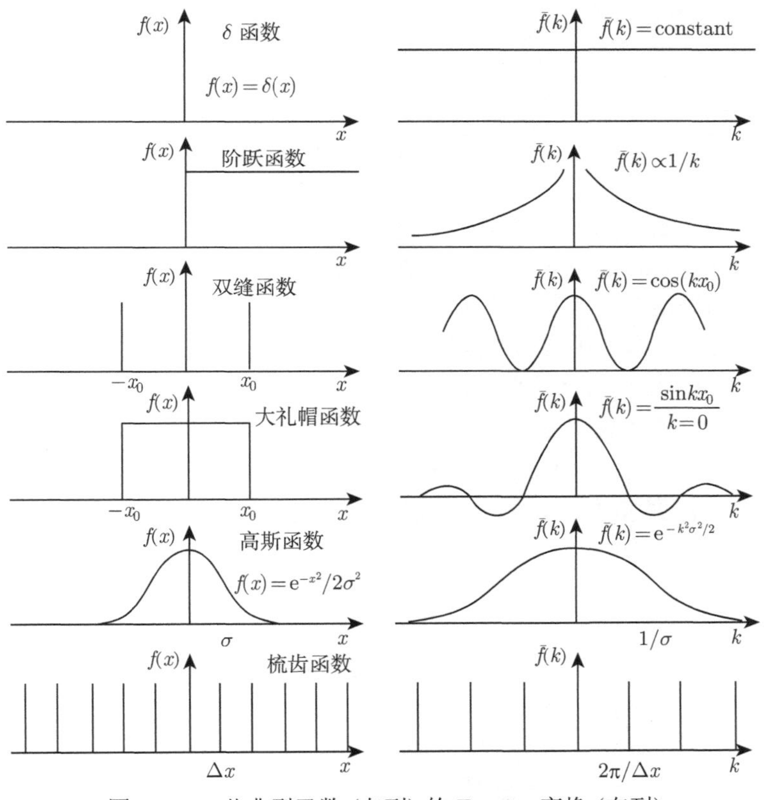

图 6.7 一些典型函数 (左列) 的 Fourier 变换 (右列)

一般地，一个 n 维随机场 $F(\boldsymbol{x})$ 是一组随机变量的集合，其中每个变量都是 n 维空间位置矢量 $\boldsymbol{x}$ 的函数。设有 m 个随机变量 y_i，它们的联合 Gauss 概率分布是 (Bardeen，Bond，Kaiser & Szaley，1986，以下简称 BBKS)

$$P\left(y_1,y_2,\cdots,y_m\right)\mathrm{d}y_1\cdots\mathrm{d}y_m=\frac{\mathrm{e}^{-Q}}{\left[(2\pi)^m|M|\right]^{1/2}}\mathrm{d}y_1\cdots\mathrm{d}y_m \tag{6.4.23}$$

这里，

$$Q \equiv \frac{1}{2} \sum \Delta y_i \left(M^{-1}\right)_{ij} \Delta y_j \tag{6.4.24}$$

$$M_{ij} = \langle \Delta y_i \Delta y_j \rangle, \quad \Delta y_i \equiv y_i - \langle y_i \rangle \tag{6.4.25}$$

其中，$i, j = 1, \cdots, m$，且 $|M|$ 表示协方差矩阵 M_{ij} 的行列式。此外，按照 Gauss 场的统计性质，如果 $F(\boldsymbol{x})$ 是一个 Gauss 场，则由该场及其导数、积分以至线性函数所构成的联合分布也是 Gauss 的。

6.4.2 扰动峰的数密度

我们感兴趣的是宇宙密度扰动场中局域极大 (即密度峰) 的分布，因为普遍认为，只有这些地方才有可能通过非线性演化而形成星系等天体。历史上对随机场局域极大统计性质的研究，最先始于第二次世界大战期间对通信设备电噪声的分析，这是一个一维的问题。到了 20 世纪 50 年代，这一分析方法被推广到二维情况，用于研究在和风的作用下海面的起伏形状。从那以后，对更高维情况的研究进展缓慢，主要原因是数学上的处理非常复杂。直到 Adler (1981) 给出关于 n 维随机场几何的严格数学表述，高维随机场的研究才得到广泛的推广应用。

Doroshkevich (1970) 最早用随机场理论研究宇宙结构的形成问题，但他和一些苏联学者 (如 Zel'dovich 等) 当时主要关注的是薄饼模型。对三维随机扰动场中的峰统计理论的系统阐述，是 1986 年由 BBKS 给出的，至今仍是这一研究领域中的经典文献。根据 BBKS，对于一个随机场 $F(\boldsymbol{x})$，其在某个空间点 $\boldsymbol{x}$ 附近的局域极大 (峰) 的数密度，可以用 δ 函数的和 (即点过程) 来表示

$$n_{\mathrm{pk}}(\boldsymbol{x}) = \sum_p \delta^{(3)}\left(\boldsymbol{x} - \boldsymbol{x}_p\right) \tag{6.4.26}$$

其中，上标 (3) 表示三维空间；求和对单位体积进行；$\boldsymbol{x}_p$ 是峰所在的位置，它的选取靠两个参数来调节：一个是平滑尺度，另一个是高度阈值，即只选取我们感兴趣高度的峰。除了点过程之外，峰的数密度也可以用场函数及其导数来表示。在极大值点 $\boldsymbol{x}_p$ 附近，场 $F(\boldsymbol{x})$ 及其梯度 $\boldsymbol{\eta}(\boldsymbol{x}) \equiv \nabla F(\boldsymbol{x})$ 可以展开为泰勒 (Taylor) 级数

$$\begin{aligned} F(\boldsymbol{x}) &\simeq F\left(\boldsymbol{x}_p\right) + \frac{1}{2} \sum_{ij} \zeta_{ij} \left(x - x_p\right)_i \left(x - x_p\right)_j \\ \eta_i(\boldsymbol{x}) &\simeq \sum_j \zeta_{ij} \left(x - x_p\right)_j, \quad i, j = 1, \cdots, n \end{aligned} \tag{6.4.27}$$

其中，$\zeta_{ij} \equiv \nabla_i \nabla_j F(\boldsymbol{x})$ 是二阶导数张量。因为 $\boldsymbol{x}_p$ 是极大值点，故 ζ_{ij} 在 $\boldsymbol{x}_p$ 处应为负值，且该点处一阶导数 $\eta_i\left(\boldsymbol{x}_p\right) = 0$。只要矩阵 ζ_{ij} 在 $\boldsymbol{x}_p$ 点是非奇异的，就可

以反解出

$$\boldsymbol{x}-\boldsymbol{x}_p \approx \zeta^{-1}\left(\boldsymbol{x}_p\right) \boldsymbol{\eta}(\boldsymbol{x}) \tag{6.4.28}$$

故根据 δ 函数的运算性质式 (6.4.10) 有

$$\delta^{(3)}\left(\boldsymbol{x}-\boldsymbol{x}_p\right)=\left|\zeta\left(\boldsymbol{x}_p\right)\right| \delta^{(3)}[\eta(\boldsymbol{x})] \tag{4.6.29}$$

因为一阶导数为零的条件给出的不仅是极大值点，而是所有的极值点，故极值点的数密度是

$$n_{\text{ext}}(\boldsymbol{x})=|\zeta(\boldsymbol{x})| \delta^{(3)}[\eta(\boldsymbol{x})] \tag{6.4.30}$$

对此只要再附加 ζ_{ij} 的三个本征值为负的限制，就可以得到极大值点 (峰) 的数密度。更进一步，如果我们选择的是高度在 F_0 到 $F_0+\mathrm{d}F$ 的峰，则需要将式 (6.4.30) 右边再乘以 $\delta\left(F-F_0\right) \mathrm{d}F$。

极值点数密度的空间平均值为

$$\begin{aligned}
\left\langle n_{\text{ext}}(\boldsymbol{x})\right\rangle & \equiv\left\langle|\zeta(\boldsymbol{x})| \delta^{(3)}[\eta(\boldsymbol{x})]\right\rangle \\
& =\int|\zeta| P(F, \eta=0, \zeta) \mathrm{d}F \mathrm{d}^6 \zeta
\end{aligned} \tag{6.4.31}$$

其中，函数 P 是式 (6.4.23) 给出的多变量联合 Gauss 概率分布函数。由于场的空间均匀性，这一平均值与 $\boldsymbol{x}$ 无关，故在以下讨论中我们可设 $\boldsymbol{x}=0$。此外注意，矩阵 ζ_{ij} 是对称的，故它只有 6 个独立的分量；但式 (6.4.25) 中的协方差矩阵 M_{ij} 的维数是 10 维，即 10 个独立的变量 ($\Delta y_i=\Delta F^{(1)}, \Delta \eta_i^{(3)}, \Delta \zeta_{ij}^{(6)}$，上标中的数字表示维数)，因此矩阵 M_{ij} 共有 $10 \times 10=100$ 个矩阵元，它们的值为

$$\begin{aligned}
& \langle F F\rangle=\sigma_0^2, \quad\left\langle\eta_i \eta_j\right\rangle=\frac{\sigma_1^2}{3} \delta_{ij} \\
& \left\langle F \zeta_{ij}\right\rangle=-\frac{\sigma_1^2}{3} \delta_{ij}, \quad\left\langle\zeta_{ij} \zeta_{kl}\right\rangle=\frac{\sigma_2^2}{15}\left(\delta_{ij} \delta_{kl}+\delta_{ik} \delta_{jl}+\delta_{il} \delta_{jk}\right) \\
& \left\langle F \eta_i\right\rangle=0, \quad\left\langle\eta_i \zeta_{jk}\right\rangle=0
\end{aligned} \tag{6.4.32}$$

其中，参数 σ_j 的定义是

$$\sigma_j^2(t) \equiv \frac{1}{(2\pi)^3} \int \mathrm{d}^3 k P(k, t) k^{2j} \tag{6.4.33}$$

即 σ_j 表示密度扰动功率谱 $P(k,t)$ 的 j 阶矩。注意，式 (6.4.32) 中的各项平均为对全空间的平均，例如，

$$\langle F F\rangle=\langle F(\boldsymbol{x}) F(\boldsymbol{x})\rangle=\frac{1}{(2\pi)^6} \int \mathrm{d}^3 x \int \mathrm{d}^3 k F_{\boldsymbol{k}}(\boldsymbol{k}) \mathrm{e}^{-\mathrm{i}\boldsymbol{k} \cdot \boldsymbol{x}} \int \mathrm{d}^3 k' F_{\boldsymbol{k}}\left(\boldsymbol{k}'\right) \mathrm{e}^{-\mathrm{i}\boldsymbol{k}' \cdot \boldsymbol{x}}$$

$$\begin{aligned}
&= \frac{1}{(2\pi)^3} \int \mathrm{d}^3 k F_{\boldsymbol{k}}(\boldsymbol{k}) \int \mathrm{d}^3 k' F_{\boldsymbol{k}}(\boldsymbol{k}') \frac{1}{(2\pi)^3} \int \mathrm{d}^3 x \mathrm{e}^{-\mathrm{i}(\boldsymbol{k}+\boldsymbol{k}')\cdot \boldsymbol{x}} \\
&= \frac{1}{(2\pi)^3} \int \mathrm{d}^3 k F_{\boldsymbol{k}}(\boldsymbol{k}) \int \mathrm{d}^3 k' F_{\boldsymbol{k}}(\boldsymbol{k}') \delta(\boldsymbol{k}+\boldsymbol{k}') \\
&= \frac{1}{(2\pi)^3} \int \mathrm{d}^3 k F_{\boldsymbol{k}}^2(\boldsymbol{k}) = \frac{1}{(2\pi)^3} \int \mathrm{d}^3 k P(k) = \sigma_0^2
\end{aligned} \tag{6.4.34}$$

类似地有

$$\begin{aligned}
\langle \eta_i \eta_j \rangle = \langle \nabla_i F \nabla_j F \rangle &= \frac{1}{(2\pi)^6} \int \mathrm{d}^3 x \int \mathrm{d}^3 k \left(-\mathrm{i} k_i\right) F_{\boldsymbol{k}}(\boldsymbol{k}) \mathrm{e}^{-\mathrm{i}\boldsymbol{k}\cdot\boldsymbol{x}} \\
&\quad \times \int \mathrm{d}^3 k' \left(-\mathrm{i} k_j\right) F_{\boldsymbol{k}}(\boldsymbol{k}') \mathrm{e}^{-\mathrm{i}\boldsymbol{k}'\cdot\boldsymbol{x}} \\
&= \frac{1}{(2\pi)^3} \int \mathrm{d}^3 k \left(-\mathrm{i} k_i\right) F_{\boldsymbol{k}}(\boldsymbol{k}) \\
&\quad \times \int \mathrm{d}^3 k' \left(-\mathrm{i} k_j'\right) F_{\boldsymbol{k}}(\boldsymbol{k}') \delta(\boldsymbol{k}+\boldsymbol{k}') \\
&= \frac{1}{(2\pi)^3} \int \mathrm{d}^3 k \left(k_i k_j\right) F_{\boldsymbol{k}}^2(\boldsymbol{k}) \\
&= \frac{1}{(2\pi)^3} \int \mathrm{d}^3 k P(k) k_i k_j = \frac{1}{3} \sigma_1^2 \delta_{ij}
\end{aligned} \tag{6.4.35}$$

注意，其中用到导数的 Fourier 变换式 (6.4.18)。式 (6.4.32) 中所有包含 ζ_{ij} 的项也要用到这一性质，即

$$\zeta_{ij} = \nabla_i \nabla_j F(\boldsymbol{x}) = \frac{1}{(2\pi)^3} \int \mathrm{d}^3 k \left(-\mathrm{i} k_i\right)\left(-\mathrm{i} k_j\right) F_{\boldsymbol{k}}(\boldsymbol{k}) \mathrm{e}^{-\mathrm{i}\boldsymbol{k}\cdot\boldsymbol{x}} \tag{6.4.36}$$

这样就可以得到下列结果

$$\begin{aligned}
\langle \zeta_{11} \zeta_{11} \rangle &= \frac{1}{(2\pi)^6} \int \mathrm{d}^3 x \int \mathrm{d}^3 k k_1^2 F_{\boldsymbol{k}}(\boldsymbol{k}) \mathrm{e}^{-\mathrm{i}\boldsymbol{k}\cdot\boldsymbol{x}} \int \mathrm{d}^3 k' k_1'^2 F_{\boldsymbol{k}}(\boldsymbol{k}') \mathrm{e}^{-\mathrm{i}\boldsymbol{k}'\cdot\boldsymbol{x}} \\
&= \frac{1}{(2\pi)^3} \int \mathrm{d}^3 k k_1^2 F_{\boldsymbol{k}}(\boldsymbol{k}) \int \mathrm{d}^3 k' k_1'^2 F_{\boldsymbol{k}}(\boldsymbol{k}') \delta(\boldsymbol{k}+\boldsymbol{k}') \\
&= \frac{1}{(2\pi)^3} \int \mathrm{d}^3 k P(k) k_1^2 k_1^2 \\
&= \frac{1}{(2\pi)^3} \int k^2 \mathrm{d}k \sin\theta \mathrm{d}\theta \mathrm{d}\varphi P(k) k^4 \sin^4\theta \cos^4\varphi
\end{aligned}$$

$$= \frac{4\pi}{(2\pi)^3}\int k^2\mathrm{d}kP(k)k^4 \times \frac{3}{15} = \frac{3}{15}\sigma_2^2 \tag{6.4.37}$$

在计算中我们取球极坐标，并使极角 $\theta = 0$ 相应于 k_0 方向，且 φ 为围绕 k_3 轴的方位角。同样的方法可证 $\langle\zeta_{22}\zeta_{22}\rangle = \langle\zeta_{33}\zeta_{33}\rangle = 3\sigma_2^2/15$。类似地可以得到

$$\begin{aligned}
\langle\zeta_{11}\zeta_{22}\rangle &= \frac{1}{(2\pi)^6}\int \mathrm{d}^3x \int \mathrm{d}^3k k_1^2 F_{\boldsymbol{k}}(\boldsymbol{k})\mathrm{e}^{-\mathrm{i}\boldsymbol{k}\cdot\boldsymbol{x}} \int \mathrm{d}^3k' k_2'^2 F_{\boldsymbol{k}}(\boldsymbol{k}')\mathrm{e}^{-\mathrm{i}\boldsymbol{k}'\cdot\boldsymbol{x}} \\
&= \frac{1}{(2\pi)^3}\int \mathrm{d}^3kP(k)k_1^2k_2^2 \\
&= \frac{1}{(2\pi)^3}\int k^2\mathrm{d}k\sin\theta\mathrm{d}\theta\mathrm{d}\varphi P(k)k^4\sin^4\theta\sin^2\varphi\cos^2\varphi \\
&= \frac{4\pi}{(2\pi)^3}\int k^2\mathrm{d}kP(k)k^4 \times \frac{1}{15} = \frac{1}{15}\sigma_2^2
\end{aligned} \tag{6.4.38}$$

以及 $\langle\zeta_{22}\zeta_{33}\rangle = \langle\zeta_{11}\zeta_{33}\rangle = \sigma_2^2/15$。$\langle\zeta_{ij}\zeta_{kl}\rangle$ 以及式 (6.4.32) 中其他项可以类似地计算，读者可以作为练习，这里就不再一一列出计算过程。

基于式 (6.4.32) 的结果，我们希望在联合概率分布表示式 (6.4.23) 中，指数 Q(即式 (6.4.24)) 能分解为一系列项之和，其中每一项只包含一个独立变量，这样就可以对每个变量单独积分，从而使联合概率分布的积分计算最为简便。为此，BBKS 给出下列变换：

$$x = -\nabla^2F/\sigma_2 = -\left(\zeta_{11}+\zeta_{22}+\zeta_{33}\right)/\sigma_2 \tag{6.4.39}$$

$$y = -\left(\zeta_{11}-\zeta_{33}\right)/2\sigma_2 \tag{6.4.40}$$

$$z = -\left(\zeta_{11}-2\zeta_{22}+\zeta_{33}\right)/2\sigma_2 \tag{6.4.41}$$

容易验证，$\left\langle x^2\right\rangle = 1, \left\langle y^2\right\rangle = 1/15, \left\langle z^2\right\rangle = 1/5$，$\langle xy\rangle = \langle xz\rangle = \langle yz\rangle = 0$。进一步定义

$$v \equiv \frac{F}{\sigma_0}, \quad x_* \equiv \gamma\nu, \quad \gamma \equiv \frac{\sigma_1^2}{\sigma_2\sigma_0} \tag{6.4.42}$$

则有 $\langle\nu^2\rangle = 1$，$\langle x\nu\rangle = \gamma$(习题 6.6)，式 (6.4.24) 可以最后写为

$$2Q = v^2 + \frac{\left(x-x_*\right)^2}{1-\gamma^2} + 15y^2 + 5z^2 + \frac{3\boldsymbol{\eta}\cdot\boldsymbol{\eta}}{\sigma_1^2} + \frac{15}{\sigma_2^2}\left(\zeta_{12}^2+\zeta_{13}^2+\zeta_{23}^2\right) \tag{6.4.43}$$

这正是我们所希望的形式，除了 ν 和 x 以外，其他变量都可以马上积分出来。结果得出 ν 到 $\nu+\mathrm{d}\nu$ 之间，x 到 $x+\mathrm{d}x$ 之间峰的微分数密度是

$$N_{\mathrm{pk}}(\nu,x)\mathrm{d}\nu\mathrm{d}x=\frac{\mathrm{e}^{-\nu^2/2}}{(2\pi)^2R_*^3}f(x)\frac{\exp\left[-(x-x_*)^2/2\left(1-\gamma^2\right)\right]}{\left[2\pi\left(1-\gamma^2\right)\right]^{1/2}}\mathrm{d}\nu\mathrm{d}x \tag{6.4.44}$$

其中，$R_*\equiv\sqrt{3}\sigma_1/\sigma_2$；$f(x)$ 是一个复杂的积分函数，BBKS 给出它的近似式为

$$\begin{aligned}f(x)=&\frac{(x^3-3x)}{2}\left\{\mathrm{erf}\left[\left(\frac{5}{2}\right)^{1/2}x\right]+\mathrm{erf}\left[\left(\frac{5}{2}\right)^{1/2}\frac{x}{2}\right]\right\}\\&+\left(\frac{2}{5\pi}\right)^{1/2}\left[\left(\frac{31x^2}{4}+\frac{8}{5}\right)\mathrm{e}^{-5x^2/8}+\left(\frac{x^2}{2}-\frac{8}{5}\right)\mathrm{e}^{-5x^2/2}\right]\end{aligned} \tag{6.4.45}$$

把式 (6.4.44) 进一步对 x 积分，得到

$$N_{\mathrm{pk}}(\nu)\mathrm{d}\nu=\frac{1}{(2\pi)^2}\left(\frac{\sigma_2}{\sqrt{3}\sigma_1}\right)^3\mathrm{e}^{-\nu^2/2}G\left(\gamma,x_*\right)\mathrm{d}\nu \tag{6.4.46}$$

其中，

$$G\left(\gamma,x_*\right)=\int_0^{\infty}\mathrm{d}xf(x)\frac{\exp\left[-(x-x_*)^2/2\left(1-\gamma^2\right)\right]}{\left[2\pi\left(1-\gamma^2\right)\right]^{1/2}} \tag{6.4.47}$$

如果再把式 (6.4.46) 对 ν 积分，则结果表示高于 ν 的峰的累计数密度

$$n_{\mathrm{pk}}(\nu)=\int_{\nu}^{\infty}N_{\mathrm{pk}}(\nu)\mathrm{d}\nu \tag{6.4.48}$$

当 $\nu\to\infty$ 时，上述积分给出任意高度的峰的累计数密度是一个常数

$$n_{\mathrm{pk}}(-\infty)=\frac{29-6\sqrt{6}}{5^{3/2}2(2\pi)^2R_*^3}=0.016R_*^{-3} \tag{6.4.49}$$

它仅与 R_* 有关 ($R_*\equiv\sqrt{3}\sigma_1/\sigma_2$)，因而由扰动功率谱所唯一确定。图 6.8(a)、(b) 分别画出了微分数密度 $N_{\mathrm{pk}}(\nu)$ 和累计数密度 $n_{\mathrm{pk}}(\nu)$ 随 ν 变化的情况，其中曲线上标注的数字表示相应的 γ 值。图 6.8(c) 表示不同高度的峰出现的概率随高度 ν 的变化，其中不同的曲线相应于不同的 γ 值。显然，当 $\gamma\to0$ 时这一分布趋于 Gauss 分布，而当 $\gamma\to1$ 时，曲线向 μ 大的方向偏移，即此时大多数峰是密度较大 ($\nu\approx2$) 的峰。

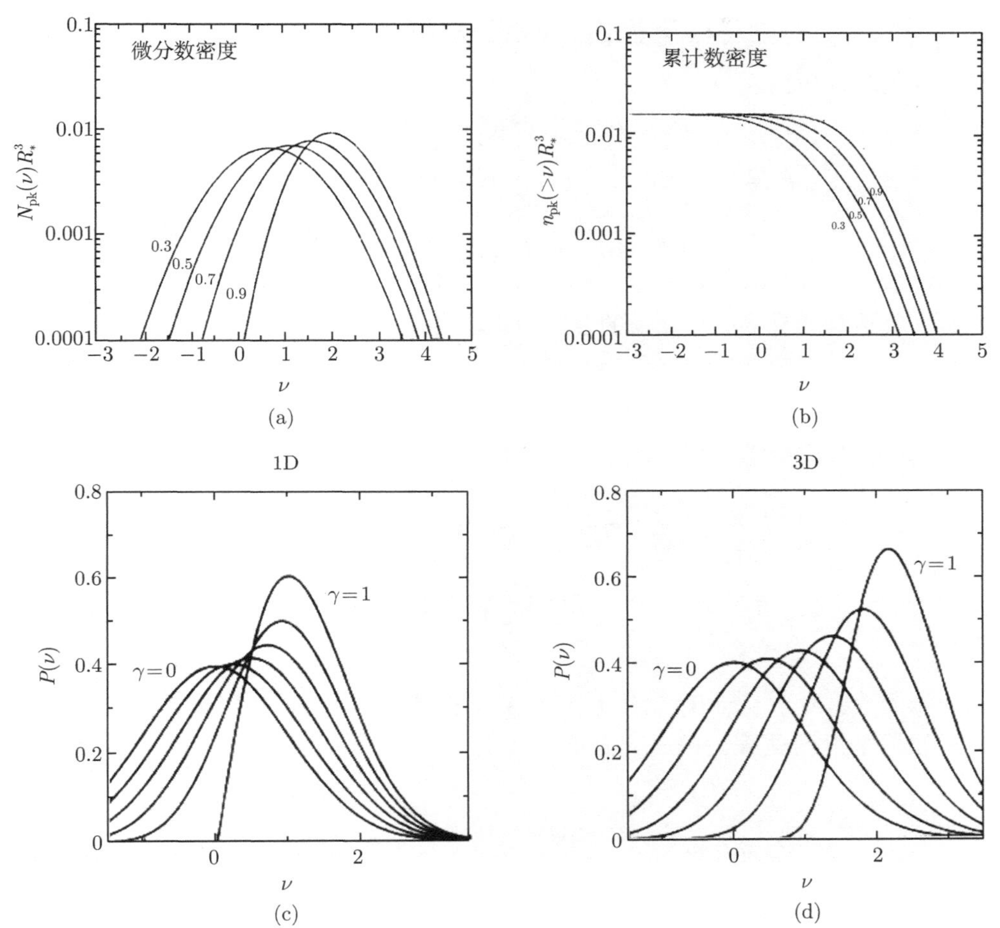

图 6.8 (a) 微分数密度 $N_{\rm pk}(\nu)$ 随 ν 的变化；(b) 累计数密度 $n_{\rm pk}(\nu)$ 随 ν 的变化；(c) 不同高度的峰出现的概率随高度 ν 的变化，不同的曲线相应于不同的 γ 值 (从左向右分别对应 0、0.2、0.4、0.6、0.8、1)。(c)、(d) 两图分别表示一维和三维的情况 (引自 BBKS)

在处理实际的宇宙密度扰动场时，往往需要首先将密度扰动场 $F(\boldsymbol{x})$ 平滑到一定的尺度，即用一个适当的平滑函数 (或称窗函数) 与 $F(\boldsymbol{x})$ 卷积，从而得到平滑后的场。常用的平滑函数有 Gauss 型函数以及 top-hat 型函数。例如，采用 Gauss 型函数时，平滑后的场为

$$F\left(\boldsymbol{x};R_{\rm Gs}\right)=\int\frac{{\rm d}^3x'}{\left(2\pi R_{\rm Gs}^2\right)^{3/2}}\exp\left(-\frac{\left|\boldsymbol{x}-\boldsymbol{x}'\right|^2}{2R_{\rm Gs}^2}\right)F\left(\boldsymbol{x}'\right) \tag{6.4.50}$$

其中，$R_{\rm Gs}$ 代表 Gauss 平滑的尺度。平滑后的场的 Fourier 分量具有简单的形式：

$$F_{\boldsymbol{k}}\left(k ; R_{\mathrm{Gs}}\right)=\exp \left(-k^{2} R_{\mathrm{Gs}}^{2} / 2\right) F_{\boldsymbol{k}}(k) \tag{6.4.51}$$

其相应的功率谱为

$$P\left(k ; R_{\mathrm{Gs}}\right)=\exp \left(-k^{2} R_{\mathrm{Gs}}^{2}\right) P(k) \tag{6.4.52}$$

如果 $P(k)$ 具有幂律的形式，即 $P(k) \propto k^{n}$，则

$$P\left(k ; R_{\mathrm{Gs}}\right) \propto k^{n} \exp \left[-\left(k R_{\mathrm{Gs}}\right)^{2}\right] \tag{6.4.53}$$

并且，其他与谱有关的量如谱的多阶矩也容易计算出来，例如零阶矩

$$\sigma_{0}\left(R_{\mathrm{Gs}}\right) \propto R_{\mathrm{Gs}}^{-(n+3) / 2} \tag{6.4.54}$$

以及 (习题 6.7)

$$\begin{aligned}
&\frac{\sigma_{1}^{2}\left(R_{\mathrm{Gs}}\right)}{\sigma_{0}^{2}\left(R_{\mathrm{Gs}}\right)}=\frac{n+3}{2} R_{\mathrm{Gs}}^{-2}, \quad \frac{\sigma_{2}^{2}\left(R_{\mathrm{Gs}}\right)}{\sigma_{0}^{2}\left(R_{\mathrm{Gs}}\right)}=\frac{(n+5)(n+3)}{4} R_{\mathrm{Gs}}^{-4} \\
&\gamma^{2}=\frac{n+3}{n+5}, \quad R_{*}=\left(\frac{6}{n+5}\right)^{1 / 2} R_{\mathrm{Gs}}
\end{aligned} \tag{6.4.55}$$

因为峰的数密度 $n_{\mathrm{pk}} \propto R_{*}^{-3}$，故应有 $n_{\mathrm{pk}} \propto R_{\mathrm{Gs}}^{-3}$。

如果平滑函数采用的是 top-hat 型函数，其平滑尺度为 R_{th}，则平滑后的场为

$$F\left(\boldsymbol{x} ; R_{\mathrm{th}}\right)=\int \frac{\mathrm{d}^{3} x^{\prime}}{\left(4 \pi R_{\mathrm{th}}^{3} / 3\right)} \vartheta\left(1-\frac{\left|\boldsymbol{x}-\boldsymbol{x}^{\prime}\right|}{R_{\mathrm{th}}}\right) F\left(\boldsymbol{x}^{\prime}\right) \tag{6.4.56}$$

其中，ϑ 称为阶跃函数，它的定义是

$$\vartheta(x)=\begin{cases}0, & x<0 \\ 1, & x \geqslant 0\end{cases} \tag{6.4.57}$$

平滑后的场相应的 Fourier 分量和功率谱分别为

$$\begin{aligned}
F_{\boldsymbol{k}}\left(k ; R_{\mathrm{th}}\right) &=\tilde{W}\left(k R_{\mathrm{th}}\right) F_{\boldsymbol{k}}(k) \\
P\left(k ; R_{\mathrm{th}}\right) &=\tilde{W}^{2}\left(k R_{\mathrm{th}}\right) P(k)
\end{aligned} \tag{6.4.58}$$

其中，

$$\tilde{W}(x) \equiv \frac{3(\sin x-x \cos x)}{x^{3}} \tag{6.4.59}$$

几点讨论

1. 关于密度峰的阈值

在随机扰动场理论中，通常认为只有高于一定阈值的密度峰才能坍缩成为天体。按照球对称坍缩模型，当演化到坍缩阶段时，线性理论给出此时的密度对比为 $\delta \simeq 1.69$(见式 (6.1.32))，因而通常把这个值取作坍缩峰 F 的阈值，记为

$$f_{\mathrm{c}} = \frac{3}{5}\left(\frac{3\pi}{2}\right)^{2/3} = 1.69 \tag{6.4.60}$$

因为 $\nu = F/\sigma_0$，而由式 (6.4.33)，σ_0 以及功率谱的其他多阶矩都是时间的函数，因而以 ν 表示的、在 t 时刻坍缩的峰的阈值 $\nu_{\mathrm{t}}(t)$ 写为

$$\nu_{\mathrm{t}}(t) = \frac{f_{\mathrm{c}}}{\sigma_0\left(R_{\mathrm{s}}, t\right)} = \frac{f_{\mathrm{c}}(1+z)}{\sigma_0\left(R_{\mathrm{s}}, t_0\right)} \tag{6.4.61}$$

其中，t_0 表示目前时刻；z 为 t 时刻 (坍缩) 相应的宇宙学红移，且 σ_0(以及其他谱的多极矩) 设为线性增长。要注意的是，这一阈值是全局性的，即与峰所在的空间位置无关。

这样选取的阈值实际上是一种所谓的锐阈值 (sharp threshold)，即相当于式 (6.4.48) 变成

$$n_{\mathrm{pk}}(\nu) = \int_0^{\infty} t\left(\nu/\nu_{\mathrm{t}}\right) N_{\mathrm{pk}}(\nu) \mathrm{d}\nu \tag{6.4.62}$$

其中，选择函数 t 是一个阶跃函数 $t\left(\nu/\nu_{\mathrm{t}}\right) = \vartheta\left(\nu - \nu_{\mathrm{t}}\right)$。BBKS 提出了另一种选择函数，即把阶跃函数换成

$$t\left(\nu/\nu_{\mathrm{t}}, q\right) = \frac{\left(\nu/\nu_{\mathrm{t}}\right)^q}{1+\left(\nu/\nu_{\mathrm{t}}\right)^q} \tag{6.4.63}$$

这里，q 是一个正的常数。显然，当 $q \to \infty$ 时，这一函数即趋于阶跃函数；一般情况下，低于 ν_{t} 的峰现在也会对峰数密度产生贡献，贡献的大小与 q 的具体值有关。例如当 q 非常小时，由于低峰的数量很大，则尽管选择的概率很低，峰的数密度还是由低峰所主导。

2. 关于质量函数

在上述两种平滑函数下，平滑尺度内所包含的质量分别是

$$M_{\mathrm{Gs}} = (2\pi)^{3/2} \rho R_{\mathrm{Gs}}^3 = 4.37 \times 10^{12} R_{\mathrm{Gs}}^3 h^{-1} M_{\odot}$$

$$M_{\rm th}=(4\pi/3)\rho R_{\rm th}^3=1.16\times10^{12}R_{\rm th}^3h^{-1}M_\odot \tag{6.4.64}$$

由此我们还可以得到用峰的数密度表示的 Press-Schechter 质量函数。式 (6.4.48) 给出的是高于 ν 的峰的累计数密度，其中的扰动谱现在应理解为已经在尺度 $R_{\rm s}$ 上进行了平滑，而且所有与谱有关的量，例如 γ、R_*，以及 ν 的阈值等都已经包含了 $R_{\rm s}$ 因子。同时，式 (6.4.48) 给出的是具有不同质量的峰的数密度，其中质量在 M 到 $M+{\rm d}M$ 之间的峰的数密度应为

$$n(M){\rm d}M=\frac{{\rm d}n_{\rm pk}}{{\rm d}M}{\rm d}M=\frac{{\rm d}n_{\rm pk}}{{\rm d}R_{\rm s}}\frac{{\rm d}R_{\rm s}}{{\rm d}M}{\rm d}M \tag{6.4.65}$$

注意，$n_{\rm pk}$ 对 $R_{\rm s}$ 的全导数应当理解为对 $\nu(R_{\rm s})$、$\gamma(R_{\rm s})$ 和 $R_*(R_{\rm s})$ 的偏导数之和。另一方面，因为 $M\propto R_{\rm s}^3$，故 ${\rm d}M/M=3{\rm d}R_{\rm s}/R_{\rm s}$，代入式 (6.4.65) 即得

$$n(M){\rm d}M=\frac{{\rm d}n_{\rm pk}}{{\rm d}R_{\rm s}}\frac{R_{\rm s}}{3M}{\rm d}M=\frac{1}{3}\frac{{\rm d}n_{\rm pk}}{{\rm d}\ln R_{\rm s}}\frac{{\rm d}M}{M} \tag{6.4.66}$$

3. 关于平滑函数

尽管对随机场的平滑是必要的，但从另一方面来看，平滑的结果可能会把某些小于平滑尺度的峰抹掉，而这些峰本来可以演化为较小尺度的天体。这也就是前面提到过的所谓“云中云”问题。比如一团很大的高密度星云，在其本身尺度上平滑后可以坍缩成一个大的天体；但如果不进行平滑的话，可能其中先形成少量恒星，这些恒星很快演化为超新星爆发，爆发的结果驱散星云，反而使星云的坍缩变为不可能了。又如一团低密度的星云，平滑后不具备坍缩的条件；但如不进行平滑，其中形成的小尺度天体相互并合，反而可能形成一定尺度的天体结构。再比如，假设角动量很重要，则小尺度上，邻近峰的位置、高度以及椭球程度都对相互之间的潮汐力产生影响，而平滑后这些影响就都不存在了。这些例子说明，平滑过程的影响 (包括平滑尺度的选取) 还是值得再深入探讨的。此外，在具体应用中选取哪一种类型的平滑函数，往往取决于研究者的方便和兴趣，并没有一定的要求。

6.4.3 缓变背景场中峰的数密度的变化

上面讨论的是随机场 F 处于一个均匀背景场 $F_{\rm b}$ 之中的情况。如果背景场 $F_{\rm b}$ 也存在涨落 (其平滑尺度 $R_{\rm b}$ 远大于 F 场的平滑尺度 $R_{\rm s}$)，则我们可以把总的密度扰动，看成是一个小尺度变化的随机场 $F_{\rm s}$ 和一个大尺度缓变的随机场 $F_{\rm b}$ 的叠加。许多研究者认为，星系和其他致密天体可能形成于叠加之后的密度扰动场的高峰处 (图 6.9)，而在背景场的低谷处，就没有星系的形成。这也可能是星系“偏置”(bias) 形成的原因之一，但至今并没有形成一致的看法。

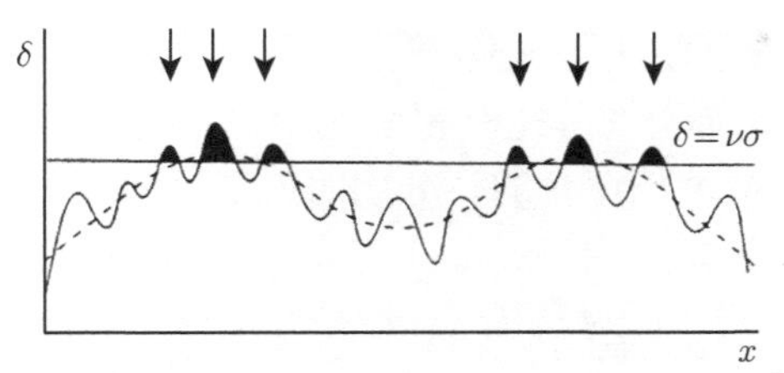

图 6.9　背景场有涨落时的高峰偏置模型，只有总的峰高度超过一定的阈值 $\delta = \nu\sigma$ 时，才能形成星系 (引自 Peacock，1999)

上述考虑的一个结果是：F 场的数密度在背景场 $F_{\rm b}$ 为正的地方增加，而在 $F_{\rm b}$ 为负的地方相应地减少。令 $E(F_{\rm b})$ 表示有变化背景场 $F_{\rm b}$ 时的峰数密度与没有背景场 $(F_{\rm b}=0)$ 时的数密度之比。为计算峰的局域数密度，注意到，当叠加场超过一个整体阈值 $f_{\rm t}$ 时，$F_{\rm s}$ 场相应的阈值变为 $f_{\rm t}-F_{\rm b}$。利用 ν 来表示，局域的阈值于是可以写为 $\nu_{\rm t}-F_{\rm b}/\sigma_{0\rm s}$。当 $F_{\rm b}$ 在 $R_{\rm s}$ 尺度上近似均匀时，诸如 γ 和 R_* 之类的量可以看成不变，因此峰数密度的增强因子是

$$E\left(F_{\rm b}\right)=\frac{n_{\rm pk}\left(\nu_{\rm t}-F_{\rm b}/\sigma_{0\rm s}\right)}{n_{\rm pk}\left(\nu_{\rm t}\right)} \tag{6.4.67}$$

在高峰极限下 $(\nu\to\infty)$，峰的微分数密度及累计数密度分别趋于

$$N_{\rm pk}(\nu){\rm d}\nu\to\frac{\left(\left\langle k^2\right\rangle/3\right)^{3/2}}{(2\pi)^2}\left(\nu^3-3\nu\right){\rm e}^{-\nu^2/2}{\rm d}\nu \tag{6.4.68}$$

$$n_{\rm pk}(\nu)\to\frac{\left(\left\langle k^2\right\rangle/3\right)^{3/2}}{(2\pi)^2}\left(\nu^2-1\right){\rm e}^{-\nu^2/2} \tag{6.4.69}$$

其中，$\left\langle k^2\right\rangle\equiv\sigma_1^2/\sigma_0^2$。因而可得高峰极限 $\nu_{\rm t}\gg1$ 且 $F_{\rm b}\ll\sigma_{0\rm s}$ 时，增强因子为

$$E\left(F_{\rm b}\right)\approx\exp\left(\nu_{\rm t}F_{\rm b}/\sigma_{0\rm s}\right) \tag{6.4.70}$$

由此可见，即使在 $F_{\rm b}$ 很小的情况下，增强因子对于 $F_{\rm b}$ 也可能是高度非线性的。当然这一结果对于实际的星系形成在定量上还有相当的偏差。BBKS(1986) 指出，当 $\nu_{\rm t}>2$ 时，下面的表示式要更好一些：

$$E\left(F_{\rm b}\right)\approx\exp\left[\alpha\left(\nu_{\rm t},\gamma\right)\left(F_{\rm b}/\sigma_{0\rm s}\right)-\frac{1}{2}\beta\left(\nu_{\rm t},\gamma\right)\left(F_{\rm b}/\sigma_{0\rm s}\right)^2\right] \tag{6.4.71}$$

其中，α、β 是两个与阈值和谱有关的积分 (参见 BBKS，1986)。当然，实际的星系形成除了与阈值大小和扰动谱有关外，应当还有峰的位置变化等动力学过程的考虑。

在上述情况下，增强因子 E 都随 F_{b} 的增加而很快地增长，特别是当星系的质量只占宇宙物质很少部分时 (此时相应于很高的密度峰)，这一效应更加明显。但要注意，F_{b} 实际上是可正可负的，分别对应于背景场的高密度区 (例如星系团的背景) 和低密度区 (例如空洞 (voids))。式 (6.4.71) 的表示中，指数部分的第一项对正的 F_{b} 是增强作用，而对负的 F_{b} 却是减弱作用；但指数部分的第二项对于正负 F_{b} 都是减弱作用。因此当讨论低背景密度区 (负的 F_{b}) 的星系形成时，增强和减弱两种作用同时存在，最后的净结果取决于 $|F_{\mathrm{b}}|$ 以及 α、β 的大小。

6.4.4 密度峰及星系的相关函数

星系在空间中分布的统计性质完全由 **n 点相关函数**来描述 (Peebles，1980)。通常认为可靠的观测数据主要是两点和三点相关函数，它们对星系及宇宙大尺度结构形成的理论给出了重要限制。

前面提到过的自相关函数 (见式 (6.4.14)) 的另一等效定义是**两点相关函数**。它给出在某一任选粒子 (星系) 的距离 r 处，发现另一粒子 (星系) 的概率。一般地，如果设粒子的平均数密度为 n_0，则发现一对分别位于两个体积元 $\mathrm{d}V_1$ 和 $\mathrm{d}V_2$ 内、距离为 r 的粒子的概率是

$$\mathrm{d}P = n_0^2[1+\xi(r)]\mathrm{d}V_1\mathrm{d}V_2 \tag{6.4.72}$$

显然，这样定义的 ζ 等效于随机扰动场情况下定义的自相关函数 $\xi = \langle F(\boldsymbol{x}_1) F(\boldsymbol{x}_2)\rangle$。根据式 (6.4.72)，在与一个随机选取的粒子距离为 r 的范围内，邻近粒子的平均数是

$$\langle N\rangle = \frac{4}{3}\pi r^3 n_0 + n_0\int_0^r \xi(r)\mathrm{d}V \tag{6.4.73}$$

类似地可以定义两类不同粒子 (a 和 b) 的**交叉相关函数**，即发现分别位于体积元 $\mathrm{d}V_1$ 和 $\mathrm{d}V_2$ 内、相距为 r 的一对粒子 a 和 b(a 和 b 的位置可以互换) 的概率是

$$\mathrm{d}P = \rho_a\rho_b\left[1+\xi_{ab}(r)\right]\mathrm{d}V_1\mathrm{d}V_2 \tag{6.4.74}$$

这样定义中的 ξ_{ab} 即为交叉相关函数，用随机场 $F_a(\boldsymbol{x})$ 和 $F_b(\boldsymbol{x})$ 来表示时，它等效于 $\xi_{ab} = \langle F_a(\boldsymbol{x}_1)F_b(\boldsymbol{x}_2)\rangle$。交叉相关函数的一个典型例子是星系–星系团的交叉相关函数 ξ_{gc}，它反映了星系团周围的星系分布的特征。

n 点相关函数是上面两点相关函数的直接推广，即当粒子的平均数密度为 n_0 时，分别在体积元 $\mathrm{d}V_1, \mathrm{d}V_2, \cdots, \mathrm{d}V_n$ 内各发现一个粒子的概率是

$$\mathrm{d}P = n_0^n\left[1+\xi^{(n)}\right]\mathrm{d}V_1\mathrm{d}V_1\cdots\mathrm{d}V_n \tag{6.4.75}$$

则 $\xi^{(n)}$ 为 n 点相关函数，它与选定的 n 个粒子的相互位置有关。以三点相关函数为例，这一概率可以写为

$$\mathrm{d}P=n_0^3\left[1+\xi\left(\boldsymbol{r}_{12}\right)+\xi\left(\boldsymbol{r}_{23}\right)+\xi\left(\boldsymbol{r}_{31}\right)+\zeta\left(\boldsymbol{r}_1,\boldsymbol{r}_2,\boldsymbol{r}_3\right)\right]\mathrm{d}V_1\mathrm{d}V_2\mathrm{d}V_3 \tag{6.4.76}$$

其中，$\boldsymbol{r}_1$、$\boldsymbol{r}_2$、$\boldsymbol{r}_3$ 分别为三个粒子的位置矢量 (亦即三个无限小的体积元所在的位置矢量)；$\boldsymbol{r}_{ij}\equiv\boldsymbol{r}_j-\boldsymbol{r}_i$ 为它们之间的相对位置矢量。由此得到三点相关函数：

$$\xi^{(3)}=\xi\left(\boldsymbol{r}_{12}\right)+\xi\left(\boldsymbol{r}_{23}\right)+\xi\left(\boldsymbol{r}_{31}\right)+\zeta\left(\boldsymbol{r}_1,\boldsymbol{r}_2,\boldsymbol{r}_3\right) \tag{6.4.77}$$

显然，式中的 $\xi\left(\boldsymbol{r}_{ij}\right)$ 即为两点相关函数，而 ξ 称为**约化三点相关函数**，它表示超出两点相关性的额外部分。如果粒子的分布整体上是均匀各向同性的，则 ξ 应当是 r_{ij} 的对称函数。在一些特殊的情况下，$\xi^{(3)}$ 还可以写为更简单的形式。例如三个体积元中，$\mathrm{d}V_1$ 和 $\mathrm{d}V_2$ 之间的距离很近，而 $\mathrm{d}V_3$ 离两者都很远，使得无论 $\mathrm{d}V_1$ 和 $\mathrm{d}V_2$ 中的情况如何，都不影响在 $\mathrm{d}V_3$ 中发现粒子的概率。在这一情况下，式 (6.4.76) 变为

$$\mathrm{d}P=n_0^2\mathrm{d}V_1\mathrm{d}V_2\left[1+\xi\left(\boldsymbol{r}_{12}\right)\right]\cdot n_0\mathrm{d}V_3 \tag{6.4.78}$$

也就是 ζ 项消失了。在稀薄的非理想气体中，通常 $1\gg\xi\gg\zeta$，因而可以把 ζ 当作扰动项处理。而在星系分布的情况下，在小距离处有 $\zeta\gg\xi\gg1$，ζ 项就非常重要了。观测结果表明，ζ 可以写成级列形式 (Groth & Peebles，1977)：

$$\zeta=Q\left(\xi_{12}\xi_{23}+\xi_{23}\xi_{31}+\xi_{31}\xi_{12}\right) \tag{6.4.79}$$

其中，常数 $Q\approx1$。

高于三点的相关函数的形式就非常复杂了。例如四点相关函数，它定义于在四个体积元 $\mathrm{d}V_1$、$\mathrm{d}V_2$、$\mathrm{d}V_3$ 和 $\mathrm{d}V_4$ 中，各发现粒子的联合分布概率为 (Peebles，1980)

$$\begin{aligned}\mathrm{d}P=n_0^4&\mathrm{d}V_1\mathrm{d}V_2\mathrm{d}V_3\mathrm{d}V_4[1+\\&+\xi\left(\boldsymbol{r}_{12}\right)+\cdots\quad(6\text{ 项})\\&+\zeta\left(\boldsymbol{r}_{12},\boldsymbol{r}_{23},\boldsymbol{r}_{31}\right)+\cdots\quad(4\text{ 项})\\&+\xi\left(\boldsymbol{r}_{12}\right)\xi\left(\boldsymbol{r}_{34}\right)+\cdots\quad(3\text{ 项})\\&+\eta]\end{aligned} \tag{6.4.80}$$

注意，**约化四点相关函数** η 现在是 6 个变量 (6 个 $\boldsymbol{r}_{ij}$) 的函数。

在**随机密度扰动场**的情况下，由式 (6.4.75) 定义的 n 点相关函数 $\xi^{(n)}$ 等效于

$$1+\xi^{(n)}=\left\langle\prod_i\left[1+\delta\left(\boldsymbol{x}_i\right)\right]\right\rangle \tag{6.4.81}$$

其中，$\delta(\boldsymbol{x})$ 是我们熟悉的相对密度扰动或密度反差。类似地，满足一定阈值条件的峰的 n 点相关函数定义如下：

$$1+\xi_{\mathrm{pk}}^{(n)}\left(\boldsymbol{x}_1,\cdots,\boldsymbol{x}_n\right)=\left\langle n_{\mathrm{pk}}\left(\boldsymbol{x}_1\right)\cdots n_{\mathrm{pk}}\left(\boldsymbol{x}_n\right)\right\rangle/\left\langle n_{\mathrm{pk}}\right\rangle^n \tag{6.4.82}$$

它表示在每一空间点 $\boldsymbol{x}_i$ 附近的单位体积内，发现峰的联合概率，其中 $\langle n_{\mathrm{pk}}\rangle$ 是全空间平均的峰数密度。但这一计算相当复杂，有兴趣的读者可以查阅 BBKS 的相关论述。

目前观测到的**星系相关函数**通常写为

$$\xi_{\mathrm{gg}}(r)=\left(\frac{r_0}{r}\right)^{1.8},\quad r_0=(5.4\pm1)h^{-1}\mathrm{Mpc} \tag{6.4.83}$$

这一关系在 $10\mathrm{kpc}\leqslant hr\leqslant10\mathrm{Mpc}$ 的范围内，很好地描述了星系之间的相关性。由此式看到，当 $r=r_0=5.4h^{-1}\mathrm{Mpc}$ 时，星系相关函数下降到 1，而在更小的尺度上，星系之间具有高度的相关性。附带指出，星系团之间的相关函数亦可以写为

$$\xi_{\mathrm{cc}}(r)=\left(\frac{r_0}{r}\right)^{1.8},\quad r_0\approx18h^{-1}\mathrm{Mpc} \tag{6.4.84}$$

值得注意的是，这一关系与星系相关函数式 (6.4.83) 具有相同的幂律。图 6.10 显

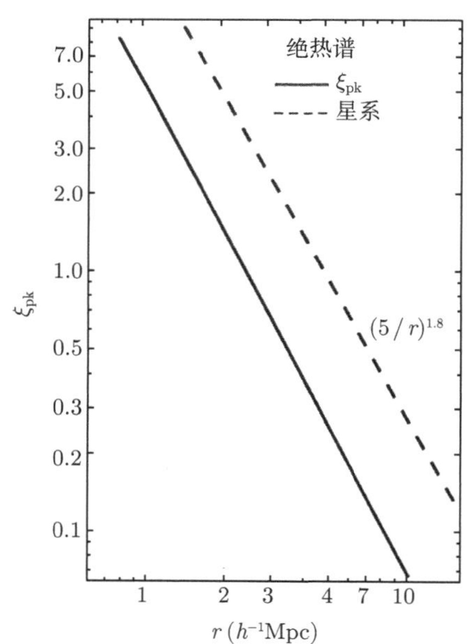

图 6.10　绝热扰动模式下密度峰的两点相关函数 (实线) 与观测到的星系两点相关函数 (虚线) 的比较 (引自 BBKS，1986)。计算中，密度峰场用 $R_{\mathrm{s}}=0.178h^{-1}\mathrm{Mpc}$ 的尺度进行了平滑

示 BBKS 给出的冷暗物质 (CDM) 宇宙中，星系尺度的密度峰两点相关函数 $\xi_{\rm pk}$ 的计算结果。从图中可以明显看到，根据随机场理论计算出来的 $\xi_{\rm pk}$，与观测到的星系两点相关函数具有基本相同的幂律 $r^{-1.8}$，但在幅度上前者只是后者的大约 1/3∼1/5。幅度偏小的原因可能是没有考虑峰的动力学演化，然而动力学演化的结果要依靠数值模拟的方法才能给出。

6.4.5 星系形成的偏置与偏置参数

下面我们简单讨论一下有关星系形成的偏置问题。如前所述，并不是在所有的密度峰值处都能形成星系，而是应当满足一定的条件，例如峰的高度必须超过一定的阈值 (Kaiser，1984)，以及其他一些我们可能还不完全清楚的限制条件。此外，如前面提到的背景密度场 (特别是暗物质) 的存在，以及星系中的强烈爆发 (超新星爆发) 把周围气体物质驱离 (Ostriker & Cowie，1981) 等因素，也都会对星系形成产生影响。现在较普遍的看法是，我们观测到的星系分布并不能完全**示踪** (trace) 宇宙物质 (包括暗物质) 的实际分布，星系可能只形成于宇宙空间中的某些区域，这就使得星系的相关函数与密度峰的相关函数有所不同。这样产生的星系分布与宇宙物质实际分布之间的偏离称为**偏置** (bias)，偏离的程度用**偏置参数** (bias parameter，也称**偏置因子**) b 来表示。目前 b 的定义有几种大致等效的形式，其一为

$$\xi(r)_{\rm gal} = b^2 \xi(r)_{\rm mass} \tag{6.4.85}$$

其中，$\xi_{\rm gal}$ 和 $\xi_{\rm mass}$ 分别代表星系和总物质分布的相关函数。第二种定义是

$$b^2 = \frac{\sigma_8^2({\rm gal})}{\sigma_8^2({\rm mass})} \tag{6.4.86}$$

其中，$\sigma_8({\rm gal})$ 和 $\sigma_8({\rm mass})$ 分别表示在半径为 $8h^{-1}$Mpc 的球形区域内，星系计数和总物质质量大小相对于平均值的涨落方均根值。b 的其他定义还有

$$\frac{\delta N}{N} = b\frac{\delta\rho}{\rho} \quad 或 \quad \varDelta_{\rm gal} = b\varDelta_{\rm mass} \tag{6.4.87}$$

其中，$\delta N/N$(或 $\varDelta_{\rm gal}$) 和 $\delta\rho/\rho$(或 $\varDelta_{\rm mass}$) 分别表示星系计数和总物质质量的涨落，以及利用星系和总物质质量相应的功率谱表示的形式

$$P_{\rm gal}(k) = b^2 P(k) \tag{6.4.88}$$

上面几种定义中，式 (6.4.86) 的定义更为人们所常用。根据这一定义，需要确定 $\sigma_8({\rm gal})$ 和 $\sigma_8({\rm mass})$。之所以采用 $8h^{-1}$Mpc 的球形区域，是因为 Davis 和 Peebles (1983) 曾根据星系计数结果给出 $\sigma_8({\rm gal}) \simeq 1$，这也相当于在这一尺度上

的星系两点相关函数大致为 $\xi(r) \simeq 1$。这样，b 的值主要取决于 $\sigma_8(\text{mass}) \equiv \sigma_8$ 的大小。σ_8 的值可以通过分析 CMB 的温度涨落、弱引力透镜，以及 X 射线星系团的温度 (光度)–质量关系等观测资料得出。例如，Seljak 和 Zaldarriaga (1996) 在其计算 CMB 各向异性的 CMBfast 程序包中采用的是 $\sigma_8 = 0.57\Omega_{\text{m}}^{-0.56}$，如果取 $\Omega_{\text{m}} \simeq 0.3$，则这一关系给出 $\sigma_8 \simeq 1.1$。图 6.11(a) 给出了 2001 年来几种方法测量到的 σ_8 的结果 (参见 Bartelmann，2007)。显然，近期的结果都趋向于 $\sigma_8 < 1$。图中 CMB 的结果来自 WMAP 的数据 (Spergel et al., 2007)，其值为 $\sigma_8 = 0.76 \pm 0.05$。而最近的结果 (见表 1.4) 是 $\sigma_8 = 0.8110 \pm 0.012$。图 6.11(b) 显示了不同方法得到的 σ_8-Ω_{m} 关系。

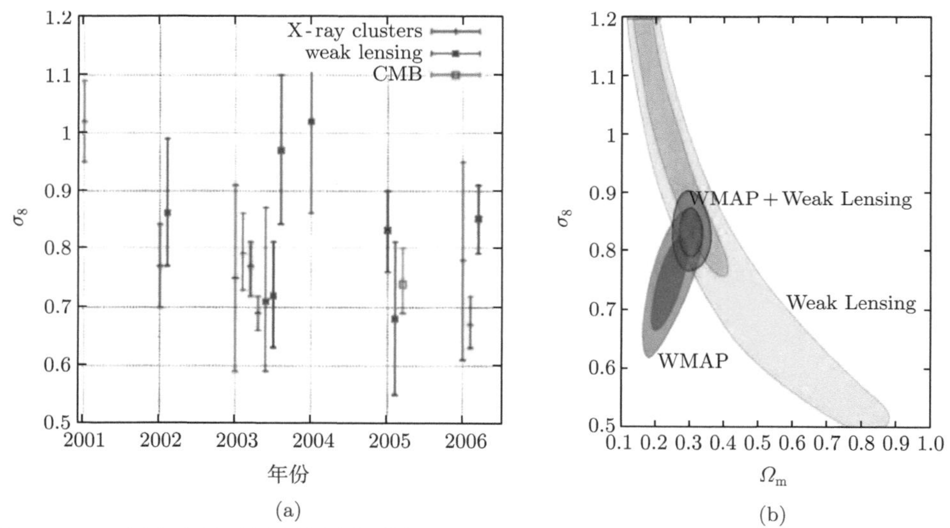

图 6.11　(a) 近年来用不同方法测量到的 σ_8 值 (引自 Bartelmann，2007)；(b) 不同方法得到的 σ_8-Ω_{m} 关系（(引自 Spergel et al., 2007)

Efstathiou(1990) 曾用数值模拟方法证明，当 $b = 2.5$ 时，CDM 模型给出的星系分布 (包括星系两点相关函数以及平均速度弥散) 与观测结果符合得相当好。近年来，2dF 星系红移巡天获得了数量巨大的星系统计数据，其中包含星系的空间分布，以及由星系本动速度得到的宇宙物质分布的丰富信息。这些统计数据表明，对于所有星系而言的偏置参数，以及对于不同类型、光度和颜色的星系而言的偏置参数，其大小会有所不同。例如 Norberg 等 (2001，2002) 发现，b 的大小与星系的光度和光谱型有关，与光度的关系可以近似表示为 (图 6.12)

$$b/b_* = 0.85 + 0.15L/L_* \tag{6.4.89}$$

其中，b_*、L_* 为特定参数。Verde 等 (2002) 对 2dF 红移巡天数据的分析表明，在

$(5\sim30)h^{-1}$Mpc 的尺度上，式 (6.4.87) 可以进一步写成

$$\Delta_{\rm gal}=b_1\Delta_{\rm mass}+b_2\Delta_{\rm mass}^2 \tag{6.4.90}$$

其中，$b_1=1.04\pm0.11$ 代表整体性的线性偏置参数；$b_2=-0.054\pm0.08$ 代表非线性偏置参数。这一结果看起来有些出乎人们的预料，因为 $b_1\simeq1$ 表示在大尺度上星系的分布是非偏置的，即大尺度上星系的分布可以示踪质量的分布；只是在小尺度上，对于不同形态的星系，星系的成团性质才表现出有所不同。总之，关于偏置和偏置参数的讨论现在还没有达到统一的认识，这恰好从一个侧面反映出星系形成问题的复杂性。

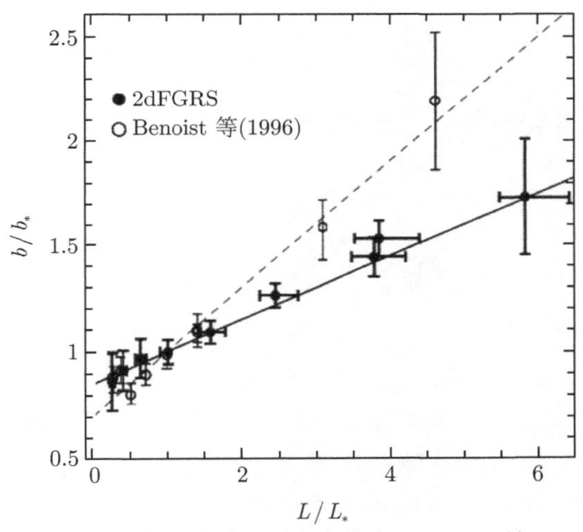

图 6.12　偏置参数 b 与星系光度的关系。图中实线为 Norberg 等 (2001) 的结果，虚线为 1996 年的结果

6.4.6　密度峰的轮廓和密度分布

按照 BBKS，在一个随机扰动场的密度峰附近，密度轮廓可以用 Taylor 展开来表示

$$F(r)=F(0)-\sum_i\lambda_i r_i^2/2 \tag{6.4.91}$$

其中，λ_i 是 F 的二阶导数张量 ζ_{ij} 变换到以主轴为坐标轴后，矩阵 $(-\zeta_{ij})$ 的本征值，即 $\lambda_i=-\zeta_{ii}$，$i=1,2,3$，而且我们选择坐标变换满足 $\lambda_1>\lambda_2>\lambda_3>0$。因为 λ_i 均为正值，定义等密度轮廓面为 $F(r)=f$，则它是一个三轴椭球面，其三个半轴分别为

$$a_i=\left[\frac{2(F(0)-f)}{\lambda_i}\right]^{1/2} \tag{6.4.92}$$

因为 λ_1 是最大的本征值，它相应于椭球的最短半轴方向，因此按照 Zel'dovich 的薄饼模型，坍缩将首先从这一方向开始。

椭球的非对称形状用两个参数来表示

$$e=\frac{\lambda_1-\lambda_3}{2\sum\lambda_i},\quad p=\frac{\lambda_1-2\lambda_2+\lambda_3}{2\sum\lambda_i} \tag{6.4.93}$$

其中，$e(\geqslant 0)$ 表示 1–3 方向的椭率；p 的意义是，当 $0\leqslant p\leqslant e$ 时，表示椭球的扁率 (oblateness)，而当 $0\geqslant p\geqslant -e$ 时，表示椭球的椭长度 (prolateness)。扁椭球相应于 $p=e$，此时 $\lambda_2=\lambda_3$；长椭球相应于 $p=-e$，此时 $\lambda_1=\lambda_2$。注意到，由式 (6.4.39)∼ 式 (6.4.41)，e 和 p 与 x,y,z 的关系是

$$e=y/x,\quad p=z/x \tag{6.4.94}$$

因而，峰附近的密度轮廓可以近似地表示为

$$\begin{aligned}&F(r)\approx\nu\sigma_0-x\sigma_2\frac{r^2}{2}[1+A(e,p)],\qquad \text{当 } r\to 0\\&A(e,p)=3e\left[1-\sin^2\theta\left(1+\sin^2\phi\right)\right]+p\left(1-3\sin^2\theta\cos^2\phi\right)\end{aligned} \tag{6.4.95}$$

其中，球坐标的极轴 x_1 选为 λ_1 方向，且 $x_3=r\sin\theta\sin\varphi$。这样，在一个 ν 给定的峰附近，密度轮廓的形状就完全由 x、e 和 p 的分布所决定。计算结果表明，一般情况下密度峰轮廓都不是三维球对称的，高的峰比低的峰要倾向于球对称，只有极少数的峰是球对称的。非球对称密度分布的后果是，非线性坍缩将首先在最短轴的方向发生，从而使得一般的坍缩结构是薄饼状结构，正如前面 Zel'dovich 近似所给出的那样。因此，在对密度场进行如式 (6.4.50) 或式 (6.4.56) 那样的球对称平滑时，有可能会使得薄饼状结构和纤维状结构球对称化，从而使密度峰的非对称参数被低估。

对所有可能的密度轮廓 (即所有可能的 x,e,p) 进行平均，就给出 ν 给定情况下峰值附近的平均峰密度分布，其结果如图 6.13(a) 所示，并可与图 6.13(b) 的观测结果作一比较。现在通常把暗物质密度峰周围的物质分布称为**暗物质晕**或简称为**暗晕** (dark halos)。Navarro、Frenk 和 White(1996，1997) 通过数值模拟，给出了暗晕平均密度分布的一个普适公式

$$\rho(r)=\frac{\rho_0}{(r/r_{\rm s})\left(1+r/r_{\rm s}\right)^2} \tag{6.4.96}$$

其中，ρ_0 为某一特征密度参数；$r_{\rm s}$ 为特征尺度。这一公式现在称为 **NFW 密度轮廓**，在研究暗晕及其内部重子物质的演化时常常用到。按照这一结果，在密度峰的中心附近 $(r\ll r_{\rm s})$ 有 $\rho(r)\propto r^{-1}$，而距离中心较远处 $(r\gg r_{\rm s})$ 则有 $\rho(r)\propto r^{-3}$。

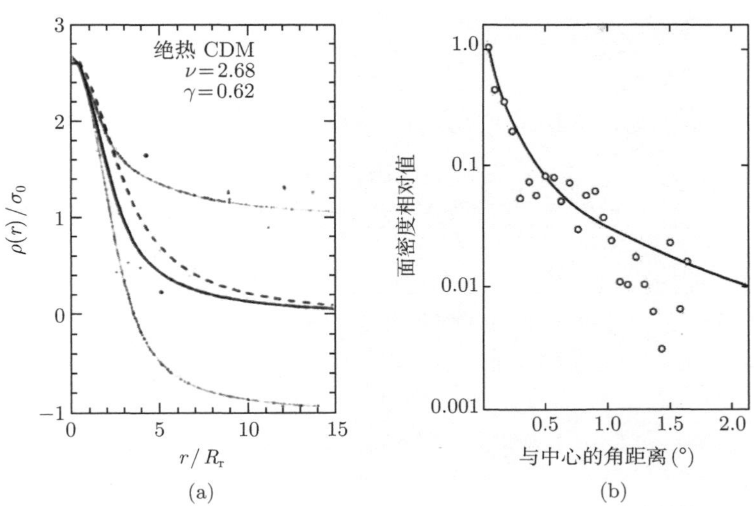

图 6.13 (a) ν 给定时的平均峰密度分布 (引自 BBKS，1986)；(b) 观测到的 Coma 星系团的星系面密度随中心距离的变化 (引自 Bowers & Deeming，1984)

6.4.7 低维密度场的统计性质

上面的分析给出了三维密度扰动场的主要统计结果。在一些情况下，我们需要了解的是低维随机场的统计性质，例如，沿某一很窄方向做深度巡天 (“探扦”) 时，星系随红移的分布可以看成是一维问题，类星体的 Ly-α 吸收线从随红移的分布也是一维问题。如果研究的是星系在某个 “切面”(slice) 上的分布，则是二维问题。宇宙微波背景辐射 (CMB) 温度涨落在天空上的分布也是一个二维问题，然而是一个球面。

我们先来研究最简单的情况，即一维的 “探扦”，相当于在三维数据空间中取一直线，研究数据点沿此直线的分布。由于各向同性，沿 “探扦” 方向的一维相关函数 $\xi_{\rm 1D}(r)$ 与三维空间的相关函数 $\xi_{\rm 3D}(r)$ 相同，即 (见式 (6.4.15)，为简单起见取 $L=1$)

$$\xi_{\rm 1D}(r)=\xi_{\rm 3D}(r)=\frac{1}{(2\pi)^3}\int P_{\rm 3D}(k){\rm e}^{-{\rm i}\boldsymbol{r}\cdot\boldsymbol{k}}{\rm d}^3k \tag{6.4.97}$$

其中 $P_{\rm 3D}$ 为三维空间的功率谱。现在取 $\boldsymbol{r}$ 沿 “探扦” 方向，并取球极坐标，上式化为

$$\begin{aligned}\xi_{\rm 1D}(r)&=\frac{1}{(2\pi)^2}\int k^2P_{\rm 3D}(k){\rm e}^{-{\rm i}rk\cos\theta}\sin\theta{\rm d}\theta{\rm d}k\\&=\frac{1}{(2\pi)^2}\int k^2P_{\rm 3D}(k){\rm e}^{-{\rm i}rk'}\frac{{\rm d}k'}{k}{\rm d}k=\frac{1}{(2\pi)^2}\int k^3P_{\rm 3D}(k){\rm e}^{-{\rm i}rk'}\frac{{\rm d}k'}{k^2}{\rm d}k\end{aligned}$$

$$= \frac{1}{2}\int \Delta_{3\mathrm{D}}^2(k)\mathrm{e}^{-\mathrm{i}rk'}\frac{\mathrm{d}k'}{k^2}\mathrm{d}k \tag{6.4.98}$$

其中 $k' \equiv k\cos\theta$ 表示 $\boldsymbol{k}$ 在 $\boldsymbol{r}$ 方向 (即“探扦” 方向) 上的投影，且

$$\Delta_{3\mathrm{D}}^2 \equiv \frac{\mathrm{d}\sigma_0^2}{\mathrm{d}\ln k} = \frac{4\pi k^3 P_{3\mathrm{D}}(k)}{(2\pi)^3} = \frac{k^3 P_{3\mathrm{D}}(k)}{2\pi^2} \tag{6.4.99}$$

表示单位 $\ln k$ 内的功率，其中 σ_0^2 的定义见式 (6.4.33)。注意，k' 可正可负，且在 k' 为正的情况下，k 的变化范围是 (k',∞)。现在我们把变量的记法改变一下，即 $k'\to k$，$k\to y$，于是式 (6.4.98) 变为

$$\xi_{1\mathrm{D}}(r) = \int \mathrm{e}^{-\mathrm{i}rk}k\mathrm{d}\ln k\int_k^\infty \Delta_{3\mathrm{D}}^2(y)y^{-2}\mathrm{d}y \tag{6.4.100}$$

式中等号右边乘了因子 2，是由于 $\pm k$ 的对称性。另一方面，一维相关函数 $\xi_{1\mathrm{D}}(r)$ 可以写为

$$\begin{aligned}\xi_{1\mathrm{D}}(r) &= \frac{1}{2\pi}\int P(k)\mathrm{e}^{-\mathrm{i}rk}\mathrm{d}k = \frac{1}{\pi}\int kP(k)\mathrm{e}^{-\mathrm{i}rk}\mathrm{d}\ln k\\ &= \int \Delta_{1\mathrm{D}}^2(k)\mathrm{e}^{-\mathrm{i}rk}\mathrm{d}\ln k\end{aligned} \tag{6.4.101}$$

式中，$\Delta_{1\mathrm{D}}^2(k)\equiv \mathrm{d}\sigma_0^2/\mathrm{d}\ln k = kP(k)/\pi$，注意，此时的 σ_0^2 是一维空间定义的。比较式 (6.4.100) 和式 (6.4.101)，可以看出

$$\Delta_{1\mathrm{D}}^2(k) = k\int_k^\infty \Delta_{3\mathrm{D}}^2(y)y^{-2}\mathrm{d}y \tag{6.4.102}$$

此式表明，一维功率谱是三维功率谱在直线上的投影函数，且三维功率谱与一维功率谱的导数成比例。

类似地，当研究三维数据空间中一个切面上的数据点分布时，各向同性的假设给出的二维相关函数 $\xi_{2\mathrm{D}}(r)$ 与三维空间的相关函数 $\xi_{3\mathrm{D}}(r)$ 相同，即

$$\xi_{2\mathrm{D}}(r) = \xi_{3\mathrm{D}}(r) = \frac{1}{(2\pi)^3}\int P_{3\mathrm{D}}(k)\mathrm{e}^{-\mathrm{i}\boldsymbol{r}\cdot\boldsymbol{k}}\mathrm{d}^3k \tag{6.4.103}$$

二维相关函数也是各向同性的，我们可任取一方向作为 $\boldsymbol{r}$ 的方向，例如取坐标系如图 6.14 所示，其中水平面代表切面。此时有 $\boldsymbol{r}\cdot\boldsymbol{k} = rk\sin\theta\cos\phi$，且

$$\xi_{2\mathrm{D}}(r) = \frac{1}{(2\pi)^3}\int k^2 P_{3\mathrm{D}}(k)\mathrm{e}^{-\mathrm{i}rk\sin\theta\cos\phi}\sin\theta\mathrm{d}\theta\mathrm{d}\phi\mathrm{d}k \tag{6.4.104}$$

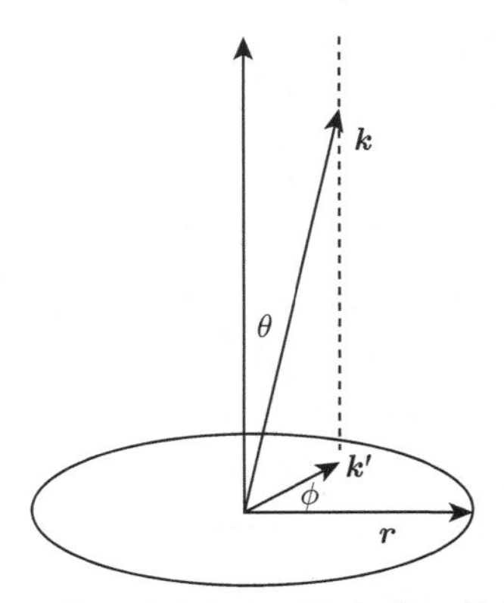

图 6.14 计算三维空间切面上相关函数的坐标系

先固定 ϕ，并令 $k' = k\sin\theta$，k' 表示 $\boldsymbol{k}$ 在切面上的投影大小。由此式 (6.4.104) 化为

$$\xi_{2\mathrm{D}}(r) = \frac{1}{(2\pi)^3}\int k^2 P_{3\mathrm{D}}(k)\mathrm{e}^{-\mathrm{i}rk'\cos\phi}\frac{k'}{k}\mathrm{d}\theta\mathrm{d}\phi\mathrm{d}k \tag{6.4.105}$$

现保持 k 的大小不变而只改变 θ，故有

$$\mathrm{d}\theta = \frac{\mathrm{d}k'}{k\cos\theta} \tag{6.4.106}$$

因而式 (6.4.105) 化为

$$\xi_{2\mathrm{D}}(r) = \frac{1}{(2\pi)^3}\int k^2 P_{3\mathrm{D}}(k)\mathrm{e}^{-\mathrm{i}rk'\cos\phi}\frac{k'\mathrm{d}k'}{k^2\cos\theta}\mathrm{d}\phi\mathrm{d}k \tag{6.4.107}$$

利用 $\cos\theta = \sqrt{1-\sin^2\theta} = \sqrt{1-(k'/k)^2}$，并作变换 $k' \to k$，$k \to y$，式 (6.4.107) 进一步化为

$$\begin{aligned}\xi_{2\mathrm{D}}(r) &= \frac{2}{(2\pi)^3}\int y^2 P_{3\mathrm{D}}(y)\mathrm{e}^{-\mathrm{i}rk\cos\phi}\frac{\mathrm{d}\phi k\mathrm{d}k}{y\sqrt{y^2-k^2}}\mathrm{d}y \\ &= \frac{4\pi}{(2\pi)^3}\int \mathrm{d}\ln k\mathrm{J}_0(rk)k^2\int_k^\infty yP_{3\mathrm{D}}(y)\frac{\mathrm{d}y}{\sqrt{y^2-k^2}}\end{aligned} \tag{6.4.108}$$

其中第一步乘以因子 2 是因为 $\cos\theta$ 只取了正值，且对 ϕ 积分的结果给出零阶 Bessel 函数 $\mathrm{J}_0(rk)$，即

$$\mathrm{J}_0(z) = \frac{1}{\pi}\int_0^\pi \cos(z\cos\theta)\mathrm{d}\theta \tag{6.4.109}$$

再利用 Δ_{3D}^2 的定义式 (6.4.99)，最后得到

$$\xi_{2D}(r)=\int \mathrm{d}\ln k \mathrm{J}_0(rk)k^2\int_k^{\infty}\Delta_{3D}^2(y)\frac{\mathrm{d}y}{y^2\sqrt{y^2-k^2}} \tag{6.4.110}$$

另一方面，$\xi_{2D}(r)$ 自身的定义是 (取 $\theta=\pi/2$，图 6.14)

$$\begin{aligned}\xi_{2D}(r)&=\frac{1}{(2\pi)^2}\int P(k)\mathrm{e}^{-\mathrm{i}\boldsymbol{r}\cdot\boldsymbol{k}}\mathrm{d}\boldsymbol{k}=\frac{1}{(2\pi)^2}\int P(k)\mathrm{e}^{-\mathrm{i}rk\cos\phi}k\mathrm{d}\phi\mathrm{d}k\\&=\frac{2\pi}{(2\pi)^2}\int P(k)\mathrm{J}_0(rk)k\mathrm{d}k=\frac{1}{2\pi}\int k^2P(k)\mathrm{J}_0(rk)\mathrm{d}\ln k\\&=\int \Delta_{2D}^2(k)\mathrm{J}_0(rk)\mathrm{d}\ln k\end{aligned} \tag{6.4.111}$$

其中，$\Delta_{2D}^2\equiv\int k^2P(k)\mathrm{d}\ln k/2\pi$(因为 $\Delta_{2D}^2=\mathrm{d}\sigma_0^2/\mathrm{d}\ln k$，$\sigma_0^2=\int k^2P(k)\mathrm{d}\ln k/2\pi$)。比较式 (6.4.110) 和式 (6.4.111)，我们最后得到

$$\Delta_{2D}^2(k)=k^2\int_k^{\infty}\Delta_{3D}^2(y)\frac{\mathrm{d}y}{y^2\sqrt{y^2-k^2}} \tag{6.4.112}$$

这表明，二维功率谱也是三维功率谱在切面上的投影函数，但两者的关系比较复杂，不像一维情况那样简单地与导数成比例。

以上讨论的是数据点位于直线和平面上的理想情况。但实际上，观测的数据点总是分布在一个横截面有限的细长管束 (pencil beam) 内或有一定厚度的平面内，因此上述结果就需要进行修正。在管束的情况下，通常我们只提取数据点沿纵向 (例如宇宙学红移即距离) 分布的信息，而忽略横截面上位置分布的不同；在有限厚度平面的情况下，通常只提取与平面平行方向的信息，而忽略厚度方向位置的不同。也就是说，前者相当于把数据点的横向位置进行了平滑，而后者相当于在厚度方向进行了平滑。这样，所需要的修正就是，三维功率谱应当乘以一个窗函数，该窗函数是平滑函数的 Fourier 变换。在管束情况下平滑函数是

$$W(r)=\begin{cases}1 & (0\leqslant r\leqslant R)\\0 & (r>R)\end{cases} \tag{6.4.113}$$

其中，r 沿垂直管束方向 (横向)；R 为管束的半径。它的 Fourier 变换是 (取 $\boldsymbol{k}$ 沿任一半径方向)

$$\tilde{W}(k)=\frac{1}{\pi R^2}\int \mathrm{e}^{-\mathrm{i}kr\cos\theta}r\mathrm{d}r\mathrm{d}\theta=\frac{2}{\pi R^2}\int_0^R\int_0^{\pi}\cos(kr\cos\theta)\mathrm{d}\theta r\mathrm{d}r$$

$$= \frac{2\pi}{\pi R^2} \int_0^R \mathrm{J}_0(kr) r \mathrm{d}r = \frac{2}{kR} \mathrm{J}_1(kR) \tag{6.4.114}$$

其中，用到零阶和一阶 Bessel 函数之间的关系

$$\int x\mathrm{J}_0(x)\mathrm{d}x = x\mathrm{J}_1(x) \tag{6.4.115}$$

故最后的修正为

$$\Delta^2_{\mathrm{3D}}(y) \to \Delta^2_{\mathrm{3D}}(y)\tilde{W}^2\left(\sqrt{y^2-k^2}\right) \tag{6.4.116}$$

注意，其中 $y \geqslant k$ 的要求以及式 (6.4.112) 的积分限表明，沿管束方向的长波扰动可以由垂直于管束方向上的短波扰动引起 (参见 Peacock，1999，§16.6)。

对于有限厚度的平面，沿厚度方向 (例如取为 z 方向) 的平滑函数是

$$W(z) = \begin{cases} 1 & (-L \leqslant z \leqslant L) \\ 0 & (|z| > L) \end{cases} \tag{6.4.117}$$

其中，$2L$ 为平面的厚度。它的 Fourier 变换是

$$\tilde{W}(k) = \frac{1}{L}\int_0^L \mathrm{e}^{-\mathrm{i}kz}\mathrm{d}z = \frac{\sin(kL)}{kL} \tag{6.4.118}$$

且对三维功率谱的修正仍然为式 (6.4.116) 所示。

6.5　星系的本动速度与红移空间的畸变

6.5.1　星系的本动速度

哈勃定律表明，宇宙是均匀各向同性地膨胀着的。但是，哈勃定律所表述的，仅仅是宇宙大尺度上的一种平均特征，或宇宙“均匀背景”的运动，即所谓的**哈勃流**。实际上，宇宙中的物质分布是不均匀的，呈现出各种尺度的成团结构 (例如星系、星系团和超团等) 以及“空洞”结构。在小于 100Mpc 的尺度上，这种物质分布的不均匀性表现得尤为明显。由于这种不均匀性，观测到的天体 (例如星系) 除了参与宇宙“均匀背景”的整体膨胀运动以外，还要附加一个由周围物质密度扰动所引起的“本动”运动，从而使星系的运动偏离“均匀背景”的哈勃流。偏离哈勃流的附加速度称为**本动速度** (peculiar velocity)。本动速度会使我们在利用星系红移测定距离时出现偏差，从而造成红移空间与实际空间的差异。但另一方面，对本动速度的测量可以提供宇宙物质分布不均匀性的信息，并且作为宇宙学的一种

检验，给出对宇宙结构形成理论的限制。这就使得 20 世纪 80 年代以来继宇宙微波背景辐射 (CMB)、宇宙暗物质等课题之后，对星系本动速度的研究又成为宇宙学所关注的前沿课题之一。

对星系本动速度的系统研究开始于 1976 年 Rubin 和 Ford 等 (1976) 的测量工作。他们用全天分布的 96 个 ScI-Ⅱ 型旋涡星系样本，得到太阳相对于上述样本星系平均背景的运动速度约为 $600\text{km}\cdot\text{s}^{-1}$，方向为 $\alpha\approx30^\circ$，$\delta\approx50^\circ$。而 CMB 的偶极各向异性表明，太阳相对于 CMB 的运动速度约为 $400\text{km}\cdot\text{s}^{-1}$，方向为 $\alpha\approx174^\circ$，$\delta\approx-2^\circ$。由这两个速度差可以算出这些样本星系相对于 CMB 的运动速度大约为 $600\text{km}\cdot\text{s}^{-1}$，即它们所分布的区域 (尺度大约为 $60h^{-1}$Mpc) 正以大约 $600\text{km}\cdot\text{s}^{-1}$ 的速度相对于哈勃流漂移。这样大的本动速度是超出当时人们的预期的。此外，利用太阳相对于 CMB 的运动速度，扣除掉太阳相对于银河系、银河系相对于本星系群中心的速度，可以得到本星系群相对于 CMB 的本动速度也是大约 $600\text{km}\cdot\text{s}^{-1}$，向着半人马座方向 ($l=268^\circ$，$b=27^\circ$)。

确定本动速度的关键在于与红移无关地独立测定星系样本的距离。现在已经有了一些较为精确的测定星系距离的方法,例如,利用旋涡星系的自转速率与星系光度之间的 Tully-Fisher 关系,即把自转速率作为星系本身光度的一种指示 (Tully & Fisher，1977)；或利用椭圆星系的光度与速度弥散 σ 之间的 Faber-Jackson 关系，即 $L\propto\sigma^4$(Faber & Jackson，1976)，来确定星系的绝对光度，等等。自 20 世纪 80 年代以来，人们采用多种不同的方法，在不同的尺度上进行了大量的测量工作，为研究星系大尺度本动速度积累了丰富的观测数据。

星系本动速度的产生本质上是由于周围天体的引力作用。对本动速度的研究可以利用式 (4.1.1) 所示的流体力学方程组，即

$$\frac{\partial\rho}{\partial t}+\nabla\cdot(\rho\boldsymbol{V})=0 \tag{6.5.1a}$$

$$\frac{\partial\boldsymbol{V}}{\partial t}+(\boldsymbol{V}\cdot\nabla)\boldsymbol{V}=-\frac{1}{\rho}\nabla P-\nabla\varPhi \tag{6.5.1b}$$

$$\nabla^2\varPhi=4\pi G\rho \tag{6.5.1c}$$

现把各动力学量换成空间均匀的背景量与扰动量之和，即

$$\begin{aligned}&\rho\to\rho+\delta\rho=\rho(1+\delta)\\&\boldsymbol{V}\to H\boldsymbol{r}+\boldsymbol{v}=\frac{\dot{a}}{a}\boldsymbol{r}+\boldsymbol{v}\\&\varPhi\to\varPhi+\varphi\end{aligned} \tag{6.5.2}$$

其中，δ、φ 分别代表密度和引力势的扰动；$\boldsymbol{v}$ 即为本动速度。将式 (6.5.2) 代入式 (6.5.1)，忽略压力项 (因为在大尺度上压力可以忽略) 并消去其他背景项，同时采用共动坐标表示 $\boldsymbol{x}=\boldsymbol{r}/a$(空间导数因而变为 $\nabla_{\boldsymbol{r}}=\dfrac{1}{a}\nabla_{\boldsymbol{x}}$)，可以得到扰动量所满足的方程

$$\frac{\partial\delta}{\partial t}+\frac{1}{a}\nabla\cdot[(1+\delta)\boldsymbol{v}]=0 \tag{6.5.3a}$$

$$\frac{\mathrm{d}\boldsymbol{v}}{\mathrm{d}t}+\frac{\dot{a}}{a}\boldsymbol{v}=-\frac{\nabla\varphi}{a} \tag{6.5.3b}$$

$$\nabla^2\varphi=4\pi G\rho a^2\delta \tag{6.5.3c}$$

其中在第二个方程中我们略去了 $\boldsymbol{v}$ 的空间导数项 (因为是二阶小量)，且所有的空间导数 ∇ 现在都是在共动坐标下进行。令 $\boldsymbol{v}\equiv a\boldsymbol{u}$，由于在线性增长阶段 δ 和 $\boldsymbol{v}$ 都是小量，故连续性方程给出

$$\nabla\cdot\boldsymbol{u}=-\dot{\delta} \tag{6.5.4}$$

它表明，只要 $\dot{\delta}\neq0$，$\boldsymbol{u}$ 就是一个无旋场；只有当 $\dot{\delta}=0$ 时 $\boldsymbol{u}$ 才是有旋场，且此时一定有 $\nabla\varphi=0$(因为 δ 始终不增长，故可看成一直是 $\delta=0$)，因而由式 (6.5.3b) 得到

$$\frac{\mathrm{d}v}{\mathrm{d}t}=-\frac{\dot{a}}{a}v\Rightarrow v\propto a^{-1} \tag{6.5.5}$$

即有旋本动速度是随时间衰减的。因此，在导致坍缩天体形成的引力不稳定理论中，速度扰动场应当是无旋的。

式 (6.5.4) 等效于

$$\dot{\delta}=-\frac{\nabla\cdot\boldsymbol{v}}{a} \tag{6.5.6}$$

利用式 (4.7.10) 定义的增长因子

$$f(\Omega)=\frac{\mathrm{d}\lg\delta}{\mathrm{d}\lg a}=\frac{a}{\delta}\frac{\mathrm{d}\delta}{\mathrm{d}a} \tag{6.5.7}$$

可以把 $\dot{\delta}$ 写为

$$\frac{\mathrm{d}\delta}{\mathrm{d}t}=\dot{a}\frac{\mathrm{d}\delta}{\mathrm{d}a}=\frac{\dot{a}}{a}f(\Omega)\delta=Hf(\Omega)\delta \tag{6.5.8}$$

因而式 (6.5.6) 变成

$$\delta=-\frac{\nabla\cdot\boldsymbol{v}}{aHf(\Omega)} \tag{6.5.9}$$

如果密度扰动的功率谱 $P(k)$ 已知，则本动速度的功率谱为

$$P_v(k) = (aHf)^2 P(k) k^{-2} \tag{6.5.10}$$

对于经一定的窗函数 $W(R)$ 平滑后的密度扰动场，其相应的平滑后的速度场的功率谱要乘以函数 $\tilde{W}^2(kR)$($\tilde{W}$ 为 W 的 Fourier 变换)。因此，我们最后得到尺度为 R 的区域 (团块)，目前时刻相应的本动速度 (bulk flow) 的均方值是

$$\sigma_v^2(R) = \frac{1}{(2\pi)^3} \int P_v(k) \mathrm{d}^3 k = \frac{(H_0 f)^2}{2\pi^2} \int_0^\infty P(k) \tilde{W}^2(kR) \mathrm{d}k \tag{6.5.11}$$

容易证明，当密度扰动场为 Gauss 型时，本动速度场也是 Gauss 型的，且本动速度的大小满足 Maxwell 分布

$$P(v)\mathrm{d}v = \frac{\sqrt{54}}{\pi} \left(\frac{v}{\sigma_{\boldsymbol{v}}}\right)^2 \exp\left[-\frac{3}{2}\left(\frac{v}{\sigma_{\boldsymbol{v}}}\right)^2\right] \frac{\mathrm{d}v}{\sigma_{\boldsymbol{v}}} \tag{6.5.12}$$

上面我们讨论了如何由密度扰动场得到本动速度场。但实际的问题往往是，由观测到的星系大尺度本动速度场求出密度扰动场的分布，即**密度扰动场的重构**。由于本动速度场的无旋性，我们可以把本动速度场 $\boldsymbol{v}$ 表示为某个标量场 ψ 的梯度

$$\boldsymbol{v} = -\nabla\psi \tag{6.5.13}$$

其中，ψ 称为**速度势**。再由式 (6.5.9)，可以得到速度势所满足的 Poisson 方程

$$\nabla^2 \psi = H f a^2 \delta \tag{6.5.14}$$

对照式 (6.5.3c)，我们看到在线性扰动情况下，本动速度势与引力势成正比。因此，只要知道了速度势函数，我们就可以根据式 (6.5.14) 得出密度扰动场 δ 的分布。但由于实际观测到的本动速度仅仅是其视向分量 v_r，三维空间的速度势函数 ψ 必须通过 v_r 的径向积分得到，即

$$\psi(r,\theta,\phi) = -\int_0^r v_r\left(r',\theta,\phi\right) \mathrm{d}r' \tag{6.5.15}$$

再通过 ψ 的微商可求得本动速度垂直于视线方向的两个分量，这样就得出三维空间的速度势函数，进而得到密度扰动场 δ 的分布，即完成了密度扰动场的重构 (图 6.15)。这一方法称为 **POTENT**，最早由 Bertschinger 和 Dekel 等提出 (见 Bertschinger & Dekel，1989；Dekel et al., 1990；Bertschinger et al., 1990)。

星系的本动速度由引力势的扰动引起，其中包括了暗物质的贡献。因而，用 POTENT 方法得到的密度扰动，是包括暗物质在内的总的物质密度扰动。另一方面，我们可以通过星系计数得出重子物质的密度涨落，两者对比即可得到星系形成的偏置参数 b。这样，POTENT 就为我们提供了一个测定偏置参数 b 的有效方法。当然，POTENT 也有它的先天不足之处，它需要与红移无关地精确地测定大量星系的距离。星系距离测量中的较大误差以及星系样本的不完备，会使得本动速度场产生严重畸变，由此得到的密度扰动场也就变得不太可信了。

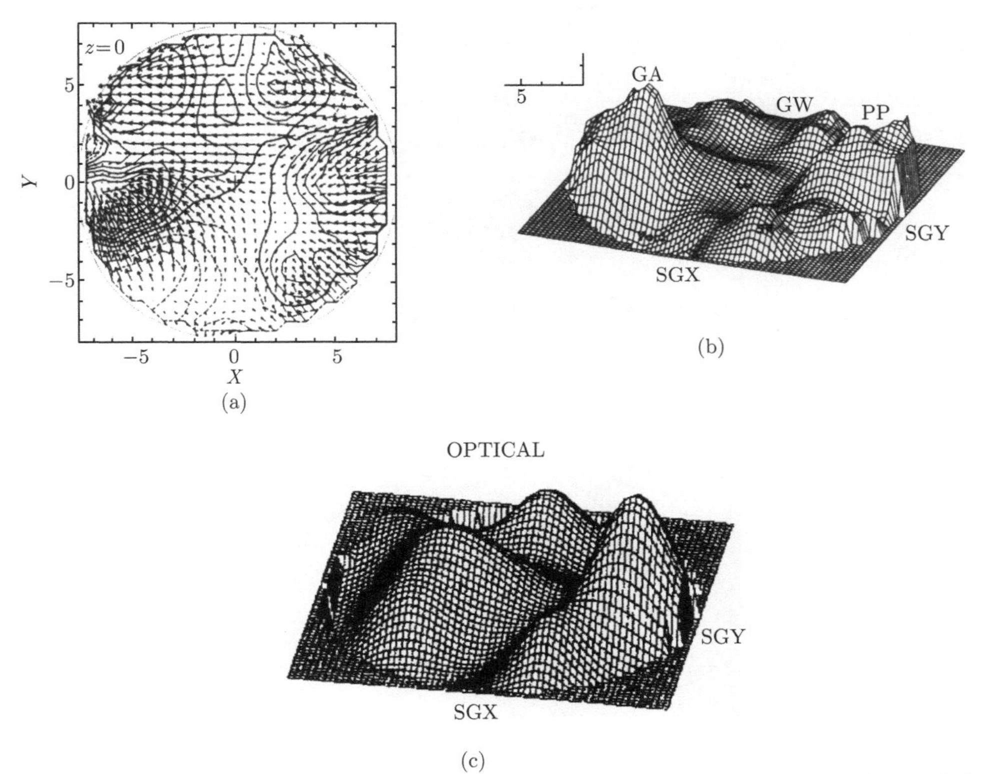

图 6.15 (a) 用 POTENT 方法得到的超星系团平面上的速度–密度分布。矢量场表示本动速度场，等高线代表物质密度分布。(b) 由星系本动速度场重构的宇宙物质密度场。银河系位于图的中央，图中的平面为本超星系团平面。(c) 由光学观测的星系重构的密度场。坐标平面如图 (b)，且两图中的星系分布都利用尺度为 $1200\mathrm{km}\cdot\mathrm{s}^{-1}$ 的 Gauss 窗口进行了平滑 (引自 Longair，2008)

6.5.2 星系本动速度引起的红移空间畸变

为了得到星系的功率谱或相关函数，我们必须知道星系的三维空间分布。但是，对于绝大多数星系来说，我们测量到的红移中，不仅包含了与距离成正比的宇宙学红移，也包含了星系本动速度附加的红移，而这两项红移一般是无法区分的。也就是说，星系红移给出的速度中应包括两项：

$$v = v_{\mathrm{Hubble}} + v_{\mathrm{pec}} \tag{6.5.16}$$

其中，哈勃速度 v_{Hubble} 仅由距离决定；而本动速度 v_{pec} 是与距离无关的。由于我们无法区分 v_{Hubble} 和 v_{pec}，这就使得基于哈勃关系的距离测量变得不准确了

$$D = \frac{v}{H_0} = \frac{v_{\mathrm{Hubble}} + v_{\mathrm{pec}}}{H_0} = D_{\text{真实}} + \Delta D \tag{6.5.17}$$

即由红移得到的距离中，要包含一个由本动速度引起的误差 $\Delta D = v_{\mathrm{pec}}/H_0$。这样，由“红移空间”构建出的星系三维分布就与星系的真实空间分布产生了差异，这称为**红移空间畸变**。

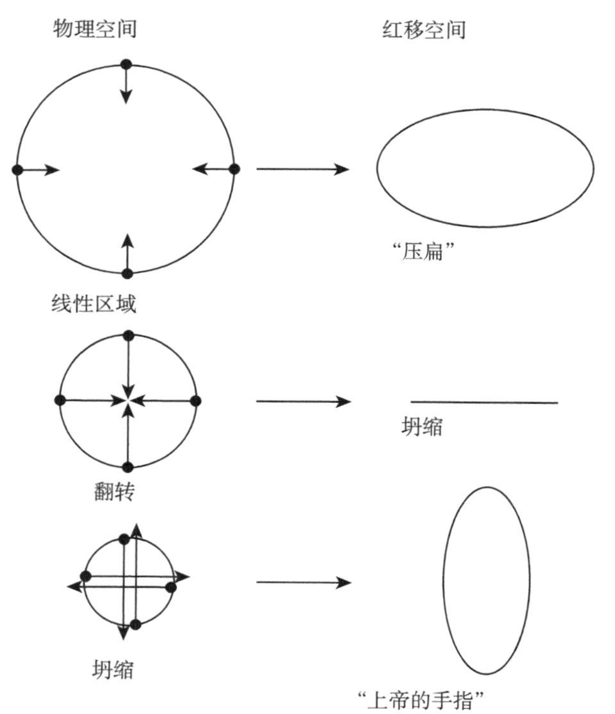

图 6.16 红移空间畸变。图的左列代表真实 (物理) 空间，右列代表红移空间 (观测者位于此图下方)(引自 Mo et al., 2010)

红移空间畸变的现象已经在实际观测中被发现。例如，在图 1.10(b) 所示的 Harvard-Smithsonian Center 星系巡天图中，可以看到有一些细长的结构沿径向

分布，这就是所谓的“上帝的手指”(fingers of God)。这种现象产生于已经达到位力平衡的富星系团，因其速度弥散可达 $10^3\text{km}\cdot\text{s}^{-1}$ 量级，故在沿视线的两个方向上 (向外和向内)，弥散速度造成的红移和蓝移叠加在宇宙学红移上，就使得红移的分布范围变宽，因而在红移空间呈现细长的手指状结构 (图 6.16，下图)。另一种情况是对于更大尺度的星系团，它们还没有达到位力平衡，外围的星系仍处于向中心下落的状态。因此，靠近观测者一侧的星系由于向星系团中心下落，其总的红移将比宇宙学红移要大一些；而位于另一侧的星系由于下落方向与哈勃膨胀的方向相反，其总的红移将小于宇宙学红移。因此在红移空间中看来，整个星系团的结构将沿视线方向变扁 (图 6.16，上图)。图 6.17 表示 2dF 星系红移巡天给出的红移空间的二维相关函数 $\xi(\sigma,\pi)$，其中 σ,π 分别代表星系对之间的距离沿横向和径向的投影。图中显然可见，在小的尺度上 (图中靠中间的部分) 呈现“上帝的手指”形状是由位力化的星系团的速度弥散造成的；而在大的尺度上原来呈球对称的星系团沿视线方向变扁了，其原因是外围星系向星系团中心下落。

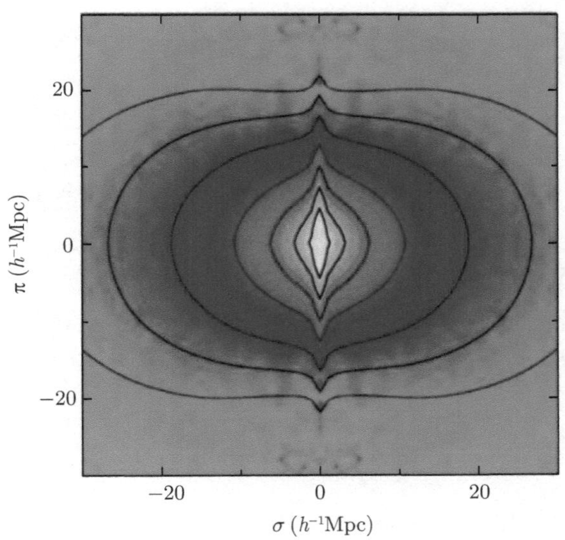

图 6.17　2dF 星系红移巡天给出的红移空间的二维相关函数 $\zeta(\sigma,\pi)$，其中 σ、π 分别代表星系对之间沿横向和径向的分离距离 (引自 Peacock et al., 2001)

6.6 N 体数值模拟与数值流体动力学方法简介

密度扰动的非线性演化中，实际发生的物理作用非常复杂，使得演化过程的细节不可能用解析方法严格描述。近年来，随着计算机技术的飞速发展，硬件和软件环境获得极大的改善，因此人们越来越多地采用计算机 N 体数值模拟的方法，对数目巨大的点粒子过程直接进行数值模拟，以期与观测结果相比较。

N 体数值模拟的基本思想是，取一个体积足够大的立方体“盒子” (box) 代表我们要研究的宇宙部分。盒子中包含 N 个粒子 (天体)，它们之间发生引力相互作用。由于模拟的是宇宙大尺度结构的演化，这个盒子的体积需要取得足够大，以使它所包含的宇宙部分整体上是均匀各向同性的；同时，盒子中所包含的粒子数要越多越好，这就需要使用大容量高速度的计算机以及更好的计算方法 (例如并行算法)。目前 N 体数值模拟的粒子数已经达到 2 万亿。另一方面，该盒子与外界的相互作用通常采用所谓的“周期性边界条件”，这一边界条件的选取当然是宇宙真实边界条件无法确定时的人为假设，但同时也为 Fourier 方法的使用提供了方便。

N 体数值模拟实际上是把连续的宇宙密度场用离散的粒子集合来代表。每一粒子的运动方程取决于其他所有粒子的引力共同作用。求出每一粒子在一个很小的时间增量内的位移及速度变化之后，再重新计算引力场的分布，并依此计算下一个时间增量所有粒子运动状态的改变。这样一步一步计算下去，就可以得出所有粒子的最终位置，它们代表最后形成的宇宙结构。这样的计算方法称为**粒子-粒子 (PP) 方法**。

PP 方法的一个显著困难是当两个粒子非常接近时引力的处理。这时引力会变得非常大，因而加速度也非常大。但为了得到有限的速度变化，时间步长就要取得非常小，而这就会大大增加计算所用的 CPU 时间。当两个粒子无限接近时，引力就会发散，这是数值计算无法实现的。因此，实际上的 PP 方法并不是把粒子当作质点，而是当作有一定延展尺度的物体，以使两个粒子即便无限接近时，它们之间的引力作用也不发散。具体来说是，假设粒子的质量都是 m，则粒子之间的牛顿引力表示为

$$\boldsymbol{F}_{ij} = \frac{Gm^2\left(\boldsymbol{x}_j - \boldsymbol{x}_i\right)}{\left(\varepsilon^2 + |\boldsymbol{x}_i - \boldsymbol{x}_j|^2\right)^{3/2}} \tag{6.6.1}$$

其中，参数 ε 称为**软化长度** (softening length)，它相当于把质点换成尺度量级为 ε 的延展物体，从而避免了无穷大引力的出现。但这一处理方法同时也意味着，讨论尺度 ε 以及更小尺度的物质分布就变得没有实际意义了。

对于 N 个粒子组成的系统，为计算每个粒子的加速度，需要求出其他 $N-1$ 个粒子的牛顿引力之和；对所有 N 个粒子，就需要对每一步时间增量进行 $N(N-1)/2$ 次计算，也就是说，所需 CPU 时间大约正比于 N^2。因而当粒子数目 N 很大时，计算效率将急剧下降。为了解决这一问题，人们提出了一些改进的计算方案，例如现在常用的**粒子–网格方法** (particle-mesh，PM)。这一方法的要点是，把粒子分配到规则划分的网格之中以得到密度分布，然后通过解 Poisson 方程求出引

力势。大致说来，就是先把密度扰动展开为 Fourier 级数 $\delta = \sum \delta_k \exp(-\boldsymbol{k}\cdot\boldsymbol{x})$，Poisson 方程于是变为 $-k^2\varPhi_k = 4\pi G a^2 \bar{\rho}\delta_k$(注意，$k$ 现在代表共动波数)，因而利用快速 Fourier 变换 (FFT) 方法 (以及周期性边界条件)，可以很快地得到每一格点处的引力，最后通过插值法，就得到作用于每个粒子的引力。FFT 方法使得原先的 N^2 次计算减少为 $N\lg N$ 次，因而大大提高了计算的效率。

PM 方法的主要缺欠在于求解引力时的分辨率不是很高，这是由网格的空间尺度有限所致。为了提高空间分辨率，现在常用所谓的**粒子–粒子–粒子–网格方法** (PP + PM → P^{3}M)，即把 PP 方法和 PM 方法结合起来，在短距离上用 PP 方法，而在长距离上用 PM 方法。这样做既提高了空间分辨率，又比单一的 PP 方法节省了大量 CPU 时间。当需要了解成团结构内部更多的细节时，人们常用 P^{3}M 方法；而如果只是进行宇宙结构的大尺度分析，PM 方法也就足够了。图 6.18 给出的是大尺度宇宙结构形成的一个 N 体数值模拟结果，该模拟数据来自 IllustrisTNG 项目 (https://www.tng-project.org)，所采用的宇宙学参数为 $\varOmega_{\mathrm{m}} = 0.31$，$\varOmega_{\varLambda} = 0.69$，$\varOmega_{\mathrm{b}} = 0.05$，$h = 0.677$，图示区域大小为 $75h^{-1}\mathrm{Mpc}\times 75h^{-1}\mathrm{Mpc}$，厚度为 $10h^{-1}\mathrm{Mpc}$。演化时间从 $z = 3$ 到 $z = 0$。

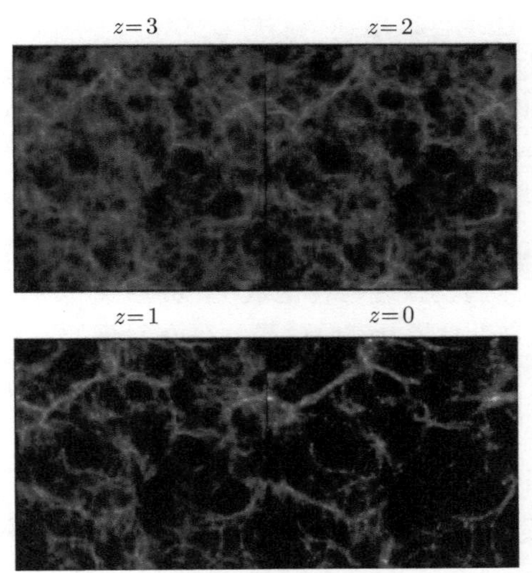

图 6.18　N 体数值模拟给出的宇宙大尺度结构的形成过程。图上方的 z 表示宇宙学红移 (引自 https://www.tng-project.org)

除了上述方法以外，还有称为**树** (tree) 和快速多极展开 (FMM) 的算法，也可以增加引力的空间分辨率而把 CPU 时间保持在一个适合的限度。这一方法的基本思想是，远处的粒子粗化处理，例如可以把远处的一个粒子团当作一个大质量的粒子；而近处粒子则细化处理，例如当一个网格中包含多个粒子时，就把该

网格细分为 2^3 个亚格；如果某个亚格中的粒子多于一个，则把它再细分为更小的亚格；等等。这也就是说，长程力用较粗的网格计算，而短程力用较细的网格计算。

实际的宇宙结构形成过程中，除了引力以外，气体压力等因素的影响也很重要。而要描述诸如气体压力 (以及磁场、激波、湍流等) 这样的物理量，一般需要应用流体力学方法来求解。例如，膨胀宇宙中的流体动力学方程 (Euler 方程) 是

$$\frac{\partial \boldsymbol{v}}{\partial t}+\frac{\dot{a}}{a}\boldsymbol{v}+\frac{1}{a}(\boldsymbol{v}\cdot\nabla)\boldsymbol{v}=-\frac{1}{a}\nabla\varphi-\frac{1}{a\rho}\nabla p \tag{6.6.2}$$

这一方程描述了膨胀宇宙中，流体在引力和压力的共同作用下的运动，但问题是无法得出解析形式的解。因此在实际应用中，流体动力学方程数值解法的研究就显得十分必要了。

一个典型的数值解法是所谓的**平滑粒子的流体动力学方法** (smoothed-particle hydrodynamics，SPH)。这一方法仍把流体场作为粒子集合来处理，就像 N 体数值模拟那样；粒子所在位置的密度和压力由粒子对之间的作用相加而得。因为压力是一种短程力，所以可以把它的作用插入前面讨论过的 $\mathrm{P^3M}$ 方法中粒子–粒子 (PP) 部分。类似的做法也可以用到 “树法” 之中。

把 SPH 插入 $\mathrm{P^3M}$ 的一个关键，是利用 “核函估计” 方法得出局域密度和压力梯度。它等效于用场 $f(\boldsymbol{x})$ 和窗函数 W 的卷积产生一个平滑的场

$$f_{\mathrm{s}}(\boldsymbol{r})=\int f(\boldsymbol{x})W(\boldsymbol{x}-\boldsymbol{r})\mathrm{d}^3\boldsymbol{x} \tag{6.6.3}$$

其中，$|\boldsymbol{r}|$ 的大小表示平滑的尺度；窗函数 W 的形式一般取为多次样条曲线函数 (spline kemel)。如果 $f(\boldsymbol{x})$ 是由离散粒子的分布得到的，它可以表示为一系列 δ 函数之和。压力通过气体的状态方程表示

$$p=(\gamma-1)\varepsilon\rho \tag{6.6.4}$$

其中，ε 代表气体的热能；γ 为多方指数。式 (6.6.2) 中的压力项可以写为

$$\frac{\nabla p}{\rho}=\nabla\left(\frac{p}{\rho}\right)+\frac{p}{\rho^2}\nabla\rho \tag{6.6.5}$$

如果在平滑尺度内 ε 的空间梯度可以忽略，则等号右边第一项的贡献近似为零；另一方面，平滑后的函数 f_{s} 的梯度是

$$\nabla f_{\mathrm{s}}(\boldsymbol{r})=\int f(\boldsymbol{x})\nabla W(\boldsymbol{x}-\boldsymbol{r})\mathrm{d}^3\boldsymbol{x} \tag{6.6.6}$$

这样，气体粒子所受到的压力可以表示为

$$\boldsymbol{F}_i^{\text{gas}} = -\left(\frac{\nabla p}{\rho}\right)_i \propto -\sum_j \left(\frac{p_i}{\rho_i^2} + \frac{p_j}{\rho_j^2}\right) \nabla W\left(\boldsymbol{r}_{ij}\right) \tag{6.6.7}$$

当窗函数 W 的形式为球对称时，式 (6.6.7) 保证了动量和角动量的守恒。气体内能 ε 的绝热变化可以类似地计算

$$\frac{\mathrm{d}\varepsilon_i}{\mathrm{d}t} \propto \frac{p_i}{\rho_i^2} \sum_j \nabla W\left(\boldsymbol{r}_{ij}\right) \cdot \boldsymbol{v}_{ij} \tag{6.6.8}$$

其中，$\boldsymbol{v}_{ij}$ 代表粒子之间的相对速度。如果粒子的速度很大，例如达到几个马赫 (Mach) 数，粒子可能会发生自由流动；但真实气体分子之间的黏滞力会阻止粒子从气体云中逃逸。因此在实际计算中有时还需要引入黏滞力。

总地说来，SPH 方法本质上还是基于粒子的方法，这是因为粒子方法是数值模拟宇宙结构形成的标准方法。也有人直接用经典的流体动力学方法进行模拟，即对 Euler 运动方程进行数值积分求解。这一方法需要应用精密的有限差分近似，以得到理想的精度和计算速度。利用这一方法已经可以得出激波结构，而这是粒子方法很难做到的。一般地说，粒子方法和流体方法各有其优缺点。例如，前者可以得到较高的密度分辨率，而后者可以得到较高的热学量精度；反过来，前者在低密度区的精度较差，这可能是统计效应所致，而后者在高密度区的温度分辨率不高，这可能是由于人为加入的黏滞力过大。最近，新的结合两种方法优势的算法 (moving mesh 和 mesh free 算法) 被陆续提出，显著提升了流体模拟的精度。

习　题

6.1　验证式 (6.1.17) 的结果。

6.2　验证式 (6.2.22)。

6.3　验证：式 (6.2.38) 与式 (6.2.16) 是等同的。

6.4　验证式 (6.4.32) 中 $\langle F\zeta_{ij}\rangle$ 的结果。

6.5　根据式 (6.4.39)~(6.4.41) 的定义，计算 $\langle x^2\rangle$、$\langle y^2\rangle$、$\langle z^2\rangle$ 以及 $\langle xy\rangle$ 的值。

6.6　根据式 (6.4.42) 的定义，计算 $\langle x\nu\rangle$ 的值。

6.7　验证式 (6.4.55) 的诸结果。

第 7 章　高红移宇宙

天高地迥，觉宇宙之无穷；……地势极而南溟深，天柱高而北辰远。

——(唐) 王勃《滕王阁序》

上下未形，何由考之？斡维焉系？天极何加？九天之际，安放安属？

——屈原《天问》

7.1　宇宙第一代天体的形成

密度扰动非线性演化的最终结果是形成各种不同质量的天体，这些天体组成宇宙从小到大各种不同尺度的结构。虽然暗物质在宇宙物质总量中占主导地位，但由于我们观测到的宇宙结构主要是由重子物质 (可见物质) 所展现的，因而在研究实际天体的形成问题时，必须考虑重子物质本身的演化特征，尽管它的数量比暗物质要少很多。前面我们讨论过的 Jeans 质量，只给出了不同成分的物质引力坍缩的最小质量，没有涉及不同尺度上的演化区别；而 Press-Schechter 质量函数给出的，也只是不同质量暗物质晕的数密度演化，没有包含重子物质的相关信息。由于重子物质的压力、冷却、再电离等因素对星系等天体的形成起着至关重要的作用，研究重子物质在暗物质引力影响下的演化过程，就显得非常重要了。

宇宙中第一代天体的形成，通常包括以下几方面的物理过程：暗物质晕的形成和并合；暗晕中被引力约束的重子气体的辐射冷却；暗晕中恒星的形成以及星族的演化，包括它们的分光性质随时间的演化，以及能量、质量、金属丰度向周围星际介质、环星系介质及星系际介质 (IGM) 的注入和反馈；星系之间的相互作用与合并。在这些物理过程中，人们对暗晕的演化和星系的星族演化相对要了解得多一些。暗晕的演化方面例如通过 N 体数值模拟 (如 Frenk, 1991) 以及分析方法 (Press & Schechter, 1974; BBKS, 1986; Lacey & Cole, 1993)；星族演化方面在给定初始质量函数情况下，星族分光性质的演化现在也有较为可靠的处理方法 (如 Bruzual & Charlot, 1993)。而其他方面的研究正是目前非常活跃的前沿研究课题。

7.1.1　暗物质晕的位力平衡

对于冷暗物质主导的宇宙，宇宙结构是由下到上 (bottom-up) 地逐级形成，不同时刻坍缩天体 (冷暗物质晕) 的数密度由 Press-Schechter 质量函数给出。冷暗物质本身是一种 WIMP 粒子，它只产生引力作用而对压力几乎没有贡献。因此，冷暗物质的密度扰动从原初扰动以后就一直增长 (除了 Meszaros 效应可能产生的“冻结”)。到复合结束时，重子物质中小于 Silk 质量尺度的密度扰动都被光子阻尼衰减掉了，而暗物质中的密度扰动仍然保留了下来，形成大大小小的引力势阱。复合之后由于重子物质与辐射已经脱耦，故重子物质将落入这些暗物质的引力势阱之中，与暗物质的密度扰动一起演化。当暗物质的密度扰动演化到非线性阶段，并达到位力平衡时，暗物质晕就形成了。但其中的重子物质由于压力及各种原子分子过程的影响，其演化会呈现较复杂的情况。

一般认为，暗物质晕的位力平衡是通过剧烈弛豫 (参见 Lynden-Bell, 1967) 过程实现的，它把粒子的径向坍缩运动转化为随机的“热”运动，也称为相混合 (phase mixing)。这个过程是一个无耗散的坍缩过程，其最终结果是，自引力系统达到一个“引力热力学”平衡状态，粒子的速度将具有 Maxwell 分布，且速度弥散 (即均方根值) 与位置无关。在这一假设下，这一自引力平衡系统可以看成是一个“等温”的平衡系统，除了在很小的核心区域密度可能是常量，在核心以外的区域，它的密度分布满足

$$\rho(r) \propto \frac{1}{r^2} \tag{7.1.1}$$

不难验证，在这样一种 (暗物质晕) 密度分布下，可以自然地得到平坦的星系转动曲线。Lynden-Bell 认为，无碰撞的 (暗物质) 粒子虽然不像通常粒子那样发生微观能量交换以达到热平衡，但如果引力势 $\varPhi$ 发生扰动，则粒子的总能量 E 也会跟着变化，即 $\dot{E} = m\dot{\varPhi}$；如果引力势的扰动是混沌的 (chaotic)，则粒子的能量就像被“搅动”了一样，最终如同经历了微观相互作用那样达到平衡状态。在引力坍缩的初始阶段，引力势的时间变化的确是相当剧烈的，这也就是“剧烈”弛豫这个名词的来源。总之，在这样的机制下，粒子的能量交换是通过集体的引力作用来实现的。此外，由于位力平衡时有 $2K+V=0$，总的能量是 $E=K+V=-K$。这样一个系统显然是负热容系统：当“温度”(即动能 K) 升高时，总的能量却降低了，使得系统被引力束缚得更加紧密。

我们已经知道 (见式 (6.1.30))，在 Einstein-de Sitter 宇宙中，对于一个球对称坍缩系统，位力化开始时 ($t=t_\mathrm{c}$) 的球内物质密度与背景密度之比是 $\varDelta_\mathrm{c} = 18\pi^2 \approx 178$。设此时相应的宇宙学红移为 z，坍缩质量为 M，则系统的位力半径为

$$\begin{aligned} R_\mathrm{vir} &= \left[\frac{3}{4\pi\varDelta_\mathrm{c}}\frac{M}{\rho_0(1+z)^3}\right]^{1/3} \\ &= 169\left(\frac{M}{10^{12}h^{-1}M_\odot}\right)^{1/3}(1+z)^{-1}h^{-1}\mathrm{kpc} \end{aligned} \tag{7.1.2}$$

其中，$\rho_0 = 2.78 \times 10^{11} \varOmega_{\rm m} h^2 M_\odot {\rm Mpc}^{-3}$ 为宇宙的临界密度 (式中取 $\varOmega_{\rm m} = 1$)。对于 ΛCDM 宇宙 ($\varOmega_{\rm m} + \varOmega_\Lambda = 1$) 的一般情况，Bryan 和 Norman (1998) 给出的修正是

$$\varDelta_{\rm c} = 18\pi^2 + 82d - 39d^2 \tag{7.1.3}$$

其中，$d \equiv \varOmega_{\rm m}^z - 1$，这里 $\varOmega_{\rm m}^z$ 是 $t_{\rm c}$ 时刻 (红移为 z) 相应的物质密度参数

$$\varOmega_{\rm m}^z = \frac{\varOmega_{\rm m}(1+z)^3}{\varOmega_{\rm m}(1+z)^3 + \varOmega_\Lambda} \tag{7.1.4}$$

由此可以得出 (参见 Barkana & Loeb, 2001)，修正后的位力半径是

$$R_{\rm vir} = 169 \left(\frac{M}{10^{12} h^{-1} M_\odot}\right)^{1/3} \left(\frac{\varOmega_{\rm m}}{\varOmega_{\rm m}^z} \frac{\varDelta_{\rm c}}{18\pi^2}\right)^{-1/3} (1+z)^{-1} h^{-1}\ {\rm kpc} \tag{7.1.5}$$

其相应的圆周运动速度是 (对单位质量，动能与势能分别为 $K = V_{\rm c}^2/2$，$V = -GM/R_{\rm vir}$，且位力平衡时有 $2K + V = 0$)

$$V_{\rm c} = \left(\frac{GM}{R_{\rm vir}}\right)^{1/2} = 160 \left(\frac{M}{10^{12} h^{-1} M_\odot}\right)^{1/3} \left(\frac{\varOmega_{\rm m}}{\varOmega_{\rm m}^z} \frac{\varDelta_{\rm c}}{18\pi^2}\right)^{1/6} (1+z)^{1/2}\ {\rm km \cdot s^{-1}} \tag{7.1.6}$$

利用这一速度，还可以定义一个包含在暗晕内的重子物质的位力温度 $T_{\rm vir}$

$$3kT_{\rm vir}/2 = \mu m_{\rm p} V_{\rm c}^2/2 \Rightarrow$$

$$T_{\rm vir} = \frac{\mu m_{\rm p} V_{\rm c}^2}{3k} = 1.03 \times 10^6 \times \mu \left(\frac{M}{10^{12} h^{-1} M_\odot}\right)^{2/3} \left(\frac{\varOmega_{\rm m}}{\varOmega_{\rm m}^z} \frac{\varDelta_{\rm c}}{18\pi^2}\right)^{1/3} (1+z)\ {\rm K} \tag{7.1.7}$$

其中，$m_{\rm p}$ 是质子的质量；μ 是重子物质的平均分子量；M 是暗晕的质量。早期宇宙核合成的结果给出 H 和 He 的丰度比大约是 3 : 1，即 $X \simeq 0.75$，$Y \simeq 0.25$，且有

$$Y = \frac{4n_{\rm He}}{1 \times n_{\rm H} + 4n_{\rm He}} \Rightarrow n_{\rm He} = \frac{Yn_{\rm H}}{4(1-Y)} \tag{7.1.8}$$

这样，对于完全电离的宇宙原初气体，

$$\mu = \frac{1 \times n_{\rm H} + 4 \times n_{\rm He}}{2n_{\rm H} + 3n_{\rm He}} = \frac{n_{\rm H} + Yn_{\rm H}/(1-Y)}{2n_{\rm H} + 3Yn_{\rm H}/4(1-Y)} = \frac{4}{8-5Y} \simeq 0.59 \tag{7.1.9}$$

同样可得，对于氢完全电离，而氦一次电离的气体，$\mu \simeq 0.62$；对于中性原初气体 $\mu \simeq 1.23$。

为求出暗晕中重子物质的平均密度，我们假设在红移为 $z_{\rm vir}$ 时，暗晕就已经位力化了，而周围的重子气体仍不断被吸积到暗晕的引力势阱之中。设暗晕的引力势为 $\phi(\boldsymbol{r})$ (注意，在晕内 ϕ 为负值，且势能零点取为远距离处 $\phi \to 0$)，在冷却作用可以忽略的情况下，重子落入暗晕中之后的流体静力学平衡方程是

$$\nabla p_{\rm B} = -\rho_{\rm B}\nabla\phi \tag{7.1.10}$$

其中，$p_{\rm B}$ 和 $\rho_{\rm B}$ 分别表示重子气体的压力和质量密度。如我们在 3.6 节所讨论过的 (参见式 (3.6.43))，宇宙演化到 $z \leqslant 550\Omega_{\rm m}^{1/5}h^{2/5}$ 以后，重子与背景辐射就完全脱耦，因此重子气体满足绝热条件

$$\frac{p_{\rm B}}{\overline{p}_{\rm B}} = \left(\frac{\rho_{\rm B}}{\overline{\rho}_{\rm B}}\right)^{5/3} \tag{7.1.11}$$

把它求导数后代入式 (7.1.10)，得

$$\frac{\nabla p_{\rm B}}{\overline{p}_{\rm B}} = \frac{5}{3}\left(\frac{\rho_{\rm B}}{\overline{\rho}_{\rm B}}\right)^{2/3}\frac{\nabla\rho_{\rm B}}{\overline{\rho}_{\rm B}} = -\frac{\rho_{\rm B}}{\overline{p}_{\rm B}}\nabla\phi \tag{7.1.12}$$

令 $x \equiv \rho_{\rm B}/\overline{\rho}_{\rm B}$，上式化为

$$\frac{5}{3}x^{2/3}\nabla x = -\frac{\overline{\rho}_{\rm B}}{\overline{p}_{\rm B}}x\nabla\phi \Rightarrow \frac{5}{3}x^{-1/3}\nabla x = -\frac{\overline{\rho}_{\rm B}}{\overline{p}_{\rm B}}\nabla\phi \tag{7.1.13}$$

积分此式并利用边界条件 $r \to \infty$ 时 $x \to 1$ 且 $\phi \to 0$，得到

$$x^{2/3} = \left(\frac{\rho_{\rm B}}{\overline{\rho}_{\rm B}}\right)^{2/3} = 1 - \frac{2}{5}\frac{\overline{\rho}_{\rm B}}{\overline{p}_{\rm B}}\phi \tag{7.1.14}$$

此即

$$\frac{\rho_{\rm B}}{\overline{\rho}_{\rm B}} = \left(1 - \frac{2}{5}\frac{\mu m_{\rm p}\phi}{k\overline{T}}\right)^{3/2} \tag{7.1.15}$$

其中，

$$\overline{T} = \frac{\overline{p}_{\rm B}\mu m_{\rm p}}{k\overline{\rho}_{\rm B}} \tag{7.1.16}$$

表示背景重子的温度。当晕中的重子气体达到位力平衡时，有 $2K+V=0$，注意到 $K=3kT_{\rm vir}/2$，$V=\mu m_{\rm p}\phi$，其中 $T_{\rm vir}$ 为晕中重子气体的位力温度，由此得出

$$T_{\rm vir} = -\frac{1}{3}\frac{\mu m_{\rm p}\phi}{k} \tag{7.1.17}$$

因而式 (7.1.15) 可以改写成

$$\delta_{\rm B} \equiv \frac{\rho_{\rm B}}{\bar{\rho}_{\rm B}} - 1 = \left(1+\frac{6}{5}\frac{T_{\rm vir}}{\overline{T}}\right)^{3/2} - 1 \tag{7.1.18}$$

因为 $T_{\rm vir} \propto -\phi$，我们看到，当背景重子气体温度 $\overline{T}$ 一定时，暗晕的引力势阱越深，晕内和晕外的重子物质的密度对比 $\delta_{\rm B}$ 就越大。

在上述讨论中，我们实际上作了相当多的近似。例如，假设重子物质落入暗晕后，在整个晕内处于流体静力学平衡；忽略了晕内外界面上的气体流动；忽略了重子气体中可能发生的激波加热或冷却等过程而使用绝热条件式 (7.1.11)，等等。其中，绝热坍缩的一个结果是，重子气体的 Jeans 质量 $M_{\rm J}$ 会随着引力坍缩时密度 $\rho_{\rm B}$ 的增加而变大。这是由于 $M_{\rm J} \propto v_{\rm s}^3/\sqrt{\rho_{\rm B}}$，对于非相对论理想气体 $(\gamma=5/3)$，$v_{\rm s} \propto T^{1/2}$ 且 $T \propto \rho_{\rm B}^{2/3}$，因而有 $M_{\rm J} \propto T^{3/2}\rho_{\rm B}^{-1/2} \propto \rho_{\rm B}^{1/2}$。用宇宙学红移作为参数时，$M_{\rm J}$ 可以表示为

$$M_{\rm J} \simeq 5.7\times10^3\times\left(\frac{\Omega_{\rm m}h^2}{0.15}\right)^{-1/2}\left(\frac{\Omega_{\rm B}h^2}{0.022}\right)^{-3/5}\left(\frac{1+z}{10}\right)^{3/2} M_\odot \tag{7.1.19}$$

可见当 $z\sim10$ 时，$M_{\rm J}$ 仍然是 $10^3M_\odot$ 量级。因此，为了形成恒星尺度的天体，我们需要考虑气体中的冷却过程，以减小气体压力对引力坍缩的抵抗作用。

7.1.2　暗晕中重子气体的冷却和坍缩

式 (7.1.7) 表明，当 $z\sim10$ 时，星系尺度的暗晕的位力温度大约为 10^6K 量级。这时气体必须通过冷却才能够进一步坍缩碎裂而形成恒星。第一代天体形成之前，宇宙中的重子成分与原初成分相同，即主要是氢和氦，基本上没有金属元素。因此冷却过程主要是通过氢和氦的原子以及离子的一系列反应，如碰撞激发 (线冷却)、碰撞电离、复合冷却、各种离子的韧致辐射以及 Compton 冷却等。另一方面，也同时存在一些加热机制，如光电离加热、Compton 加热以及激波加热等。表 7.1 列出了一些典型的冷却过程的反应率 (引自 Cen, 1992; 亦参见 Osterbrock, 1989; Peebles, 1971; Spitzer, 1978; Black, 1981)。

表 7.1 典型冷却过程的冷却率 (单位：$\mathrm{erg\cdot cm^{-3}\cdot s^{-1}}$)

(1) 碰撞电离冷却 (以下所有的 $T_5 \equiv T/10^5$)

H： $\zeta_{\rm H}(T) = 1.27\times10^{-21}T^{1/2}\left(1+T_5^{1/2}\right)^{-1}\mathrm{e}^{-157809/T}n(e)n(\mathrm{H})$

He: $\zeta_{\rm He}(T) = 9.38\times10^{-22}T^{1/2}\left(1+T_5^{1/2}\right)^{-1}\mathrm{e}^{-285335/T}n(e)n(\mathrm{He})$

HeⅡ: $\zeta_{\rm He\,II}(T) = 4.95\times10^{-22}T^{1/2}\left(1+T_5^{1/2}\right)^{-1}\mathrm{e}^{-631515/T}n(e)n(\mathrm{He\,II})$

(2) 复合冷却

HⅡ: $\eta_{\rm H\,II}(T) = 8.70\times10^{-27}T^{1/2}\left(\dfrac{T}{10^3}\right)^{-0.2}\Big/\left[1+\left(\dfrac{T}{10^6}\right)^{0.7}\right]n(e)n(\mathrm{H\,II})$

HeⅡ: $\eta_{\rm He\,II}(T) = 1.55\times10^{-26}T^{0.3647}n(e)n(\mathrm{He\,II})$

HeⅢ: $\eta_{\rm He\,III}(T) = 3.48\times10^{-26}T^{1/2}\left(\dfrac{T}{10^3}\right)^{-0.2}\Big/\left[1+\left(\dfrac{T}{10^6}\right)^{0.7}\right]n(e)n(\mathrm{He\,III})$

(3) 碰撞激发冷却 (线冷却)

H (所有能级): $\psi_{\rm H}(T) = 7.5\times10^{-19}\left(1+T_5^{1/2}\right)^{-1}\mathrm{e}^{-118348/T}n(e)n(\mathrm{H})$

HeⅡ ($n=2$)： $\psi_{\rm He\,II}(T) = 5.54\times10^{-17}T^{-0.397}\left(1+T_5^{1/2}\right)^{-1}\mathrm{e}^{-473638/T}n(e)n(\mathrm{He\,II})$

HeⅠ ($n=2,3,4$ 三重线):

$$\psi_{\rm He}(T) = 9.10\times10^{-27}T^{-0.1687}\left(1+T_5^{1/2}\right)^{-1}\mathrm{e}^{-13179/T}n(e)^2n(\mathrm{He\,II})$$

(4) 轫致辐射冷却 (所有离子, 其中 $g_{\rm ff}\simeq1.5$ 为 Gaunt 因子)

$$\theta(T) = 1.42\times10^{-27}g_{\rm ff}T^{1/2}[n(\mathrm{H\,II})+n(\mathrm{He\,II})+4n(\mathrm{He\,III})]n(e)$$

(5) Compton 冷却

(a) 由 CMB 辐射: $\dfrac{\mathrm{d}u}{\mathrm{d}t} = -\dfrac{8}{3}\dfrac{\sigma_{\rm T}}{m_{\rm e}c}\dfrac{n(e)}{n_{\rm B}}\left(1-\dfrac{T_{\rm r}}{T}\right)\varepsilon_{\rm r}u$

(b) 由弥漫 X 射线背景辐射: $\dfrac{\mathrm{d}u}{\mathrm{d}t} = -\dfrac{8}{3}\dfrac{\sigma_{\rm T}}{m_{\rm e}c}\dfrac{n(e)}{n_{\rm B}}\left(1-\dfrac{T_{\rm X}}{T}\right)\varepsilon_{\rm X}u$

在 Compton 冷却的表示式中，u、T 分别为重子物质的内能密度和温度，$\varepsilon_{\rm r}$ 为辐射能量密度，$T_{\rm r}$、$T_{\rm X}$ 分别为 CMB 和 X 射线背景辐射的温度，$\sigma_{\rm T}=6.65\times10^{-25}\ \mathrm{cm}^2$ 为 Thomson 散射截面，$n_{\rm B}$ 为重子物质的总数密度。加热过程相应的反应率亦可在上面所列文献中查出，这里就不再一一列举了。由于冷却和加热过程一般发生在较小的尺度上 (星系或星系团的尺度，例如约 5Mpc)，不同区域的密度、温度、压力、电离状态等物理条件可能相差很大，因而只有求助于流体动力学数值模拟方法，才能得到比较理想的分析结果。

在第一代天体形成处附近，冷却作用一定是主导的。如果把所有的冷却机制加起来，总的冷却率记为 $\Lambda(T)$ (单位是 $\mathrm{erg\cdot cm^{-3}\cdot s^{-1}}$)，则冷却时标是

$$t_{\rm cool}=-\frac{E}{\dot{E}}\simeq\frac{3\rho kT}{2\mu m_{\rm p}\Lambda(T)} \tag{7.1.20}$$

当温度 $T>10^4\mathrm{K}$ 时，Λ 可以写为 (参见 Padmanabhan, 2002，第 3 卷，§7.3)

$$\Lambda(T)=(A_{\rm B}T^{1/2}+A_{\rm R}T^{-1/2})\rho^2 \tag{7.1.21}$$

其中，$A_{\rm B}\propto e^6/m_{\rm e}^{3/2}$ 代表轫致辐射的贡献；$A_{\rm R}\simeq e^4mA_{\rm B}$ 表示由复合造成的冷却。当温度较低，例如 $T<10^4\mathrm{K}$ 时，氢的碰撞电离不再有效，因而使冷却率急剧降低。此时更好的结果是

$$\Lambda(T)=\frac{10^{-24}}{[1+aT_5^{-7/6}\exp(E_0/k_{\rm B}T)]^2}[2.1T_5^{-7/6}+0.44T_5^{1/2}] \tag{7.1.22}$$

其中，$a=3.8\times10^{-6}$，$E_0=13.6\mathrm{eV}$。图 7.1 表示典型冷却过程的冷却率作为温度的函数，其中图 7.1(a) 表示 $T>10^4\mathrm{K}$ 的情况，而图 7.1(b) 表示 $T<10^4\mathrm{K}$ 的情况。

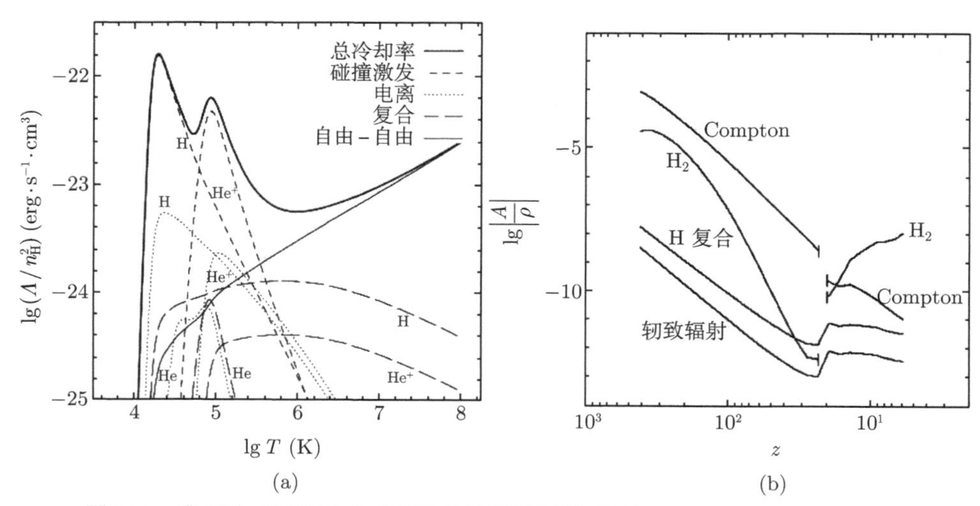

图 7.1 典型冷却过程的冷却率作为温度的函数 (引自 Weinberg et al., 1996)
(a) $T>10^4\mathrm{K}$；(b) $T<10^4\mathrm{K}$

由图 7.1(b) 可以看到，当温度降到 $T < 10^4$K 时，氢氦原子的冷却作用已经大大降低，此时除 Compton 冷却外，起主要冷却作用的是氢分子。而当温度进一步降到几十 K 时，氢分子冷却就完全占据主导地位。分子氢的形成主要是通过宇宙中残余的自由电子作为“催化剂”而进行的

$$\begin{aligned} &\mathrm{H} + \mathrm{e}^- \longrightarrow \mathrm{H}^- + h\nu \\ &\mathrm{H}^- + \mathrm{H} \longrightarrow \mathrm{H}_2 + \mathrm{e}^- \end{aligned} \tag{7.1.23}$$

氢分子形成过程中放出低能光子；同时，分子氢的振动和转动能级之间的跃迁也不断产生低能光子，从而把气体的热能释放掉。因此在分子氢的作用下，气体可以冷却从而产生最早的恒星。但是，由于形成的氢分子的数量非常少 (只有氢丰度的大约 10^{-6}，参见图 7.2)，而且很容易被能量在 11.26 ~ 13.6 eV 的紫外辐射所离解 (星系际物质对这一波段的光子几乎是透明的)，故尽管只有极少量的恒星形成，这些恒星发出的紫外辐射也足以在周围很大的范围内使得通过氢分子形成恒星的途径很快被中断。

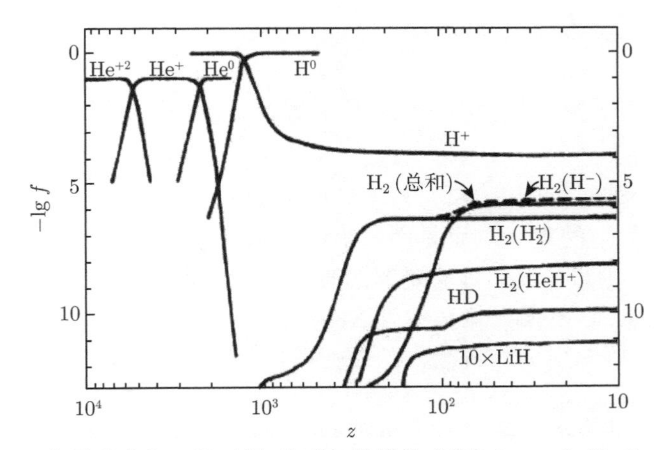

图 7.2 分子形成率 f 随时间 (红移) 的演化 (引自 Lepp & Shull，1984)

除了氢分子冷却外，早期宇宙中形成的很少量的氘，也可以参与辐射冷却作用。反应中形成了氢分子，同时还有辐射能量释放。但与氢分子的情况相似，氘核是不稳定的，很容易被光致离解，而且氘核的数量也非常稀少，故氘核反应对重子气体的冷却不是很重要。

下面我们来分析一下能形成坍缩天体的条件。采用式 (7.1.21) 表示的冷却率，冷却时标的结果是

$$t_{\rm cool} \simeq \frac{3\rho_{\rm B}kT}{2\mu m_{\rm p}\Lambda(T)}$$

$$
= 8 \times 10^{6} \left(\frac{n_{\mathrm{B}}}{1\mathrm{cm}^{-3}} \right)^{-1} \left[\left(\frac{T}{10^{6}\mathrm{K}} \right)^{-1/2} + 1.5 \left(\frac{T}{10^{6}\mathrm{K}} \right)^{-3/2} \right]^{-1} \mathrm{yr} \tag{7.1.24}
$$

此式表明，有一个转变温度 $T^{*} \approx 10^{6}\mathrm{K}$，当 $T > T^{*}$ 时以轫致辐射冷却为主，而当 $T < T^{*}$ 时以线冷却为主。

另一方面，有一个质量为 M、半径为 R 的球对称扰动区域，其引力坍缩的动力学时标为

$$
t_{\mathrm{dyn}} \approx \frac{\pi}{2} \left(\frac{R^{3}}{2GM} \right)^{1/2} \simeq 5 \times 10^{7} \left(\frac{n}{1\ \mathrm{cm}^{-3}} \right)^{-1/2} \mathrm{yr} \tag{7.1.25}
$$

其中，n 为暗晕的粒子数密度。这是由于对这样的一个球体，引力坍缩的动力学方程是 $\ddot{r} = -GM/r^{2}$，它的解为

$$
r = R\cos^{2}\xi, \quad t = \left(\frac{8\pi G\rho_{0}}{3} \right)^{-1/2} \left(\xi + \frac{1}{2}\sin 2\xi \right) \tag{7.1.26}
$$

其中，ρ_{0} 是坍缩开始时球内的平均密度。显然，坍缩的动力学时标 t_{dyn} 相应于 $\xi = \pi/2$ 时的 t。

除了上述冷却时标 t_{cool} 和动力学时标 t_{dyn} 外，还有一个重要的时标即哈勃时标 H_{0}^{-1}。暗晕中的重子物质是否能坍缩，取决于这三个时标大小的比较。如果 $t_{\mathrm{cool}} > H_{0}^{-1}$，则重子气体没有足够的时间冷却，就不能形成坍缩的天体。如果 $H_{0}^{-1} > t_{\mathrm{cool}} > t_{\mathrm{dyn}}$，重子气体虽然可以冷却，但当它冷却时，气体内的压力分布有可能自行调整以与引力相抗衡，从而使得在 t_{cool} 时标内气体保持为准静态的。只有当 $t_{\mathrm{cool}} < t_{\mathrm{dyn}} < H_{0}^{-1}$ 时，气体才可以快速 (相比于动力学时标) 冷却，从而达到一个最低的温度；这时气体的压力无法抵御引力，坍缩就如同自由落体那样发生。由于坍缩过程近似为等温过程，团块的 Jeans 质量越来越小，故气体团会不断碎裂瓦解。只有当下落物质在暗晕的核心区域产生足够强烈的激波，从而使重子气体的温度和压力急剧升高时，这一碎裂过程才会中止。

利用 $t_{\mathrm{cool}} < t_{\mathrm{dyn}}$ 的判据，我们可以估计坍缩天体的质量。图 7.3 中的实线给出 $t_{\mathrm{cool}} = t_{\mathrm{dyn}}$ 相应的曲线，三条实线自下而上分别对应于不同的金属丰度：太阳丰度、零金属丰度，以及零金属丰度但气体被光致电离。实线以上的区域表示重子气体可以充分冷却，从而形成坍缩天体。我们看到，星系 (条形所示) 大都处在这一范围，而星系团 (圆点所示) 仍处在尚未充分冷却的区域。图中的虚线表示等质量线，显然大多数星系的质量位于 $\leqslant 10^{12}M_{\odot}$。

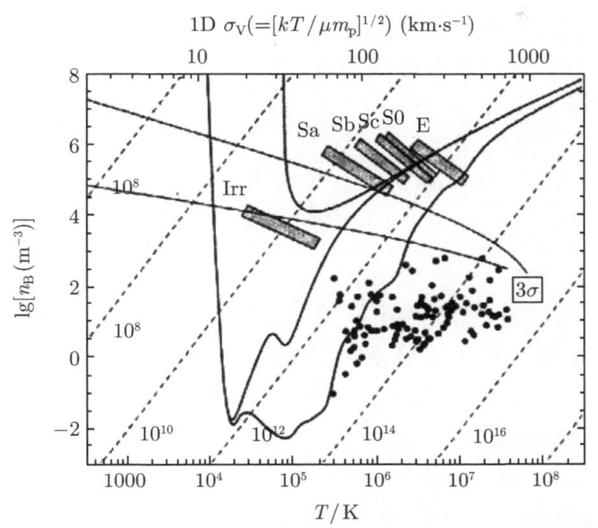

图 7.3 $t_{\text{cool}} = t_{\text{dyn}}$ 图，自下而上的三条实线分别对应不同的金属丰度：太阳丰度、零金属丰度、零金属丰度但气体被光致电离；虚线代表等质量线 (以太阳质量为单位)；圆点和条形分别表示星系团和星系的观测结果 (引自 Blumenthal et al., 1984)

当重子气体的温度大约为位力温度时 (相应于激波加热)，式 (7.1.24) 还可以改写为

$$t_{\text{cool}} = 3.5 \times 10^9 \left(\frac{F}{0.1}\right)^{-1} \left(\frac{M}{10^{12} M_\odot}\right)^{1/2} \left(\frac{R_{\text{m}}}{200\text{kpc}}\right)^{3/2} \text{yr} \tag{7.1.27}$$

其中，$F = \Omega_{\text{B}}/\Omega_{\text{m}}$ 表示物质中重子的质量比例；$R_{\text{m}} = 2R_{\text{vir}}$ 为球形区域膨胀的最大半径，并且设冷却过程由线冷却主导。坍缩的动力学时标也可以类似地写为

$$t_{\text{dyn}} \approx \frac{\pi}{2} \left(\frac{R^3}{2GM}\right)^{1/2} \approx 1.5 \times 10^9 \left(\frac{M}{10^{12} M_\odot}\right)^{-1/2} \left(\frac{R_{\text{m}}}{200\text{kpc}}\right)^{3/2} \text{yr} \tag{7.1.28}$$

由此二式可见，$t_{\text{cool}} = t_{\text{dyn}}$ 相当于

$$2.3 \left(\frac{F}{0.1}\right)^{-1} \left(\frac{M}{10^{12} M_\odot}\right) \approx 1 \tag{7.1.29}$$

而 $t_{\text{cool}} < t_{\text{dyn}}$ 的坍缩条件相应于

$$M < M_{\text{crit}} \approx 4.3 \times 10^{11} \left(\frac{F}{0.1}\right) M_\odot \tag{7.1.30}$$

这一分析与图 7.3 的结果 ($T < T^* \approx 10^6$K，即线冷却为主时) 符合得相当好。

一方面，如果暗晕的质量太小，则其冷却效率太低，热气体无法在哈勃时标内冷却，这就使得暗晕中很难形成恒星。Barkana 和 Loeb (2005) 指出，能够形成恒星的暗晕的最小质量为

$$M_{\min}(z) = 9.4 \times 10^7 M_\odot \left(\frac{V_c}{16.5}\right)^3 \left(\frac{1+z}{10}\right)^{-\frac{3}{2}} \left(\frac{\Omega_m h^2}{0.14}\right)^{-\frac{1}{2}} \tag{7.1.31}$$

其中，V_c (以 $\mathrm{km\cdot s^{-1}}$ 为单位) 由式 (7.1.6) 给出。由于 V_c 与位力温度 $T_{\rm vir}$ 相对应 (见式 (7.1.7))，我们可以针对不同的冷却机制计算其相应的 $M_{\min}$。例如，通常星族 II/I 恒星的形成以原子线冷却为主 ($T_{\rm vir} \geqslant 10^4$K)，而星族 III 恒星 (见 7.1.4 节) 的形成以分子冷却为主 ($T_{\rm vir} < 10^4$K)，故小质量 ($10^5 \sim 10^8 M_\odot$) 的暗晕可能主导星族 III 恒星的形成。

气体星云坍缩的具体过程，目前只有通过计算机数值模拟的方法来研究。图 7.4 表示数值模拟给出的典型结果 (Klessen et al., 1998)。图中显示，一团大质量的气体云 (分子云) 在坍缩的过程中逐渐形成一些致密核，这些核不断吸积周围的气体，最后得到的致密气体核的质量可达 $(10^2 \sim 10^3) M_\odot$。实际上，气体云这样的坍缩过程也相当于原来整块星云的碎裂。

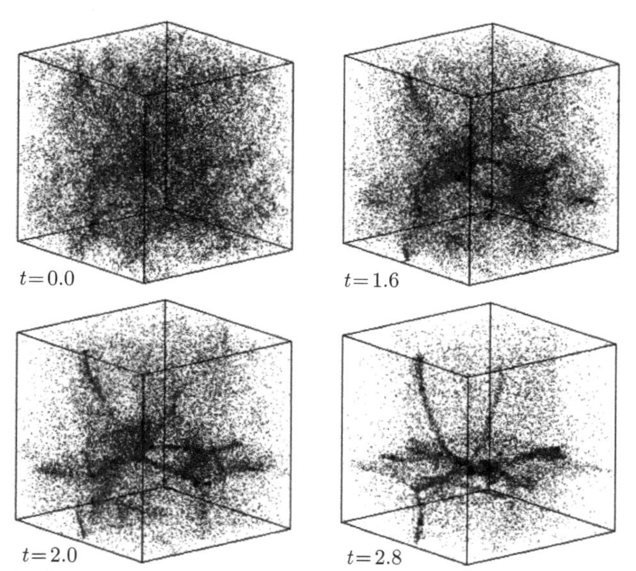

图 7.4　气体星云坍缩形成原恒星的数值模拟结果。图中的时间 t 是以气体自由下落时标为单位。当 $t = 2.8$ 时，约 60%的气体已被包含在许多致密的核中，这些致密核将进一步演化成为原恒星 (引自 Klessen et al., 1998)

下面来讨论一下有关碎裂的极限问题。我们对此作一个简单的估算。设气体

星云碎裂后最终形成质量为 M、半径为 r 的团块。在充分冷却的条件下，星云团块自由坍缩的动力学时标 t_{dyn} 取为式 (7.1.25)，因而在这一时间内由引力坍缩产生的光度是

$$L \sim \left(\frac{GM^2}{r}\right) \Big/ \frac{\pi}{2}\left(\frac{r^3}{2GM}\right)^{1/2} = \frac{2^{3/2}G^{3/2}}{\pi}\frac{M^{5/2}}{r^{5/2}} \tag{7.1.32}$$

另一方面，星云的辐射不可能比黑体辐射还要强，即

$$L \leqslant 4\pi r^2 \sigma T^4 \tag{7.1.33}$$

其中，$\sigma = \pi^2 k^4/(60c^2\hbar^3)$ 是斯特藩–玻尔兹曼 (Stefan-Boltzmann) 常数。将式 (7.1.32) 代入，并用位力温度表示气团的温度，$T = \mu m_{\mathrm{p}} GM/3kr$，则式 (7.1.33) 给出

$$\frac{2^{3/2}G^{3/2}}{\pi}\frac{M^2}{r^2}\left(\frac{3kT}{\mu m_{\mathrm{p}} G}\right)^{1/2} \leqslant \frac{\pi^3 k^4}{15c^2\hbar^3}\left(\frac{\mu m_{\mathrm{p}} G}{3k}\right)^4 \frac{M^4}{r^2} \tag{7.1.34}$$

由此得到

$$M \geqslant 8\mu^{-2}\left(\frac{kT}{\mu m_{\mathrm{p}} c^2}\right)^{1/4}\left(\frac{\hbar c}{G m_{\mathrm{p}}^2}\right)^{3/2} m_{\mathrm{p}} \tag{7.1.35}$$

其中的因子

$$\left(\frac{\hbar c}{G m_{\mathrm{p}}^2}\right)^{3/2} m_{\mathrm{p}} \simeq 1.86 M_{\odot} \tag{7.1.36}$$

刚好是白矮星质量的钱德拉塞卡 (Chandrasekhar) 极限。式 (7.1.35) 最后给出

$$M \geqslant 0.008\mu^{-9/4} T^{1/4} M_{\odot} \tag{7.1.37}$$

其中，T 以热力学温度 K 为单位。由此可见，对于典型的气体温度 $T \sim 100\ \mathrm{K}$，碎裂气团的最小质量为 $M \sim 0.01 M_{\odot}$，这与我们所了解的恒星的最小质量基本一致。

7.1.3 暗晕中恒星的形成

现在普遍的看法是，由于暗晕中心附近重子气体的密度较高，故容易冷却并形成恒星。因而暗晕中的重子物质可以分为三种成分：热的弥漫气体；诞生恒星的冷气体凝聚区；恒星。恒星的生成和演化过程把这三种成分联系在一起。

1. 恒星的形成率

Navarro 和 White (1993) 最早用数值模拟方法研究了暗晕中恒星的形成。他们利用三维 Lagrange 流体力学方法，计算了在一个重子和暗物质混合的转动球中，重子气体坍缩并形成星系盘的过程。他们发现，恒星形成过程中以超新星爆发 (以及星风) 为主要形式的能量释放，向周围气体注入大量的能量，会显著影响周围气体的温度和速度分布，因而对其后的恒星演化及星系的形成过程产生重要影响。Cole 等 (1994，2000)、Baugh 等 (1998) 用 Monte-Carlo 模拟对此作了进一步研究，他们的方法称之为**半解析模型** (图 7.5)，其中还考虑了暗晕中热气体的冷却以及星系并合过程这两个方面，对可能形成恒星的冷气体的补充供给。下面我们对这一模型作一简单介绍。

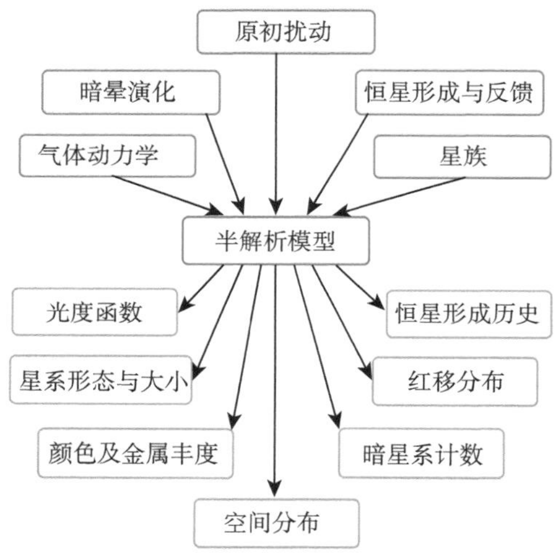

图 7.5　半解析模型的示意图 (引自 Baugh et al., 1998)

设 $m_{\rm c}^0$ 为初始时刻冷气体的总质量，它不但是暗晕中圆周速度 $V_{\rm c}$ (式 (7.1.6)) 的函数，还与以往恒星形成的历史以及星系并合的历史有关，即受到星系周围环境的影响。t 时刻的恒星形成率 $\dot{m}_{\rm s}$，应与此时暗晕内所剩余的冷气体总量成正比，而与形成恒星所需的时间尺度 $\tau_{\rm s}$ (与 t 无关) 成反比，即

$$\begin{aligned}\dot{m}_{\rm s} &= \frac{{\rm d}m_{\rm s}(t)}{{\rm d}t} = \frac{m_{\rm c}(t,V_{\rm c})}{\tau_{\rm s}(V_{\rm c})} \\ &= \frac{m_{\rm c}^0 - m_{\rm s}(t,V_{\rm c}) - m_{\rm hot}(t,V_{\rm c})}{\tau_{\rm s}(V_{\rm c})}\end{aligned} \tag{7.1.38}$$

其中，$m_{\rm s}(t)$ 为至 t 时刻已形成的恒星总质量；$m_{\rm c}(t)$ 为 t 时刻晕内冷气体的总质量；$m_{\rm hot}$ 为由于超新星能量释放而被重新加热，从而返回到热气体成分的气体质

量。再假设返回到热气体成分的质量与同期的恒星质量成正比，即

$$m_{\rm hot}\left(t,V_{\rm c}\right)=\beta\left(V_{\rm c}\right)m_{\rm s}\left(t,V_{\rm c}\right) \tag{7.1.39}$$

由以上两式容易解出 t 时刻已经形成的恒星的总质量

$$m_{\rm s}(t,V_{\rm c})=\frac{m_{\rm c}^0}{1+\beta}\left\{1-\exp\left[\frac{-(1+\beta)t}{\tau_{\rm s}}\right]\right\} \tag{7.1.40}$$

如果时间足够长，即 $t\gg\tau_{\rm s}/(1+\beta)$，则经历过再加热的冷气体的比例为

$$f_{\rm hot}=\frac{m_{\rm hot}(t,V_{\rm c})}{m_{\rm c}^0}=\frac{\beta(V_{\rm c})}{1+\beta(V_{\rm c})} \tag{7.1.41}$$

在上面的讨论中，假定了 $\tau_{\rm s}$ 和 β 都只是 $V_{\rm c}$ 的函数，并可进一步假定它们具有标度无关律：

$$\tau_{\rm s}(V_{\rm c})=\tau_{\rm s}^0\left(\frac{V_{\rm c}}{300{\rm km\cdot s^{-1}}}\right)^{\alpha_{\rm s}} \tag{7.1.42}$$

$$\beta(V_{\rm c})=\left(\frac{V_{\rm c}}{V_{\rm hot}}\right)^{-\alpha_{\rm hot}} \tag{7.1.43}$$

因而按照半解析模型，每个星系中的恒星形成历史就完全由四个参数确定，即 $\alpha_{\rm hot}$、$V_{\rm hot}$、$\alpha_{\rm s}$ 和 $\tau_{\rm s}^0$。Navarro 和 White (1993) 的数值模拟结果表明，这些参数又取决于反馈参数 $f_{\rm v}$ (即气体形成恒星的过程中，超新星释放的能量中转化为气体动能的比例)。当 $f_{\rm v}=0$ 时，超新星的影响可以忽略。但如果反馈参数达到 $f_{\rm v}=0.1$，就会显著影响晕内气体后续的演化，使恒星的形成率急剧下降。另一方面，对于给定的 $f_{\rm v}$，平均恒星生成率和被驱离星系盘的气体数量，还都与暗晕引力势阱的深度密切相关。表 7.2 给出上述诸参数的一些数值模拟结果。

表 7.2 参数的数值模拟结果

$f_{\rm v}$	$\alpha_{\rm s}$	$V_{\rm hot}/({\rm km\cdot s^{-1}})$	$\alpha_{\rm hot}$
0.01	0.0	63.0	3.0
0.1	−1.0	130.0	5.0
0.2	−1.5	140.0	5.5

需要指出的是，虽然半解析模型在物理上比较直观，且与数值模拟结果之间有许多一致性，但两者并不完全相符，例如数值模拟得到的恒星形成率，并不像

半解析模型那样包含有指数衰减项。此外，为处理简单起见，在半解析模型中 $\tau_{\rm s}^0$ 是作为一个自由参数出现的；但实际上，它的值需要与星系的光谱观测数据相比较而定。

2. 星族合成与恒星初始质量函数

恒星的形成历史 (即恒星生成率随时间的演化) 确定之后，利用星族合成模型 (Tinsley, 1972; Tinsley & Gunn, 1976) 就可以得出星族呈现的观测特征，例如谱能量的分布、绝对星等和颜色等随时间的演化。星族合成模型是在恒星演化的理论和观测的研究基础上提出的，它假设恒星的生成具有一定的恒星形成率 (SFR)，且诞生时的质量分布符合一个普适的初始质量函数 (IMF)，随后的恒星演化遵从已知的演化理论模式。最后，根据理论或观测定标，就可以得到预期的星族合成光谱及颜色等特征。当然，这一方法中还有一些值得进一步探讨的地方，例如，关于对流的物理过程，以及氦核开始燃烧后，在恒星演化的后期阶段如水平分支、渐进巨星 (AGB) 和后 AGB 阶段演化中出现的不确定性，还有恒星之间差异较大的金属丰度等问题的处理。

关于恒星形成时的 IMF，目前还没有一个令人完全满意的理论。Salpeter (1955) 最早给出的 IMF，即恒星数密度 n 随恒星质量 m 的分布是幂律形式的

$$\frac{{\rm d}n}{{\rm d}\ln m} \propto m^{-x} \tag{7.1.44}$$

其中，幂指数 $x = 1.35$。这一分布表明，恒星的数密度随恒星质量的增加而按幂律递减，或者说随质量的减小而按幂律递增。后来的研究给出了一些更为复杂的形式 (参见 Miller & Scalo, 1979；Larson, 1998)，其中，Larson IMF 的形式是

$$\frac{{\rm d}n}{{\rm d}\ln m} \propto m^{-1.35} \exp(-m_*/m) \tag{7.1.45}$$

式中，m_* 为某一特征质量 ($M_\odot$ 量级)。这一分布具有对数斜率 $x = 1.35 - m_*/m$，故在大质量端趋近于 Salpeter IMF 的幂律 $x = 1.35$，在 $m = m_*/1.35$ 时达到峰值，而在低质量端呈指数衰减。也就是说，Larson IMF 在高质量端与 Salpeter IMF 一致，在中等质量时变平，而在小质量端急剧下降。低质量端的恒星数目陡然减少这一性质，在观测上可以得到许多事实的印证，例如，前面提到过的 G 矮星疑难，即太阳附近贫金属星稀缺；星系团的金属丰度以及质光比都随质量的增加而增大；大星系团内热气体中的总量很大的重元素，等等。这些观测事实表明，最早的星系形成时，其 IMF 中所含大质量恒星的数目，比现在的星系 IMF 中要多出许多，这样的 IMF 称为 top-heavy (“头重脚轻”) 的，即多数恒星都集中在大

质量端。图 7.6 表示半解析模型得到的恒星形成率 (实线) 与一些高红移观测结果的比较。

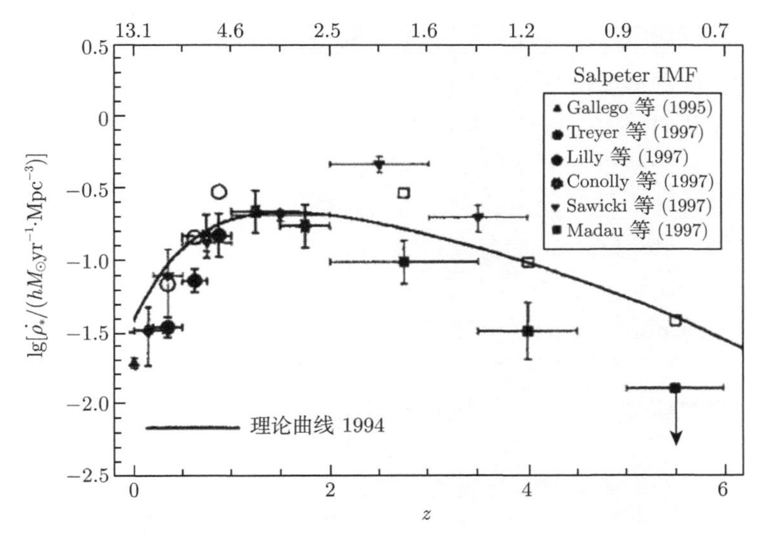

图 7.6 不同红移时恒星的形成率 (引自 Baugh et al., 1998)

7.1.4 星族 Ⅲ 和早期黑洞

1. 星族 Ⅲ

物质与辐射脱耦之后形成的第一代天体，其化学成分与原初宇宙几乎完全相同，即主要由氢和氦构成，几乎没有任何金属元素。这样的天体通常称为 “星族Ⅲ” (Population Ⅲ)。计算表明，在 $z \approx 20 \sim 30$ 时，宇宙 IGM 的温度可以冷却到 $10^{1\sim 2}$ K，此时会有大量的分子形成。一些质量为 $10^{5\sim 6}M_\odot$ 的分子云由于引力势阱较深，H_2 及 HD 分子的冷却很有效，故可以生成质量为 $10^{2\sim 3}M_\odot$ 的分子云团块。团块经迅速的引力坍缩并开始核反应，从而导致第一代恒星 (星族 Ⅲ) 的形成。由于缺乏 CNO 循环所需要的中间元素 (即 “催化剂”)，最初的核反应只能通过 PP 链进行。当核心区域的温度达到 10^8 K 时，氦核可以通过 3α 反应聚变为碳，从而进一步生成少量的重元素。此后 CNO 循环就可以开始。由于星族 Ⅲ 恒星的质量较大 (约 $(100 \sim 300)M_\odot$)，故许多星族 Ⅲ 恒星将会以超新星爆发的形式结束其短暂的一生，同时把大量重元素抛射到 IGM 之中，使得 IGM 中的重元素丰度逐渐增加。当 IGM 中的重 (金属) 元素丰度超过一定临界值时，继续生成的恒星就由星族 Ⅲ 转变为通常的星族 Ⅰ/Ⅱ。现在一般认为，这一转变发生在金属丰度 $Z_{\text{crit}} \simeq \left(10^{-3.5} \sim 10^{-4.0}\right) Z_\odot$ 时 (Bromm et al., 2003; Smith & Sigurdsson, 2007)，其中 $Z_\odot \simeq 0.02$ 为太阳的重元素丰度。与星族 Ⅰ/Ⅱ 不同的是，星族 Ⅲ 恒星的寿命并不强烈地依赖质量，而是几乎都具有同样的寿命，大致为 3×10^6yr (Bond et al., 1984; Alvarez et al., 2006)。Heger 和 Woosley (2002) 指出，不同质量的星族 Ⅲ 恒星，其最后归宿会有所不同。例如，$M < 40M_{\odot}$ 的恒星将以超新星的形式爆发，并留下一颗中子星 (当 $M < 25M_{\odot}$ 时) 或黑洞；$40M_{\odot} < M < 140M_{\odot}$ 的恒星不会爆发，而是直接坍缩成黑洞；$140M_{\odot} < M < 260M_{\odot}$ 的恒星会以“正负电子对不稳定”超新星 (PISN) 的形式爆发，并完全瓦解 (不久前发现的 SN 2006gy 超新星很可能就是一颗这样的 PISN，其爆发能量约 10^{53}erg)；而 $M > 260M_{\odot}$ 的恒星，如果没有较大的转动角动量，将会直接坍缩成黑洞 (这样的黑洞极有可能就是微类星体 (mini-QSOs) 的前身)。

计算表明，质量 $\geqslant 20M_{\odot}$ 的星族 Ⅲ 天体，所产生的电离光子数可达 $10^{47} \sim 10^{48}/(\mathrm{s}M_{\odot})$ (Tumlinson & Shull, 2000)，相当于在其一生中，平均每个重子产生 $10^4 \sim 10^5$ 个电离光子。要注意的是，一旦有少量重金属元素在星际介质中形成，强烈的紫外辐射就会受到抑制。这会使得星族 Ⅲ 天体的辐射谱显著不同于主序星。但另一方面，第一代高红移天体 (例如星团或类星体) 周围介质中氢和氦的复合，还可以重新产生很强的紫外辐射，例如 Ly-α 和 He Ⅱ 1640Å 线辐射。这些强的紫外复合线是宇宙第一代天体辐射的显著特征，人们期望下一代空间望远镜可以探测到它们。

2. 早期黑洞

如果高红移时大量生成的低质量星系中普遍存在黑洞，就会产生数量众多的类星体。这些类星体对星际氢有强烈的电离作用，这是因为由黑洞吸积产生的辐射具有硬辐射谱，且吸积产能率比通常核反应产能率高得多，同时在高光度的类星体中，电离光子的逃逸率也大于通常恒星。然而，由于这些黑洞产生于很早以前和极远的距离之外，有关它们生成环境的观测资料非常缺乏，使得人们对早期黑洞产生过程的了解，远比不上对恒星产生过程的了解。但随着高红移宇宙观测资料的不断积累，这种情况也在逐渐发生改变。

为了在暗物质晕中形成大质量黑洞，重子气体必须足够冷却。此时主要是通过位力温度 $T_{\rm vir} \geqslant 10^4$K 时原子的线冷却，相应的重子气体质量为 $\geqslant 10^7[(1+z)/10]^{3/2}M_{\odot}$。热压力解除之后，冷却的重子可以坍缩，并在动力学时标内形成一个薄盘。问题在于，有多少冷重子物质可以沉积到引力势阱的最中心，从而形成大质量的黑洞？正如恒星的形成一样，问题的关键在于如何克服角动量这一壁垒。Eisenstain 和 Loeb (1995) 的研究表明，有少量的坍缩气团具有很小的角动量，它们可以在很短的时间内形成致密的盘并进一步演化为黑洞。对于 $T_{\rm vir} \sim 10^4$K 的暗晕，其引力势阱相应的圆周速度为 $V_{\rm c} \sim 17\mathrm{km\cdot s^{-1}}$，所形成的盘的特征转动速度为 $V_{\rm disk} \sim 300\mathrm{km\cdot s^{-1}}$ (这样的转动速度可以抵御超新星的星风)，特征尺度为

$\leqslant 1\,\mathrm{pc}$，且其黏滞演化时标远小于哈勃时标。

低转动的矮星系在高红移时具有可观的数密度，它们可以在其后的演化中最终并合成为较大质量的星系。例如，质量约 $10^{10}M_{\odot}$ 的星系核球可能是由大约 10^3 个质量约 $10^7M_{\odot}$ 的气团并合而成。为了形成一个类星体，只要其中有一个气团能演化为低转动的盘，并进一步形成原黑洞就可以了。只要原黑洞的质量 $\geqslant 10^6M_{\odot}$，它就可以在小于哈勃时标的时间内，由于动力学摩擦作用而沉降到核球的中心 (Binney & Tremaine, 1987)，并触发类星体活动。此外，暗晕中的重子气团由于动力学摩擦而失去角动量，以及盘的引力不稳定性等因素都可以促使黑洞的形成。因此人们普遍认为，几乎所有星系的中心都会有黑洞的存在。

附带指出，现在有许多人认为，星族 Ⅲ 恒星也可能对原初大质量黑洞的形成作出显著贡献。因为星族 Ⅲ 恒星的质量通常可达 $10^{2\sim3}M_{\odot}$，经超新星爆发后仍然可以形成质量约 $10^2M_{\odot}$ 的“种子”黑洞，并容易通过超爱丁顿 (Eddington) 吸积在短时间内使质量增长到 $10^6M_{\odot}$ 量级。此后，再经过时间较长的 Eddington 吸积，就可以成长为超大质量的黑洞 ($10^{8\sim9}M_{\odot}$)。

原初黑洞生成之后，会不断吸积气体。如果星系之间发生并合，则它们的中心将集聚大量气体，并可能由此演化为星暴星系或类星体。如果并合星系的中心都有黑洞，则动力学摩擦会使黑洞也发生合并，同时，在黑洞的合并过程中很可能伴随有强引力波辐射。2015 年 9 月 14 日，激光干涉仪引力波天文台 (LIGO) 首次记录到引力波事件 GW150914，它对应于两个质量分别为 $29M_{\odot}$ 和 $36M_{\odot}$ 的黑洞合并，在合并过程中有 $3M_{\odot}$ 的能量以引力波形式释放。这是人们长期期盼的激动人心的观测发现。当然，由于这两个黑洞与地球的距离只有 13 亿光年，还不能认为是原初黑洞，但毕竟这是人类在引力波探索宇宙的征途中走出的第一步。

7.1.5 星系的化学演化

如前所述，宇宙第一代恒星的化学成分与原初核合成的结果相同，即比氦重的元素丰度基本可以忽略。重 (金属) 元素主要是在恒星演化过程中产生的，并由超新星爆发而注入星际介质甚至 IGM 之中。这意味着金属元素的丰度会随着一代代恒星的演化而不断增加，因而我们可以把金属丰度作为恒星“代”数的一个指示。但是，星系不是在一个封闭的环境内孤立演化的，新的星际气体会被引力吸积进来，超新星爆发也会把含重元素的气体抛射出去，这就使得问题变得相当复杂。这里我们只作一个基本的讨论，更详细的讨论可见 Lynden-Bell (1992) 或 Pagel (1994, 1997)。

设星系中恒星和星际气体的质量分别是 m_{s} 和 m_{g}，气体中的金属丰度为 Z。同时设每一代恒星形成时，其金属丰度取为形成时刻相应的气体丰度，且对大多数恒星 (低质量、长寿命) 来说，它们形成后的金属丰度近似看作不变。形成每一代恒星的气体质量中，比例为 β 的部分因为不稳定的大质量星的星风作用，几乎没有发生变化就立即返回到星际气体。剩下的质量中的一部分 (大质量星，寿命约 10^7 年) 很快演化为超新星，重金属生成后马上也返回到星际气体中，并定义 y 为因此返回到气体的重金属 “产额” 的质量比率。最后，设超新星爆发返回到星系的气体，能保留在星系内的部分所占比例为 f，其余的被驱离星系。在这些假设下，星系的化学演化方程是 (Peacock, 1999，式 (17.57))

$$\frac{\mathrm{d}(Zm_{\mathrm{g}})}{\mathrm{d}m_{\mathrm{s}}}=-\frac{Z}{1-\beta}+yf+\frac{\beta}{1-\beta}Zf \tag{7.1.46}$$

这一方程表述的正是金属丰度的守恒：等号右边第一项表示气体生成恒星所造成的金属丰度损失；第二项为气体从超新星碎片中获得的金属丰度；第三项代表没有继续反应而返回到星系的金属丰度。因子 $(1-\beta)^{-1}$ 的出现是由于向恒星演化的气体质量 δm 中，最后实际转化为恒星的质量是 $\delta m_{\mathrm{s}}=(1-\beta)\delta m$。注意，这一方程并不需要气体守恒；如果原初气体被吸积到星系中，这将使气体的质量 m_{g} 在给定的恒星质量 m_{s} 下发生改变，但化学演化方程描述的只是金属丰度的演化，因而就没有明显地出现吸积项。

求解化学演化方程就可以得到金属丰度作为恒星总质量的函数 $Z(m_{\mathrm{s}})$，即把恒星总质量作为 “时间” 变量，来研究星系的化学演化历史。于是 $Z(m_{\mathrm{s}})$ 就是 m_{s} “时刻” 星际气体的金属丰度，也就是那时形成的恒星的金属丰度。反解 $Z(m_{\mathrm{s}})$ 就得到 $m_{\mathrm{s}}(Z)$，它表示作为金属丰度的函数的恒星积分质量分布。这一研究方法的优点是，它完全与恒星形成的细节无关：无论恒星是连续生成的还是分批生成的，结果都是一样。

化学演化方程最简单的解，相应于星系处在一个封闭的体积内，其总质量不变。这表明 $f=1$，且气体的质量等于 $m_{\mathrm{g}}=m_{\mathrm{g0}}-m_{\mathrm{s}}$，其中 m_{g0} 为原星系 (恒星没有形成时) 的质量。此时式 (7.1.46) 变为

$$\frac{\mathrm{d}[Z(m_{\mathrm{g0}}-m_{\mathrm{s}})]}{\mathrm{d}m_{\mathrm{s}}}=y-Z \tag{7.1.47}$$

定义新的变量 $x\equiv m_{\mathrm{s}}/m_{\mathrm{g0}}$，式 (7.1.47) 化为

$$\begin{aligned}\frac{\mathrm{d}[Z(1-x)]}{\mathrm{d}x}=y-Z&\Rightarrow\frac{\mathrm{d}Z}{\mathrm{d}x}(1-x)=y\\&\Rightarrow\frac{\mathrm{d}x}{\mathrm{d}(Z/y)}=1-x\end{aligned} \tag{7.1.48}$$

它的解为

$$x \equiv \frac{m_s}{m_{g0}} = 1 - \exp\left[\frac{-(Z - Z_0)}{y}\right] \tag{7.1.49}$$

其中，Z_0 是初始金属丰度。(注意，m_s 是已经形成的恒星总质量，它包含 $Z_0 \to Z$ 之间不同的金属丰度。) 反解此式给出

$$Z = Z_0 + y \ln \frac{1}{1-x} \tag{7.1.50}$$

且有

$$\frac{\mathrm{d}x}{\mathrm{d}\lg z} \propto z\mathrm{e}^{-z}, \quad z \equiv \frac{Z}{y} \tag{7.1.51}$$

这表明，具有给定金属丰度的恒星数目具有一个特征分布，它的极大值相应于 $z = 1$ 或 $Z = y$。由此可见，如果没有超新星爆发的贡献 (即 $y = 0$；同时也没有来自星系以外的重金属气体的补充)，Z 将是一个不变值。此外，式 (7.1.50) 给出的 $f = 1$ (封闭系统) 情况下的结果表明，此时金属丰度 Z 随 m_s 的增长是按对数增长，这意味着大多数恒星应当是低金属丰度的，高金属丰度的恒星数目非常少。这一结论对于银河系中核球以及银晕部分来说还差不太多，但对于盘星族就不对了：盘星族中并没有众多数量的低金属星。以太阳附近为例，观测表明，小质量恒星的金属丰度大致是 Gauss 分布的，并没有向低金属丰度偏斜。这就是所谓的“G 矮星 (即类太阳恒星) 疑难”。同时，式 (7.1.50) 还表明，当气体几乎耗尽而全部转化为恒星 (即 $x \to 1$) 时，金属丰度会达到很高的值，这显然与球状星团以及矮球星系的观测事实相矛盾。观测表明，这两类天体所包含的气体数量极少，但金属丰度也很低，例如，矮球星系基本上不含气体，但其金属丰度大约为通常的星系核球的 $1/30 \sim 1/100$。要摆脱这一困难，就要放弃所有的气体都是从一开始就存在的假定，而认为气体是通过吸积而逐渐积累的。

观测结果表明的一个明显倾向是，小的星系的金属丰度比大的星系要低；星系中心部分的金属丰度比外部的要高。这是由于矮星系的引力势阱浅，恒星形成过程中就会失去较多的气体；星系的可见部分由自引力的重子物质构成，因而把气体从恒星形成处驱离时，所需要的能量将随恒星质量的增加而增加。因此，一个自然的假设是，上面定义的超新星爆发返回到星系，并能保留在星系内的气体比例 f 是星系质量的增函数，例如取

$$f(m_s) = \frac{1}{1 + \sqrt{m_c/m_s}} \tag{7.1.52}$$

其中，m_c 为一临界质量，与引力势阱的深度有关。再按照 Lynden-Bell 的方法 (Lynden-Bell, 1992)，把式 (7.1.46) 修改为

$$\frac{\mathrm{d}(Zm_gW)}{\mathrm{d}m_s} = yfW \Rightarrow \frac{Z(m_s)}{y} = \frac{1}{m_gW}\int fW\mathrm{d}m_s \tag{7.1.53}$$

其中，W 是一个函数，它满足

$$\frac{1}{W}\frac{\mathrm{d}W}{\mathrm{d}m_{\mathrm{s}}}=\frac{1}{Dm_{\mathrm{g}}},\quad D(m_{\mathrm{s}})=\frac{1-\beta}{1-\beta f(m_{\mathrm{s}})} \tag{7.1.54}$$

如果取 $W(m_{\mathrm{s}})=m_{\mathrm{s}}/(m_{\infty}-m_{\mathrm{s}})$，$m_{\infty}$ 为星系的最终质量，则可求得气体的质量演化为

$$m_{\mathrm{g}}(m_{\mathrm{s}})=\frac{m_{\infty}}{D(m_{\mathrm{s}})}\frac{m_{\mathrm{s}}}{m_{\infty}}\left(1-\frac{m_{\mathrm{s}}}{m_{\infty}}\right) \tag{7.1.55}$$

即吸积刚开始时气体质量为零，经过长时间后吸积停止，剩余气体都转化为恒星。在这一模型下金属丰度的解是

$$\frac{Z\left(m_{\mathrm{s}}\right)}{y}=2D\left(m_{\mathrm{s}}\right)\frac{m_{\infty}^{2}}{m_{\mathrm{s}}^{2}}\int_{0}^{\sqrt{m_{\mathrm{s}}/m_{\infty}}}\frac{x^{4}\mathrm{d}x}{\left(1-x^{2}\right)\left(x+\sqrt{m_{\mathrm{c}}/m_{\infty}}\right)} \tag{7.1.56}$$

当金属丰度低时，为简单起见设 $D=1$。此时对于 $m_{\mathrm{s}}\ll m_{\mathrm{c}}$，微分金属丰度的变化为 $\mathrm{d}m_{\mathrm{s}}/\mathrm{d}Z\propto Z^{3}$，即它是一个增函数而不再是指数衰减；对于 $m_{\mathrm{s}}\gg m_{\mathrm{c}}$，质量损失使金属丰度曲线不再上升，$\mathrm{d}m_{\mathrm{s}}/\mathrm{d}Z$ 保持为恒量，直到 m_{s} 与 m_{∞} 差不多时才下降。这一模型使得在引力势阱很浅 ($m_{\mathrm{c}}/m_{\infty}\leqslant 1$) 的情况下，低金属丰度受到的抑制反而更强；而质量越大的星系的金属丰度越高。类似地，星系内部也会出现金属丰度梯度，因为星系靠外边的部分较少受到束缚。

还有另外一种处理办法 (见 Padmanabhan, 2002，第 3 卷，式 (2.245))，即假设系统中气体质量和恒星质量之间有一种二次型关系

$$g(s)=\left(1-\frac{s}{M}\right)\left(1+s-\frac{s}{M}\right) \tag{7.1.57}$$

其中，g 代表气体质量；s 代表形成的恒星质量，它们都是以初始气体总质量为单位 (即归一化)。M 是一个常数，当 $M=1$ 时就回到上面封闭系统的情况。容易证明，$M<1$ 相应于系统气体总质量减少 (气体被驱离)，而 $M>1$ 相应于气体总质量增加 (系统从外部吸积气体)。此时式 (7.1.47) 化为

$$\frac{\mathrm{d}}{\mathrm{d}s}(Zg)=y-Z \tag{7.1.58}$$

令 $z\equiv Z/y$，不难求出式 (7.1.58) 的解为

$$z(s)=\left[\frac{M}{1+s-(s/M)}\right]^{2}\left[\ln\frac{1}{1-s/M}-\frac{s}{M}\left(1-\frac{1}{M}\right)\right] \tag{7.1.59}$$

其相应的微分形式是

$$\frac{\mathrm{d}s}{\mathrm{d}\ln z}=\frac{z[1+s(1-1/M)]}{(1-s/M)^{-1}-2z(1-1/M)} \tag{7.1.60}$$

当 $M>1$ 时这一函数关系如图 7.7 所示。

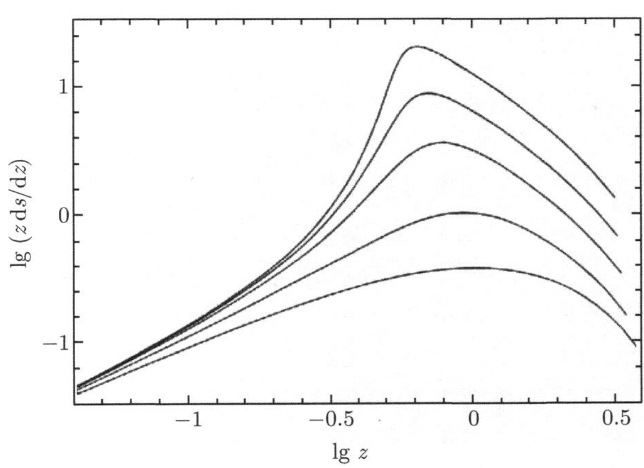

图 7.7 金属丰度分布函数，图中曲线从下到上依次相应于 $M=1$、2、5、10、20(引自 Padmanabhan, 2002)

7.1.6 星系的并合

在上述讨论中，没有考虑星系通过并合而形成的情况。如果恒星的形成仅仅是由并合而触发的，则大质量星系发生反应的气体的比例就会比较高，因而平均金属丰度也会比较高。类似地，如果星系中心优先聚集并合气体或者触发星暴，则星系中心就会有较高的金属丰度 (Larson, 1976)。

很早以来人们就认识到，星系之间的并合并不等同于暗晕之间的并合。星系团就是一个典型的例子，其中单个星系被看作是在整个星系团的暗晕中做轨道运动，而星系团的晕是由单个星系的晕并合而成的。当两个暗晕并合时，它们的热弥漫气体成分相互碰撞，激波把碰撞的动能转化为热能，并在新形成的晕中建立起准静态平衡 (Evrard, 1990; Navarro & White, 1993)。另一方面，数值模拟的结果表明，两个束缚紧密的核心的演化，与暗晕中束缚松散的弥漫气体的演化有很大不同。气体和恒星的致密核心在暗晕碰撞初期几乎可以保持不变，到了碰撞的后期也许才发生合并。

设两个或多个暗晕并合成为一个暗晕，其质量为 M_{halo}。我们把其中的星系称为“卫星星系” (或星系团成员)。这些卫星星系受到的第一个物理作用是动力学摩擦。在暗晕中做轨道运动的星系，动力学摩擦的拖曳力会使其轨道不断下降，螺旋式地落向暗晕中心，从而使得碰撞的概率大为增加。计算表明，星系的质量越大，轨道下降得就越快。其次，当两个星系发生碰撞时，它们最终并合成为一体的概率是星系内部速度弥散和碰撞速度之比的增函数。星系的内部速度弥散与它们原来所在的晕的质量 M_{sat} 有关，而碰撞速度是并合后的晕中的轨道速度。因此，星系内部速度弥散和两个星系碰撞速度之比的典型值是 $M_{\text{sat}}/M_{\text{halo}}$。此外，星系的质量越大，动力学摩擦也会越大，这也使得星系并合的概率是 $M_{\text{sat}}/M_{\text{halo}}$ 的增函数。

近 20 ~ 30 年来，星系碰撞与并合的研究已引起人们密切的关注与重视。在此之前，传统的观点一直认为，星系本身的演化以单个星系为主，星系之间的相互作用不是很重要。但许多观测事实的发现已使这种看法发生了根本性的改变。例如综合孔径射电望远镜阵 (VLA) 发现，大约 50%的旋涡星系 (包括银河系在内) 的星系盘有翘曲现象，这表明它们与邻近星系之间有引力 (潮汐力) 相互作用。此外，超过一半的椭圆星系包含不止一个分立的恒星壳层，还有些星系甚至显示核心处有两个大质量黑洞存在，这些显然都是星系并合的迹象。哈勃空间望远镜更是直接拍摄到一批星系碰撞或并合的图片 (图 7.8)，此外还有三个星系的碰撞甚至星系团之间的碰撞。现在普遍的看法是，在等级式成团模式下，不仅星系团的形成一般要晚于星系的形成，而且星系本身的演化也可能经历一个并合阶段，例如

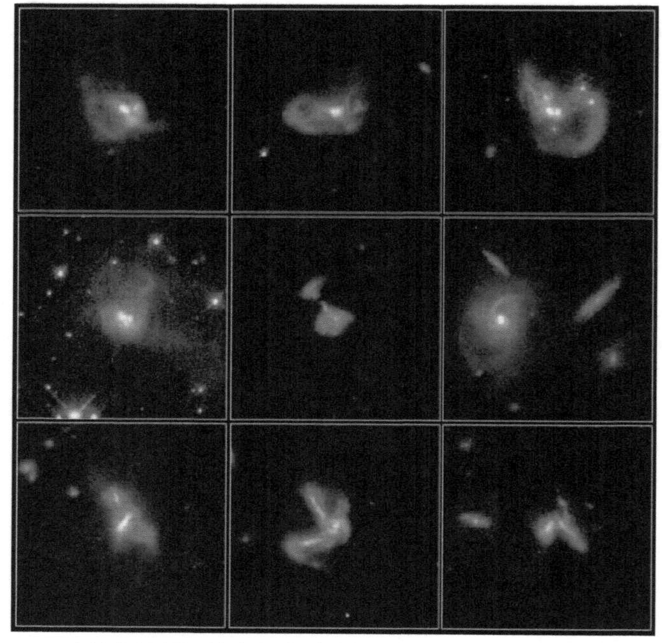

图 7.8 哈勃空间望远镜在红外波段拍摄到的星系碰撞 (NASA 发布)

大的星系很可能就是由较小的星系碰撞、并合而成。星系之间的潮汐力作用会使双方的自转变慢，就像地球与月球的潮汐力使两者的自转都慢下来一样。星系自转变慢就会显著改变旋涡星系的结构，而两个星系最后由于引力而走到一起，更会使双方的恒星、气体物质相互交融，这样最终合并而形成一个大的椭圆星系。这样看来，宇宙中大质量的椭圆星系很可能都是由较小的旋涡星系并合而成。

7.1.7 星系形成中的 downsizing 问题

按照自下而上 (或等级式成团) 的宇宙模型，小质量的星系先期形成，然后逐渐形成越来越大的星系或星系团。的确在观测中已经发现，星系形成于宇宙演化的早期，而星系团是在 $z \leqslant 1$ 时才大量形成的。但更仔细的观测却发现了一些与此矛盾的现象。比如在我们的近域宇宙 (local universe) 中，质量最大的星系 (巨椭圆星系) 中包含了最古老的星族，而这些巨椭圆星系似乎应当比质量较小的星系形成得晚，正如 7.1.5 节谈到的，小的星系比大的星系金属丰度要低。还有，我们看到的大多数恒星形成过程发生在低质量或中等质量的星系中，而质量非常大的星系中却鲜见有恒星在形成。此外，对极红天体 (extremely red object) 的观测表明，大质量的老年星系在红移 $z \sim 2$ 时就已经存在，因此它们必定形成于更早的宇宙时期。现在把这种高红移时恒星形成发生在大质量星系，而目前大多数恒星形成发生在质量较低星系中的现象称为 **downsizing**，显然这一现象是与自下而上的宇宙模型相矛盾的。

上述 “downsizing” 问题可以通过星系的红移巡天进行更仔细的研究。近年来，SDSS 对 70000 个低红移 ($0.01 \leqslant z \leqslant 0.08$) 星系的光度–光谱测量，得到了星系数密度在颜色–绝对星等平面上的分布图 (参见 Schneider, 2006，图 3.33)。图中明显可见两个峰：一个峰在红色区，绝对星等为 $M \sim -21$；另一个峰在蓝色区，其绝对亮度要明显暗得多。

我们知道，星系的谱线宽度可以用以测量特征速度，进而得出星系 (以及星系晕) 的质量。观测发现，在近域宇宙中，红色星系的平均质量要比蓝色星系大，其分界线大致在 $(2 \sim 3) \times 10^{10} M_{\odot}$ 处。这看来是星系质量分布中的一个特征质量：恒星总质量大于这一特征质量的大多数星系是红色的，而质量小于这一特征质量的大多数星系是蓝色的。这就是星系颜色的双模式分布，它直接反映出恒星形成率的双模式分布。通常把红色星系称为早型星系，因其恒星形成过程已基本停顿；而把蓝色星系称为晚型星系，因其恒星形成过程仍在继续。把这样的研究扩展到高红移情况，在较暗的星等范围做光谱巡天，我们就可以得知这种双模式分布是否随时间而变化。观测结果表明，把早型和晚型分开的特征质量随红移而增加。例如，从 $z = 0.4$ 到 $z = 1.4$，这一特征质量将增大约 5 倍。反过来也就是说，恒星形成基本停顿的星系的质量尺度随时间而递减，即恒星的形成只是在越来越低质量的星系中进行。

除了 downsizing 问题，星系形成理论遇到的另一个问题是，目前很少观测到质量非常大的星系。我们知道，星系的 Schechter 光度函数 (见式 (6.2.17)) 中有一个特征临界光度 L_*，超过了这一光度，星系的数量就将呈指数下降 (图 6.2(b))。但是，如果假设星系质光比的值一定，则 L_* 对应的星系晕 (暗晕) 质量，将显著低于等级式成团理论给出的临界质量 M_*——超过这一临界质量，暗晕的数目将呈指数下降。事实上也发现，暗晕的质量谱与星系的恒星总质量 (光度) 谱有着明显的差异。于是问题出现了：为什么星系具有某种最大光度值 (或最大恒星总质量)？曾有人认为，L_* 的大小与暗晕中气体的冷却率有关。如果暗晕的质量过大，则相应的气体位力温度就很高，密度也很小，这样就使得气体冷却的时标过长，从而大大降低了恒星的形成效率。但在取宇宙重子密度为 $\Omega_{\rm B} = 0.044$ 的情况下，这一看法却得不出与观测相符的定量结果。

解决这一问题的线索可能来自星系团中缺少冷却流 (cooling flows)。表面上看，星系团内部区域的气体密度足够高，使得气体可以在小于哈勃时标的时间内冷却。但事实上气体却没有冷却，否则我们会观测到强烈的线辐射。大质量星系中也发现有类似情况，在它们的晕中还存在剩余的气体。这些气体是可见的 (例如通过它们的 X 射线辐射)，并没有冷却而形成恒星。现在的看法是，星系团中心星系中的活动星系核 (AGN) 释放出大量的能量，把周围气体加热，因而这些气体无法冷却到较低的温度。这一看法目前已经得到观测上的支持。

类似的机制可以用到星系中。当气体被吸积到暗晕中后，气体可能被冷却而形成恒星，也可能被吸积到星系中心的黑洞。在后者的情况下，黑洞的活动性将增加，使周围气体被加热，从而导致进一步的恒星形成过程被终止。如果气体冷却和形成恒星的时标小于气体自由下落到星系中心的时标，大量恒星就可以在 AGN 开始活动之前形成。反之，恒星的形成过程就被抑制。数值分析结果表明，对于质量约 $2 \times 10^{11} h^{-1} M_\odot$ 的暗晕，这两个时标大致相等，这与 Schechter 光度函数的临界光度大致是相当的。

在星系演化的半解析模型中，把 AGN 的反馈仔细考虑进去，就可以得到与观测符合得很好的星系光度函数。而且，这样的模型也可以得出观测到的恒星质量函数的演化。这就给我们提供了一个理解 downsizing 现象的理论框架，但彻底解决这一问题还需要作更仔细的研究。事实上我们已经了解，当星系中心黑洞的质量达到约 $10^8 M_\odot$ 时，其能量输出就会变得很显著，星系核活动就会对星系的进一步演化产生深刻影响。亮类星体的寄主星系中没有发现有恒星形成，这也从另一方面表明了，AGN 的能量输出阻止了它周围的恒星形成过程。

7.2 高红移天体与星系际介质

宇宙第一代天体 (主要是星族 Ⅲ) 的强烈辐射，会使 IGM 发生再电离，因而会对 CMB 辐射产生重要影响，例如第 5 章谈到的 Sunyaev-Zel’dovich 效应以及 CMB 的各向异性。此外，再电离使大范围的 IGM 被重新加热，这样就会对下一代天体的形成产生重要的反馈作用。我们知道，在核反应中平均每个重子静质量的大约 7‰ 转化为辐射，相应的辐射能量约为 7×10^{6} eV，而在黑洞吸积过程中的辐射能量释放比这还要高出几十倍。另一方面，氢原子的电离能只有 13.6 eV，也就是说，只要重子物质中有大约 10^{-5} 的比例参与核反应或黑洞吸积，则产生的辐射光子就足以使整个宇宙再电离。当然，这些辐射光子中会有相当部分的能量低于电离能，但这也只会使上述所需比例提高 1~2 个量级。总之，宇宙第一代天体形成后，既可能影响到之后的宇宙天体演化，也可能影响到之前的宇宙遗迹 (如 CMB 辐射)，因而对此问题的研究是目前宇宙学最活跃的领域之一。

7.2.1 类星体

获得早期宇宙有关信息最有效的途径之一，是通过对高红移天体的观测。但为了能有效地观测这些天体，它们必须足够亮，且其辐射在经过大的红移后能进入观测仪器所适宜的波段。

在大红移天体中，最具有典型意义的是类星体。目前观测到最大红移类星体是 J03131806 (Wang et al., 2021)，其红移为 $z=7.642$。我们将看到，即使是单个高红移类星体的观测结果，也会对宇宙大尺度结构形成的理论提供强有力的限制。但高红移类星体的观测和证认是一件相当困难的工作，按照 Efstathiou 和 Rees (1988) 的估计，$z\simeq2$ 时类星体的共动数密度为

$$n_{\rm Q}(>L_{\rm Q})\simeq1.5\times10^{-8}\ (h^{-1}{\rm Mpc})^{-3} \tag{7.2.1}$$

其中，$L_{\rm Q}\simeq2.5\times10^{46}{\rm erg\cdot s^{-1}}$。图 7.9 显示 2dF QSO 红移巡天得到的类星体空间分布。图中可见，类星体的数密度在 $z\sim2$ 处呈现极大值。

通常的模型认为，类星体的光度是由**寄主星系**中心黑洞的吸积过程而产生的。所需要的黑洞质量与类星体光度 L、寿命 $t_{\rm Q}$ (但目前对此还不十分清楚)，以及静能转化为辐射的效率 ε 等因素有关。对于上述给定的光度，所需要的黑洞质量是

$$M_{\rm Q}\simeq5\times10^{7}h^{-2}\varepsilon^{-1}\left(\frac{t_{\rm Q}}{10^{8}{\rm yr}}\right)M_{\odot} \tag{7.2.2}$$

我们再估计一下寄主星系的质量。这里要考虑三个因子：重子物质在整个星系质量中所占比例；恒星形成过程中，能保留在晕中而不被超新星爆发驱离出晕的重

子比例；参与能量转化的重子比例。这三个比例因子的大小都很难确定，因而通常把这三个因子相乘的结果记为一个因子 F，表示参与辐射发光的重子质量占整个星系质量的比例，并有 $F \approx 0.01$。

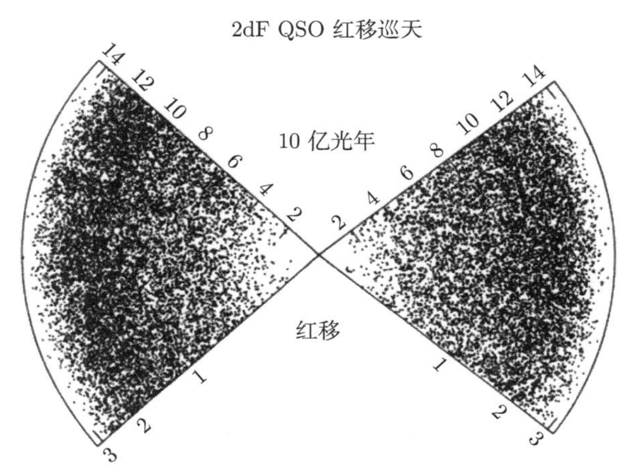

图 7.9 2dF QSO 红移巡天得到的类星体空间分布 (引自 2dF Collaboration)

星系晕的形成可以用 Press-Schechter 公式来描述。由此容易得到，红移为 z、光度大于 $L_{\rm Q}$ 的类星体数密度是 (Efstathiou & Rees, 1988)

$$n_{\rm Q}(>L_{\rm Q}, z) \simeq \int_{t_{\min}}^{t(z)} \int_{M_{\min}}^{\infty} \frac{\partial N(M, Z)}{\partial t} {\rm d}M{\rm d}t \tag{7.2.3}$$

其中，$t_{\min}$ 取为 0 和 $t(z) - t_{\rm Q}$ 两者中之大者，即 $t_{\min} = \max\{0, t(z) - t_{\rm Q}\}$。星系的最小质量 $M_{\min}$ 取为

$$M_{\min} \simeq 2 \times 10^{11} \left(\frac{t_{\rm Q}}{10^8 {\rm yr}}\right) \left(\frac{\varepsilon}{0.1}\right)^{-1} \left(\frac{F}{0.01}\right)^{-1} \left(\frac{L}{L_{\rm Q}}\right) M_{\odot} \tag{7.2.4}$$

将 Press-Schechter 公式 (6.2.16) 代入 (为与数值模拟结果一致取 $\delta_{\rm c} = 1.33$，并取指数中 $\alpha \simeq -2.2$，与 CDM 模型在相关尺度的谱相对应)，式 (7.2.3) 给出

$$\begin{aligned} n_{\rm Q}(>L_{\rm Q}, z) \simeq & 1 \times 10^{-3} (1+z)^{5/2} \left(\frac{t_{\rm Q}}{10^8 {\rm yr}}\right) \beta^{-0.866} \\ & \times \exp[-0.21 \beta^{0.266} (1+z)^2] (h^{-1}{\rm Mpc})^{-3} \end{aligned} \tag{7.2.5}$$

其中，β 的定义是

$$\beta = \left(\frac{L}{L_Q}\right) \left(\frac{t_{\rm Q}}{10^8 {\rm yr}}\right) \left(\frac{\varepsilon}{0.1}\right)^{-1} \left(\frac{F}{0.01}\right)^{-1} \tag{7.2.6}$$

式 (7.2.5) 表明，n_Q 在大红移时指数地下降。

光信号从类星体到观测者的传播途中，可能会被 IGM 吸收或散射，这就使我们可以通过观测类星体的光谱，来研究沿途介质的分布和有关物理性质。图 7.10 为一个典型的类星体光谱。图中，在突出的 Ly-α 发射线 (固有波长 λ =1216Å) 的短波一侧，可以看到显著的 Ly-α 吸收线丛，它一直延续到 Lyman 极限 (固有波长 λ =912Å)。

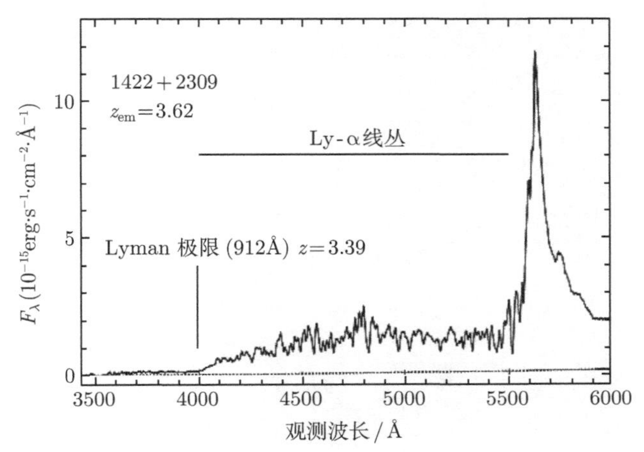

图 7.10 典型的类星体光谱 (引自 Peterson, 1997)

7.2.2 Gunn-Peterson 检验

按照标准宇宙学模型，复合之后的重子物质应基本处于中性原子状态，被残余的 CMB 高能光子电离的原子数量极少。但随着宇宙第一代天体的形成，这些天体辐射的大量光子，经过 IGM 时会发生显著的散射或电离。如前所述，由于这些天体辐射的光子能量十分巨大，故很少部分的重子物质的辐射，就足以使宇宙的其余部分完全电离。因此，我们需要从观测上找到详细的证据，以了解第一代天体的形成对宇宙整体环境以及其后演化的影响。

当第一个红移大于 2 的类星体 3C9 被发现以后，Gunn 和 Peterson (1965) 就提出，可以利用它的光谱特征来探测宇宙中性氢的存在。中性氢可以吸收 Ly-α 光子 (然后向各个方向散射)，它的波长在共振吸收处是 $\lambda_\alpha = 1216$Å。但由于宇宙学红移，该光子从遥远天体 (例如类星体) 发出时的波长应小于 λ_α。如果类星体与观测者之间有大量中性氢气体存在，则我们可以预期，在类星体光谱中 Ly-α 发射线短波一侧，会出现显著的几乎没有辐射流量的**吸收槽** (absorption trough)。这就是所谓的 **Gunn-Peterson 检验**。图 7.11(a) 就是这样一个示意图，在图示的情况下，类星体光谱中可以看到光线经过大范围中性氢区时产生的宽而深的 Ly-α

吸收槽，还可以看到光线经过交迭的电离区时形成的 Ly-α 吸收线丛。实际观测已经发现这样的高红移类星体光谱，如图 7.12 所示。但如果宇宙介质 (重子物质) 的分布是一种如图 7.11(b) 所示的泡状结构，泡壁主要由中性氢组成，其余部分为电离区，则观测到的光谱结构中将看不到宽而深的 Ly-α 吸收槽。因此通过对 Ly-α 吸收光谱的仔细分析，就可以得知宇宙中重子物质的分布和演化情况。

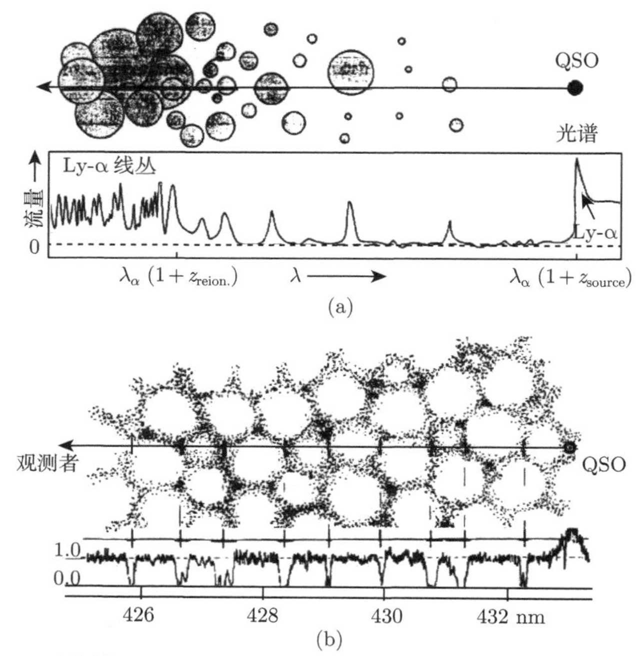

图 7.11　(a) Ly-α 吸收槽以及吸收线丛形成的图示。圆圈代表电离的 IGM 区域，电离区之间是中性氢。从类星体发出的光线，经过大范围中性氢区域时就形成 Ly-α 吸收槽，而经过交迭的电离区时就形成 Ly-α 吸收线丛，如图的下部所示 (参见 Barkana & Loeb, 2001)。(b) 假设宇宙介质具有如图所示的泡状结构，泡壁主要由中性氢组成，其余部分为电离区。图的下部表示将观测到的光谱结构，其中看不到宽而深的 Ly-α 吸收槽

在观测到的类星体光谱中，吸收线和吸收槽的深浅与中性氢的密度有关，可以用吸收光深来计算。当光深 $\tau \gg 1$ (见下面的讨论) 时，吸收槽位置相应的区域就应该有大量中性氢气体存在。显然，为了在可见光波段观测到这一效应，类星体的红移 z 应当大于 2。

下面我们来计算一下中性氢的 Ly-α 吸收光深。Ly-α 跃迁的光致激发截面是

$$\sigma(\nu) = \frac{\pi e^2 f_\alpha}{m_e c} g(\nu - \nu_\alpha) \tag{7.2.7}$$

其中，ν_α 是 Ly-α 跃迁的频率；$f_\alpha = 0.416$ 是相应的振子强度；函数 $g(\nu-\nu_\alpha)$ 描述了 Ly-α 线的轮廓，并归一化为 $\int g(\nu)\mathrm{d}\nu = 1$。现设光源 (类星体) 位于红移 z_s 处，如果观测到的 Ly-α 光子的频率为 ν_0，则其吸收光深为

$$\tau\left(\nu_0\right) = \int_0^{z_\mathrm{s}} \sigma(\nu) n_{\mathrm{HI}}(z) \left|\frac{c\mathrm{d}t}{\mathrm{d}z}\right| \mathrm{d}z, \quad \nu = \nu_0(1+z) \tag{7.2.8}$$

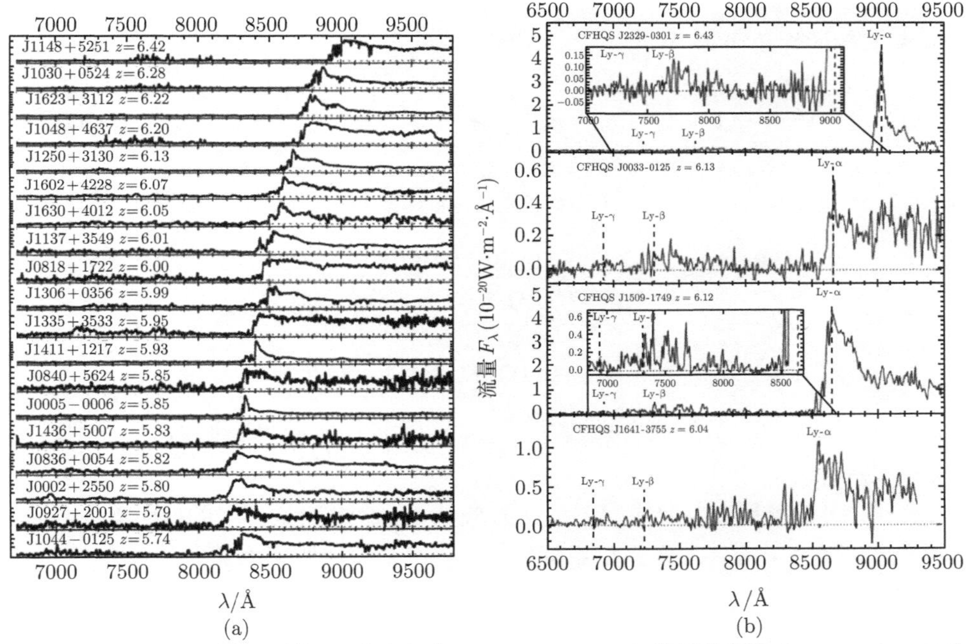

图 7.12 (a) SDSS 拍摄到的 19 个高红移 ($5.74 \leqslant z \leqslant 6.42$) 类星体光谱 (Fan et al., 2006)；(b) CFHQS 拍摄到的 4 个高红移 ($6.04 \leqslant z \leqslant 6.43$) 类星体光谱 (Willott et al., 2007)

其中，$n_{\mathrm{HI}}(z)$ 是红移 z 处的中性氢原子数密度。式 (7.2.8) 中的导数项可以写为

$$\frac{\mathrm{d}t}{\mathrm{d}z} = \frac{\mathrm{d}a}{\mathrm{d}z} \Big/ \frac{\mathrm{d}a}{\mathrm{d}t} = \frac{\mathrm{d}a}{\mathrm{d}z} \Big/ aH(t) \tag{7.2.9}$$

注意到，$a(z) = 1/(1+z)$，且对于 ΛCDM 宇宙的一般情况，我们有

$$\frac{H(t)}{H_0} = \left[\frac{\Omega_\mathrm{m}}{a^3} + \Omega_\Lambda\right]^{1/2} \tag{7.2.10}$$

故

$$\left|\frac{\mathrm{d}t}{\mathrm{d}z}\right| = \frac{1}{(1+z)H(z)} = \frac{1}{H_0[\Omega_\mathrm{m}(1+z)^5 + \Omega_\Lambda(1+z)^2]^{1/2}} \tag{7.2.11}$$

此外，因为 $g(\nu-\nu_\alpha)$ 在 Ly-α 线处是一个非常尖锐的峰，故可近似地用 δ 函数来表示，因而式 (7.2.8) 现在变为

$$\begin{aligned}\tau(\nu_0)&=\frac{c}{H_0}\int_0^{z_s}\frac{\sigma\left[\nu_0(1+z)\right]n_{\mathrm{HI}}(z)\mathrm{d}z}{\left[\Omega_{\mathrm{m}}(1+z)^5+\Omega_\Lambda(1+z)^2\right]^{1/2}}\\&=\frac{\pi\mathrm{e}^2f_\alpha}{m_\mathrm{e}H_0}\int_0^{z_s}\frac{n_{\mathrm{HI}}(z)\delta\left[\nu_0(1+z)-v_\alpha\right]\mathrm{d}z}{\left[\Omega_{\mathrm{m}}(1+z)^5+\Omega_\Lambda(1+z)^2\right]^{1/2}}\end{aligned}\tag{7.2.12}$$

利用 δ 函数的性质可得

$$\delta[\nu_0(1+z)-\nu_\alpha]=\frac{\delta(z-z_1)}{\nu_0}=\frac{(1+z_1)\delta(z-z_1)}{\nu_\alpha}\tag{7.2.13}$$

其中，$z_1\equiv\nu_\alpha/\nu_0-1$。将式 (7.2.13) 代入式 (7.2.12) 后，积分给出

$$\begin{aligned}\tau(\nu_0)&=\frac{\pi\mathrm{e}^2f_\alpha n_{\mathrm{HI}}(z)}{m_\mathrm{e}H_0\nu_\alpha[\Omega_{\mathrm{m}}(1+z)^3+\Omega_\Lambda]^{1/2}}\\&=\frac{\pi\mathrm{e}^2f_\alpha\lambda_\alpha n_{\mathrm{HI}}(z)}{m_\mathrm{e}cH_0[\Omega_{\mathrm{m}}(1+z)^3+\Omega_\Lambda]^{1/2}}\end{aligned}\tag{7.2.14}$$

式中，$z=z_1=\nu_\alpha/\nu_0-1$，相应于 Ly-α 光子被中性氢共振吸收处的红移。式 (7.2.14) 表明以下三点。

(1) 不同观测频率 ν_0 (或波长 λ_0) 对应的 Ly-α 光深是不同的，尽管从光源到观测者之间重子物质 (主要是星系际氢) 的柱密度与观测频率无关。

(2) 观测到的 Ly-α 光子频率 ν_0 与共振吸收处的红移 z 之间有一一对应的关系 $z=\nu_\alpha/\nu_0-1$，因此 $\tau(\nu_0)$ 也可写为 $\tau(z)$；式 (7.2.14) 表明，$\tau(z)$ 只与红移 z 处的中性氢原子密度 $n_{\mathrm{HI}}(z)$ 有关，而与光源到观测者沿途其他地点的 n_{HI} 无关。也就是说，除了分母中有与红移 (距离) 有关的因子外，式 (7.2.14) 把光深与共振吸收处的中性氢原子密度对应联系起来；或者说，从不同观测频率的光深 $\tau(\nu_0)$ (反映为不同 ν_0 的 Ly-α 吸收线强度)，就可以直接推断出红移 z 处的中性氢原子密度 $n_{\mathrm{HI}}(z)$。因此，类星体光谱中 Ly-α 吸收线强度随 ν_0 的分布实际上反映了从类星体到观测者之间，n_{HI} 随距离 (红移 z) 的分布。Ly-α 吸收线越深的地方，相应的 $n_{\mathrm{HI}}(z)$ 值也越大。如果在光谱中出现宽而深的 Ly-α 吸收槽，则表明在吸收槽相应的一段距离内，主要是中性氢存在。通过图 7.11(a) 和 (b) 的示意，我们可以更直观地理解上述这些结论。附带指出，这两幅图除了宇宙介质的空间分布方式不同外，还有一个重要的区别：由于红移 z 和宇宙时间相对应，故图 7.11(a) 表示的宇宙结构是随时间演化的 (从右到左)，而图 7.11(b) 的宇宙显然是静态的，不随时间演化。

(3) 设宇宙中氢原子的电离是均匀的，且不随红移而变，则 $n_{\rm HI}(z) \propto (1+z)^3$，此时式 (7.2.12) 在高红移时可以近似表为 (Barkana & Loeb, 2001)

$$\tau(z) \approx 6.45 \times 10^5 x_{\rm HI} \left(\frac{\Omega_{\rm b} h}{0.03}\right) \left(\frac{\Omega_{\rm m}}{0.3}\right)^{-1/2} \left(\frac{1+z}{10}\right)^{3/2} \tag{7.2.15}$$

其中，$x_{\rm HI}$ 是中性氢原子所占比例。对红移为 $z = 5.8$ 的类星体的观测资料分析表明，$\tau \leqslant 0.5$ (Fan et al., 2000)，因而有 $x_{\rm HI} \leqslant 10^{-6}$，这意味着 $z < 6$ 以后，宇宙就已经几乎完全再电离了。由式 (7.2.15) 还可以看出，只要 $x_{\rm HI} \geqslant 10^{-5}$，在通常选取的宇宙学参数情况下就很容易得到 $\tau \gg 1$，即类星体 Ly-α 发射线蓝端一侧的连续谱就会出现明显的吸收槽，也就是 Gunn-Peterson 预言的现象。迄今为止的观测表明，红移 $z < 6$ 的类星体的光谱观测都没有发现强烈的吸收槽，而 $z > 6$ 的类星体光谱中已发现有明显的吸收槽，如图 7.12(a) 及 (b) 所示。这意味着，自 $z \approx 6$ 之后，宇宙介质就再次被完全电离了。

7.2.3 宇宙再电离的历史

我们在 5.7 节中曾讨论到，复合之后 IGM 的再电离，会对 CMB 辐射产生重要影响。其影响主要有两个方面：一是再电离气体中的高能电子对 CMB 光子的 Compton 散射，即 S-Z 效应；二是再电离后如果 CMB 光子的 Thomson 散射光深变得过大，则复合时期结束时 CMB 小尺度温度涨落的遗迹将被全部抹去，由此我们将失去有关早期宇宙演化遗留下来的宝贵信息。另一方面，如下面将谈到的，宇宙 IGM 再电离，也必定会对后续的天体形成产生重要的影响。因此，宇宙介质何时以及怎样被再电离的，就成为当前宇宙学研究的一个热点问题。

到目前为止，对于宇宙再电离的历史还没有取得一致的意见。大体说来，有如下几种看法 (图 7.13)。

(1) 早期再电离。这种看法认为，宇宙再电离是在 $z \approx 10 \sim 20$ 的早期发生的。再电离的原因可能有多种，例如宇宙粒子衰变 (Kasuya & Kawasaki, 2006)，原初宇宙磁场 (Tashiro & Sugiyama, 2006)，重归的宇宙弦 (Pogosian & Vilenkin, 2004)，微类星体 (Madau et al., 2004)，以及第一代星系 (Ciardi et al., 2003) 等。这里我们只简单介绍后两种观点。

• 微类星体 (mini-QSO 或 mini-quasar)。根据标准的 CDM 等级式成团模型，在质量 $M > 5 \times 10^5 M_\odot$ 的暗物质微晕 (minhalo) 中，可以通过氢分子冷却而形成最早一代的天体，即星族 Ⅲ 恒星，时间是 $z \approx 20 \sim 30$。对原初分子云的动力学数值模拟的结果表明，开始形成的恒星质量相当大，$m_* \geqslant 100 M_\odot$。这样大质量且金属丰度近于零的恒星，发出的辐射与温度约 10^5K 的黑体相似，每个重子发出的 Lyman 连续谱光子数，比通常恒星情况下要多出 20 倍左右。此外，星族

Ⅲ 恒星的初始质量函数 (IMF) 是 top-heavy 的，即大质量星多而小质量星少。这样的质量分布函数对于早期 IGM 的电离、热和化学演化有决定性的作用。

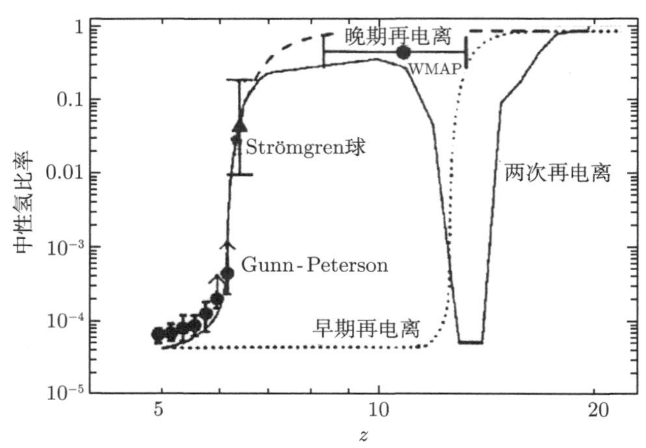

图 7.13 几种可能的 IGM 再电离历史。纵轴为中性氢的比率，横轴为宇宙学红移。图中实线表示两次再电离，点线表示早期再电离，短划线表示晚期再电离

如前所述，质量在 $140M_{\odot} \leqslant M_* \leqslant 260M_{\odot}$ 的星族 Ⅲ 恒星，会因超新星爆发而消失 (Bond et al., 1984)，同时遗留下第一代重元素。质量在 $40M_{\odot} \leqslant M_* \leqslant 140M_{\odot}$ 以及 $M_* > 260M_{\odot}$ 的星族 Ⅲ 恒星将坍缩成黑洞，所生成的黑洞质量为 $(4 \sim 18)M_{\odot}$，属于中等质量或恒星质量的黑洞 (McClintock & Remillard, 2003)。Madau 等 (2004) 的计算表明，这些黑洞从周围介质吸积气体，将在 $z \sim 15$ 时演变成**微类星体**而发光。微类星体发出大量的 Lyman 连续谱光子，平均每个重子释放大约 100 MeV 的能量。这些微类星体和星族 Ⅲ 恒星一起，使宇宙发生早期再电离。由于微类星体产生的软 X 射线，比星族 Ⅲ 恒星发出的极紫外辐射更容易穿透密度大的恒星形成区域，因而微类星体在 IGM 早期再加热和再电离中起到的作用，将超过星族 Ⅲ 恒星。同时，微类星体产生的软 X 射线背景也有利于气体密集区中氢分子的形成，这将增大气体的冷却率和微晕中恒星形成的效率。当然，中等质量的黑洞也可能在星系核球中聚集成团 (Madau & Rees, 2001)，甚至演化为超大质量的黑洞。

• 第一代星系。这一看法基于高分辨率的计算机 N 体数值模拟 (描述暗物质和弥漫气体的分布)、星系形成的半解析模型 (跟踪电离源) 以及 Monte Carlo 方法 (描述电离光子在 IGM 中的传播)。为了得到与 WMAP 的结果一致的电离光深，第一代星系 (质量为几个 $10^9 M_{\odot}$) 中恒星的 IMF 需要是 top-heavy 的，同时要求一定比率的电离光子能够逃逸到 IGM 中。图 7.14 给出了 Ciardi 等 (2003) 的计算结果，计算中取恒星的最大质量为 $40M_{\odot}$。图中，实线 (L20) 代表 Larson

IMF 及 20%的电离光子逃逸率，其中 Larson IMF 把质量 $< 5M_\odot$ 的 Salpeter IMF 由幂律形式改为指数衰减，因而大大减少了小质量恒星的数目；短划线和长划线分别代表 Salpeter IMF 及 20%、5%的电离光子逃逸率。图 7.14 表明，大质量恒星所占的比例越大，电离光子的逃逸率越高，则对宇宙 IGM 再电离的产生作用也越大。

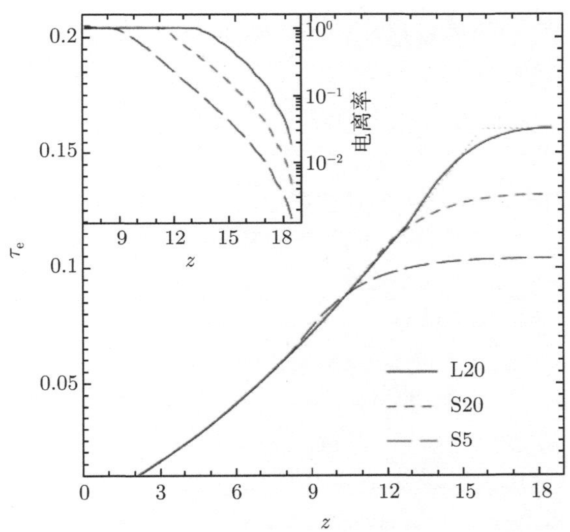

图 7.14 不同恒星质量分布函数和电离光子逃逸率条件下的 IGM 再电离结果的比较。大图中纵轴表示电离光深，小图中纵轴表示 IGM 的电离率。不同曲线的说明见正文 (引自 Ciardi et al., 2003)

(2) 两次再电离 (Cen, 2003)。这一看法认为，复合之后宇宙 IGM 可能经历了两次再电离：第一次发生在 $z \approx 15 \sim 16$，第二次发生在 $z \approx 6$ (图 7.13)。按照这一看法，第一次再电离是由星族 Ⅲ 恒星造成的。但随着星族 Ⅲ 恒星大量转化为星族 Ⅱ 恒星，光致电离不足以平衡快速的复合过程，致使 IGM 对于 Ly-α 光子以及电离光子再次变为不透明。之后，密度扰动非线性增长区域的恒星形成率迅速增加。当 $z \simeq 6$ 时，就宇宙整体而言，电离率又超过复合率，IGM 再次被全部电离。从第一次宇宙学再电离直到第二次宇宙学再电离，IGM 的平均温度保持在 10^4 K 左右，此期间 Compton 冷却与光致加热相平衡，同时复合与光致电离相平衡，故仍可能有半数以上的氢处于电离状态。

造成第二次再电离的电离源可能就是通常认为的大质量星系中的恒星，这些星系中原子冷却的效率很高。而对于第一次再电离的原因至今仍属于猜测，因为我们对高红移 (例如 $z \geqslant 10$) 时大质量暗晕和微暗晕中恒星形成的效率缺乏了解，也没有实际观测到任何星族 Ⅲ 恒星。Cen 的计算表明，微暗晕的位力温度小于

8×10^3 K，因而在没有金属元素的情况下，H_2 的冷却作用占主导。H_2 的大量形成，得益于星族 Ⅲ 超新星爆发以及 (由星族 Ⅲ 黑洞激发的) 微类星体产生的 X 射线辐射。这一强的 X 射线辐射背景可以催化 H_2 的形成，从而抵消了同样是星族 Ⅲ 恒星产生的 Lyman-Werner 光子 ($11.2\sim13.6$ eV) 对 H_2 的离解，使得在微暗晕的中心区域聚集大量的 H_2，并进一步生成更多的星族 Ⅲ 恒星。对于位力温度大于 8×10^3 K 的大暗晕，原子的线冷却就变为主要的了。如果微暗晕中的恒星形成率至少达到大暗晕中恒星形成率的十分之一，则微晕中的星族 Ⅲ 恒星很有可能就是宇宙第一次再电离的主要原因。反之，这一原因就将归结于大暗晕中的星族 Ⅲ 恒星。总之，从 $z\sim30$ 时刻起，星族 Ⅲ 恒星就开始逐渐加热和电离 IGM，终于在 $z\simeq15\sim16$ 时使 IGM 完全电离。同时，在 $z\approx15\sim13$ 期间，IGM 中的金属丰度也逐渐增加，可达 $\sim10^{-3}Z_{\odot}$。当 $z\sim13$ 时，星族 Ⅲ 恒星向星族 Ⅱ 恒星的大量转化使电离光子数迅速减少，电离氢又复合为中性氢，这就是第二次宇宙学复合。从 $z\simeq13$ 到 $z\simeq6$ 的这一期间，恒星的形成主要在靠原子冷却的大暗晕中进行。这些恒星最终造成 $z\simeq6$ 之后的宇宙再电离。

(3) 晚期再电离。这是目前较为普遍的看法，其示意图见图 7.15。根据这一看法，当宇宙学红移 $z\approx20\sim30$ 时，第一批气体星云 (位力温度 $T_{\rm vir}<10^4$K) 坍缩并分裂，从而形成最早的恒星 (星族 Ⅲ) 及星系，其主要的冷却机制是氢分子冷却。但由于氢分子很脆弱，很容易被紫外辐射离解，故这一时期形成的恒星数量并不是很多。当 $z\sim15$ 时，大量恒星在 $T_{\rm vir}>10^4$K 的大质量星云中形成，其中原子冷却占主导。这些恒星及星系发出大量电离光子，在其周围形成不断扩展的电离泡 (即 Strömgren 球)。当 $z\sim10$ 时，不同电离源形成的电离泡开始重叠，重叠区域内的电离强度迅速升高，因而加速了周围中性氢区域电离。这样，在 $z\sim6$ 时，电离光子最终到达宇宙中几乎所有的 IGM 区域，只有少部分高密度气体云的内部除外。这标志着宇宙 IGM 再电离的时代开始了。而遗留的这些高密度的中性云，就成为今天观测到的 Lyman 系限系统 (Lyman limit system) 以及阻尼 (饱和) 的 Ly-α 系统 (damped Ly-α system)。前者即 Ly-α 吸收云，而后者对应于早期的星系。

如上所述，目前对宇宙再电离的历史还没有取得一致的看法。总地来说，宇宙再电离极有可能发生在 $z\approx6\sim15$ 期间。上述各种模型得到的结果有所不同，其主要原因在于，对电离源以及与电离相伴的复合过程有不同的考虑，例如恒星和类星体的形成效率、电离光子的逃逸率、电离源所在暗晕之间的聚集因子，以及辐射转移方程的细节等。另一方面，因为第一代恒星 (星系) 总是形成于密度较大的区域，其对周围 IGM 的电离是由局部逐步扩展开来的，故宇宙不同区域的再电离时间就会有所不同。此外，高红移天体的观测资料目前还极为缺乏，这也是一个重要的原因。我们期望，下一代空间望远镜 (JWST) 以及高红移氢原子

21cm 谱线等的观测结果，将帮助我们最终解开宇宙再电离历史的谜团。

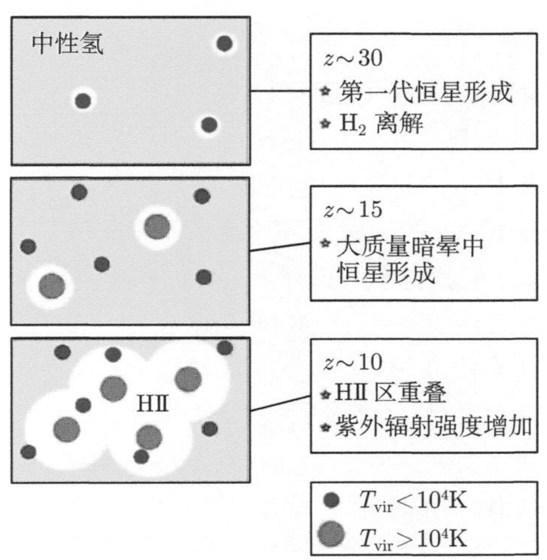

图 7.15 复合以后第一代天体的形成及其对周围介质的再电离的简单图示 (引自 Loeb & Barkana，2000)

7.2.4 第一代天体的反馈作用

宇宙第一代天体 (恒星和星系) 形成之后，必然发热、发光，乃至发生超新星爆炸，这样就会把大量辐射能及动能以及重元素注入周围 IGM 之中。其结果，一方面使 IGM 发生再电离，如 7.2.3 节所述；另一方面也将对后续天体的形成产生反馈作用。反馈包括正反馈和负反馈，前者促进下一代恒星的形成，而后者的作用却是抑制。先来介绍一下正反馈。正反馈的典型例子如第一代微类星体或类星体产生的硬 X 射线 (辐射反馈)，它们能够较容易地穿过中性氢气体，同时使相当一部分中性氢电离。电离所生成的自由电子和氢离子作为催化剂，促进了氢分子的形成

$$\mathrm{H} + \mathrm{e}^- \longrightarrow \mathrm{H}^- + \gamma, \quad \mathrm{H}^- + \mathrm{H} \longrightarrow \mathrm{H}_2 + \mathrm{e}^- \tag{7.2.16}$$

$$\mathrm{H} + \mathrm{H}^+ \longrightarrow \mathrm{H}_2^+ + \gamma, \quad \mathrm{H}_2^+ + \mathrm{H} \longrightarrow \mathrm{H}_2 + \mathrm{H}^+ \tag{7.2.17}$$

而大量氢分子的形成可以加速 IGM 的冷却，从而有利于更多的新一代恒星的形成 (Haiman et al., 2000; Glover & Brand, 2003)。此外，第一代超新星爆发也可能形成正反馈 (力学反馈)。超新星爆发所产生的激波，会像“雪耙” (snow-plow) 一样把周围介质推挤到一起，形成一个膨胀的高密度壳层。这一激波壳层经过动力学不稳定性演化，就可能碎裂而形成恒星 (Vishniac, 1983; Bromm et al., 2003)。此外，暗晕中心附近的超新星爆发，也可能把周围的 IGM 气体推至暗晕的边缘地带，当这些气体冷却下来后，就形成新的恒星。反之，在较大的暗晕中，如果

在远离暗晕中心的地方有几颗超新星差不多同时爆发，则爆发的激波会把数量可观的气体向晕内压缩，使暗晕中心附近的 IGM 密度陡然增加，结果将诞生一批新恒星 (Mori et al., 2002)。

下面再来介绍负反馈，这其中也包括辐射反馈和力学反馈，但此时它们对新的恒星形成起的却是抑制作用 (参见 Barkana & Loeb, 2001; Wang et al., 2008)。例如辐射反馈，当宇宙 IGM 完成再电离时，宇宙空间就充满了强烈的紫外辐射。这一紫外辐射背景使得 IGM 的温度升高到 $(1\sim2)\times10^4$K，在大尺度上，差不多所有的巨洞 (voids) 和纤维状结构 (filaments) 中的稀薄 IGM 都已被电离。此时紫外辐射将穿透那些已形成第一代天体的小暗晕中密度较大的区域，这些区域中坍缩气体的温度与暗晕的位力温度一致，即 $T_{\rm vir}\leqslant10^4$ K，并由于缺乏原子冷却机制而没有形成恒星或类星体。宇宙紫外辐射使这些气体电离并加热，并最终使它们从坍缩区域返回到 IGM 之中，这称为“光致蒸发” (photo-evaporation，参见 Shapiro & Raga, 2000)。光致蒸发就是一种辐射负反馈，它使得在这些小暗晕中继续生成恒星变为不可能。辐射负反馈的另一个例子是低质量星系形成被抑制。IGM 再电离后的温度可达 $T\geqslant10^4$ K，因而其 Jeans 质量急剧增大，这就使星系形成的最小质量大大增加，即低质量星系的形成受到强烈抑制。

力学负反馈主要来源于第一代恒星演化到晚期的超新星爆发。因为星族 Ⅲ 恒星的质量一般都很大，故超新星爆发时具有极强的摧毁力 (Bromm et al., 2003; Greif et al., 2007)，甚至单颗爆发即可把几乎全部气体驱离暗晕的引力势阱，这样就使暗晕 (特别是引力势阱较浅的小暗晕) 中没有可能再继续生成恒星，或者使已经形成的矮星系瓦解。

除了上述辐射反馈和力学反馈外，还有一种由金属丰度引起的反馈机制 (见 Schneider et al., 2002; Schneider et al., 2003)。这一机制认为，第一代大质量恒星演化到超新星爆发后，暗晕中气体的金属丰度将显著增加。当金属丰度超过 $Z\approx10^{-4}Z_{\odot}$ 时，气体中会有大量的分子 (例如 H_2、HD) 形成，因此气体的冷却效率显著增加，从而使大质量气体团块分裂，诞生出一大批小质量 ($\leqslant1M_{\odot}$) 的恒星。这样，新诞生恒星 (主要是星族 Ⅱ) 的初始质量函数 (IMF)，就从第一代的“top-heavy”型转变为“Salpeter-like”型，即第二代 (星族 Ⅱ) 中小质量恒星的数目，远比第一代 (星族 Ⅲ) 中多得多。

综上所述，宇宙第一代天体形成后，其反馈作用对下一代恒星 (及星系) 的影响是十分重要的。但是，由于反馈作用中所涉及的流体动力学以及辐射转移等过程的计算极其复杂，必须借助于大规模计算机数值模拟，才可以得出有一定意义的结果。目前，对各种反馈作用的研究仍然是宇宙学的前沿热点。在这一研究中，人们也同样期待下一代空间望远镜等设备，对高红移宇宙的观测取得新的突破。

习　题

7.1　推导式 (7.1.2)。

7.2　推导式 (7.1.6)。

7.3　推导式 (7.1.7)。

7.4　求以下情况宇宙原初气体的平均分子量 μ：(1) 氢完全电离、氦一次电离；(2) 氢完全电离、氦中性；(3) 中性原初气体。

7.5　证明：对于一个质量为 M、半径为 R 的均匀球体，式 (7.1.29) 给出的解满足引力坍缩动力学方程 $\ddot{r}=-GM/r^2$。

7.6　求质量为 $(M/10^{12})M_\odot$、半径为 $(R/200)\mathrm{kpc}$ 的球状气体，处于位力平衡时的位力温度 $T_{\rm vir}$。

7.7　试把式 (7.1.24) 转换为式 (7.1.27) 的形式 (取 $F=0.1$)，设重子气体的温度大约为位力温度，且冷却机制以复合冷却为主。

7.8　条件同 7.7 题，试由式 (7.1.25) 得出式 (7.1.28)。

第 8 章 引力透镜

华岳峨峨，冈峦参差 …… 奇幻倏忽，易貌分形。

——(东汉) 张衡《西京赋》

固知幻影有变灭，一时如入崑阆中。

——(宋) 楼钥《雪》

牛顿和拉普拉斯早就指出，遥远光源发出的光线，经过一个天体的附近时会由于引力而发生偏折 (图 8.1)。根据牛顿理论，可以计算出光线掠过太阳表面后的偏折角为 0.875″ (见习题 8.1)。而爱因斯坦广义相对论给出的计算值为 1.75″，正好是牛顿理论结果的一倍。1919 年 Eddington 通过在普林西比 (Principe) 岛对日全食的观测，证实了广义相对论结果的正确性。自那之后，人们进一步了解到，就像光学透镜可以折射光线一样，单个恒星或星系也可以使光线偏折，其结果可能使观测者看到光源的多重像，还可能使光源的视轮廓及视亮度发生变化。这一现象就称为**引力透镜**。产生引力透镜作用的天体称为透镜天体。例如，遥远的星光经过太阳附近时，将在距离太阳大约 50 光年处会聚，如果此处恰有一个观测者，则他将会看到天上有该光源的两个像。当引力透镜效应不是很强、很难观测到多重像的情况下，也往往使光源的像产生畸变。此外，光线也会由于引力透镜的会聚而使光源亮度增强。例如在银河系的晕 (银晕) 中，具有亚太阳质量的暗天体 MACHO (Massive Astrophysical Compact Halo Objects)，就可以产生这样的效应。这些暗天体现在被认为是银河系内暗物质很重要的候选者。如果这些暗天体有垂直于视线方向的横向运动，则银河系近邻大麦哲伦星云中的任一恒星发出的光线经过某一 MACHO 天体附近时，恒星的亮度就会发生明显变化。按照广义相对论理论，光线的偏折是一种纯几何效应，与光的能量或波长无关。这就使得上述微引力透镜效应表现为无色差的亮度起伏。

总地说来，引力透镜至少可以在下面几个方面帮助我们扩展天体物理学和宇宙学知识：

(1) 引力透镜的性质取决于透镜物质在宇宙中的分布，因而对透镜系统的深入研究可以提供有关宇宙物质特别是宇宙暗物质的重要信息；

(2) 高红移天体发生引力透镜现象的概率与一些基本宇宙学参数有关，例如宇宙物质密度参数 Ω_{m} 和真空密度参数 Ω_{Λ}，此外，利用遥远天体 (如类星体) 引力透镜双像之间的时间延迟，亦可测定哈勃常数 H_0 (Wong et al., 2019)；

(3) 引力透镜的放大 (增亮) 作用有助于我们看到更暗弱的遥远天体。

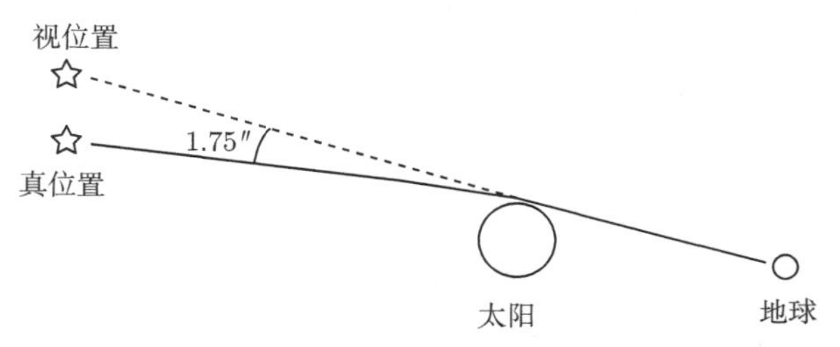

图 8.1 遥远恒星发出的光线掠过太阳表面后的偏折

8.1 引力透镜的几何原理

为计算引力场中光线的偏折，我们先来看一下二维的简单情况，即光线始终位于光源、透镜天体以及观测者所在的平面内。设透镜天体是球对称的，质量为 M，观测者位于 z 轴方向，光线也沿 z 轴方向入射，且碰撞参数为 b (图 8.2)。对于这样一个球对称的引力场，度规可以写成微扰的形式 $g_{\mu\nu}=\eta_{\mu\nu}+h_{\mu\nu}$，其中 $\eta_{\mu\nu}$ 为平直时空的 Minkowski 度规，$h_{\mu\nu}$ 的非零项为 $h_{00}=h_{jj}=-2GM/r(j=1,2,3)$。按照广义相对论 (例如见 Ohanian & Ruffini, 1994)，光线偏折的公式是 (取 $c=1$)

$$
\begin{aligned}
\hat{\alpha} &\simeq -\frac{1}{2}\int_{-\infty}^{\infty}\frac{\partial}{\partial x}\left(h_{00}+h_{33}\right)\mathrm{d}z=\frac{1}{2}\int_{-\infty}^{\infty}\frac{\partial}{\partial x}\frac{4GM}{r}\bigg|_{x=b}\mathrm{d}z \\
&=-2GM\int_{-\infty}^{\infty}\frac{b}{\left(z^2+b^2\right)^{3/2}}\mathrm{d}z=-\frac{4GM}{b}
\end{aligned}
\tag{8.1.1}
$$

注意，现在式中的 $\hat{\alpha}$ 只表示偏折角度的大小，而不代表一个单位矢量。式 (8.1.1) 的结果还可以用牛顿引力势 $\varPhi=-GM/r$ 来表示

$$
\hat{\alpha}=-2\int_{-\infty}^{\infty}\frac{\partial\varPhi}{\partial x}\mathrm{d}z \tag{8.1.2}
$$

其中，导数取值于光线的碰撞参数处。由式 (8.1.1) 不难算出，星光掠过太阳表面时有 $\hat{\alpha}=-4GM_{\odot}/R_{\odot}c^2=-1.75''$，这正是众所周知的结果。

一般情况下，透镜天体的质量分布可以是任意的，且光线轨迹是三维空间中的曲线，它可以绕过透镜天体，也可以从其中穿过。图 8.3 就是这种情况的一个简图，其中透镜天体的中心位于 $(0,0,0)$，光源 P_1 位于 (x,y,D_1)，观测者 P_2 位于 $(0,0,-D_2)$，光线经过透镜天体所在的横截面时坐标是 $(x',y',0)$。在这一情况

下，光线在 x 和 y 方向同时发生偏折，令这两个方向的偏折角分别为 $\hat{\alpha}_x$ 和 $\hat{\alpha}_y$，则有

$$\hat{\alpha}_x = -2\int_{-\infty}^{\infty} \frac{\partial \Phi}{\partial x'}\mathrm{d}z, \quad \hat{\alpha}_y = -2\int_{-\infty}^{\infty} \frac{\partial \Phi}{\partial y'}\mathrm{d}z \tag{8.1.3}$$

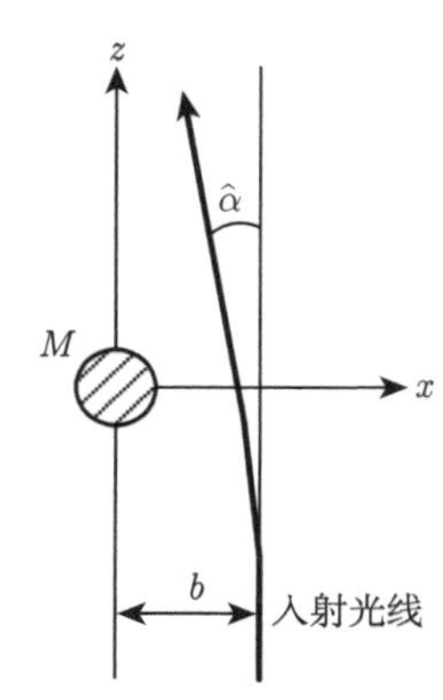

图 8.2　光线在引力场中的偏折 (二维情况)

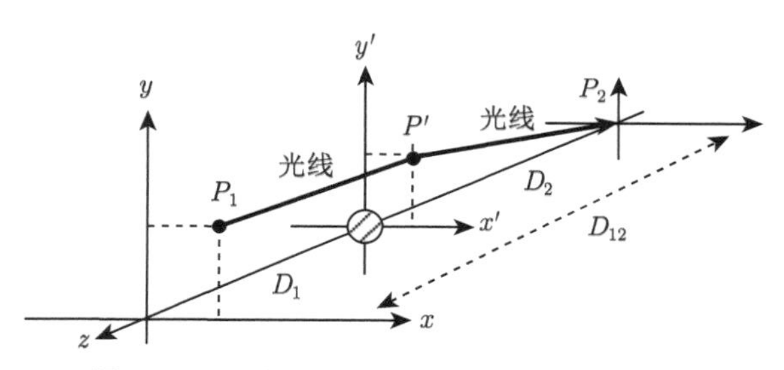

图 8.3　光线在引力场中的偏折 (三维情况)

如果把透镜天体的密度分布表示为 $\rho(\xi,\zeta,\chi)$，牛顿引力势就是

$$\Phi(\boldsymbol{x}') = -G\int \frac{\rho(\xi,\zeta,\chi)}{[(x'-\xi)^2+(y'-\zeta)^2+(z-\chi)^2]^{1/2}}\mathrm{d}\xi\mathrm{d}\zeta\mathrm{d}\chi \tag{8.1.4}$$

由此得到

$$\frac{\partial \Phi}{\partial x'} = G\int \frac{(x'-\xi)\rho(\xi,\zeta,\chi)}{[(x'-\xi)^2+(y'-\zeta)^2+(z-\chi)^2]^{3/2}}\mathrm{d}\xi\mathrm{d}\zeta\mathrm{d}\chi \tag{8.1.5}$$

此式对 z 积分给出

$$\int_{-\infty}^{\infty} \frac{\partial \Phi}{\partial x'}\mathrm{d}z = 2G\int \frac{(x'-\xi)\,\rho(\xi,\zeta,\chi)}{(x'-\xi)^2+(y'-\zeta)^2}\mathrm{d}\xi\mathrm{d}\zeta\mathrm{d}\chi \tag{8.1.6}$$

如果把质量密度 $\rho(\xi,\zeta,\chi)$ 对 χ 积分，就得到透镜天体的投影面质量密度

$$\sigma(\xi,\zeta) \equiv \int \rho(\xi,\zeta,\chi)\mathrm{d}\chi \tag{8.1.7}$$

这样，透镜天体就可以看成是一个无限薄的平面透镜，式 (8.1.6) 随之化为

$$\int_{-\infty}^{\infty} \frac{\partial \Phi}{\partial x'}\mathrm{d}z = 2G\int \frac{(x'-\xi)\,\sigma(\xi,\zeta)}{(x'-\xi)^2+(y'-\zeta)^2}\mathrm{d}\xi\mathrm{d}\zeta \tag{8.1.8}$$

同理可得

$$\int_{-\infty}^{\infty} \frac{\partial \Phi}{\partial y'}\mathrm{d}z = 2G\int \frac{(y'-\zeta)\,\sigma(\xi,\zeta)}{(x'-\xi)^2+(y'-\zeta)^2}\mathrm{d}\xi\mathrm{d}\zeta \tag{8.1.9}$$

把以上两式代入式 (8.1.3) 即可求出 $\hat{\alpha}_x$ 和 $\hat{\alpha}_y$，这表示偏折角通常是一个二维矢量。这一结果写成一般的矢量形式就是

$$\hat{\boldsymbol{\alpha}}(\xi) = \frac{4G}{c^2}\int \frac{(\xi-\xi')\,\sigma\,(\xi')}{|\xi-\xi'|^2}\mathrm{d}\xi' \tag{8.1.10}$$

其中，矢量 ξ 和 ξ' 均在透镜平面内取值。如果透镜天体的质量分布对于光轴是圆对称的，入射光线在距透镜中心 ξ 处发生偏折最后到达观测者，如图 8.4 所示 (参见 Narayan & Bartelmann, 1996)，光线偏折就化为一维问题。此时偏折角指向圆心，它的大小等于

$$\hat{\alpha} = \frac{4GM(\xi)}{c^2\xi} \tag{8.1.11}$$

其中，ξ 是到圆心的距离；$M(\xi)$ 是半径 ξ 以内包含的透镜天体质量

$$M(\xi) = 2\pi\int_0^{\xi} \sigma\,(\xi')\,\mathrm{d}\xi' \tag{8.1.12}$$

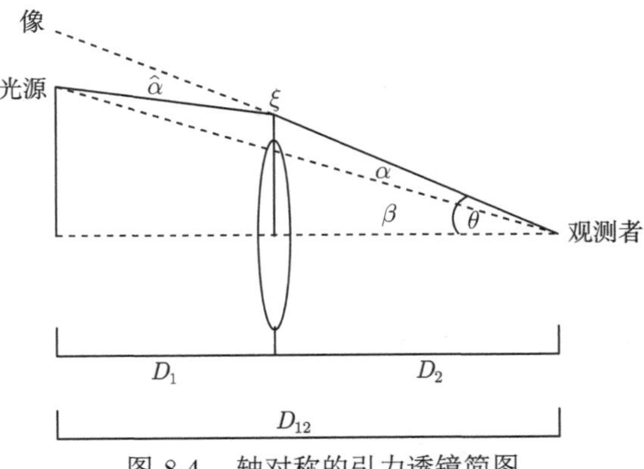

图 8.4 轴对称的引力透镜简图

另一方面，由偏折角 $\hat{\alpha}$ 我们可以计算出像相对于光源的角位移。根据图 8.3，偏折角是线 P_1P' 和 P_2P' 之间的角度差

$$\hat{\alpha}_x = \frac{x - x'}{D_1} - \frac{x'}{D_2} = \frac{x}{D_1} - \frac{x' D_{12}}{D_1 D_2} \tag{8.1.13}$$

其中，$D_{12} = D_1 + D_2$。这给出

$$\frac{x'}{D_2} = \frac{x}{D_{12}} - \hat{\alpha}_x \frac{D_1}{D_{12}} \tag{8.1.14}$$

以及

$$\frac{y'}{D_2} = \frac{y}{D_{12}} - \hat{\alpha}_y \frac{D_1}{D_{12}} \tag{8.1.15}$$

这里，x/D_{12}、y/D_{12} 以及 x'/D_2、y'/D_2 分别是观测者看到的 (未偏转的) 光源以及像的角位置。这样，在天空中看到的像相对于光源的角位移将是 $\hat{\alpha}D_1/D_{12}$，如图 8.5 所示。

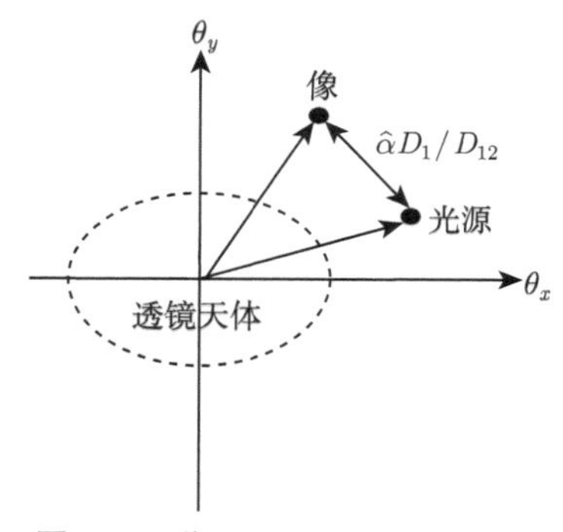

图 8.5　像相对于光源的角位移

把光源的方向与光轴、像的方向与光轴之间的夹角分别记作 $\boldsymbol{\beta}$ 和 $\boldsymbol{\theta}$，光源与像之间的夹角记为 $\boldsymbol{\alpha}$ (称为约化偏转角)，

$$\boldsymbol{\alpha} \equiv \frac{D_1}{D_{12}} \hat{\boldsymbol{\alpha}} \tag{8.1.16}$$

则式 (8.1.14) 和式 (8.1.15) 给出

$$\boldsymbol{\beta} = \boldsymbol{\theta} - \boldsymbol{\alpha}(\boldsymbol{\theta}) \tag{8.1.17}$$

这一关系称为透镜方程，它把像和光源的角位置联系了起来。需要强调指出的是，本节中所涉及的距离都是指角直径距离，即“线尺度 = 张角 × 距离”这一关系所

定义的距离。也只有在这种定义下式 (8.1.16) 和式 (8.1.17) 才是正确的；一般情况下 $D_{12} \neq D_1 + D_2$。此外，式 (8.1.17) 中 $\boldsymbol{\theta}$ 和 $\boldsymbol{\beta}$ 的关系一般也不是线性的，这就使得对于单一的光源位置 $\boldsymbol{\beta}$ 可能得到多个像。

当透镜天体的投影面质量密度是常数时，情况变得特别简单。此时式 (8.1.11) 给出

$$\alpha(\theta) = \frac{D_1}{D_{12}} \times \frac{4G}{c^2\xi} \times \sigma\pi\xi^2 = \frac{4\pi G\sigma}{c^2}\frac{D_1 D_2}{D_{12}}\theta \tag{8.1.18}$$

其中，已取 $\xi = D_2\theta$。在这一情况下透镜方程变为线性的，即有

$$\beta = \left(1 - \frac{4\pi G\sigma}{c^2}\frac{D_1 D_2}{D_{12}}\right)\theta \propto \theta \tag{8.1.19}$$

当 $\beta = 0$ 时，$\theta = 0$ 的解是平凡的，我们对此不感兴趣；但还可能有一个 $\beta = 0$ 而 $\theta \neq 0$ 的有趣情况。此时括号的结果必须等于零，并由此定义了一个临界面质量密度

$$\sigma_* = \frac{c^2}{4\pi G}\frac{D_{12}}{D_1 D_2} = 0.35\left(\frac{D}{1\text{Gpc}}\right)^{-1} \text{ g}\cdot\text{cm}^{-2} \tag{8.1.20}$$

式中，

$$D \equiv \frac{D_1 D_2}{D_{12}} \tag{8.1.21}$$

称为有效距离。对于这样的特殊情况，即透镜天体的面密度正好等于临界面密度时，偏折角 $\alpha(\theta) = \theta$，且所有的 θ 值都对应于 $\beta = 0$。这可以想象为一个理想聚焦的透镜，它具有确定的焦距，且如果观测者正好位于焦点，则他将看到，位于光轴上的点光源的像是一个巨大的平面。实际的引力透镜当然不会这么简单，其面质量密度也不会是常数，因此从不同碰撞参数处穿过透镜的光线，将在不同距离处与光轴相交，从而产生像差乃至多重像。但由于光线路径的几何形态与波长无关，故引力透镜不会产生色差。

下面我们来考虑径向质量分布任意的圆对称透镜。在这一情况下，透镜方程 (8.1.17) 可以写为

$$\beta = \theta - \frac{D_1}{D_2 D_{12}}\frac{4GM(\theta)}{c^2\theta} \tag{8.1.22}$$

其中，用到式 (8.1.11)。现在如果设光源恰好位于光轴之上，即 $\beta = 0$，我们可以得到透镜方程的一个解

$$\theta_{\text{E}}^2 = \frac{4GM(\theta_{\text{E}})}{c^2}\frac{D_1}{D_2 D_{12}} \tag{8.1.23}$$

这个解称为爱因斯坦半径，它表明，该点光源的像是一个半径为爱因斯坦半径的光环，即所谓的**爱因斯坦环** (图 8.6)。对于银河系中一颗典型的恒星，$M \approx M_\odot$，$D_1 \approx D_{12}$，$D_2 \approx 10^4$ 光年，不难算出它所产生的爱因斯坦环的角直径大约是 8×10^{-9} 弧度 $\approx 2 \times 10^{-3}$ 角秒，这是恒星所产生的引力透镜现象的特征角度。这一角度不仅给出了爱因斯坦环的大小，而且给出了两个像之间的典型角间距，以及像与连线所允许的最大偏离。爱因斯坦环首先在射电波段被观测到 (Hewitt et al., 1987)，现已观测到多个 (图 8.7)。

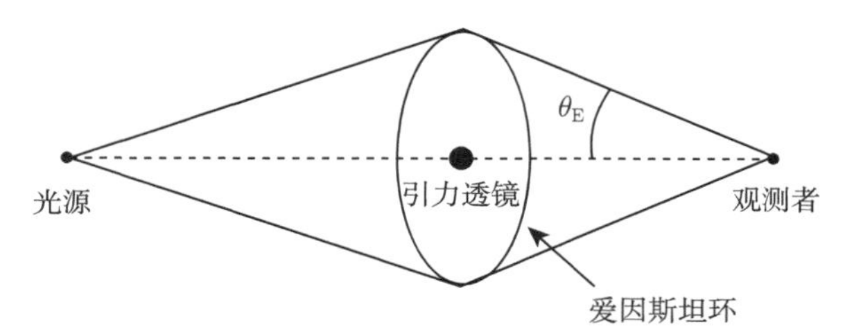

图 8.6　爱因斯坦环的产生

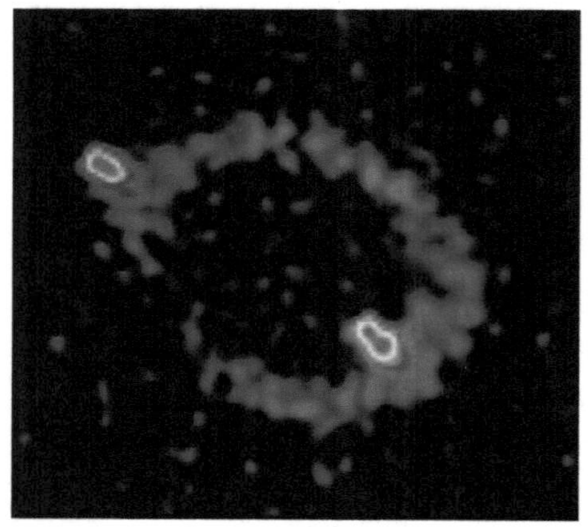

图 8.7　致密射电源 MG1131+0456 展现的爱因斯坦环 (引自 Ohanian & Ruffini，1994)

如果透镜天体是一个质点，则有

$$\theta_{\mathrm{E}} = \left(\frac{4GM}{\mathrm{c}^2}\frac{D_1}{D_2 D_{12}}\right)^{1/2} \tag{8.1.24}$$

利用此式可以把透镜方程重新写为

$$\beta = \theta - \frac{\theta_{\mathrm{E}}^2}{\theta} \tag{8.1.25}$$

它有两个解

$$\theta_{\pm}=\frac{1}{2}\left(\beta\pm\sqrt{\beta^2+4\theta_{\mathrm{E}}^2}\right) \tag{8.1.26}$$

它们分别对应于位于光源两侧的两个像，其中一个在爱因斯坦环以内，另一个在环之外。当光源与光轴的距离增加 (即 β 增加) 时，一个像就变得离爱因斯坦环越来越近，而另一个像离光源的真实位置越来越近，且前者越来越暗而后者的亮度逐渐趋于光源的真实亮度。亮度的变化是由于，引力透镜改变了光源的视立体角，因此像所张的立体角与光源真实的立体角之比即给出透镜的放大率。对于圆对称的透镜，不难看出放大率应等于

$$\mu=\frac{\mathrm{d}\theta^2}{\mathrm{d}\beta^2}=\frac{\theta\mathrm{d}\theta}{\beta\mathrm{d}\beta} \tag{8.1.27}$$

利用式 (8.1.25)，可以求得质点透镜情况下两个像的放大率为

$$\mu_{\pm}=\left[1-\left(\frac{\theta_{\mathrm{E}}}{\theta_{\pm}}\right)^2\right]^{-1}=\frac{u^2+2}{2u\sqrt{u^2+4}}\pm\frac{1}{2} \tag{8.1.28}$$

其中，$u\equiv\beta/\theta_{\mathrm{E}}$。

对于质量分布任意的引力透镜，我们先来定义一个标量势函数：

$$\psi(\boldsymbol{\theta})=\frac{D_1}{D_2D_{12}}\frac{2}{c^2}\int\varPhi(D_2\boldsymbol{\theta},z)\mathrm{d}z \tag{8.1.29}$$

其中，$\varPhi$ 为透镜天体的牛顿引力势。势函数 ψ 称为**有效透镜势**，在下面的分析中非常有用，因为它对 $\boldsymbol{\theta}$ 的导数正好给出 (约化) 偏折角：

$$\nabla_{\boldsymbol{\theta}}\psi=D_2\nabla_{\xi}\psi=\frac{2}{c^2}\frac{D_1}{D_{12}}\int\nabla_{\xi}\varPhi\mathrm{d}z=\boldsymbol{\alpha} \tag{8.1.30}$$

此外，由引力场的 Poisson 方程，$\nabla_{\boldsymbol{\xi}}^2\varPhi$ 应当正比于透镜的面质量密度，故有

$$\nabla_{\boldsymbol{\theta}}^2\psi=\frac{2}{c^2}\frac{D_1D_2}{D_{12}}\int\nabla_{\xi}^2\varPhi\,\mathrm{d}z=\frac{2}{c^2}\frac{D_1D_2}{D_{12}}\times4\pi G\sigma=2\frac{\sigma}{\sigma_*} \tag{8.1.31}$$

再定义**会聚度**

$$\kappa(\boldsymbol{\theta})\equiv\frac{\sigma(\boldsymbol{\theta})}{\sigma_*} \tag{8.1.32}$$

其中，σ_* 为式 (8.1.20) 定义的临界面质量密度，于是式 (8.1.31) 化为

$$\nabla_{\boldsymbol{\theta}}^2\psi=2\kappa(\boldsymbol{\theta}) \tag{8.1.33}$$

这个方程的解可以写作

$$\psi(\boldsymbol{\theta}) = \frac{1}{\pi}\int \kappa(\boldsymbol{\theta}')\ln|\boldsymbol{\theta}-\boldsymbol{\theta}'|\mathrm{d}\boldsymbol{\theta}' \tag{8.1.34}$$

因为偏折角是 ψ 的梯度，故有

$$\boldsymbol{\alpha}(\boldsymbol{\theta}) = \nabla\psi = \frac{1}{\pi}\int \kappa(\boldsymbol{\theta}')\frac{\boldsymbol{\theta}-\boldsymbol{\theta}'}{|\boldsymbol{\theta}-\boldsymbol{\theta}'|^2}\mathrm{d}\boldsymbol{\theta}' \tag{8.1.35}$$

不难看出，它与前面式 (8.1.10) 的结果是等效的。

总地来说，透镜的作用是把光源面映射到像平面，这一映射关系由透镜方程 (8.1.17) 给出。因此，如果光源的位置有一个变化 $\delta\boldsymbol{\beta}$，像的位置也会相应有一个变化 $\delta\boldsymbol{\theta}$。我们在垂直光轴的截面上取直角坐标 x, y，如图 8.3 所示，则 $\delta\boldsymbol{\beta}$ 和 $\delta\boldsymbol{\theta}$ 之间的关系是

$$\delta\beta_x = \delta\theta_x - \left(\frac{\partial\alpha_x}{\partial\theta_x}\delta\theta_x + \frac{\partial\alpha_x}{\partial\theta_y}\delta\theta_y\right) \tag{8.1.36}$$

$$\delta\beta_y = \delta\theta_y - \left(\frac{\partial\alpha_y}{\partial\theta_x}\delta\theta_x + \frac{\partial\alpha_y}{\partial\theta_y}\delta\theta_y\right) \tag{8.1.37}$$

用矩阵的形式来表示就是

$$\begin{pmatrix} \delta\beta_x \\ \delta\beta_y \end{pmatrix} = \begin{pmatrix} 1-\dfrac{\partial\alpha_x}{\partial\theta_x} & -\dfrac{\partial\alpha_x}{\partial\theta_y} \\ -\dfrac{\partial\alpha_y}{\partial\theta_x} & 1-\dfrac{\partial\alpha_y}{\partial\theta_y} \end{pmatrix} \begin{pmatrix} \delta\theta_x \\ \delta\theta_y \end{pmatrix} \tag{8.1.38}$$

如果把等号右边的 2×2 矩阵记为 $\boldsymbol{A}$，上式即为

$$\delta\boldsymbol{\beta} = \boldsymbol{A}\delta\boldsymbol{\theta} \tag{8.1.39}$$

$\boldsymbol{A}$ 是从光源到像映射的 Jacobi 矩阵，它的分量形式亦可以写成

$$A_{ij} = \frac{\partial\beta_i}{\partial\theta_j} = \left[\delta_{ij} - \frac{\partial\alpha_i(\boldsymbol{\theta})}{\partial\theta_j}\right] = \left(\delta_{ij} - \frac{\partial^2\psi}{\partial\theta_i\partial\theta_j}\right) \tag{8.1.40}$$

$\boldsymbol{A}$ 的逆矩阵 $\boldsymbol{M} = \boldsymbol{A}^{-1}$ 通常称为放大张量，因为它反映了像与光源的大小之比。对此我们可以这样来理解：式 (8.1.39) 的逆运算为

$$\delta\boldsymbol{\theta} = \boldsymbol{M}\delta\boldsymbol{\beta} \tag{8.1.41}$$

因此矩阵 $\boldsymbol{M}$ 的两个本征值 λ_1、λ_2 分别表示在两个相互垂直方向的放大率，它们的乘积 $\lambda_1\lambda_2$ 也就表示整个像面积的放大率。而根据矩阵的性质，$\lambda_1\lambda_2$ 正好等于矩阵的秩，故像的放大率为

$$\mu = \frac{\delta\theta^2}{\delta\beta^2} = \det \boldsymbol{M} = \frac{1}{\det \boldsymbol{A}} \tag{8.1.42}$$

这一表示式是式 (8.1.27) 的普遍推广，对于没有任何对称性的情况也成立。顺便指出，正如我们在光学中学过的，在透镜的情况下，光源与像的表面亮度 (即辐射比强度) 是一样的，因而如果 $\mu > 1$，则观测到的像的总亮度就会因面积变大而变大，即光源增亮了。

从光源到像的映射矩阵式 (8.1.40) 可以写为更简单的形式。首先定义

$$\psi_{ij} \equiv \frac{\partial^2\psi}{\partial\theta_i\partial\theta_j} \tag{8.1.43}$$

因为 $\nabla^2\psi = 2\kappa$，我们有

$$\kappa = \frac{1}{2}(\psi_{11} + \psi_{22}) \tag{8.1.44}$$

同样地，我们可以利用 ψ_{ij} 来构造一个**剪切张量**的分量，即

$$\gamma_1 = \frac{1}{2}(\psi_{11} - \psi_{22}) \equiv \gamma\cos 2\phi \tag{8.1.45}$$

$$\gamma_2 = \psi_{12} = \psi_{21} \equiv \gamma\sin 2\phi \tag{8.1.46}$$

其中，

$$\gamma = \sqrt{\gamma_1^2 + \gamma_2^2} \tag{8.1.47}$$

$$\phi = \frac{1}{2}\arctan\left(\frac{\gamma_2}{\gamma_1}\right) \tag{8.1.48}$$

利用这些表示，式 (8.1.40) 现在可以写为

$$\boldsymbol{A} = \begin{pmatrix} 1-\kappa-\gamma_1 & -\gamma_2 \\ -\gamma_2 & 1-\kappa+\gamma_1 \end{pmatrix} \tag{8.1.49}$$

或者

$$\boldsymbol{A} = (1-\kappa)\begin{pmatrix} 1 & 0 \\ 0 & 1 \end{pmatrix} - \gamma\begin{pmatrix} \cos 2\phi & \sin 2\phi \\ \sin 2\phi & -\cos 2\phi \end{pmatrix} \tag{8.1.50}$$

$\boldsymbol{A}$ 的这一表示有一个非常直观的解释：会聚度代表透镜各向同性的放大或缩小，即圆形仍保持为圆形，正方形仍保持为正方形，等等；而剪切项代表像的几何形

状的畸变，其中 γ 表示剪切的大小，而 ϕ 表示旋转。因而，一个非零的剪切变换将把一个圆形变为椭圆形，且其长轴的取向决定于 ϕ。

有意思的是，式 (8.1.49) 或式 (8.1.50) 中的剪切矩阵与式 (5.8.87) 所示的偏振强度矩阵在形式上完全相同

$$\begin{pmatrix} \gamma_1 & \gamma_2 \\ \gamma_2 & -\gamma_1 \end{pmatrix} \Leftrightarrow \begin{pmatrix} Q & U \\ U & -Q \end{pmatrix} \tag{8.1.51}$$

因而，我们可以把透镜像的剪切形变与光的偏振作一类比，并把 γ_1、γ_2 分别与斯托克斯参量 Q、U 相对应。如式 (5.8.2) 那样作二维 Fourier 变换后，$\gamma_1(\boldsymbol{l})$，$\gamma_2(\boldsymbol{l})$ 成为二维波矢量 $\boldsymbol{l} \equiv (l_x, l_y) = (\cos\varphi_l, \sin\varphi_l)\, l$ 的函数，再按式 (5.8.13) 那样定义 E 型模式和 B 型模式，于是有

$$\begin{aligned} E(\boldsymbol{l}) &= \cos 2\varphi_l \gamma_1(\boldsymbol{l}) + \sin 2\varphi_l \gamma_2(\boldsymbol{l}) \\ &= \cos 2\varphi_l \cdot \gamma(\boldsymbol{l}) \cos 2\varphi_l + \sin 2\varphi_l \cdot \gamma(\boldsymbol{l}) \sin 2\varphi_l \\ &= \gamma(\boldsymbol{l}) \end{aligned} \tag{8.1.52}$$

$$\begin{aligned} B(\boldsymbol{l}) &= -\sin 2\varphi_l \gamma_1(\boldsymbol{l}) + \cos 2\varphi_l \gamma_2(\boldsymbol{l}) \\ &= -\sin 2\varphi_l \cdot \gamma(\boldsymbol{l}) \cos 2\varphi_l + \cos 2\varphi_l \cdot \gamma(\boldsymbol{l}) \sin 2\varphi_l \\ &= 0 \end{aligned} \tag{8.1.53}$$

其中，用到式 (8.1.45) 和式 (8.1.46)，并把该两式中的 ϕ 角取为 φ_l。由式 (8.1.43) 和式 (8.1.29) 可以看到，γ_1、γ_2 和 γ 都取决于牛顿引力势，而引力势又取决于透镜天体的质量密度涨落，故上面的结果表明，透镜质量密度涨落所引起的像的剪切形变是 E 型而不是 B 型。因而，如果实际观测到任何 B 型剪切，都只能是一个由密度涨落之外其他原因引起的透镜现象，例如引力波。但遗憾的是，暴胀期间由引力波引起的透镜效应，对观测而言实在是太微弱了 (Dodelson et al., 2003)。

8.2 引力透镜的观测

1936 年爱因斯坦曾讨论过，遥远光源的光线途经一颗恒星附近时，引力透镜效应可以使我们看到光源的多重像。但爱因斯坦认为，这一效应并不具有实际意义，因为它实在太罕见了，而且当时地面望远镜的分辨率也无法把这些像分开。一年以后 Zwicky 指出，如果把透镜天体由恒星换成星系，则遥远天体的光线偏折角将增大到足以产生观测效应。时至今日，无论是星系还是恒星，其产生的引力透镜现象都已经被观测到，并已成为天文观测的重要领域。

下面我们把引力透镜的主要观测特征作一简要概括。

(1) 根据引力透镜所产生的不同作用，可以分为强引力透镜、弱引力透镜和微引力透镜三种主要类型。

强引力透镜一般是指经过引力透镜后光源的单个像变为双像或多重像 (图 8.8(a)、(b))，现在也把产生巨型光弧的引力透镜称为强引力透镜。双像中最早发

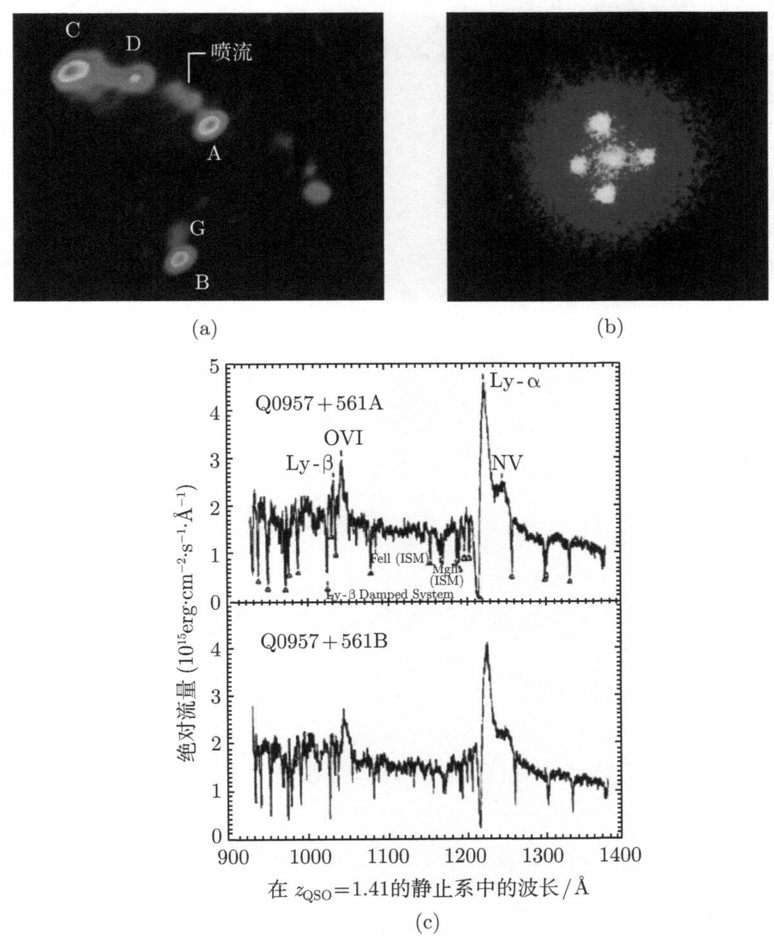

图 8.8 (a) 类星体 QSO 0957+561 的双重像 (图中的 A 和 B), 图中 C、D 为类星体 A 喷流末端的射电瓣, G 为产生引力透镜作用的星系 (引自 Walsh et al., 1979)；(b) 哈勃望远镜拍摄到的、被称为“爱因斯坦十字”的类星体 QSO 2237+031 的四重像, 中间为透镜星系 (引自 Ohanian & Ruffini., 1994)；(c) 类星体 QSO 0957+561 “双生子” 像的光谱 (引自 Walsh et al., 1979)

现也最著名的例子是 QSO 0957+561A、B (图 8.8(a))。这个光源的两个像间距为 $6''$，且两个像具有极为相似的光谱 (图 8.8(c))，它们的辐射流量之比在光学波段和射电波段都大致相同。此外甚长基线干涉 (VLBI) 的观测还发现，这两个像在射电波段的辐射特征多处吻合，但两个像之间有大约 540 天的时间延迟。

弱引力透镜是指，它的作用没有强到足以产生多重像，但可以引起像的几何形状的畸变，如 8.1 节谈到的像的剪切形变 (图 8.9)，或产生大量小光弧 (arclets，见图 8.13)。对光源像畸变的统计研究直接联系到透镜物质的功率谱，特别是非线性演化的功率谱，因为引力透镜可以探查到很小尺度的结构 (Vegetti et al., 2012; Hezaveh et al., 2016)。

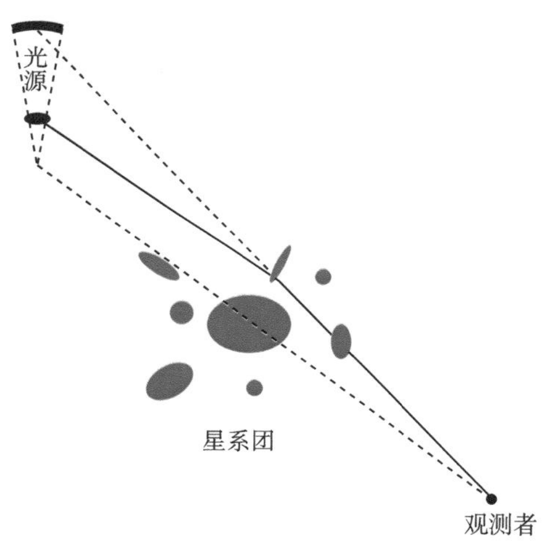

图 8.9　星系团产生弱引力透镜效应，星系的像变为一条光弧

微引力透镜的概念最早是由 Paczyński (1986) 提出的，他认为，由于银河系中恒星的运动，会不断有恒星横穿某一遥远天体的视线方向，因此，LMC (大麦哲伦星云) 的几百万颗恒星中，任何时刻都会至少有一颗星与银晕中某颗恒星在视线方向形成连线，从而受到后者的引力透镜作用。但由于单个恒星的爱因斯坦环的角直径只有 10^{-3} 角秒量级，故一般看不到双像，而只会观测到亮度的放大效应。其放大持续时间因单个透镜天体的质量不同而不同，例如当透镜天体的质量介于 $(10^{-6} \sim 10^{2})M_{\odot}$ 时，放大时间从两小时到两年。一般地说，如果透镜星系中的恒星趋近背景光源发出的光线，并产生额外的随时间变化的偏折，则光线穿过该星系而形成的像预期就会呈现强度涨落。总之，这样的由单个恒星引起的涨落称为微引力透镜。微引力透镜引起的强度涨落取决于恒星在透镜星系中的分布，以及它们的质量、速度和光源发光盘的大小。跟踪观测强度的涨落，我们就可以提取影响强度的所有有关参数的信息。星系际 (也包括银河系内) 空间的暗

物质质量同样对引力透镜效应有贡献，而且，如果暗物质成团 (例如银河系内的 MACHO 天体)，它们也将引起强度的涨落 (Tisserand et al., 2007)。这样的河内或星系际空间微引力透镜所产生的强度涨落的观测将给我们提供暗物质的直接观测证据。微引力透镜的观测最初受到观测技术的限制，因为当时很难把引力透镜引起的光变与恒星的内禀光变区分开。但到 20 世纪 90 年代以后，观测技术的进步使这一问题得以解决，其中最重要的是，引力透镜所造成的光变是与颜色 (波长) 无关的 (图 8.10)，而恒星的内禀光变却与颜色有关。现在已经有了相当多的观测资料证实了微引力透镜现象的存在。例如在“双生子”类星体 QSO 0957+561A、B 中就发现了微引力透镜的事例 (图 8.11)，它的像 B 有强度涨落而像 A 却没有 (Irwin et al., 1989)。当然，在比较像的强度时，两个像之间的时间延迟必须考虑在内。

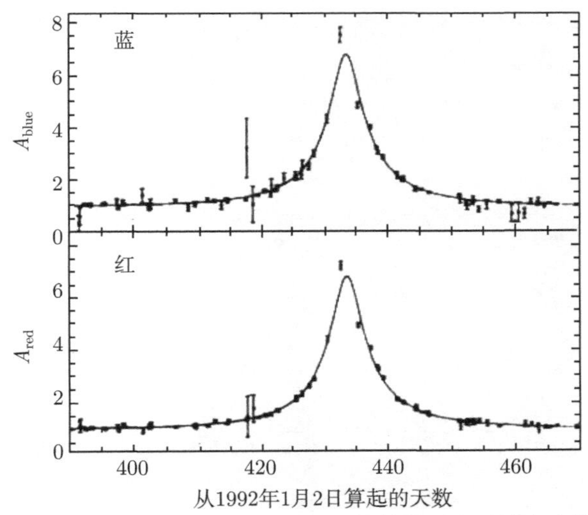

图 8.10 1993 年 2 ~ 3 月间观测到的 MACHO 天体的微引力透镜亮度放大事例。纵轴表示相对亮度，横轴表示的天数从 1992 年 1 月 2 日算起。上下两图分别为蓝光和红光波段的观测结果 (引自 Tisserand et al., 2007)

(2) 根据引力透镜天体的不同，我们看到的像也将具有不同的特点。如果透镜天体可以看成是质点 (例如单个恒星)，则它一般将产生两个像，当光源位于 $\theta_{\rm E}$ 之内时，它将被放大而增亮，这就是微引力透镜。而当透镜天体是星系或星系团时，就不能再看作是质点，必须考虑它的质量分布。一个星系产生的光线偏折可以用求 (矢量) 和的办法来计算，即求出星系中所有恒星或质量元所产生的偏折的总和，如我们前面讨论过的那样。通常情况下，星系提供的观测引力透镜效应的机会要比单个恒星多得多。光线或者射电波经过星系外围时，将如同光线经过单个恒星一样产生偏折。对于位于典型宇宙学距离的一个典型星系，$M \approx 10^{11} M_{\odot}$ 并且 $D \approx 10^{10}$ 光年，偏折角度大约是 1 角秒，这样一个角度正好使射电望远镜能容易地观测到爱因斯坦环和多重像。而且，对星系透镜来说，成连线的概率比单个恒星透镜要高得多。利用目前对宇宙中星系密度的总体估计，可以预计，至少有十分之一的星系与另一个背景星系足够好地连成一线，从而产生后者的多重像 (Press & Gunn, 1973)。此外，星系透镜不仅使外部经过的光线产生偏折，而且使从内部经过的光线产生偏折。同时，因为星系中恒星之间的距离比恒星的直径要大得多，恒星对于光线的遮挡可以忽略不计，即星系对光线足够透明。因而，光线可能从星系外部或内部经由几条路径到达观测者。用波动光学来描述就是，波阵面经过引力场时变形，变形了的波阵面发生自我折叠，每一层折叠的波阵面有不同的传播方向 (不同的波矢量)。当这些折叠成层的波阵面经过观测者时，每一层看上去都是来自不同方向——因此观测者将看到不同方向的像，即光源的多重像。如果光源不是点状的类星体，而是有明显盘状延展的光源 (例如星系)，引力透镜就会使光源的形状和大小发生畸变。例如，一个盘状的光源将被畸变为一条或几条光弧 (图 8.9、图 8.12)；并且当连线处在特殊的情况下，光弧展开并且合并，形成爱因斯坦环。

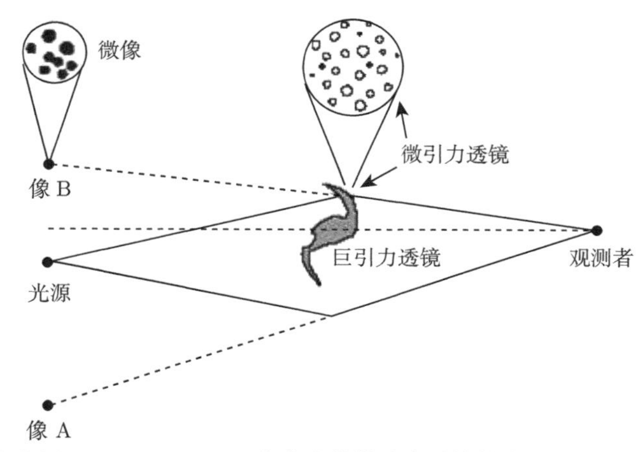

图 8.11　类星体 QSO 0957+561A、B 中发现的微引力透镜的事例。像 B 有强度涨落而像 A 却没有，这是由透镜星系中的大量恒星所造成的 (参见 Irwin et al., 1989)

(3) 星系团的引力透镜作用。Paczyński (1987) 最早提出，星系团 Abell 370 (图 8.12) 和 Cl 2244 中所发现的巨型蓝色光弧，是被星系团的引力透镜作用强烈变形和放大了的背景星系的像。这一解释后来得到证实，因为发现光弧的红移比星系团的红移要明显大得多。进一步研究表明，强引力透镜作用主要是富星系团核心部分的星系所造成的，而星系团核心以外部分的星系主要产生弱引力透镜作用，特别是产生许多密集的小光弧 (图 8.13)。这些小光弧是背景星系的畸变像，是由作为引力透镜的星系团而形成的。普遍认为，密集小光弧是星系际暗物质存在的直接观测证据。总之，强引力透镜 (特别是巨型光弧) 可以用来研究星系团核心部分的物质分布，而弱引力透镜可以用来研究星系团远离核心的区域乃至星系团晕的物质分布。特别是通过对小光弧的研究，可以重构出透镜星系团的二维质量分布图 (Bonnet et al., 1993; Seitz et al., 1996；参见图 8.14(a)、(b))。通过分析畸变的大小与由星系团中心算起的径向距离之间的函数关系，就可能计算出星系团的质量 (Tyson et al., 1990)。以上方法已经被实际应用于许多星系团，并且发现，用这一办法推断出的质量，要大于星系团中发光星系的质量总和；这表明星系团中必定有暗物质存在。一般认为，从引力透镜分析推断出的暗物质数量，与其他确定星系团质量的动力学方法得出的结果符合得很好。不过也有人认为，用引力透镜方法确定出来的星系团质量，可能比用位力方法得到的要大。如果是这样，则星系团中实际存在的暗物质质量，可能比动力学方法得出的还要多。当然这也可能是由于，引力透镜方法中的系统误差还没有被完全消除，因此还需要进一步的研究改进。

图 8.12 星系团 Abell 370 的巨引力透镜光弧 (引自 Paczyński, 1987)

(4) 引力透镜今天已成为研究星系、类星体和宇宙学的重要工具。在已经得到的结果之中，除了上述星系团中的暗质量分布外，重要的还有利用类星体“双生子”光信号测量的时间延迟来确定哈勃常数，利用观测到的“双生子”亮度起伏估计类星体的大小，以及其他一些宇宙学常数的测定等。光从“双生子”类星体到地球是沿着两条不同的路径传播的，因此光从这两个像到达地球的传播时间就有区别。观测到的 QSO 0957+561“双生子”像 A 和 B (图 8.8(a)) 之间的时间延迟大约是 540 天 (Hewitt, 1993; Schild, 1990; Vanderriest et al., 1989)，且像 A 在像 B 之前。如果光线路径的几何形状由透镜星系质量分布的理论模型给出，则传播时间之差就确定了到透镜星系和到类星体源的总的距离尺度，再结合红移的测量就可以计算出哈勃常数。由“双生子”像的数据得到的哈勃常数的值在 $35 \sim 90\text{km}\cdot\text{s}^{-1}\cdot\text{Mpc}^{-1}$ (Hewitt, 1993; Grogin & Narayan, 1996)。之所以取值范围大，是由于透镜星系质量分布的不确定性。由于产生“双生子”像的引力透镜结构相当复杂，它的质量分布不能由像的形状完全确定。今后如能在其他类星体多

图 8.13　星系团 Abell 2218 中的大量引力透镜光弧 (引自 Longair, 2008)

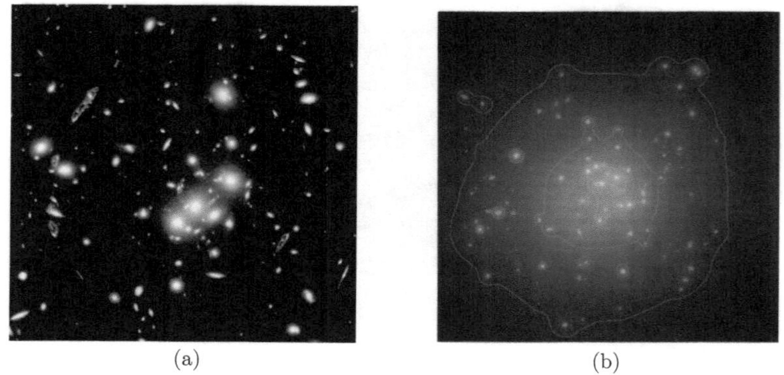

(a)　　(b)

图 8.14　(a) 哈勃望远镜拍摄的星系团 CL 0024+1654 (红移 $z = 0.39$) 及引力透镜光弧 (NASA, 1999)；(b) 根据引力透镜光弧重构的星系团 CL 0024+1654 的质量分布图 (引自 Longair, 2008)

重像中观测到时间延迟，而引力透镜结构又比较简单，则将可以推断出哈勃常数更准确的值。

除了哈勃常数以外，人们很早就了解到，发现类星体引力透镜事例的概率与给定红移处的宇宙学体积大小密切有关 (Turner et al., 1984)，而宇宙学体积直接与 $\Omega_{\rm m}$、Ω_Λ 等宇宙学参数有关。下面我们对此做一简单分析。如果把某颗恒星发出的光线、某一时刻位于角 $\theta_{\rm E}$ 之内的概率定义为**光深** τ，则有

$$\tau=\int_0^{D_{12}}\pi D_2^2\theta_{\rm E}^2 n_{\rm L}\left(D_2\right){\rm d}D_2 \tag{8.2.1}$$

其中，$n_{\rm L}$ 为透镜天体 (可近似视为质点) 的数密度；D_{12}、D_2 如图 8.4 所示。式 (8.2.1) 也可以写为微分形式

$$ {\rm d}\tau=n_{\rm L0}\left(1+z_{\rm L}\right)^3\pi\theta_{\rm E}^2 D_2^2 c\frac{{\rm d}t}{{\rm d}z_{\rm L}}{\rm d}z_{\rm L} \tag{8.2.2}$$

它表示一束光从 $z_{\rm L}$ 传播到 $z_{\rm L}-{\rm d}z_{\rm L}$ 的途中遇到一个透镜的概率，其中 $n_{\rm L0}$ 代表 $z=0$ 处的透镜数密度。设透镜天体的密度参数为 $\Omega_{\rm L}$，每一透镜天体的平均质量为 $M_{\rm L}$，则

$$n_{\rm L0}=\frac{\rho_{\rm L0}}{M_{\rm L}}=\frac{\Omega_{\rm L}\rho_{\rm c0}}{M_{\rm L}}=\frac{\Omega_{\rm L}3H_0^2}{8\pi GM_{\rm L}} \tag{8.2.3}$$

把此式连同 $\theta_{\rm E}$ 的表示式 (8.1.24) 代入式 (8.2.2)，可得

$${\rm d}\tau=\frac{3}{2}\Omega_{\rm L}\left(1+z_{\rm L}\right)^3\frac{H_0^2}{c}\frac{D_1D_2}{D_{12}}\frac{{\rm d}t}{{\rm d}z_{\rm L}}{\rm d}z_{\rm L} \tag{8.2.4}$$

我们知道，角直径距离 D_1、D_2、D_{12} 与 $\Omega_{\rm m}$、Ω_Λ 等宇宙学参数有关，例如图 2.7 给出的不同宇宙学参数下角直径距离与红移的关系。图中显然可见，对给定的红移，Ω_Λ 越大则角直径距离也越大，因而当 Ω_Λ 增加时，能够包含透镜的体积也越大。这样，在共动质量密度 $\Omega_{\rm L}$ 一定时，Ω_Λ 越大的宇宙中所包含的透镜数目就越多，故式 (8.2.4) 或式 (8.2.1) 所示的光深在 Ω_Λ 主导的宇宙中要大很多，在高红移时甚至可以大一个数量级以上 (图 8.15)。这就是说，相比于 Einstein-de Sitter 模型，$\Lambda\neq 0$ 的平直宇宙以及低密度的开放宇宙，都将产生更多的引力透镜事例，且前者的作用还要更强一些。因此，对类星体引力透镜事例的观测统计研究，也是确定宇宙学基本参数的重要途径。

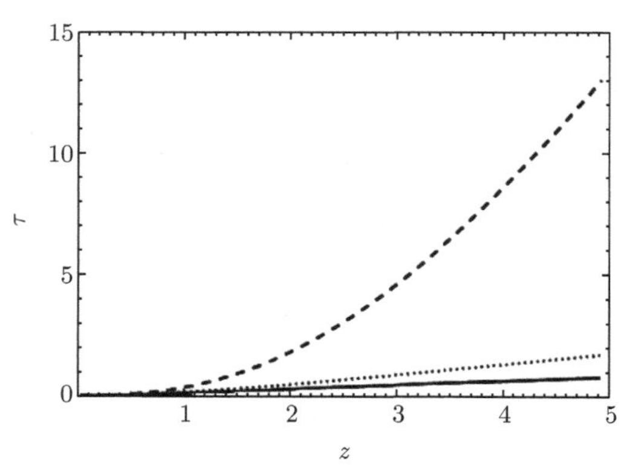

图 8.15　不同宇宙学参数下的光深–红移关系。各条曲线相应的参数与图 2.7 相同

习　题

8.1　试根据牛顿引力理论，计算光线掠过太阳表面后的偏折角。

8.2　两条初始平行的光线刚好从月球直径的两端掠过，它们在离月球多远处相交？

8.3　光线从遥远的类星体途经一个球状星系并受到偏折。星系的质量是 10^{45}g，其直径是 10^{23}cm。

(a) 考虑两条平行光线，从星系直径的两端经过。光线相交处离星系多远？位于交点处的观测者看到类星体的光环绕星系形成一个 Einstein 环。他看到的光环的角直径是多大？

(b) 如果另一个观测者离星系的距离是第一个观测者的两倍，则他看到的光环的角直径是多大？

8.4　一个球状均匀质量分布的总质量是 M，半径是 R。假设球体是透明的。证明：碰撞参数为 $b < R$ 的光线的偏折角是

$$\alpha = \frac{4GM}{b}\left[1 - \frac{\left(R^2 - b^2\right)^{3/2}}{R^3}\right]$$

推荐参考书目

Adler R J, 1981. The Geometry of Random Fields. Chichester: Wiley.

Bartelmann M, 2007. Observing the Big Bang. Berlin, Heidelberg: Springer.

Binney J, Tremaine S, 1987. Galactic Dynamics. Princeton: Princeton University Press.

Bowers R, Deeming T, 1984. Astrophysics Ⅱ. Jones & Bartlett Publishers, Inc.

Bryson B, 2003. A Short History of Everything (Illustrated). New York: Random House, Inc.

Carroll B, Ostlie D, 2007. An Introduction to Modern Astrophysics. San Francisco: Pearson Education, Inc.

Coles P, Lucchin F, 2002. Cosmology. West Sussex: John Wiley & Sons Ltd.

Dodelson S,2003. Moden Cosmology. New York: Elsevier Inc.

Dodelson S, Schmidt F, 2021.Moden Cosmology. 2nd ed. San Diego: Elsevier Inc.

Longair M, 2008. Galaxy Formation. Berlin Heidelberg: Springer-Verlag.

Mo H, Bosch F, White S, 2010. Galaxy Formation and Evolution. Cambridge: Cambridge University Press.

Mukhanov V, 2005. Physical Foundations of Cosmology. Cambridge: Cambridge University Press.

Narlikar J V, 1993. Cosmology. Cambridge: Cambridge University Press.

Ohanian H C, Ruffini R, 1994. Graviattion and Spacetime. London: W. W. Norton & Company Ltd.

Osterbrock D E, 1989. Astrophysics of Gaseous Nebulae and Active Galactic Nuclei. Sausalito (California): University Science Books.

Padmanabhan T, 1993. Structure Formation in the Universe. Cambridge: Cambridge University Press.

Padmanabhan T, 2002. Theoretical Astrophysics. Cambridge: Cambridge University Press.

Pagel B E J, 1997. Nucleosynthesis and Chemical Evolution of Galaxies. Cambridge: Cambridge University Press.

Peacock J, 1999. Cosmology Physics. Cambridge: Cambridge University Press.

Peebles P J E, 1971. Physical Cosmology. Princeton: Princeton University Press.

Peebles P J E, 1980. The Large-Scale Structure of the Universe. Princeton: Princeton University Press.

Peebles P J E, 1993. Principles of Physical Cosmology. Princeton: Princeton University Press.

Peterson B, 1997. An Introduction to Active Galactic Nuclei. Cambridge: Cambridge University Press.

Ryden B, 2003. Introduction to Cosmology. San Francisco: Pearson Education, Inc.

Schneider P, 2006. Extragalactic Astronomy and Cosmology. Berlin, Heidelberg: Springer-Verlag.

Spinrad H, 2005. Galaxy Formation and Evolution. New York: Springer-Praxis Publishing, Ltd.

Spitzer L Jr., 1978. Physical Processes in the Interstellar Medium. New York: John Wiley & Sons, Inc.

Weinberg S, 1972. Gravitation and Cosmology. New York: John Wiley & Sons, Inc.; 中译本：邹振隆, 等译, 1980, 北京: 科学出版社.

Weinberg S, 2008. Cosmology. Oxford: Oxford University Press; 中译本：向守平, 译, 2013, 合肥: 中国科学技术大学出版社.

参考文献

Aldering G, et al., 2004. astro-ph/0405232.

Alvarez M A, Bromm V, Shapiro P R, 2006. Ap. J., 639: 621.

Bardeen J M, 1980. Physical Review, D22: 1882.

Bardeen J M, Bond J R, Kaiser N, et al., 1986. Ap. J., 304: 15 (BBKS).

Barkana R, Loeb A, 2001. Physics Reports, 349: 125.

Barkana R, Loeb A, 2005. M. N. R. A. S., 371: 395.

Baugh C M, Cole S, Frenk C S, et al., 1998. astro-ph/9808209.

Bennett C, et al., 1996. Ap. J., 464: L1.

Bennett C, et al., 2003. Ap. J. Supp. Ser., 148: 1.

Benoist C, et al., 1996. arXiv:astro-ph/9605117.

Bertschinger E, Dekel A, 1989. Ap. J., 336: L5.

Bertschinger E, Dekel A, Faber S M, et al., 1990. Ap. J., 364: 370.

Black J H, 1981. M. N. R. A. S., 197: 553.

Blumenthal et al., 1984. Nature, 311: 517.

Bond J R, Arnett W D, Carr B J, 1984. Ap. J., 280: 825.

Bond J R, Cole S, Efstathiou G, et al., 1991. Ap. J., 379: 440.

Bond J R, Efstathiou G, 1987. M. N. R. A. S., 226: 655.

Bonnet H, Fort B, Kneib J P, et al., 1993. Astron. Astrophys., 289: L7.

Bromm V, Yoshida N, Hernquist L, 2003. Nature, 425: 812.

Bruzual G, Charlot S, 1993. Ap. J., 405: 538.

Bryan G L, Norman M, 1998. Ap. J., 495: 80.

Burles S, Nollett K M, Turner M S, 1999. astro-ph/9903300.

Cen R, 1992. Ap. J. S., 78: 341.

Cen R, 2003. Ap. J., 591: 12.

Chaboyer B, 1998. Phys. Rep., 307: 23.

Chandrasehkar S, 1943. Rev. Mod. Phys., 15: 2.

Ciardi B, Ferrara A, White S D M, 2003. M. N. R. A. S., 344: L7.

Cole S, Aragón-Salamanca A, Frenk C S, et al., 1994. M. N. R. A. S., 271: 781.

Cole S, Lacey, C G, Baugh, C M, et al., 2000. M. N. R. A. S., 319: 168.

Coles P, Melott A L, Shandarin S F, 1993. M. N. R. A. S., 260: 765.

Davis M, Peebles P J E, 1983. Ap. J., 267: 465.

Dekel A, Bertschinger E, Faber S M, 1990. Ap. J., 364: 349.

Dodelson S, Rozo E, Stebbins A, 2003. Phys. Rev. Lett., 91: 021301.

Doroshkevich A G, 1970. Astrophysica, 6: 320.

Dunkley J, et al., 2008. astro-ph/0803.0586.
Efstathiou G, Rees M, 1988. M. N. R. A. S., 230: 5.
Efstathiou G, 1990.//Peacock J, et al. Physics of the Early universe. Edinburgh: SUSSP, 361.
Efstathiou G, 1995.//Hippelein H, et al. galaxies in Young Universe. Berlin: Springer-Verlag, 299.
Eisenstain D J, Loeb A, 1995. Ap. J., 443: 11.
Evrard A E, 1990, Ap. J., 363: 349.
Faber S M, Jackson R E, 1976. Ap. J., 204: 668.
Fan X H, et al., 2000. Astron. J., 120: 1167.
Fan X H, et al., 2006. Astron. J., 132: 117.
Fang L Z, Li S X, Xiang S P, 1984. Astron. Astrophys., 140: 77.
Fixsen D J, Cheng E S, Gales J M, et al., 1996. Ap. J., 473: 576.
Freedman W, et al., 2001, Ap. J., 553: 47.
Frenk C S, 1991. Physica Scripta, T36: 70.
Geller R, 1990. Mercury, May/June.
Glover S C, Brand P W, 2003. M. N. R. A. S., 340: 210.
Greif T H, Johnson J L, Bromm V, et al., 2007. Ap. J., 670: 1.
Grogin N, Narayan R, 1996. Ap. J., 464: 92.
Groth E J, Peebles P J E,1977. Ap. J., 217: 385.
Gunn J E, Peterson B A, 1965. Ap. J., 142: 1633.
Haiman Z, Abel T, Rees M, 2000. Ap. J., 534: 11.
Heger A, Woosley S E, 2002. Ap. J., 567: 532.
Hewitt J N, et al., 1987. Ap. J., 321: 706.
Hewitt J N, 1993. In Texas PASCOS 92: Relativistic Astrophysics and Particle Cosmology (eds. Akerlof C. W. and Srednicki M. A., Academy of Sciences, New York).
Hezaveh Y D, et al., 2016. Ap. J., 823 (1): 37.
Hinshaw G, et al., 2007. Ap. J. S., 170: 288.
Hu W, 1999. astro-ph/9907103.
Hubble E, 1929. Proc. Nat. Acad., 15: 168.
Irwin M J, Webster R L, Hewitt P C, et al., 1989, Astron. J., 98: 1989.
Kaiser N, 1984. Ap. J., 284: L9.
Kamionkowski M, Kosowsky A, 1999. Annu. Rev. Nucl. Part. Sci., 49: 77.
Kasuya S , Kawasaki M, 2006. astro-ph/0608283.
Klessen R S, Burkert A, Bate M R, 1998. Ap. J., 501: L205.
Knop R A, et al., 2003. astro-ph/0309368.
Kolatt T, Dekel A, Lahav O,1994. astro-ph/9401001.
Komatsu E, et al., 2008, astro-ph/0803.0547.
Lacey C G, Cole S, 1993. M. N. R. A. S., 262: 627.
Larson R B, 1976. M. N. R. A. S., 176: 31.
Larson R B, 1998. M. N. R. A. S., 301: 569.

Lepp S, Shull J M, 1984, Ap. J., 280: 465.

Lewis A, CAMB Notes. https://cosmologist.info/notes/CAMB.pdf.

Lifshitz E, 1946. Journal of Physics, Academy of Science of the USSR, 10: 116.

Lin C C, Mestel L, Shu F, 1965. Ap. J., 142: 1431.

Loeb A, Barkana R, 2000. astro-ph/0010467.

Lynden-Bell D, 1967. M. N. R. A. S., 136: 101.

Lynden-Bell D, 1992. //Edmunds M G, Terlevich R J. Elements and the Cosmos. Proc. 31st Herstmonceus Conference. Cambridge: Cambridge University Press.

Ma C P, Bertchinger E, 1995. Ap. J., 455: 7.

Madau P, Rees M J, 2001. Ap. J., 551: L27.

Madau P, Rees M J, Volonteri M, et al., 2004. Ap. J., 604: 484.

Mather C, et al., 1994. Ap. J., 420: 439.

McClintock J , Remillard R, 2003. astro-ph/0306213.

Meszaros P, 1974. Astron. Astrophys., 37: 225.

Miller G E, Scalo J M, 1979. Ap. J. Suppl., 41: 513.

Mo H J, White S D M, 2002. M. N. R. A. S., 336: 112.

Mori M, Ferrara A, Madau P, 2002. Ap. J., 571: 40.

Navarro J F, Frenk C S, White S D, 1996. Ap. J., 462: 563.

Navarro J F, Frenk C S, White S D, 1997. Ap. J., 490: 493.

Navarro J F, White S D M, 1993. M. N. R. A. S., 265: 271.

Narayan R, Bartelmann M. 1996. astro-ph/9606001.

Norberg P, et al., 2001. M. N. R. A. S., 328: 64.

Norberg P, et al., 2002. M. N. R. A. S., 332: 827.

Ostriker J P, Cowie L, 1981. Ap. J., 243: L127.

Paczyński B, 1986. Ap. J., 304: 1.

Paczyński B, 1987. Nature, 325: 572.

Page L, et al., 2007. Ap. J. Suppl., 170: 335.

Pagel B E J, 1994. //Muñoz-Tuñón C, Sánchez F. The Formation and Evolution of Galaxies. Cambridge: Cambridge University Press.

Peacock J, et al., 2001. Nature, 410: 169.

Peebles P J E, 1967. Ap. J., 147: 859.

Peebles P J E, Yu J T, 1970. Ap. J., 162: 815.

Perlmutter S, et al., 1999. Ap. J., 517: 565.

Planck Collaboration, Aghanim N, et al., 2018. arXiv:1807.06209 (2020. A&A 641: A6).

Planck Collaboration, Akrami Y, et al., 2018a, arXiv:1807.06205 (2020. A&A 641: A1).

Pogosian L , Vilenkin A, 2004. Phys. Rev., D70: 063523.

Press W H, Gunn J E, 1973.Ap. J., 185: 397.

Press W H, Schechter P, 1974. Ap. J., 187: 425.

Rees M J, Sciama D W, 1968. Nature, 217: 511.

Rubin V, Ford W K, Thonnard N, et al., 1976. Astron. J., 81: 687.

Sachs R K, Wolfe A M, 1967. Ap. J., 147: 73.
Salpeter E E, 1955. Ap. J., 121: 161.
Schechter P, 1976. Ap. J., 203: 297.
Schild R, 1990. //Mellier Y, Fort B, Soucail G. Gravitational Lensing. Berlin: Springer-Verlag.
Schneider R, Ferrara A, Natarajan P, et al., 2002. Ap. J., 579: 30.
Schneider R, Ferrara A, Salvaterra R, et al., 2003. Nature, 422: 869.
Seitz C, Kneib J P, Schneider P, et al., 1996. Astron. Astrophys., 314: 707.
Seljak U, Zaldarriaga M, 1996. Ap. J., 469: 437(www.cmbfast.org).
Shapiro P R, Raga A C, 2000. astro-ph/0006367.
Sheth R K, Tormen G , 2002. M. N. R. A. S., 329: 61.
Sheth R K, Mo H J , Tormen G, 2001. M. N. R. A. S., 323: 1.
Silk J, 1967. Nature, 215: 1155.
Smith B D, Sigurdsson S, 2007. Ap. J., 661: L5.
Soares D, 2009. arXiv:0908.1864.
Spergel D N, et al., 2003. Ap. J. Suppl., 148: 175.
Spergel D N, et al., 2007. Ap. J. Suppl., 170: 377 (astro-ph/0603449).
Sunyaev R A, Zel'dovich Ya B, 1969. Commun. Astrophys. Space Phys., 4: 173.
Sunyaev R A, Zel'dovich Ya B, 1980. M. N. R. A. S., 190: 413.
Tashiro H, Sugiyama N, 2006. M. N. R. A. S., 368: 965.
Tegmark M, et al., 2004. Ap. J., 606: 702(astro-ph/0310725).
Tinsley B M, 1972. Ap. J., 173: L93.
Tinsley B M, Gunn J E, 1976. Ap. J., 203: 52.
Tisserand P, et al., 2007. Astron. Astrophys., 469: 387.
Tully R B, Fisher J R, 1977. Astron. Astrophys., 54: 661.
Tumlinson J, Shull J M, 2000. Ap. J. L., 528: 65.
Turner E L, Ostriker J P, Gott J R, 1984. Ap. J., 284: 1.
Tyson J A, Valdes F, Wenk R A, 1990. Ap. J., 349: L1.
Vanderriest C, et al., 1989. Astron. Astrophys., 215: 1.
Vegetti S, et al., 2012. Nature, 481(7381): 341.
Verde L, et al., 2002. M. N. R. A. S., 335: 432.
Vishniac E T, 1983. Ap. J., 274: 152.
Wagoner R, 1973. Ap. J., 179: 343.
Walsh D, Carswell R F, Weymann R J, 1979. Nature, 279: 381.
Wang F, et al., 2021. arXiv:2101.03179.
Wang L, Mao J R, Xiang S P, et al., 2008. astro-ph/0812.4085.
Weinberg D H, Hernquist L, Katz N, 1996. astro-ph/9604175.
Willott C, et al., 2007. astro-ph/07060914.
Wong K C, et al., 2019. H0LICOW XIII.
Zel'dovich Ya B, 1970. Astron. Astrophys., 5: 84.

部分习题解答

第 2 章

2.1 设观测者位于 O 点。从 O 点看来，O' 点和 P 点的位置矢量分别为 $\boldsymbol{r}$ 和 $\boldsymbol{a}$，且这两点的运动速度分别为 $\boldsymbol{v}(\boldsymbol{r},t)$ 和 $\boldsymbol{v}(\boldsymbol{a},t)$。另一方面，从 O' 点看 P 点的速度是

$$\boldsymbol{v}'(\boldsymbol{a}-\boldsymbol{r},t)=\boldsymbol{v}(\boldsymbol{a},t)-\boldsymbol{v}(\boldsymbol{r},t) \tag{1}$$

就是伽利略速度合成。但根据宇宙学原理，宇宙中不同地点的观测者，在同一时刻看到的宇宙图像应相同，这样 P 对 O' 的速度应等于附图中 P' 点对 O 点的速度，即

$$\boldsymbol{v}'(\boldsymbol{a}-\boldsymbol{r},t)=\boldsymbol{v}(\boldsymbol{a}-\boldsymbol{r},t) \tag{2}$$

因此式 (1) 变为

$$\boldsymbol{v}(\boldsymbol{a}-\boldsymbol{r},t)=\boldsymbol{v}(\boldsymbol{a},t)-\boldsymbol{v}(\boldsymbol{r},t) \tag{3}$$

这一等式必须对所有的 $\boldsymbol{r}$、$\boldsymbol{a}$ 成立，所以 $\boldsymbol{v}$ 一定是 $\boldsymbol{r}$ 的线性函数

$$\boldsymbol{v}(\boldsymbol{r},t)=H(t)\boldsymbol{r} \tag{4}$$

其中，$H(t)$ 实际上是一个只与时间有关，而与位置无关的常数。基于速度各向同性的要求，式 (4) 等号右边再无其他附加常数项。显然，当 $H(t)>0$ 时，式 (4) 给出的正是膨胀宇宙的哈勃关系，而 $H(t)$ 即为哈勃常数。

2.2 (1) $l=a(t)\int_0^r \frac{\mathrm{d}r'}{\sqrt{1-r'^2}}=a(t)\arcsin r$。

(2) 设圆周是在平面 $\theta=\pi/2$ 上，则 $C=a\int_0^{2\pi} r\sin\theta\mathrm{d}\varphi=2\pi ar$。注意，此时有 $2\pi l>C$，这是正曲率空间的一个典型性质。

(3) $A=a^2\int_0^{2\pi}\int_0^{\pi} r^2\sin\theta\mathrm{d}\theta\mathrm{d}\varphi=4\pi a^2r^2$。

(4) $V=a^3\int_0^{2\pi}\int_0^{\pi}\int_0^{r}\frac{r'^2}{\sqrt{1-r'^2}}\mathrm{d}r'\sin\theta\mathrm{d}\theta\mathrm{d}\varphi=4\pi a^3\left(\frac{1}{2}\arcsin r-\frac{r}{2}\sqrt{1-r^2}\right)$。不难验证，当 $r\ll 1$ 时，$V\to 4\pi a^3r^3/3$。

2.3 (1) 星系退行的速度可以超过光速。因为“运动速度不能超过光速”是狭义相对论的结果，而狭义相对论中的速度指的是一个物体相对于某个惯性参照系的运动速度。而现在的情况下，空间是膨胀的，在膨胀的空间中不存在一个把我们和该星系都包括在内的大范围惯性参考系。

(2) 即使星系的退行速度超过光速，我们仍然可能在将来某个时刻看到它，因为视界膨胀的速度大于视界处星系的退行速度 (参见式 (2.3.18))。

2.4 极大值时 $t=\pi a_*$，坍缩回到原点时 $t=2\pi a_*$。

2.5 (1) 坐标距离 $\chi=\displaystyle\int_0^{t^*}\frac{\mathrm{d}t}{\mathrm{a}(t)}$，其中 t^* 为现在到达我们的光线相应的发出时刻。利用 2.4 题 a 和 t 的参数方程，可得 $\chi=\eta_0-\eta^*$，其中 η_0、η^* 分别对应于 a_0 和 $a^*\equiv a(t^*)=a(\eta^*)$。再利用 $z=\dfrac{a_0}{a^*}-1=4.8$，即可求出 η_0 和 η^* 并得到 $\chi=0.729$。

(2) $D=a_0\chi=1.82\times10^{10}$ 光年。

(3) $D^*=a^*\chi=3.14\times10^9$ 光年。

2.6 (1) $\chi=1.66$。

(2) $D/D^*=5.8$。

2.7 (1) $\dfrac{1}{\sqrt{\Lambda/3}}\left(\exp\sqrt{\dfrac{\Lambda}{3}}t-1\right)$；(2) 否。

2.8 $t_{\mathrm{L}}=\dfrac{2}{3H_0}\left[1-\dfrac{1}{(1+z)^{3/2}}\right]$，　$t_{\mathrm{L}}/t_{\mathrm{H}}=0.633$。

2.9 (1) 此时有 $a=(\Omega_{\mathrm{m}}/\Omega_\Lambda)^{1/3}=0.754$，相应的宇宙学红移为 $z=a^{-1}-1=0.33$。

(2) 由式 (2.2.39) 并取 $p=0$，由 $\ddot{a}=0$ 给出 $2a^3=\Omega_{\mathrm{m}}/\Omega_\Lambda$，解得 $a=0.60, z=0.67$。

2.10 (1) 参考式 (2.4.2)，$t(a)=\dfrac{2}{3H_0\sqrt{\Omega_\Lambda}}\ln\left[\sqrt{\left(\dfrac{\Omega_\Lambda}{\Omega_{\mathrm{m}}}\right)a^3}+\sqrt{1+\left(\dfrac{\Omega_\Lambda}{\Omega_{\mathrm{m}}}\right)a^3}\right]$。

(2) $a(t)=\left(\dfrac{\Omega_{\mathrm{m}}}{\Omega_\Lambda}\right)^{1/3}\sinh^{2/3}\left(\dfrac{3}{2}\sqrt{\Omega_\Lambda}H_0t\right)$。

(3) $t\ll t_{\mathrm{H}}$ 时，$a(t)\approx\left(\dfrac{3\sqrt{\Omega_{\mathrm{m}}}}{2}\right)\left(\dfrac{t}{t_{\mathrm{H}}}\right)^{2/3}$；

$t\gg t_{\mathrm{H}}$ 时，$a(t)\approx\left(\dfrac{\Omega_{\mathrm{m}}}{4\Omega_\Lambda}\right)^{1/3}\exp\left(\sqrt{\Omega_\Lambda}H_0t\right)$。

2.11 利用式 (2.2.40)、式 (2.2.41) 及式 (2.2.24)。由本题结果可以看到，当 $t\to0$ 时总有 $\Omega(t)\to1$，与 k 的取值无关。

2.12 利用式 (2.2.41) 以及 2.11 题中定义的 $\Omega(t)$。

第 3 章

3.1 可能破解奥尔伯斯佯谬的途径有：① 宇宙的大小 (体积) 是有限的；② 宇宙的年龄是有限的 (即时间有开端)；③ 宇宙是在不断膨胀的。

3.2 $Y=\dfrac{2\beta}{\beta+1}$；当 $\beta\approx1/7$ 时 $Y\approx0.25$。

3.3 $\varepsilon_{\mathrm{r}}=4.17\times10^{-14}\mathrm{J\cdot m^{-3}}$，$n_{\mathrm{r}}=4.11\times10^8\mathrm{m^{-3}}$，$\overline{E}=6.34\times10^{-4}\mathrm{eV}$。

3.4 $\Omega_{\mathrm{v}}=\dfrac{m_{\mathrm{v}}}{94h^2\ \mathrm{eV}}$。

3.5 大统一理论给出的基本粒子共 62 种：即费米子 48 种，其中包括正反夸克 36 种、轻子 12 种 (电子、μ 子、τ 子以及其反粒子共 6 种，三代中微子以及其反粒子共 6 种)；玻色子 14 种，其中包括光子、引力子、8 种胶子、W^0 及 $\mathrm{W}^\pm$ 粒子以及 Higss 玻色子。目前除引力子外，其他粒子均已被实验发现。但需要强调的是，宇宙学中所期盼的暗物质粒子，目前看来还不能归结为任何一种大统一理论粒子。

3.6 $\rho(r) \propto r^{-2}$。

3.7 由式 (3.1.17) 并忽略 ρ_r、Λ、k，有

$$H_{\mathrm{rec}}^2 = H_0^2 \frac{\rho\left(t_{\mathrm{rec}}\right)}{\rho_0} = H_0^2 \frac{1}{a^3\left(t_{\mathrm{rec}}\right)} \Rightarrow \frac{H\left(t_{\mathrm{rec}}\right)}{H_0} = \left(1+z_{\mathrm{rec}}\right)^{3/2}$$

再由式 (2.5.11) 可得 $d_{\mathrm{A}} \simeq 2c/\left[H_0\left(1+z_{\mathrm{rec}}\right)\right]$，故最后结果为

$$\theta_{\mathrm{rec}} = \frac{d_{\mathrm{rec}}}{d_{\mathrm{A}}} \simeq \frac{H_0\left(1+z_{\mathrm{rec}}\right)}{H_{t_{\mathrm{rec}}}} \simeq \frac{1}{\sqrt{1+z_{\mathrm{rec}}}} \simeq \frac{1}{\sqrt{1000}} \simeq 1.8^{\circ}$$

3.8 视界增长 $t_0/t^* \approx 10^{52}$，若无暴胀则 $D_0/D^* = a_0/a^* = \left[a_0/a\left(t_{\mathrm{eq}}\right)\right]/\left[a\left(t_{\mathrm{eq}}\right)/a\left(t^*\right)\right] \approx 10^{27}$ (式 (3.3.5))，但暴胀使得 a 又多了一个 $\mathrm{e}^{100} \approx 10^{43}$ 倍的增长，故最后 $D_0/D^* \approx 10^{27+43} = 10^{70}$，故 $D^*/d^* \approx 10^{-18}$。

第 4 章

4.1 $M_{\mathrm{J}} \approx 10^6 M_{\odot}$。

4.2 给定的 A_μ 的变换即

$$\varphi' = \varphi - \frac{\partial f}{\partial t}, \quad A_i' = A_i - \frac{\partial f}{\partial x^i} = -A^i - \frac{\partial f}{\partial x^i} = -A'^i$$

因而

$$E'^i = -\frac{\partial A'^i}{\partial t} - \frac{\partial \varphi'}{\partial x^i} = -\frac{\partial A^i}{\partial t} - \frac{\partial f}{\partial x^i \partial t} - \frac{\partial \varphi}{\partial x^i} + \frac{\partial f}{\partial x^i \partial t} = -\frac{\partial A^i}{\partial t} - \frac{\partial \varphi}{\partial x^i} = E^i$$

$$\boldsymbol{H}' = \nabla \times \boldsymbol{A}' = \nabla \times (\boldsymbol{A} + \nabla f) = \nabla \times \boldsymbol{A} + \nabla \times \nabla f = \nabla \times \boldsymbol{A} = \boldsymbol{H}$$

4.3

$$\Delta \delta V_\mu = V_\mu'(x) - V_\mu(x)$$

另由

$$V_\mu'\left(x'\right) = V_\mu'(x) + \frac{\partial V_\mu(x)}{\partial x^\lambda} \varepsilon^\lambda \Rightarrow V_\mu'(x) = V_\mu'\left(x'\right) - \frac{\partial V_\mu(x)}{\partial x^\lambda} \varepsilon^\lambda$$

故有

$$\begin{aligned}
\Delta \delta V_\mu &= V_\mu'\left(x'\right) - V_\mu(x) - \frac{\partial V_\mu(x)}{\partial x^\lambda} \varepsilon^\lambda \\
&= V_\lambda(x)\left(\delta_{\lambda\mu} - \frac{\partial \varepsilon^\lambda}{\partial x'^\mu}\right) - V_\mu(x) - \frac{\partial V_\mu(x)}{\partial x^\lambda} \varepsilon^\lambda \\
&= -V_\lambda(x) \frac{\partial \varepsilon^\lambda}{\partial x'^\mu} - \frac{\partial V_\mu(x)}{\partial x^\lambda} \varepsilon^\lambda
\end{aligned}$$

4.4 按照式 (4.2.16) 及式 (2.2.11)，并注意到 $\varepsilon_0 = -\varepsilon^0, \varepsilon_i = a^2 \varepsilon^i$，有

$$\begin{aligned}
\Delta \delta T_{00} &= -2\overline{T}_{00} \frac{\partial \varepsilon^0}{\partial x^0} - \frac{\partial \overline{T}_{00}}{\partial x^0} \varepsilon^0 - \frac{\partial \overline{T}_{00}}{\partial x^i} \varepsilon^i \\
&= -2\overline{\rho} \frac{\partial \varepsilon^0}{\partial t} - \dot{\overline{\rho}} \varepsilon^0 = 2\overline{\rho} \frac{\partial \varepsilon_0}{\partial t} + \dot{\overline{\rho}} \varepsilon_0
\end{aligned}$$

$$\begin{aligned}\Delta\delta T_{i0}&=-\overline{T}_{\lambda 0}\frac{\partial\varepsilon^{\lambda}}{\partial x^{i}}-\overline{T}_{\lambda i}\frac{\partial\varepsilon^{\lambda}}{\partial x^{0}}-\frac{\partial\overline{T}_{i0}}{\partial x^{\lambda}}\varepsilon^{\lambda}\\&=-\overline{T}_{00}\frac{\partial\varepsilon^{o}}{\partial x^{i}}-\overline{T}_{ji}\frac{\partial\varepsilon^{j}}{\partial x^{0}}=-\overline{\rho}\frac{\partial\varepsilon^{o}}{\partial x^{i}}-\overline{p}a^{2}\delta_{ij}\frac{\partial\varepsilon^{j}}{\partial t}\\&=\overline{\rho}\frac{\partial s_{0}}{\partial x^{i}}+\frac{2\dot{a}}{a}\overline{p}\varepsilon_{i}-\overline{p}\frac{\partial\varepsilon_{i}}{\partial t}\end{aligned}$$

$$\begin{aligned}\Delta\delta T_{ij}&=-\overline{T}_{\lambda j}\frac{\partial\varepsilon^{\lambda}}{\partial x^{i}}-\overline{T}_{\lambda i}\frac{\partial\varepsilon^{\lambda}}{\partial x^{j}}-\frac{\partial\overline{T}_{ij}}{\partial x^{\lambda}}\varepsilon^{\lambda}=-\overline{T}_{kj}\frac{\partial\varepsilon^{k}}{\partial x^{i}}-\overline{T}_{ki}\frac{\partial\varepsilon^{k}}{\partial x^{j}}\frac{\partial\overline{T}_{ij}}{\partial x^{0}}\varepsilon^{0}\\&=-\overline{p}a^{2}\delta_{kj}\frac{\partial\varepsilon^{k}}{\partial x^{i}}-\overline{p}a^{2}\delta_{ki}\frac{\partial\varepsilon^{k}}{\partial x^{j}}-\frac{\partial}{\partial t}\left(a^{2}\overline{p}\right)\delta_{ij}\varepsilon^{0}\\&=-\overline{p}a^{2}\left(\frac{\partial\varepsilon^{j}}{\partial x^{i}}+\frac{\partial\varepsilon^{i}}{\partial x^{j}}\right)+\frac{\partial}{\partial t}\left(a^{2}\overline{p}\right)\delta_{ij}\varepsilon_{0}\\&=-\overline{p}\left(\frac{\partial\varepsilon_{j}}{\partial x^{i}}+\frac{\partial\varepsilon_{i}}{\partial x^{j}}\right)+\frac{\partial}{\partial t}\left(a^{2}\overline{p}\right)\delta_{ij}\varepsilon_{0}\end{aligned}$$

4.5　由式 (4.3.20)，并利用式 (4.2.49) 及式 (4.2.48)，可得

$$\begin{aligned}\Delta\varPhi_{\mathrm{H}}&=-\frac{\dot{a}}{a}\varepsilon_{0}+\dot{a}\left[\frac{1}{2}a\frac{\mathrm{d}}{\mathrm{d}t}\left(-\frac{2}{a^{2}}\varepsilon^{\mathrm{s}}\right)-\frac{1}{a}\left(-\varepsilon_{0}-\dot{\varepsilon}^{\mathrm{s}}+\frac{2\dot{a}}{a}\varepsilon^{\mathrm{s}}\right)\right]\\&=-\frac{\dot{a}}{a}\varepsilon_{0}+\dot{a}\left[\frac{1}{2}a\left(\frac{4\dot{a}}{a^{3}}\varepsilon^{\mathrm{s}}-\frac{2}{a^{2}}\dot{\varepsilon}^{\mathrm{s}}\right)+\frac{1}{a}\left(\varepsilon_{0}+\dot{\varepsilon}^{\mathrm{s}}-\frac{2\dot{a}}{a}\varepsilon^{\mathrm{s}}\right)\right]=0\end{aligned}$$

4.6　用式 (4.2.49)、式 (4.2.27) 和式 (4.2.38)，得

$$\begin{aligned}\Delta\zeta&=\frac{1}{2}\Delta A-H\frac{\Delta\delta\rho}{\dot{\overline{\rho}}}=\frac{1}{2}\left(\frac{2\dot{a}}{a}\varepsilon_{0}\right)-H\frac{\dot{\overline{\rho}}\varepsilon_{0}}{\dot{\overline{\rho}}}\\&=\frac{\dot{a}}{a}\varepsilon_{0}-H\varepsilon_{0}=0\end{aligned}$$

$$\begin{aligned}\Delta\mathcal{R}&=\frac{1}{2}\Delta A+H\Delta\delta u=\frac{1}{2}\left(\frac{2\dot{a}}{a}\varepsilon_{0}\right)+H\left(-\varepsilon_{0}\right)\\&=\frac{\dot{a}}{a}\varepsilon_{0}-H\varepsilon_{0}=0\end{aligned}$$

4.7　根据式 (4.4.28) 以及式 (4.4.17) 和式 (4.4.22)~(4.4.27)，可得

$$\begin{aligned}\delta R_{00}=&\frac{\partial\delta\varGamma^{\lambda}_{0\lambda}}{\partial x^{0}}-\frac{\partial\delta\varGamma^{\lambda}_{00}}{\partial x^{\lambda}}+\delta\varGamma^{\delta}_{0\lambda}\overline{\varGamma}^{\lambda}_{0\delta}+\delta\varGamma^{\lambda}_{0\delta}\overline{\varGamma}^{\delta}_{0\lambda}-\delta\varGamma^{\delta}_{00}\overline{\varGamma}^{\lambda}_{\lambda\delta}-\delta\varGamma^{\lambda}_{\lambda\delta}\overline{\varGamma}^{\delta}_{00}\\=&\frac{\partial\delta\varGamma^{i}_{0i}}{\partial t}-\frac{\partial\delta\varGamma^{i}_{00}}{\partial x^{i}}+2\delta\varGamma^{j}_{0i}\overline{\varGamma}^{i}_{0j}-\delta\varGamma^{0}_{00}\overline{\varGamma}^{i}_{i0}\\=&\frac{\partial}{\partial t}\left[\frac{1}{2a^{2}}\left(-\frac{2\dot{a}}{a}h_{ii}+\dot{h}_{ii}\right)\right]-\frac{\partial}{\partial x^{i}}\left[\frac{1}{2a^{2}}\left(2\dot{h}_{i0}-\partial_{i}h_{00}\right)\right]\\&+\frac{\dot{a}}{a^{3}}\left(\partial_{j}h_{i0}-\partial_{i}h_{j0}-\frac{2\dot{a}}{a}h_{ij}+\dot{h}_{ij}\right)\delta_{ij}+\frac{3\dot{a}}{2a}\dot{h}_{00}\end{aligned}$$

$$
\begin{aligned}
&=\frac{1}{2a^2}\nabla^2 h_{00}+\frac{3\dot a}{2a}\dot h_{00}-\frac{1}{a^2}\partial_i\dot h_{i0}+\frac{1}{2a^2}\left[\ddot h_{ii}-\frac{2\dot a}{a}\dot h_{ii}+2\left(\frac{\dot a^2}{a^2}-\frac{\ddot a}{a}\right)h_{ii}\right]
\end{aligned}
$$

$$
\begin{aligned}
\delta R_{0i}=&\frac{\partial\delta\varGamma^\lambda_{0\lambda}}{\partial x^i}-\frac{\partial\delta\varGamma^\lambda_{0i}}{\partial x^\lambda}+\delta\varGamma^\delta_{0\lambda}\overline{\varGamma}^\lambda_{i\delta}+\delta\varGamma^\lambda_{i\delta}\overline{\varGamma}^\delta_{0\lambda}-\delta\varGamma^\delta_{0i}\overline{\varGamma}^\lambda_{\lambda\delta}-\delta\varGamma^\lambda_{\lambda\delta}\overline{\varGamma}^\delta_{0i}\\
=&\partial_i\left(\delta\varGamma^0_{00}+\delta\varGamma^k_{0k}\right)-\partial_t\delta\varGamma^0_{0i}-\partial_j\delta\varGamma^j_{0i}+\delta\varGamma^j_{00}\overline{\varGamma}^0_{ij}+\delta\varGamma^0_{0j}\overline{\varGamma}^j_{i0}\\
&+\delta\varGamma^k_{ij}\overline{\varGamma}^j_{0k}-\delta\varGamma^0_{0i}\overline{\varGamma}^k_{k0}-\delta\varGamma^0_{0j}\overline{\varGamma}^j_{0i}-\delta\varGamma^k_{kj}\overline{\varGamma}^j_{0i}\\
=&-\frac{1}{2}\partial_i\dot h_{00}-\frac{\dot a}{a^3}\partial_i h_{kk}+\frac{1}{2a^2}\partial_i\dot h_{kk}-\frac{\ddot a a-\dot a^2}{a^2}h_{i0}-\frac{\dot a}{a}\dot h_{i0}+\frac{1}{2}\partial_i\dot h_{00}\\
&-\frac{1}{2a^2}\partial_i\partial_j h_{j0}+\frac{1}{2a^2}\nabla^2 h_{i0}+\frac{\dot a}{a^3}\partial_j h_{ij}-\frac{1}{2a^2}\partial_j\dot h_{ij}+\frac{\dot a}{a}\dot h_{i0}+\frac{\dot a^2}{a^2}h_{i0}\\
&-\frac{\dot a}{a}\partial_i h_{00}-\frac{\dot a^2}{a^2}h_{i0}+\frac{\dot a}{2a^3}\partial_i h_{kk}-\frac{3\dot a^2}{a^2}h_{i0}+\frac{3\dot a}{2a}\partial_i h_{00}+\frac{\dot a}{2a}\partial_i h_{00}-\frac{\dot a}{2a^3}\partial_i h_{kk}\\
=&\frac{\dot a}{a}\partial_i h_{00}+\frac{1}{2a^2}\left(\nabla^2 h_{i0}-\partial_i\partial_k h_{k0}\right)-\left(\frac{\ddot a}{a}+\frac{2\dot a^2}{a^2}\right)h_{i0}\\
&+\frac{1}{2a^2}\left(\partial_i\dot h_{kk}-\partial_k\dot h_{ki}\right)-\frac{\dot a}{a^3}\left(\partial_i h_{kk}-\partial_k h_{ki}\right)
\end{aligned}
$$

$$
\begin{aligned}
\delta R_{ij}=&\frac{\partial\delta\varGamma^\lambda_{i\lambda}}{\partial x^j}-\frac{\partial\delta\varGamma^\lambda_{ij}}{\partial x^\lambda}+\delta\varGamma^\delta_{i\lambda}\overline{\varGamma}^\lambda_{j\delta}+\delta\varGamma^i_{j\delta}\overline{\varGamma}^\delta_{i\lambda}-\delta\varGamma^\delta_{ij}\overline{\varGamma}^\lambda_{\lambda\delta}-\delta\varGamma^\lambda_{\lambda\delta}\overline{\varGamma}^\delta_{ij}\\
=&\frac{\partial\delta\varGamma^0_{i0}}{\partial x^j}+\frac{\partial\delta\varGamma^k_{ik}}{\partial x^j}-\frac{\partial\delta\varGamma^0_{ij}}{\partial x^0}-\frac{\partial\delta\varGamma^k_{ij}}{\partial x^k}+\delta\varGamma^0_{ik}\overline{\varGamma}^k_{j0}+\delta\varGamma^k_{i0}\overline{\varGamma}^0_{jk}+\delta\varGamma^0_{jk}\overline{\varGamma}^k_{i0}+\delta\varGamma^k_{j0}\overline{\varGamma}^0_{ik}\\
&-\delta\varGamma^0_{ij}\overline{\varGamma}^k_{k0}-\left(\delta\varGamma^0_{00}+\delta\varGamma^k_{k0}\right)\overline{\varGamma}^0_{ij}\\
=&-\frac{1}{2}\partial_i\partial_j h_{00}+\frac{1}{2a^2}\partial_i\partial_j h_{kk}-\left(\dot a^2+a\ddot a\right)\delta_{ij}h_{00}-a\dot a\delta_{ij}\dot h_{00}\\
&+\frac{1}{2}\left(\partial_j\dot h_{i0}+\partial_i\dot h_{j0}-\ddot h_{ij}\right)+\frac{\dot a}{a}\partial_k h_{k0}\delta_{ij}-\frac{1}{2a^2}\left(\partial_j\partial_k h_{ki}+\partial_i\partial_k h_{kj}-\nabla^2 h_{ij}\right)\\
&+\dot a^2\delta_{ij}h_{00}-\frac{\dot a}{2a}\left(\partial_j h_{i0}-\dot h_{ij}\right)-\frac{\dot a}{2a}\partial_j h_{i0}-\frac{\dot a^2}{a^2}h_{ij}+\frac{\dot a}{2a}\dot h_{ij}+\dot a^2\delta_{ij}h_{00}\\
&-\frac{\dot a}{2a}\left(\partial_i h_{j0}-\dot h_{ij}\right)-\frac{\dot a}{2a}\partial_i h_{j0}-\frac{\dot a^2}{a^2}h_{ij}+\frac{\dot a}{2a}\dot h_{ij}-3\dot a^2\delta_{ij}h_{00}\\
&+\frac{3\dot a}{2a}\left(\partial_j h_{i0}+\partial_i h_{j0}-\dot h_{ij}\right)+\frac{1}{2}a\dot a\delta_{ij}\dot h_{00}+\frac{\dot a^2}{a^2}\delta_{ij}h_{kk}-\frac{\dot a}{2a}\delta_{ij}\dot h_{kk}\\
=&-\frac{1}{2}\partial_i\partial_j h_{00}-\left(2\dot a^2+\ddot a a\right)\delta_{ij}h_{00}-\frac{1}{2}\dot a a\delta_{ij}\dot h_{00}\\
&+\frac{1}{2a^2}\left(\nabla^2 h_{ij}-\partial_k\partial_i h_{kj}-\partial_k\partial_j h_{ki}+\partial_i\partial_j h_{kk}\right)\\
&-\frac{1}{2}\ddot h_{ij}+\frac{\dot a}{2a}\left(\dot h_{ij}-\delta_{ij}\dot h_{kk}\right)+\frac{\dot a^2}{a^2}\left(-2h_{ij}+\delta_{ij}h_{kk}\right)+\frac{\dot a}{a}\delta_{ij}\partial_k h_{k0}\\
&+\frac{1}{2}\left(\partial_i\dot h_{j0}+\partial_j\dot h_{i0}\right)+\frac{\dot a}{2a}\left(\partial_i h_{j0}+\partial_j h_{i0}\right)
\end{aligned}
$$

4.8 牛顿规范下有

$$h_{00} = -2\Phi, \quad h_{0i} = 0, \quad h_{ij} = -2a^2\Psi\delta_{ij}$$

并且,

$$h \equiv h_{ii} = -6a^2\Psi$$

$$\dot{h} = -12a\dot{a}\Psi - 6a^2\dot{\Psi}$$

$$\ddot{h} = -12\dot{a}^2\Psi - 12a\ddot{a}\Psi - 24a\dot{a}\dot{\Psi} - 6a^2\ddot{\Psi}$$

代入 4.7 题中 δR_{00} 的结果，即得

$$\begin{aligned}\delta R_{00} =& -\frac{1}{a^2}\nabla^2\Phi - \frac{3\dot{a}}{a}\dot{\Phi} - \frac{1}{a^2}\left[6\dot{a}^2\Psi + 6a\ddot{a}\Psi + 12a\dot{a}\dot{\Psi} + 3a^2\ddot{\Psi}\right.\\ &\left.-\frac{\dot{a}}{a}\left(12a\dot{a}\Psi + 6a^2\dot{\Psi}\right) + 6\left(\frac{\dot{a}^2}{a^2} - \frac{\ddot{a}}{a}\right)a^2\Psi\right]\\ =& -\frac{1}{a^2}\nabla^2\Phi - \frac{3\dot{a}}{a}\dot{\Phi} - 6\frac{\dot{a}}{a}\dot{\Psi} - 3\ddot{\Psi}\end{aligned}$$

4.9 同步规范下有

$$h_{00} = 0, \quad h_{0i} = 0, \quad h_{ij} = a^2\left(A\delta_{ij} + \partial_i\partial_j B\right)$$

并且

$$h \equiv h_{ii} = a^2\left(3A + \nabla^2 B\right)$$

$$\dot{h} = 2\dot{a}a\left(3A + \nabla^2 B\right) + a^2\left(3\dot{A} + \nabla^2\dot{B}\right)$$

$$\ddot{h} = \left(2\ddot{a}a + 2\dot{a}^2\right)\left(3A + \nabla^2 B\right) + 4\dot{a}a\left(3\dot{A} + \nabla^2\dot{B}\right) + a^2\left(3\ddot{A} + \nabla^2\ddot{B}\right)$$

代入 4.7 题中 δR_{00} 的结果，得

$$\begin{aligned}\delta R_{00} =& \frac{1}{2a^2}\left\{\left(2\ddot{a}a + 2\dot{a}^2\right)\left(3A + \nabla^2 B\right) + 4\dot{a}a\left(3\dot{A} + \nabla^2\dot{B}\right)\right.\\ &+ a^2\left(3\ddot{A} + \nabla^2\ddot{B}\right) - \frac{2\dot{a}}{a}\left[2\dot{a}a\left(3A + \nabla^2 B\right) + a^2\left(3\dot{A} + \nabla^2\dot{B}\right)\right]\\ &\left.+ 2\left(\frac{\dot{a}^2}{a^2} - \frac{\ddot{a}}{a}\right)a^2\left(3A + \nabla^2 B\right)\right\}\\ =& \frac{\dot{a}}{a}\left(3\dot{A} + \nabla^2\dot{B}\right) + \frac{1}{2}\left(3\ddot{A} + \nabla^2\ddot{B}\right)\end{aligned}$$

4.10 同步规范下

$$h_{00} = 0, \quad h_{0i} = 0, \quad h_{ij} = a^2\left(A\delta_{ij} + \partial_i\partial_j B\right)$$

根据 4.7 题 δR_{ij} 的普遍表示式，以及

$$\dot{h}_{ij} = 2a\dot{a}\left(A\delta_{ij} + \partial_i\partial_j B\right) + a^2\left(\dot{A}\delta_{ij} + \partial_i\partial_j\dot{B}\right)$$

$$\ddot{h}_{ij} = 2\left(\dot{a}^2 + a\ddot{a}\right)\left(A\delta_{ij} + \partial_i\partial_j B\right) + 4a\dot{a}\left(\dot{A}\delta_{ij} + \partial_i\partial_j \dot{B}\right) + a^2\left(\ddot{A}\delta_{ij} + \partial_i\partial_j \ddot{B}\right)$$

有

$$\begin{aligned}
\delta R_{ij} =& \frac{1}{2}\left[\left(\nabla^2 A\right)\delta_{ij} + \partial_i\partial_j\nabla^2 B - 2\left(\partial_i\partial_j A + \partial_i\partial_j\nabla^2 B\right) + \partial_i\partial_j\left(3A + \nabla^2 B\right)\right] \\
& - \frac{1}{2}\left[\left(2\dot{a}^2 + 2a\ddot{a}\right)\left(A\delta_{ij} + \partial_i\partial_j B\right) + 4a\dot{a}\left(\dot{A}\delta_{ij} + \partial_i\partial_j\dot{B}\right) + a^2\left(\ddot{A}\delta_{ij} + \partial_i\partial_j\ddot{B}\right)\right] \\
& + \frac{\dot{a}}{2a}\left\{2a\dot{a}\left(A\delta_{ij} + \partial_i\partial_j B\right) + a^2\left(\dot{A}\delta_{ij} + \partial_i\partial_j\dot{B}\right) - \delta_{ij}\left[2a\dot{a}\left(3A + \nabla^2 B\right)\right.\right. \\
& \left.\left. + a^2\left(3\dot{A} + \nabla^2\dot{B}\right)\right]\right\} + \frac{\dot{a}^2}{a^2}\left[-2a^2\left(A\delta_{ij} + \partial_i\partial_j B\right) + \delta_{ij}a^2\left(3A + \nabla^2 B\right)\right] \\
=& \delta_{ij}\left[\frac{1}{2}\nabla^2 A - \left(a\ddot{a} + 2\dot{a}^2\right)A - 3a\dot{a}\dot{A} - \frac{1}{2}a^2\ddot{A} - \frac{1}{2}a\dot{a}\nabla^2\dot{B}\right] \\
& + \partial_i\partial_j\left[\frac{1}{2}A - \left(a\ddot{a} + 2\dot{a}^2\right)B - \frac{3}{2}a\dot{a}\dot{B} - \frac{1}{2}a^2\ddot{B}\right]
\end{aligned}$$

由式 (4.4.48)，得

$$\begin{aligned}
\delta S_{ij} &= \frac{1}{2}a^2\delta_{ij}(\delta\rho - \delta p) + \frac{1}{8\pi G}\left(\frac{\ddot{a}}{a} + \frac{2\dot{a}^2}{a^2}\right)a^2\left(A\delta_{ij} + \partial_i\partial_j B\right) \\
&= \delta_{ij}\left[\frac{1}{2}a^2(\delta\rho - \delta p) + \frac{1}{8\pi G}\left(a\ddot{a} + 2\dot{a}^2\right)A\right] + \frac{1}{8\pi G}\left(a\ddot{a} + 2\dot{a}^2\right)\partial_i\partial_j B
\end{aligned}$$

4.11 在张量模式下度规扰动中只有 $h_{ij} = a^2 D_{ij}$，此时

$$\dot{h}_{ij} = 2a\dot{a}D_{ij} + a^2\dot{D}_{ij}$$

$$\ddot{h}_{ij} = 2\left(\dot{a}^2 + a\ddot{a}\right)D_{ij} + 4a\dot{a}\dot{D}_{ij} + a^2\ddot{D}_{ij}$$

根据 4.7 题所得到的 δR_{ij} 的一般结果，并注意到式 (4.11.1) 给出的 D_{ij} 所满足的条件，得

$$\begin{aligned}
\delta R_{ij} &= \frac{1}{2a^2}\nabla^2 h_{ij} - \frac{1}{2}\ddot{h}_{ij} + \frac{\dot{a}}{2a}\dot{h}_{ij} - \frac{2\dot{a}^2}{a^2}h_{ij} \\
&= \frac{1}{2}\nabla^2 D_{ij} - \left(a\ddot{a} + 2\dot{a}^2\right)D_{ij} - \frac{3}{2}a\dot{a}\dot{D}_{ij} - \frac{1}{2}a^2\ddot{D}_{ij}
\end{aligned}$$

另一方面，由式 (4.4.37) 所示的场源项扰动 δS_{ij} 为

$$\delta S_{ij} = \delta T_{ij} - \frac{1}{2}h_{ij}\overline{T}^{\lambda}_{\lambda}$$

当不存在各向异性惯量项时，

$$\delta T_{ij} = \overline{p}h_{ij} = -\frac{1}{8\pi G}\left(\frac{2\ddot{a}}{a} + \frac{\dot{a}^2}{a^2}\right)a^2 D_{ij}$$

$$\overline{T}^{\lambda}_{\lambda} = 3\overline{p} - \overline{\rho} = -\frac{3}{4\pi G}\left(\frac{\ddot{a}}{a} + \frac{\dot{a}^2}{a^2}\right)$$

这里用到式 (4.4.44) 和式 (4.4.45)。因而

$$\begin{aligned}\delta S_{ij} &= -\frac{1}{8\pi G}\left(\frac{2\ddot{a}}{a}+\frac{\dot{a}^2}{a^2}\right)a^2 D_{ij}+\frac{3}{8\pi G}\left(\frac{\ddot{a}}{a}+\frac{\dot{a}^2}{a^2}\right)a^2 D_{ij}\\ &= \frac{1}{8\pi G}\left(a\ddot{a}+2\dot{a}^2\right)D_{ij}\end{aligned}$$

由以上结果，爱因斯坦场方程 $\delta R_{ij}=-8\pi G\delta S_{ij}$ 化为

$$\frac{1}{2}\nabla^2 D_{ij}-\left(a\ddot{a}+2\dot{a}^2\right)D_{ij}-\frac{3}{2}a\dot{a}\dot{D}_{ij}-\frac{1}{2}a^2\ddot{D}_{ij}=-\left(a\ddot{a}+2\dot{a}^2\right)D_{ij}$$

此即

$$\nabla^2 D_{ij}-3a\dot{a}\dot{D}_{ij}-a^2\ddot{D}_{ij}=0$$

这就是引力波的波动方程。

4.12　由式 (4.7.55)，

$$h=-h_0t^{2/3},\quad \dot{h}=-\frac{2}{3}h_0t^{-1/3}$$

物质为主时期有

$$a\propto t^{2/3},\quad \frac{\dot{a}}{a}=\frac{2}{3t}$$

$$\Omega_{\rm r}=\frac{\Omega_{\rm r0}}{\Omega_{\rm m0}}\frac{a_{\rm eq}}{a+a_{\rm eq}}\approx\frac{\Omega_{\rm r0}}{\Omega_{\rm m0}}\frac{a_{\rm eq}}{a},\quad \dot{\Omega}_{\rm r}=-\frac{\dot{a}}{a}\Omega_{\rm r}$$

此时如仍设 $\delta_{\rm r}=Bh_0t^n$，则会发现它并不能满足方程 (4.7.35)。如果尝试设 $\delta_{\rm r}=Bh_0t^n\ln t$，则代入方程 (4.7.35) 后，方程化为

$$\frac{2}{3}Bh_0t^{-1/3}\ln t+Bh_0t^{2/3}\frac{1}{t}-\frac{2}{3t}Bh_0t^{2/3}\ln t=-\frac{2}{3}h_0t^{-1/3}$$

这给出

$$Bh_0t^{2/3}\frac{1}{t}=-\frac{2}{3}h_0t^{-1/3}$$

即得 $B=-2/3$，故 $\delta_{\rm r}$ 的解为 $\delta_{\rm r}=-\dfrac{2}{3}h_0t^n\ln t$。

4.13　对于 $V=4\pi R^3/3$ 的球体，取 $\boldsymbol{k}$ 的方向为球极方向，

$$\begin{aligned}\frac{1}{V}\int_V\exp(\mathrm{i}\boldsymbol{k}\cdot\boldsymbol{x})\mathrm{d}\boldsymbol{x} &= \frac{3}{4\pi R^3}\int_0^R 4\pi r^2\mathrm{d}r\int_0^{\pi/2}\cos(kr\cos\theta)\sin\theta\mathrm{d}\theta\\ &= \frac{3}{kR^3}\int_0^R r\mathrm{d}r\int_0^{\pi/2}\cos(kr\cos\theta)[-\mathrm{d}(kr\cos\theta)]\\ &= \frac{3}{kR^3}\int_0^R r\sin(kr)\mathrm{d}r=\frac{3}{k^2R^3}\left[-R\cos(kR)+\int_0^R\cos(kr)\mathrm{d}r\right]\\ &= \frac{3}{(kR)^3}[\sin(kR)-kR\cos(kR)]\end{aligned}$$

第 5 章

5.1 (1) $\frac{l^i l^j}{l^2} I^{\mathrm{T}}_{ij} = 2\left(\frac{l^i l^j l_i l_j}{l^4} - \frac{1}{2}\delta_{ij}\frac{l^i l^j}{l^2}\right) E(\boldsymbol{l}) + \frac{l^i l^j}{l^2} I^{\mathrm{TT}}_{ij}(\boldsymbol{l})$

$$= 2\left(\cos^4\varphi_l + \cos^2\varphi_l \sin^2\varphi_l + \sin^2\varphi_l \cos^2\varphi_l + \sin^4\varphi_l - \frac{1}{2}\right) E(\boldsymbol{l})$$

$$= 2\left(\cos^2\varphi_l + \sin^2\varphi_l - \frac{1}{2}\right) E(\boldsymbol{l}) = E(\boldsymbol{l})$$

(注意，第一个等号右边的最后一项，因 $l^i I^{\mathrm{TT}}_{ij} = 0$ 的横向条件而变为零)

(2) $E(\boldsymbol{l}) = \frac{l^i l^j}{l^2} I^{\mathrm{T}}_{ij} = Q(\boldsymbol{l})\cos^2\varphi_l + U(\boldsymbol{l})\cos\varphi_l \sin\varphi_l + U(\boldsymbol{l})\sin\varphi_l\cos\varphi_l - Q(\boldsymbol{l})\sin^2\varphi_l$

$$= Q(\boldsymbol{l})\left(\cos^2\varphi_l - \sin^2\varphi_l\right) + 2U(\boldsymbol{l})\sin\varphi_l\cos\varphi_l = Q(\boldsymbol{l})\cos 2\varphi_l + U(\boldsymbol{l})\sin 2\varphi_l$$

(与式 (5.8.13) 的定义一致)

(3) 由题给式 (2)，

$$\begin{aligned} I^{\mathrm{TT}}_{12} = I^{\mathrm{TT}}_{21} &= I^{\mathrm{T}}_{12} - 2\frac{l_1 l_2}{l^2} E(\boldsymbol{l}) \\ &= U(\boldsymbol{l}) - 2\cos\varphi_l \sin\varphi_l E(\boldsymbol{l}) \\ &= U(\boldsymbol{l}) - \sin 2\varphi_l \left[Q(\boldsymbol{l})\cos 2\varphi_l + U(\boldsymbol{l})\sin 2\varphi_l\right] \\ &= U(\boldsymbol{l})\left(1 - \sin^2 2\varphi_l\right) - Q(\boldsymbol{l})\sin 2\varphi_l \cos 2\varphi_l \\ &= B(\boldsymbol{l})\cos 2\varphi_l \end{aligned}$$

其中用到式 (5.8.13)。另一方面有

$$\begin{aligned} I^{\mathrm{TT}}_{11} = -I^{\mathrm{TT}}_{22} = \frac{1}{2}\left(I^{\mathrm{TT}}_{11} - I^{\mathrm{TT}}_{22}\right) &= Q(\boldsymbol{l}) - \left(\cos^2\varphi_l - \sin^2\varphi_l\right) E(\boldsymbol{l}) \\ &= Q(\boldsymbol{l}) - \left(\cos^2\varphi_l - \sin^2\varphi_l\right)\left[Q(\boldsymbol{l})\cos 2\varphi_l + U(\boldsymbol{l})\sin 2\varphi_l\right] \\ &= Q(\boldsymbol{l})\left(1 - \cos^2 2\varphi_l\right) - U(\boldsymbol{l})\cos 2\varphi_l \sin 2\varphi_l \\ &= -B(\boldsymbol{l})\sin 2\varphi_l \end{aligned}$$

故最后得

$$I^{\mathrm{TT}}_{ij}(\boldsymbol{l}) = \begin{pmatrix} -\sin 2\varphi_l & \cos 2\varphi_l \\ \cos 2\varphi_l & \sin 2\varphi_l \end{pmatrix} B(\boldsymbol{l})$$

(4) 根据题给式 (1) 及式 (2) 的定义以及 (3) 小题的结果，显然有

$$I^{\mathrm{T}}_{ij}(\boldsymbol{l}) = \begin{pmatrix} \cos 2\varphi_l & \sin 2\varphi_l \\ \sin 2\varphi_l & -\cos 2\varphi_l \end{pmatrix} E(\boldsymbol{l}) + \begin{pmatrix} -\sin 2\varphi_l & \cos 2\varphi_l \\ \cos 2\varphi_l & \sin 2\varphi_l \end{pmatrix} B(\boldsymbol{l})$$

5.2　此题的关键在于求式 (5.8.50) 的积分。注意，积分是对光子的初始动量 $\boldsymbol{p}_1$ 进行的，虽然被积函数中还包含有光子的终态动量 $\boldsymbol{p}$，但在积分过程中 $\boldsymbol{p}$ (以及诸 $\hat{p}_i$) 可以看作常量。积分中选取 $\boldsymbol{p}_1$ 的方向为 $\hat{p}_{11}=\sin\theta\cos\varphi$，$\hat{p}_{12}=\sin\theta\sin\varphi$，$\hat{p}_{13}=\cos\theta$，易证

$$\int \mathrm{d}^2\hat{p}_1=4\pi$$

$$\int \mathrm{d}^2\hat{p}_1\left(\delta_{ij}-\hat{p}_{1i}\hat{p}_{1j}\right)=\frac{8\pi}{3}\delta_{ij}$$

上面第二式中 $i=j$ 的情况以 $i=j=1$ 为例，此时积分为

$$\begin{aligned}\int \mathrm{d}^2\hat{p}_1\left(1-\sin^2\theta\cos^2\varphi\right)&=4\pi-\int_{-1}^{1}\left(1-\mu^2\right)\mathrm{d}\mu\cdot\int_0^{2\pi}\cos^2\varphi\mathrm{d}\varphi\\&=4\pi-\frac{4\pi}{3}=\frac{8\pi}{3}\end{aligned}$$

$i=j=2,3$ 的情况证明类似，从略。于是式 (5.8.50) 的积分化为 (不失一般性，以下取 $f^{ij}=\overline{f}\cdot\left(\delta_{ij}-\hat{p}_i\hat{p}_j\right)$)

$$\begin{aligned}&\int \mathrm{d}^2\hat{p}_1\left[f^{ij}\left(\boldsymbol{p}_1\right)-\hat{p}_i\hat{p}_kf^{kj}\left(\boldsymbol{p}_1\right)-\hat{p}_j\hat{p}_kf^{ik}\left(\boldsymbol{p}_1\right)+\hat{p}_i\hat{p}_j\hat{p}_k\hat{p}_lf^{kl}\left(\boldsymbol{p}_1\right)\right]\\=&\overline{f}\cdot\left[\int \mathrm{d}^2\hat{p}_1\left(\delta_{ij}-\hat{p}_{1i}\hat{p}_{1j}\right)-\hat{p}_i\hat{p}_k\int \mathrm{d}^2\hat{p}_1\left(\delta_{kj}-\hat{p}_{1k}\hat{p}_{1j}\right)\right.\\&\left.-\hat{p}_j\hat{p}_k\int \mathrm{d}^2\hat{p}_1\left(\delta_{ik}-\hat{p}_{1i}\hat{p}_{1k}\right)+\hat{p}_i\hat{p}_j\hat{p}_k\hat{p}_l\int \mathrm{d}^{2*}\hat{p}_1\left(\delta_{kl}-\hat{p}_{1k}\hat{p}_{1l}\right)\right]\\=&\frac{8\pi}{3}\overline{f}\left(\delta_{ij}-\hat{p}_i\hat{p}_j-\hat{p}_i\hat{p}_j+\hat{p}_i\hat{p}_j\delta_{kl}\hat{p}_k\hat{p}_l\right)=\frac{8\pi}{3}\overline{f}\left(\delta_{ij}-\hat{p}_i\hat{p}_j\right)\end{aligned}$$

故式 (5.8.50) 的结果是

$$C_+^{ij}(\boldsymbol{x},\boldsymbol{p},t)=\frac{3\omega_{\mathrm{c}}}{8\pi}\cdot\frac{8\pi}{3}\overline{f}\left(\delta_{ij}-\hat{p}_i\hat{p}_j\right)=\omega_{\mathrm{c}}f^{ij}(\boldsymbol{x},\boldsymbol{p},t)$$

显然，这一结果正好与式 (5.8.41) 所示的 C_-^{ij} 相抵消。

5.3　由式 (5.8.53) 以及仿射联络中仅有的非零项 $\Gamma^i_{0j}=\Gamma^i_{j0}=\dot{a}\delta_{ij}/a$，$\Gamma^0_{ij}=a\dot{a}\delta_{ij}$，式 (5.8.54) 的左边化为

$$\begin{aligned}&\frac{\partial}{\partial t}\left(\frac{\delta_{ij}}{a^2}-\frac{\hat{p}_i\hat{p}_j}{a^2}\right)+\left(\Gamma^i_{k0}-\Gamma^0_{k0}\frac{\hat{p}_i}{a}\right)\left(\frac{\delta_{kj}}{a^2}-\frac{\hat{p}_k\hat{p}_j}{a^2}\right)+\frac{p^l}{p^0}\left(\Gamma^i_{kl}-\Gamma^0_{kl}\frac{\hat{p}_i}{a}\right)\left(\frac{\delta_{kj}}{a^2}-\frac{\hat{p}_k\hat{p}_j}{a^2}\right)\\&+\left(\Gamma^j_{k0}-\Gamma^0_{k0}\frac{\hat{p}_i}{a}\right)\left(\frac{\delta_{ik}}{a^2}-\frac{\hat{p}_i\hat{p}_k}{a^2}\right)+\frac{p^l}{p^0}\left(\Gamma^j_{kl}-\Gamma^0_{kl}\frac{\hat{p}_j}{a}\right)\left(\frac{\delta_{ik}}{a^2}-\frac{\hat{p}_i\hat{p}_k}{a^2}\right)\\=&\frac{\partial}{\partial t}\left(\frac{\delta_{ij}}{a^2}-\frac{\hat{p}_i\hat{p}_j}{a^2}\right)+\frac{\dot{a}}{a}\delta_{ik}\left(\frac{\delta_{kj}}{a^2}-\frac{\hat{p}_k\hat{p}_j}{a^2}\right)+\frac{\hat{p}_l}{a}\left(-a\dot{a}\delta_{kl}\frac{\hat{p}_i}{a}\right)\left(\frac{\delta_{kj}}{a^2}-\frac{\hat{p}_k\hat{p}_j}{a^2}\right)\\&+\frac{\dot{a}}{a}\delta_{kj}\left(\frac{\delta_{ik}}{a^2}-\frac{\hat{p}_i\hat{p}_k}{a^2}\right)+\frac{\hat{p}_l}{a}\left(-a\dot{a}\delta_{kl}\frac{\hat{p}_j}{a}\right)\left(\frac{\delta_{ik}}{a^2}-\frac{\hat{p}_i\hat{p}_k}{a^2}\right)\end{aligned}$$

$$
\begin{aligned}
&= -\frac{2\dot{a}}{a^3}\left(\delta_{ij}-\hat{p}_i\hat{p}_j\right)+\frac{2\dot{a}}{a}\left(\frac{\delta_{ij}}{a^2}-\frac{\hat{p}_i\hat{p}_j}{a^2}\right)-\frac{\dot{a}}{a}\hat{p}_k\hat{p}_i\left(\frac{\delta_{kj}}{a^2}-\frac{\hat{p}_k\hat{p}_j}{a^2}\right)\\
&\quad -\frac{\dot{a}}{a}\hat{p}_k\hat{p}_j\left(\frac{\delta_{ik}}{a^2}-\frac{\hat{p}_i\hat{p}_k}{a^2}\right)\\
&= -\frac{2\dot{a}}{a^3}\left(\delta_{ij}-\hat{p}_i\hat{p}_j\right)+\frac{2\dot{a}}{a^3}\left(\delta_{ij}-\hat{p}_i\hat{p}_j\right)-\frac{\dot{a}}{a}\left(\frac{\hat{p}_i\hat{p}_j}{a^2}-\frac{\hat{p}_i\hat{p}_j}{a^2}\right)-\frac{\dot{a}}{a}\left(\frac{\hat{p}_i\hat{p}_j}{a^2}-\frac{\hat{p}_i\hat{p}_j}{a^2}\right)\\
&=0
\end{aligned}
$$

故式 (5.8.54) 得证。

5.4 由 $N_1^{ij}=\frac{1}{2}\left(\delta_{ij}-\hat{p}_i\hat{p}_j\right)$，故有

$$N_1^{ii}=\frac{1}{2}\left(\delta_{ii}-\hat{p}_i\hat{p}_i\right)=\frac{1}{2}(3-1)=1$$

$$\hat{p}_iN_1^{ij}=\frac{1}{2}\left(\hat{p}_i\delta_{ij}-\hat{p}_i\hat{p}_i\hat{p}_j\right)=\frac{1}{2}\left(\hat{p}_j-\hat{p}_j\right)=0$$

再由 $N_2^{ij}=\dfrac{\left[\hat{q}_i-(\hat{q}\cdot\hat{p})\hat{p}_i\right]\left[\hat{q}_j-(\hat{q}\cdot\hat{p})\hat{p}_j\right]}{1-(\hat{p}\cdot\hat{q})^2}$，得

$$N_2^{ii}=\frac{\left[\hat{q}_i-(\hat{q}\cdot\hat{p})\hat{p}_i\right]\left[\hat{q}_i-(\hat{q}\cdot\hat{p})\hat{p}_i\right]}{1-(\hat{p}\cdot\hat{q})^2}=\frac{1-2\mu^2+\mu^2}{1-\mu^2}=1$$

其中 $\mu=\hat{q}\cdot\hat{p}=\hat{q}_i\hat{p}_i$，以及

$$
\begin{aligned}
\hat{p}_iN_2^{ij}&=\frac{\hat{p}_i\left[\hat{q}_i-(\hat{q}\cdot\hat{p})\hat{p}_i\right]\left[\hat{q}_j-(\hat{q}\cdot\hat{p})\hat{p}_j\right]}{1-(\hat{p}\cdot\hat{q})^2}\\
&=\frac{\left[\mu-\mu\hat{p}_i\hat{p}_i\right]\left[\hat{q}_j-\mu\hat{p}_j\right]}{1-\mu^2}=0
\end{aligned}
$$

5.5 取 $\hat{p}$ 为 $-\hat{z}$ 方向，此时 $\hat{p}_1=\hat{p}_2=0$；再取 $\hat{q}$ 的方向与视线垂直 $(\mu=0)$，在垂直视线的平面内，$\hat{q}_1=\cos\varphi_q$，$\hat{q}_2=\sin\varphi_q$。再根据式 (5.8.72) 有 $N_1^{22}=1/2$，$N_2^{22}=q_2q_2=\sin^2\varphi_q$，故由式 (5.8.73) 得

$$
\begin{aligned}
J_{22}&=\frac{1}{2}\left(\Theta_{\mathrm{T}}-\Theta_{\mathrm{P}}\right)+\Theta_{\mathrm{P}}\hat{q}_2\hat{q}_2=\frac{1}{2}\left(\Theta_{\mathrm{T}}-\Theta_{\mathrm{P}}\right)+\Theta_{\mathrm{P}}\sin^2\varphi_q\\
&=\frac{1}{2}\left[\Theta_{\mathrm{T}}+\Theta_{\mathrm{P}}\left(2\sin^2\varphi_q-1\right)\right]=\frac{1}{2}\left(\Theta_{\mathrm{T}}-\Theta_{\mathrm{P}}\cos2\varphi_q\right)
\end{aligned}
$$

5.6 此积分的形式是转动不变的，故可选取 $\boldsymbol{q}$ 的方向沿 z 轴 (第 3 轴)，这样就有 $\hat{q}_1=\hat{q}_2=0,\hat{q}_3=1$，且有 $\hat{p}_1=\sin\theta\cos\varphi$，$\hat{p}_2=\sin\theta\sin\varphi$，$\hat{p}_3=\cos\theta$。

先看 $i\neq j$ 的情况。此时等号右边的两项均为零，而等号左边对 φ 的积分在所有 $i\neq j$ 的情况下也为零，因而积分公式 (1) 成立。

再看 $i=j$ 的情况。当 $i=j=1$，等号左边积分为

$$\frac{1}{4\pi}\int_0^{\pi}\sin\theta\mathrm{d}\theta\int_0^{2\pi}\mathrm{d}\varphi f(\mu)\sin^2\theta\cos^2\varphi=\frac{1}{4}\int_{-1}^{1}\mathrm{d}\mu f(\mu)\sin^2\theta$$

$$=\frac{1}{4}\int_{-1}^{1}\mathrm{d}\mu f(\mu)\left(1-\mu^2\right)=A$$

而等号右边的结果也等于 A，显然两边的结果一致。不难看出，当 $i=j=2$ 时，积分公式的结果亦如此，故不再写出。当 $i=j=3$ 时，左边积分为

$$\frac{1}{4\pi}\int_0^{\pi}\sin\theta\mathrm{d}\theta\int_0^{2\pi}\mathrm{d}\varphi f(\mu)\cos^2\theta=\frac{1}{2}\int_{-1}^{1}\mathrm{d}\mu f(\mu)\mu^2$$

而等号右边的结果是

$$A+B=\frac{1}{2}\int_{-1}^{1}\mathrm{d}\mu f(\mu)\mu^2$$

因而积分公式 (1) 总是成立。

5.7 取 $\hat{q}$ 的方向沿 z 轴 (第 3 轴)，则 $\hat{q}_i,\hat{p}_i$ 的取值与 5.6 题同。对称及零迹条件即 $e_{12}=e_{21}$，$e_{11}=-e_{22}$。当 $i=j=1$ 时，有

$$\begin{aligned}\hat{p}_1\hat{p}_ke_{1k}&=\hat{p}_1\left(\hat{p}_1e_{11}+\hat{p}_2e_{12}\right)=\hat{p}_1^2e_{11}+\hat{p}_1\hat{p}_2e_{12}\\&=\sin^2\theta\cos^2\varphi e_{11}+\sin^2\theta\cos\varphi\sin\varphi e_{12}\end{aligned}$$

由于等号右边第 2 项对 φ 的积分为零，故代入式 (1) 左边积分后，只剩下第 1 项对积分有贡献，结果是

$$\begin{aligned}\int\mathrm{d}^2\hat{p}f(\mu)\hat{p}_1\hat{p}_ke_{1k}(\hat{q})&=e_{11}(\hat{q})\int\sin\theta\mathrm{d}\theta f(\mu)\sin^2\theta\cos^2\varphi\mathrm{d}\varphi\\&=\pi e_{11}(\hat{q})\int\sin\theta\mathrm{d}\theta f(\mu)\sin^2\theta=\pi e_{11}(\hat{q})\int_{-1}^{1}\mathrm{d}\mu f(\mu)\left(1-\mu^2\right)\end{aligned}$$

这与式 (1) 的结果相同。

当 $i=1,j=2$ 时，

$$\begin{aligned}\hat{p}_1\hat{p}_ke_{2k}&=\hat{p}_1\left(\hat{p}_1e_{21}+\hat{p}_2e_{22}\right)=\hat{p}_1^2e_{21}+\hat{p}_1\hat{p}_2e_{22}\\&=\sin^2\theta\cos^2\varphi e_{21}+\sin^2\theta\cos\varphi\sin\varphi e_{22}\end{aligned}$$

代入式 (1) 左边积分后，情况与 $i=j=1$ 的情况相同，故式 (1) 对 $i=1,j=2$ 亦成立 (注意 $e_{21}=e_{12}$)。

当 $i=2,j=1$ 时，

$$\begin{aligned}\hat{p}_2\hat{p}_ke_{1k}&=\hat{p}_2\left(\hat{p}_1e_{11}+\hat{p}_2e_{12}\right)=\hat{p}_1\hat{p}_2e_{11}+\hat{p}_2^2e_{12}\\&=\sin^2\theta\cos\varphi\sin\varphi e_{11}+\sin^2\theta\sin^2\varphi e_{12}\end{aligned}$$

显然代入式 (1) 左边积分后，等号右边第 1 项对 φ 的积分为零，而第 2 项对 φ 的积分给出因子 $2\pi/2=\pi$，故 $(e_{12}=e_{21})$

$$\int\mathrm{d}^2\hat{p}f(\mu)\hat{p}_2\hat{p}_ke_{1k}(\hat{q})=\pi e_{21}(\hat{q})\int_{-1}^{1}\mathrm{d}\mu f(\mu)\left(1-\mu^2\right)$$

即式 (1) 对 $i=2,j=1$ 亦成立。

最后是 $i=2,j=2$，此时

$$\begin{aligned}\hat{p}_2\hat{p}_k e_{2k} &= \hat{p}_2\left(\hat{p}_1 e_{21}+\hat{p}_2 e_{22}\right)=\hat{p}_2\hat{p}_1 e_{21}+\hat{p}_2^2 e_{22}\\ &=\sin^2\theta\cos\varphi\sin\varphi e_{21}+\sin^2\theta\sin^2\varphi e_{22}\end{aligned}$$

同样的分析给出

$$\int \mathrm{d}^2\hat{p} f(\mu)\hat{p}_2\hat{p}_k e_{2k}(\hat{q})=\pi e_{22}(\hat{q})\int_{-1}^{1}\mathrm{d}\mu f(\mu)\left(1-\mu^2\right)$$

因而对所有的 $i,j=1,2$，式 (1) 总是成立的。

再来看式 (2)。积分中，

$$\begin{aligned}\hat{p}_k\hat{p}_l e_{kl} &= \hat{p}_1\hat{p}_1 e_{11}+\hat{p}_1\hat{p}_2 e_{12}+\hat{p}_2\hat{p}_1 e_{21}+\hat{p}_2\hat{p}_2 e_{22}\\ &=\hat{p}_1\hat{p}_1 e_{11}+2\hat{p}_1\hat{p}_2 e_{12}-\hat{p}_2\hat{p}_2 e_{11}\\ &=\left(\sin^2\theta\cos^2\varphi-\sin^2\theta\sin^2\varphi\right)e_{11}+2\sin^2\theta\cos\varphi\sin\varphi e_{12}\\ &=\sin^2\theta\cos 2\varphi e_{11}+\sin^2\theta\sin 2\varphi e_{12}\end{aligned}$$

取 $i=j=1$，则有

$$\begin{aligned}\hat{p}_1\hat{p}_1\hat{p}_k\hat{p}_l e_{kl} &= \sin^2\theta\cos^2\varphi\left[\sin^2\theta\cos 2\varphi e_{11}+\sin^2\theta\sin 2\varphi e_{12}\right]\\ &=\sin^4\theta\left[\cos^2\varphi\cos 2\varphi e_{11}+\cos^2\varphi\sin 2\varphi e_{12}\right]\\ &=\sin^4\theta\left(\frac{1+\cos 2\varphi}{2}\cos 2\varphi e_{11}+\frac{1+\cos 2\varphi}{2}\sin 2\varphi e_{12}\right)\end{aligned}$$

不难看出，将此等式代入式 (2) 后，只有 e_{11} 项对 φ 的积分不为零，结果是

$$\begin{aligned}\int \mathrm{d}^2\hat{p} f(\mu)\hat{p}_1\hat{p}_1\hat{p}_k\hat{p}_l e_{kl} &= \frac{\pi}{2}e_{11}\int\sin\theta\mathrm{d}\theta f(\mu)\sin^4\theta\\ &=\frac{\pi}{2}e_{11}\int_{-1}^{1}\mathrm{d}\mu f(\mu)\left(1-\mu^2\right)^2\end{aligned}$$

此即式 (2) 右边的结果。对于 $i,j=1,2$ 的其他情况，读者可以参照上例进行验证。

第 6 章

6.3 式 (6.2.16) 是由式 (6.2.14) 变化而来的，因此，只要证明式 (6.2.38) 与式 (6.2.14) 的第一式 (但要乘以 2) 等同就可以了。

首先来看式 (6.2.38)。它来自式 (6.2.36)，不失一般性，我们可取空间体积为一个单位体积，这样就有 $\Omega=\overline{\rho}$，且式 (6.2.36) 的左边化为

$$\frac{\Omega_{\mathrm{c}}(M)}{\Omega}=\frac{N(M)M}{\overline{\rho}}$$

当质量从 M 增加到 $M+\mathrm{d}M$，上式相应的增量为

$$\frac{\mathrm{d}\Omega_{\mathrm{c}}(M)}{\Omega}=\frac{N(M)M\mathrm{d}M}{\overline{\rho}}\Rightarrow\frac{M}{\Omega}\frac{\mathrm{d}\Omega_{\mathrm{c}}(M)}{\mathrm{d}M}=\frac{N(M)M^{2}}{\overline{\rho}}$$
$$\Rightarrow\frac{1}{\Omega}\frac{\mathrm{d}\Omega_{\mathrm{c}}(M)}{\mathrm{d}\ln M}=\frac{N(M)M^{2}}{\overline{\rho}}\tag{1}$$

再看式 (6.2.36) 右边的微分，它可以化为式 (6.2.37) 等号右边的形式，其中方括号部分等于

$$\frac{\mathrm{d}}{\mathrm{d}\ln\sigma^{2}}\int_{-\infty}^{F_{\mathrm{c}}}\mathrm{d}FW\left(F,\sigma^{2}\right)=\sigma^{2}\int_{-\infty}^{F_{\mathrm{c}}}\mathrm{d}F\frac{\partial W\left(F,\sigma^{2}\right)}{\partial\sigma^{2}}=\frac{\sigma^{2}}{2}\int_{-\infty}^{F_{\mathrm{c}}}\mathrm{d}F\frac{\partial^{2}W\left(F,\sigma^{2}\right)}{\partial F^{2}}$$
$$=\frac{\sigma^{2}}{2}\left[\frac{\partial W\left(F,\sigma^{2}\right)}{\partial F}\right]_{F=-\infty}^{F=F_{\mathrm{c}}}\tag{2}$$

其中第二个等号利用了式 (6.2.35)，最后一个等号是分部积分的结果。再对式 (6.2.34) 求 $\partial W/\partial F$ 并代入 $F=F_{\mathrm{c}}$ ($F=-\infty$ 的结果为零)，得到

$$\left.\frac{\partial W}{\partial F}\right|_{F=F_{\mathrm{c}}}=\frac{-2}{\sqrt{2\pi}\sigma}\left(\frac{F_{\mathrm{c}}}{\sigma^{2}}\right)\exp\left(-\frac{{F_{\mathrm{c}}}^{2}}{2\sigma^{2}}\right)\tag{3}$$

把式 (2) 及式 (3) 的结果代入式 (6.2.37) 的右边，就得到式 (6.2.38)，即

$$\frac{1}{\Omega}\frac{\mathrm{d}\Omega_{\mathrm{c}}(M)}{\mathrm{d}\ln M}=-\frac{1}{\sqrt{2\pi}}\frac{F_{\mathrm{c}}}{\sigma}\exp\left(\frac{-F_{\mathrm{c}}^{2}}{2\sigma^{2}}\right)\frac{\mathrm{d}\ln\sigma^{2}}{\mathrm{d}\ln M}\tag{4}$$

现把 $F_{\mathrm{c}}\to\delta_{\mathrm{c}}$，并利用式 (6.2.11) 给出的关系

$$\sigma^{2}=\left(\frac{M}{M_{0}}\right)^{-2\alpha}\Rightarrow\frac{\mathrm{d}\ln\sigma^{2}}{\mathrm{d}\ln M}=-2\alpha\tag{5}$$

把这一结果代入式 (4)，并把式 (4) 的左边换成式 (1) 的右边，最后得出

$$N(M)=\frac{2\alpha\overline{\rho}\delta_{\mathrm{c}}}{\sqrt{2\pi}\sigma M^{2}}\exp\left(-\frac{\delta_{\mathrm{c}}^{2}}{2\sigma^{2}}\right)$$

这即为式 (6.2.14) 的第一式乘以 2 后的结果。

6.4 $\langle F\zeta_{ij}\rangle=\langle F(\boldsymbol{x})\nabla_i\nabla_j F(\boldsymbol{x})\rangle$

$$=\frac{1}{(2\pi)^{6}}\int\mathrm{d}^{3}x\int\mathrm{d}^{3}kF_{\boldsymbol{k}}(\boldsymbol{k})\mathrm{e}^{-\mathrm{i}\boldsymbol{k}\cdot\boldsymbol{x}}\int\mathrm{d}^{3}k'\left(-\mathrm{i}k_i'\right)\left(-\mathrm{i}k_j'\right)F_{\boldsymbol{k}}\left(\boldsymbol{k}'\right)\mathrm{e}^{-\mathrm{i}\boldsymbol{k}'\cdot\boldsymbol{x}}$$
$$=\frac{1}{(2\pi)^{3}}\int\mathrm{d}^{3}kF_{\boldsymbol{k}}(\boldsymbol{k})\int\mathrm{d}^{3}k'\left(-k_i'k_j'\right)F_{\boldsymbol{k}}\left(\boldsymbol{k}'\right)\frac{1}{(2\pi)^{3}}\int\mathrm{d}^{3}x\mathrm{e}^{-\mathrm{i}\left(\boldsymbol{k}+\boldsymbol{k}'\right)\cdot\boldsymbol{x}}$$
$$=\frac{1}{(2\pi)^{3}}\int\mathrm{d}^{3}kF_{\boldsymbol{k}}(\boldsymbol{k})\int\mathrm{d}^{3}k'\left(-k_i'k_j'\right)F_{\boldsymbol{k}}\left(\boldsymbol{k}'\right)\delta\left(\boldsymbol{k}+\boldsymbol{k}'\right)$$
$$=-\frac{1}{(2\pi)^{3}}\int\mathrm{d}^{3}kF_{\boldsymbol{k}}^{2}(\boldsymbol{k})k_ik_j$$

取 $k_1 = k\sin\theta\cos\varphi$，$k_2 = k\sin\theta\sin\varphi$，$k_3 = k\cos\theta$，$\mathrm{d}^3k = k^2\mathrm{d}k\sin\theta\mathrm{d}\theta\mathrm{d}\varphi$。因为函数 $F(\boldsymbol{k})$ 是转动不变的，容易看到，如果 $i \neq j$，则对 φ 的积分使得整个积分结果为零。当 $i = j = 1,2$ 时，对 φ 的积分是 π，对 θ 的积分是

$$2\int_0^{\pi/2}\sin\theta\sin^2\theta\mathrm{d}\theta = 2\int_0^1\left(1 - x^2\right)\mathrm{d}x = \frac{4}{3}$$

故有

$$\langle F\zeta_{11}\rangle = \langle F\zeta_{22}\rangle = -\frac{1}{(2\pi)^3}\frac{4\pi}{3}\int k^2\mathrm{d}kP(k)k^2 = -\frac{1}{3}\frac{1}{(2\pi)^3}\int\mathrm{d}^3kP(k)k^2 = -\frac{1}{3}\sigma_1^2$$

其中 σ_1^2 由式 (6.4.33) 定义。当 $i = j = 3$ 时，不难看出，对 φ 的积分是 2π，对 θ 的积分是 2/3，因而最后也是 $\langle F\zeta_{33}\rangle = -\sigma_1^2/3$。把上面这些结果写到一起，即为

$$\langle F\zeta_{ij}\rangle = -\frac{\sigma_1^2}{3}\delta_{ij}$$

这就是式 (6.4.32) 给出的结果。

6.5 $$\begin{aligned}\left\langle x^2\right\rangle &= \left\langle(\zeta_{11} + \zeta_{22} + \zeta_{33})^2\right\rangle/\sigma_2^2\\ &= \langle\zeta_{11}\zeta_{11} + \zeta_{22}\zeta_{22} + \zeta_{33}\zeta_{33} + 2\zeta_{11}\zeta_{22} + 2\zeta_{11}\zeta_{33} + 2\zeta_{22}\zeta_{33}\rangle/\sigma_2^2\\ &= \frac{9}{15} + 2\times\frac{3}{15} = 1\end{aligned}$$

其中用到式 (6.4.37) 和式 (6.4.38) 的结果。类似地，

$$\begin{aligned}\left\langle y^2\right\rangle &= \left\langle(\zeta_{11} - \zeta_{33})^2\right\rangle/4\sigma_2^2 = \langle\zeta_{11}\zeta_{11} - 2\zeta_{11}\zeta_{33} + \zeta_{33}\zeta_{33}\rangle/4\sigma_2^2\\ &= \frac{1}{4}\left(\frac{3}{15} - \frac{2}{15} + \frac{3}{15}\right) = \frac{1}{15}\end{aligned}$$

$$\begin{aligned}\left\langle z^2\right\rangle &= \left\langle(\zeta_{11} - 2\zeta_{22} + \zeta_{33})^2\right\rangle/4\sigma_2^2\\ &= \langle\zeta_{11}\zeta_{11} + 4\zeta_{22}\zeta_{22} + \zeta_{33}\zeta_{33} - 4\zeta_{11}\zeta_{22} + 2\zeta_{11}\zeta_{33} - 4\zeta_{22}\zeta_{33}\rangle/4\sigma_2^2\\ &= \frac{1}{4}\left(\frac{3}{15} + 4\times\frac{3}{15} + \frac{3}{15} - 4\times\frac{1}{15} + \frac{2}{15} - 4\times\frac{1}{15}\right) = \frac{1}{5}\end{aligned}$$

$$\begin{aligned}\langle xy\rangle &= \langle(\zeta_{11} + \zeta_{22} + \zeta_{33})(\zeta_{11} - \zeta_{33})\rangle/2\sigma_2^2\\ &= \langle\zeta_{11}\zeta_{11} + \zeta_{22}\zeta_{11} + \zeta_{33}\zeta_{11} - \zeta_{11}\zeta_{33} - \zeta_{22}\zeta_{33} - \zeta_{33}\zeta_{33}\rangle/2\sigma_2^2\\ &= \frac{1}{2}\left(\frac{3}{15} + 2\times\frac{1}{15} - 2\times\frac{1}{15} - \frac{3}{15}\right) = 0\end{aligned}$$

6.6 $\langle xv\rangle = -\langle F(\zeta_{11} + \zeta_{22} + \zeta_{33})\rangle/\sigma_0\sigma_2 = \sigma_1^2/\sigma_0\sigma_2 = \gamma$

其中用到式 (6.4.32) $\langle F\zeta_{ij}\rangle$ 的结果。

6.7　由式 (6.4.33) σ_j^2 的定义可得

$$\begin{aligned}\sigma_0^2 &= \frac{1}{(2\pi)^3}\int \mathrm{d}^3kP(k,t) = \frac{1}{(2\pi)^3}\int \mathrm{d}^3k k^n \exp\left[-(kR_{\mathrm{Gs}})^2\right]\\ &= \frac{1}{2\pi}\int \mathrm{d}k k^{2+n}\exp\left[-(kR_{\mathrm{Gs}})^2\right] = \frac{1}{2\pi}\frac{\sqrt{\pi}(n+1)!!}{2^{n/2+2}}R_{\mathrm{Gs}}^{-(n+3)}\end{aligned}$$

$$\begin{aligned}\sigma_1^2 &= \frac{1}{(2\pi)^3}\int \mathrm{d}^3kP(k,t)k^2 = \frac{1}{(2\pi)^3}\int \mathrm{d}^3k k^n \exp\left[-(kR_{\mathrm{Gs}})^2\right]k^2\\ &= \frac{1}{2\pi}\int \mathrm{d}k k^{4+n}\exp\left[-(kR_{\mathrm{Gs}})^2\right] = \frac{1}{2\pi}\frac{\sqrt{\pi}(n+3)!!}{2^{n/2+3}}R_{\mathrm{Gs}}^{-(n+5)}\end{aligned}$$

$$\begin{aligned}\sigma_2^2 &= \frac{1}{(2\pi)^3}\int \mathrm{d}^3kP(k,t)k^4 = \frac{1}{(2\pi)^3}\int \mathrm{d}^3k k^n \exp\left[-(kR_{\mathrm{Gs}})^2\right]k^4\\ &= \frac{1}{2\pi}\int \mathrm{d}k k^{6+n}\exp\left[-(kR_{\mathrm{Gs}})^2\right] = \frac{1}{2\pi}\frac{\sqrt{\pi}(n+5)!!}{2^{n/2+4}}R_{\mathrm{Gs}}^{-(n+7)}\end{aligned}$$

由此，就不难验证式 (6.4.55) 的诸结果了。

第 7 章

7.4　(1) $\mu = \dfrac{n_{\mathrm{H}}+4n_{\mathrm{He}}}{2n_{\mathrm{H}}+2n_{\mathrm{He}}} = \dfrac{n_{\mathrm{H}}+Yn_{\mathrm{H}}/(1-Y)}{2n_{\mathrm{H}}+2Yn_{\mathrm{H}}/4(1-Y)} = \dfrac{2}{4-3Y} \simeq 0.62$

(2) $\mu = \dfrac{n_{\mathrm{H}}+4n_{\mathrm{He}}}{2n_{\mathrm{H}}+n_{\mathrm{He}}} = \dfrac{n_{\mathrm{H}}+Yn_{\mathrm{H}}/(1-Y)}{2n_{\mathrm{H}}+Yn_{\mathrm{H}}/4(1-Y)} = \dfrac{4}{8-7Y} \simeq 0.64$

(3) $\mu = \dfrac{n_{\mathrm{H}}+4n_{\mathrm{He}}}{n_{\mathrm{H}}+n_{\mathrm{He}}} = \dfrac{n_{\mathrm{H}}+Yn_{\mathrm{H}}/(1-Y)}{n_{\mathrm{H}}+Yn_{\mathrm{H}}/4(1-Y)} = \dfrac{4}{4-3Y} \simeq 1.23$

7.5　由式 (7.1.29) 有

$$\begin{aligned}\dot{r} &= \frac{\mathrm{d}r/\mathrm{d}\xi}{\mathrm{d}t/\mathrm{d}\xi} = -R\left(\frac{8\pi G\rho_0}{3}\right)^{1/2}\frac{\sin\xi}{\cos\xi}\\ \ddot{r} &= \frac{\mathrm{d}\dot{r}/\mathrm{d}\xi}{\mathrm{d}t/\mathrm{d}\xi} = -R\left(\frac{8\pi G\rho_0}{3}\right)\frac{1}{2\cos^4\xi} = -R\left(\frac{4\pi G\rho_0 R^3}{3R^3}\right)\frac{1}{\cos^4\xi}\\ &= -\frac{GM}{R^2\cos^4\xi} = -\frac{GM}{r^2}\end{aligned}$$

7.6　由式 (7.1.36) 并取 $\mu=1$，

$$\begin{aligned}T_{\mathrm{vir}} &= -\frac{1}{3}\frac{m_{\mathrm{p}}\phi}{k} = \frac{1}{3}\frac{m_{\mathrm{p}}G}{k}\left(\frac{M}{10^{12}M_\odot}\right)\left(\frac{R}{200\mathrm{kpc}}\right)^{-1}\frac{10^{12}M_\odot}{200\mathrm{kpc}}\\ &= 8.6\times10^5\left(\frac{M}{10^{12}M_\odot}\right)\left(\frac{R}{200\mathrm{kpc}}\right)^{-1}\mathrm{K}\end{aligned}$$

7.7 以复合冷却为主时，式 (7.1.24) 方括号中第一项可以忽略，故该式可写为

$$t_{\text{cool}} \simeq 8\times 10^6 \left(\frac{n_{\text{B}}}{1\text{cm}^{-3}}\right)^{-1}\left[1.5\left(\frac{T_{\text{vir}}}{10^6\text{K}}\right)^{-3/2}\right]^{-1}\text{yr}$$

$$= 8\times 10^6 \left(\frac{n_{\text{B}}}{1\text{cm}^{-3}}\right)^{-1}\frac{1}{1.5}\left(\frac{T_{\text{vir}}}{10^6\text{K}}\right)^{3/2}\text{yr}$$

其中，

$$n_{\text{B}} = \frac{M}{4\pi m_{\text{p}}R^3/3} = -\frac{3\times 10^{12}M_{\odot}}{4\pi m_{\text{p}}(200\text{kpc})^3}\left(\frac{M}{10^{12}M_{\odot}}\right)\left(\frac{R}{200\text{kpc}}\right)^{-3}$$

$$= 1.2\times 10^{-3}\left(\frac{M}{10^{12}M_{\odot}}\right)\left(\frac{R}{200\text{kpc}}\right)^{-3}\text{cm}^{-3}$$

再把 7.6 题 T_{vir} 的结果代入，最后得到

$$t_{\text{cool}} = 3.5\times 10^9\left(\frac{M}{10^{12}M_{\odot}}\right)^{1/2}\left(\frac{R_{\text{m}}}{200\text{kpc}}\right)^{3/2}\text{yr}$$

7.8 式 (7.1.25) 给出

$$t_{\text{dyn}} \approx \frac{\pi}{2}\left(\frac{R^3}{2GM}\right)^{1/2} = \frac{\pi}{2}\left(\frac{R^3}{2G\cdot 4\pi m_{\text{p}}nR^3}\right)^{1/2}$$

$$= 1.6\times 10^{15}\left(\frac{n}{1\text{cm}^{-3}}\right)^{-1/2}\text{s} = 5.1\times 10^7\left(\frac{n}{1\text{cm}^{-3}}\right)^{-1/2}\text{yr}$$

再把 7.7 题得到的 n_{B} 代入，最后得

$$t_{\text{dyn}} \simeq 1.5\times 10^9\left(\frac{M}{10^{12}M_{\odot}}\right)^{-1/2}\left(\frac{R_{\text{m}}}{200\text{kpc}}\right)^{3/2}\text{yr}$$

第 8 章

8.1 利用图 8.2，现设 $M = M_{\odot}$，并把光子看作牛顿理论下的粒子，其引力 (或惯性) 质量为 m。这样，光子的总能量等于其在距太阳无穷远处的动能，即 $E = mc^2/2 > 0$，由此可知其轨道曲线应为双曲线，太阳位于其中一个焦点上。由于光线掠过太阳表面，故有 $b = R_{\odot}$，且入射光子的角动量 $L = mR_{\odot}c$。光子的轨道方程可写为

$$r = \frac{r_0}{1 - e\cos\theta}$$

其中，焦点参数 r_0 与偏心率 e 分别为 (定义 $\beta \equiv GmM_{\odot}$)

$$r_0 = \frac{L^2}{m\beta},\quad e = \sqrt{1 + \frac{2EL^2}{m\beta^2}} = \sqrt{1 + \frac{c^4R_{\odot}^2}{G^2M_{\odot}^2}} \simeq \frac{c^2R_{\odot}}{GM_{\odot}}$$

e 式的最后一步是因为对太阳而言有 $GM_\odot/c^2R_\odot \simeq 10^{-6}$。当 $r \to \infty$ 时，$e\cos\theta \to 1$，此时光子轨道渐近线的方向是 $\cos\theta \to 1/e = GM_\odot/c^2R_\odot$，即

$$\sin\left(\frac{\pi}{2}-\theta\right) \simeq \frac{GM_\odot}{c^2R_\odot} \approx 10^{-6}$$

由此可得偏折角

$$\alpha = 2\left(\frac{\pi}{2}-\theta\right) = \frac{2GM_\odot}{c^2R_\odot}$$

显然，这一结果是式 (8.1.1) 给出的广义相对论结果的一半，即 $\alpha = 0.875$ 角秒。

8.2　1.5 光年。

8.3　(a) 3.6×10^{10} 光年，5.9×10^{-6} 弧度 1.2 角秒；(b) 4.2×10^{-6} 弧度 0.87 角秒。

8.4　由式 (8.1.11) 和式 (8.1.12) 可知，此时偏折角可以表示为 (取 $c=1$)

$$\hat{\alpha} = \frac{4GM(b)}{b} \tag{A}$$

其中，$M(b)$ 为对称轴穿过质量分布中心、半径为 b 的圆柱形体内包含的质量部分，该圆柱形体的两端为球冠，中间部分为标准圆柱体。这样一个组合圆柱形体的总体积为两个底半径为 b、高度为 $h = R-\sqrt{R^2-b^2}$ 的球冠，以及一个半径为 b、长度为 $2(R-h)$ 的标准圆柱的体积之和。容易算出，该组合体的总体积为

$$\begin{aligned}
V &= \frac{2\pi}{3}h^2(3R-h) + \pi b^2\left[2R - 2\left(R-\sqrt{R^2-b^2}\right)\right] \\
&= \frac{2\pi}{3}\left[2R^3 - 3R^2\sqrt{R^2-b^2} + \left(\sqrt{R^2-b^2}\right)^3\right] + \pi b^2\left[2R - 2\left(R-\sqrt{R^2-b^2}\right)\right] \\
&= \frac{4\pi}{3}R^3\left[1 - \frac{\left(\sqrt{R^2-b^2}\right)^3}{R^3}\right]
\end{aligned}$$

故有

$$M(b) = M\left[1 - \frac{\left(\sqrt{R^2-b^2}\right)^3}{R^3}\right]$$

将 $M(b)$ 代入 (A) 式，即得证。